21 世纪全国应用型本科电子通信系列实用规划教材

高频电子线路
(第 2 版)

主　编　宋树祥　周冬梅
副主编　关连成　毛昕蓉　田熙燕

内 容 简 介

本书覆盖了“电子信息科学与电气信息类基础课程教学指导分委员会”2004 年版关于电子电路(II)基本要求的全部内容。书中详细介绍了通信系统中电路的基本原理、分析方法和典型应用。本书共分 10 章，包括绪论、噪声与干扰、高频小信号放大器、高频功率放大器、正弦波振荡器、非线性器件与频谱搬移电路、振幅调制与解调、角度调制与解调、反馈控制电路、频率合成技术。每章都对主要知识点进行了小结，内容深入浅出，理论联系实际。

本书可作为高等学校电子信息工程、通信工程、测控技术与仪器等专业的本科生教材或教学参考书，也可供相关专业工程技术人员参考。

图书在版编目(CIP)数据

高频电子线路/宋树祥，周冬梅主编. —2 版. —北京：北京大学出版社，2010.1

(21 世纪全国应用型本科电子通信系列实用规划教材)

ISBN 978-7-301-16520-1

I. ①高… II. ①宋…②周… III. ①高频—电子电路—高等学校—教材 IV. ①TN710.2

中国版本图书馆 CIP 数据核字(2009)第 230337 号

书　　名：高频电子线路(第 2 版)
著作责任者：宋树祥　周冬梅　主　编
责 任 编 辑：李婷婷
标 准 书 号：ISBN 978-7-301-16520-1/TH・0055
出 版 发 行：北京大学出版社
地　　址：北京市海淀区成府路 205 号　100871
网　　址：http://www.pup.cn　　新浪官方微博：@北京大学出版社
电 子 信 箱：pup_6@163.com
电　　话：邮购部 62752015　发行部 62750672　编辑部 62750667　出版部 62754962
印 刷 者：三河市博文印刷厂
经 销 者：新华书店
787 毫米×1092 毫米　16 开本　24.25 印张　561 千字
2007 年 2 月第 1 版
2010 年 1 月第 2 版　2013 年 3 月第 2 次印刷
定　　价：35.00 元

《21世纪全国应用型本科电子通信系列实用规划教材》

专家编审委员会

丛书总序

随着招生规模迅速扩大，我国高等教育已经从“精英教育”转化为“大众教育”，全面素质教育必须在教育模式、教学手段等各个环节进行深入改革，以适应大众化教育的新形势。面对社会对高等教育人才的需求结构变化，自 20 世纪 90 年代以来，全国范围内出现了一大批以培养应用型人才为主要目标的应用型本科院校，很大程度上弥补了我国高等教育人才培养规格单一的缺陷。

但是，作为教学体系中重要信息载体的教材建设并没有能够及时跟上高等学校人才培养规格目标的变化，相当长一段时间以来，应用型本科院校仍只能借用长期存在的精英教育模式下研究型教学所使用的教材体系，出现了人才培养目标与教材体系的不协调，影响着应用型本科院校人才培养的质量，因此，认真研究应用型本科教育教学的特点，建立适合其发展需要的教材新体系越来越成为摆在广大应用型本科院校教师面前的迫切任务。

2005 年 4 月北京大学出版社在南京工程学院组织召开《21 世纪全国应用型本科电子通信系列实用规划教材》编写研讨会，会议邀请了全国知名学科专家、工业企业工程技术人员和部分应用型本科院校骨干教师共 70 余人，研究制定电子信息类应用型本科专业基础课程和主干专业课程体系，并遴选了各教材的编写组成人员，落实制定教材编写大纲。

2005 年 8 月在北京召开了《21 世纪全国应用型本科电子通信系列实用规划教材》审纲会，广泛征求了用人单位对应用型本科毕业生的知识能力需求和应用型本科院校教学一线教师的意见，对各本教材主编提出的编写大纲进行了认真细致的审核和修改，在会上确定了 32 本教材的编写大纲，为这套系列教材的质量奠定了基础。

经过各位主编、副主编和参编教师的努力，在北京大学出版社和各参编学校领导的关心和支持下，经过北京大学出版社编辑们的辛苦工作，我们这套系列教材终于在 2006 年与读者见面了。

《21 世纪全国应用型本科电子通信系列实用规划教材》涵盖了电子信息、通信等专业的基础课程和主干专业课程，同时还包括其他非电类专业的电工电子基础课程。

电工电子与信息技术越来越渗透到社会的各行各业，知识和技术更新迅速，要求应用型本科院校在人才培养过程中，必须紧密结合现行工业企业技术现状。因此，教材内容必须能够将技术的最新发展和当今应用状况及时反映进来。

参加系列教材编写的作者主要是来自全国各地应用型本科院校的第一线教师和部分工业企业工程技术人员，他们都具有多年从事应用型本科教学的经验，非常熟悉应用型本科教育教学的现状、目标，同时还熟悉工业企业的技术现状和人才知识能力需求。本系列教材明确定位于“应用型人才培养”目标，具有以下特点：

(1) **强调大基础**：针对应用型本科教学对象特点和电子信息学科知识结构，调整理顺了课程之间的关系，避免了内容的重复，将众多电子、电气类专业基础课程整合在一个统一的大平台上，有利于教学过程的实施。

(2) **突出应用性**：教材内容编排上力求尽可能把科学技术发展的新成果吸收进来、把工业企业的实际应用情况反映到教材中，教材中的例题和习题尽量选用具有实际工程背景的问题，避免空洞。

(3) **坚持科学发展观**：教材内容组织从可持续发展的观念出发，根据课程特点，力求反映学科现代新理论、新技术、新材料、新工艺。

(4) **教学资源齐全**：与纸质教材相配套，同时编制配套的电子教案、数字化素材、网络课程等多种媒体形式的教学资源，方便教师和学生的教学组织实施。

衷心感谢本套系列教材的各位编著者，没有他们在教学第一线的教改和工程第一线的辛勤实践，要出版如此规模的系列实用教材是不可能的。同时感谢北京大学出版社为我们广大编著者提供了广阔的平台，为我们进一步提高本专业领域的教学质量和教学水平提供了很好的条件。

我们真诚希望使用本系列教材的教师和学生，不吝指正，随时给我们提出宝贵的意见，以期进一步对本系列教材进行修订、完善。

《21世纪全国应用型本科电子通信系列实用规划教材》

专家编审委员会

2006年4月

前　言

随着我国高等教育的迅速发展，为了满足高等学校应用型人才培养的需要，根据国家教育部制定的电子通信类专业“电子电路(I)、(II)课程教学基本要求”和长期教学改革与实践的经验，在北京大学出版社的支持下，我们编写了本书第1版。本书第1版自2007年出版以来，经有关院校教学使用，反映良好。为了使内容更加通俗易懂，更好地适应广大读者的学习要求，本书在第1版的基础上对第3章高频小信号放大器的内容进行了修改和调整，同时对第1版中其他各章的内容也作了一些调整，同时对第1版中出现的错误也进行了更正，并推出第2版。本书适用于应用型本科电子信息工程、通信工程、测控技术与仪器等专业作为教材或教学参考书，也可供有关工程技术人员参考。

高频电子线路是本科电子信息类专业重要的技术基础课，是一门理论性、工程性与实践性很强的课程，它内容丰富，应用广泛，新技术、新器件发展迅速。考虑到应用型本科人才培养的特点，本书在编写中特别注意以下几点。

(1) 突出重点，着重于通信电路中常用的一些基本功能部件的原理、电路、计算及分析方法，力求避免繁琐的数学推导，加强基本理论和基本分析方法的讨论。

(2) 注重应用，加强电路组成模型与应用方法的介绍，在讲清分立元件电路的分析之后，给出集成化的实际应用电路，注意内容的适度更新。

(3) 注意理论讲授和实际电路的EWB仿真相结合的教学模式，在教学中注重工程应用背景，充分调动学生学习的积极性和主动性。

(4) 难点适当分散，力图深入浅出，层次分明，简明扼要，有利于教与学。

本书共分为10章，参考学时为60～70学时。第1章绪论，主要介绍通信系统的组成，发射机和接收机的组成，课程的研究对象和特点；第2章噪声与干扰，主要介绍通信系统中的噪声与干扰，无线通信发射机和接收机的主要技术指标、测量方法；第3章高频小信号放大器，主要介绍*LC*选频的基本特性，阻抗变换网络，晶体管的高频小信号等效模型，集中选频放大器；第4章高频功率放大器，主要介绍高频功率放大器的工作原理、功率、效率分析和实用电路，丙类倍频器，宽带高频功率放大器与功率合成电路，集成高频功率放大电路；第5章正弦波振荡器，主要介绍反馈型自激振荡的工作原理，*LC*正弦波振荡电路，晶体振荡器；第6章非线性器件与频谱搬移电路，主要介绍非线性元器件的特性描述，模拟相乘器及基本单元电路，混频器及其干扰；第7章振幅调制与解调，主要介绍振幅调制的原理，标准振幅调制信号分析，双边带调幅信号，单边带调幅信号，调幅解调的方法，二极管大信号包络检波器，同步检波器；第8章角度调制与解调，主要介绍调角信号的分析，实现调频、调相的方法，调频波的解调原理及电路；第9章反馈控制电路，主要介绍反馈控制电路的基本原理与分析方法，自动增益控制(AGC)电路，自动频率控制(AFC)电路，锁相环路(PLL)；第10章频率合成技术，主要介绍频率合成器的特点、指标和各种频率合成器的电路分析。书中每章都对主要知识点进行了小结，对难于理解的地方用例题作进一步讲解分析。

本书由宋树祥、周冬梅主编，宋树祥统稿。第 1、2、4、9、10 章和第 3～8 章每章的最后一节仿真及附录由宋树祥编写，第 3 章由毛昕蓉编写，第 5 章由关连成编写，第 6 章由田熙燕、宋树祥共同编写，第 7、8 章由周冬梅编写。在第 2 版的修订过程中湖南工学院电气与信息工程系的曹才开教授和姚胜兴教授以及诸多读者对本书提出了许多宝贵的修改建议，编者在此深表感谢。

由于时间仓促及作者水平有限，书中难免有疏漏之处，恳请广大读者批评指正。

编　者

2009 年 8 月

目　　录

第1章 绪　　论

教学提示：无线通信系统由信息源、输入换能器、发送设备、信道、接收设备和输出换能器六部分所组成，本章主要对发射机和接收机的组成框图进行分析，为本书的学习奠定基础。

教学要求：本章让学生了解无线通信的发展史、现代通信系统组成和无线电波段的划分。重点是让学生掌握发射机和接收机的组成以及各组成部分的作用，以便让学生清楚本书将要讨论的“高频电子线路”究竟包括哪些电路，它们都有什么功用，高频电子线路有什么特点等。

1.1 概　　述

信息传递是人类社会生活的重要内容。没有通信，人类社会是不可想象的。从古代的烽火到近代的旗语，都是人们寻求快速远距离通信的手段。1837年莫尔斯发明了电报，创造了莫尔斯电码，开创了通信的新纪元。1876年贝尔发明了电话，能够直接地将语言信号转换为电能沿导线传送，在这种代码中，用点、划、空隔的适当组合来代表字母和数字，可以说是“数字通信”的雏形。而英国物理学家麦克斯韦1864年发表的“电磁场的动力理论”则为以后的无线电发明和发展奠定了坚实的理论基础。以后经过德国物理学家赫兹、英国的罗吉的发展，1895年意大利的马克尼与俄罗斯的波波夫实现了无线电通信，1901年又首次完成了横渡大西洋的通信。1907年福雷斯特发明的二极管、肖克莱等发明的三极管和后来出现的集成电路极大地推动了无线电的发展，真正开始进入无线电的时代。

从发明无线电开始，传输信息就是无线电技术的首要任务。最基本的信息传输手段当然是语言与文字。如音频在空气中的传播速度很慢，约为340m/s，而且衰减很快。因此它的声音不可能传得很远，所以人们想到了借助电来传播，首先是将音频信号变成电信号，然后再设法将这信号传输出去。

由天线理论可知，要将无线电信号有效地发射出去，天线的尺寸必须和电信号的波长相当。由原始非电量信息经转换的原始电信号一般是低频信号，波长很长。例如音频信号频率范围为20Hz～20kHz，对应波长范围为15～15 000km，要制造出相应的巨大天线是不现实的，即使这样巨大的天线制造出来，由于各个发射台均为同一频段的低频信号，在信道中会互相重叠、干扰，接收设备也无法选择所要接收的信号。

因此，为了有效地进行传输，必须采用几百千赫以上的高频振荡信号作为载体，将携带信息的低频电信号“装载”在高频振荡信号上(这一过程称为调制)，然后经天线发送出去。到了接收端后，再把低频电信号从高频振荡信号上“卸载”下来(这一过程称为解调)。其中，未经调制的高频振荡信号称为载波信号，低频电信号称为调制信号，经过调制的高频振荡信号称为已调制信号。

采用调制方式以后，由于传送的是高频振荡信号，所需天线尺寸便可大大下降。同时，不同的发射台可以采用不同频率的高频振荡信号作为载波，这样在频谱上就可以互相区分开了。

本书主要讨论用于各种无线电技术设备和系统中的高频电子线路，它是一种工作在高频频段范围内实现特定电功能的电路，是一种非线性的电子线路。它已广泛应用于无线电通信、广播、电视、雷达、导航等几个主要方面，尽管它们在传递信息形式、工作方式和设备体制等方面有差别，但它们的共同特点都是利用高频(射频)无线电波来传递信息，因此设备中发射和接收、检测高频信号的基本功能电路大都是相同的。为了具体了解高频电子线路的种类和功用，现以通信系统为例，作一概要的介绍。

1.2　通信系统的组成

从广义上说，凡是在发信者和收信者之间，以任何方式进行消息的传递，都可称之为通信。实现消息传递所需设备的总和，称为通信系统。19 世纪末迅速发展起来的以电信号为消息载体的通信方式，称为现代通信系统。例如，广播电台是传输声音的系统，电视是传输图像信息与声音信息的系统，计算机通信是传送数据的系统，它们都是通信系统。一个完整的通信系统应包括：信息源、输入换能器、发送设备、传输信道、接收设备和输出换能器六部分，如图 1.1 所示。各部分的主要作用简介如下：

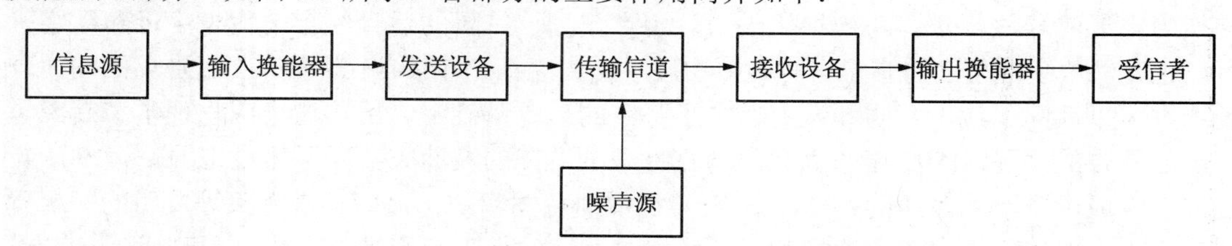

图 1.1　现代通信系统组成框图

信息源　信息源是指需要传送的原始信息，如语言、音乐、图像、文字等，一般是非电物理量。原始信息经换能器转换成电信号后，送入发送设备，将其变成适合于信道传输的信号，然后经过天线送入信道。

输入换能器　输入换能器的主要任务是将发信者提供的非电量消息(如声音、景物等)变换为电信号，如话筒、摄像机、各种传感装置，它应能反映待发的全部消息，通常具有“低通型”频谱结构，故称为基带信号。当输入消息本身就是电信号(如计算机输出的二进制信号)时，输入换能器可省略而直接进入发送设备。

发送设备　发送设备主要有两大任务：一是调制；二是放大。所谓调制，就是将基带信号变换成适合信道传输特性传输的频带信号。在连续波调制中，是指用原始电信号去控制高频振荡信号的某一参数，使之随原始电信号的变化规律而变化。对于正弦波信号，其主要参数是振幅、频率和相位，因而出现了振幅调制、频率调制和相位调制(后两种合称为角度调制)等不同的调制方式。

所谓放大，是指对调制信号和已调信号的电压和功率放大、滤波等处理过程，以保证送入信道足够大的已调信号功率。

传输信道 信道是连接发、收两端的信号通道，又称传输媒介。通信系统中应用的信道可分为两大类：有线信道(如架空明线、电缆、波导、光纤等)和无线信道(如海水、地球表面、自由空间等)。不同信道有不同的传输特性，相同媒介对不同频率的信号传输特性也是不同的。例如，在自由空间媒介里，电磁能量是以电磁波的形式传播的。然而，不同频率的电磁波却有着不同的传播方式。1.5MHz 以下的电磁波主要沿地表传播，称为地波。由于大地不是理想的导体，当电磁波沿其传播时，有一部分能量被损耗掉，频率越高，趋表效应越严重，损耗越大，因此频率较高的电磁波不宜沿地表传播。1.5～30MHz 的电磁波，主要靠天空中电离层的折射和反射传播，称为天波。电离层是由于太阳和星际空间的辐射引起大气上层电离形成的。电磁波到达电离层后，一部分能量被吸收，一部分能量被反射和折射到地面。频率越高，被吸收的能量越小，电磁波穿入电离层也越深。当频率超过一定值后，电磁波就会穿透电离层而不再返回地面。因此频率更高的电磁波不宜用天波传播。30MHz 以上的电磁波主要沿空间直线传播，称为空间波。由于地球表面的弯曲，空间波传播距离受限于视距范围，架高发射天线可以增大其传输距离。

接收设备 接收设备的任务是将信道传送过来的已调信号进行处理，以恢复出与发送端相一致的基带信号，这种从已调波中恢复基带信号的处理过程，称为解调。显然解调是调制的反过程。又由于信道的衰减特性，经远距离传输到达接收端的信号电平通常是很微弱的(微伏数量级)，需要放大后才好解调。同时，在信道中还会存在许多干扰信号，因而接收设备还必须具有从众多干扰信号中选择有用信号、抑制干扰的能力。

输出换能器 输出换能器的作用是将接收设备输出的基带信号变换成原来形式的消息，如声音、景物等，供收信者使用。

1.3 发射机和接收机的组成

发射机和接收机是现代通信系统的核心部件。它们是为了使基带信号在信道中有效和可靠地传输而设置的。现以无线广播调幅发射机为例，说明它的组成，如图 1.2 所示。

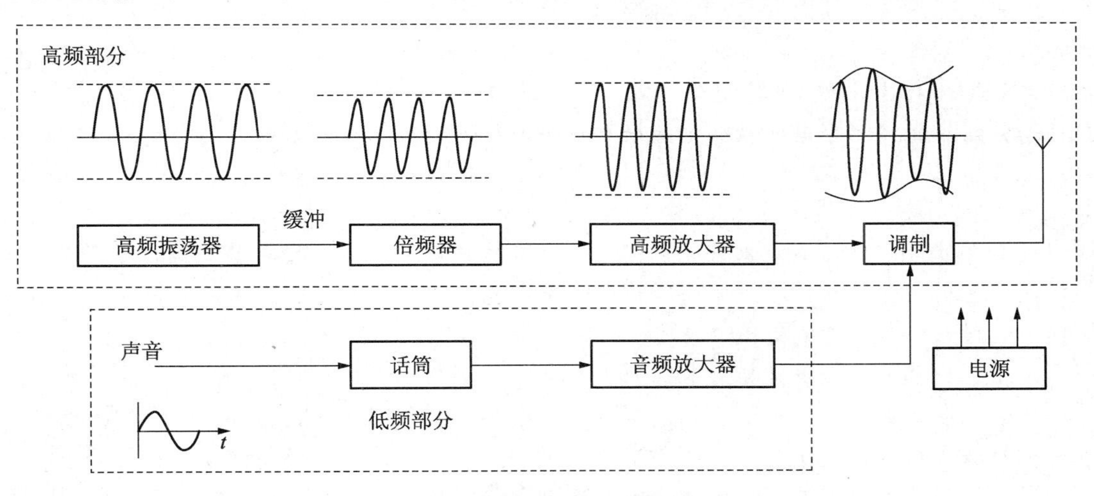

图 1.2 调幅发射机组成框图

高频部分通常由高频振荡器，倍频器和高频放大器组成。高频振荡器的作用是产生高频电振荡信号，这种高频电波是用来运载声音信号的，我们就把它叫做载波，它的频率称为载频。它的作用就像公共汽车一样，是运载工具。公共汽车运载乘客，而载波是运载信息。一般我们收听广播所说的频率就是指的这个频率。例如中央台 640kHz ，就是针对载波频率而言。

缓冲级是为减弱后级对主振级的影响而设置的。倍频器的作用是提高高频振荡频率，高频振荡器所产生的电振荡的频率不一定恰好等于所需要的载波频率，一般低于载波频率若干分之一，这主要是为了保证振荡器的频率稳定度，所以需要用倍频器把频率提高到所需要的数值。

倍频级后加若干级高频放大器，以逐步提高输出功率，最后经功放推动级，使末级功放输出功率达到所需的发射功率电平，经发射天线辐射出去。

低频部分包括话筒和音频放大器。基带音频信号通过放大，获得对高频末级功率放大器进行调制所需的功率电平。末级功率放大级又称为调制器。

无线通信的接收过程正好和发射过程相反。在接收端，接收天线将收到的电磁波转变为已调波电流，然后从这些已调波电流中选择出所需的信号进行放大和解调，这种最简单的接收机叫做直接检波式接收机，其方框图如图 1.3 所示。

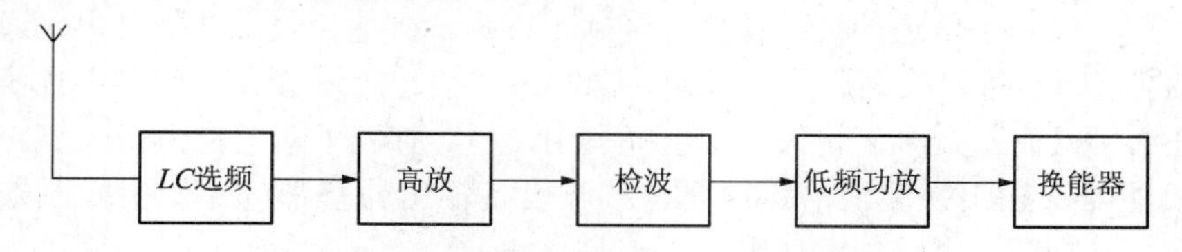

图 1.3 直接检波式接收机的方框图

接收从空中传来的电磁波的任务是由接收天线来完成的。这里必须注意的是，由于广播电台很多，在同一时间内，接收天线所收到的将不仅是我们希望收听的电台的信号，而且包含若干个来自不同电台的，具有不同载频的无线电信号，这些广播电台之所以采用各种不同的载频，其目的就是让听众按照电台频率的不同，设法选择出所需要的节目。因此在接收天线之后，应该有一个选择性电路。它的作用就是把所要接收的无线电信号挑选出来，并把不要的信号滤掉，以免产生干扰。选择性电路是由振荡线圈 L 和电容器 C 组成的。 这种 LC 电路通常叫做谐振回路，收听广播时，我们调节接收机里的可变电容器，其作用就是使振荡回路调谐到我们要收听的电台的频率。LC 谐振回路将在第 3 章中详细讨论。选择性电路的输出就是高频小信号放大器，放大后的信号为某个电台的高频调幅波，如果利用它直接去推动耳机(收信装置)是不成的，因为频率太高，耳机薄膜振动跟不上，所以还必须先把它恢复成原来的音频信号。这种从高频调幅波中检取出音频信号的过程叫做检波，也称为振幅解调，用来完成解调的部件叫做检波器或解调器。把检波器获得的音频信号经过音频放大送到耳机，就可以收听到所需要的广播节目。

由于直放式接收机的灵敏度和选择性都与工作频率有关(即波段性差)，并受高频小信号调谐放大器级数限制，不能过高，同时调谐也比较复杂。这是因为，要把天线接收来的高频信号放大到几百毫伏，一般需要用几级高频放大器，而每一级高频放大器大都需要一个由 LC 组成的谐振回路，当被接收信号的频率改变时，整个接收机的所有 LC 谐振回路都需要重新调谐，很不方便。为了克服这种缺点，现在的接收机几乎都采用超外差式的线路，如图 1.4 所示。

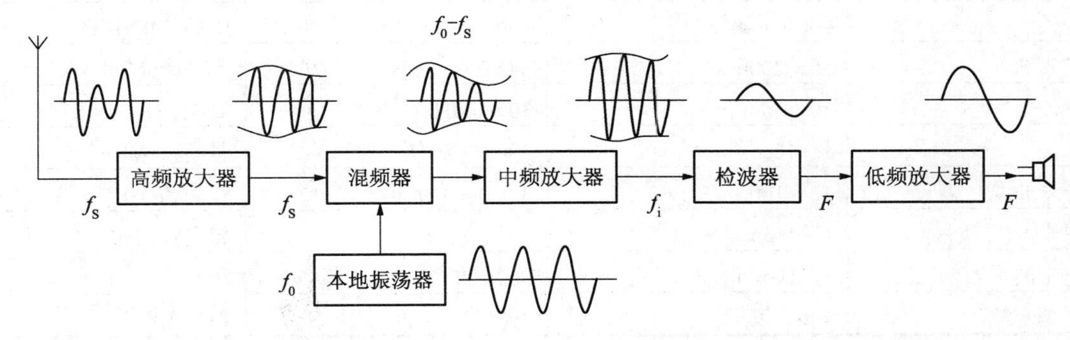

图 1.4 超外差式接收机的方框图

超外差式接收机的主要特点：把被接收的高频调幅信号的载波频率 f_s 先变为频率较低的而且是固定不变的中频 f_i，再利用中频放大器加以放大，然后进行检波。由于中频是固定的，因此中频放大器的选择性与增益都与接收的载波频率无关。把高频信号的载波频率变为中频的任务是由混频器来完成的。在以后介绍混频器时，我们将证明：把一个载频 f_s 的调幅波和一个频率为 f_0 的正弦波同时加到混频器上，经过变频所得到的仍是一个调幅波，不过它的“载波”频率已经不是原来的载频 f_s，而是这两个频率之差(f_0-f_s)，或取两个频率之和(f_0+f_s)。从上面的讨论可以看出，在超外差式接收机中为了产生变频作用，还需要有一个外加的正弦信号。这个信号通常叫做外差信号，产生外差信号的部件叫做外差振荡器，也叫本地振荡器。外差信号的频率应该随时和被接收信号频率相差一个固定频率，该频率称为中频。经变频后得到的中频信号经中频放大器放大。由于变频后的“载波”频率是固定的，所以中频放大器的谐振回路不需要随时调整，不管信号频率怎么变，中频总是不变的，选择性容易做好，这也是超外差式接收机的优点。当然，超外差式接收机电路比较复杂，还存在一些特殊的混频干扰现象这是超外差式接收机的缺点。

1.4 无线电波段的划分

频率从几十千赫至几万兆赫的电磁波都属于无线电波，在这样宽广的范围内的无线电振荡虽然具有许多共同的特点，但是频率不同时，高频振荡的产生、放大和接收方法等就不太一样，特别是无线电波的传播特点更不相同。为了便于分析和应用，习惯上将无线电的频率范围划分为若干个区域，叫做频段，也叫做波段。

无线电波段可以按频率划分，也可以按波长划分，表 1-1 列出了按波长划分的波段名称。

表 1-1 无线电波段的划分

波段名称	波长范围	频率范围	频段名称
超长波	10 000～100 000m	30～3kHz	甚低频 VLF
长波	1 000～10 000m	300～30kHz	低频 LF

续表

波段名称	波长范围	频率范围	频段名称
中波	200～1 000m	1500～300kHz	中频 MF (IF)
中短波	50～200m	6 000～1 500kHz	中高频 MHF
短波	10～50m	30～6MHz	高频 HF
米波	1～10cm	300～30MHz	甚高频 VHF
分米波	10～100cm	3 000～300MHz	特高频 UHF
厘米波(微波)	1～10cm	30～3GHz	超高频 SHF
毫米波	1～10mm	300～30GHz	极高频 EHF
亚毫米波	1mm 以下	300GHz 以上	超极高频

米波和分米波有时合称为超短波，波长小于 30cm 的分米波及厘米波称为微波。上述各种波段的划分是相对的，因为波段之间并没有显著的分界线。不过各个不同波段的特点仍然有明显的差别。从使用的元件、器件以及线路结构与工作原理等方面来说，中波、短波和米波段基本相同，但它们和微波段则有明显的区别。前者大都采用集中参数的元件，即我们通常所用的电阻、电容和电感线圈等，后者则采用所谓分布参数的元件，如同轴线和波导等。本书主要讨论米波波段以下的高频电路，即采用集中参数元件所组成的各种电路。

1.5 无线电波的传播

电磁波和光波一样，具有直射、绕射、反射、折射等现象，而无线电波就是一种电磁波，所以它在空中传播的方式也有直射、绕射、折射和反射。

1. 直射传播

由于地球是一个曲面，如果天线不高，传播距离就不远，直射传播的电波所能到达的距离，只能在视距范围以内，发射和接收天线越高，能够进行通信的距离也越远，如图 1.5(a)所示。一般超短波和微波在电离层中反射很小，它们的绕射能力也不强，所以通常是靠直线传播。它的作用距离限制在视距范围之内，像电视、调频广播、中继通信都是用超短波，传播距离几十千米。

2. 绕射传播

电波绕着地球的表面传播，如图 1.5(b)所示。由于地面不是理想的导体，无线电波沿地面表面传播时，将有一部分能量被消耗掉，这种损耗与电波波长及其他因素有关，波长越长，损耗越小；波长越短，损耗越大。一般中长波是绕射传播。

3. 电离层的折射和反射传播

这样传播的电波称为天空波，也叫做天波。我们知道，地球表面有一层具有一定厚度的大气层，由于受到太阳的照射，大气层上部的气体将发生电离而产生自由电子和离子，这一部分大气层叫做电离层。当无线电波由发射天线发出照射到电离层时，电波传播方向将发生变化，造成电磁波在电离层中的折射和反射，如图 1.5(c)所示。同时也有一部分电磁波的能量被电离层吸收而损失掉。长波、中波在电离层中受到较强的吸收，特别是在白天，这种吸收更厉害，所以中波在白天基本上不能依靠电离层的反射来传播，另一方面，地面对中波的影响也比长波大，沿地面传播的中波衰减较快。因此中波在白天的传播距离不可能很远。晚上，电离层的作用减弱，对中波的吸收作用减小，这时中波就可以借天空波传播到较远的距离。由此可知，不同波长的电磁波，其传播方式不同。

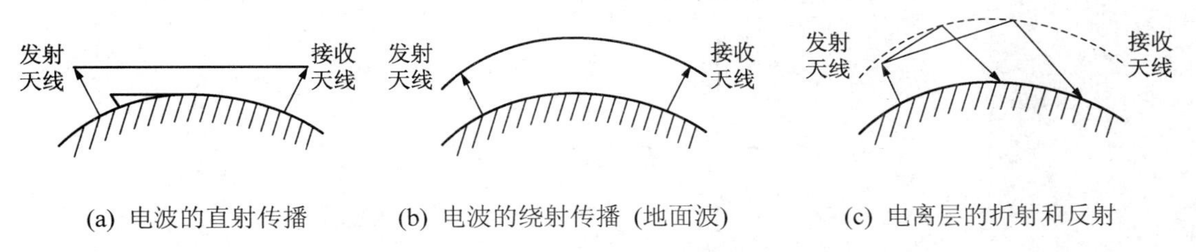

(a) 电波的直射传播　(b) 电波的绕射传播 (地面波)　(c) 电离层的折射和反射

图 1.5 无线电波的传播方式

1.6 本课程的研究对象和特点

通过本章的学习，我们已对无线通信有了一个粗浅的了解。本书将要讨论的“高频电子线路”究竟包括哪些电路呢？它们都有什么功用？高频电子线路有什么特点？

这可借助图 1.2 和图 1.4 来说明。在发送机中的高频振荡、倍频、高频功率放大、调制电路和接收机中的高频小信号放大、混频、本地振荡、中频放大、解调电路等，都属高频电子线路的研究对象。它们除了在现代通信系统中占据着“举足轻重”的作用外，还广泛地应用于其他电子设备中。概括说来，高频电子线路所研究的基本功能电路包括：小信号(高频或中频)放大电路、高频功率放大电路、正弦波振荡电路、调制和解调电路、倍频电路、混频电路等。

高频电子线路几乎都是由线性的元件和非线性的器件组成的。严格来讲，所有包含非线性器件的电子线路都是非线性电路，只是在不同的使用条件下，非线性器件所表现的非线性程度不同而已。比如对于高频小信号放大器，由于输入的信号足够小，而又要求不失真放大，因此，其中的非线性器件可以用线性等效电路来表示。分析方法也可以用线性电路的分析方法。但是，本课程的绝大部分电路都属于非线性电路，—般都用非线性电路的分析方法来分析。与线性器件不同，对非线性器件的描述通常用多个参数，如直流跨导、时变跨导和平均跨导，而且大都与控制变量有关。在分析非线性器件对输入信号的响应时，不能采用线性电路中行之有效的叠加原理，而必须求解非线性方程(包括代数方程和微分方程)。实际上，要想精确求解十分困难，一般都采用计算机辅助设计的方法进行近似分析，在工程上也往往根据实际情况对器件的数学模型和电路的工作条件进行合理的近似，以便用简单的分析方法获得具有实际意义的结果，而不必过分追求其严格性。精确的求解非常困难，也不必要。因此，在学习本课程时，要抓住各种电路之间的共性，洞悉各种功能之间的内在联系，而不要局限于掌握一个个具体的电路及其工作原理。当然，熟悉典型的单元电路对识图能力的提高和电路的系统设计都是非常有意义的，但要注意，所有这些电路都是以分立器件为基础的，因此，在学习时要注意“分立为基础，集成为重点，分立为集成服务”的原则。在学习具体电路时，要掌握“管为路用，以路为主”的方法，做到以点带面，举一反三，触类旁通。

高频电子线路是在科学技术和生产实践中发展起来的，也只有通过实践才能得到深入的了解。因此，在学习本课程时必须要高度重视实验环节，坚持理论联系实际，在实践中积累丰富的经验。随着计算机技术和电子设计自动化(EDA 技术)的发展，越来越多的高频电子线路可以采用 EDA 软件进行设计、仿真分析和电路板制作，甚至可以做电磁兼容的分析和实际环境下的仿真。因此，掌握先进的高频电路 EDA 技术，也是学习高频电子线路的一个重要内容。

1.7 本章小结

通过本章学习我们对无线电通信有了一个粗浅的了解。

1. 无线通信系统由信息源、输入换能器、发送设备、传输信道、接收设备和输出换能器六部分所组成，本课程主要研究组成发射机和接收机的电路原理、电路组成和分析方法。

2. 无线电发射设备由、高频振荡、倍频、高功放、调制、天线电源等部分组成。

3. 无线电的接收设备由天线、高频小信号放大、本振、混频、中放、检波、低放、电源等部分组成。

4. 无线电波由于其频率不同具有不同的特点，因此可将其划分为不同的波段，不同波段的无线电波传播的方式可分为直射、绕射、电离层的折射和反射等。

1.8 习　题

1-1 画出现代通信系统的原理框图，并说明各部分的功用。

1-2 无线通信为什么要用高频信号？“高频”信号指的是什么？

1-3 无线通信为什么要进行调制？如何进行调制？

1-4 无线电信号的频段或波段是如何划分的？各个频段的传播特性和应用情况如何？

第2章　噪声与干扰

教学提示：通信系统中的噪声与干扰直接影响通信设备的性能指标。内部噪声源主要有电阻热噪声、晶体管噪声、场效应管噪声和天线噪声四种。干扰一般指外部干扰，可分为自然的和人为的干扰。发射机和接收机的主要技术指标是衡量通信系统的主要性能指标。

教学要求：本章让学生了解噪声的来源、分类和特点。重点是让学生掌握放大器噪声系数的定义和简单计算，从工程适用的角度讲解无线发射机和接收机的主要性能指标。由于噪声是涉及面广而且复杂的问题，本章不要求深入讨论。

2.1　概　　述

通信设备的性能指标在很大程度上与噪声和干扰有关，噪声与干扰可能来自接收系统的外部，也可能来自系统的内部，但都表现为干扰有用信号的某种不期望的扰动。通常，把有确定来源、有规律的来自外部与内部的扰动称为干扰，例如雷电干扰、无线电波干扰及 50Hz 电源干扰等；把系统内部产生的无规则的起伏扰动称为噪声，例如，人们收听广播时，常常会听到“沙沙”声，观看电视时，常会看到“雪花”似的背景或波纹线，这些都是接收机中的放大器和其他元器件存在噪声的结果。对于大多数干扰，原则上可以通过合理设计和正确调整予以削弱或消除，而噪声是一种随机信号，由于其频谱很宽，干扰能量分布于整个无线电工作频率范围之内，故难于消除。因此，噪声是影响各类接收机性能的主要因素。

接收机的灵敏度是指为保证必要的输出信噪比，接收机输入端上所需的最小有用信号电平。该信号电平越低，则接收灵敏度越高，表示接收微弱信号的能力越强。接收机的理想灵敏度可以做得很高，但是考虑了噪声之后，实际的灵敏度就下降很多。在通信系统中提高接收机的灵敏度比增加发射机的灵敏度更为有效。

本章只介绍噪声的基本概念及其描述方法以及发射机和接收机的主要性能指标，由于噪声问题涉及的范围很广，定量计算比较复杂，这里只从工程应用的角度介绍有关噪声的基本知识，为后续课程深入讨论噪声问题打下必要的基础。

2.2　噪　　声

噪声对有用信号的接收会产生干扰，特别是当有用信号较弱时，噪声的影响就更为突出，严重时会使有用信号淹没在噪声之中而无法接收。噪声的种类很多，有的是从器件外部串扰进来的，称为外部噪声，有的是器件内部产生的，称为内部噪声。内部噪声源主要有电阻热噪声、晶体管噪声、场效应管噪声和天线噪声四种。

2.2.1　电阻热噪声

电阻热噪声是由电阻内部自由电子的热运动而产生的。自由电子在运动中经常相互碰撞，因而其运动速度的大小和方向都是不规则的。温度越高，运动越剧烈。只有当温度下降到绝对零度时，运动才会停止。自由电子的这种热运动在导体内会形成非常微弱的电流，这种电流呈杂乱起伏的状态，称为起伏噪声电流。起伏噪声电流流过电阻本身就会在其两端产生起伏噪声电压。

由于起伏噪声电压的变化是不规则的，其瞬时振幅和瞬时相位是随机的，所以无法计算其瞬时值。起伏噪声电压的平均值为零，噪声电压正是不规则地偏离此平均值而起伏变化的。但是，起伏噪声的均方值是确定的，可以用功率计测量出来。实验发现，在整个无线电频段内，当温度一定时，单位电阻上所消耗的平均功率在单位频带内几乎是一个常数，即其功率频谱密度是一个常数。对照白光内包含了所有可见光波长这一现象，人们把这种在整个无线电频段内具有均匀频谱的起伏噪声称为白噪声。

由理论和实验证明，当温度为 T(K)时，阻值为 R 的电阻所产生的噪声电流功率频谱密度和噪声电压功率频谱密度分别为

$$S_I(f)=\frac{4kT}{R} \tag{2-1}$$

$$S_U(f)=4kTR \tag{2-2}$$

式中，k 是玻耳兹曼常数；T 是电阻的温度，以绝对温度 K 计量。

在频带宽度为 B 内产生的热噪声均方值电流和均方值电压分别为

$$I_{\rm n}^2=S_I(f)B \tag{2-3}$$

$$U_{\rm n}^2=S_U(f)B \tag{2-4}$$

所以，一个实际电阻可以分别用噪声电流源与理想电阻的并联或噪声电压源与理想电阻的串联来表示，如图 2.1 所示。

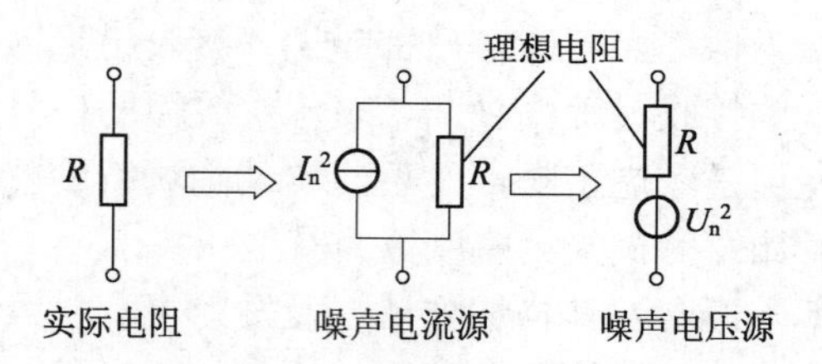

图 2.1　电阻热噪声等效电路

一般来说，理想电抗元件是不会产生噪声的，但实际电抗元件是有损耗电阻的，这些损耗电阻会产生噪声。对于实际电感的损耗电阻一般不能忽略，而对于实际电容的损耗电阻一般可以忽略。

【例 2.1】 试计算 510kΩ电阻的噪声均方值电压和均方值电流各是多少？设 T=290K，B=100kHz。

解：

$$U_{\rm n}^2=4kTRB=4\times1.38\times10^{-23}\times290\times510\times10^3\times10^5\approx8.16\times10^{-10}\ {\rm V}^2$$

$$I_{\rm n}^2=4kTB/R=4\times1.38\times10^{-23}\times290\times10^5/510\times10^3\approx3.14\times10^{-21}\ {\rm A}^2$$

一般当数个元件相串联时，用电压源等效电路比较方便，而当数个元件并联时，用电流源等效电路比较方便。当实际电路中包括多个电阻时，每一个电阻都将引入一个噪声源。对于线性网络的噪声，适用均方叠加法则。多个电阻串联时，总噪声电压等于各个电阻所产生的噪声电压的均方值相加。多个电阻并联时，总噪声电流等于各个电导所产生的噪声电流的均方值相加。这是由于，每个电阻的噪声都是电子的无规则热运动所产生，任何两个噪声电压必然是独立的，所以只能按功率相加(用方均值电压或方均值电流相加)。总的噪声输出功率是每个噪声源单独作用在输出端所产生噪声功率之和。

【例 2.2】 计算图 2.2(a)所示并联电阻两端的噪声电压。设 R_1 和 R_2 处的温度 T 相同。试计算电路的噪声均方值电压。

解： (1) 先利用电流源进行计算，如图 2.2(b)所示。由式(2-3)得

$$I_{n1}^2 = S_{I1}(f)B = 4kTG_1B$$
$$I_{n2}^2 = S_{I2}(f)B = 4kTG_2B$$

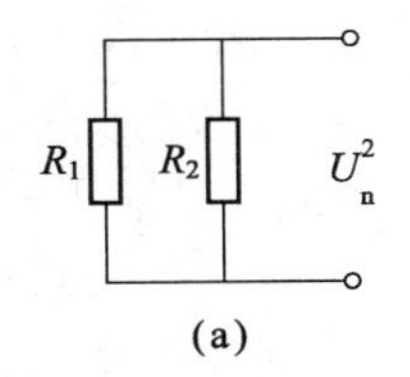

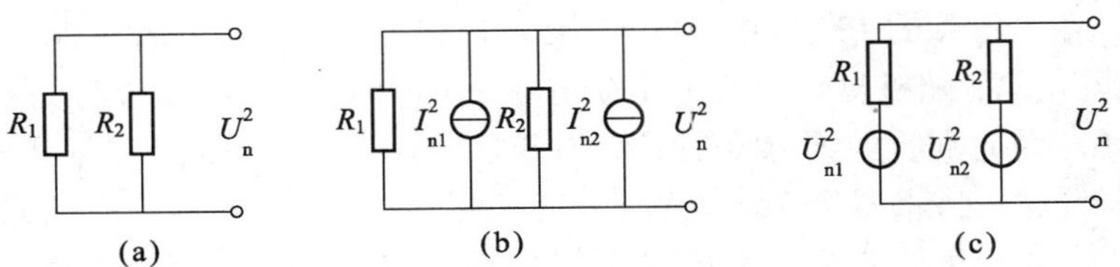

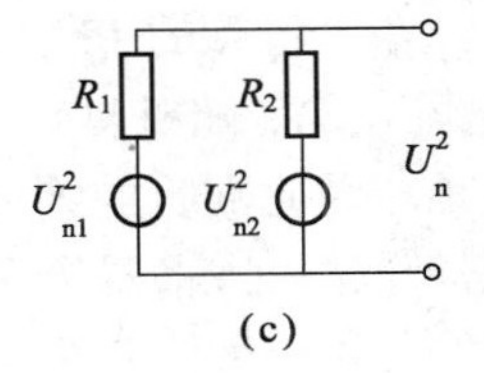

图 2.2　并联电阻两端的噪声电压

其中，$G_1=1/R_1$，$G_2=1/R_2$，由均方叠加法则

$$I_n^2 = I_{n1}^2 + I_{n2}^2 = 4kT(G_1 + G_2)B$$

所以，电路输出端的噪声均方值电压为

$$U_n^2 = \frac{I_n^2}{(G_1 + G_2)^2} = 4kT\frac{R_1R_2}{R_1 + R_2}B$$

(2) 再利用电流源进行计算，如图 2.2(c)所示。由式(2-4)得

$$U_{n1}^2 = S_{U1}(f)B = 4kTR_1B$$
$$U_{n2}^2 = S_{U2}(f)B = 4kTR_2B$$

由均方叠加法则，U^2_{n1} 在输出端噪声均方值电压为

$$(U_{n1}^2)' = \frac{U_{n1}^2}{(R_1 + R_2)^2}R_2^2$$

同理，U_{n2}^2 在输出端噪声均方值电压为

$$(U_{n2}^2)' = \frac{U_{n2}^2}{(R_1 + R_2)^2}R_1^2$$

所以，电路输出端的噪声均方值电压为

$$U_n^2 = (U_{n1}^2)' + (U_{n2}^2)' = 4kT\frac{R_1R_2}{R_1 + R_2}B$$

显然，两种方法的计算结果是相同的。

2.2.2　晶体三极管噪声

晶体三极管噪声是放大电路内部固有噪声的一个重要来源，比电阻的热噪声要大得多，主要包括以下四部分。

1. 热噪声

构成晶体管的发射区、基区、集电区的体电阻和引线电阻均会产生热噪声，其中以基区体电阻 $r_{bb'}$ 的影响为主，其他均可忽略。由 $r_{bb'}$ 产生的热噪声电势为

$$\overline{u_n^2} = 4kTr_{bb'}\Delta f_n \tag{2-5}$$

为使晶体管的热噪声小，应选 $r_{bb'}$ 小的管子。

2. 散弹噪声

散弹噪声是晶体管的主要噪声源。它是由单位时间内通过 PN 结的载流子数目随机起伏而造成的。在晶体管的 PN 结中(包括二极管的 PN 结)，每个载流子都是随机地通过 PN 结的(包括随机注入、随机复合)。大量载流子流过结时的平均值(单位时间内平均)决定了它的直流电流 I_0，因此真实的结电流是围绕 I_0 起伏的。这种由于载流子随机起伏流动产生的噪声称为散弹噪声，或散粒噪声。这种噪声也存在于电子管、光电管之类器件中，是一种普遍物理现象。由于散弹噪声是大量载流子引起的，每个载流子通过 PN 结的时间很短，因此它们噪声谱和电热噪声相似，具有平坦的噪声功率谱。也就是说散弹噪声也是白噪声。根据理论分析和实验表明，散弹噪声引起的电流起伏均方值与 PN 结的直流电流成正比。其电流功率频谱密度为

$$S_I(f) = 2qI_0 \tag{2-6}$$

式中，I_0 是通过 PN 结的平均电流值；q 是每个载流子所载的电荷量，q=1.59×10^{-19}C(库[仑])。

一般情况下，散弹噪声大于电阻热噪声，散弹噪声和电阻热噪声都是白噪声。在 I_0=0 时，散弹噪声为零，但是只要不是绝对零度，热噪声总是存在。这是散弹噪声与热噪声的区别。

另外，晶体管中有发射结和集电结，因为发射结工作于正偏，结电流大。而集电结工作于反偏，除了基极来的传输电流外，只有反向饱和电流(它也产生散弹噪声)。因此发射结的散弹噪声起主要作用，而集电结的噪声可以忽略。

3. 分配噪声

晶体管中通过发射结的非平衡少数载流子，大部分由集电极收集，形成集电极电流，而少数部分载流子被基极流入的多数载流子复合，产生基极电流。由于基极中载流子的复合也具有随机性，即单位时间内复合的载流子数目是起伏变化的。晶体管的电流放大系数 α、β 只是反映平均意义上的分配比。这种因分配比起伏变化而产生的集电极电流、基极电流在静态值上下起伏的噪声，称为晶体管的分配噪声。

分配噪声实际上也是一种散弹噪声，但由于渡越时间的影响，当三极管的工作频率高到一定值后，这类噪声的功率谱密度是随频率变化的，频率越高，噪声越大。其功率频谱密度也可近似按式(2-6)计算。

4. 闪烁噪声

由于半导体材料及制造工艺水平造成表面清洁处理不好而引起的噪声称为闪烁噪声。它与半导体表面少数载流子的复合有关，表现为发射极电流的起伏，其电流噪声谱密度与频率近似成反比，又称 $1/f$ 噪声。因此，它主要在低频范围起主要作用。其特点是频谱集中在约 1kHz 以下的低频范围，且功率频谱密度随频率降低而增大。在高频工作时，可以忽略闪烁噪声。这种噪声也存在于其他电子器件中，某些实际电阻器就有这种噪声。晶体管在高频应用时，除非考虑它的调幅、调相作用，这种噪声的影响也可以忽略。

2.2.3　场效应管噪声

在场效应管中，由于其工作原理不是靠少数载流子的运动，因而散弹噪声的影响很小。场效应管的噪声有以下几个方面的来源：场效应管是依靠多子在沟道中的漂移运动而工作的，沟道中多子的不规则热运动会在场效应管的漏极电流中产生类似电阻的热噪声，称为沟道热噪声，这是场效应管的主要噪声源。其次便是栅极漏电流产生的散弹噪声。在高频时同样可以忽略场效应管的闪烁噪声。

1. 沟道热噪声

这是由导电沟道电阻产生的噪声。因为沟道电阻的大小不是恒定值，而受到栅极电压的控制，此噪声与场效应管的转移跨导 g_m 成正比。其值为

$$\overline{i_{nd}^2} = 4kTg_m\Delta f_n \tag{2-7}$$

2. 栅极感应噪声

这是沟道中的起伏噪声通过沟道与栅极之间的电容 C_{gs}，在栅极上感应而产生的噪声，此噪声与工作频率 ω 及 C_{gs} 的平方成正比，与跨导 g_m 成反比。

3. 栅极散弹噪声

这是由栅极内电荷的不规则起伏而引起的，对于结型场效应管，其噪声电流的均方值与栅极漏电流成正比。对于 MOS 型场效应管，由于泄漏电流很小，仅为微安级，其栅极散弹噪声可忽略。

沟道热噪声和栅极漏电流散弹噪声的电流功率频谱密度分别是：

$$S_I(f) = 4kT(\frac{2}{3}g_m) \tag{2-8}$$

$$S_I(f) = 2qI_g \tag{2-9}$$

式中，g_m 是场效应管的跨导；I_g 是栅极漏电流。

必须指出，前面讨论的晶体管中的噪声，在实际放大器中将同时起作用并参与放大。有关晶体管的噪声模型和晶体管放大器的噪声比较复杂，这里就不讨论了。

2.2.4　天线噪声

天线噪声由天线本身产生的热噪声和天线接收到的各种外界环境噪声组成。天线本身的热噪声功率 $P_{NA} = 4kTR_AB_N$，R_A 为天线辐射等效电阻。天线的环境噪声是指大气电离层

的衰落和天气的变化等因素引起的自然噪声，以及来自太阳、银河和月球的无线电辐射产生的宇宙噪声。环境是不稳定的，在空间的分布也是不均匀的。例如，自然噪声随季节变化、昼夜时间的变化以及频率的变化都将发生变化；银河系的辐射较强，其主要影响在米波段以下，而且这种影响是稳定的；太阳的电磁辐射是极不稳定的，而且还与太阳的黑子变化、太阳的大爆发有关。

2.2.5　噪声系数

在高频电路中，为了使放大器能够正常工作，除了要满足增益、通频带、选择性等要求之外，还应对放大器的内部噪声给以限制，一般是对放大器的输出端提出满足一定信噪比的要求。

所谓信噪比是指放大器输入或输出端口处信号功率与噪声功率之比。信噪比通常用分贝数表示，写为

$$S/N = 10\lg\frac{P_S}{P_n}\ (\text{dB}) \tag{2-10}$$

式中，P_S、P_n分别为信号功率与噪声功率。

1. 放大器噪声系数的定义

如果放大器内部不产生噪声，当输入信号与噪声通过它时，二者都得到同样的放大，那么放大器的输出信噪比与输入信噪比相等。而实际放大器是由晶体管和电阻等元器件组成的，热噪声和散弹噪声构成其内部噪声，所以输出信噪比总是小于输入信噪比。为了衡量放大器噪声性能的好坏，提出了噪声系数这一性能指标。

放大器的噪声系数N_F(Noise Figure)定义为输入信噪比与输出信噪比的比值，即

$$N_F = \frac{P_{Si}/P_{ni}}{P_{So}/P_{no}} \tag{2-11}$$

上述定义可推广到所有线性四端网络。如果用分贝数表示，则写为

$$N_F = 10\lg\frac{P_{Si}/P_{ni}}{P_{So}/P_{no}}\ (\text{dB}) \tag{2-12}$$

从式(2-11)可以看出，N_F是一个大于或等于1的数。其值越接近于1，则表示该放大器的内部噪声性能越好。

图2.3是描述放大器噪声系数的等效电路。设P_{Si}为信号源的输入信号功率，P_{ni}为信号源内阻R_S产生的噪声功率，设放大器的功率增益为G_P，带宽为B，其内部噪声在负载上产生的功率为P_{nao}；而P_{So}和P_{no}分别为信号和信号源内阻在负载R_L上所产生的输出功率和输出噪声功率。任何放大系统都是由导体、电阻、电子器件等构成的，其内部一定存在噪声。由此不难看出，放大器以功率放大增益G_P放大信号功率P_i的同时，它也以同样的增益放大输入噪声功率P_{ni}。此外，由于放大器系统内部有噪声，它必然在输出端造成影响。因此，输出信噪比要比输入信噪比低。N_F反映出放大系统内部噪声的大小。

噪声系数通常只适用线性放大器，因非线性电路会产生信号和噪声的频率变换，噪声系数不能反映系统的附加的噪声性能。由于线性放大器的功率增益

$$G_P = \frac{P_{So}}{P_{Si}} \tag{2-13}$$

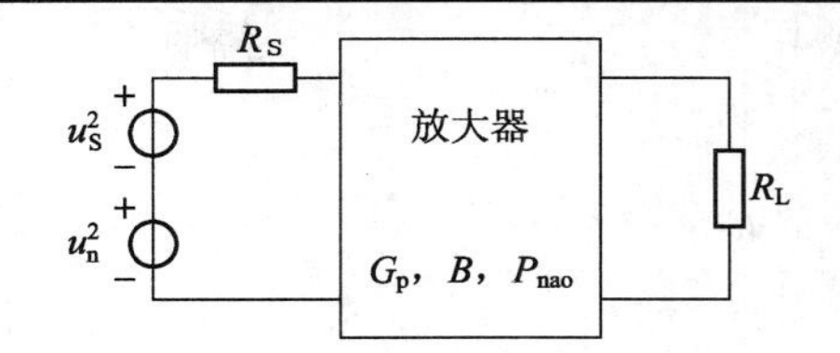

图 2.3　放大器噪声系数的等效电路

所以式(2-13)可写成

$$N_F=\frac{P_{Si}/P_{ni}}{P_{So}/P_{no}}=\frac{P_{Si}}{P_{So}}\frac{P_{no}}{P_{ni}}=\frac{P_{no}}{G_PP_{ni}} \tag{2-14}$$

式中，G_PP_{ni} 为信号源内阻 R_S 产生的噪声经放大器放大后，在输出端产生的噪声功率；而放大器输出端的总噪声功率 P_{no} 应等于 G_PP_{ni} 和放大器内部噪声在输出端产生的噪声功率 P_{nao} 之和，即

$$P_{no}=P_{nao}+G_PP_{ni} \tag{2-15}$$

显然，$P_{no}>G_PP_{ni}$，故放大器的噪声系数总是大于 1 的，理想情况下 $P_{nao}=0$，噪声系数 N_F 才可能等于 1。将式(2-15)代入式(2-14)则得

$$N_F=1+\frac{P_{nao}}{G_PP_{ni}} \tag{2-16}$$

2. 多级放大器噪声系数的计算

先考虑两级放大器，如图 2.4 所示。设两级放大器匹配，它们的噪声系数和额定功率增益分别为 N_{F1}、N_{F2} 和 G_{P1}、G_{P2}，且假定通频带也相同。利用式(2-15)和式(2-16)，式中 N_F 和 G_P 分别看作是两级放大器总的噪声系数和总的额定功率增益，而总输出噪声额定功率 P_{no} 由三部分组成，即

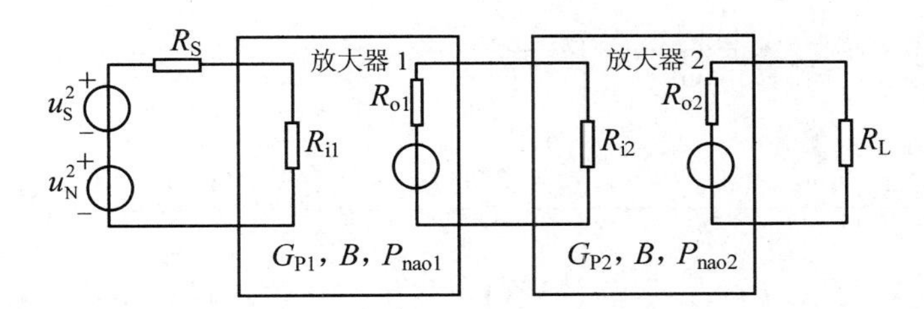

图 2.4　两级放大器噪声系数的等效电路

$$P_{no}=P_{ni}G_{P1}G_{P2}+P_{nao1}G_{P2}+P_{nao2} \tag{2-17}$$

式中，P_{nao1} 和 P_{nao2} 分别是第一级放大器和第二级放大器的内部噪声额定功率。

由式(2-17)可写出

$$P_{nao1}=(N_{F1}-1)G_{P1}P_{ni1} \tag{2-18}$$

$$P_{nao2}=(N_{F2}-1)G_{P2}P_{ni2} \tag{2-19}$$

式中，P_{ni1} 和 P_{ni2} 分别表示信号源内阻 R_S 与 R_{o1} 产生的热噪声，由于设电路匹配，则 $P_{ni1}=P_{ni2}=kTB$。将式(2-18)、式(2-19)代入式(2-17)中，最后由式(2-14)可求得两级放大器总噪声系数为

$$N_F = N_{F1} + \frac{N_{F2}-1}{G_{P1}} \tag{2-20}$$

对于 n 级放大器，将其前$(n-1)$级看成是第一级，第 n 级看成是第二级，利用式(2-20)，可推导出 n 级放大器总的噪声系数为

$$N_F = N_{F1} + \frac{N_{F2}-1}{G_{P1}} + \frac{N_{F3}-1}{G_{P1}G_{P2}} + \cdots + \frac{N_{Fn}-1}{G_{P1}G_{P2}\cdots G_{P(n-1)}} \tag{2-21}$$

可见，在多级放大器中，各级噪声系数对总噪声系数的影响是不同的，前级的影响比后级的影响大，且总噪声系数还与各级的额定功率增益有关。所以，为了减小多级放大器的总噪声系数，必须降低前级放大器(尤其是第一级)的噪声系数，并增大前级放大器(尤其是第一级)的额定功率增益。以上关于放大器噪声系数的分析结果也适用于所有线性四端网络。

【例 2.3】 某接收机由高放、混频、中放三级电路级联组成。已知混频器的额定功率增益 G_{P2}=0.2，噪声系数 N_{F2}=10dB，中放噪声系数 N_{F3}=6dB，高放噪声系数 N_{F1}=3dB。如要求加入高放后使整个接收机总噪声系数降低为加入前的 1/10，则高放的额定功率增益 G_{P1} 应为多少？

解：先将噪声系数的 dB 数进行转换。已知 N_{F1}=3dB，N_{F2}=10dB，N_{F3}=6dB 分别对应为 N_{F1}=2，N_{F2}=10，N_{F3}=4。

因为，未加高放时接收机噪声系数为

$$N_F = N_{F2} + \frac{N_{F3}-1}{G_{P2}} = 10 + \frac{4-1}{0.2} = 25$$

所以，加高放后接收机噪声系数应为

$$N_F' = \frac{1}{10}N_F = 2.5$$

又

$$N_F' = N_{F1} + \frac{N_{F2}-1}{G_{P1}} + \frac{N_{F3}-1}{G_{P1}G_{P2}}$$

所以

$$G_{P1} = \frac{(N_{F2}-1)+(N_{F3}-1)/G_{P2}}{N_F' - N_{F1}} = \frac{(10-1)+(4-1)/0.2}{2.5-2} = 48 = 16.8\text{dB}$$

由例 2.3 可以看到，加入一级高放后可以使整个接收机噪声系数大幅度下降，其原因在于整个接收机的噪声系数并非只是各级噪声系数的简单叠加，而是各有一个不同的加权系数，这从式(2-21)很容易看出。未加高放前，原作为第一级的混频器噪声系数较大，额定功率增益小于 1；而加入后的第一级高放噪声系数小，额定功率增益大。由此可见，第一级采用低噪声高增益电路是极其重要的。

2.3　干　　扰

干扰一般指外部干扰，可分为自然的和人为的干扰。自然干扰有天线干扰、宇宙干扰和大地干扰。人为干扰主要有工业干扰和无线电台的干扰。

2.3.1 工业干扰

工业干扰是由各种电气装置中发生的电流(或电压)急剧变化所形成的电磁辐射，并作用在接收机天线上所产生的。例如，马达、电焊机、高频电气装置、电疗机、X 光机、电气开关等，它们在工作过程中或者由于产生火花放电而伴随电磁波辐射，或者本身就存在电磁波辐射。

工业干扰的强弱取决于产生干扰的电气设备的多少、性质及分布情况。当这些干扰源离接收机很近时，产生的干扰是很难消除的。工业干扰传播的途径，除直接辐射外，更主要的是沿电力线传播，并通过交流接收机的电源线与有干扰的电力线之间的分布电容耦合而进入接收机，这也是常见的干扰路径，如图 2.5 所示。

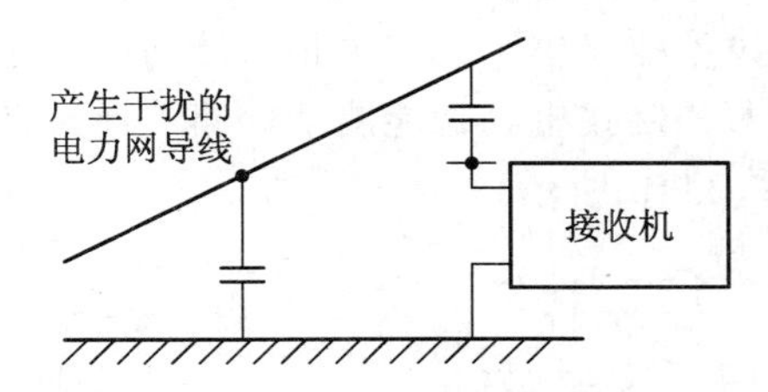

图 2.5 接收机天线与有干扰的电力线耦合

工业干扰沿电力线传播比它在相同距离的直接辐射强度大得多。在城市中的工业干扰显然比农村严重得多；电气设备越多的大城市，情况越严重。

从工业干扰的性质来看，它们大都属于脉冲干扰。通常，脉冲干扰可看成一个突然上升又按指数规律下降的尖脉冲，如图 2.6 所示。其时间关系的表示式为

$$f(x) = \upsilon \mathrm{e}^{-at} \ (t > 0\text{时})$$
$$f(x) = 0 \ (t < 0\text{时}) \tag{2-22}$$

式中，a 表示干扰电压下降的速度。

分析表明，干扰振幅与频率的关系，如图 2.7 所示。由图 2.7 可见，脉冲干扰的影响在频率较高时比频率低时弱得多。且接收机通频带较窄时，通过脉冲干扰的能量小，则干扰的影响减弱。因此，工业干扰对中波波段的影响较大，随着接收机工作波段进入短波、超短波(一般工作频率在 20MHz 以上)，这类干扰的影响就显著下降。

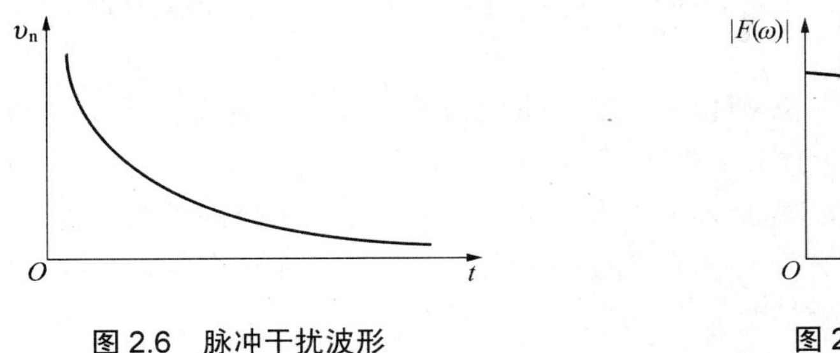

图 2.6 脉冲干扰波形

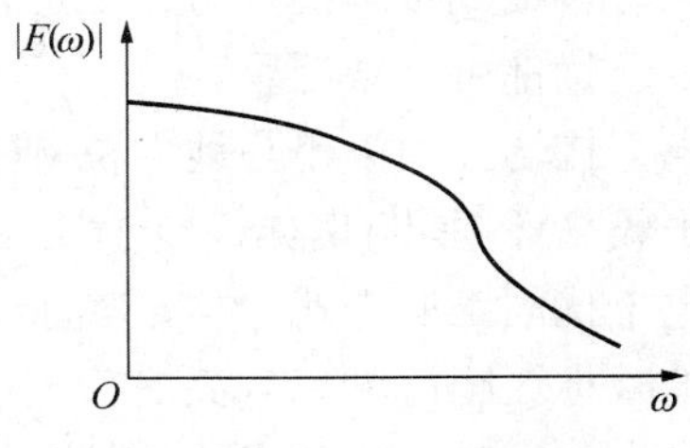

图 2.7 脉冲干扰频谱图

为了克服工业干扰，最好在产生干扰的地方进行抑制。例如，在电气开关、电动机的火花系统的接触处并联一个电阻和电容，以减小火花作用，如图 2.8(a)所示。或在干扰源处

加接防护滤波器，如图 2.8(b)所示。除此以外，还可以把产生干扰的设备，加以良好的屏蔽来减小干扰的辐射作用。

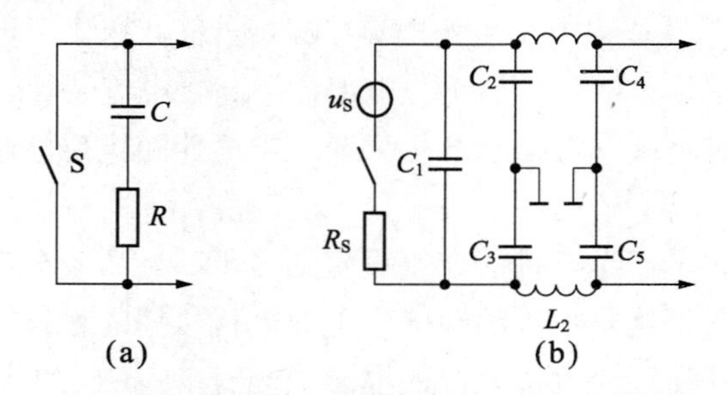

图 2.8　抑制火花作用的电路和滤波器

目前，我国对有关电气设备所产生干扰电平都有严格的规定，为了避免沿电力线传播的干扰进入用交流电作为电源的接收机和智能测量仪器，通常在这些设备的电源变压器初级加以滤波，如图 2.9(a)、图 2.9(b)所示。

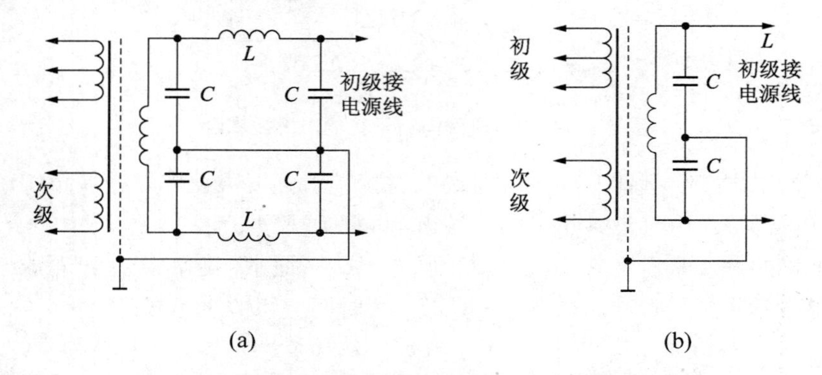

图 2.9　接收机或测量仪器电源线滤除脉冲干扰的装置

2.3.2　天电干扰

自然界的雷电现象是天电干扰的主要来源。此外，带电的雨雪和灰尘的运动，以及它们对天线的冲击，都可能引起天电干扰。

地球上平均每秒发生 100 次左右的空中闪电，每次雷电都产生强烈的电磁场骚动，并向四面八方传播到很远的地方。因此，即使距离雷电几千千米以外，在看不到雷电现象的情况下，干扰都可能很严重。

天电干扰场强的大小与地面位置(例如，发生雷电较多的赤道、热带、高山等地区天电干扰电平较高)和季节(例如，夏季比冬季高)等有关。

天电干扰同工业干扰一样，属于脉冲性质。如上所述，脉冲干扰的频谱密度是与频率成反比地减小。因此频率升高时，天电干扰的电平降低。此外，在较窄频带内通过的天电干扰能量小，所以干扰强度随频带变窄而减弱。

克服天电干扰是困难的，因为不可能在产生干扰的地方进行抑制。因此，只能在接收机等设备上采取一些措施，如电源线加接滤波电路，采用窄频带，加接抗脉冲干扰电路等。或在雷电多的季节采用较高的频率进行通信。

2.4　发射机和接收机的主要性能指标

本书绪论中已对无线电通信中发射机和接收机的组成原理框图进行了分析，本节主要介绍模拟通信发射机和接收机的性能指标。

2.4.1　发射机的主要指标

发射机的主要指标包括：功率与效率、发射频率与频率稳定度、发射信号频谱纯度和频带宽度。

(1) 功率与效率。无线通信中信号传输的距离决定发射机的功率，因此发射机的功率要求须尽可能的大，整机效率要尽可能的高，主要决定末级功放的效率，故末级一般采用丙类或丁类放大器。

(2) 发射频率与频率稳定度。发射机的中心频率即载波频率。发射机的频率稳定度主要是指载波频率的准确性和稳定性。如广播发射机的日频率稳定度一般要求优于1.5×10^{-5}，单边带发射机的频率稳定度要优于10^{-6}，电视发射机要优于5×10^{-7}。

(3) 发射信号频谱纯度。发射机的失真主要是指调制和传输中产生的失真，希望谐波小，频谱纯度高，要求发射机发出的已调信号必须与原调制优良品种有严格的线性关系。

(4) 发射机频带宽度，带内功率波动。对发射机的要求是多方面的，功率、频率是最基本的，现代通信体制对发射机提的要求侧重于高纯频谱及线性度。

发射机功率、频率的确是总体设计的任务。频率的选择涉及的因素很多。首先是要遵循无线电管理委员会法规，申请使用频谱的权利，然后要考虑到发射信息的特点。

调制方式极大地影响了频谱能量利用能力。例如，对于调频与调幅体制，保证同样的输出信噪比，同样的传输距离，当调频指数等于 5 时，调频发射机的功率大约只需要调幅发射机功率的1/112.5。

发射功率的大小还与天线增益、接收机灵敏度有关。天线增益越高，接收机灵敏度越高，保证相同输出信噪比的情况下发射功率越小。

无线传输不可避免地存在多径效应。普通的方式无法克服多径效应，将引起频率选择性衰减，这时需要发射机功率有裕量。恶劣的电磁传输环境也要求发射机有功率裕量。

发射机功率及频率的确定是一个复杂的问题，涉及的因素很多。具体问题应具体分析，要综合考虑各方面的影响。

发射信号的频谱纯度主要取决于本振信号。对本振信号频谱纯度的要求取决于系统的要求。第三代的 GSM 及 CDMA-MC 等新体制通信系统都对本振信号的相位噪声指标提出了较高要求。新体制的发射机(及接收机)还对放大器的线性度及动态范围提出了更高的要求。

2.4.2　发射机整机的参量测量

发射机测量是相当复杂，首先是天线馈线有关参数的测量。这个问题在此不讨论，请参阅有关书籍及文献。

发射机功率与频率的测量是常规测量，如图 2.10 所示，借助大功率衰减器(或大功率定向耦合器)及频谱分析仪可进行功率与频率测量。加上调制后，可测量调制谱，如调频频谱、调幅频谱等。如果频谱分析仪质量好，发射机频率又较高，还可以利用图 2.10 直接测量发射小频谱纯度(最好去掉调制)、杂散、谐波等。

图 2.10　发射机功率、频谱、调制测量

2.4.3　接收机的主要性能指标

接收机的主要性能指标包括灵敏度、选择性、输出功率及失真等要求。

1. 接收机的灵敏度

灵敏度表示接收机接收微弱信号的能力。灵敏度越高，接收的微弱信号越小。因此，灵敏度可定义为保持输出为一定功率时，接收机信号的最小值。接收机灵敏度用 P_{Smin} 来表示(例如，$P_{\text{Smin}}=-100\text{dBm}$)，有时也用 E_{Smin} 来表示(例如，$E_{\text{Smin}}=10\mu\text{V}$)，它们之间的变换关系为

$$P_{\text{Smin}}=\frac{E_{\text{Smin}}^2}{4R_{\text{A}}} \tag{2-23}$$

式中，R_{A} 为天线等效电阻。

为什么接收的信号功率小于 P_{Smin} 就无法辨别呢？这是由于外部噪声和内部噪声的干扰影响。当输入信号电平与干扰电平相近时，加大接收机的放大倍数，信号与噪声同时放大，信号还是淹没在噪声中。接收机灵敏度的极限值受噪声电平限制，要提高接收机灵敏度，必须尽力减小进入接收机的噪声功率。而进入接收机的噪声功率还与通频带有关，换句话说，灵敏度还与接收机的通频带有关，即

$$P_{\text{Smin}}=kT_0BN_{\text{F}}D \tag{2-24}$$

式中，k 为玻耳兹曼常数；T_0 为室温；B 为通频带；N_{F} 为噪声系数；D 为识别系数。实验室中，通常选 D=1。

超外差式接收机灵敏度 P_{Smin} 在 $-90\sim110\text{dBm}$ 之间，接收机的放大量为 $10^6\sim10^8$ 倍 $(120\sim160\text{dB})$。这里还要强调，接收机灵敏度与接收机放大量无关。

接收机的噪声系数是系统的噪声系数，包含天线的噪声、馈线的噪声及接收机的噪声。接收机总的等效噪声温度为

$$T_{\text{e}}=T_{\text{R}}+\frac{T_{\text{a}}}{L_{\text{f}}}+(1-\frac{1}{L_{\text{f}}})T_0 \tag{2-25}$$

式中，T_{R} 为接收机本身的等效噪声温度；T_{a} 为天线等效噪声温度；L_{f} 为馈线损耗；T_0 为室温。

2. 接收机通频带及各级通频带

接收机是以接收信息为目的的电子系统。任何信息都占据一定的频带宽度。在模拟载波传输系统中，这个信息先去调制载波，调制后的载波也占据一定的频带宽度。接收机的通频带就是要保证解调后的信息波形在允许的失真范围之内有最小的频带宽度。

下面以脉冲雷达接收机为例说明接收机总通频带的选择。

脉冲雷达接收机的脉宽度是τ一定的矩形高脉冲信号，这种波形的频谱能量主要集中在宽度为$2/\tau$的频域内。接收机的通频带不同时，信号谱分量通过的数量将不同，失真的程度就不同。通频带太窄，波形失真严重，输出脉冲的幅值减小。但是，噪声电压的均方值$\overline{\mu_n^2}$与Δf_n越小，噪声功率也越小。

宽通频带时，输出波形失真不大，输出信号脉冲的幅度大，但噪声也大，信噪比不是很高。窄通频带时，噪声小，但输出信号幅度很小，输出信噪比也不高。通频带适中时，输出波形有适当的失真，但信噪比最高。上述讨论说明：对脉冲雷达接收机而言，存在最佳通频带B_{opt}，可以证明

$$B_{opt}=\frac{1.3}{\tau} \tag{2-26}$$

通信接收机的通频带选择原则类似，总存在一个最佳通频带B_{opt}。由于信息的形式不同，无法给出一个公式来概括。通信系统不仅与通频带与调制体有关，还与系统的性能要求、接收机设计方法等因素有关。

确定接收机总的通频带后就可确定各级通频带了。各级通频带的选择原则是在确保总的频带宽度前提下，取各级通频带相同，也可以不同。但是在确保通带的前提下，还要考虑每一级能否得到最大稳定增益。

可以证明，高频、中频通频带相同时所需级数最小，但每级的通频带要比总通频带宽。

3. 中频频率的选择

中频放大器中心频率的选择不仅影响中频放大器本身的性能，还影响整机性能。因此，它是超外差接收机的重要技术参数之一。究竟中频如何选择呢？

首先应根据基带占据的频率宽度来选择中频(或第二中频)，中频要远大于基带的最高频率，这是为了便于解调后滤去中频分量，还原基带信号。

中频选择较低(当然需保证第 1 个原则成立)时，要保证前置中放的噪声系数小。选频网络的参数变化对带宽相对影响小，中频放大器工作稳定。中频较高时，解调时更易滤去残余中频分量，可以减小镜像通频道噪声和本振噪声的影响。

采用多次混频方案，有利于提高镜像抑制及中频抑制性能，但电路更复杂。应合理选择第一中频、第二中频、……。

广播接收机的中频选择还要仔细考虑各种组合干扰是否落在中频带内，特别是当前端选择网络的特性不是很好时。

上述讨论说明，中频频率选择高或低各有利弊，需要全面考虑。

4. 总增益的确定及其各级增益分配

接收机应有的总增益$A_{V\Sigma}$由接收机的灵敏度P_{Smin}及终端设备要求的电压(V_{OV})决定。总增益由接收机的射频部分增益A_{VR}、混频损耗L_m、中频放大器增益A_{Vi}，检波器效率K_d和视频增益A_{VV}共同负担，如图 2.11 所示。显然

$$20\lg A_{V\Sigma}=20\lg\frac{V_{OV}}{E_{Smin}}=A_{VR}-L_m+A_{VL}+K_d+A_{VV}\ (\text{dB}) \tag{2-27}$$

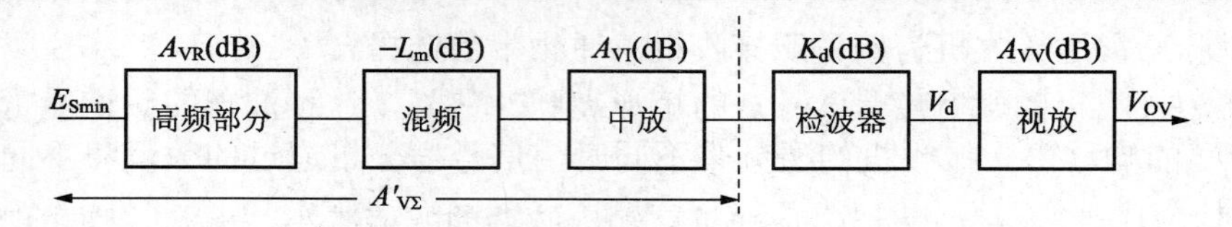

图 2.11　接收机的增益分配

怎样将总增益分配到各个部分去呢？一般都以检波器分段。为防止检波器出现平方律检波，要求检波输入电压至少大于 0.5V，一般取 1～2V，这个数值是相对固定的。这样，高频、混频、中频、中放的总增益为

$$A'_{V\Sigma}=\frac{1\text{V}\sim 2\text{V}}{E_{\text{S min}}} \tag{2-28}$$

射频低噪声放大器增益的选择要考虑两个因素。其一，如果混频采用二极管平衡混频器，它的高频损耗约为 8dB，为了减小对整机噪声系数的影响，要求射频低噪声放大器的增益高一些；其二，射频放大器增益过高，进入混频器的信号电平、噪声干扰电平较高，易产生严重的交调和互调。综合上述两个因素，射频低噪声放大器的增益以 20～30dB 为宜。进入平衡混频器的信号电平小于−5dB。

由 $A_{V\Sigma}$ 及射频放大器增益及选定的混频器的变频增益 L_m 可确定中放增益，即

$$A_{VI}(\text{dB})=20\lg\frac{1\text{V}\sim 2\text{V}}{E_{\text{S min}}}-A_{VR}(\text{dB})+L_m(\text{dB}) \tag{2-29}$$

视放增益根据检波器的输出 V_{OV} 的要求而确定，$A_{VV}=\frac{V_{OV}}{V_d}$。设计视放电路时，要考虑末级视放的功率输出能力。一般按式(2-30)设定 V_d 的值(式中 K_d 为检波器检波效率)，即

$$V_d=(1\sim 2\text{V})\cdot K_d \tag{2-30}$$

2.4.4　接收机的性能指标举例

在设计一个接收机之前，必须考虑机器的各种性能指标，在大多数情况下，由于经济指标的限制，有些指标不得不折中考虑。设计者在设计前应考虑下述几项指标。

1. 调谐范围

常分粗调和微调两种。粗调是改变频段的，微调的在每一频段内作适当的修正。粗调可用波段开关，也可以用频道预选器。例如，中波广播的频率范围是 535～1605kHz；短波接收机的频率范围是 3～30MHz；业余频段是从 26.965～27.405MHz，其间又可划分为 40 个独立频道。

信号的频率不同，输入回路、高放、本振的工作频率也应同时调整，以求同步。

2. 灵敏度

灵敏度是接收机的一个主要指标。广播收音机的灵敏度为毫伏级，电视接收机的灵敏度约在 100μV 以下，某些高级通信机，其灵敏度可以在 1μV 以下，一部实际接收机的灵敏度大小往往与天电噪声和工业干扰有很大关系。理论与实践证明，本地天电噪声及远处闪电干扰对短波段(1～30MHz)信号影响较大，而太阳和宇宙噪声则对(10Hz～几百兆赫)的

信号有不利影响。

3. 频带宽度

当已知调制类型和频道间隔时，即可确定信号的通带宽度。例如：

调频立体声广播的带宽：350kHz；

中短波调幅广播的带宽：9kHz；

电视广播信号的带宽：8MHz(每一频道)；

调幅通信机的带宽：30kHz；

调频广播的带宽：150kHz。

根据信号所占的带宽，接收机和发射机应提供适当的频率容差。滤波器通带特性按照信号的带宽和抑制邻近频道的要求来确定。

4. 选择性

选择性就是接收机对通带外信号的衰减能力，如对中频干扰信号(频率)、对镜像干扰信号(频率)、对能在混频器产生交叉频率干扰等信号的衰减能力等。

下面举两个例子，说明接收机的指标。

【例 2.4】 某调频立体声调谐器的性能指标。

频率范围：88～108MHz；

灵敏度：在信噪比为 20dB、300Ω 平衡输入时为 1.8μV；

选择性：偏离信道中心频率为 400kHz 时衰减 100dB；

带宽：在 –6dB 点处为 350kHz；

镜像抑制：90dB；

中频抑制：90dB；

寄生抑制：90dB；

调幅抑制：65dB。

【例 2.5】 某民用业余电台接收机的性能指标。

频率范围：26.965～27.405MHz；

灵敏度：在信噪比为 10dB 时为 0.5μV；

带宽：在 –6dB 点处为 6kHz；在 –60dB 点处为 20kHz；

镜像抑制：60dB。

只有确定了接收机的指标，才可以开始整机电路的设计，在整机电路中最重要的是混频器和检波器这两个非线性电路。

2.4.5 接收机整机参数的测量

接收机由很多部分组成，构成单元电路时对每个单元电路要进行测试。单元电路组成接收机系统后会出现很多接口问题，常见的是端口间的匹配问题。怎样知道接收机的性能呢？这就要对接收机进行整机参数测定。由于接收机的参数较多，这里只讨论了两个整机参数——灵敏度和通频带的测量原理和方法。

1. 灵敏度的测量

1) 直接测量法

直接测量法测量灵敏度的原理框图如图 2.12 所示。接收机输入端原来接天线，测量时改用标准信号发生器(或标量网络分析仪)代替天线信号源。为了符合实际情况，要求信号发生器输出电阻 R_0 必须等于 R_{Ao}。

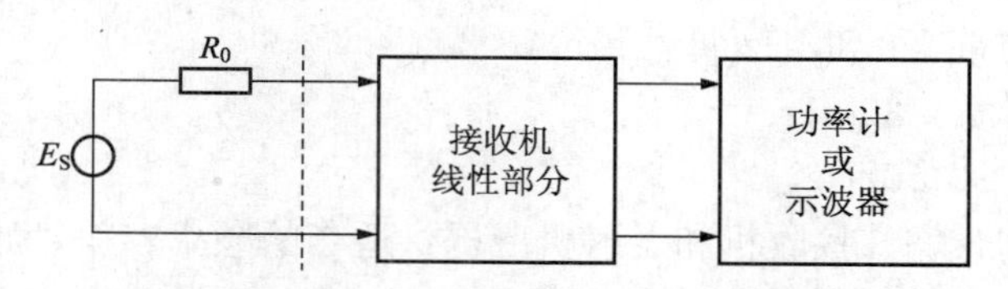

图 2.12　用直接测量法测灵敏度原理框图

测量方法如下：使信号发生器的输出信号功率为零，这时功率计指示接收机线性部分输出端的噪声功率 P_{no}，调节信号发生器输出功率(正弦等幅波)，使功率计指示为 $2P_{no}$ (即 $P_{So}=P_{no}$ 输出信噪比=1)，这时标准信号额定输出功率即为临界灵敏度 P_{Smin}。

直接测量法的优点是测量简单，缺点是测量精度低。当接收机灵敏度很高时，要求输入的信号功率很小，这个量级处于仪器泄漏功率的范围。另外，还要指出，上述测量建立在接收机的输出信噪比为 1 的基础上。这个信噪比有时又称为识别系数。有时测量灵敏度时，定义输出信噪比为 6dB 时的最小输入信号为 P_{Smin}，显然，这时测的出 P_{Smin} 与信噪比为 1 时所测的得 P_{Smin} 是不同的。

2) 间接测量法

间接测量法的精度主要取决于接收机总噪声系数 $N_{F\Sigma}$ 和中频部分通频带 B 的测量精度，然后利用式(2-24)直接计算灵敏度。

2. 通频带测量

通频带测量实际上是测量电子系统的幅频特性，测量原理框图如图 2.13 所示。信号源为扫频信号源(内带频标发生器)，后跟精密衰减器。检波器后跟直流电压表或示波器。如果精密校准，还可以直接测量接收机线性部分的增益。根据 3dB 频带宽度定义，可测得 3dB 带宽及矩形系数(选择性)。改用标量网络分析仪测量更简单，原理与上述相同。

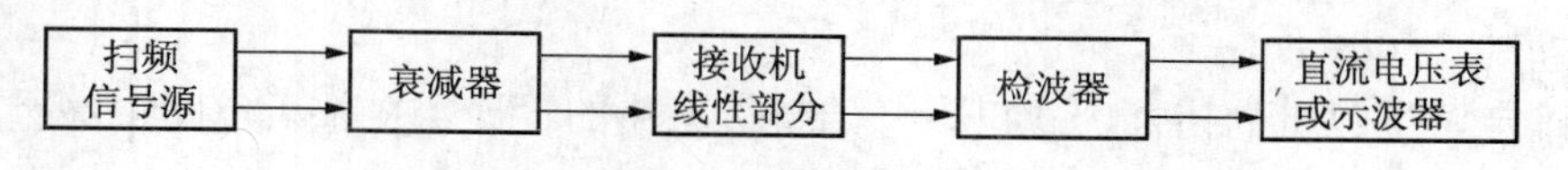

图 2.13　幅频特性测量原理框图

2.5　本 章 小 结

1. 通信系统中的噪声与干扰直接影响通信设备的性能指标，干扰一般指外部干扰，可分为自然的和人为的干扰。噪声一般指内部噪声，也可分为自然的和人为的噪声。

2. “信噪比”的概念反映了信号功率 P_S 与噪声功率 P_n 比值，通常表示为 P_S/P_n (或 S/N)，P_S 为有用信号的平均功率，P_n 为噪声的平均功率。

为了表示电子通信系统内部噪声的大小，引入噪声系数的概念，它可用系统输入信噪比$\dfrac{P_{si}}{P_{ni}}$与输出的信噪比$\dfrac{P_{so}}{P_{no}}$的比值N_F来表示，即$N_F=\dfrac{\text{输入端信噪比}}{\text{输出端信噪比}}=\dfrac{P_{si}/P_{ni}}{P_{so}/P_{no}}$。

3．内部噪声主要由电阻、谐振电路和电子器件内部所具有的带电微粒无规则无能运动所产生的。这种无规则无能运动具有起伏噪声的性质和随机特性，所以起伏噪声又称为随机噪声或白噪声。

低噪声放大器的设计应考虑选择低噪声、高增益的前级放大电路，选择低噪声的元器件，正确选择晶体管放大级的直流工作点，选择合适的信号源内阻，降低噪声温度，用窄带滤波器滤除噪声。

接收机低噪声设计时还应考虑提高天线增益，减少接收天线的馈线长度。

4．发射机的主要指标有功率与效率，发射频率与频率稳定度，发射信号频谱纯度要求，杂散及谐波要求，发射机频带宽度，带内功率波动等。

5．接收机的主要技术指标包括灵敏度、选择性、输出功率，失真等要求。灵敏度表示接收机接收微弱信号的能力，灵敏度越高，接收的微弱信号越小。

接收机的通频带就是要保证解调后的信息波形在允许的失真范围之内有最小的频带宽度。

中频放大器中心频率的选择不仅影响中频放大器本身的性能，还影响整机性能。它是超外差式接收机的重要技术参数之一，应根据基带占据的频率宽度来选择中频，中频要远远大于基带的最高频率，广播接收机的中频选择还要仔细考虑各种组合干扰是否落在中频频带内。中频频率选高或选低各有利弊，需要全面考虑。

2.6　习　　题

2-1 晶体管和场效应管噪声的主要来源是哪些？为什么场效应管内部噪声较小？

2-2 一个1 000Ω电阻在温度290K和10MHz频带内工作，试计算它两端产生的噪声电压和噪声电流的均方根值。

2-3 已知电阻R_1、R_2和R_3的温度分别为T_1、T_2和T_3。试求：(1) R_1、R_2和R_3串联后的等效温度T和等效电阻R；(2) R_1、R_2和R_3并联后的等效温度T和等效电阻R(设各噪声源互不相关)。

2-4 有A、B、C三个匹配放大器，它们的功率增益分别为$G_{PA}=6\text{dB}$，$G_{PB}=12\text{dB}$，$G_{PC}=20\text{dB}$；噪声系数分别为$N_{FA}=1.7$，$N_{FB}=2.0$，$N_{FC}=4.0$，现把此三个放大器级联，放大一低电平信号，试求级联后的总噪声系数。

2-5 接收机前端线性系统设计时，为了减少噪声系数应采取哪些措施？请分别进行分析说明。

2-6 如何进行噪声系数的测量，试画出测量框图并进行分析说明。

2-7 无线通信发射机的主要指标有哪些？如何保证这些指标？

2-8 若接收机本机振荡频率偏高或偏低，将会产生怎样的效果？应采用什么办法解决这个问题。

第 3 章　高频小信号放大器

教学提示：高频小信号放大器一般工作在谐振状态，主要用于各种无线电接收设备和高频仪表中，其主要功能是放大微弱的高频振荡信号，以满足调制与解调等电路的需要。高频小信号放大电路属于线性放大电路，一般采用 Y 参数等效电路的分析方法进行分析。

教学要求：本章在分析 LC 谐振电路的基础上让学生了解 LC 串联谐振回路和并联谐振回路的选频原理及回路参数对回路特性的影响；掌握常用阻抗变换电路及其阻抗变换关系、高频单调谐放大器的构成和工作原理、高频单调谐放大器的等效电路、性能指标要求及分析计算以及石英晶体的符号、等效电路、特性及石英晶体滤波器的特点。最后让学生对工程上集成调谐放大器典型模块的原理及应用有所了解。

3.1　概　　述

通过第 2 章学习，我们已经知道，在通信系统中，信号在传输过程中不可避免地会受到各种噪声的干扰。接收设备的首要任务就是把所需的有用信号从众多无用信号和噪声中选取出来并放大，同时应抑制和滤除无用信号和各种干扰噪声。高频小信号谐振放大电路除具有放大功能外，还具有选频功能，即具有从众多信号中选择出有用信号、滤除无用的干扰信号的能力。从这个意义上讲，高频小信号谐振放大电路又可视为集放大、选频于一体，由有源放大元件和无源选频网络所组成的高频电子电路。高频小信号放大器在通信设备中的主要用途是做接收机的高频放大器和中频放大器。

3.1.1　高频小信号放大器的分类

高频小信号放大器按分类形式的不同有不同的分类内容，一般常见的是按放大器件、频带、电路形式和负载性质四种分类。

(1) 按放大器件分为：晶体管放大器、场效应管放大器、集成电路放大器；

(2) 按频带分为：窄带放大器、宽带放大器；

(3) 按电路形式分为：单级放大器、多级放大器；

(4) 按负载性质分为：谐振放大器、非谐振放大器。

3.1.2　高频小信号放大器的主要性能指标

高频小信号放大器的主要性能指标包括电压增益与功率增益、频带宽度、矩形系数、工作稳定性和噪声系数。

1. 电压增益与功率增益

电压增益等于放大器输出电压与输入电压之比；而功率增益等于放大器输出给负载的功率与输入功率之比。

2. 频带宽度

放大器的电压增益下降到最大值的$1/\sqrt{2}$倍时，所对应的频带宽度，常用$2\Delta f_{0.7}$来表示。

3. 矩形系数

矩形系数是表征放大器选择性好坏的一个参量。其定义为

$$K_{r0.1}=\frac{2\Delta f_{0.1}}{2\Delta f_{0.7}} \tag{3-1}$$

式中，$2\Delta f_{0.7}$为放大器的通频带；$2\Delta f_{0.1}$为放大器的电压增益下降至最大值的 0.1 倍时所对应的频带宽度。

4. 工作稳定性

工作稳定性指放大器的直流偏置、晶体管参数、电路元件参数等在可能发生变化时，放大器主要性能的稳定程度。

5. 噪声系数

噪声系数是用来表征放大器的噪声性能好坏的一个参量。

3.2 *LC* 串并联谐振回路

LC 谐振回路是高频电路中最常用的无源网络，包括串联回路和并联回路两种结构。利用 *LC* 谐振回路的幅频特性和相频特性，不仅可以进行选频，即从含有各种信号和干扰的信道中，选择出所需的信号，还可以用 *L*、*C* 元件组成各种形式的阻抗变换电路和匹配电路。谐振回路实际上是由 *LC* 组成的线性选频网络，在高频电路里发挥着重要的作用。*LC* 谐振回路中的并联电路在实际高频电路中具有更广泛的用途，串联和并联之间存在一定的对偶关系，串联电路相对简单，下面先进行分析。

3.2.1 串联谐振回路

由电感、电容组成的单振荡回路在谐振频率和谐振频率附近工作时，称为串联谐振回路或并联谐振回路。什么是谐振频率？单振荡回路的阻抗在某一特定频率上有一最大值或最小值，这特定的频率称为谐振频率。电感、电容、信号源三者串联，称为串联回路，串联谐振回路在谐振频率处阻抗最小。图 3.1 为串联谐振回路，由于 *C* 的损耗较小，*R* 近似为线圈的损耗电阻。对于串联回路来说，要求当正弦信号电压作用时，在谐振频率 f_0 附近回路中电流 $\dot{I}$ 尽可能大，而在离开频率 f_0 两边一定范围以外，回路中电流应尽量小。下面归纳为串联回路的几个参量来进行分析。

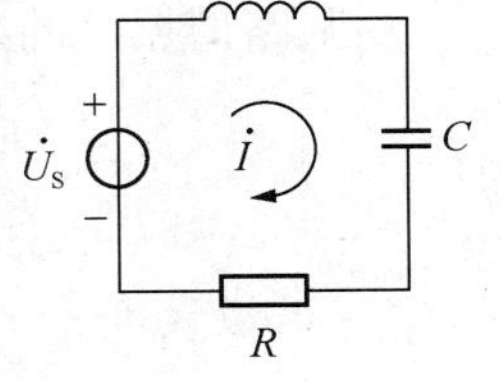

图 3.1　串联谐振回路

1. 回路阻抗

设 *Z* 为回路阻抗，*R* 为回路损耗，*X* 为回路电抗，其中电感的感抗为 ωL，电容的容抗为 $\frac{1}{\omega C}$，则

$$z=R+\mathrm{j}x=R+\mathrm{j}(\omega L-\frac{1}{\omega C})=|z|\mathrm{e}^{\mathrm{j}\varphi_z} \tag{3-2}$$

阻抗模为

$$|z|=\sqrt{R^2+x^2}=\sqrt{R^2+\left(\omega L-\frac{1}{\omega C}\right)^2} \tag{3-3}$$

电抗为

$$x=\omega L-\frac{1}{\omega C} \tag{3-4}$$

阻抗幅角为

$$\varphi=\arctan\frac{x}{R}=\arctan\frac{\omega L-\frac{1}{\omega C}}{R} \tag{3-5}$$

x 是随频率 ω 不同而变化的，其电抗曲线如图 3.2(a)所示，其阻抗相角 φ_z 的相频曲线如图 3.2(b)所示。阻抗模曲线如图 3.2(c)所示。

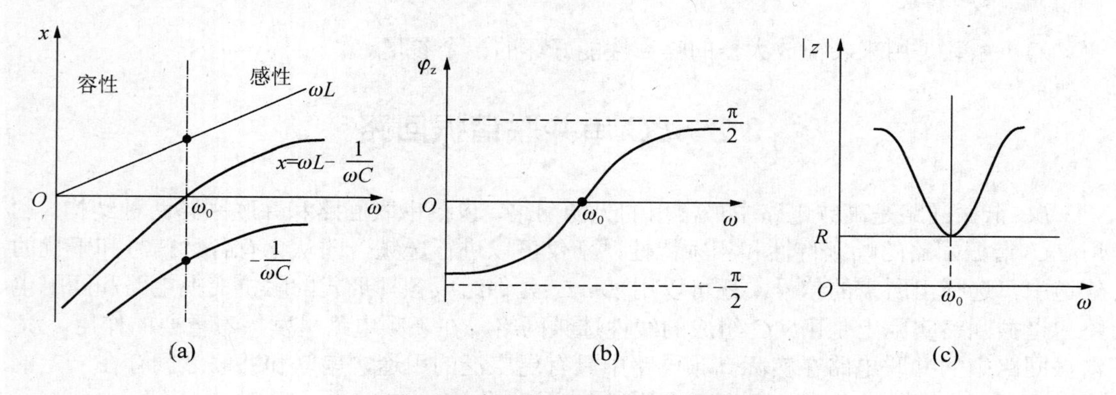

图 3.2　串联谐振回路的阻抗特性

由图 3.2 可知，当 $\omega\neq\omega_0$ 时，$|z|>R$

$\omega>\omega_0$，$x>0$，呈感性，电流滞后电压，$\varphi_\mathrm{I}<0$；

$\omega<\omega_0$，$x<0$，呈容性，电流超前电压，$\varphi_\mathrm{I}>0$；

$\omega=\omega_0$，$|z|=R$，$x=0$，达到串联谐振。

当回路谐振时的感抗或容抗，称为特性阻抗，用 ρ 表示

$$\rho=\omega_0 L=\frac{1}{\omega_0 C}=\sqrt{\frac{L}{C}} \tag{3-6}$$

2. 谐振频率 f_0

若信号源电压 $u_\mathrm{S}=U_\mathrm{S}\sin\omega t$，则回路电流

$$\dot{I}=\frac{\dot{u}_\mathrm{S}}{z}=\frac{\dot{u}_\mathrm{S}}{R+\mathrm{j}(\omega L-\frac{1}{\omega C})} \tag{3-7}$$

当 $\omega L-\dfrac{1}{\omega C}=0$，$\dot{I}$ 为最大值，即 $\dot{I}=\dfrac{\dot{u}_\mathrm{S}}{R}$，此时回路发生串联谐振，称使 $\omega L-\dfrac{1}{\omega C}=0$ 的信

号频率为谐振频率，以 ω_0 表示，即

$$\omega_0 L = \frac{1}{\omega_0 C}$$

所以

$$\omega_0 = \frac{1}{\sqrt{LC}} \qquad f_0 = \frac{1}{2\pi\sqrt{LC}} \tag{3-8}$$

因此也称 $x = \omega_0 L - \dfrac{1}{\omega_0 L} = 0$ 为串联谐振回路的谐振条件。

3. 品质因数 Q

谐振时回路感抗值(或容抗值)与回路电阻 R 的比值称为回路的品质因数，以 Q 表示，它表示回路损耗的大小

$$Q = \frac{\omega_0 L}{R} = \frac{1}{\omega_0 CR} = \frac{\rho}{R} = \frac{1}{R}\sqrt{\frac{L}{C}} \tag{3-9}$$

当谐振时

$$\omega_0 L = \frac{1}{\omega_0 C} = \rho$$

$$|\dot{u}_{L0}| = |\dot{u}_{C0}| = I_0 \rho = \frac{U_S}{R}\rho = U_S \frac{\rho}{R} = U_S Q \tag{3-10}$$

因此串联谐振时，电感 L 和电容 C 上的电压达到最大值且为输入信号电压 $\dot{u}_S$ 的 Q 倍，故串联谐振也称为电压谐振。因此，必须预先注意回路元件的耐压问题。

4. 广义失谐系数 ξ

广义失谐是表示回路失谐大小的量，其定义为

$$\xi = \frac{\text{失谐时的电抗}}{\text{谐振时的电阻}} = \frac{X}{R} = \frac{\omega L - \dfrac{1}{\omega C}}{R} = \frac{\omega_0 L}{R}\left(\frac{\omega}{\omega_0} - \frac{\omega_0}{\omega}\right) = Q_0\left(\frac{\omega}{\omega_0} - \frac{\omega_0}{\omega}\right) \tag{3-11}$$

当 $\omega \approx \omega_0$，即失谐不大时

$$\xi \approx Q_0 \frac{2\Delta\omega}{\omega_0} = Q_0 \frac{2\Delta f}{f_0} \tag{3-12}$$

当谐振时：$\xi=0$。

5. 谐振曲线

串联谐振回路中电流幅值与外加电动势频率之间的关系曲线称为谐振曲线，可表示为

$$N(f) = \frac{\text{失谐处电流}\dot{I}}{\text{谐振点电流}\dot{I}_0} = \frac{\dfrac{\dot{u}_S}{R + j(\omega L - \dfrac{1}{\omega C})}}{\dfrac{\dot{u}_S}{R}}$$

$$= \frac{R}{R + j(\omega L - \dfrac{1}{\omega C})} = \frac{1}{1 + j\dfrac{\omega L - \dfrac{1}{\omega C}}{R}} = \frac{1}{1 + j\xi} \tag{3-13}$$

Q 值不同即损耗 R 不同时，对曲线有很大影响，Q 值大，曲线尖锐，则选择性好，Q 值小，曲线钝，则通带宽，如图 3.3 所示。

6. 通频带

当回路外加电压的幅值不变时，改变频率，回路电流 I 下降到 I_0 的 $1/\sqrt{2}$ 时所对应的频率范围称为谐振回路的通频带，用 B 表示

$$B = 2\Delta\omega_{0.7} = \omega_2 - \omega_1 \quad 或 \quad B = 2\Delta f_{0.7} = f_2 - f_1$$

当 $\left|\dfrac{\dot{I}}{\dot{I}_0}\right| = \dfrac{1}{\sqrt{1+\xi^2}} = \dfrac{1}{\sqrt{2}}$ 时，$\xi = \pm 1$，而 $\xi = Q \cdot \dfrac{2\Delta\omega}{\omega_0}$，由于 $2\Delta\omega_{0.7} = \dfrac{\omega_0}{Q}$，也可用线频率 f_0 表示，即

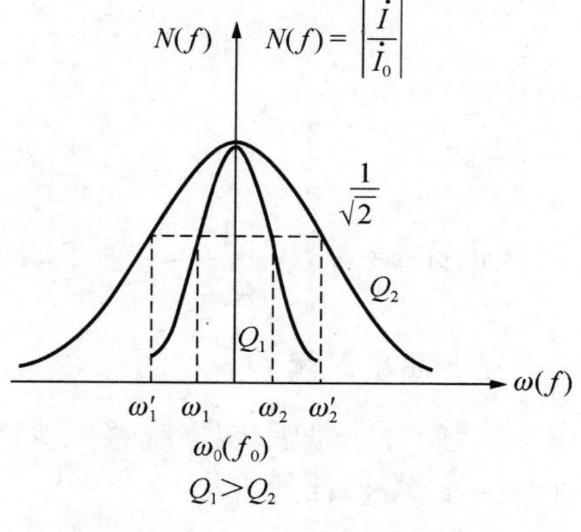

图 3.3　串联谐振回路的谐振曲线

$$B = 2\Delta f_{0.7} = \frac{f_0}{Q} \tag{3-14}$$

其相对带宽为

$$\frac{2\Delta f_{0.7}}{f_0} = \frac{1}{Q} \tag{3-15}$$

因此，B 与 Q 成反比，Q 增大，B 减小，如图 3.3 虚线所示。

由于在 $\omega_1(f_1)$、$\omega_2(f_2)$ 两点处的功率

$$P' = \frac{1}{2}\left(\frac{I_0}{\sqrt{2}}\right)^2 R = \frac{1}{2}P_0 \qquad P_0 = \frac{1}{2}I_0^2 R$$

P_0 为谐振点功率，$P_0 = I_0^2 R/2$，所以 $\omega_1(f_1)$、$\omega_2(f_2)$ 两点又称为半功率点。

7. 相频特性曲线

回路电流的相角 φ_{i} 随频率 ω 变化的曲线为相频特性曲线。由于 $\dfrac{\dot{I}}{\dot{I}_0} = \dfrac{1}{1+\mathrm{j}\xi} = \dfrac{1}{1+\mathrm{j}\dfrac{x}{R}}$，根据式(3-11)可得回路电流的相频特性曲线为

$$\varphi_{\mathrm{i}} = -\arctan\frac{x}{R} = -\arctan Q\cdot\left(\frac{\omega}{\omega_0} - \frac{\omega_0}{\omega}\right) \approx -\arctan Q\cdot\frac{2\Delta\omega}{\omega_0} = -\arctan\xi \tag{3-16}$$

因为

$$\dot{I} = \frac{\dot{u}_{\mathrm{S}}}{z} = \frac{U_{\mathrm{S}}\mathrm{e}^{\mathrm{j}o^{\circ}}}{|z|\mathrm{e}^{\mathrm{j}\varphi_z}} = I_{\mathrm{m}}\mathrm{e}^{\mathrm{j}(-\varphi_z)} = I_{\mathrm{m}}\mathrm{e}^{\mathrm{j}\varphi_{\mathrm{i}}}$$

所以回路电流的相角 φ_{i} 为阻抗幅角 φ_z 的负值，即 $\varphi_{\mathrm{i}} = -\varphi_z$。

若 $\dot{I}$ 超前 $\dot{u}_{\mathrm{S}}$，则 $\varphi_{\mathrm{i}}>0$；若 $\dot{I}$ 滞后 $\dot{u}_{\mathrm{S}}$，则 $\varphi_{\mathrm{i}}<0$。Q 值不同时，相频特性曲线的陡峭程度不同，如图 3.4 所示。

8. 信号源内阻及负载对串联谐振回路的影响

考虑了信号内阻 R_{S} 和负载 R_{L} 的串联谐振回路如图 3.5 所示。

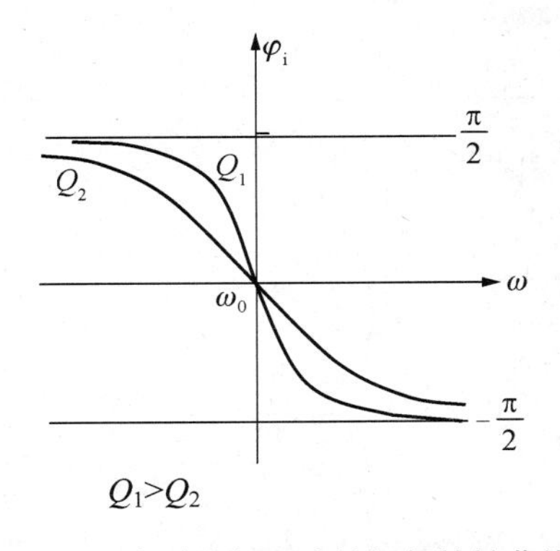

图 3.4 串联谐振回路的相频特性曲线

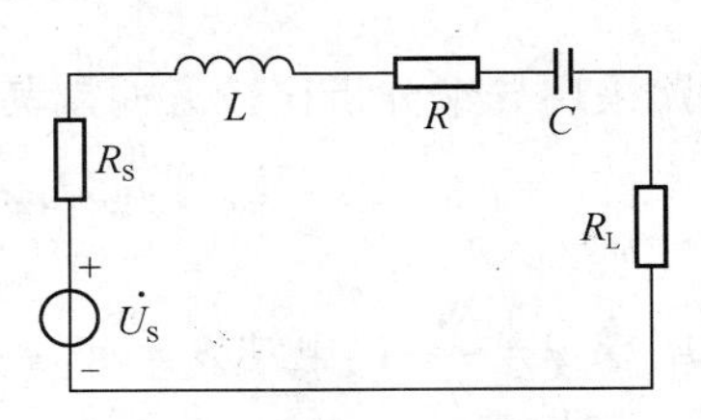

图 3.5 有信号源内阻及负载的串联谐振回路

通常把没有接入信号源内阻和负载电阻时回路本身的 Q 值叫做无载 Q 值(空载 Q 值):

$$Q = \frac{\omega_0 L}{R} = Q_0 \tag{3-17}$$

把接入信号源内阻和负载电阻的 Q 值叫做有载 Q 值，用 Q_L 表示

$$Q_L = \frac{\omega_0 L}{R + R_S + R_L} \tag{3-18}$$

其中，R 为回路本身的损耗，R_S 为信号源内阻，R_L 为负载电阻。

由此看出，串联谐振回路适于 R_S 很小(恒压源)和 R_L 不大的电路，只有这样 Q_L 才不至于太低，保证回路有较好的选择性。

3.2.2 并联谐振回路

由电感、电容、信号源三者并联组成的回路称为并联谐振回路，如图 3.6 所示。

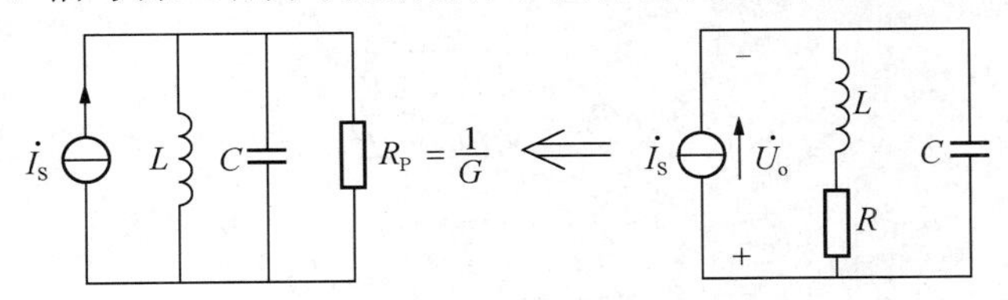

图 3.6 并联谐振回路

前面讨论的串联谐振电路适用于信号源内阻很小的恒压源，但电子电路信号源内阻一般都很大，基本上可看做恒流源，如晶体管放大器的内阻约为几千欧至几十千欧，故不能采用串联回路，而应采用并联谐振回路。下面对应串联谐振回路来讨论并联回路。

1. 回路阻抗

由图 3.6 可知，并联谐振回路的阻抗为

$$z = \frac{(R + j\omega L)\dfrac{1}{j\omega C}}{R + j\omega L + \dfrac{1}{j\omega C}} = \frac{(R + j\omega L)\dfrac{1}{j\omega C}}{R + j\left(\omega L - \dfrac{1}{\omega C}\right)} \tag{3-19}$$

一般来说，$\omega L \gg R$，所以

$$z \approx \frac{\frac{L}{C}}{R + \mathrm{j}\left(\omega L - \frac{1}{\omega C}\right)} = \frac{1}{\frac{RC}{L} + \mathrm{j}\left(\omega C - \frac{1}{\omega L}\right)}$$

并联回路采用导纳分析比较方便，其导纳 Y 为

$$Y = \frac{1}{z} = \frac{CR}{L} + \mathrm{j}\left(\omega C - \frac{1}{\omega L}\right) = G + \mathrm{j}B \tag{3-20}$$

其中，电导 $G = \frac{RC}{L}$，电纳 $B = \omega C - \frac{1}{\omega L}$。

2. 谐振频率

由图 3.6 可知，回路电压幅值为

$$U = \frac{I_S}{|Y|} = \frac{I_S}{\sqrt{G^2 + B^2}} = \frac{I_S}{\sqrt{\left(\frac{RC}{L}\right)^2 + \left(\omega C - \frac{1}{\omega L}\right)^2}}$$

当电纳 $B = 0$ 时，$\dot{u} = u_0 = \frac{L}{RC} \cdot \dot{I}_S$，回路电压与电流 $\dot{I}_S$ 同相，称为并联回路对外加信号源频率发生并联谐振，即谐振条件为

$$B = \omega_P C - \frac{1}{\omega_P L} = 0$$

由于 $B = 0$，则 $\omega_P C = 1/\omega_P L$，因此并联谐振回路的谐振频率为

$$\omega_P = \frac{1}{\sqrt{LC}} \qquad f_P = \frac{1}{2\pi\sqrt{LC}} \qquad (\omega L \gg R) \tag{3-21}$$

当 $\omega L \gg R$，可推导得

$$\omega_P = \sqrt{\frac{1}{LC} - \frac{R^2}{L^2}} \tag{3-22}$$

当谐振时

$$z = R_P = \frac{1}{G_P} = \frac{L}{RC} = \frac{(\omega_P L)^2}{R}$$

即当 $\omega = \omega_P$ 时，$Y = G_P$，$z = R_P$ 达到最大，为纯阻；当 $\omega > \omega_P$ 时，$\omega L > \frac{1}{\omega C}$，电容支路的分流作用强，因此回路呈容性；当 $\omega < \omega_P$，$\omega_P L < \frac{1}{\omega_P C}$，此时电感的分流作用强，因此回路呈感性。

$$z = R_e + \mathrm{j}x_e$$

这是由于并联回路的合成总阻抗的性质总是由两个支路中阻抗较小的那个支路的阻抗性质决定的。并联回路的阻抗特性如图 3.7 所示。

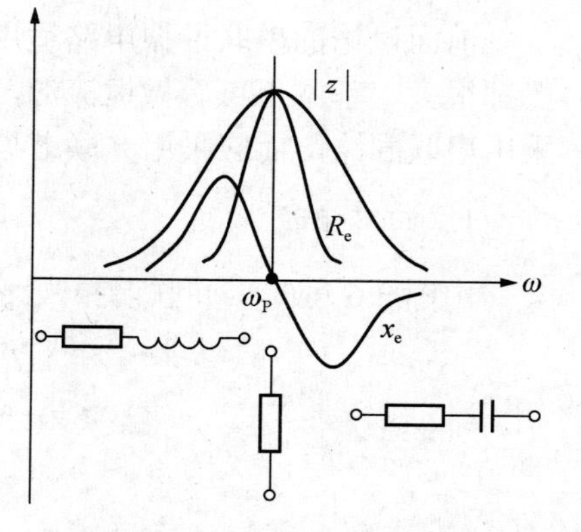

图 3.7　并联回路的阻抗特性

3. 品质因数

根据 Q 值的定义可得

$$Q_P = \frac{\omega_P L}{R} = \frac{R_P}{\omega_P L} = \frac{R_P}{\rho} = R_P\sqrt{\frac{C}{L}} \tag{3-23}$$

其中，R 为串联在电感支路的损耗电阻，R_P 为并联谐振回路的谐振电阻

$$R_P = Q_P \frac{1}{\omega_P C}$$

因此谐振时并联振荡回路的谐振电阻等于感抗或容抗的 Q_P 倍。

并联谐振时，电容支路电流：

$$\dot{I}_{CP} = \frac{\dot{u}_0}{\dfrac{1}{j\omega_P C}} = j\omega_P C \cdot \frac{\dot{I}_S}{G_P} = j\omega_P C \cdot \frac{\dot{I}_S}{\dfrac{RC}{L}} \tag{3-24}$$

电感支路电流：

$$\dot{I}_{LP} = \frac{\dot{u}_0}{(R + j\omega_P L)} \approx \frac{\dot{u}_0}{j\omega_P L} = \frac{\dot{I}_S}{G_p} \cdot \frac{1}{j\omega_P L} \tag{3-25}$$

由式(3-24)和式(3-25)得知支路电流为信号源电流的 Q 倍，因此，并联谐振又称为电流谐振。

4. 广义失谐

同前所述，并联谐振回路中的广义失谐也是表示回路失谐大小的量。广义失谐可表示为

$$\xi = \frac{B}{G} = \frac{\text{失谐时的电纳}}{\text{谐振时的电导}} = \frac{\omega C - \dfrac{1}{\omega L}}{G} = \frac{\omega_0 C}{G}\left(\frac{\omega}{\omega_0} - \frac{\omega_0}{\omega}\right) \tag{3-26}$$

当失谐不大时

$$\xi \approx Q\frac{2\Delta\omega}{\omega_0} \tag{3-27}$$

5. 谐振曲线

回路端电压在信号源电流不变时与频率之间的关系，称为并联回路的谐振曲线。串联回路用电流比来表示串联谐振曲线，并联回路则用回路端电压比来表示谐振曲线。

回路端电压

$$\dot{u} = \dot{I}_S Z = \frac{\dot{I}_S}{Y} = \frac{\dot{I}_S}{G_P + j\left(\omega C - \dfrac{1}{\omega L}\right)} \tag{3-28}$$

谐振时回路端电压

$$\dot{u}_0 = \dot{I}_S R_P = \dot{I}_S / g_P$$

$$N(f) = \frac{\dot{U}}{\dot{U}_0} = \frac{\dot{I}_S / Y}{\dot{I}_S / g_P} = \frac{g_P}{Y} = \frac{g_P}{G_P + j\left(\omega C - \dfrac{1}{\omega L}\right)}$$

$$= \frac{1}{1 + jQ_P\left(\dfrac{\omega}{\omega_P} - \dfrac{\omega_P}{\omega}\right)} \approx \frac{1}{1 + j\xi} \tag{3-29}$$

由此可作出并联回路谐振曲线如图 3.8 所示。

6. 通频带

当回路端电压下降到最大值的$1/\sqrt{2}$时所对应的频率范围称为并联谐振回路的通频带，用 B 表示，如图 3.9 所示。

$$B = f_2 - f_1 = 2\Delta f_{0.7}$$

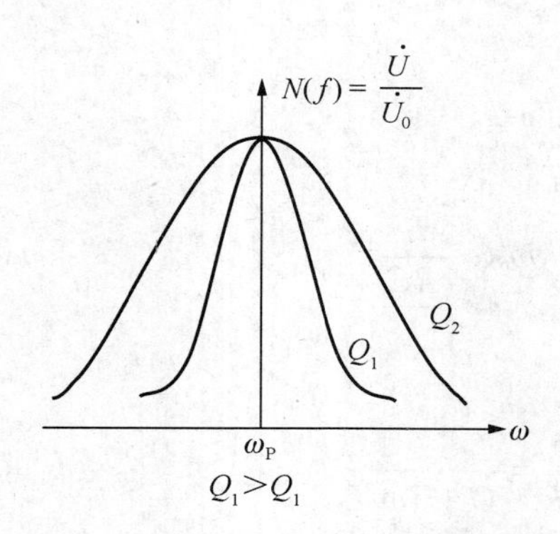

图 3.8　并联回路的谐振曲线

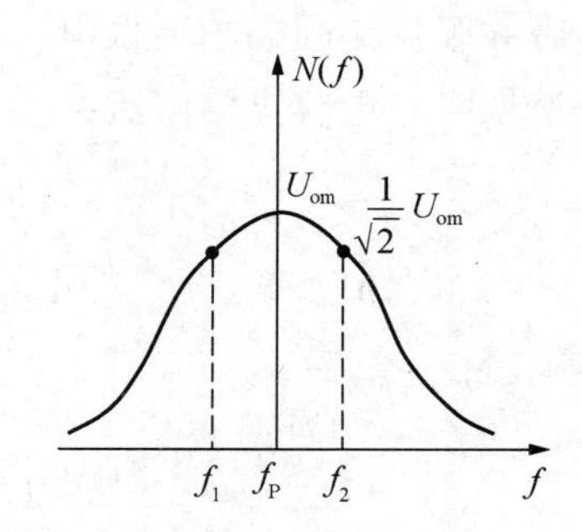

图 3.9　并联回路的通频带

当$\frac{\dot{U}}{\dot{U}_0} = \frac{1}{\sqrt{1+\xi^2}} = \frac{1}{\sqrt{2}}$时

$$\xi = Q_P \cdot \frac{2\Delta f_{0.7}}{f_P} = 1$$

即绝对通频带

$$2\Delta f_{0.7} = \frac{f_P}{Q_P} = B \tag{3-30}$$

相对通频带

$$\frac{2\Delta f_{0.7}}{f_P} = \frac{1}{Q_P} \tag{3-31}$$

7. 相频特性

由于

$$\frac{\dot{u}}{\dot{u}_0} = \frac{1}{1 + \mathrm{j}Q_P\left(\frac{\omega}{\omega_P} - \frac{\omega_P}{\omega}\right)} \approx \frac{1}{1 + \mathrm{j}Q_P\frac{2\Delta\omega}{\omega_P}}$$

所以相角

$$\begin{aligned}\varphi_v &\approx -\arctan Q_P\frac{2\Delta\omega}{\omega_p} = -\arctan\xi \\ &= -\arctan Q_P\left(\frac{\omega}{\omega_P} - \frac{\omega_P}{\omega}\right)\end{aligned} \tag{3-32}$$

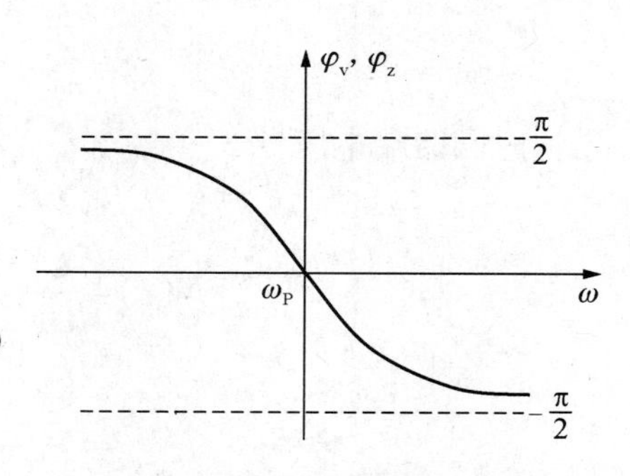

图 3.10　并联谐振回路的相频特性

其相频曲线如图 3.10 所示。

串联电路里 φ 是指回路电流 $\dot{I}$ 与信号源电压 $\dot{u}_S$ 的相角差；而并联电路里 φ 是指回路端电压对信号源电流 I_S 的相角差：

$$\dot{u} = \dot{I}_S z = I_{sm} e^{j\omega^0} |z| e^{j\varphi_z} = u_m e^{j\varphi_v}$$

因此，$\omega = \omega_P$ 时，$\varphi_v = 0$；$\omega > \omega_P$ 时，$\varphi_v < 0$，容性；$\omega < \omega_P$ 时，$\varphi_v > 0$，感性。

以上讨论的是 Q 值较高的情况。

8. 信号源内阻和负载电阻对并联谐振回路的影响

考虑了信号源内阻 R_S 和负载电阻 R_L 后电路如图 3.11 所示。其中

$$R_S = \frac{1}{g_S} \qquad R_P = \frac{1}{g_S}$$

此时有载 Q 值为

$$Q_L = \frac{1}{\omega_P L(G_P + G_S + G_L)} = \frac{1}{\omega_P L G_P \left(1 + \dfrac{G_S}{G_P} + \dfrac{G_L}{G_P}\right)}$$

由于

$$Q_P = \frac{1}{\omega_P L G_P} = \frac{\omega_P C}{G_P}$$

故

$$Q_L = \frac{Q_P}{1 + \dfrac{R_P}{R_S} + \dfrac{R_P}{R_L}} \tag{3-33}$$

由式(3-33)可知，当 R_S 和 R_L 较小时，Q_L 也减小，所以对并联回路而言，并联的电阻越大越好。因此并联谐振回路适于恒流源。

【例 3.1】 如图 3.12 所示，并联回路的无载 Q 值 $Q_P = 80$，谐振电阻 $R_P = 25\text{k}\Omega$，谐振频率 $f_0 = 30\text{MHz}$，信号源电流幅度 $I_S = 0.1\text{mA}$。

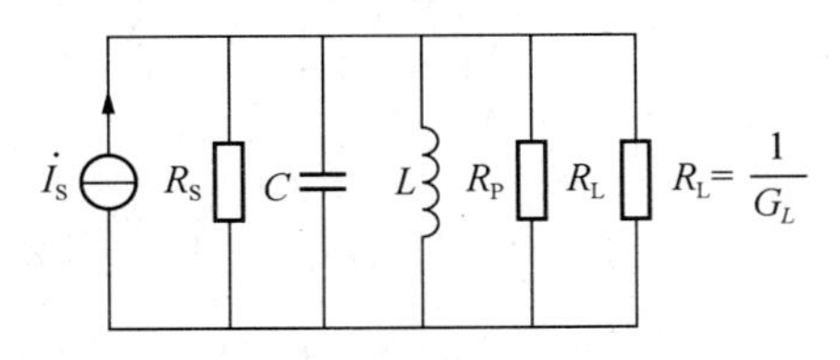

图 3.11　考虑信号源内阻和负载后的并联谐振回路

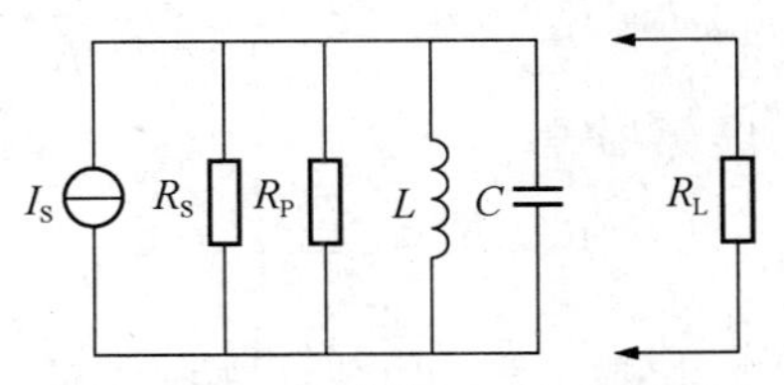

图 3.12　并联谐振回路

(1) 若信号源内阻 $R_S = 10\text{k}\Omega$，当负载电阻 R_L 不接时，问通频带 B 和谐振时输出电压幅度 U_0 是多少？

(2) 若 $R_S = 6\text{k}\Omega$，$R_L = 2\text{k}\Omega$，求此时的通频带 B 和 U_0 是多少？

解： (1) 由 $R_S = 10\text{k}\Omega$，得

$$u_0 = I_S \cdot \frac{R_S \times R_P}{R_S + R_P} = 0.1\text{mA} \times \frac{10 \times 25}{10 + 25}\text{k}\Omega = 0.72\text{V}$$

而

$$Q_L = \frac{Q_o}{1 + \dfrac{R_P}{R_S}} = \frac{80}{1 + \dfrac{25}{10}} \approx 23$$

可得

$$B=\frac{f_0}{Q_{\mathrm{L}}}=\frac{30}{23}=1.3\mathrm{MHz}$$

(2) 由 $R_{\mathrm{S}}=6\mathrm{k}\Omega$，$R_{\mathrm{L}}=2\mathrm{k}\Omega$，得

$$u_0=I_{\mathrm{S}}\frac{1}{\dfrac{1}{R_{\mathrm{P}}}+\dfrac{1}{R_{\mathrm{S}}}+\dfrac{1}{R_{\mathrm{C}}}}=0.1\times\frac{1}{\dfrac{1}{25}+\dfrac{1}{6}+\dfrac{1}{2}}\approx 0.14\mathrm{V}$$

又

$$Q_{\mathrm{L}}=\frac{Q_0}{1+\dfrac{R_{\mathrm{P}}}{k_{\mathrm{S}}}+\dfrac{R_{\mathrm{P}}}{R_{\mathrm{L}}}}=\frac{80}{1+\dfrac{25}{6}+\dfrac{25}{2}}\approx 45$$

可得

$$B=\frac{f_0}{Q_{\mathrm{L}}}=\frac{30}{4.5}=6.7\mathrm{MHz}$$

故并联电阻愈小，即 Q_{L} 越低，通带愈宽。

3.2.3　串、并联阻抗等效互换与回路抽头时的阻抗变换

1. 串、并阻抗的等效互换

在实际电路中有时为了分析电路方便，需进行串、并联电路的等效互换。“等效”是指当电路的谐振频率等于工作频率时，从图 3.13(a)、图 3.13(b)中 A、B 两端看进去的阻抗(或导纳)相等。

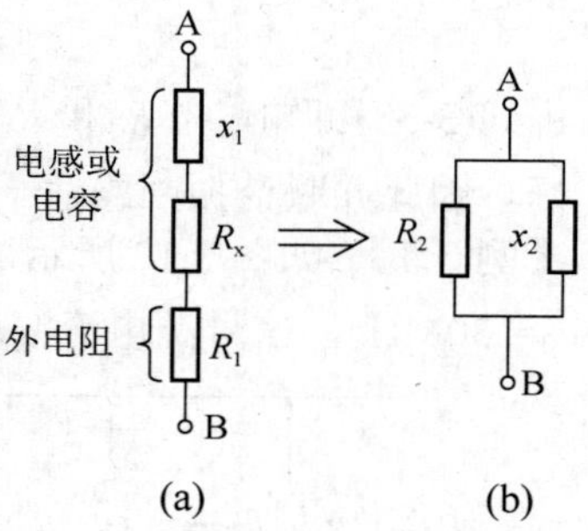

图 3.13　串、并联阻抗等效互换

若 $Z_{\mathrm{AB}}=Z_{\mathrm{A'B'}}$，则

$$(R_1+R_{\mathrm{x}})+\mathrm{j}x_1=\frac{R_2\cdot(\mathrm{j}x_2)}{R_2+\mathrm{j}x_2}=\frac{R_2x_2^2}{R_2^2+x_2^2}+\mathrm{j}\frac{R_2^2x_2}{R_2^2+x_2^2}$$

实部与虚部相等：

$$R_1+R_{\mathrm{x}}=\frac{R_2x_2^2}{R_2^2+x_2^2}\qquad x_1=\frac{R_2^2x_2}{R_2^2+x_2^2}$$

由此可知电抗 x_1 与 x_2 的性质相同，而

$$Q_{\mathrm{L1}}=\frac{x_1}{R_1+R_{\mathrm{x}}}\qquad Q_{\mathrm{L2}}=\frac{R_2}{X_2}\qquad Q_{\mathrm{L1}}=Q_{\mathrm{L2}}=Q_{\mathrm{L}}$$

所以

$$R_1+R_{\mathrm{x}}=\frac{R_2x_2^2}{R_2^2+x_2^2}=\frac{R_2}{1+\dfrac{R_2^2}{x_2^2}}=\frac{R_2}{1+Q_{\mathrm{L}}^2}$$

即

$$R_2=(1+Q_{\mathrm{L}}^2)(R_1+R_{\mathrm{x}})\tag{3-34}$$

$$x_1=\frac{x_2}{1+\dfrac{x_2^2}{R_2^2}}=\frac{x_2}{1+\dfrac{1}{Q_{\mathrm{L1}}^2}}$$

即

$$x_2 = x_1\left(1+\frac{1}{Q_L^2}\right) \tag{3-35}$$

当 $Q_L \gg 1$ 时

$$R_2 \approx (R_1 + R_x)Q_L^2 \tag{3-36}$$

$$x_2 \approx x_1 \tag{3-37}$$

这个结果表明：串联电路转换等效并联电路后，电抗 x_2 的性质与 x_1 相同，在 Q_L 较高的情况下，其电抗 x 基本不变，而并联电路的电阻 R_2 比串联电路的电阻 (R_1+R_x) 大 Q_L^2 倍。

串联形式电路中串联的电阻愈大，则损耗愈大，并联形式电路中并联的电阻愈小，则分流愈大，损耗愈大；反之亦然。所以这两种电路是完全等效的。

2. 回路抽头时阻抗的变化(折合)关系

从前面分析可知，R_S、R_L 对回路 Q 值有影响，实际应用中为了减小信号源内阻和负载对回路和影响。常采用抽头接入方式(也称为部分接入方式)如图 3.14 所示。下面对该电路进行分析，首先引入接入系数的概念。

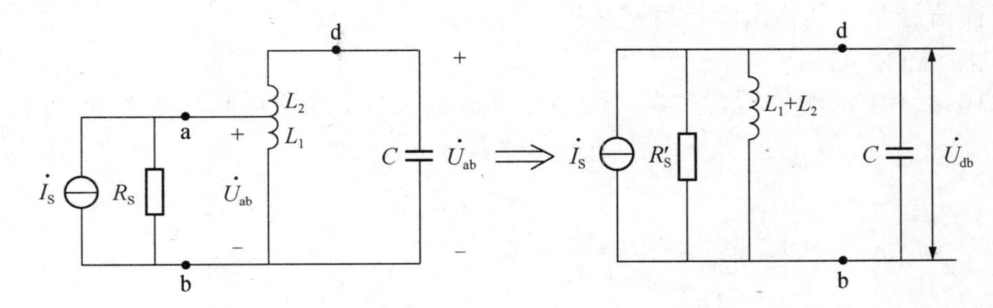

图 3.14 回路抽头接入方式

1) 接入系数

接入系数 P 即为抽头点电压与端电压的比

$$P = \frac{U_{ab}}{U_{db}} \tag{3-38}$$

根据能量等效原则，可得

$$U_{ab}^2 \cdot G_S = U_{bd}^2 \cdot G'_S$$

因此

$$G'_S = \left(\frac{U_{ab}}{U_{db}}\right)^2 G_S = P^2 G_S \qquad R'_S = \frac{1}{P^2}R_S \tag{3-39}$$

由于 $U_{ab} < U_{bd}$，因此 P 是小于 1 的正数，即 $R'_S > R_S$，即由低抽头向高抽头转换时，等效阻抗提高 $1/P^2$ 倍。

若已知电感 L，则

$$P = \frac{L_1}{L_1 + L_2} = \frac{N_1}{N_1 + N_2} \qquad (N_1，N_2\text{为匝数，式中未考虑互感}) \tag{3-40}$$

若考虑互感，则

$$P = \frac{L_1 \pm M}{L_1 + L_2 \pm 2M} \tag{3-41}$$

若采用电容抽头，如图 3.15 所示，则接入系数

$$P = \frac{\frac{1}{\omega C_2}}{\frac{1}{\omega C}} = \frac{C}{C_2} = \frac{C_1}{C_1 + C_2} \qquad C = \frac{C_1 C_2}{C_1 + C_2} \tag{3-42}$$

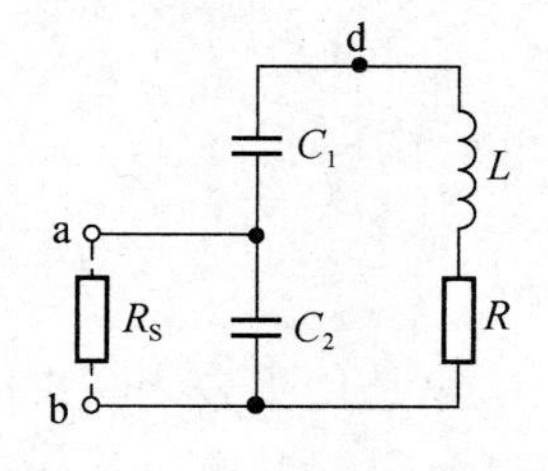

图 3.15 回路抽头电容接入

应该指出，接入系数 $P = L_1/(L_1 + L_2)$ 或 $P = C_1/(C_1 + C_2)$ 都是假定外接在 ab 端的阻抗远大于 ωL_1 或 $1/\omega C_2$ 时才成立。

根据以上分析得出结论：

(1) 抽头改变时，U_{ab}/U_{bd} 或 $L_1/(L_1 + L_2)$、$C_1/(C_1 + C_2)$ 的比值改变，即接入系数 P 改变；

(2) 由低抽头折合到回路高端时，等效导纳降低 P^2 倍，即等效电阻提高了 $1/P^2$ 倍，Q 值提高许多，并联电阻加大，Q 值提高。

因此，负载电阻和信号源内阻小时应采用串联方式；负载电阻和信号源内阻大时应采用并联方式；负载电阻和信号源内阻不大不小时应采用部分接入方式(即抽头接入方式)。如晶体管作信号源，其输出阻抗就常采用这种方式。

2) 电流源的折合

图 3.16 表示电流源的折合关系。因为是等效变换，变换前后其功率不变。由于

$$I_S \cdot U_{ab} = I'_S \cdot U_{bd}$$

因此

$$I'_S = \frac{U_{ab}}{U_{bd}} \cdot I_S = P \cdot I_S \tag{3-43}$$

从 ab 端到 bd 端电压变换比为 $1/P$，在保持功率相同的条件下，电流变换比就是 P 倍。即由低抽头向高抽头变化时，电流源减小了 P 倍。

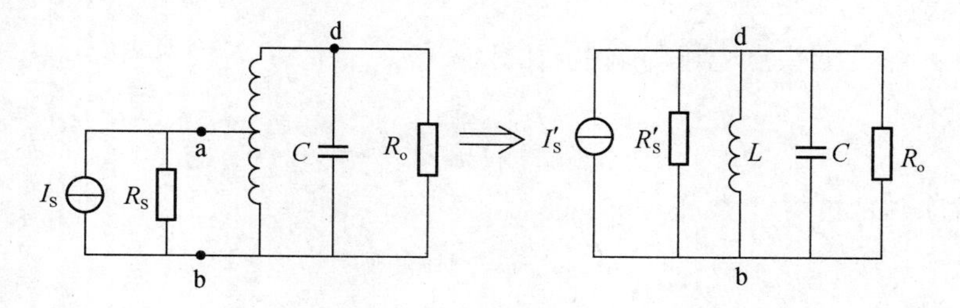

图 3.16 电流源的折合关系

3) 负载电容的折合

图 3.17 表示负载为电容时的折合关系。根据前述可知

$$R'_L = \frac{1}{P^2} R_L \qquad \frac{1}{\omega C'_L} = \frac{1}{P^2} \frac{1}{\omega C_L}$$

$$C'_L = P^2 C_L \tag{3-44}$$

由式(3-44)知折合后电容减小，电抗加大。

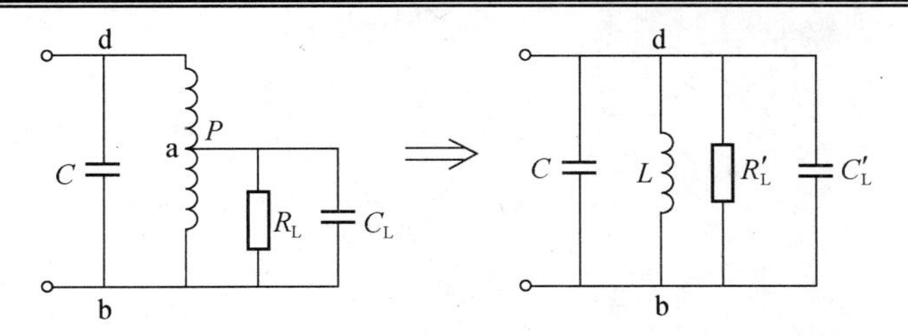

图 3.17 负载电容的折合关系

【例 3.2】 图 3.18 为紧耦合的抽头电路，其接入系数的计算可参照前述分析。给定回路谐振频率 $f_P = 465$ kHz，$R_S = 27\text{k}\Omega$，$R_P = 172\text{k}\Omega$，$R_L = 1.36\text{k}\Omega$，空载 $Q_0 = 100$，$P_1 = 0.28$，$P_2 = 0.063$，$I_S = 1\text{mA}$，求回路通频带 $B =$ ？和 $I_S' =$?

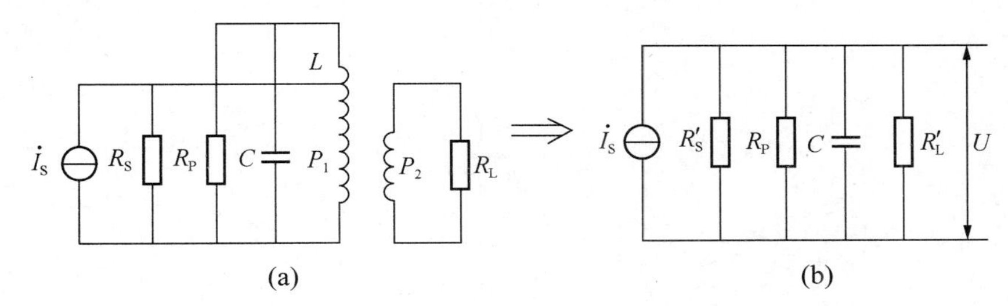

图 3.18 紧耦合的抽头电路

解：先分别将 R_S、R_L 折合到回路两端，如图 3.18(b)所示。

$$R_S' = \left(\frac{1}{P_1^2}\right) \cdot R_S = \frac{1}{0.28^2} \times 27 = 12.76 \times 27 \approx 344.52\text{k}\Omega$$

$$R_L' = \left(\frac{1}{P_2^2}\right) \cdot R_L = \frac{1}{0.063^2} \times 1.36 = 342.65$$

$$Q_L = \frac{Q_0}{1 + \dfrac{R_P}{R_S'} + \dfrac{R_P}{R_L'}} = \frac{100}{1 + \dfrac{172}{344.52} + \dfrac{172}{342.65}} \approx \frac{100}{1 + \dfrac{1}{2} + \dfrac{1}{2}} \approx 50$$

由 f_0、Q_L 求得

$$B = \frac{f_0}{Q_L} = \frac{465\text{kHz}}{50} = 9.3\text{kHz}$$

若 $I_S = 1\text{mA}$，则

$$I_S' = P_1 I_S = 0.28 \times 1\text{mA} = 0.28\text{mA}$$

4) 插入损耗

由于回路有谐振电阻 R_P 存在，它会消耗功率，因此信号源送来的功率不能全部送给负载 R_L，有一部分功率被回路电导 g_P 所消耗了。回路本身引起的损耗，称为插入损耗，用 K_l 表示

$$K_l = \frac{\text{回路无损耗时的输出功率}P_1}{\text{回路有损耗时的输出功率}P_1'}$$

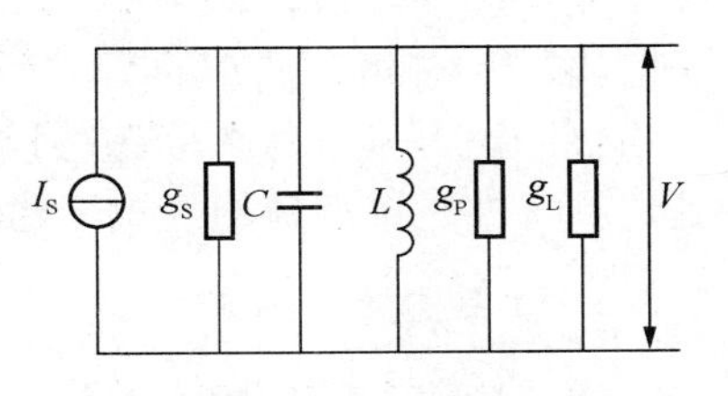

图 3.19 考虑插入损耗的电路

图 3.19 是考虑信号源内阻、负载电阻和回路损耗的并

联电路。

若 $R_P=\infty$，$g_P=0$，则为无损耗，无损耗时的功率

$$P_1=U_0^2 g_L=\left(\frac{I_S}{g_S+g_L}\right)^2\cdot g_L \tag{3-45}$$

有损耗时的功率

$$P_1'=U_1^2 g_L=\left(\frac{I_S}{g_S+g_L+g_P}\right)^2\cdot g_L \tag{3-46}$$

$$K_1=\frac{P_1}{P_1'}=\frac{(g_S+g_L+g_P)^2}{(g_S+g_L)^2}=\left(\frac{1}{\dfrac{g_S+g_L}{g_S+g_L+g_P}}\right)^2=\left(\frac{1}{1-\dfrac{g_P}{g_S+g_P+g_L}}\right)^2 \tag{3-47}$$

回路本身的

$$Q_0=\frac{1}{g_P\omega_0 L}$$

而

$$Q_L=\frac{1}{(g_S+g_P+g_L)\omega_0 L}$$

因此插入损耗

$$K_1=\frac{P_1}{P_1'}=\left(\frac{1}{1-\dfrac{Q_L}{Q_0}}\right)^2 \tag{3-48}$$

若用分贝表示

$$K_1(\mathrm{dB})=10\log\left(\frac{1}{1-\dfrac{Q_L}{Q_0}}\right)^2=20\log\left(\frac{1}{1-\dfrac{Q_L}{Q_0}}\right) \tag{3-49}$$

通常在电路中希望 Q_0 大即损耗小。

3.2.4 耦合回路

所谓耦合振荡回路，是指由相互间有影响的两个单振荡回路组成，其中接入信号源的回路称为初级回路，与它相互耦合的第二个回路连接负载，叫做次级回路。耦合振荡回路可以改善谐振曲线，使其选频特性更接近理想的矩形曲线，如图 3.20 所示。

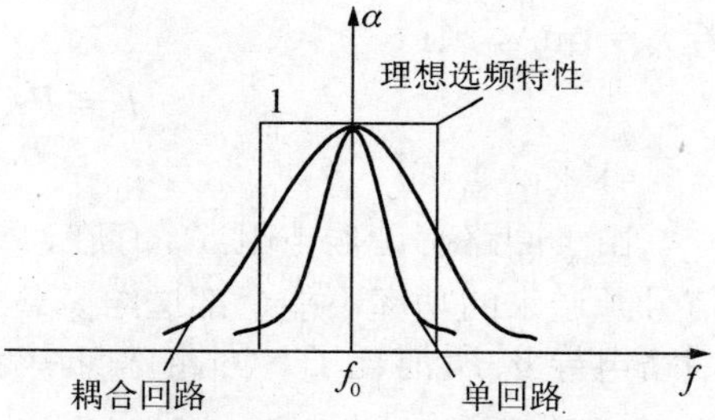

图 3.20 耦合振荡回路

1. 耦合回路的形式

初、次级之间的耦合可以有几种不同的方式，常用的有互感耦合和电容耦合，如图 3.21 所示，调整 C_M 和 M 值可以改变两个回路的耦合

程度，从而改变谐振曲线的形状和阻抗的变比。

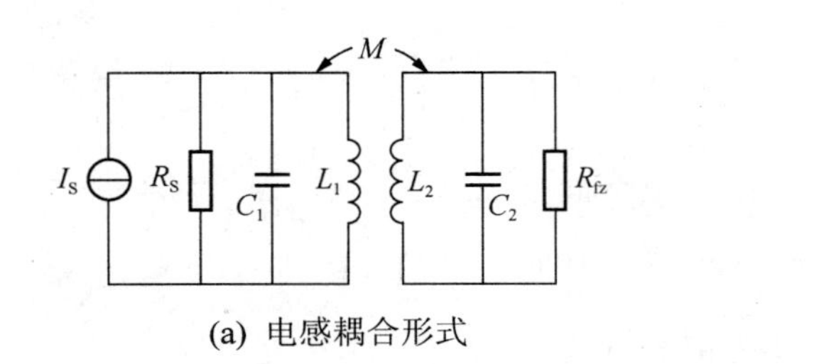

(a) 电感耦合形式

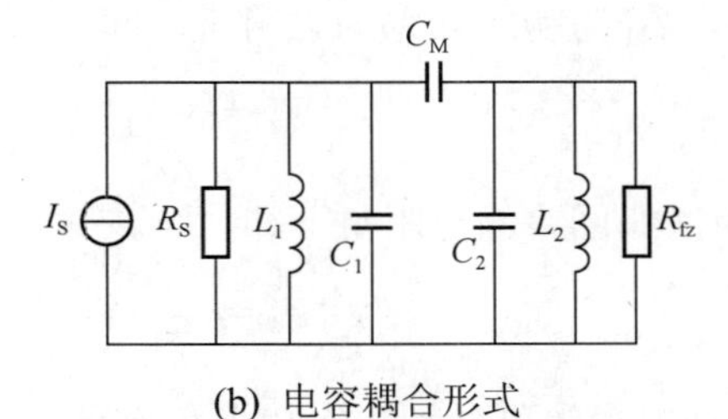

(b) 电容耦合形式

图 3.21　耦合回路的形式

为了说明回路间耦合程度的强弱，引入“耦合系数”的概念并以 k 表示，对电容耦合回路

$$k=\frac{C_M}{\sqrt{(C_1+C_M)(C_2+C_M)}} \tag{3-50}$$

一般来说，当 $C_1=C_2=C$ 时，有

$$k=\frac{C_M}{C+C_M} \tag{3-51}$$

通常，当 $C_M \ll C$，有

$$k \approx \frac{C_M}{C} \qquad k<1$$

对图 3.21 电感耦合回路

$$k=\frac{M}{\sqrt{L_1L_2}} \tag{3-52}$$

若 $L_1=L_2$，则

$$k=\frac{M}{L} \tag{3-53}$$

互感 M 的单位与自感 L 相同，高频电路中 M 的量级一般是 μH，耦合系数 k 的量级约是百分之几。由耦合系数的定义可知，任何电路的耦合系数不但都是无量纲的常数，而且永远是小于 1 的正数。

2. 反射阻抗与耦合回路的等效阻抗

反射阻抗是用来说明一个回路对耦合的另一回路电流的影响。对初、次级回路的相互影响，可用一反射阻抗来表示。现以图 3.22 所示的互感耦合串联回路为例来分析耦合回路的阻抗特性。在初级回路接入一个角频率为 ω 的正弦电压 U_1，初、次级回路中的电流分别以 i_1 和 i_2 表示，并标明了各电流和电压的正方向以及线圈的同名端关系。

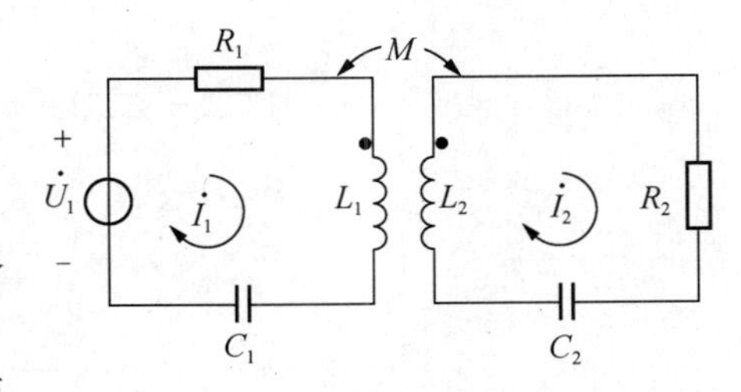

图 3.22　互感耦合串联型回路

初、次级回路电压方程可写为

$$Z_{11}\dot{I}_1-\mathrm{j}\omega M\dot{I}_2=\dot{U}_1 \tag{3-54}$$

$$-\mathrm{j}\omega M\dot{I}_1+Z_{22}\dot{I}_2=0 \tag{3-55}$$

式中，Z_{11} 为初级回路的自阻抗，即

$$Z_{11}=R_{11}+\mathrm{j}X_{11}，R_{11}=R_1，X_{11}=(\omega L_1-\frac{1}{\omega C_1})$$

Z_{22} 为次级回路的自阻抗，即

$$Z_{22}=R_{22}+\mathrm{j}X_{22}，R_{22}=R_2，X_{22}=(\omega L_2-\frac{1}{\omega C_2})$$

解上列方程组可分别求出初级和次级回路电流的表示式

$$\dot{I}_1=\frac{\dot{U}_1}{Z_{11}+\dfrac{(\omega M)^2}{Z_{22}}} \tag{3-56}$$

$$\dot{I}_2=\frac{-\mathrm{j}\omega M\dfrac{\dot{U}_2}{Z_{11}}}{Z_{22}+\dfrac{(\omega M)^2}{Z_{11}}} \tag{3-57}$$

式(3-56)及式(3-57)中

$$Z_{\mathrm{f1}}=\frac{(\omega M)^2}{Z_{22}} \tag{3-58}$$

称为初次级回路对初级回路的反射阻抗。

$$Z_{\mathrm{f2}}=\frac{(\omega M)^2}{Z_{11}} \tag{3-59}$$

称为初级回路对次级回路的反射阻抗；而 $-\mathrm{j}\omega M\dfrac{\dot{U}_1}{Z_{11}}$ 为次级开路时，初级电流 $\dot{I}_1'=\dfrac{\dot{U}_1}{Z_{11}}$ 在次级线圈 L_2 中所感应的电动势，用电压表示为

$$\dot{U}_2=-\mathrm{j}\omega M\dot{I}_1'=-\mathrm{j}\omega M\frac{\dot{U}_1}{Z_{11}} \tag{3-60}$$

经过上述分析之后，可以根据式(3-56)及式(3-57)画出如图 3.23(a)、图 3.23(b)所示的初级和次级回路的等效电路。

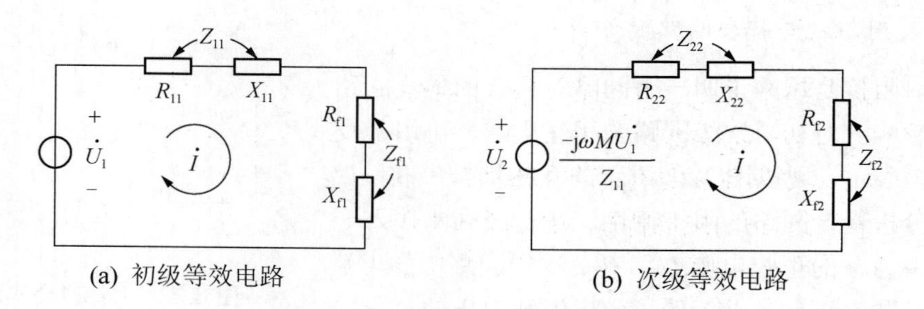

(a) 初级等效电路　　(b) 次级等效电路

图 3.23　耦合回路的等效电路

必须指出，在初级和次级回路中，并不存在实体的反射阻抗。所谓反射阻抗，只不过是用来说明一个回路对另一个相互耦合回路的影响。例如，Z_{f1} 表示次级电流 $\dot{I}_2$ 通过线圈 L_2

时，在初级线圈 L_1 中所引起的互感电压 $\pm j\omega M\dot{I}_2$ 对初级电流 $\dot{I}_1$ 的影响，且此电压用一个在其上通过电流的阻抗来代替，这就是反射阻抗的物理意义。

将自阻抗 Z_{22} 和 Z_{11} 各分解为电阻分量和电抗分量，分别代入式(3-58)和式(3-59)，得到初级和次级反射阻抗表示式为

$$Z_{f1}=\frac{(\omega M)^2}{R_{22}+jX_{22}}=\frac{(\omega M)^2}{R_{22}^2+X_{22}^2}R_{22}+j\frac{-(\omega M)^2}{R_{22}^2+X_{22}^2}X_{22}=R_{f1}+jX_{f1} \tag{3-61}$$

$$Z_{f2}=\frac{(\omega M)^2}{R_{11}+jX_{11}}=\frac{(\omega M)^2}{R_{11}^2+X_{11}^2}R_{11}+j\frac{-(\omega M)^2}{R_{11}^2+X_{11}^2}X_{11}=R_{f2}+jX_{f2} \tag{3-62}$$

由式(3-61)及式(3-62)可得，反射阻抗由反射电阻 R_f 与反射电抗 X_f 所组成。由以上反射电阻和反射电抗的表示式可得出如下几点结论：

(1) 反射电阻永远为正值。这是因为，无论是初级回路反射到次级回路，还是从次级回路反射到初级回路，反射电阻总是代表一定能量的损耗。

(2) 反射电抗的性质与原回路总电抗的性质总是相反的。以 X_{f1} 为例，见式(3-61)，当 X_{22} 呈感性(X_{22}>0)时，则 X_{f1} 呈容性(X_{f1}<0)；反之，当 X_{22} 呈容性(X_{22}<0)时，则 x_{f1} 呈感性(X_{f1}>0)。

(3) 反射电阻和反射电抗的值与耦合阻抗的平方值$(\omega M)^2$成正比。当互感量 M=0 时，反射阻抗也等于零。这就是单回路的情况。

(4) 当初、次级回路同时调谐到与激励频率谐振(即 $X_{11}=X_{22}=0$)时，反射阻抗为纯阻。其作用相当于在初级回路中增加一电阻分量$(\omega M)^2/R_{22}$，且反射电阻与原回路电阻成反比。

考虑到反射阻抗对初、次级回路的影响，最后可以写出初、次级等效电路的总阻抗的表示式：

$$Z_{e1}=\left[R_{11}+\frac{(\omega M)^2}{R_{22}^2+X_{22}^2}R_{22}\right]+j\left[X_{11}-\frac{(\omega M)^2}{R_{22}^2+X_{22}^2}X_{22}\right] \tag{3-63}$$

$$Z_{e2}=\left[R_{22}+\frac{(\omega M)^2}{R_{11}^2+X_{11}^2}R_{11}\right]+j\left[X_{22}-\frac{(\omega M)^2}{R_{11}^2+X_{11}^2}X_{11}\right] \tag{3-64}$$

以上分析尽管是以互感耦合回路为例，但所得结论具有普遍意义。它对纯电抗耦合系统都是适用的，只要将相应于各电阻的自阻抗和耦合阻抗代入以上各式，即可得到该电路的阻抗特性。

3. 耦合回路的调谐

考虑了反射阻抗后的耦合回路如图 3.24 所示。

对于耦合谐振回路，凡是达到了初级等效电路的电抗为零，或次级等效电路的电抗为零或初级回路的电抗同时为零，都称为回路达到了谐振。调谐的方法可以是调节初级回路的电抗，调节次级回路的电抗及两回路间的耦合量。由于互感耦合使初、次级回路的参数互相影响(表现为反射阻抗)。所以耦合谐振回路的谐振现象比单谐振回路的谐振现象要复杂一些。根据调谐参数不同，可分为部分谐振、复谐振、全谐振三种情况。

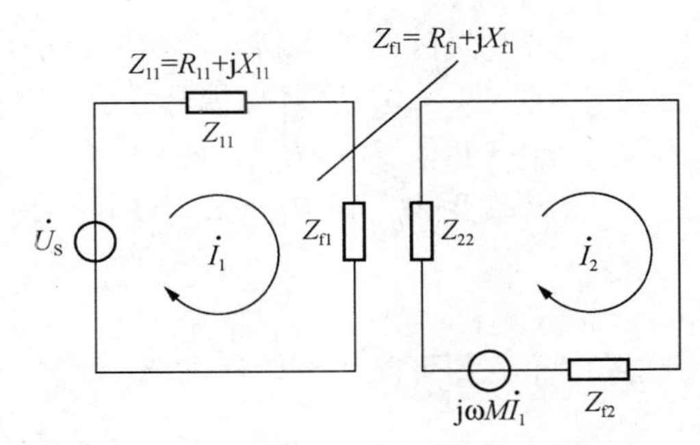

图 3.24 考虑反射阻抗的耦合回路

1) 部分谐振

如果固定次级回路参数及耦合量不变，调节初级回路的电抗使初级回路达到$x_{11}+x_{f1}=0$。即回路本身的电抗 = –反射电抗，我们称初级回路达到部分谐振，这时初级回路的电抗与反射电抗互相抵消，初级回路的电流达到最大值

$$I_{1\max}=\frac{U_S}{R_{11}+\dfrac{(\omega M)^2}{|z_{22}|^2}R_{22}} \tag{3-65}$$

初级回路在部分谐振时所达到的电流最大值，仅是在所规定的调谐条件下达到的，即规定次级回路参数及耦合量不变的条件下所达到的电流最大值，并非回路可能达到的最大电流。耦合量改变或次级回路电抗值改变，则初级回路的反映电阻也将改变，从而得到不同的初级电流最大值。此时，次级回路电流振幅为$I_2=\omega MI_1/|z_{22}|$也达到最大值，这是相对初级回路不是谐振而言，但并不是回路可能达到的最大电流。

若初级回路参数及耦合量固定不变，调节次级回路电抗使$x_{22}+x_{f2}=0$，则次级回路达到部分谐振，次级回路电流达最大值

$$I_{2\max}=\frac{\omega M\dfrac{U_S}{|z_{11}|}}{R_{22}+R_{f2}}=\frac{\omega MU_S}{|z_{11}|\left[R_{22}+\dfrac{(\omega M)^2}{|z_{11}|^2}R_{11}\right]}$$

并不等于初级回路部分谐振时次级电流的最大值。

2) 复谐振

在部分谐振的条件下，再改变互感量，使反射电阻R_{f1}等于回路本身电阻R_{11}，即满足最大功率传输条件，使次级回路电流I_2达到可能达到的最大值，称为复谐振，这时初级电路不仅发生了谐振而且达到了匹配。反射电阻R_{f1}将获得可能得到的最大功率，即次级回路将获得可能得到的最大功率，所以次级电流也达到可能达到的最大值。可以推导

$$I_{2\max,\max}=\frac{U_S}{2\sqrt{R_{11}R_{22}}} \tag{3-66}$$

注意，在复谐振时初级等效回路及次级等效回路都对信号源频率谐振，但就初级回路或次级回路来说，并不对信号源频率谐振。这时两个回路或者都处于感性失谐，或者都处于容性失谐。

3) 全谐振

调节初级回路的电抗及次级回路的电抗，使两个回路都单独的达到与信号源频率谐振，即$x_{11}=0$，$x_{22}=0$，这时称耦合回路达到全谐振。在全谐振条件下，两个回路的阻抗均呈电阻性。$z_{11}=R_{11}$，$z_{22}=R_{22}$，但$R_{11}\neq R_{f1}$，$R_{f2}\neq R_{22}$。

如果改变M，使$R_{11}=R_{f1}$，$R_{22}=R_{f2}$，满足匹配条件，则称为最佳全谐振。此时

$$R_{f1}=\frac{(\omega M)^2}{R_{22}}=R_{11} \quad 或 \quad R_{f2}=\frac{(\omega M)^2}{R_{11}}=R_{22} \tag{3-67}$$

次级电流达到可能达到的最大值

$$I_{2\max}=\frac{U_S}{2\sqrt{R_{11}R_{22}}}$$

可见，最佳全谐振时次级回路电流值与复谐振时相同。由于最佳全谐振既满足初级匹

配条件，同时也满足次级匹配条件，所以最佳全谐振是复谐振的一个特例。

由最佳全谐振条件可得最佳全谐振时的互感为

$$M_C = \frac{\sqrt{R_{11}R_{22}}}{\omega} \tag{3-68}$$

最佳全谐振时初、次级间的耦合称为临界耦合，与此相应的耦合系数称为临界耦合系数，以 k_C 表示

$$k_C = \frac{M_C}{\sqrt{L_{11}L_{22}}} = \sqrt{\frac{R_{11}R_{22}}{\omega L_{11}\omega L_{22}}} \approx \frac{1}{\sqrt{Q_1Q_2}} \tag{3-69}$$

$Q_1 = Q_2 = Q$ 时

$$K_C = \frac{1}{Q} \tag{3-70}$$

我们把耦合谐振回路两回路的耦合系数与临界耦合系数之比 $\eta = k/k_C = kQ$ 称为耦合因数，η 是表示耦合谐振回路耦合相对强弱的一个重要参量，$\eta < 1$ 称为弱耦合；$\eta = 1$ 称为临界耦合；$\eta > 1$ 称为强耦合。

*各种耦合电路都可定义 k，但是只能对双调谐回路才可定义 η。

4. 耦合回路的频率特性

当初、次级回路 $\omega_{01} = \omega_{02} = \omega_0$，$Q_1 = Q_2 = Q$ 时，广义失调 $\xi_1 = \xi_2 = \xi$，可以证明次级回路电流比

$$\alpha = \frac{I_2}{I_{2\max}} = \frac{2\eta}{\sqrt{(1+\eta^2-\xi^2)^2 + 4\xi^2}} \tag{3-71}$$

为广义失谐，η 为耦合因数，α 表示耦合回路的频率特性。

当回路谐振频率 $\omega = \omega_0$ 时，$\eta < 1$ 称为弱耦合，若 $\xi = 0$ 时，$\alpha = \dfrac{2\eta}{1+\eta^2}$ 为最大值；$\eta = 1$ 称为临界耦合，若 $\xi = 0$ 时，$\alpha = 1$ 为最大值；$\eta > 1$ 称为强耦合，谐振曲线出现双峰，谷值 $\alpha < 1$，在 $\xi = \pm\sqrt{\eta^2 - 1}$ 处，$x_{11} + x_{f1} = 0$，$R_{f1} = R_{11}$ 回路达到匹配，相当于复谐振，谐振曲线呈最大值，$\alpha = 1$。耦合回路的频率特性曲线如图 3.25 所示。

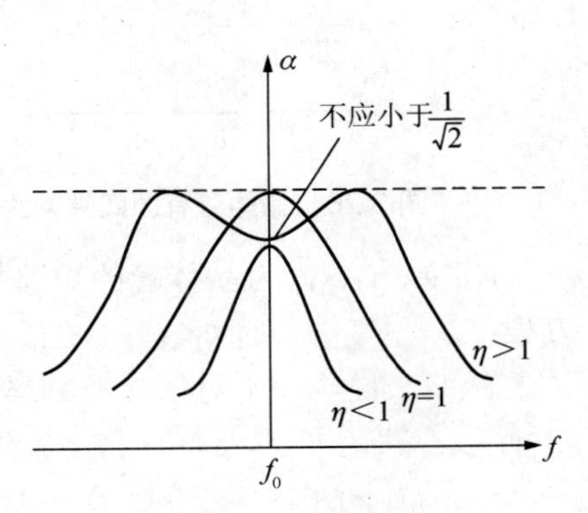

图 3.25　耦合回路的频率特性曲线

5. 耦合回路的通频带

根据前述单回路通频带的定义，当 $\alpha = I_2/I_{2\max} = 1/\sqrt{2}$，$Q_1 = Q_2 = Q$，$\omega_{01} = \omega_{02} = \omega$ 时，可导出

$$2\Delta f_{0.7} = \sqrt{\eta^2 + 2\eta - 1} \cdot \frac{f_0}{Q} \tag{3-72}$$

若 $\eta = 1$ 时

$$2\Delta f_{0.7} = \sqrt{2}\,\frac{f_0}{Q} \tag{3-73}$$

一般采用 η 稍大于 1，这时在通带内放大均匀，而在通带外衰减很大，为较理想的幅频特性。

3.3　晶体管高频小信号等效电路与参数

在“低频电路”里，采用低频 h 参数及其等效电路对晶体管低频放大器进行了分析，在那里忽略了晶体管高频运用的内部物理现象，现在，当我们分析晶体管高频放大器时，就必须采用一种能够反映晶体管在高频工作时的高频参量及其等效电路。

晶体管在高频运用时，它的等效电路不仅包含着一些和频率基本没有关系的电阻，而且还包含着一些与频率有关的电容，这些电容在频率较高时的作用是不能忽略的。

在电路分析中，“等效电路”是一种很有用的方法，晶体管在高频运用时，它的等效电路主要有两种表示方法：形式等效电路和物理模拟等效电路(混合π等效电路)。

3.3.1　Y 参数等效电路

Y 参数等效电路把晶体管等效看成有源四端网络，如图 3.26 所示。该四端网络在工作时有四个参数，它们是输入电压 U_1，输入电流 I_1，输出电压 U_2，输出电流 I_2。

任选其中两个作自变量，另两个作参变量可得不同的参数系，如 H 参数、Y 参数、Z 参数等。高频等效电路中主要采用 Y 参数进行分析，即 U_1、U_2 为自变量，I_1、I_2 为参变量。

图 3.27 为晶体管共发电路的 Y 参数等效电路。

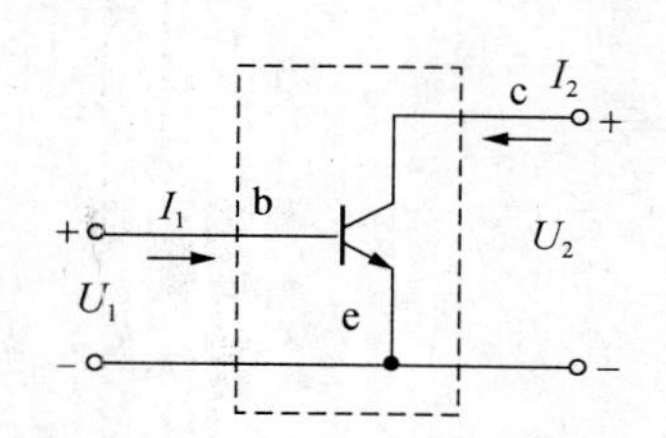

图 3.26　晶体管有源四端网络

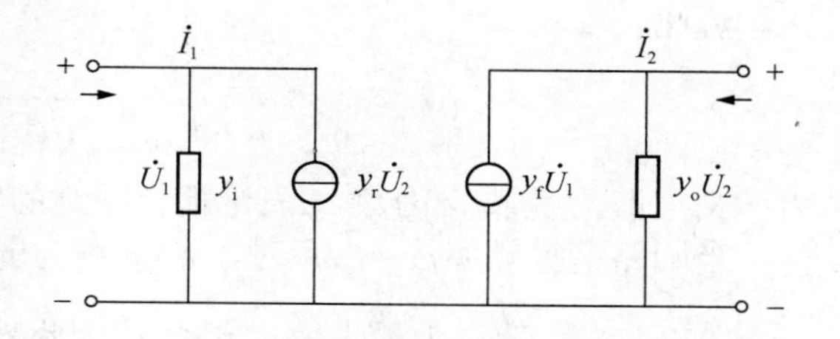

图 3.27　Y 参数等效电路

y_i、y_r、y_f、y_o 为晶体管的短路导纳参数(Y 参数)，根据图 3.27 等效电路可以写出电路方程：

$$\begin{cases}\dot{I}_1 = y_i\dot{U}_1 + y_r\dot{U}_2 & (3\text{-}74)\\ \dot{I}_2 = y_f\dot{U}_1 + y_o\dot{U}_2 & (3\text{-}75)\end{cases}$$

式中，$y_i = \left.\dfrac{\dot{I}_1}{\dot{U}_1}\right|_{\dot{U}_2=0}$　为输出短路时的输入导纳；

$y_r = \left.\dfrac{\dot{I}_1}{\dot{U}_2}\right|_{\dot{U}_1=0}$　为输入短路时的反向传输导纳；

$y_f = \left.\dfrac{\dot{I}_2}{\dot{U}_1}\right|_{\dot{U}_2=0}$　为输出短路时的正向传输导纳；

$y_o = \left.\dfrac{\dot{I}_2}{\dot{U}_2}\right|_{\dot{U}_1=0}$　为输入短路时的输出导纳。

注意：这是晶体管本身的短路参数，即为自参数，它只与晶体管的特性有关，而与外电路无关，所以又称内参数。

晶体管作放大器用时，因为输入端或输出端接有信号源与负载，所以 Y 参数与外接负载和信号源内阻有关，称为电路 Y 参数又称外参数。根据不同的晶体管型号，不同的工作电压和不同的信号频率，导纳参数可能是实数，也可能是复数。

例如，3CG35 的自参数如下：

$y_{ie} = (1.2 + j2.2)$ ms　　$y_{re} = (0.06 - j0.3)$ ms

$y_{fe} = (5.4 - j2.2)$ ms　　$y_{oe} = (0.4 + j1.8)$ ms

3.3.2　混合 π 型等效电路

上节分析的 Y 参数等效电路，没有牵涉到晶体管的物理结构和工作的物理过程，因此它们不仅适用于晶体管，也适用于任何四端(或三端)器件。

若把晶体管内部的复杂关系，用集中元件 R、L、C 表示，则每一元件与晶体管内发生的某种物理过程具有明显的关系。用这种物理模拟的方法所得到的混合 π 等效电路。

混合 π 等效电路已在“低频电子线路”课程中详细讨论过，这里不再赘述。在此，仅给出混合 π 等效电路各元件意义和数值，以便以后直接应用。图 3.28 为晶体管混合 π 等效电路。

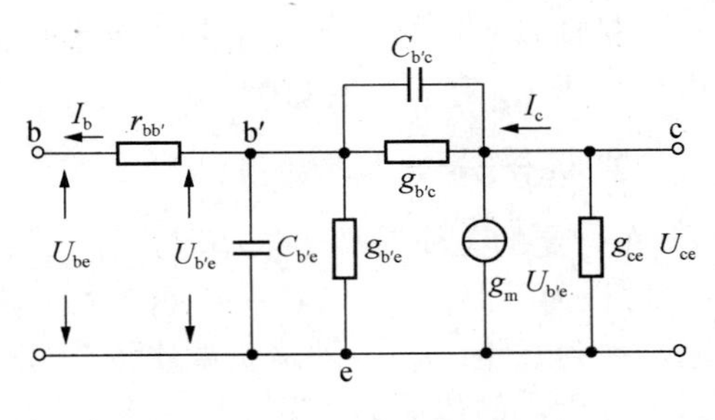

图 3.28　混合π等效电路

1. 各参量的物理意义及计算公式

1) 基极体电阻 $r_{bb'}$

从晶体管内部结构可知，从基极外部引线 b 到内部扩散区中某一抽象点 b′之间，是一段较长而又薄的 N 型半导体(或 P 型)，因掺入杂质很少，因而电导率不高，所以存在一定体积电阻，故在 b-b′之间，用集总电阻 $r_{bb'}$表示。发射区和集电区掺入杂质多，电导率高，电阻很小，故可略去其体积电阻。不同类型的晶体管，$r_{bb'}$的数值也不一样。$r_{bb'}$的存在，使得输入交流信号产生损失，所以 $r_{bb'}$的值应尽量减小，一般 $r_{bb'} = 15\sim50\Omega$。

2) 发射结电阻 $r_{b'e}$

晶体管放大时，发射结总工作在正向偏置，所以 $r_{b'e}$较小，一般为几百欧。

$$r_{b'e} = \beta_0 \frac{26\text{mV}}{I_e} \tag{3-76}$$

式中，I_e为发射极电流，以 mA 为单位；β_0是低频电流放大系数；$r_{b'e} = 1/g_{b'e}$，$g_{b'e}$为发射结电导。

3) 发射结电容 $C_{b'e}$

$$C_{b'e} = C_j + C_D$$

因为发射结为正向工作，所以 $C_{b'e}$主要为扩散电容 C，一般约为 10～500pF。

4) 集电结电阻 $r_{b'c}$

因为集电结为反偏，所以 $r_{b'c}$较大，约为 10kΩ～10MΩ，特别是硅管，$r_{b'c}$很大，和放大器的负载相比，它的作用往往可以忽略。

5) 集电结电容 $C_{b'c}$

$$C_{b'c} = C_j + C_D$$

因为集电结为反偏置，所以 $r_{b'c} \approx C_j$，$C_{b'c}$ 约为几皮法，$C_{b'c}$ 引起交流反馈，可能引起自激，故希望其小些。

6) 等效电流发生器 $g_m U_{b'e}$

是表示晶体管放大作用的，当在 b′到 e 之间加上交变电压 $u_{b'e}$ 时，对集电极电路的作用就相当于有一电流源 $g_m u_{b'e}$ 存在。g_m 是晶体管的跨导，反映晶体管的放大能力，即输入对输出的控制能力。根据定义：

$$g_m = \frac{I_C}{U_{b'e}} = \frac{\beta_0}{r_{b'e}} = \frac{I_e}{26} \quad (S) \tag{3-77}$$

g_m 约为几十 mS 的数量级。

7) 集射极电阻 r_{ce}

晶体管集电极电流 I_c 主要决定于基极电压 $U_{b'e}$，但集电极电压 U_{cl} 对 I_c 也有影响，r_{cl} 较大，常忽略。

2. 混合π等效电路的简化

在一定的工作频率下，$r_{b'c}$ 与 $C_{b'c}$ 引起的容抗相比，$r_{b'c}$ 可视为开路；$r_{b'e}$ 与 $C_{b'e}$ 引起的容抗相比，$r_{b'e}$ 可以忽略，视为开路；r_{ce} 与回路负载比较，可视为开路。根据以上分析，简化后的等效电路如图 3.29 所示。

这是对工作频率较高时的简化电路，对工作频率范围不同时，等效电路可进行不同的简化。

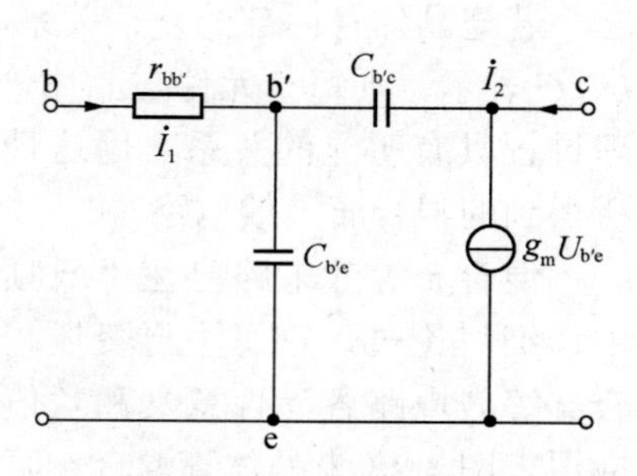

图 3.29 简化混合π等效电路

3.3.3 Y 参数等效电路与混合π等效电路参数的转换

当晶体管直流工作点选定以后，混合 π 等效电路各元件的参数也就确定，但在小信号放大器中，常以 Y 参数等效电路作为分析基础。因此，有必要讨论混合 π 等效电路参数与 Y 参数的转换，以便根据确定的元件参数进行小信号放大器或其他电路的设计和计算。为了简单起见，在此采用简化混合 π 等效电路进行分析。

将图 3.27 与图 3.29 等效可推导出用混合 π 参数表示的 Y 参数(在此略去推导过程)。

$$y_{ie} = \left.\frac{\dot{I}_1}{\dot{U}_1}\right|_{\dot{U}_2=0} \frac{Y_{b'e}}{1 + r_{bb'} Y_{b'e}} \tag{3-78}$$

$$y_{fe} = \left.\frac{\dot{I}_2}{\dot{U}_1}\right|_{\dot{U}_2=0} = \frac{g_m}{1 + r_{bb'} Y_{b'e}} \tag{3-79}$$

其中 $Y_{b'e} = j\omega(C_{b'e} + C_{b'c})$

$$y_{re} = \left.\frac{\dot{I}_1}{\dot{U}_2}\right|_{\dot{U}_1=0} = -\frac{j\omega C_{b'c}}{1 + r_{bb'} Y_{b'e}} \tag{3-80}$$

$$y_{oe} = \left.\frac{\dot{I}_2}{\dot{U}_2}\right|_{\dot{U}_1=0} = j\omega C_{b'c}\left(1 + \frac{g_m r_{bb'}}{1 + r_{bb'} Y'_{b'e}}\right) \tag{3-81}$$

其中，$Y'_{\mathrm{b'e}} = \mathrm{j}\omega C_{\mathrm{b'e}}$

若已知ω，从手册上查得$r_{\mathrm{bb'}}$、$C_{\mathrm{b'e'}}$、$C_{\mathrm{b'e}}$等参数，由此可求得y_{ie}、y_{re}、y_{fe}、y_{oe}，求得这些参数对计算实际电路是很有用的。

3.4　晶体管谐振放大器

3.4.1　单级单调谐回路谐振放大器

图 3.30 是一个典型的单级单调谐放大器。R_1、R_2、R_3为偏置电阻，L_F、C_F为滤波电路，该电路采用负压供电，C_4、L 组成 L、C 谐振回路。R_4是加宽回路频带用的。y_{ie2}是下一组的输入导纳，R_P是并联回路本身的损耗，通常在实际电路中不画出来。回路采用了抽头接入方式。所谓单调谐回路共发放大器就是晶体管共发电路和并联回路的组合。所以前面分析的晶体管等效电路和并联回路的结论均可应用。

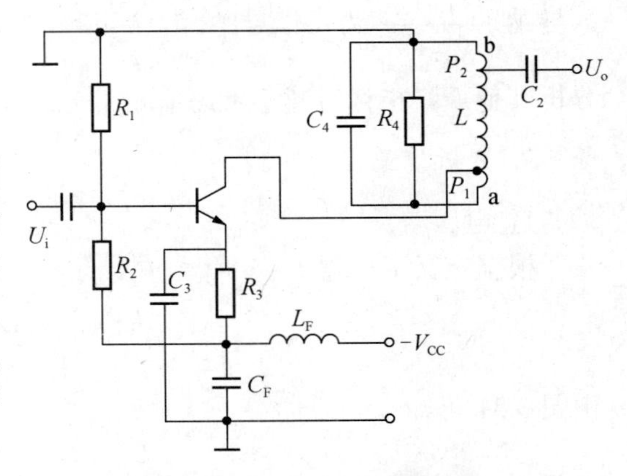

图 3.30　单级单调谐放大器

1. 等效电路分析

因为讨论的是小信号，略去直流参数元件即可用 Y 参数等效电路模拟。图 3.31 是单调谐放大器的 Y 参数等效电路(图中暂未考虑 R_4)，由图 3.31 可知

$$\dot{I}_{\mathrm{b}} = y_{\mathrm{ie}}\dot{U}_{\mathrm{i}} + y_{\mathrm{re}}\dot{U}_{\mathrm{c}} \tag{3-82}$$

$$\dot{I}_{\mathrm{c}} = y_{\mathrm{fe}}\dot{U}_{\mathrm{i}} + y_{\mathrm{oe}}\dot{U}_{\mathrm{c}} \tag{3-83}$$

$$\dot{I}_{\mathrm{c}} = -\dot{U}_{\mathrm{c}}Y'_{\mathrm{L}} \tag{3-84}$$

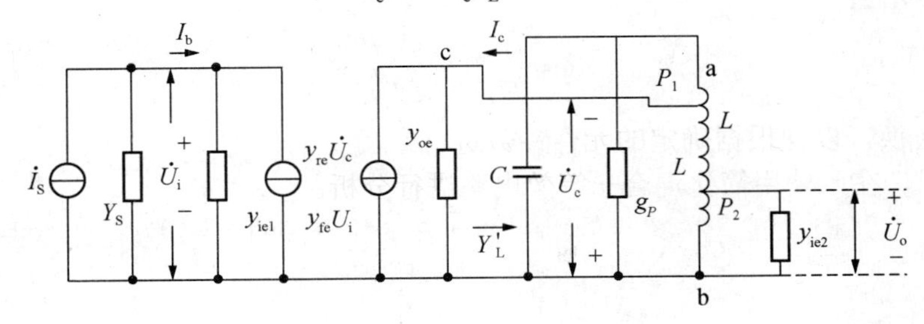

图 3.31　单级单调谐放大器的 Y 参数等效电路

Y'_{L}代表由集电极 c 向右看去的回路导纳

$$Y'_{\mathrm{L}} = \frac{1}{P_1^2}\left(g_{\mathrm{P}} + \mathrm{j}\omega c + \frac{1}{\mathrm{j}\omega L} + P_2^2 y_{\mathrm{ie2}}\right) \tag{3-85}$$

式(3-83)等于式(3-84)，因此

$$\dot{U}_{\mathrm{c}} = -\frac{y_{\mathrm{fe}}}{y_{\mathrm{oe}} + Y'_{\mathrm{L}}}\dot{U}_{\mathrm{i}} \tag{3-86}$$

将式(3-86)代入式(3-82)得

$$\dot{I}_b = \left(y_{ie} - \frac{y_{re} y_{fe}}{y_{oe} + Y'_L} \right) \dot{U}_i \tag{3-87}$$

因此放大器的输入导纳

$$Y_i = \frac{\dot{I}_b}{\dot{U}_i} = y_{ie} - \frac{y_{re} y_{fe}}{y_{oe} + Y'_L} \tag{3-88}$$

式中，y_{ie} 为晶体管共发连接时的短路输入导纳；Y_i 为晶体管接成放大器且接有负载 Y'_L 的输入导纳；$\frac{y_{re} y_{fe}}{y_{oe} + Y'_L}$ 为反馈导纳，它会引起放大器的不稳定，在分析放大器的稳定性时将用到，分析其他质量指标时暂不考虑 y_{re}。令 $y_{re}=0$，即此刻 $Y_i = y_{ie}$。

2. 分析质量指标

1) 电压增益

根据定义，可得

$$A_V = \frac{\dot{U}_o}{\dot{U}_i}$$

由图 3.31 可知

$$\dot{U}_o = P_2 \dot{U}_{ab} \qquad \dot{U}_c = P_1 \dot{U}_{ab}$$

所以

$$\dot{U}_o = \frac{P_2}{P_1} \dot{U}_c \tag{3-89}$$

将式(3-86)代入式(3-89)得

$$\dot{U}_o = -\frac{P_2 y_{fe}}{P_1 (y_{oe} + Y'_L)} \cdot \dot{U}_i \tag{3-90}$$

因此，电压增益

$$\dot{A}_V = \frac{\dot{U}_o}{\dot{U}_i} = -\frac{P_2 y_{fe}}{P_1 (y_{oe} + Y'_L)} \tag{3-91}$$

由于

$$Y'_L = \frac{1}{P_1^2} Y_L$$

而

$$Y_L = (g_P + j\omega C + \frac{1}{j\omega L} + P_2^2 y_{ie2})$$（Y'_L 为 cb 间导纳，Y_L 为 ab 间导纳）

因此

$$\dot{A}_V = \frac{-P_1 P_2 y_{fe}}{P_1^2 y_{oe} + Y_L} = \frac{-P_1 P_2 y_{fe}}{P_1^2 y_{oe} + g_P + j\omega c + \frac{1}{j\omega L} + P_2^2 y_{ie2}} \tag{3-92}$$

设

$$\begin{cases} y_{oe} = g_{oe} + j\omega C_{oe} \\ y_{ie2} = g_{ie2} + j\omega C_{ie2} \end{cases}$$

代入式(3-92)，得

$$\dot{A}_{\rm V}=-\frac{P_1P_2y_{\rm fe}}{P_1^2g_{\rm oe}+P_1^2\cdot{\rm j}\omega C_{\rm oe}+g_{\rm P}+{\rm j}\omega C+\dfrac{1}{{\rm j}\omega L}+P_2^2g_{\rm ie2}+P_2^2\cdot{\rm j}\omega C_{\rm ie2}}$$

$$=-\frac{P_1P_2y_{\rm fe}}{(g_{\rm P}+P_1^2g_{\rm oe}+P_2^2g_{\rm ie2})+{\rm j}\omega(C+P_1^2C_{\rm oe}+P_2^2C_{\rm ie2})+\dfrac{1}{{\rm j}\omega L}}$$

$$=-\frac{P_1P_2y_{\rm fe}}{g_\Sigma+{\rm j}\omega C_\Sigma+\dfrac{1}{{\rm j}\omega L}} \tag{3-93}$$

一般式表示为

$$\dot{A}_{\rm V}=\frac{-P_1P_2y_{\rm fe}}{g_\Sigma\left[1+{\rm j}\dfrac{2Q_{\rm L}\cdot\Delta f}{f_0}\right]} \tag{3-94}$$

式中，f 为工作频率；f_0 为谐振频率。

$$Q_{\rm L}=\frac{\omega_0C_\Sigma}{g_\Sigma}\qquad f_0=\frac{1}{2\pi\sqrt{LC_\Sigma}}\qquad \Delta f=f-f_0$$

$$g_\Sigma=P_1^2g_{\rm oe}+g_{\rm P}+P_2^2g_{\rm ie2}\qquad C_\Sigma=C+P_1^2C_{\rm oe}+P_2^2C_{\rm ie2}$$

谐振时，$\Delta f=0$，因此小信号单级单调谐放大器的谐振电压增益为

$$\dot{A}_{\rm V0}=-\frac{P_1P_2y_{\rm fe}}{g_\Sigma}=-\frac{p_1p_2y_{\rm fe}}{g_{\rm P}+p_1^2g_{\rm oe}+p_2^2g_{\rm ie2}} \tag{3-95}$$

由式(3-95)可知：

(1) 输出电压与输入电压相差 180°。由于 $y_{\rm fe}$ 本身是一个复数，它也有一个相角 $\varphi_{\rm fe}$，实际上输出电压和输入电压之间的相位差应为 $180°+\varphi_{\rm fe}$。当工作频率较低时，$\varphi_{\rm fe}\approx0$，此时输出电压与输入电压相差才等于 180°。

(2) 当要求电压增益加大时，应选择正向传输导纳较大的管子。

(3) 电压增益 $\dot{A}_{\rm V}$ 是频率的函数，当谐振时，电压增益达到最大。

(4) 因为有载 $Q_{\rm L}=\omega_0C_\Sigma/g_\Sigma$，所以 $Q_{\rm L}$ 不能太低，否则增益 $A_{\rm V}$ 较低。

2) 功率增益

$$A_{\rm P0}=\frac{负载上获得的功率P_0}{信号源送给放大器的功率P_{\rm i}}$$

谐振时可将图 3.31 右边简化为图 3.32 所示。

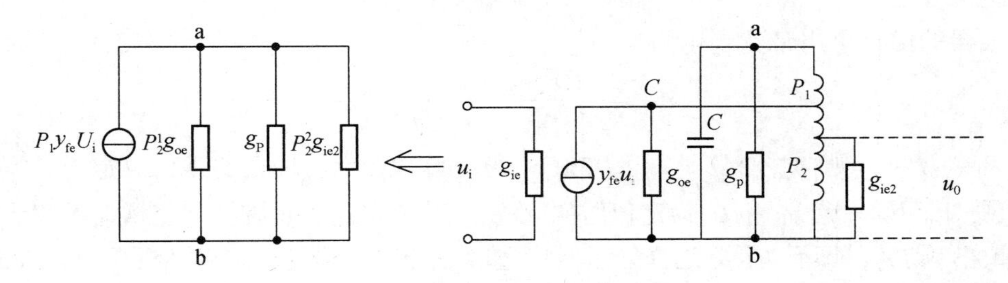

图 3.32　计算功率增益等效电路

$$P_{\mathrm{i}} = U_{\mathrm{i}}^2 g_{\mathrm{ie1}}$$

$$P_0 = V_{\mathrm{ab}}{}^2 \cdot P_2^2 g_{\mathrm{ie2}} = \left(\frac{P_1 y_{\mathrm{fe}} U_{\mathrm{i}}}{g_{\Sigma}}\right)^2 \cdot P_2^2 g_{\mathrm{ie2}}$$

$$A_{\mathrm{P0}} = \frac{P_0}{P_{\mathrm{i}}} = \frac{P_1^2 P_2^2 g_{\mathrm{ie2}} |y_{\mathrm{fe}}|^2}{g_{\mathrm{ie1}} g_{\Sigma}{}^2} = (A_{\mathrm{V0}})^2 \cdot \frac{g_{\mathrm{ie2}}}{g_{\mathrm{ie1}}} \tag{3-96}$$

若

$$g_{\mathrm{ie1}} = g_{\mathrm{ie2}}$$

则

$$A_{\mathrm{P0}} = (A_{\mathrm{V0}})^2 \tag{3-97}$$

$$A_{\mathrm{P0}}\,(\mathrm{dB}) = 10\lg A_{\mathrm{P0}}$$

当 $P_1^2 g_{\mathrm{oe}} = P_2^2 g_{\mathrm{ie2}}$ 时达到功率匹配，若不考虑回路本身损耗 g_{P}，则最大功率增益为

$$(A_{\mathrm{P0}})_{\max} = \frac{|y_{\mathrm{fe}}|^2}{4 g_{\mathrm{ie}} g_{\mathrm{oe}}} A_{\mathrm{P0}} = (A_{\mathrm{V0}})^2$$

若考虑回路的插入损 K_{l}，根据第 2 章插入损耗的定义 $K_1 = 1 \Big/ \left(1 - \dfrac{Q_{\mathrm{L}}}{Q_{\mathrm{o}}}\right)^2$，则

$$(A_{\mathrm{Po}})_{\max} = \frac{|y_{\mathrm{fe}}|^2}{4 g_{\mathrm{oe}} \cdot g_{\mathrm{ie}}} \Big/ K_1 = \frac{|y_{\mathrm{fe}}|^2}{4 g_{\mathrm{oe}} \cdot g_{\mathrm{ie}}} \cdot \left(1 - \frac{Q_{\mathrm{L}}}{Q_0}\right)^2 \tag{3-98}$$

3) 放大器的通频带

放大器 $A_{\mathrm{V}} / A_{\mathrm{V0}}$ 随 f 而变化的曲线，称为放大器的谐振曲线，如图 3.33 所示。

根据式(3-94)及式(3-95)得

$$\frac{A_{\mathrm{V}}}{A_{\mathrm{V0}}} = \frac{1}{\sqrt{1 + \left(\dfrac{2 Q_{\mathrm{L}} \Delta f}{f_0}\right)^2}}$$

当 $A_{\mathrm{V}} / A_{\mathrm{V0}} = 1/\sqrt{2}$，得 $2\Delta f_{0.7} = f_0 / Q_{\mathrm{L}}$ 为放大器的通频带。

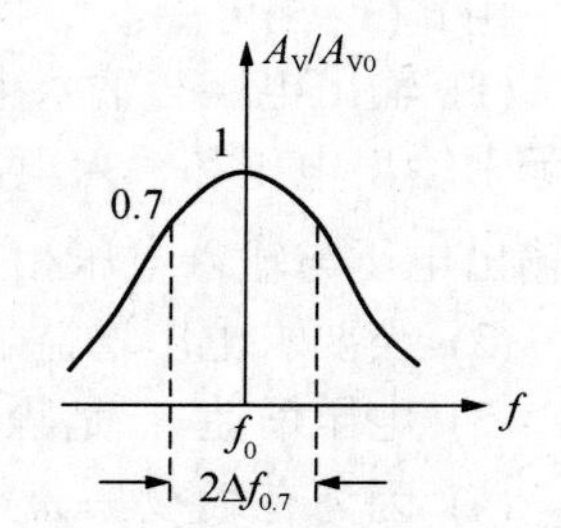

图 3.33 放大器的通频带

下面分析带宽与增益的关系。

由第 2 章知 $Q_{\mathrm{L}} = \omega_0 C_{\Sigma} / g_{\Sigma}$，所以

$$g_{\Sigma} = \frac{\omega_0 C_{\Sigma}}{Q_{\mathrm{L}}} = \frac{2\pi f_0 C_{\Sigma}}{\dfrac{f_0}{2\Delta f_{0.7}}} = 4\pi \Delta f_{0.7} C_{\Sigma} \tag{3-99}$$

因此放大器的增益可用带宽表示为

$$A_{\mathrm{V0}} = \frac{-P_1 P_2 y_{\mathrm{fe}}}{g_{\Sigma}} = \frac{-P_1 P_2 y_{\mathrm{fe}}}{4\pi \Delta f_{0.7} \cdot C_{\Sigma}} \tag{3-100}$$

设 $P_1=1$，$P_2=1$，则 $|A_{\mathrm{V0}} \cdot 2\Delta f_{0.7}| = |y_{\mathrm{fe}}| / 2\pi C_{\Sigma}$，由此可知带宽与增益的乘积决定于 C_{Σ} 与 $|y_{\mathrm{fe}}|$，C_{Σ} 增加则 A_{V0} 下降；当 y_{fe} 和 C_{Σ} 为定值时(电路定了其值也定了)，则带宽与增益乘积为常数。$2\Delta f_{0.7}$ 加宽，则 A_{V0} 下降。因此选择管子时应选取 y_{fe} 大些的管子，应减少 C_{Σ}，但 C_{Σ} 也不能太小，否则不稳定电容的影响会增大。

4) 选择性

根据 3.1 节可知单调谐放大器的选择性用矩形系数来表示为

$$K_{r0.1}=\frac{2\Delta f_{0.1}}{2\Delta f_{0.7}} \tag{3-101}$$

当

$$\frac{A_V}{A_{V0}}=\frac{1}{\sqrt{1+\left[Q_L\dfrac{2\Delta f_{0.1}}{f_0}\right]^2}}=\frac{1}{10}$$

时 $2\Delta f_{0.1}=\sqrt{10^2-1}\,f_0/Q_L$

因此

$$K_{r0.1}=\frac{2\Delta f_{0.1}}{2\Delta f_{0.7}}=\sqrt{10^2-1}\approx 9.95\gg 1$$

所以单调谐放大器的矩形系数比 1 大得多，选择性比较差。

【例 3.3】 在图 3.30 中，设工作频率 f =30MHz，晶体管的正向传输导纳$|y_{fe}|$ =58.3ms，g_{ie}=1.2ms，C_{ie}=12pF，g_{oe}=400μs，C_{oe}=9.5pF，回路电感 L=1.4 μH，接入系数 P_1=1，P_2=0.3，空载品质因数 Q_0=100(假设 y_{re}=0)，求：单级放大器谐振时的电压增益 A_{V0}，通频带 $2\Delta f_{0.7}$，谐振时回路外接电容 C。

解：因为回路谐振电阻

$$R_P=Q_P\omega_0L=100\times6.28\times30\times10^6\times1.4\times10^{-6}\approx26\text{k}\Omega$$

则

$$G_P=\frac{1}{R_P}=\frac{1}{26}\times10^{-3}=3.84\times10^{-5}\text{S}$$

因此回路总电导

$$g_\Sigma=G_P+P_1^2g_{oe}+P_2^2g_{ie2}$$

若下级采用相同晶体管时，即

$$g_{ie1}=g_{ie2}=1.2\text{mS}$$

则

$$g_\Sigma=0.0384\times10^{-3}+0.4\times10^{-3}+(0.3)^2\times1.2\times10^{-3}=0.55\times10^{-3}\text{S}$$

电压增益为

$$A_{V0}=\frac{P_1P_2|y_{fe}|}{g_\Sigma}=\frac{0.3\times58.3}{0.55}\approx32$$

回路总电容为

$$C_\Sigma=\frac{1}{(2\pi f_0)^2L}=\frac{1}{(2\pi\times30\times10^6)^2\times1.4\times10^{-6}}\approx20\text{pF}$$

故外加电容 C 应为

$$C=C_\Sigma-(P_1^2C_{oe}+P_2^2C_{ie})=20-[9.5+(0.3)^2\times12]\approx9.4\text{pF}$$

通频带为

$$2\Delta f_{0.7}=\frac{P_1P_2|y_{\text{fe}}|}{2\pi C_{\Sigma}A_{\text{V0}}}=\frac{0.3\times 58.3\times 10^{-3}}{2\pi\times 20\times 10^{-12}\times 32}\approx 4.35\text{MHz}$$

3.4.2 多级单调谐回路谐振放大器

若单级放大器的增益不能满足要求，就可以采用多级级联放大器。图 3.34 所示为三级中放单调谐回路共发射极放大器。级联后的放大器，其增益、通频带和选择性都将发生变化。

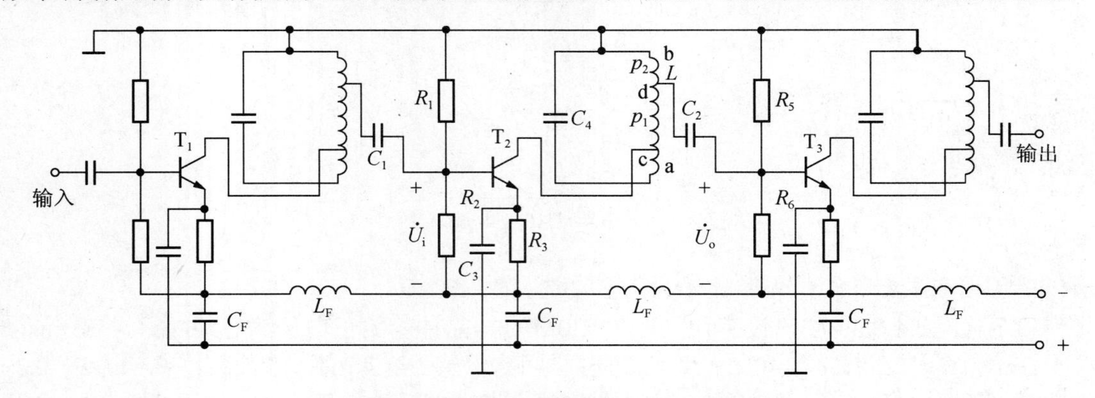

图 3.34　三级中放单调谐回路共发射极放大器

1. 多级放大器的电压增益

假如，放大器有 m 级，各级的电压增益分别为 A_{V1}、A_{V2}、…、$A_{\text{V}m}$，则总增益 A_m 是各级增益的乘积，即

$$A_m=A_{\text{V1}}\cdot A_{\text{V2}}\cdot\cdots\cdot A_{\text{V}m}\tag{3-102}$$

如果多级放大器是由完全相同的单级放大器组成，则

$$A_m=A_{\text{V1}}^m\tag{3-103}$$

m 级相同的放大器级联时，它的谐振曲线可由下式表示

$$\frac{A_m}{A_{m0}}=\frac{1}{\left[1+(\frac{Q_{\text{L}}2\Delta f}{f_0})^2\right]^{\frac{m}{2}}}\tag{3-104}$$

它等于各单级谐振曲线的乘积。所以级数愈多，谐振曲线愈尖锐。

2. 多级放大器的通频器

对 m 级放大器而言，通频带的计算应满足下式：

$$\frac{A_m}{A_{m0}}=\frac{1}{\left[1+\left(\frac{Q_{\text{L}}2\Delta f_{0.7}}{f_0}\right)^2\right]^{\frac{m}{2}}}=\frac{1}{\sqrt{2}}$$

解上式，可求得 m 级放大器的通频带$(2\Delta f_{0.7})_m$为

$$(2\Delta f_{0.7})_m=\sqrt{2^{\frac{1}{m}}-1}\times 2\Delta f_{0.7}=\sqrt{2^{\frac{1}{m}}-1}\,\frac{f_0}{Q_{\text{L}}}\tag{3-105}$$

式中，$2\Delta f_{0.7}$ 为单级放大器的通频带；$\sqrt{2^{\frac{1}{m}}-1}$ 称为带宽缩减因子，它意味着，级数增加后，总通频带变窄的程度。

3. 多级单调谐放大器的选择性(矩形系数)

按矩形系数定义，当 $\dfrac{A_{\mathrm{V}}}{A_{\mathrm{V0}}}=0.1$ 时，求得 $2\Delta f_{0.7}$。对于多级而言，由式(3-104)求得

$$(2\Delta f_{0.1})_m=\sqrt{100^{\frac{1}{m}}-1}\,\frac{f_0}{Q_{\mathrm{L}}} \tag{3-106}$$

故 m 级单调谐回路放大器的矩形系数为

$$K_{\mathrm{r0.1}}=\frac{(2\Delta f_{0.1})_m}{(2\Delta f_{0.7})_m}=\frac{\sqrt{100^{\frac{1}{m}}-1}}{\sqrt{2^{\frac{1}{m}}-1}} \tag{3-107}$$

单调谐回路放大器的优点是电路简单，调试容易，其缺点是选择性差(矩形系数离理想的矩形系数 $K_{\mathrm{r0.1}}=1$ 较远)，增益和通频带的矛盾比较突出。要解决这个矛盾常采用双调谐回路谐振放大器，即放大器的负载采用双调谐耦合回路，读者可参考有关文献。

4. 谐振放大器电路举例

图 3.35 所示为国产某调幅通信机接收部分所采用的二级中频放大器电路。

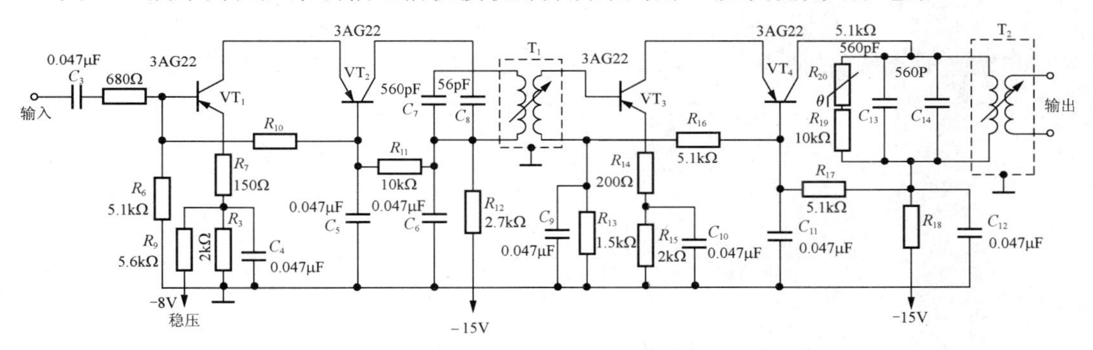

图 3.35　二级共发-共基级联中频放大器电路

第一级中放由晶体管 VT_1 和 VT_2 组成共射-共基级联电路，电源电路采用串馈供电，R_6、R_{10}、R_{11} 为这两个管子的偏置电阻，R_7 为负反馈电阻，用来控制和调整中放增益。R_8 为发射极温度稳定电阻。R_{12}、C_6 为本级中放的去耦电路，防止中频信号电流通过公共电源引起不必要的反馈。变压器 VT_1 和电容 C_7、C_8 组成单调谐回路。C_4、C_5 为中频旁路电容器。人工增益控制电压通过 R_9 加至 VT_1 的发射极，改变控制电压(−8V)即可改变本级的直流工作状态，达到增益控制的目的。耦合电容 C_3 至 VT_1 的基极之间加接的 680Ω电阻是防止可能产生寄生振荡(自激振荡)用的，是否一定加，这要根据具体情况而定。

第二级中放由晶体管 VT_3 和 VT_4 组成共发-共基级联电路，基本上和第一级中放相同，仅回路上多并联了电阻，即 R_{19} 和 R_{20} 的串联值。电阻 R_{19} 和热敏电阻 R_{20} 串接后作低温补偿，使低温时灵敏度不降低。

在调整合适的情况下，应该保持两个管子的管压降接近相等。这时能充分发挥两个管子的作用，使放大器达到最佳的直流工作状态。

3.5 集中选频滤波器与集成调谐放大器

多调谐放大器应用虽然广泛，但由于多级谐振放大器的回路多，调谐麻烦；放大器的频率特性易受晶体管参数及工作点的影响，不能满足某些特殊的频率特性要求，如要求带宽很窄，或者要求带宽很宽，要求矩形系数很小等。尤其在集成电路放大器中，要求采用的回路尽量少，尽量不用人工调整，并且要体积很小等。

随着通信技术的飞速发展，不但要求放大电路高增益，宽频带，而且对发送和接收机放大电路的选择性也有更高的要求，随之集中滤波器与集中放大相结合的高频放大器的应用日益增多。在集成式选频放大器中，多采用宽带集成放大器与集中参数滤波器相组合的方式。其中，放大器是由宽带高增益放大器(如多级阻容耦合放大器)来完成，选频任务由集中参数滤波器来完成，如 *LC* 集中参数滤波器、陶瓷滤波器、晶体滤波器及声表面波滤波器等。与一般的谐振放大器相比，集中选频放大器主要的优点是：

(1) 电路简单可靠，调整方便。

(2) 性能稳定。采用专门的选频滤波器，可以满足各种条件频率特性的要求，不易受电路中的有源器件的影响。

(3) 易于大规模生产，成本低。

图 3.36 为集中选频放大器的组成方框图，目前采用图 3.36(b)方案较多，图中的前置放大器用于放大信号，使信号达到足够的幅度，以补偿后面集中滤波器的损耗。宽带放大器大多采用集成电路宽带高增益的多级放大器，增益可达 60dB 以上，在电视机接收机中应用较多。

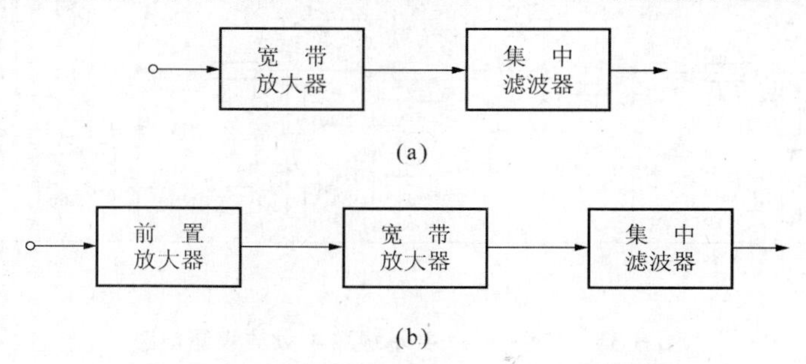

图 3.36 集中选频放大器的组成方框图

在集中选频放大器里，先采用矩形系数较好的集中滤波器进行选频，然后利用单级或多级集成宽带放大电路进行信号放大。前者以集中预选频代替了逐级选频，减小了调试的难度，后者可充分发挥线性集成电路的优势。

集中滤波器的任务是选频，要求在满足通频带指标的同时，矩形系数要好。其主要类型有集中 *LC* 滤波器、陶瓷滤波器和声表面波滤波器等。集中 *LC* 滤波器通常由一节或若干节 *LC* 网络组成，根据网络理论，按照带宽、衰减特性等要求进行设计，目前已得到了广泛应用。图 3.37 给出了一种 *LC* 集中滤波网络结构。

作为现今经常使用的滤波器，晶体滤波器及陶瓷滤波器都是根据压电效应的原理工作的，如沿某方向加以机械压力使其发生形变时，则与 *X* 轴垂直的方向就会产生数量相等的异种电荷，电荷的多少与压力成正比。反之，在垂直于 *X* 轴的两个电极上施加电压时，沿 *X* 轴或 *Y* 轴方向上就会产生机械形变。目前，使用较多的是声表面波滤波器。

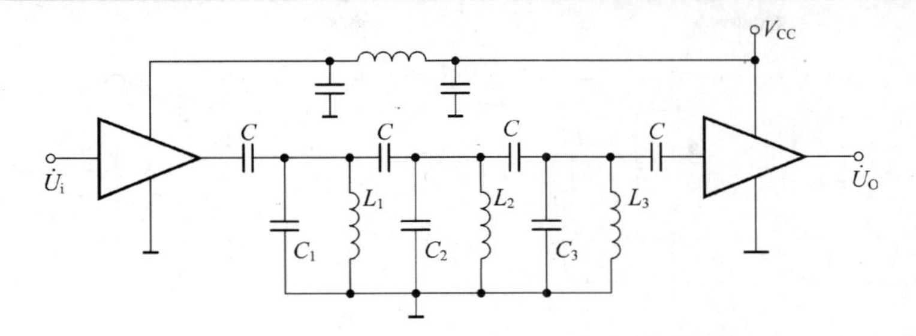

图 3.37　LC 集中滤波网络

3.5.1　集中选频滤波器

1. *LC* 集中选频滤波器

LC 集中选频滤波器可分为低通、高通、带通和带阻等形式。这里只分析带通滤波器的特点，带通滤波器在某一指定的频率范围 f_{P1}～f_{P2} 之内，信号能够通过，而在此范围之外，信号不能通过。

图 3.38 是由 5 节单节滤波器组成，有 6 个调谐回路的带通滤波器，图中每个谐振回路都谐振在带通滤波器的 f_i 上，耦合电容 C_0 的大小决定了耦合强弱，因而又决定了滤波器的传输特性，始端和末端的电容 C'_0 分别连接信源和负载，调节它们的大小，可以改变信源内阻 R_S、负载 R_L 与滤波器的匹配，匹配好了，可以减少滤波器的通带衰减。节数多，则带通曲线陡。理想带通滤波器的特性如图 3.39(a)所示，实际带通滤波器的特性如图 3.39(b)所示。

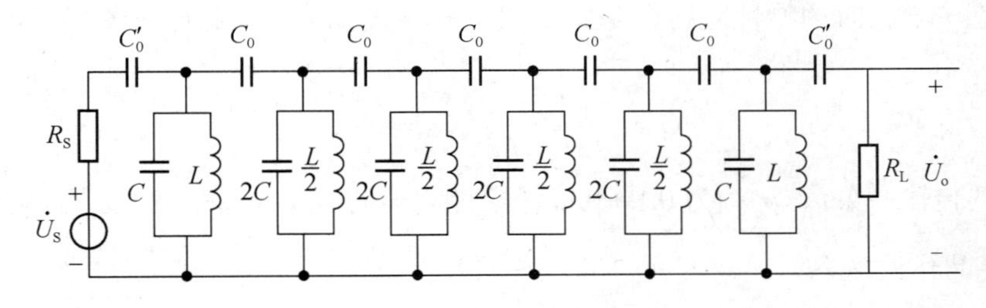

图 3.38　LC 集中选频滤波器

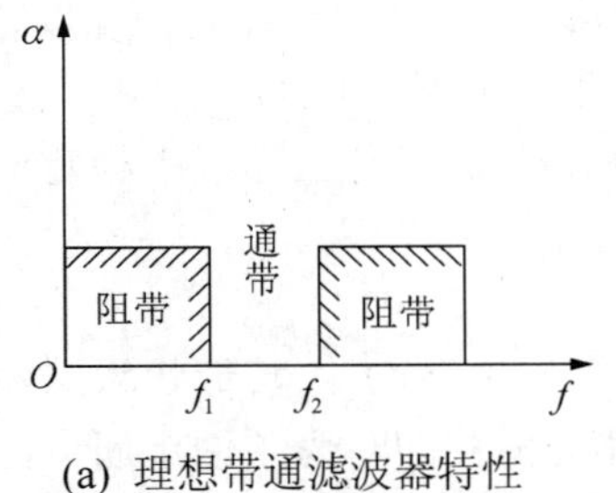

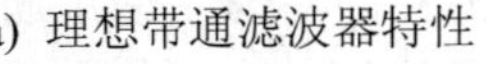

(a) 理想带通滤波器特性

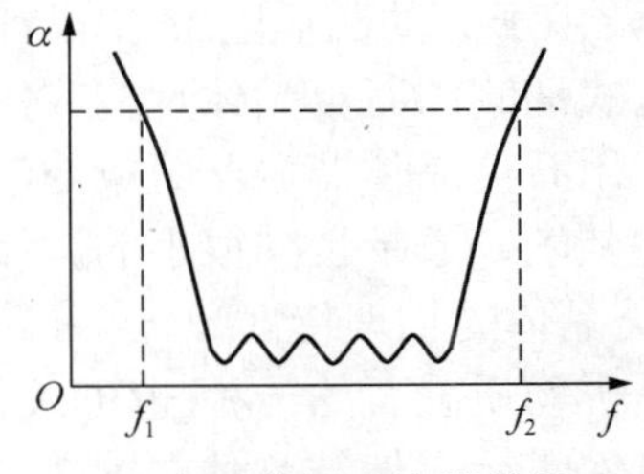

(b) 实际带通滤波器特性

图 3.39　LC 集中选频滤波器特性

下面对单节滤波器阻抗进行分析：

该滤波器的传通条件为 $0 \geqslant \dfrac{z_1}{4z_2} \geqslant -1$，即在通带内要求阻抗 z_1 和 z_2 异号，并且 $|4z_2| > |z_1|$。

根据此条件分析图 3.40 (a)所示单节滤波器的通带和阻带。

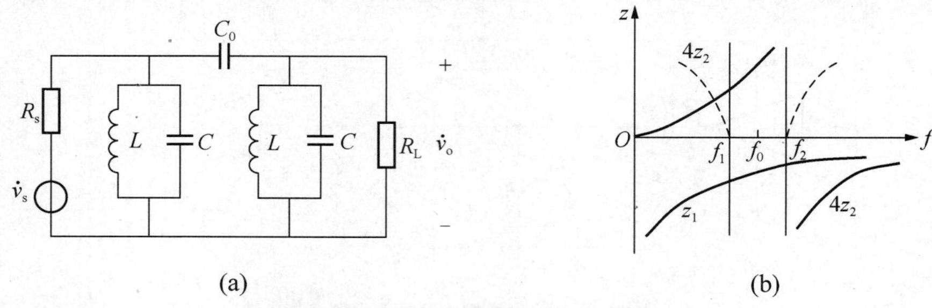

图 3.40 单节滤波器电路及阻抗特性

设 C_0 的阻抗为 z_1，LC 的阻抗为 $4z_2$，作电抗曲线如图 3.40(b)所示。

从电抗曲线可以看出，当 $f > f_2$ 时，z_1、z_2 同号为容性，因此为阻带。当 $f_1 < f < f_2$ 时，z_1、z_2 异号，且满足 $|4z_2| > |z_1|$，因此在该范围内为通带。当 $f < f_1$ 时，虽然 z_1 和 z_2 异号，但 $|4z_2| < |z_1|$，所以也为阻带。多节滤波器是由单节组成的，因此上述五节集中滤波器的滤波特性如图 3.40 (b)中虚线所示，其截止频率为 f_1、f_2，中心频率为 $f_0 = \sqrt{f_1 f_2}$，$\Delta f = f_2 - f_1$。

该滤波器简单设计公式为：当 $f_0 \gg \Delta f$ 时

$$f_2 = \frac{1}{2\pi\sqrt{LC}}$$

$$\frac{C_0}{C} = \frac{\Delta f}{f_0}$$

$$R_S = R_L = R = \frac{(2\pi f_0^2)L}{\Delta f}$$

R 为滤波器在 $f = f_0$ 时的特性阻抗，是纯电阻。一般已知 f_1、f_2 或 f_0、Δf，设计时给定 L 的值，则

$$C = \frac{1}{(2\pi f_2)^2 L}, \quad C_0 = \frac{\Delta f}{f_0} C$$

这种滤波器的传输系数 v_0 / v_s 约为 0.1～0.3，单节滤波器的衰减量($f_0 \pm 10$kHz 处)约为 10～15dB

2. 石英晶体滤波器

在性能指标高的电子设备中，要求滤波器元件的品质因数 Q 很高。而前面讨论的 LC 集中滤波器，由于 L 的品质因数 Q 很难做高(一般在 100～200 范围内)，因此很难满足要求。而用特殊方式切割的石英晶体片构成的石英晶体谐振器，其品质因数 Q 很高，数值可达几万。因此，用石英晶体谐振器组成滤波器元件来代替 LC 能得到工作频率稳定度很高、阻带衰减特性陡峭、通带衰减很小的滤波器。

1) 石英晶体的物理特性

石英是矿物质硅石的一种(也可人工制造)，化学成分是 SiO_2，其形状为结晶的六角锥体。图 3.41(a)表示自然结晶体，图 3.41(b)所示为晶体的横截面。为了便于研究，人们根据石英晶体的物理特性，在石英晶体内画出三种几何对称轴，连接两个角锥顶点的一根轴 ZZ，称为光轴，在图 3.41(b)中沿对角线的三条 XX 轴，称为电轴，与电轴相垂直的三条 YY 轴，称为机械轴。沿着不同的轴切下，有不同的切型，X 切型、Y 切型、AT 切型、BT 切型、CT 切型、……。

石英晶体具有正、反两种压电效应。当石英晶体沿某一电轴受到交变电场作用时，就

能沿机械轴产生机械振动；反之，当机械轴受力时，就能在电轴方向产生电场，且换能性能具有谐振特性，在谐振频率，换能效率最高。因为石英晶体和其他弹性体一样，具有惯性和弹性，因而存在着固有振动频率，当晶体片的固有频率与外加电源频率相等时，晶体片就产生谐振。谐振频率等于晶体机械振动的固有频率。谐振频率的高低取决于晶体切割成形的几何尺寸。石英晶体的基频频率最高可达 20MHz，频率再高就工作在泛音频率(即工作在机械振动谐波上)。

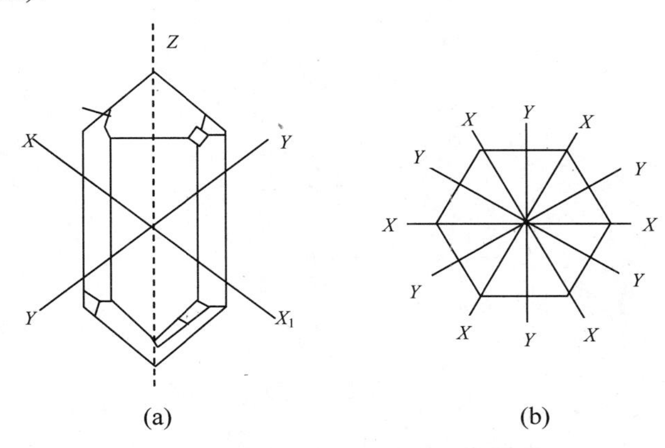

图 3.41　石英晶体的结晶和横断面图

2) 石英晶体振谐器的等效电路和符号

石英片相当一个串联谐振电路，可用集中参数 L_q、C_q、r_q 来模拟，L_q 为晶体的质量(惯性)，C_q 为等效弹性模数，r_g 为机械振动中的摩擦损耗。这种模拟在晶体谐振点附近比较适合。图 3.42 所示为石英谐振器的基频等效电路，图中右边支路的电容 C_0 称为石英谐振器的静电容，是以石英为介质在两极板间所形成的电容，其容量主要决定于石英片尺寸和电极面积，$C_0 = \varepsilon s / d$ 一般在几皮法至几十皮法之间。其中，ε 为石英介电常数，s 为极板面积，d 为石英片厚度。

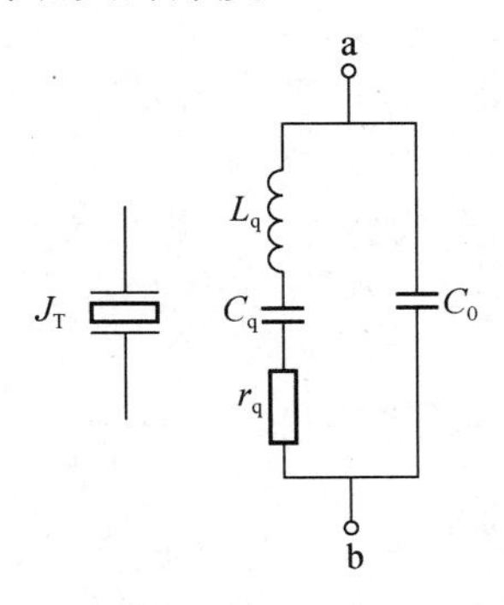

图 3.42　石英谐振器的基频等效电路

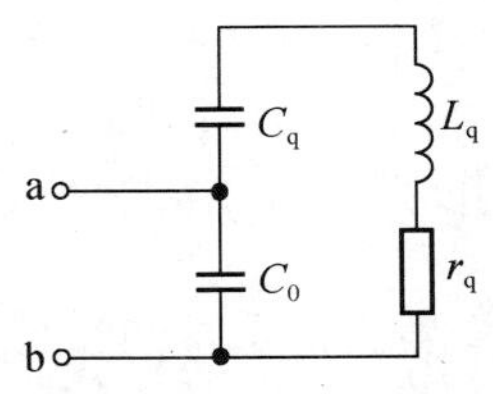

图 3.43　$C_0 \gg C_q$ 时的等效电路

石英晶体的特点如下。

(1) 等效电感 L_q 特别大、等效电容 C_q 特别小，因此，石英晶体的 Q 值 $Q_q = \frac{1}{r_q}\sqrt{\frac{L_q}{C_q}}$ 很大，一般为几万到几百万，这是普通 LC 电路无法比拟的。

(2) 由于 $C_0 \gg C_q$，这意味着图 3.42 所示等效电路图 3.43 中的接入系数 $p \approx C_q / C_0$ 很小，因此外电路影响很小。

3) 石英谐振器的等效电抗(阻抗特性)

由图 3.42 可见，该电路有两个谐振角频率：一个是左边支路的串联谐振角频率ω_q，即石英片本身的自然角频率；另一个为石英谐振器的并联谐振角频率ω_p。

串联谐振角频率

$$\omega_q = \frac{1}{\sqrt{L_q C_q}} \tag{3-108}$$

并联谐振角频率

$$\omega_p = \frac{1}{\sqrt{L_q \dfrac{C_0 C_q}{C_0 + C_q}}} = \frac{1}{\sqrt{L_q C}} \tag{3-109}$$

显然 $\omega_p > \omega_q$，由于 $C_q \ll C_0$，因此 ω_p 与 ω_q 很接近

$$\omega_p = \omega_q \sqrt{1 + \frac{C_q}{C_0}} = \omega_q \sqrt{1 + P} \tag{3-110}$$

接入系数 p 很小，一般为 10^{-3} 数量级，所以ω_p与ω_q很接近。图 3.42 所示等效电路的阻抗一般表示为

$$z_0 = \frac{z_1 \cdot z_2}{z_1 + z_2} = \frac{-\mathrm{j}\dfrac{1}{\omega_0 C_0}\left[r_q + \mathrm{j}(\omega L_q - \dfrac{1}{\omega C_q})\right]}{r_q + \mathrm{j}(\omega L_q - \dfrac{1}{\omega C_q}) - \mathrm{j}\dfrac{1}{\omega C_0}} \tag{3-111}$$

上式忽略 r_q 后可简化为

$$z_0 = \mathrm{j}x_0 \approx -\mathrm{j}\frac{1}{\omega C_0}\frac{1 - \omega_q^2 / \omega^2}{1 - \omega_p^2 / \omega^2} \tag{3-112}$$

由式(3-112)可见，当$\omega = \omega_q$时，$z_0 = 0$，L_q、C_q 是串联谐振，当$\omega = \omega_p$时，$z_0 = \infty$，回路是并联谐振。

当 $\omega > \omega_p$，$\omega < \omega_q$时，$\mathrm{j}x_0$ 为容性；当 $\omega_p > \omega > \omega_q$ 时，$\mathrm{j}x_0$ 为感性，其电抗曲线如图 3.44 所示。

必须指出，在ω_q与ω_p的角频率之间，谐振器所呈现的等效电感 $L_e = -\dfrac{1}{\omega^2 C_0}\dfrac{1 - \omega_q^2 / \omega^2}{1 - \omega_p^2 / \omega^2}$ 并不等于石英晶体片本身的等效电感 L_q。石英晶体滤波器工作时，石英晶体两个谐振频率之间感性区的宽度决定了滤波器的通带宽度。

为了扩大感性区加宽滤波器的通带宽度，通常可串联一电感或并联一电感来实现。

如图 3.45 所示，可以证明串联一电感 L_S 则减小ω_q，并联一电感 L_S 则加大ω_p，两种方法均扩大了石英晶体的感性电抗范围。

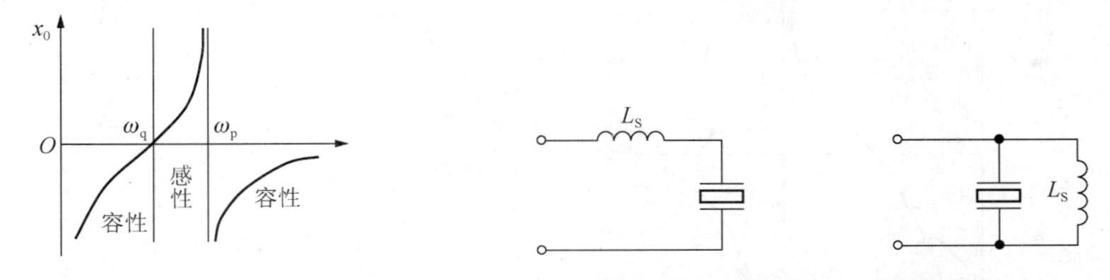

图 3.44 石英谐振器的电抗曲线　　图 3.45 扩大石英晶体滤波器感性区的电路

4) 石英晶体滤波器

图 3.46 是差接桥式晶体滤波电路。它的滤波原理可通过图 3.47 的电抗曲线定性说明。晶体 J_{T1} 的电抗曲线如图中实线所示，电容 C_N 的电抗曲线如图中虚线所示。根据前述滤波器的传通条件，在 ω_q 与 ω_p 之间，晶体与 C_N 的电抗性质相反，故为通带，在 ω_1 与 ω_2 频率点，两个电感相等，故滤波器衰减最大。

由图 3.46(a)可见，J_{T1}、C_N、z_3、z_4 组成如图 3.46(b)所示的电桥，当电桥平衡时，其输出为零。改变 C_N 即可改变电桥平衡点位置，从而改变通带，z_3、z_4 为调谐回路对称线圈，z_5 和 C 组成第二调谐回路。

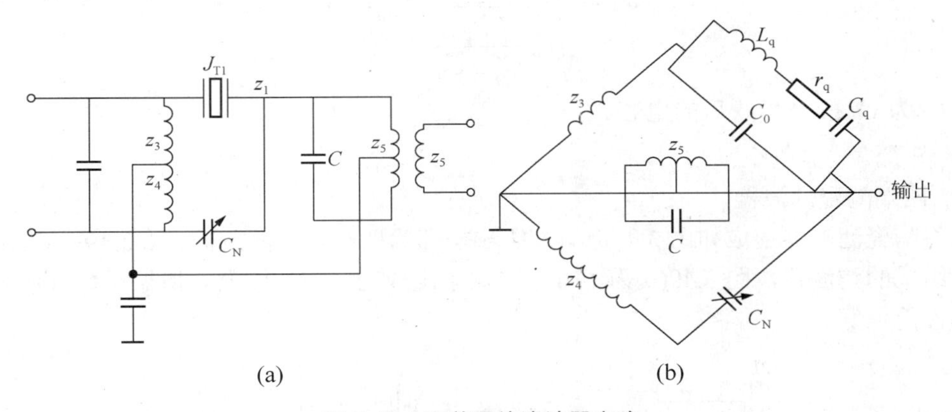

图 3.46 石英晶体滤波器电路

3. 陶瓷滤波器

利用某些陶瓷材料的压电效应构成的滤波器，称为陶瓷滤波器。它常用锆钛酸铅[Pb(ZrTi)O_3]压电陶瓷材料(简称 PZT)制成。

这种陶瓷片的两面用银作为电极，经过直流高压极化之后具有和石英晶体相类似的压电效应，因此可以代替石英晶体作为滤波器用。和石英晶体相比，陶瓷滤波器的优点是容易焙烧，可制成各种形状，适于小型化，且耐热耐湿性好。

它的等效品质因数 Q_L 为几百，比石英晶体低但比 LC 滤波器高。

目前陶瓷滤波器广泛用于接收机和其他仪器中。

1) 符号及等效电路

单片陶瓷滤波器的等效电路和表示符号如图 3.48 所示。图中 C_0 等效为压电陶瓷谐振子的固定电容；L'_q 为机械振动的等效质量；C'_q 为机械振动的等效弹性模数；R'_q 为机械振动的等效阻尼；其等效电路与晶体相同。

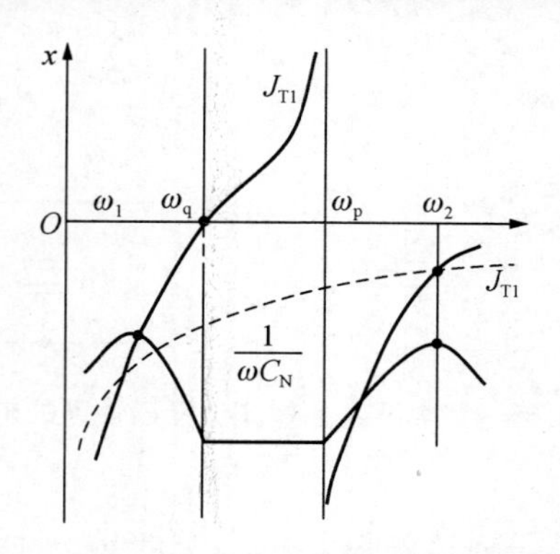

图 3.47　石英晶体滤波器的电抗曲线

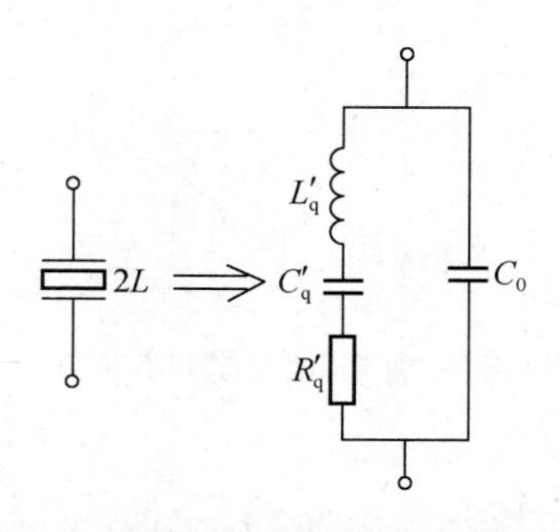

图 3.48　陶瓷滤波器的符号及等效电路

串联谐振角频率

$$\omega_q = \frac{1}{\sqrt{L'_q C'_q}} \tag{3-113}$$

并联谐振角频率

$$\omega_p = \frac{1}{\sqrt{L'_q \frac{C'_q C_0}{C'_q + C_0}}} = \frac{1}{\sqrt{L'_q C'}} \tag{3-114}$$

式中，C'为 C_0 和 C'_q 串联后的电容。

2) 陶瓷滤波器电路

(1) 四端陶瓷滤波器

若将陶瓷滤波器连成如图 3.49 所示的形式，即为四端陶瓷滤波器。图 3.49 (a)为由两个谐振子组成的滤波器，图 3.49(b)为由五个谐振子组成的四端滤波器。谐振子数目愈多，滤波器的性能愈好。

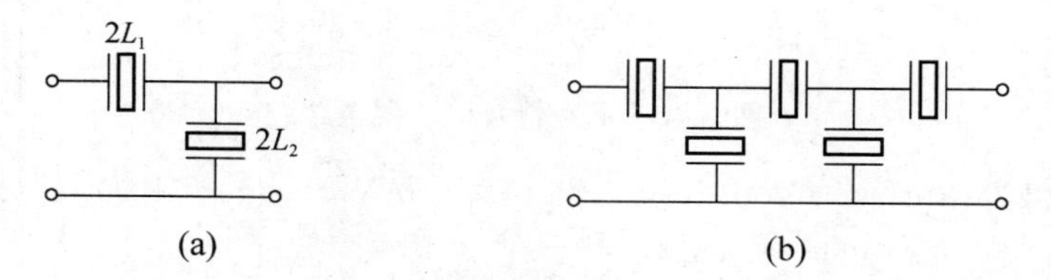

图 3.49　四端陶瓷滤波器

图 3.50 所示为图 3.49(a)的陶瓷滤波器的等效电路。适当选择串臂和并臂陶瓷滤波器的串、并联谐振频率，就可得到理想的滤波特性。若 $2L_1$ 的串联频率等于 $2L_2$ 的并联频率，则对要通过的频率 $2L_1$ 阻抗最小，$2L_2$ 阻抗最大。若要求滤波器通过(456±5)kHz 的频带，则要求 f_{q1} = 465 kHz，f_{p2} = 465kHz，f_{p1} = (465 + 5) kHz，f_{q2} = (465 − 5) kHz。

对 465kHz 的载频信号来说，串臂陶瓷片产生串联谐振，阻抗最小；并臂陶瓷片产生并联谐振，阻抗最大，因而能让信号通过。对(465+5)kHz 的信号，串臂陶瓷片产生并联谐振，阻抗最大，信号不能通过；对(465−5)kHz 的信号，并臂陶瓷片产生串联谐振，阻抗最小，使信号旁路(无输出)，其滤波特性如图 3.50(b)所示，该滤波器仅能通过频带为(465±5)kHz 的信号。

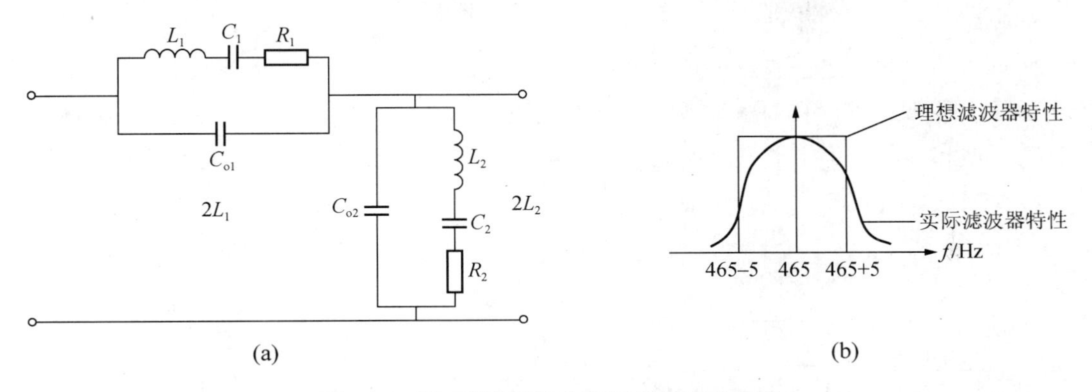

图 3.50　两个谐振子陶瓷滤波器的等效电路

(2) 采用单片陶瓷滤波器的中频放大器电路

图 3.51 为采用单片陶瓷滤波器的中频放大器电路。陶瓷滤波器接在中频放大器的发射极电路里取代旁路电容器。由于陶瓷滤波器 $2L$ 工作在 465kHz 上，因此对 465kHz 信号呈现极小的阻抗，此时负反馈最小，增益最大。而对离 465kHz 稍远的频率，滤波器呈现较大的阻抗，使负反馈加大，增益下降，因而提高了此中放级的选择性。

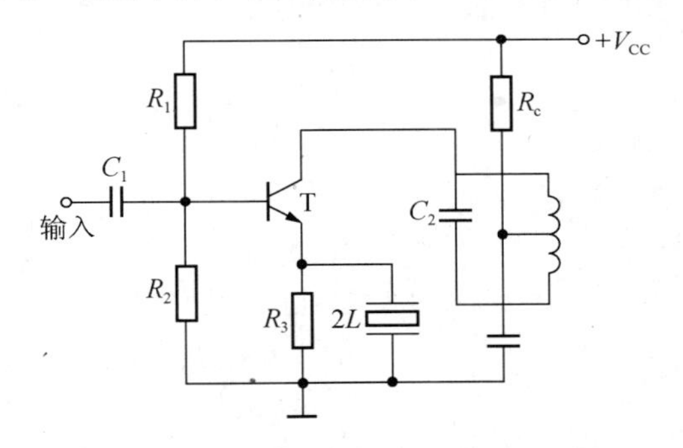

图 3.51　采用单片陶瓷滤波器的中放级

4. 声表面波滤波器

声表面波滤波器(Surface Acoustic Wave Filter，SAWF)是一种以铌酸锂、石英或锆钛酸铅等压电材料为衬底(基体)的一种电声换能元件。下面简要分析其结构和原理。

1) 结构与原理

声表面波滤波器是在经过研磨抛光的极薄的压电材料基片上，用蒸发、光刻、腐蚀等工艺制成两组叉指状电极，其中与信号源连接的一组称为发送叉指换能器，与负载连接的一组称为接收叉指换能器。当把输入电信号加到发送换能器上时，叉指间便会产生交变电场。由于逆压电效应的作用，基体材料将产生弹性变形，从而产生声波振动。向基片内部传送的体波会很快衰减，而表面波则向垂直于电极的左、右两个方向传播。向左传送的声表面波被涂于基片左端的吸声材料所吸收，向右传送的声表面波由接收换能器接收，由于正压电效应，在叉指对间产生电信号，并由此端输出。

声表面波滤波器的滤波特性，如中心频率、频带宽度、频响特性等一般由叉指换能器的几何形状和尺寸决定。这些几何尺寸包括叉指对数、指条宽度 a、指条间隔 b、指条有效长度 B 和周期长度 M 等。图 3.52 是声表面波滤波器的基本结构图。严格地说，传输的声波有表面波和体波，但主要是声面波。在压电衬底的另一端可用第二个叉指形换能器将声波器转换成电信号。

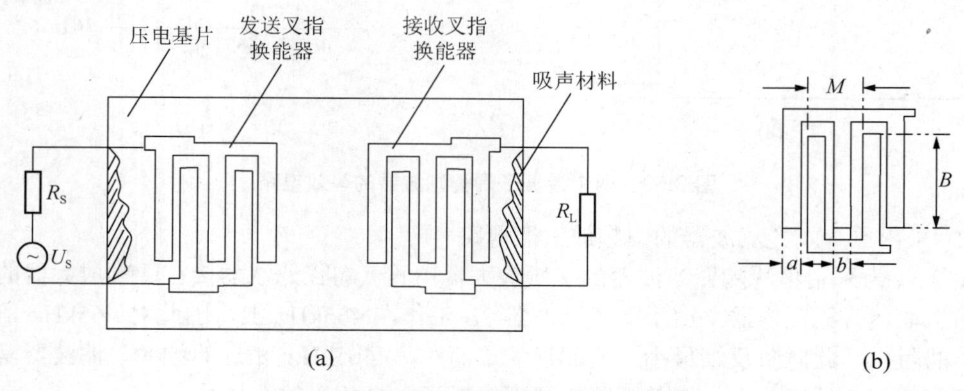

图 3.52　声表面波滤波器的基本结构图

2) 符号及等效电路

声表面波滤波器的符号如图 3.53(a)所示，其等效电路如图 3.53(b)所示。

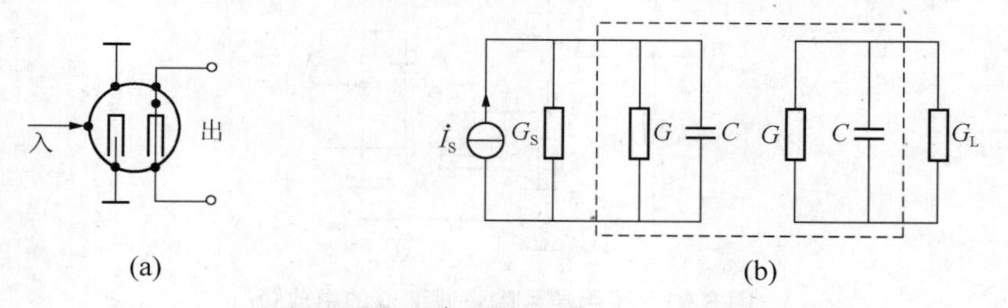

图 3.53　声表面滤波器的符号与等效电路

其左边为发送换能器，i_S 和 G_S 表示信号源。G 中消耗的功率相当于转换为声能的功率。右边为接收换能器，G_L 为负载电导，G_L 中消耗的功率相当于再转换为电能的功率。

3) 特点

(1) 工作频率高，中心频率在 10MHz～1GHz 之间，且频带宽，相对带宽为 0.5%～50%。

(2) 尺寸小，重量轻。动态范围大，可达 100dB。

(3) 由于利用晶体表面的弹性波传送，不涉及电子的迁移过程，所以抗辐射能力强。

(4) 温度稳定性好。

(5) 选择性好，矩形系数可达 1.2。

5. 实际应用

由于声表面波有以上优点，其广泛用于通信、电视、卫星设备中。为了保证对信号的选择性要求，声表面波滤波器在接入实际电路时必须实现良好的匹配。图 3.54 所示为一接有声表面波滤波器的预中放电路。图中，VT 为放大管，R_2、R_3、R_4 组成偏置电路，其中 R_4 还产生交流负反馈以改善幅频特性。L 的作用是提高晶体管的输入电阻(在中心频率附近与晶体管输入电容组成并联谐振电路)，以提高前级(对接收机来说是变频级)负载回路的有载 Q_L 值，这有利于提高整机的选择性和抗干扰能力。为了保证良好的匹配，其输出端一般经过一匹配电路后再接到有宽带放大特性的主中频放大器。

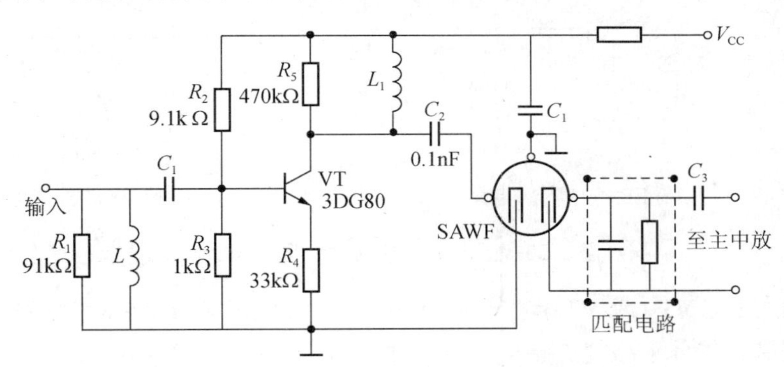

图 3.54 带有声表面波滤波器的放大器

3.5.2 集成谐振放大器

随着集成电路技术的飞速发展，许多具有不同功能特点的新的集成放大电路不断出现，给电子电路开发与应用提供了极为有利的条件。对于采用集成放大电路构成高频选频放大器来说，通常是采用集中滤波和宽频带集成放大电路相结合的方式来实现。目前，宽频带集成放大电路的型号很多，各自的性能和适应范围也有所不同。使用时可根据放大器的技术指标要求，查阅有关的集成电路手册。

在集成宽频带放大器中展宽放大器频带的主要方法有共射-共基组合法和反馈法。

1. 共射-共基组合集成宽频带放大器

在集成宽带放大器中广泛采用共射-共基组合电路。由“模拟电子电路基础”课程的知识可知，在共射-共基组合电路中，上限频率由共射电路的上限频率决定。利用共基电路输入阻抗小的特点，将它作为共射电路的负载，使共射电路输出总电阻大大减小，进而使高频性能有所改善，从而有效地扩展了共发电路亦即整个组合电路的上限频率。由于共射电路负载减小，所以电压增益减小。但这可以由电压增益较大的共基电路进行补偿。而共射电路的电流增益不会减小，因此整个组合电路的电流增益和电压增益都较大。另外，在前面曾介绍过，共射-共基电路的稳定性也是很好的。

在集成电路里，常用差分电路代替组合电路中的单个晶体管，可以组成共发-共基差分对电路。图 3.55 所示为国产宽带放大器集成电路 ER4803(与国外产品 U2350、U2450 相当)，其带宽为 1GHz。

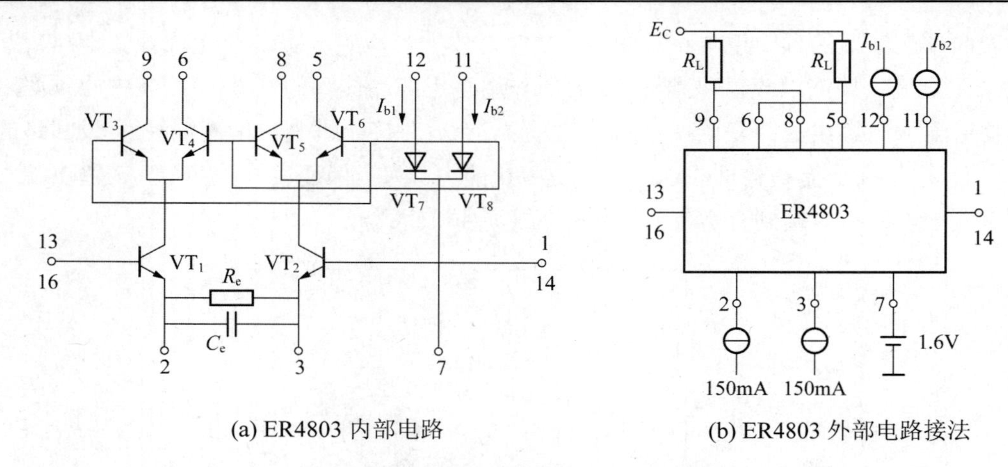

(a) ER4803 内部电路　　(b) ER4803 外部电路接法

图 3.55　国产宽带集成放大器 ER4803

该电路由 VT_1、VT_3(或 VT_4)与 VT_2、VT_6(或 VT_5)组成共发-共基差分对，输出电压特性由外电路控制。如外电路使 $I_{b2}=0$，$I_{b1}\neq 0$ 时，VT_8 和 VT_4、VT_5 截止，信号电流由 VT_1、VT_2 流入 VT_3、VT_6 后输出。如外电路使 $I_{b1}=0$，$I_{b2}\neq 0$ 时，VT_7 和 VT_3、VT_6 截止，信号电流由 VT_1、VT_2 流入 VT_4、VT_5 后输出，输出极性与第一种情况相反。如外电路使 $I_{b1}=I_{b2}$ 时，通过负载 R_L 的电流则互相抵消，输出为零。C_e 是 CMOS 电容，用于高频补偿，因高频时容抗减小，发射极反馈深度减小，使频带展宽。这种集成电路常用作 350MHz 以上宽带高频、中频和视频放大。

2. 负反馈集成宽频带放大器

在负反馈电路中可以通过改变反馈深度，调节负反馈放大器的增益和频带宽度。如果以牺牲增益为代价，可以扩展放大器的频带。

另外，由于电流串联负反馈电路的特点是输入、输出阻抗高，而电压并联负反馈电路的特点是输入、输出阻抗低，所以如果将电流串联负反馈电路和电压并联负反馈电路级联，即可展宽级联后放大电路的上限频率。

图 3.56(a)是一种典型的负反馈集成宽频带放大器 F733 的内部电路。由于在集成电路里，常用差分电路代替单管电路，所以图中 VT_1、VT_2 组成电流串联负反馈差分放大器，VT_3～VT_6 组成电压并联负反馈差分放大器(其中 VT_5 和 VT_6 兼作输出级)，VT_7～VT_{11} 为恒流源电路。改变第一级差放的负反馈电阻，可调节整个电路的电压增益。将引出端 9 和 4 短接，增益可达 400 倍；将引出端 10 和 3 短接，增益可达 100 倍。各引出端均不短接，增益为 10 倍。以上三种情况下的上限频率依次为 40MHz、90MHz 和 120MHz。

图 3.56(b)给出了 F733 作为可调增益放大器时的典型接法。图中电位器 R_P 用于调节电压增益和带宽，当 R_P 调到零位时，4 与 9 短接，片内 VT_1 与 VT_2 发射极短接，增益最大，上限截止频率最低；当 R_P 调到最大时，片内 VT_1 与 VT_2 发射极之间共并联了 5 个电阻，即片内 R_3、R_4、R_5、R_6 和外接电位器 R_P，这时，交流负反馈最强，增益最小，上限截止频率最高。可见这种接法使电压增益和带宽连续可调。

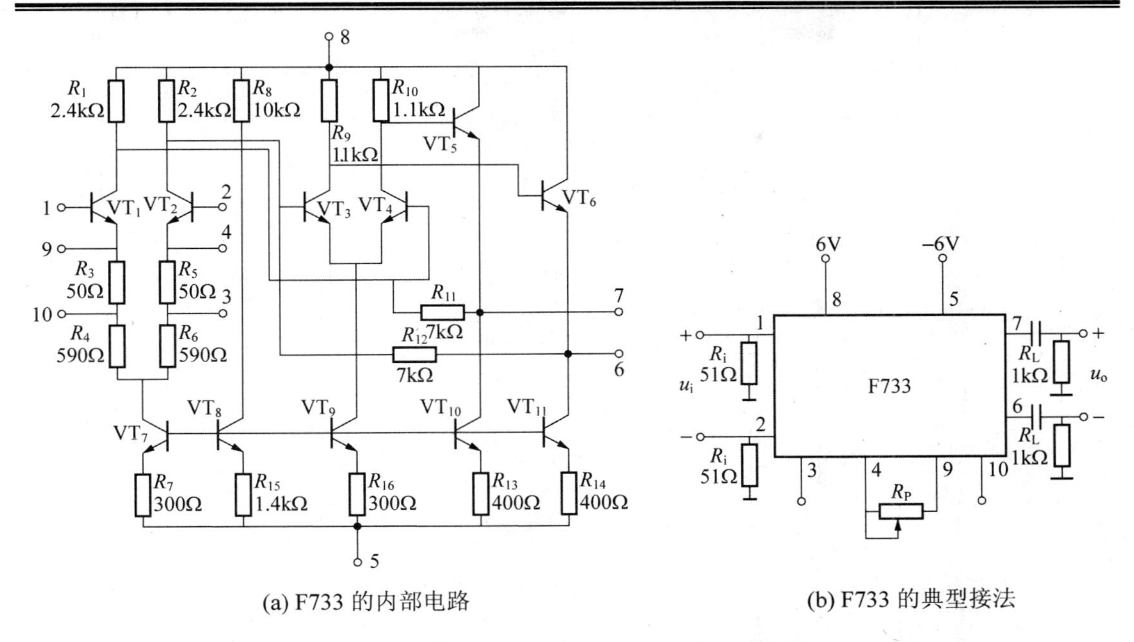

(a) F733 的内部电路　　(b) F733 的典型接法

图 3.56　典型的负反馈集成宽频带放大器 F733

另外，采用电流并联和电压串联负反馈形式，同样也可以扩展放大器通频带。

*3.6　高频小信号谐振放大器的仿真

随着电子技术和计算机的发展，电子产品已与计算机系统紧密相连，电子产品的智能化日益完善，电路的集成度越来越高，而产品的更新周期却越来越短。电子设计自动化(EDA)技术，使得电子线路的设计人员能在计算机上完成电路的功能设计、逻辑设计、性能分析、时序测试直至印制电路板的自动设计，彻底改变了过去“定量估算”、“实验调整”的传统设计方法。本节利用 EWB 仿真软件来完成对单级和多级高频小信号谐振放大器的仿真。

高频小信号调谐放大器的主要特点是晶体管的集电极负载不是纯电阻，而是由 LC 组成的并联谐振回路。由于 LC 并联谐振回路的阻抗是随频率而变的，在谐振频率 $f=1/2\pi\sqrt{LC}$ 其电阻是纯电阻，达到最大值。因此，用并联谐振回路作集电极负载的调谐放大器在回路的谐振频率上有最大的放大电压增益。稍离开此频率，电压增益迅速减小。我们用这种放大器可以放大所需要的某一频率范围的信号，而抑制不需要的信号或外界干扰信号。因此，调谐放大器在无线电通信系统中被广泛用作高频和中频放大器。

图 3.57 为单级高频小信号谐振放大电路。电路主要元件参数如下：晶体管采用 BC107，是电路的核心，起电流控制和放大作用。电容 C、电阻 R 和变压器 T1 的初级绕组电感 L 构成并联谐振回路，承担选频和阻抗变换的双重任务，中频变压器 T 参数：L=1mH，变压器的变比为 10。电路中的其他电容一般使用体积小的瓷片电容。在 V_{CC}=12V 条件下，中心频率 $f_0=6.9\text{MHz}$，总增益为 20dB。经 EWB 仿真得到的高频小信号谐振放大器的时域仿真波形如图 3.58 所示，幅频特性和相频特性如图 3.59 所示。在仿真时，可以改变阻尼电阻 R 及谐振电容 C 的参数来观察输出电压幅度和幅频特性的变化情况。

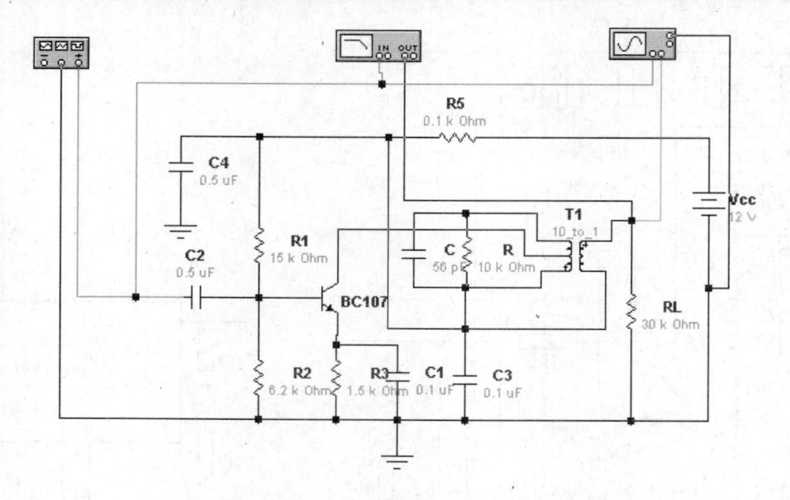

图 3.57　单级高频小信号谐振放大器的电路图

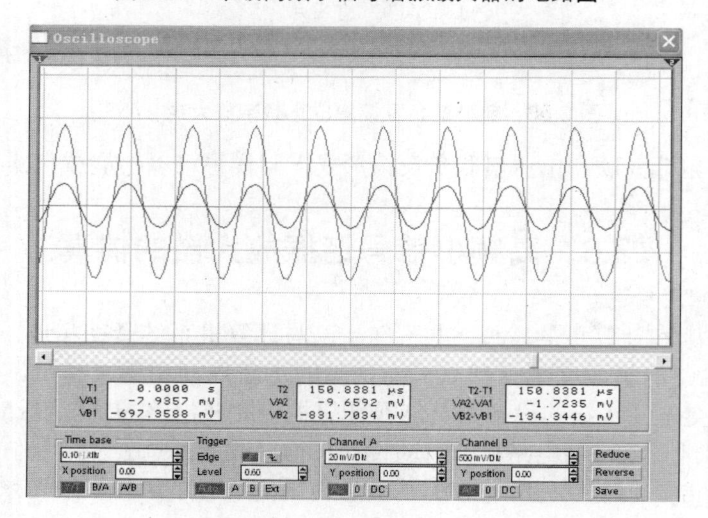

图 3.58　单级高频小信号谐振放大器对信号放大的时域仿真波形

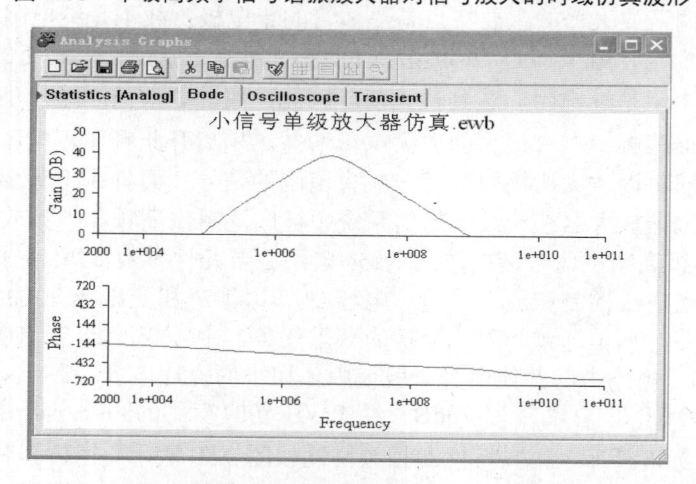

图 3.59　单级调谐放大器的幅频特性和相频特性

图 3.60 为两级高频小信号谐振放大器电路图。电路主要元件参数：晶体管采用 BC177，是电路的核心，起电流控制和放大作用。两个调谐回路均由电容 C、电阻 R 和变压器 T 的初级绕组电感 L 构成并联谐振回路，中频变压器 T 参数：L＝1mH，变压器的变比为 2。电路中的其他电容一般使用体积小的瓷片电容。在 V_{CC}＝15V 条件下，中心频率 $f_0=12.3\,\text{kHz}$，总增益为 30dB。经 EWB 仿真得到的高频小信号谐振放大器的时域仿真波形如图 3.61 所示。在仿真时，可以改变阻尼电阻 R，谐振电容 C 的参数来观察输出电压幅度和幅频特性的变化情况。

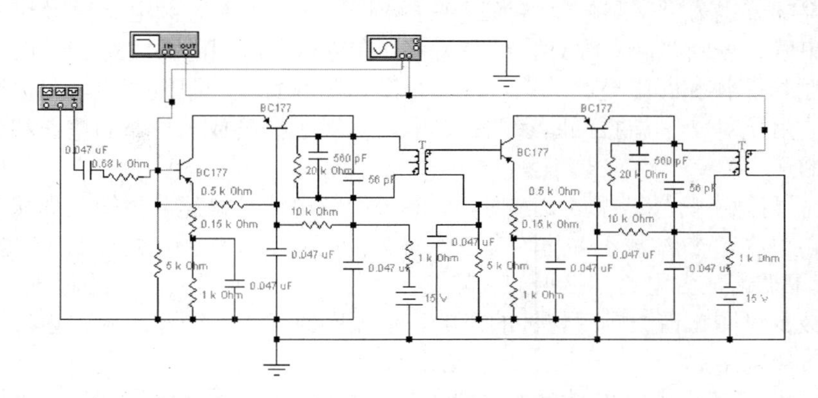

图 3.60　两级高频小信号谐振放大器的电路图

读者根据本章所学的理论知识，可以对该电路进行理论估算，内容包括电路增益、通频带和 Q 值。

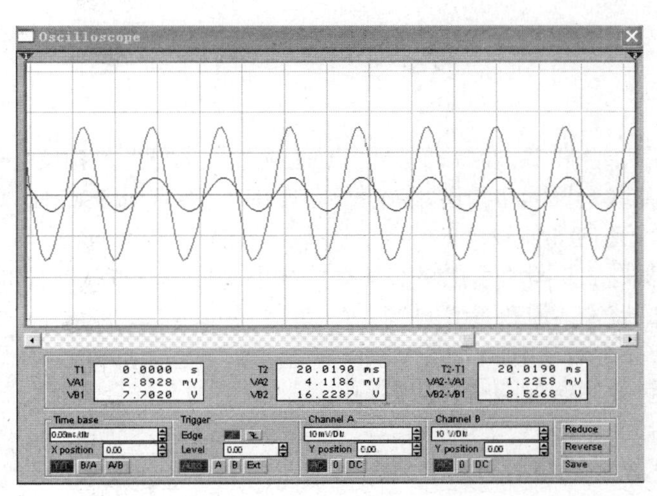

图 3.61　两级高频小信号谐振放大器的时域仿真波形

3.7　本 章 小 结

1. LC 并联谐振回路幅频特性曲线所显示的选频特性在高频电路中有非常重要的作用，其选频性能的好坏可由通频带和选择性(回路 Q 值)这两个相互矛盾的指标来衡量。矩形系数则是综合说明这两个指标的一个参数，可以衡量实际幅频特性接近理想幅频特性的程度。

矩形系数越小，则幅频特性越理想。

2．*LC* 串联谐振回路的选频特性在高频电路中也有应用，比如在 *LC* 正弦波电路里可作为短路元件工作于振荡频率点，但其用途不如并联回路广泛。

3．*LC* 并联谐振回路阻抗的相频特性曲线是具有单调变化特性，这一点在分析 *LC* 正弦波振荡电路的稳定性时有很大作用，而且可以利用曲线的线性部分进行频率与相位的线性转换，这在后面的相位鉴频电路中得到了应用。同样，*LC* 并联谐振回路阻抗的幅频特性曲线中的线性部分也为频率与幅度转换提供了依据，这在斜率鉴频电路里得到了应用。*LC* 并联回路与串联谐振回路的参数具有对偶关系，在分析和应用时要注意这一点。

4．*LC* 阻抗变换和匹配电路可以实现信号源内阻或负载的阻抗变换，可以减少信号源内阻或负载的阻抗对 *LC* 谐振回路参数的影响，这对于提高放大电路的增益和选频特性都是必不可少的。

5．在分析高频小信号谐振放大器时，Y 参数等效电路是描述晶体管工作状况的重要模型，使用时必须注意 Y 参数不仅与静态工作有关，而且是工作频率的函数。

6．单管单调谐放大电路是谐振放大器的基本电路。为了增大回路的有载 Q 值，提高电压增益，减少对回路谐振频率特性的影响，谐振回路与信号源和负载的连接大都采用部分接入方式，即采用 *LC* 分压式阻抗变换电路。

7．采用双调谐放大电路可以改善单调谐放大器的矩形系数。采用多级单调谐放大电路既可以提高单调谐放大电路的增益，也可以改善其矩形系数，但通频带却变窄了。

8．集中选频放大器由集中滤波器和集成宽带放大器组成，其性能指标优于分立元件组成的多级谐振放大器，且调试简单。

3.8 习　　题

3-1 列表比较串、并联调谐回路的异同点(通频带、选择性、相位特性、幅度特性等)。

3-2 已知某一并联谐振回路的谐振频率 f_P=1MHz，要求对 990kHz 的干扰信号有足够的衰减，问该并联回路应如何设计？

3-3 试定性分析题 3-3 图所示电路在什么情况下呈现串联谐振或并联谐振状态？

3-4 有一并联回路，其通频带 B 过窄，在 L、C 不变的条件下，怎样能使 B 增宽？

3-5 信号源及负载对谐振回路有何影响，应如何减弱这种影响？

3-6 给定串联谐振回路的 f_0=1.5MHz，C=100pF，谐振时电阻 $r=5\Omega$，试求 Q 和 L。又若信号源电压振幅 U_S=1mV，求谐振时回路中的电流 I_0 以及回路上的电感电压振幅 U_{Lm} 和电容电压振幅 U_{Cm}。

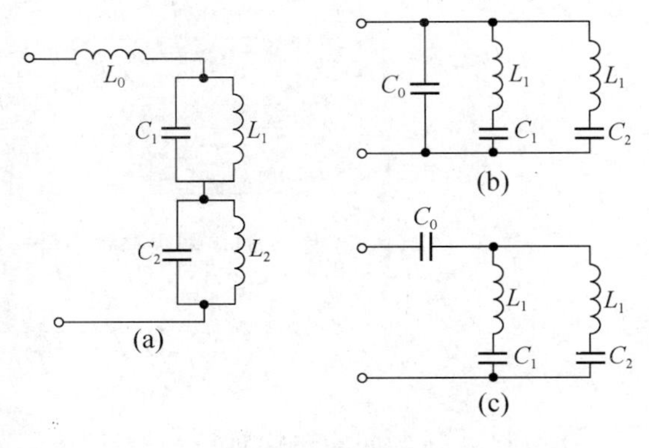

题 3-3 图

3-7 在题 3-7 图所示电路中，信号源频率 f_S=1MHz，信号源电压振幅 U_S=0.1V，回路空载 Q 值为 100，r 是回路损耗电阻。将 1-1 端短路，电容 C 调至 100pF 时回路谐振。如将 1-1 端开路后再串接一阻抗 Z_x(由电阻 R_x 与电

容 C_x 串联)，则回路失谐，C 调至 200pF 时重新谐振，这时回路有载 Q 值为 50。试求电感 L、未知阻抗 Z_x 。

3-8 在题 3-8 图所示电路中，已知回路谐振频率 f_0=465kHz，Q=100，N=160 匝，N_1=40 匝，N_2=10 匝，C=200pF，R_S=16kΩ，R_L=1kΩ。试求回路电感 L，有载 Q 值和通频带 B。

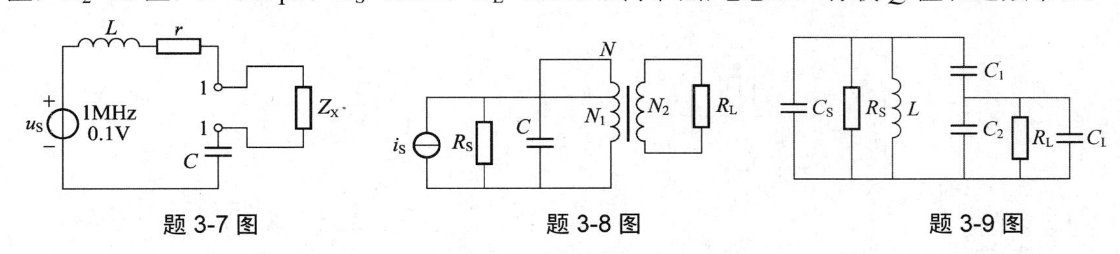

题 3-7 图　　题 3-8 图　　题 3-9 图

3-9 在题 3-9 图所示电路中，L=0.8μH，C_1=C_2=20pF，C_S=5pF，R_S=10kΩ，C_L=20pF，R_L=5kΩ，Q=100。试求回路在有载情况下的谐振频率 f_0，谐振电阻 R_P(不计 R_S 和 R_L)，Q_L 值和通频带 B。

3-10 设计一个 LC 选频匹配网络，使 50Ω的负载与 20Ω的信号源电阻匹配。如果工作频率是 20MHz，各元件值是多少？

3-11 并联谐振回路如题 3-11 图所示。已知通频带 $B=2\Delta f_{0.7}$，电容为 C，若回路总电导为 $g_\Sigma(g_\Sigma = g_S + G_P + G_L)$，试证明：

$$g_\Sigma = 4\pi\Delta f_{0.7}C$$

若给定 C =20pF，$2\Delta f_{0.7}$=6MHz，R_P=10kΩ，R_S=10kΩ，求 R_L= ？

3-12 并联谐振回路与负载间采用部分接入，如题 3-12 图所示，已知 L_1=4μH，L_2=4μH(L_1 、L_2 间互感可以忽略)，C=500pF，空载品质因数 Q_0=100，负载电阻 R_L =1kΩ，负载电容 C_L=10pF，要求计算谐振频率 f_0 及通频带 $BW_{0.7}$ 。

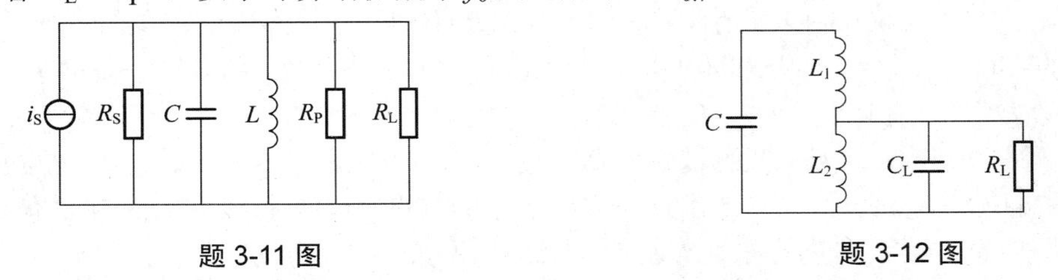

题 3-11 图　　题 3-12 图

3-13 已知高频晶体管 CG322A，当 I_e=2mA，f_0=39MHz 时测得 Y 参数如下：

y_{ie}=(2.8+j3.5)mS，y_{re}=(−0.08−j0.3) mS，y_{fe}= (36−j27)mS，y_{oe}=(0.2+j2)mS

试求 g_{ie}，C_{ie}，g_{oe}，C_{oe}，$|y_{fe}|$，φ_{fe}，$|y_{re}|$，φ_{re} 的值。

3-14 在题 3-14 图所示调谐放大器中，工作频率 f_0=10.7MHz，$L_{1\text{-}3}$=4μH，Q=100，$N_{1\text{-}3}$=20 匝，$N_{2\text{-}3}$=5 匝，$N_{4\text{-}5}$=5 匝。晶体管 3DG39 在 I_e=2mA，f_0=10.7MHz 时测得：g_{ie}=2860μS，C_{ie}=18pF，g_{oe}=200μS，C_{oe}=7pF，$|y_{fe}|$=45mS，$|y_{re}|$=0。画出用 Y 参数表示的放大器微变等效电路，试求放大器电压增益 A_{Vo} 和通频带 B。

3-15 题 3-15 图是中频放大器单级电路图。已知工作频率 f_0=30MHz，回路电感 L=1.5μH，Q=100，N_1 / N_1=4，C_1～C_4 均为耦合电容或旁路电容。晶体管采用 CG322A，在工作条件下测得 Y 参数与题 3-13 的相同。

(1) 画出用 Y 参数表示的放大器微变等效电路。

(2) 求回路总电导 g_Σ 。

(3) 求回路总电容 C_Σ 的表达式。

(4) 求放大器电压增益 A_{uo}。

(5) 当要求该放大器通频带为 10MHz 时，应在回路两端并联多大的电阻？

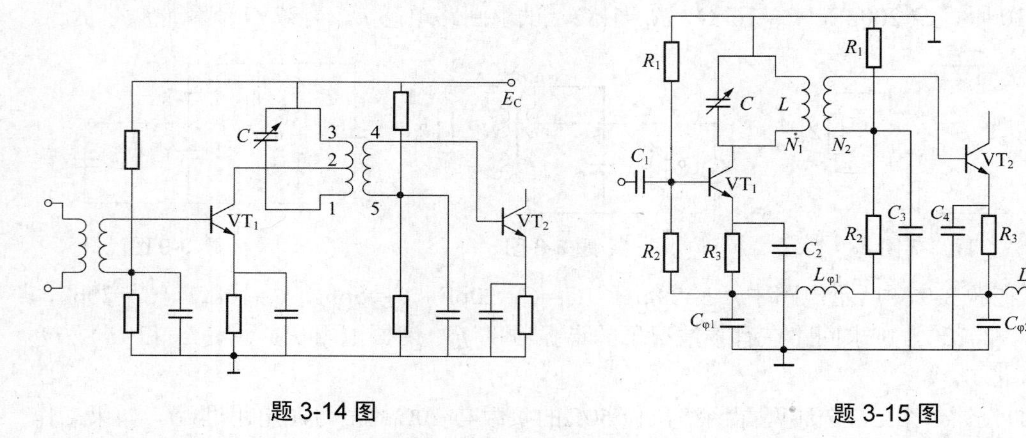

题 3-14 图　　　　题 3-15 图

3-16 在三级单调谐放大器中，工作频率为 465kHz，每级 LC 回路的 Q= 40，试问总的通频带是多少？如果要使总的通频带为 10kHz，则允许最大 Q 为多少？

3-17 设有一级单调谐回路中频放大器，其通频带 B=4MHz，A_{V0}=10，如果再用一级完全相同的放大器与之级联，这时两级中放总增益和通频带各有多少？若要求级联后的总频带满 4MHz，问每级放大器应如何改变？改变后的总增益是多少？

3-18 已知一级单调谐中频放大器增益 A_{V01}=10，通频带为 2MHz，如果再用一级电路结构相同的中放与其组成双参差调谐放大器，工作于临界偏调状态 η_e=1，求总电压增益和总通频带各为多少？

3-19 已知电路如题 3-19 图所示。f_0=10MHz，B=100kHz，A_{V0}=50，晶体管的 Y 参数为：$y_{ie}=(2.0+j0.5)\text{mS}$，$y_{re}=(-1.0-j0.5)\text{mS}$，$y_{fe}=(2.0-j0.5)\text{mS}$，$y_{oe}=(2.0+j4.0)\text{mS}$。求：谐振回路参数 G_L、L、C。

3-20 题 3-20 图所示为一互感耦合回路，图中 C_1=C_2=100pF，R_S=5kΩ，R_L=5kΩ。电路设计为临界耦合状态。已知 f_0=1.5MHz，要求带宽 B=100kHz，电感线圈的固有 Q 值为 100。试计算回路电感 L_1、L_2，耦合系数 k 及初次级接入系数。

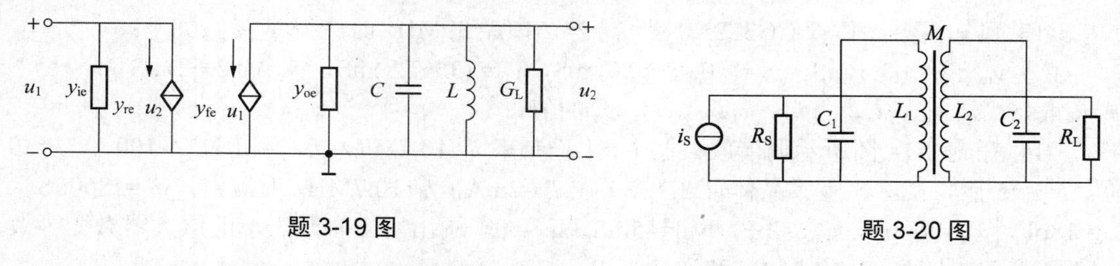

题 3-19 图　　　　题 3-20 图

3-21 三级单调谐中频放大器(三个回路)，中心频率 f_0=465kHz，若要求总的带宽 B=8kHz。求每一级的 3dB 带宽和有载 Q_L 值。

3-22 若采用三级临界耦合双回路谐振放大器作的中频放大器(三个双回路)，中心频率为 f_0=465kHz，当要求 3dB 的总带宽为 8kHz 时，每级放大器的 3dB 带宽有多大？当偏离中心频率 10kHz 时，电压放大倍数与中心频率相比时，下降了多少分贝？

第 4 章　高频功率放大器

教学提示：高频谐振功率放大器是发送设备的重要组成部分，通常工作于丙类，属于非线性电路。因此分析电路时不能用线性等效电路的方法来分析，一般采用折线近似分析法。高频谐振功率放大器一般都采用选频网络作为负载回路，而新型的宽带、高频功率放大器是以频率响应很宽传输线作负载。

教学要求：丙类谐振功率放大器的工作原理、特性及理论上的分析方法是本章教学的重点，在此基础上让学生了解高频功率放大电路、调谐网络的分析和设计方法、倍频器、传输线变压器及宽带高频功率放大器的工作原理。

4.1　概　　述

我们已经知道，在低频放大电路中为了获得足够大的低频输出功率，必须采用低频功率放大器。同样在高频范围，为了获得足够大的高频输出功率，也必须采用高频功率放大器。例如，绪论中所示发射机方框图中的高频部分，由于在发射机里的振荡器所产生的高频振荡功率很小，因此在它后面要经过一系列的放大，如缓冲级、中间放大级、末级功率放大级，获得足够的高频功率后，才能馈送到天线上辐射出去。这里所提到的放大级都属于高频功率放大器的范畴，由此可见，高频功率放大器是发送设备的重要组成部分。高频功率放大器和低频功率放大器的共同特点都是输出功率大和效率高，但由于两者的工作效率和相对频带宽度相差很大，就决定了它们之间有着根本的差异：低频功率放大器的工作频率低，但相对频带宽度却很宽。例如 20～20 000Hz，高低频率之比达 1 000 倍，因此它们采用无调谐负载，如电阻、变压器等。高频功率放大器的工作频率很高(由几十千赫一直到几百、几千、甚至几万兆赫)，但相对频带窄。例如，调幅广播电台(535～1 605kHz 的频率范围)的频带宽度为 10kHz，而相对频宽只相当于中心频率的 1/100。中心频率越高，则相对频带越小，因此，高频功率放大器一般都采用选频网络作为负载回路。由于这一特点，使得这两种放大器所选用的工作状态不同：低频功率放大器可以工作于甲类、甲乙类或乙类(限于推挽电路)状态；高频功率放大器则一般都工作于丙类(某些特殊情况可工作于乙类)。近年来，宽频带发射机的各中间级还广泛采用一种新型的宽带、高频功率放大器。它不采用选频网络作为负载回路，而是以频率响应很宽传输线作负载。这样它可以在很宽的范围内变换工作频率，而不必重新调谐。

从低频电子线路课程我们已经知道，放大器可以按照电流的流通角的不同，分为甲、乙、丙三类工作状态，近年来，为了进一步提高工作效率还提出了丁类与戊类放大器，这类放大器是工作在开关状态。甲类放大器电流的流通角为360°，适用于小信号低功率放大；乙类放大器电流的流通角等于180°；丙类放大器电流的流通角则小于180°。乙类和丙类都适用于大功率工作，丙类工作状态的输出功率和效率是两种工作状态中最高的，高频功率放大器大多工作于丙类。但丙类放大器的电流波形失真太大，因而不能用于低频功率放大，只能用于采用调谐回路作为负载谐振功率放大。由于调谐回路具有滤波能力，回路电流与电压仍然接近于正弦波形，失真很小。除了以上几种按电流的导通角来分类的工作状态外，丁类放大和戊类放大是使电子器件工作于开关状态的。丁类放大器的效率比丙类放大器的还高，理论上可达 100%，但它的最高工作频率受到开关转换瞬间所产生的器件功耗(集电极耗散功率)的限制。如果在电路上加以改进，使电子器件在通断转换瞬间的功耗尽量减小，则工作频率得以提高，这就是所谓戊类放大器。功率放大器的几种工作状态的特点见表 4-1。

表 4-1　不同工作状态时放大器的特点

工作状态	半导通角	理想效率	负　载	应　用
甲类	θ =180°	50%	电阻	低频
乙类	θ =90°	78.5%	推挽，回路	低频，高频
甲乙类	90°< θ <180°	50%< η <78.5%	推挽	低频
丙类	θ <90 °	η >78.5%	选频回路	高频
丁类	开关状态	90%～100%	选频回路	高频

由于高频功率放大器通常工作于丙类，属于非线性电路，因此分析电路时不能用线性等效电路的方法来分析。对它们的分析方法可以分为两大类：一类是图解法，即利用电子器件的特性曲线来对它的工作状态进行计算；另一类是采用折线分析法，即将电子器件的特性曲线用某些近似解析式来表示，然后对放大器的工作状态进行分析计算。总地说来，图解法是从客观实际出发，计算结果比较准确，但对工作状态的分析不方便，手续比较烦冗；折线法的物理概念清楚，分析工作状态方便，但计算准确度较低。

本章先讨论谐振功率放大器的工作原理、特性及电路，然后介绍倍频器、传输线变压器及宽带高频功率放大器的工作原理。

4.2　谐振功率放大器的工作原理

4.2.1　基本工作原理

1. 电路组成

如图 4.1 所示，谐振功率放大器的由晶体管、LC 谐振回路和直流供电电路组成。晶体管的作用是在将供电电源的直流能量转变为交流能量的过程中起开关控制作用。图中 V_{CC}、V_{BB} 为集电极和基极提供适当工作状态和能源。为使晶体管工作在丙类状态，V_{BB} 应使晶体管的基极为负偏置，即 V_{BB} 为负值。当没有输入信号 u_i 时，晶体管处于截止状态，$i_c = 0$ 。R_L 为外接负载电阻(实际情况下，外接负载一般为阻抗性的)，L、C 为滤波匹配网络，它们与 R_L 构成并联谐振回路，调谐在输入信号频率上，作为晶体管集电极负载。图 4.1 的谐振功率放大器原理电路与第 3 章所介绍的高频小信号调谐放大器电路结构很相似，但有以下几点区别：

(1) 放大管是高频大功率晶体管，常采用平面工艺制造，集电极直接和散热片连接，能承受高电压和大电流。

(2) 输入回路通常为调谐回路，既能实现调谐选频，又能使信号源与放大管输入端匹配。

(3) 输出端的负载回路也为 LC 调谐回路，既能实现调谐选频，又能实现放大管输入端匹配。

(4) 基极偏置电路为晶体管发射结提供负偏压(V_{BB} 为负值)，常使电路工作在丙类状态。

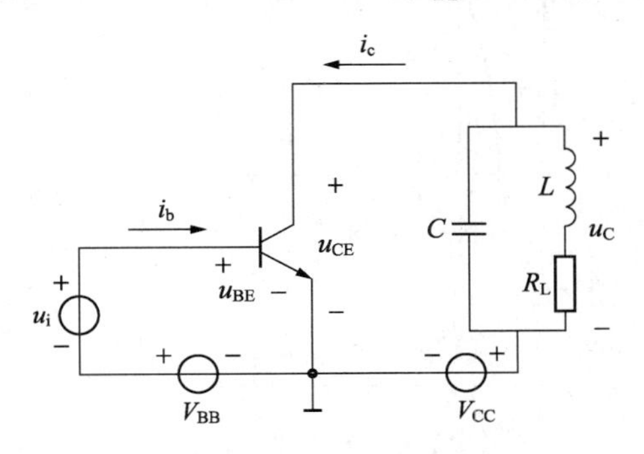

图 4.1　谐振功率放大器原理电路

2. 电流、电压波形

当基极输入一高频余弦信号 $u_i = U_{im}\cos\omega t$ 后，晶体管基极和发射极之间的有效电压 u_{BE} 为

$$u_{BE} = V_{BB} + u_i = V_{BB} + U_{im}\cos\omega t \tag{4-1}$$

其波形如图 4.2(a)所示。当 u_{BE} 的瞬时值大于基极和发射极之间的导通电压 U_{BZ} 时，晶体管导通，产生基极脉冲电流 i_b，如图 4.2(b)所示。

基极导通后，晶体管便由截止区进入放大区，集电极将流过电流 i_c，与基极电流 i_b 相对应，i_c 也是脉冲形状，必须强调指出，集电极电流 i_c 虽然是脉冲状，包含很多谐波，失真很大，如图 4.2(c)所示。将 i_c 用傅里叶级数展开，则得

$$i_c = I_{c0} + I_{cm1}\cos\omega t + I_{cm2}\cos 2\omega t + \cdots + I_{cmn}\cos n\omega t \tag{4-2}$$

式中，i_{c0} 为集电极直流分量，I_{cm1}、I_{cm2}、…、I_{cmn} 分别为集电极电流的基波、二次谐波及高次谐波分量的振幅。

当集电极回路调谐在输入信号频率 ω 上，即与高频输入信号的基波谐振时，谐振回路对基波电流而言，回路失谐而呈现很小的电抗并可看成短路。直流分量只能通过回路电感线圈支路，其直流电阻较小，对直流也可看成短路。这样，脉冲形状的集电极电流 i_c，或者说包含有直流、基波和高次谐波成分的电流 i_c 流经谐振回路时，只有基波电流才产生压降，因而 LC 谐振回路两端输出不失真的高频信号电压。若回路谐振电阻为 R_L，则

$$u_c = -I_{cm1}R_L\cos\omega t = -U_{cm}\cos\omega t \tag{4-3}$$

$$U_{cm} = I_{cm1}R_L \tag{4-4}$$

式中，U_{cm} 为基波电压振幅。所以，晶体管集电极和发射极之间的电压为

$$u_{CE} = V_{CC} + u_c = V_{CC} - U_{cm}\cos\omega t \tag{4-5}$$

其波形如图 4.2(d)所示。

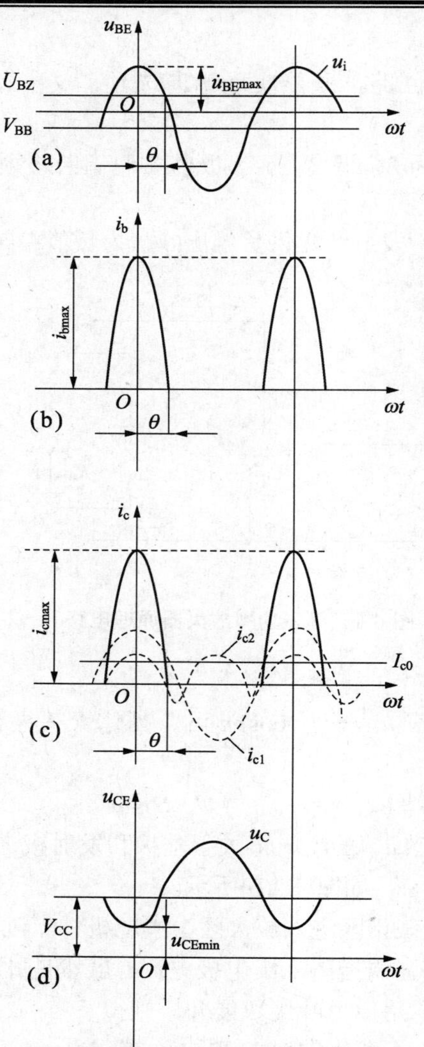

(a) u_{BE} 波形；(b) 基极电流波形；(c) 集电极电流波形；(d) u_{CE} 波形

图 4.2 丙类谐振功率放大器中 电流、电压波形

可见，利用谐振回路的选频作用，可以将失真的集电极电流脉冲 i_c 变换为不失真的余弦电压输出。同时，谐振回路还可以将含有电抗分量的外接负载变换为纯电阻 R_L。通过调节 L、C 使并联回路谐振电阻 R_L 与晶体管所需集电极负载值相等，实现阻抗匹配。因此，在谐振功率放大器中，谐振回路除了起滤波作用外，还起到阻抗匹配的作用。

由图 4.2(c)可见，丙类放大器在一个信号周期内，只有小于半个信号周期的时间内有集电极电流流通，形成了余弦脉冲电流，$i_{c\max}$ 为余弦脉冲电流的最大值，θ 为导通角。丙类放大器的导通角 θ 应小于 90°。余弦脉冲电流靠 LC 谐振回路的选频作用滤除直流及各次谐波，输出电压仍然是不失真的余弦波。集电极高频交流输出电压 u_c 与基极输入电压 u_i 相反。当 u_{BE} 为最大值 $u_{BE\max}$ 时，i_c 为最大值 $i_{c\max}$，U_{CE} 为最小值 $U_{CE\min}$，它们出现在同一时刻。可见，i_c 只在 U_{CE} 很低的时间内出现，故集电极损耗很小，功率放大器的效率因而比较高，而且 i_c 导通时间越小，效率就越高。

必须指出，上述讨论是在忽略了对 u_{CE} 和 i_c 的反作用以及管子结电容影响的情况下得到的。

3. 余弦电流脉冲的分解

对高频谐振功率放大器进行精确计算是十分困难的。为了研究谐振功率放大器的输出功率。管耗及效率，并指出一个大概变化规律，可采用近似估算的方法。

首先，不考虑器件间电容的影响，其次，将晶体管的转移特性曲线折线化，如图 4.3 中线①所示，图中虚线为原来的特性曲线。转移特性曲线是集电极电流 i_c 与基极电压 u_{BE} 之间的关系曲线，略去 U_{CE} 对 i_c 的影响，转移特性曲线可用一条曲线表示。折线化后的斜线与横轴的交点即为近似处理后晶体管的导通电压 U_{BZ}。这样做的结果，意味着输入电压低于导通电压 U_{BZ} 时，电流 i_c 为零，高于导通电压时，电流 i_c 随着线性增长。因此，折线化后的转移特性曲线可用下式表示：

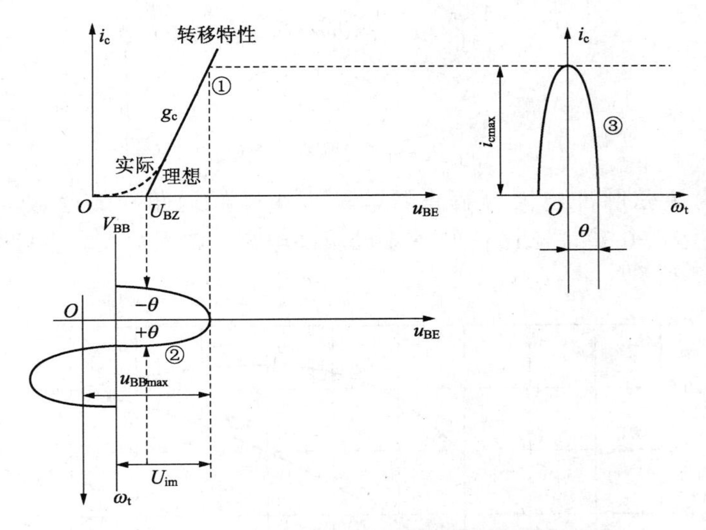

图 4.3 谐振功率放大器集电极电流脉冲波形

$$\left.\begin{aligned} i_c &= g_c(u_{BE}-U_{BZ}) \quad u_{BE}>U_{BZ} \\ i_c &= 0 \quad\quad\quad\quad\quad\; u_{BE}\leqslant U_{BZ} \end{aligned}\right\} \tag{4-6}$$

式中，g_c 为折线化转移特性曲线的斜率。

在晶体管基极加上电压 $u_{BE}=V_{BB}+U_{im}\cos\omega t$，其波形如图 4.3 中曲线②所示，根据折线化后的转移特性曲线，可作出集电极电流 i_c 脉冲波形，如图 4.3 中曲线③所示。图中 i_{cmax} 为余弦脉冲电流的最大值，θ 等于器件一个信号周期内导通时间乘以角频率 ω 的一半，称为导通角。将 u_{BE} 代入式(4-6)则得

$$i_c = g_c[V_{BB}+U_{im}\cos\omega t-U_{BZ}] \tag{4-7}$$

当 $\omega t=\theta$ 时，$i_c=0$，由式(4-7)可得

$$\cos\theta=\frac{U_{BZ}-V_{BB}}{U_{im}} \tag{4-8}$$

利用式(4-8)可将式(4-7)改写为

$$i_c = g_c U_{im}[\cos\omega t-\cos\theta] \tag{4-9}$$

当 $\omega t=0$ 时，$i_c=i_{c\max}$，由式(4-9)可得

$$i_{\mathrm{c\,max}} = g_{\mathrm{c}} U_{\mathrm{im}} (1 - \cos\theta) \tag{4-10}$$

由式(4-9)和式(4-10)可得集电极余弦脉冲电流的表示式为

$$i_{\mathrm{c}} = i_{\mathrm{c\,max}} \frac{\cos\omega t - \cos\theta}{1 - \cos\theta} \tag{4-11}$$

式(4-11)的脉冲序列，利用傅里叶级数可展开为

$$i_{\mathrm{c}} = I_{\mathrm{c0}} + \sum_{n=1}^{\infty} I_{\mathrm{cm}n} \cos n\omega t \tag{4-12}$$

其中I_{c0}为直流量，$I_{\mathrm{cm}n}$为基波及各次谐波的振幅，应用数学求傅里叶级数的方法不难求出各个分量，它们都是θ的函数。它们的关系分别为

$$\left.\begin{aligned} I_{\mathrm{c0}} &= \frac{1}{2\pi}\int_{-\pi}^{\pi} i_{\mathrm{c}} \mathrm{d}(\omega t) = i_{\mathrm{c\,max}} \alpha_0(\theta) \\ I_{\mathrm{cm1}} &= \frac{1}{\pi}\int_{-\pi}^{\pi} i_{\mathrm{c}} \cos\omega t \mathrm{d}(\omega t) = i_{\mathrm{c\,max}} \alpha_1(\theta) \\ &\vdots \\ I_{\mathrm{cm}n} &= \frac{1}{\pi}\int_{-\pi}^{\pi} i_{\mathrm{c}} \cos n\omega t \mathrm{d}(\omega t) = i_{\mathrm{c\,max}} \alpha_n(\theta) \end{aligned}\right\} \tag{4-13}$$

式中，$\alpha(\theta)$称为余弦脉冲电流分解系数，其大小是导通角θ的函数。图 4.4 作出了$\alpha_0(\theta)=0.22$，$\alpha_1(\theta)=0.39$，$\alpha_2(\theta)=0.28$余弦脉冲电流分解系数表，也可查附录 3。

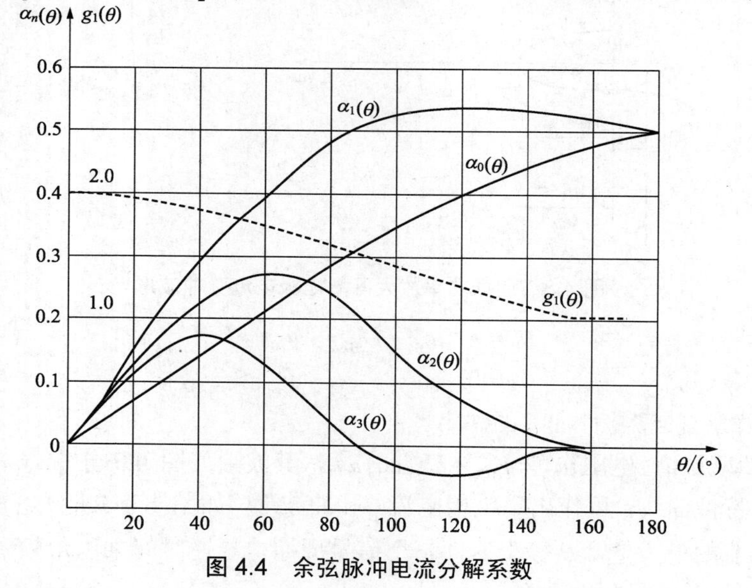

图 4.4　余弦脉冲电流分解系数

4.2.2　输出功率与效率

由前述所知，功率放大器的作用原理是利用输入到基极的信号来控制集电极的直流电源所供给的直流功率，使之转变为交流信号功率输出去。这种转换不可能是百分之百的，因为直流电源所供给的功率除了转变为交流输出功率的那一部分外，还有一部分功率以热能的形式消耗在集电极上，称为集电极耗散功率。

由于输出回路调谐在基波频率上，输出电路中的高次谐波处于失谐状态，相应的输出电压很小，因此，在谐振功率放大器中只需研究直流及基波功率。放大器的输出功率P_{O}等

于集电极电流基波分量在负载 R_L 上的平均功率，即

$$P_O = \frac{1}{2} I_{cm1} U_{cm} = \frac{1}{2} I_{cm1}^2 R_C = \frac{U_{cm}^2}{2R_L} \tag{4-14}$$

集电极直流电源供给功率 P_D 等于集电极电流直流分量 I_{c0} 与 V_{CC} 的乘积，即

$$P_D = I_{c0} V_{CC} \tag{4-15}$$

集电极耗散功率 P_C 等于集电极直流电源供给功率 P_D 与基波输出功率 P_O 之差，即

$$P_C = P_D - P_O \tag{4-16}$$

放大器集电极效率 η 等于输出功率 P_O 与直流电源供给功率 P_D 之比，即

$$\eta = \frac{P_0}{P_D} = \frac{1}{2} \frac{I_{cm1} U_{cm}}{I_{c0} V_{CC}} \tag{4-17}$$

将式(4-13)代入式(4-17)，则得

$$\eta = \frac{1}{2} \frac{\alpha_1(\theta)}{\alpha_0(\theta)} \cdot \frac{U_{cm}}{V_{CC}} = \frac{1}{2} g_1(\theta) \xi \tag{4-18}$$

$$\xi = \frac{U_{cm}}{V_{CC}} \tag{4-19}$$

$$g_1(\theta) = \frac{\alpha_1(\theta)}{\alpha_0(\theta)} = \frac{I_{cm1}}{I_{c0}} \tag{4-20}$$

式中，ξ 称为集电极电压利用系数；$g_1(\theta)$ 称为波形系数。$g_1(\theta)$ 是导通角 θ 的函数，其函数关系如图 4.4 所示。θ 值越小，$g_1(\theta)$ 越大，放大器的效率 η 也就越高。因此，丙类谐振功率放大器提高效率 η 的途径即为减小 θ 角，使 LC 回路谐振在信号的基频上，即 i_c 的最大值应对应 u_{CE} 的最小值，如图 4.2 所示。下面就负载电阻 R_L 和导通角 θ 对效率 η 和输出功率 P_O 的影响加以讨论。

(1) $\xi = \dfrac{V_{cm}}{V_{CC}} = \dfrac{I_{cm} R_e}{V_{CC}}$，有：$R_e \uparrow \rightarrow \xi \uparrow \rightarrow \eta \uparrow$；

(2) $g_1(\theta) = \dfrac{I_{cm1}}{I_{c0}}$，一般有：$\theta_c \downarrow \rightarrow g_1(\theta) \uparrow \rightarrow \eta \uparrow$ ；

(3) $\eta = \dfrac{P_0}{P_D} = \dfrac{1}{2} \dfrac{I_{cm1} U_{cm}}{I_{c0} V_{CC}}$ 可得 $P_O = \dfrac{\eta}{1-\eta} P_C$ 当晶体管允许的耗散功率一定时，$\eta \uparrow \rightarrow P_O \uparrow$。

在 $\xi = 1$ 的条件下，由式(4-18)可求得不同工作状态下放大器的效率分别为

甲类工作状态：$\theta = 180^\circ$，$g_1(\theta) = 1$，$\eta = 50\%$；

乙类工作状态：$\theta = 90^\circ$，$g_1(\theta) = 1.57$，$\eta = 78.5\%$；

丙类工作状态：$\theta = 60^\circ$，$g_1(\theta) = 1.8$，$\eta = 90\%$。

可见，丙类工作状态的效率最高，当 $\theta = 60^\circ$ 时，效率可达 90%，随着 θ 的减少，效率还会进一步提高。但由图 4.4 可见，当 $\theta < 40^\circ$ 后继续减少 θ，波形系数的增加很缓慢，也就是说，θ 过小后放大器效率的提高就不显著了，此时 $\alpha_1(\theta)$ 却迅速下降，为了达到一定的输出功率，所要求的输入激励信号电压 u_i 的幅值将会过大，从而对前级提出过高的要求。所以，谐振功率放大器一般取 θ 为 70° 左右。

【例 4.1】 图 4.1 所示谐振功率放大器中，已知 $V_{CC} = 24\,\text{V}$，$P_O = 5\,\text{W}$，$\theta = 70^\circ$，$\xi = 0.9$，试求该功率放大器的 η、P_D、P_C、$i_{c\max}$ 和谐振回路谐振电阻 R_L。

解：由图 4.4 可查得$\alpha_0(70°)=0.25$，$\alpha_1(70°)=0.44$，因此，由式(4-18)可求得

$$\eta=\frac{1}{2}\frac{\alpha_1(\theta)}{\alpha_0(\theta)}\cdot\xi=\frac{1}{2}\times\frac{0.44}{0.25}\times0.9=79\%$$

由式(4-17)可得

$$P_{\mathrm{D}}=\frac{P_{\mathrm{O}}}{\eta_{\mathrm{C}}}=\frac{5}{0.79}\mathrm{W}=6.3\,\mathrm{W}$$

由式(4-16)可得

$$P_{\mathrm{C}}=P_{\mathrm{D}}-P_{\mathrm{O}}=(6.3-5)=1.3\,\mathrm{W}$$

由于

$$P_{\mathrm{O}}=\frac{1}{2}I_{\mathrm{cm1}}U_{\mathrm{cm}}=\frac{1}{2}\alpha_1(\theta)i_{\mathrm{c\,max}}\xi V_{\mathrm{CC}}$$

所以，可得

$$i_{\mathrm{c\,max}}=\frac{2P_{\mathrm{O}}}{\alpha_1(\theta)\xi V_{\mathrm{CC}}}=\frac{2\times5\mathrm{W}}{0.44\times0.9\times24\mathrm{V}}=1.05\,\mathrm{A}$$

谐振回路的谐振电阻R_{L}等于

$$R_{\mathrm{L}}=\frac{U_{\mathrm{cm}}}{I_{\mathrm{cm1}}}=\frac{\xi V_{\mathrm{CC}}}{\alpha_1(\theta)i_{\mathrm{c\,max}}}=\frac{0.9\times24\mathrm{V}}{0.44\times1.05\mathrm{A}}=46.5\Omega$$

4.3 高频功率放大器的动态分析

谐振功率放大器的输出功率、效率及集电极损耗等都与集电极负载回路的谐振阻抗、输入信号的幅度、基极偏置电压以及集电极电源电压的大小密切相关，其中集电极负载阻抗的影响尤为重要。通过对这些特性的分析，可了解谐振功率放大器的应用及正确的调试方法。

4.3.1 高频功率放大器的动态特性

1. 放大区动态特性方程

图 4.5 所示为高频功放的原理电路。若设输入信号电压$u_{\mathrm{b}}=U_{\mathrm{bm}}\cos\omega t$，当放大器工作在谐振状态时，其外部电路输入端的电压方程为

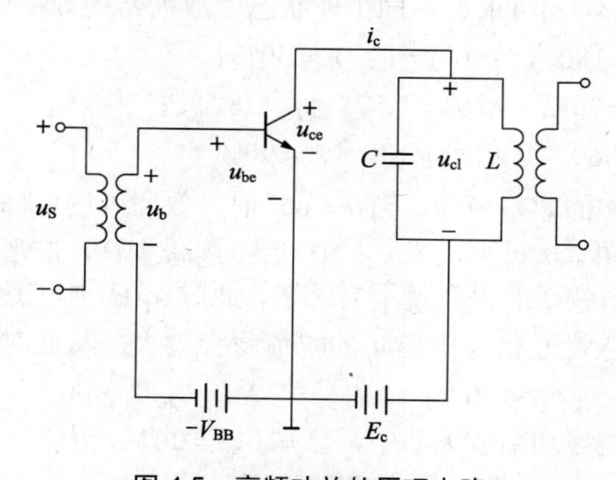

图 4.5　高频功放的原理电路

$$u_{BE} = -V_{BB} + U_{bm}\cos\omega t \tag{4-21}$$

输出端的电压方程为

$$u_{CE} = E_C - U_{cm1}\cos\omega t \tag{4-22}$$

式中，$u_{o1} = U_{cm1}\cos\omega t$。从上两式消去 $\cos\omega t$，可得

$$u_{BE} = -V_{BB} + U_{bm}\frac{E_c - u_{CE}}{U_{cm1}} \tag{4-23}$$

利用晶体管在放大区的折线方程

$$i_c = g_c\ (u_{BE} - U_{BZ}) \tag{4-24}$$

将式(4-23)代入式(4-24)可得

$$\begin{aligned} i_c &= g_c\left(-V_{BB} + U_{bm}\frac{E_c - u_{CE}}{U_{cm1}} - U_{BZ}\right) \\ &= -g_c\frac{U_{bm}}{U_{cm1}}\left(u_{CE} - \frac{U_{bm}E_C - V_{BB}U_{cm1} - U_{BZ}U_{cm1}}{U_{bm}}\right) \\ &= g_d(u_{CE} - U_0) \end{aligned} \tag{4-25}$$

式中，$g_d = -g_c\dfrac{U_{bm}}{U_{cm1}}$ 表示动态特性曲线的斜率；$U_0 = \dfrac{U_{bm}E_C - V_{BB}U_{cm1} - U_{BZ}U_{cm1}}{U_{bm}} = E_C - U_{cm1}\cos\theta$ 表示动态特性曲线在 u_{CE} 轴上的截距，如图 4.6 所示。其中，$\cos\theta = \dfrac{U_{BB} + U_{BZ}}{U_{bm}}$。上式反映了放大区 i_c 与 u_{CE} 之间的关系，称为放大区动态特性曲线方程。

2. 动态特性曲线的画法

高频功放中电流波形可以从晶体管的动态特性曲线上获得。所谓动态特性就是指当加上激励信号及接上负载阻抗时，晶体管电流(主要是 i_c)与电压(u_{CE} 或者 u_{BE})的关系曲线，它在 $i_c \sim u_{CE}$ 或 $i_c \sim u_{BE}$ 坐标系中是一条曲线(静态特性是一簇曲线)。

高频功放中动态特性曲线的画法与低频放大器有些不同，在高频功放中，由于负载是有储能的谐振回路，当已知回路参数(如 ω_0、R_P、Q)时，并不存在回路两端电压与流过的电流之间唯一确定的关系式，或者说并不存在确定的负载线。实际上求解 i_c 的过程是解 $i_c = f(u_{CE},\ u_{BE})$ 静态特性方程和回路的 $i_c \sim u_{CE}$ 微分方程的联立方程组，因此实际的动态特性曲线比较复杂，并不是一条直线。

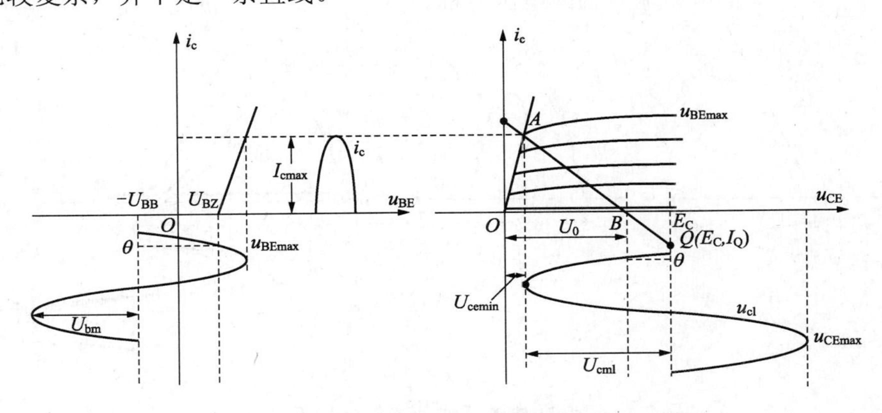

图 4.6　动态特性曲线的画法

但是，当晶体管的静态特性曲线理想化为折线，而且高频功放工作于负载回路的谐振状态(即负载呈纯电阻性)时，动态特性曲线也可以近似为一条如式(4-25)所描述的直线。尽管利用式(4-25)分析高频功放动态特性会带来一些误差，但从工程估算的角度来考虑高频功放的计算，可大大简化工程计算，是完全有必要和允许的。

利用式(4-25)，在图 4.6 所示静态输出特性曲线的 u_{CE} 轴上取 B 点，使 $OB=U_0$，由 B 点作斜率为 g_d 的直线 BA，即得动态特性曲线。

也可以用另外的方法画出动态特性曲线。作静态工作点 Q：令 $\omega t=90°$，$u_{CE}=E_C$，$u_{BE}=-U_{BB}$，因此，由式(4-24)可知，$i_c=I_Q=g_c(-V_{BB}-U_{BZ})$。注意，在丙类工作状态时，$I_Q$ 是实际上不存在的电流，叫做虚拟电流。I_Q 仅是用来确定工作点 Q 的位置。在 A 点：ωt=0，$u_{CE}=U_{ce\min}=E_C-U_{cm1}$，$u_{BE}=u_{BE\max}=-U_{BB}+U_{bm}$。求出 A、Q 两点，即可画出放大区的动态特性直线。

画出动态特性曲线后，由它和静态曲线的相应交点，即可求出对应各种不同 ωt 值的 i_c 值，绘出相应的 i_c 脉冲波形及 u_{CE} 的波形，如图 4.6 所示。

4.3.2　高频功率放大器的负载特性

高频功放的负载特性表现为输出 LC 回路的谐振电阻对工作状态的影响。由上述分析可知，动态特性曲线的关系式为

$$i_c=g_d\,(U_{CE}-U_0) \tag{4-26}$$

式中，斜率 $g_d=-g_cU_{bm}/U_{cm1}$，截距 $U_0=E_C-U_{cm1}\cos\theta$，负载回路的电压幅度 $U_{cm1}=I_{cm1}R_p$，R_P 为负载 LC 回路的谐振电阻。可见动态特性曲线的斜率和负载 R_P 有关，放大器的工作状态将随负载的不同而变化。下面讨论当 E_C、V_{BB}、U_{bm} 等不变时，动态特性曲线及工作状态与负载 R_P 的关系。

1. 欠压工作状态

当 R_P 较小时，由于 $U_{cm1}=I_{cm1}R_p$ 也比较小，动态特性曲线的斜率 $g_d=-g_cU_{bm}/U_{cm1}$ 较大，所以动态特性曲线①与 $u_{BE\max}$ 所对应的静态特性曲线的交点 A_1 位于放大区，如图 4.7 所示。可以看出，这时 i_c 的波形为尖顶余弦脉冲，脉冲幅度比较大，负载回路的输出电压 U_{cm1} 较小，晶体管的工作范围在放大区和截止区，通常称这种状态为高频功放的欠压工作状态。

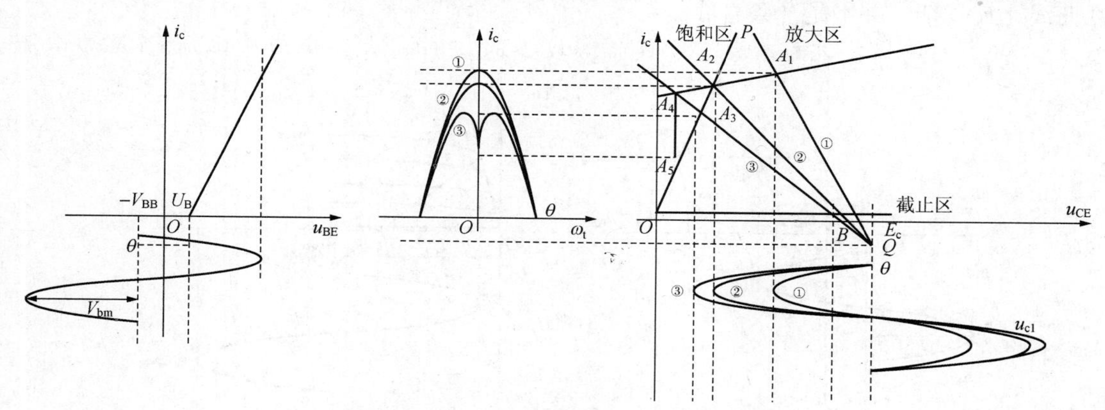

图 4.7　高频功放的工作状态与负载 R_P 的关系

2. 临界工作状态

如果增大 R_p 的数值，动态特性曲线的斜率 $g_d = -g_c U_{bm}/U_{cm1}$ 将随之减小，动态特性曲线①与 $u_{BE\max}$ 所对应的静态特性曲线的交点将沿静态特性曲线向左移动，当动态特性曲线②与临界饱和线 OP，以及 $u_{BE\max}$ 对应的静态特性曲线，三线相交于一点 A_2 时，高频功放工作于临界状态。此时 i_c 的波形仍为尖顶余弦脉冲，脉冲幅度相对于欠压工作状态略有减小，但负载回路的输出电压 U_{cm1} 却增大较多。

如果设临界饱和线的斜率为 g_{cr}，由图 4.8 可以看出，尖顶余弦脉冲的幅度为

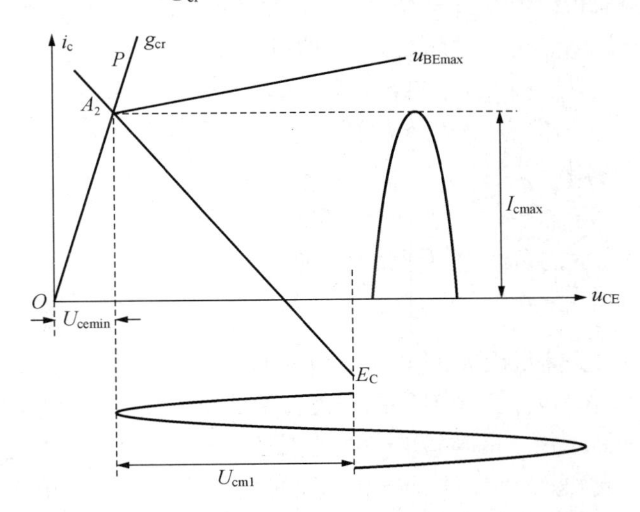

图 4.8　临界状态的动态特性

$$I_{c\max} = g_{cr} U_{ce\min} = g_{cr}(E_C - U_{cm1}) \tag{4-27}$$

式中，$U_{ce\min} \approx U_{ces}$。令 $\xi_{cr} = U_{cm1}/E_C$，ξ_{cr} 称为临界状态的电压利用系数，代入式(4-27)，则有

$$I_{c\max} = g_{cr} E_C (1-\xi_{cr}) \tag{4-28}$$

由式(4-28)可得临界状态的电压利用系数为

$$\xi_{cr} = 1 - \frac{I_{c\max}}{g_{cr} E_C} \tag{4-29}$$

由上可以看出，高频功放工作在临界状态时，有较大的集电极电流 i_c (基波电流 $I_{cm1} = I_{c\max}\alpha_1(\theta)$)也较大)和较大的回路电路电压 U_{cm1}，晶体管输出功率 P_O 最大。高频功放通常选择这种工作状态。这种工作状态下所需的集电极负载电阻 R_{pcr} 称为最佳负载电阻，即

$$R_{pcr} = \frac{U_{cm1}}{I_{cm1}} = \xi_{cr} \frac{E_c}{I_{c\max}\alpha_1(\theta)} \tag{4-30}$$

【例 4.2】 要求设计一高频功率放大器，输出功率为 30W，选用高频大功率管 3DA77，已知 $E_C = 24\,\text{V}, g_{cr} = 1.37\,\text{A/V}$，集电极最大允许损耗 $P_{CM} = 50\,\text{W}$，集电极最大电流 $I_{CM} = 5\text{A}$。试计算集电极的电流、电压、功率、效率和临界负载电阻。

解： 此功效应设计在临界状态工作，为提高效率选择导通角 $\theta = 75^\circ$，查附录，对应的分解

系数 $\alpha_0(\theta)=0.269, \alpha_1(\theta)=0.455$。已知临界状态时输出功率为 P_O=30W，而

$$P_O=\frac{1}{2}I_{cm1}U_{cm1}=\frac{1}{2}I_{cmax}\alpha_1(\theta)E_C\xi_{cr}$$

将式(4-27)代入上式得

$$\xi_{cr}=\frac{1}{2}+\sqrt{\frac{1}{4}-\frac{2P_O}{g_{cr}\alpha_1(\theta)E_C^2}}=0.84$$

其他电压、电流计算如下：

$$U_{cm1}=E_C\xi_{cr}=20.2\text{ V}，\ I_{cm1}=2P_O/U_{cm1}=2.97\text{ A}，\ I_{c\max}=I_{cm1}/\alpha_1(\theta)=6.25\text{ A}$$

因 $I_{c\max}$ 是瞬时电流，它可以稍超过 I_{cm}，所以

$$I_{c0}=I_{c\max}\alpha_0(\theta)\approx 1.75\text{ A}，\ P_D=I_{c0}E_C\approx 42\text{W}$$

$$P_C=P_D-P_O\approx 12\text{ W}，\ \eta=P_O/P_D=71.4\%$$

临界状态的负载电阻

$$R_{pcr}=U_{cm1}/I_{cm1}=6.8\Omega$$

实际上，大功率功放的负载电阻通常是很低的。

3. 过压工作状态

如果在临界状态下继续增大 R_P 的数值，动态特性曲线的斜率 $g_d=-g_cU_{bm}/U_{cm1}$ 将进一步减小，动态特性曲线③与 $u_{BE\max}$ 所对应的动态特性曲线的交点将沿临界饱和线 OP 向下移动，交点 A_3 位于饱和区。由于晶体管的动态范围延伸到了饱和区，$U_{cemin}<U_{ces}$ 集电极电流线③与 $u_{BE\max}$ 所对应的静态特性曲线反向延长线的交点 A_4 作垂线，由与临界饱和线相交点 A_5 的纵坐标来确定，如图 4.7 所示。

4. 负载特性曲线

综上所述，当 E_C、V_{BB}、U_{bm} 等维持不变时，变动回路的谐振电阻 R_p 会引起集电极脉冲电流 i_c 的变化，同时引起 U_{cm1}、P_O 与 η 等的变化。各个电流、电压、功率与效率等随 R_P 而变化的曲线就是负载特性曲性。负载特性曲线是高频功率放大器的重要特性之一。可以借助于动态特性与由此而产生的集电极电流脉冲波形的变化，来定性地说明负载特性。

观察图 4.7，在欠压区至临界线的范围内，当 R_P 逐渐增大时，集电极电流脉冲的振幅 I_{cmax} 以及导通角 θ 的变化都不大。R_P 增大，仅仅使 I_{cmax} 略有减小。因此，在欠压区内的 I_{c0} 与 I_{cm1} 几乎维持为常数，仅随 R_P 的增大而略有下降。但进入过压区后，集电极电流脉冲开始下凹，而且凹陷程度随着 R_P 的增大而急剧加深，致使 I_{co} 与 I_{cm1} 也急剧下降。这样，就得到了如图 4.9(a)所示的 I_{c0}、I_{cm1} 随 R_P 而变化的曲线。再由 $U_{cm1}=I_{cm1}R_p$ 的关系式看出，在欠压区由于 I_{cm1} 变化很小，因此 U_{cm1} 随 R_P 的增大而直线地上升。进入过压区以后，由于 I_{cm1} 随 R_P 的增大而显著下降，因此，随 R_p 的增大而缓慢上升。近似地说，欠压时 I_{cm1} 几乎不变，过压时 U_{cm1} 几乎不变。因而可以把欠压状态的放大器当作一个恒流源，而把过压状态的放大器当作一个恒压源。

直流输入功率 $P_D=E_CI_{c0}$。由于 E_C 不变，因此 P_D 曲线与 I_{c0} 曲线的形状相同。

交流输出功率 $P_O=\frac{1}{2}U_{cm1}I_{cm1}$，因此 P_O 曲线可以从 U_{cm1} 与 I_{cm1} 两条曲线相乘求出。由

图 4.9(b)看出，在临界状态，P_O 达到最大值。这就是为什么在设计高频功率放大器时，如果从输出功率最大着眼，应力求它工作在临界状态的原因。

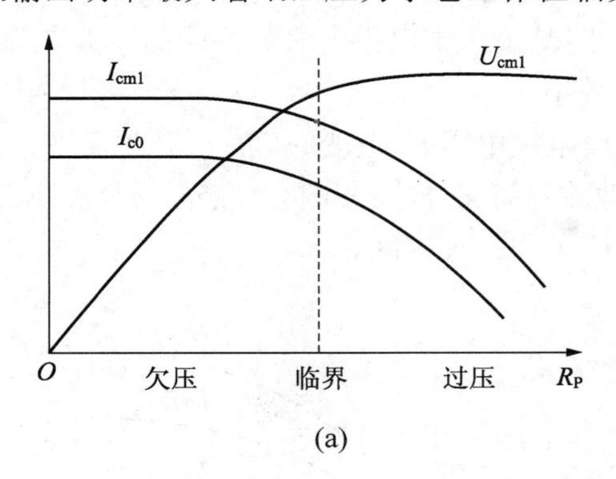

(a)

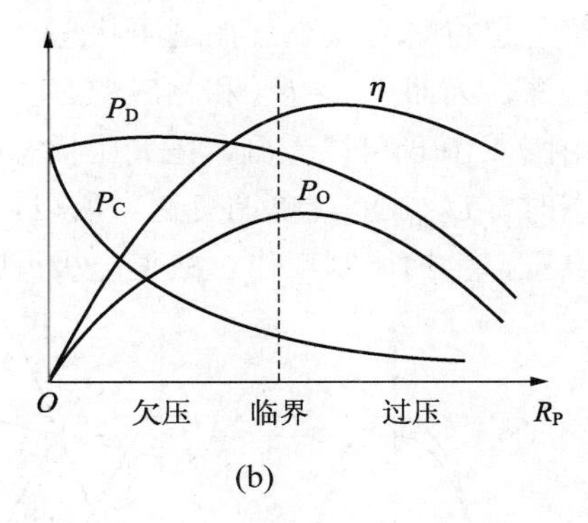

(b)

图 4.9　负载特性曲线

集电极耗散功率 $P_C = P_D - P_O$，故 P_C 曲线可由 P_D 与 P_O 曲线相减而得。由图 4.9(b)知，在欠压区内，当 R_P 减小时，P_C 上升很快。当 R_P =0 时，P_C 达到最大值，可能使晶体管烧坏。必须避免发生这种情况。

效率 $\eta = P_O / P_D$，在欠压时，P_D 变化很小，所以 η 随 P_O 的增大而增大；到达临界状态后，开始时因为 P_O 的下降没有 P_D 下降得快，因而 η 继续增大，但增大很缓慢。随着 R_P 的继续增大，P_O 因 I_{cm1} 的急速下降而下降，因而 η 略有减小。由此可知，在靠近临界的弱过压状态出现 η 的最大值。

三种工作状态的优缺点综合如下：

(1) 临界状态的优点是输出功率 P_O 最大，效率 η 也较高，可以说是最佳工作状态。这种工作状态主要用于发射机末级。

(2) 过压状态的优点是，当负载阻抗变化时，输出电压比较平稳；在弱过压时，效率可达最高，但输出功率有所下降。它常用于需要维持输出电压比较平稳的场合，如发射机的中间放大级。集电极调幅也工作于这种状态，这将在第 7 章讨论。

(3) 欠压状态的输出功率与效率都比较低，而且集电极耗散功率大，输出电压又不够稳定，因此一般较少采用。但在某些场合，例如基极调幅，则需采用这种工作状态，这也将在第 7 章讨论。应当说明，掌握负载特性，对于实际调整谐振功率放大器的工作状态是很有用的。

4.3.3　高频功率放大器的调制特性

高频功率放大器的调制特性有集电极调制特性和基极调制特性。

1. 集电极调制特性

集电极调制是指 V_{BB}、R_p 和 U_{bm} 保持一定时，放大器的性能随某电极偏置电压 E_C 变化的特性。由于 V_{BB} 和 U_{bm} 一定，也就是 $u_{BE\max}$ 和 i_c 的脉冲宽度(θ)，以及动态特性曲线的斜率 g_d 一定，因而当 E_C 由大变小时，相应的静态工作点 Q 向左平移动，动态特性曲线与 $u_{BE\max}$ 所对应的静态特性曲线的交点 A 在 $u_{BE\max}$ 对应的那条输出特性曲线上向左移动，放大器的工作状态将由欠压进入过压，i_c 的波形也将由余弦变化的脉冲波变为中间凹陷的脉冲波，如图 4.10(a)所示。相应得到的I_{c0}、I_{cm1}和U_{cm1}随E_C变化的特性如图 4.10(b)所示。由图可见，在欠压状态下，随着E_C的减小，集电极电流脉冲的高度略有减小，因而I_{c0}、I_{cm1}和相应的U_{cm1}也将略有减小。在过压状态下随着E_C的减小，集电极电流脉冲的高度随之降低，凹陷加深，因而I_{c0}、I_{cm1}和相应的U_{cm1}将迅速减小。

由图 4.10(b)可以看到，在欠压状态时，当集电极电压E_C改变时，U_{cm1}几乎不变。在过压状态时，U_{cm1}随E_C单调变化。所以，高频功放只有工作在过压区才能有效地实现E_C对输出电压U_{cm1}的调制工作。故集电极调幅电路应工作在过压区。

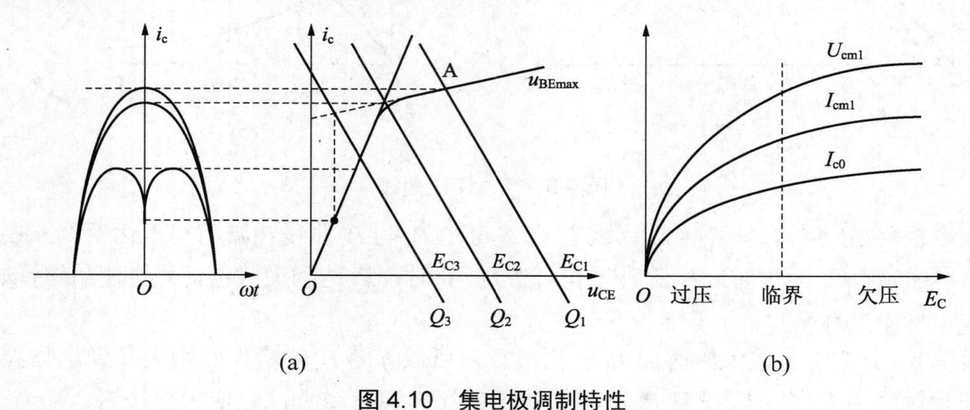

图 4.10　集电极调制特性

2. 基极调制特性

基极调制特性是指U_{bm}、E_C和R_p保持一定时，放大器性能随基极偏置电压V_{BB}变化的特性。当U_{bm}固定，V_{BB}自负值向正值方向增大时，集电极脉冲电流i_c的导通角θ增大同时使基极输入电压$u_{BE\max}$随之增大，从而使集电极脉冲电流i_c的幅度和宽度均增大，如图 4.11(a)所示。相应的I_{c0}、I_{cm1}和相应的U_{cm1}也增大，结果使放大器的工作状态由欠压区进入过压区。进入过压状态后，随着V_{BB}向正值方向增大，集电极脉冲电流的宽度增加，幅度几乎不变，但凹陷加深，结果使I_{c0}、I_{cm1}和相应的U_{cm1}增大的十分缓慢，可认为近似不变，如图 4.11(b)所示。

由基极调制特性可以看出，在过压状态下，当基极电压V_{BB}改变时，U_{cm1}几乎不变。只有在欠压状态时，U_{cm1}随U_{BB}单调变化。所以，高频功放只有工作在欠压区才能有效地

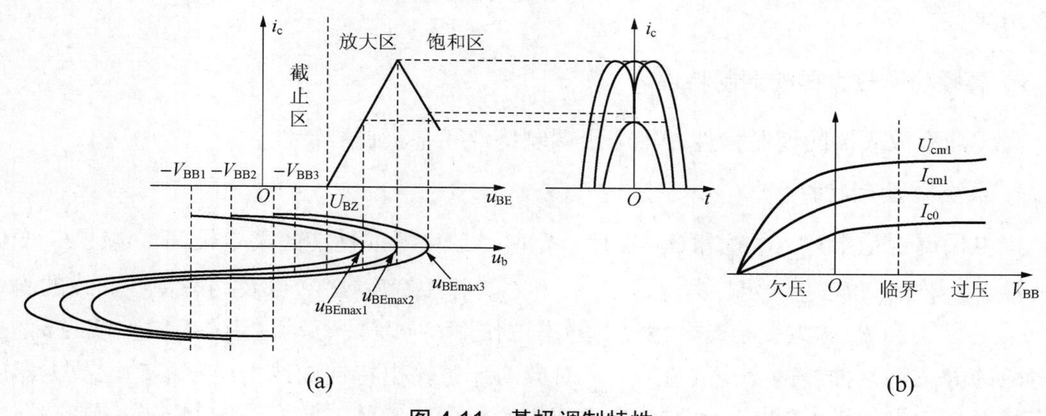

图 4.11　基极调制特性

实现V_{BB}对输入电压U_{cm1}的调制作用，故基极调幅电路应工作在欠压区。

4.3.4　高频功率放大器的放大特性

高频功放的放大特性是指V_{BB}、E_C和R_p保持一定时，放大器的输出功率、电压、效率随输入信号的电压幅值U_{bm}变化关系。实际上，固定V_{BB}、增大U_{bm}，与上述固定U_{bm}、增大V_{BB}的情况相类似，它都使基极输入电压u_{BEmax}随之增大，u_{BEmax}所对应的集电极脉冲电流i_c的幅度和宽度均增大，放大器的工作状态由欠压进入过压，如图 4.12(a)所示。进入过压状态后，随着U_{bm}的增大，集电极电流脉冲出现中间凹陷，且脉冲宽度增加。凹陷加深。因此，I_{c0}、I_{cm1}相应的U_{cm1}随U_{bm}变化的特性类似，如图 4.12 所示。

讨论放大特性是为了正确选择谐振功放的工作状态，不引入放大失真。由图 4.12 可以看到，在欠压区随着输入信号振幅U_{bm}的增大，输出振幅U_{cm1}近似线性增大；但在过压区输出信号的振幅U_{cm1}近似不变。所以，当谐振功率放大器作为线性功率放大器，用来放大振幅按调制信号规律变化的调幅信号时，其放大特性如图 4.13(a)所示。为了使输出信号振幅U_{cm1}反映输入信号振幅U_{bm}的变化，放大器必须在U_{bm}变化范围内工作在欠压状态。不过，丙类工作时，由于U_{bm}增大时集电极电流脉冲的高度和宽度均增大，因而导致放大特性上翘，产生失真，为了消除上翘，使放大特性接近于线性，除了采用负反馈等措施外，还普遍采用乙类工作的推挽电路，以使集电极电流脉冲保持半个周期，仅脉冲高度随U_{bm}变化。

当谐振功率放大器用作振幅限幅器时，即将振幅U_{bm}在较大范围内变化的输入信号变换为振幅恒定的输出信号时，其输入/输出波形如图 4.13(b)所示。放大器必须在U_{bm}变化的范围内工作在过压状态。或者说输入信号振幅的最小适应大于临界状态所对应的U_{bmcr}值。通常将该值称为限幅门限值。

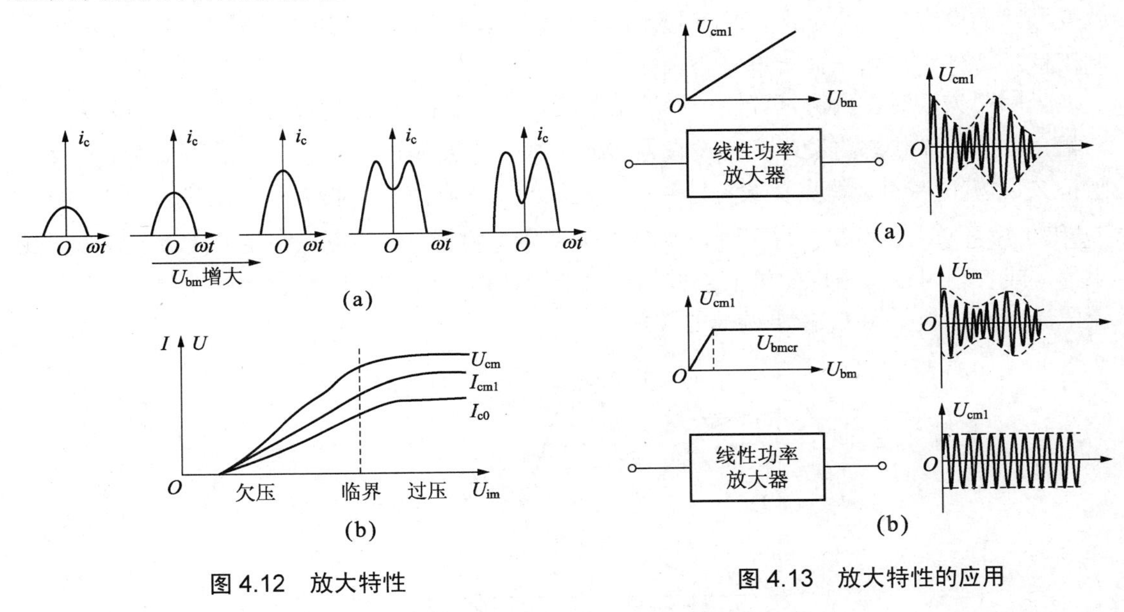

图 4.12　放大特性　　　　图 4.13　放大特性的应用

【例 4.3】　有一个用硅 NPN 外延平面型高频功率管 3DAl 做成的谐振功率放大器。已知$E_C=24\text{V}$，$P_O=2\text{W}$，集电极饱和压降$U_{ces}\geqslant 1.5\text{V}$，$P_{CM}=1\text{W}$，$I_{CM}=750\text{mA}$，工作频率

等于 1MHz，试求它的能量关系。

解：由上述讨论已知，工作状态最好选取用临界状态。作为工程近似估算，可以认为此时集电极最小瞬时电压 $U_{cm1}=U_{ces}=1.5V$ 。于是

$$U_{cm1}=E_C-U_{ces}=24-1.5=22.5V$$

由式(4-14)可得　$R_p=U_{cm1}^2/2P_O=126.5\Omega$

$$I_{cm1}=U_{cm1}/R_P=178mA$$

若选取 θ=70°，则由图 2.5 或查附录的余弦脉冲分解系数表，得 0，故

$$\alpha_0(\theta)=0.253，\quad \alpha_1(\theta)=0.253$$

由式(4-13)可得：$I_{c\max}=I_{cm1}/\alpha_1(\theta)=408mA$，未超过电流安全工作范围。

$$I_{c0}=I_{c\max}/\alpha_0(\theta)=103mA$$

由以上结果可得

$$P_D=E_CI_{c0}=2.472W$$

$$P_C=P_D-P_O=0.472W<P_{CM}$$

$$\eta=P_O/P_D=81\%$$

以上估算的结果可以作为实际高度的依据。对于晶体管来说，折线法只适用于工作频率较低的场合。当工作频率较高时，由于它的内部物理过程相当复杂，使实际数值与计算数值有很大的不同。因此在晶体管电路中使用折线法时，必须注意这一点。下面讨论晶体管在高频运用的一些特点。

4.3.5　高频功率放大器的调谐特性

在上面讨论高频功放的各种特性时，都认为其负载回路是谐振状态的，因而呈现为一个纯电阻 R_p 。实际回路在调谐过程中，其负载是一阻抗 Z_p ，当改变回路的元件数值，如改变回路的电容 C 时，功放的外部电流 I_{c0}、I_{cm1} 和相应的 U_{cm1} 等随 C 变化的称为调谐特性。利用这种特性可以指示放大器是否调谐。

当回路失谐时，不论是容性失谐还是感性失谐，阻抗 Z_p 的模值均要减小，而且会出现一幅角 φ，工作状态将发生变化。设谐振时功放工作在弱过压状态，当回路失谐后，由于阻抗 Z_p 的模值减小，概据负载特性可知，功放的工作状态将向临界及欠压状态变化，此时 I_{c0} 和 I_{cm1} 要增大，而 U_{cm1} 将下降，如图 4.14 所示。由图可知，可以利用 I_{c0} 或 I_{cm1} 出现的最小值，或者利用 U_{cm1} 出现的最值来批示放大器的调谐。通常因 I_{c0} 变化比较明显，又只用直流电流表示，故采用 I_{c0} 指示调谐的较多。

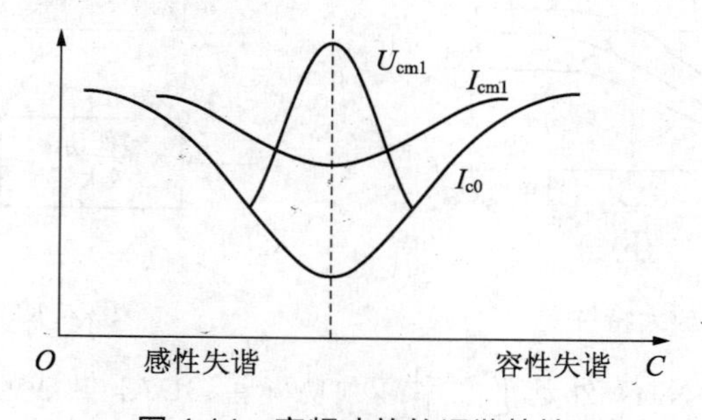

图 4.14　高频功放的调谐特性

应该指出，回路失谐时直流输入功率 $P_D = I_{c0}E_C$ 随 I_{c0} 的增大而增大，而输出功率 $P_O = \frac{1}{2}U_{cm1}I_{cm1}\cos\varphi$ 将因 $\cos\varphi$ 因子而下降，因此失谐后集电极电极功耗 P_C 将迅速增大。这表明高频功放必须经常保持在谐振状态。在调谐过程中处于失谐状态的时间要尽可能地短，调谐动作要迅速，以防止晶体管过热而损坏。为防止损坏晶体管，在调谐时可减小 E_C 的值或减小激励电压。

4.3.6 高频功率放大器的高频效应

以上对高频功放的分析是以静态特性为基础的，只能近似说明和估计高频功放的工作原理，无法反映高频工作时其他现象。实际的高频功放电路，晶体管工作在“中频区”甚至“高频区”，通常会出现输出功率下降，效率增益降低，以及输入、输出阻抗为复阻抗等现象。所有这些现象的出现，主要是由于功放管性能随频率变化而引起的，通常称它为功放管的高频效应。功放管的高频效应主要表现在以下几个方面。

1. 少数载流子的渡越时间效应

晶体管在本质上是电荷控制器件。载流子的注入和扩散是晶体管能够进行放大的基础。载流子在基区扩散而到达集电极需要一定时间 τ，称 τ 为载流子渡越时间。晶体管在低频工作时，渡越时间远小于信号周期($T = 1/f \gg \tau$)。基区载流子分布与外加瞬时电压是一一对应的，因而晶体管各极电流的大小与外加电压也一一对应，静态特性就反映了这一关系。

功放管在高频工作时，少数载流子的渡越时间 τ 可以与信号周期 $T = 1/f$ 相比较，某一瞬间的基区载流子分布决定于这以前的外加电压。因而各极电流的大小不取决于此刻的外加电压。

基区非平衡少数载流子渡越时间效应，如图 4.15 所示。其中图(a)表示发射结上的激励电压 u_{be} 与时间 t 的关系，假设管子的导通电压为 U_{BZ}。放大器在欠压或临界状态下的各极电流波形如图(b)和图(c)所示。图(b)为低频区时的波形，由于频率低，在 u_{be} 的作用下，任何时刻，从发射结进入基区的非平衡少数载流子几乎在同一时刻到达集电结，因此，各极电流均将同步变化。图(c)是高频考虑了载流子渡越时间后的各极电流波形，由于频率高，波形变化速度快，当晶体管由放大区进入截止区时($u_{be} < U_{BZ}$)，虽然发射结上的电压已改变方向，但是，由于少数载流子在基区的渡越时间使基区内的电荷具有一定的储存效应。当发射结电压由正偏转为反偏时，在 $u_{be} > U_{BZ}$ 期间注入到基区的还未到达集电结的少数载流子，将受到发射结上反向电压的作用，使得其中一部分被反向偏置电压所形成的电场重新推斥回发射极，形成发射极电流 i_e 反向负脉冲，同时主脉冲高度降低。其余部分继续向集电结运动，形成集电极电流，结果使集电极电流 i_c 的脉冲展宽。集电极电流脉冲峰点滞后的角度 $\theta = \omega t$。另外，由于 $i_b = i_e - i_c$，所以基极电流的波形也变得复杂，脉冲值增高，其最大值超前于 u_{be}，而且也会出现反向脉冲。

通过上面的讨论可见，随着工作频率的增高，集电极电流的峰值相应减小，从而导致 I_{cm1} 减小。而基极电流脉冲则相应增大，从而导致 I_{bm1} 增大。结果使输出功率减小，输入功率剧增，从而使功率增益减小，集电极效率降低。

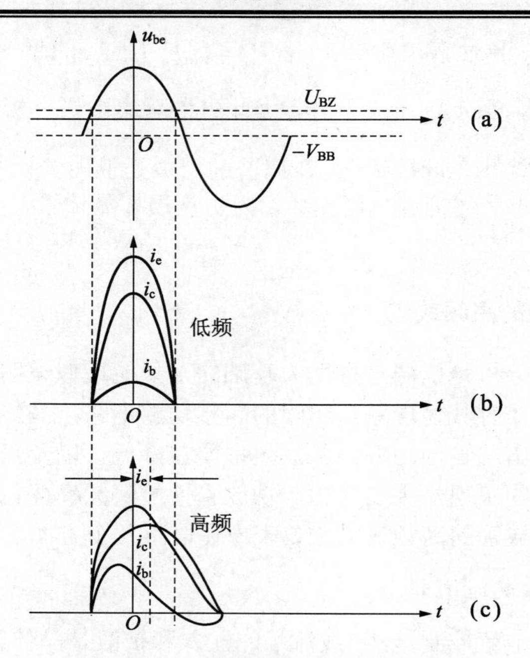

图 4.15　少数载流子的渡越时间效应

2. $r_{bb'}$ 的影响

当频率增高时，I_{bm1} 增大，致使发射结(b 与 e 之间)呈现的等效阻抗显著减小。因此，$r_{bb'}$ 的影响便相对地增大。若要求加到发射结上的电压保持不变，则实际加到基极上的输入电压就要增大，相应的输入功率增大，从而使放大器的功率增益进一步减小。

3. 饱和压降 U_{ces} 的影响

由于高频效应的影响，晶体管的静态特性与低频工作时的静态特性将有较大的差异，最突出的是曲线簇呈扇形展开，其饱和压降随频率升高而增大，图 4.16 画出了不同频率时的饱和特性。

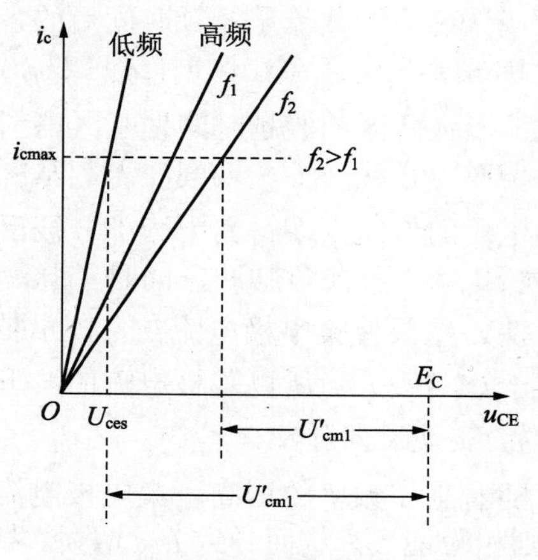

图 4.16　晶体管的饱和特性

在同一电流处，高频饱和压降U'_{ces}大于低频时的饱和压降U_{ces}。由图 4.16 可看出，饱和压降增大的结果，是使放大器在高频工作时的电压利用系数$\xi = I_{cm1}/E_C$减小，由前面分析可知，这使功率的效率降低，最大输出功率减小。

4. 非线性电抗效应

高频功放除了输入端有非线性输入阻抗外，还有集电结电容。这个电容是随集电极电压u_{CE}变化的非线性势垒电容。在高频大功率晶体管中它的数值可达到几十至一二百皮法。它对放大器的工作主要有两个影响：一个影响是构成放大器输出端与输入端之间的一条反馈支路，频率越高，反馈越大。这个反馈在某些情况下会引起放大器工作不稳定，甚至会产生自激振荡。另一个影响是，通过它的反馈会在输出端形成一个输出电容C_0。考虑到非线性变化，根据经验，输出电容$C_0 \approx 2C_C$(其中C_C为对应$U_{CE}=E_C$时的集电结的静电容)。

5. 发射极引线电感的影响

当晶体管工作在很高频率时。发射极的引线电感产生的阻抗ωL_e不能忽略。此引线既包括管子本身的引线，也包括外部电路的引线。在通常的共发射极组态功放中，ωL_e构成输入/输出之间的射极反馈耦合，通过它的作用使一部分激励功率不经放大直接送到输出端，从而使功放的激励加大，增益降低；同时，又使输入阻抗增加了附加的电感分量。

4.4　谐振功率放大器电路

谐振功率放大器电路由功率管直流馈电电路和滤波匹配网络组成。由于工作频率及使用场合不同，电路组成形式也各不相同。现对常用电路组成形式进行讨论。

4.4.1　直流馈电电路

1. 集电极直流馈电电路

集电极直流馈电电路有两种连接方式，分为串馈和并馈。串馈是指直流电源V_{CC}、负载谐振回路(滤波匹配网络)和功率管在电路形式上为串接的馈电方式，如图 4.17(a)所示。如果把上述三部分并接在一起，如图 4.17(b)所示，称为并馈。图 4.17 中L_C为高频扼流圈，它们在信号频率上感抗很大，接近开路，对高频信号具有“扼制”作用。C_{C1}为旁路电容，对高频具有短路作用，它与L_C构成电源滤波电路，用以避免信号电流通过直流电源而产生级间反馈，造成工作不稳定。C_{C2}为隔直流电容，它对信号频率的容抗很小，接近短路。其实串馈和并馈仅仅是指电路结构形式上的不同，就电压关系来说，无论串馈还是并馈，交流电压和直流电压总是串联叠加在一起的，即$u_{CE}=V_{CC}-U_{cm}\cos\omega t$。

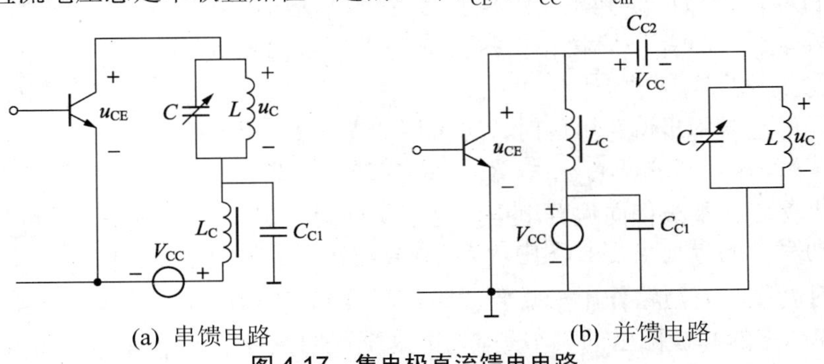

(a) 串馈电路　　　　　　　　　　　(b) 并馈电路

图 4.17　集电极直流馈电电路

由图 4.17 可见，两种馈电电路的不同仅是谐振回路的接入方式。在串馈电路中，谐振回路处于直流高电位上，谐振回路元件不能直接接地；而在并馈电路中，由于 C_{C2} 隔断直流，谐振回路处于直流低电位上，谐振回路元件可以直接接地，因而电路的安装就比串馈电路方便。但是 L_C 和 C_{C1} 并联在谐振回路上，它们的分布参数将直接影响谐振回路的调谐。

2. 基极偏置电路

要使放大器工作在丙类，功率管基极应加反向偏压或小于导通电压 U_{BZ} 的正向偏压。基极偏置电压可采用集电极直流电源经电阻分压后供给，也可采用自给偏压电路来获得，其中采用 V_{CC} 分压后供给，只能提供小的正向基极偏压，而由下面的讨论可知，自给偏压只能提供反向偏压。

常见的自给偏置电路如图 4.18 所示。图 4.18(a)所示是利用基极电流脉冲 i_B 中直流成分 i_{B0} 流经 R_B 来产生偏置电压，显然，根据 i_{B0} 的流向偏压 V_{BB} 是反向的。由图可见，偏置电压 $V_{BB}=-I_{B0}R_B$。C_B 的容量要足够大，以便有效地短路基波及各次谐波电流，使 R_B 上产生稳定的直流压降。改变 R_B 的大小，可调节反向偏置电压的大小。图 4.18(b)所示是利用高频扼流圈 L_B 中固有直流电阻来获得很小的反向偏置电压，可称为零偏压电路。

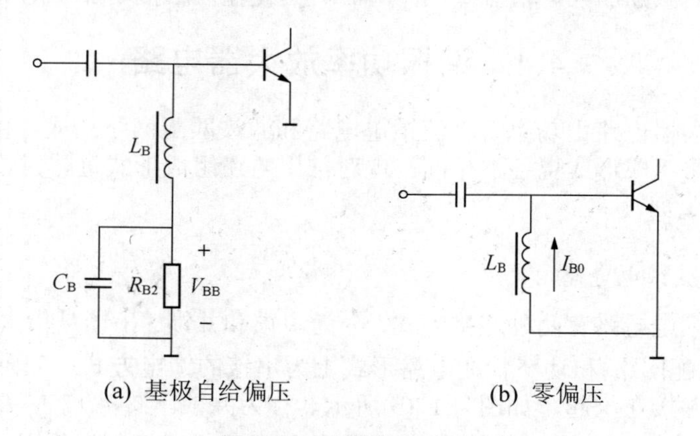

(a) 基极自给偏压　　(b) 零偏压

图 4.18　自给偏置电路

自给偏置电路中，当未加输入信号电压时，因 i_B 为零，所以偏置电压 V_{BB} 也为零。当输入信号电压由小加大时，i_B 跟随增大，直流分量 I_{B0} 增大，自给反向偏压随着增大，这种偏置电压随输入信号幅度而变化的现象称为自给偏置效应。利用自给偏置效应可以发送电子电路的某些性能，例如，下章讨论的振荡器利用自给偏置效应可以起到稳定输出电压的作用。

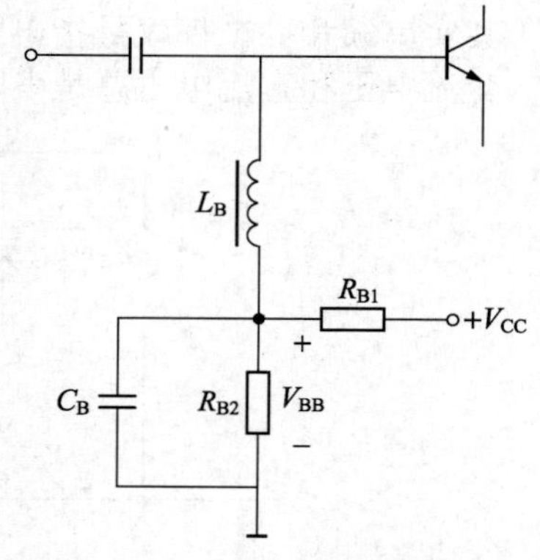

图 4.19　分压式基极偏置电路

当需要提供正向基极偏置电压时，可采用如图 4.19 所示的分压式偏置电路。由图可见，V_{CC} 经 R_{B1}、R_{B2} 的分压，取 R_{B2} 上的压降作为功率管基极正向偏置电压，为了保证丙类工作，其值应小于功率管的导通电压。图中，C_B 是偏置分压电阻的旁路电容，对高频具有短路作用。需要说明，图 4.19 所示电路中，静态和动态的基极偏压的大小是不相同的，因自给偏压效应功率管的基极偏置电压动态值比静态值小。

4.4.2　滤波匹配网络

1. 对滤波匹配网络的要求

上面介绍的原理电路中，均采用 LC 并联谐振回路作为功率管的负载。由谐振功率放大器的工作原理可知，谐振回路除滤除集电极电流中的谐波成分以外，还应呈现功率管所需要的最佳负载电阻，因此，谐振回路实际上起到了滤波和匹配的双重作用，故又称为滤波匹配网络。实际电路中，为提高滤波匹配性能，除了用 LC 谐振回路外，还常用复杂的网络。

对滤波匹配网络的主要要求如下。

(1) 滤波匹配网络应在所需频带内进行有效的阻抗变换，将实际负载电阻 R_L 变换成放大器所要求的最佳负载电阻 R_{pcr}，使放大器工作在临界状态，以便高效率输出所需功率。在丙类谐振功率放大器中，把 R_L 变换成与 R_{pcr} 相等，获得最大功率输出的作用，称为阻抗匹配①。

(2) 滤波匹配网络对谐波应有较强的的抑制能力，以便有效地滤除不需要的高次谐波。

(3) 将有用功率高效率地传送给负载，滤波匹配网络本身的固有损耗应尽可能地小。

下面仅就匹配网络的阻抗变换特性加以讨论。

2. LC 网络的阻抗变换作用

串、并联电路的阻抗转换：

电抗、电阻的串联和并联电路如图 4.20(a)、图 4.20(b)所示，它们之间可以互相等效转换。令两者的端导纳相等，就可以得到它们之间的等效转换关系。由图 4.20(a)可得

$$Y_S=\frac{1}{R_S+jX_S}=\frac{R_S}{R_S^2+X_S^2}-j\frac{X_S}{R_S^2+X_S^2}$$

由图 4.20(b)可得

$$Y_P=\frac{1}{R_P}+\frac{1}{jX_P}=\frac{1}{R_P}-j\frac{1}{X_P}$$

由此可得到串联阻抗转换为并联阻抗的关系式为

$$R_P=\frac{R_S^2+X_S^2}{R_S}=R_S\left(1+\frac{X_S^2}{R_S^2}\right)=R_S\left(1+Q_e^2\right) \tag{4-31}$$

$$X_P=\frac{R_S^2+X_S^2}{X_S}=X_S\left(1+\frac{R_S^2}{X_S^2}\right)=X_S\left(1+\frac{1}{Q_e^2}\right) \tag{4-32}$$

$$Q_e=\frac{|X_S|}{R_S} \tag{4-33}$$

反之，可得并联阻抗转换为串联阻抗的关系式为

$$R_S=\frac{R_P}{1+Q_e^2} \tag{4-34}$$

$$X_S = \frac{X_P}{1+\frac{1}{Q_e^2}} \tag{4-35}$$

$$Q_e = \frac{R_P}{|X_P|} \tag{4-36}$$

式(4-36)与式(4-33)的 Q_C 值相等。

式(4-31)～式(4-36)说明 Q_C 值取定后，R_S 与 R_P、X_S 与 X_P 之间可以互相转换，其中，转换后的电抗性质不变。

【例 4.4】 将图 4.21(a)所示电感与电阻串联电路变换成图 4.21(b)所示并联电路。已知工作频率为 100MHz，$L_S = 100\ \text{nH}$，$R_S = 10\Omega$，求出 R_P 与 L_P。

解：由式(4-33)可得

$$Q_e = \frac{|X_S|}{R_S} = \frac{\omega L_S}{R_S} = \frac{2\pi \times 100 \times 10^6 \times 100 \times 10^{-9}}{10} = 6.28$$

因此，由式(4-31)和式(4-32)分别求得

$$R_P = R_S(1+Q_e^2) = 10 \times (1+6.28^2)$$

$$L_P = L_S\left(1+\frac{1}{Q_e^2}\right) = 100 \times \left(1+\frac{1}{6.28^2}\right)\text{nH} = 102.5\text{nH}$$

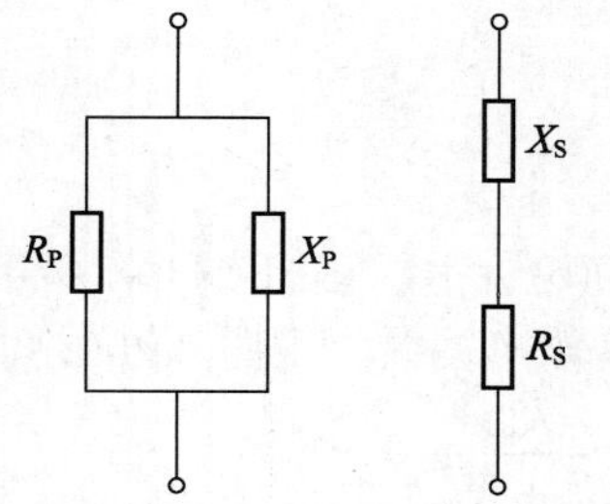

(a) 串联电路 (b) 并联电路

图 4.20 串、并联电路阻抗转换

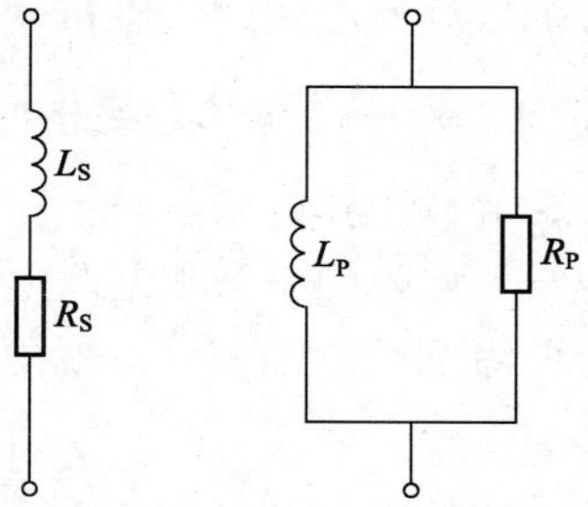

(a) 串联电路 (b) 并联电路

图 4.21 电感、电阻串、并联电路转换

由上述计算结果可见，当 $Q_e \gg 1$ 时，L_P 与 L_S 的值相差不大，这就是说，将电抗与电阻串联电路变换成并联电路时，其中电抗元件参数可近似不变，即 $L_P \approx L_S$，但电阻值却发生了较大的变化，与电抗串联的小电阻 R_S 可变换成与电抗并联的一大电阻 R_P。反之亦然。此结论与第 2 章所讨论的 L、r 串联电路变换为 L、R_P 并联电路的结论是一致的。

【例 4.5】 将图 4.22(a)所示电容与电阻并联电路变换成如图 4.22(b)所示串联电路。已知工作频率为 50MHz，$C_P = 50\text{pF}$，$R_P = 200\Omega$，求出 R_S 和 C_S。

解：由式(4-36)可求得

$$Q_e = \frac{R_P}{|X_P|} = \frac{R_P}{1/\omega C_P} = 200 \times 2\pi \times 50 \times 10^6 \times 50 \times 10^{-12}$$

因此，由式(4-34)和式(4-35)可得

$$R_S = \frac{R_P}{1+Q_e^2} = \frac{200}{1+3.14^2}\Omega = 18.4\Omega$$

$$C_S = C_P(1+1/Q_e^2) = 50\times\left(1+\frac{1}{3.14^2}\right)\text{pF} = 55\,\text{pF}$$

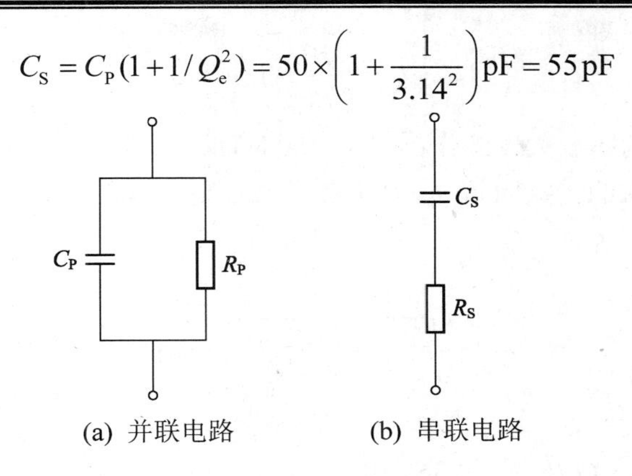

图 4.22　电容、电阻并、串联

3. L 形滤波匹配网络的阻抗变换

这是由两个异性电抗元件接成 L 形结构的阻抗变换网络，它是最简单的阻抗变换电路。图 4.23(a)所示为低阻抗变高阻抗的滤波匹配网络。实际上，这种阻抗变换电路就是前面介绍原理电路时采用的并联谐振回路。R_L 为外接实际负载电阻，它与电感支路相串联，可减小高次谐波的输出，对提高滤波性能有利。为了提高网络的传输效率，C 应采用高频损耗很小的电容，L 应用 Q 值高的电路变换电感线圈。将图 4.23(a)中 L 和 R_L 串联电路用并联电路来等效，则得图 4.23(b)所示电路。由串、并联电路阻抗变换关系可知：

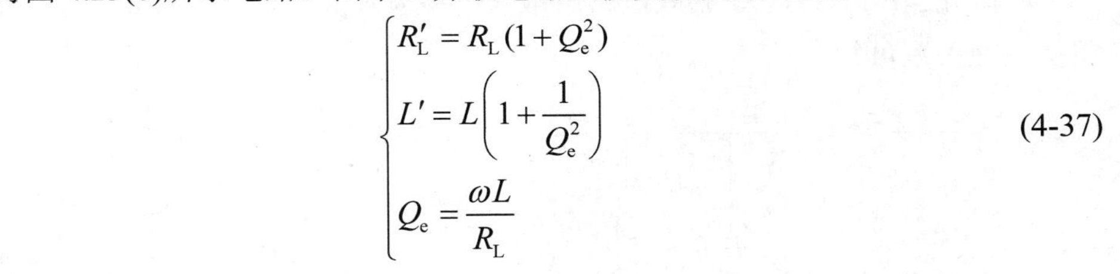

$$\begin{cases} R_L' = R_L(1+Q_e^2) \\ L' = L\left(1+\dfrac{1}{Q_e^2}\right) \\ Q_e = \dfrac{\omega L}{R_L} \end{cases} \tag{4-37}$$

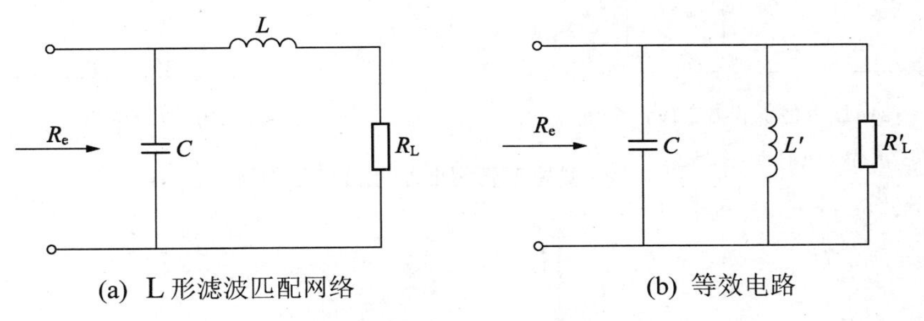

图 4.23　低阻变高阻 L 形滤波匹配网络

在工作频率上，图 4.23(b)所示并联回路谐振，$\omega L' - \dfrac{1}{\omega C} = 0$，其等效阻抗 R_e 就等于 R_L'。由于 $Q_e > 1$，由式(4-37)可见，$R_e = R_L' > R_L$，即图 4.23(a)所示 L 形网络能将低电阻负载变成高电阻负载，其变换倍数决定于 Q_e 值的大小。为了实现阻抗匹配，在已知 R_L 和 R_e 时，滤波匹配网络的品质因数 Q_e 可由式(4-37)得到，即

$$Q_{\mathrm{e}}=\sqrt{\frac{R_{\mathrm{e}}}{R_{\mathrm{L}}}-1} \tag{4-38}$$

【例 4.6】 已知谐振功率放大器工作频率 $f=50\ \mathrm{MHz}$，实际负载电阻 $R_{\mathrm{L}}=10\Omega$，放大器处于临界工作状态所要求的谐振阻抗 $R_{\mathrm{e}}=200\Omega$，试决定图 4.23(a)所示L形滤波匹配网络的参数。

解：由式(4-38)可得到

$$Q_{\mathrm{e}}=\sqrt{\frac{R_{\mathrm{e}}}{R_{\mathrm{L}}}-1}=\sqrt{\frac{200}{10}-1}=4.36$$

由式(4-37)可求得

$$L=\frac{Q_{\mathrm{e}}R_{\mathrm{L}}}{\omega}=\frac{4.36\times10}{2\pi\times50\times10^{6}}\mathrm{H}=0.139\times10^{-6}\mathrm{H}=139\,\mathrm{nH}$$

$$L'=L\left(1+\frac{1}{Q_{\mathrm{e}}^{2}}\right)=139\times\left(1+\frac{1}{4.36^{2}}\right)\mathrm{nH}=146\mathrm{nH}$$

所以

$$C=\frac{1}{\omega^{2}L'}=\frac{1}{(2\pi\times50\times10^{6})^{2}\times146\times10^{-9}}\mathrm{F}=69\times10^{-12}\mathrm{F}=69\,\mathrm{pF}$$

如果外接负载电阻 R_{L} 比较大，而放大器要求的负载电阻 R_{e} 较小，可采用图 4.24(a)所示的高阻变低阻L形滤波匹配网络。

将图 4.24(a)中 C、R_{L} 并联电路用串联电路来等效，如图 4.24(b)所示。由并、串联电路阻抗变换关系可知：

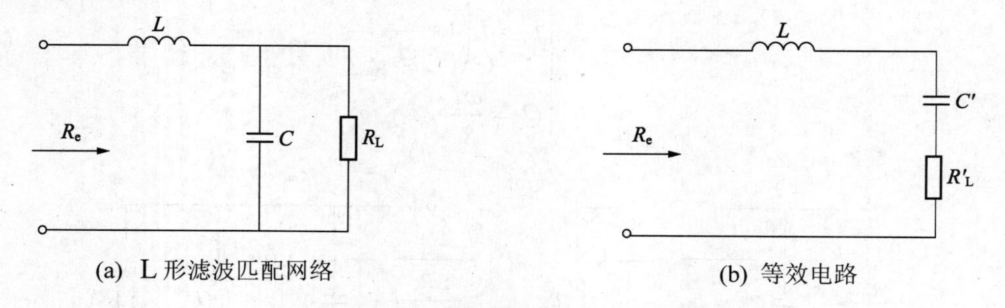

(a) L形滤波匹配网络　　(b) 等效电路

图 4.24　高阻变低阻L形滤波匹配网络

$$\begin{cases} R_{\mathrm{L}}'=\dfrac{R_{\mathrm{L}}}{1+Q_{\mathrm{e}}^{2}} \\ C'=C\left(1+\dfrac{1}{Q_{\mathrm{e}}^{2}}\right) \\ Q_{\mathrm{e}}=R_{\mathrm{L}}/\dfrac{1}{\omega C}=R_{\mathrm{L}}\omega C \end{cases} \tag{4-39}$$

在工作频率上，图 4.24(b)所示串联谐振回路产生串联谐振，$\omega L-\dfrac{1}{\omega C'}=0$，其等效阻抗 R_{e} 就等于 R_{L}'。由于 $Q>1$，所以 $R_{\mathrm{e}}=R_{\mathrm{L}}'<R_{\mathrm{L}}$。可见，图 4.24(a)实现了高阻变低阻的变换作

用。当已知R_L和R_e时，为了实现阻抗匹配，滤波匹配网络的品质因数可由式(4-39)得到

$$Q_e = \sqrt{\frac{R_L}{R_e} - 1} \tag{4-40}$$

4. π形和T形滤波匹配网络

由于L形滤波匹配网络阻抗变换前后的电阻相差$1+Q_e^2$倍，如果实际情况下要求变换的倍数并不高，这样回路的Q_e值就只能很小，其结果滤波性能很差。为了克服这一矛盾，可采用π形和T形滤波匹配网络，如图4.25所示。

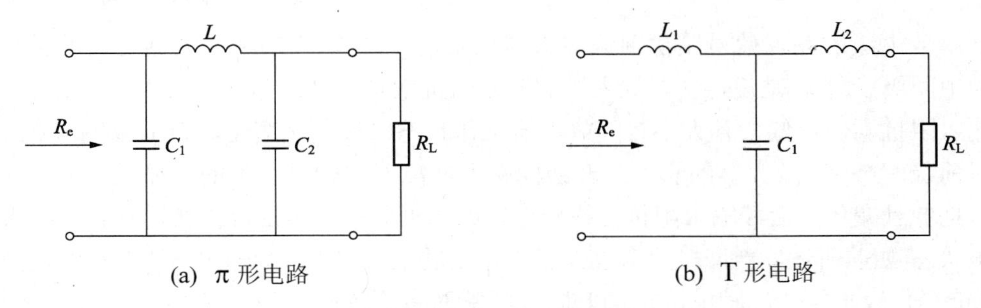

图 4.25　π形和T形滤波匹配网络

π形和T形网络可分割成两个L形网络。应用L形网络的分析结果，可以得到它们的阻抗变换关系及元件参数值计算公式。例如图 4.25(a)可分割成图 4.26 所示电路，图中，$L_1 = L_{11} + L_{12}$。由图可见，L_{12}、C_2构成高阻变低阻的L形网络，它将实际负载电阻R_L变换成低阻R'_L，显然$R'_L < R_L$；L_{11}、C_1构成低阻变高阻的L形网络，再将R'_L变换成谐振功放所要求的最佳负载电阻R_e，显然$R_e > R'_L$。恰当选择两个L网络的Q_e值，就可以兼顾到滤波和阻抗匹配的要求。

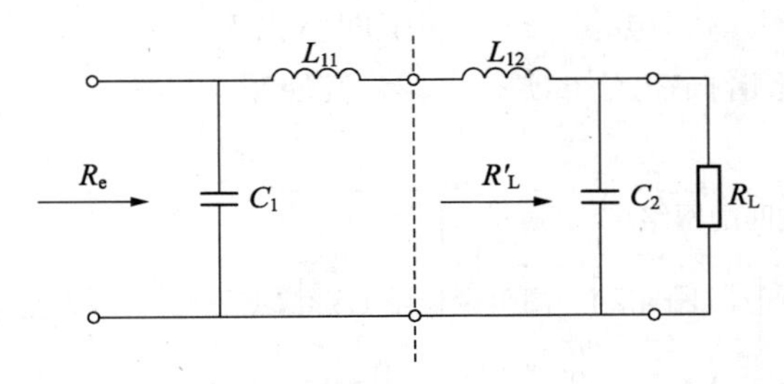

图 4.26　π形拆成L形电路

4.4.3　谐振功率放大器电路举例

图 4.27 所示是工作频率为160 MHz的谐振功率放大器电路，它向50Ω外接负载提供13 W功率，功率增益达9 dB。该电路基极采用自给偏压电路，由高频扼流圈L_B

中的直流电阻产生很小的负偏压。集电极采用并馈电路，L_C为高频扼流圈，C_C为旁路电容。L_2、C_3和C_4构成L形输出匹配网络，调节C_3和C_4，使得外接50Ω负载电阻在工作频率上变换为放大器所要求的匹配电阻。

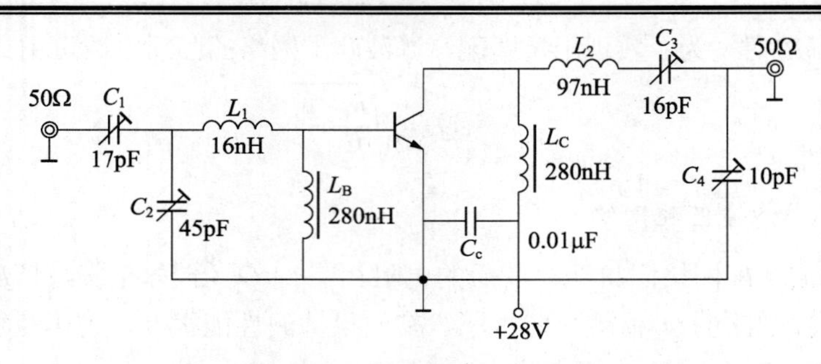

图 4.27　160MHz 谐振功率放大器电路

功率放大级的输入信号是由前级放大器供给的(常把末级功率放大器之前的各级放大器称为中间级)，也就是说，功率放大级的输入阻抗就是前级放大器的负载。由于功率放大器的输入阻抗不但很低，且大小还随放大器工作状态的改变而变化，为了减小功率级输入阻抗对前级(中间级)放大器的影响，在级间接入匹配网络则是必要的。显然，输入匹配网络应该把低且变化的后级输入阻抗变换成中间级需要的较稳定的高阻抗，并使中间级工作在过压状态(如前所述，当谐振功率放大器工作在过压状态时，其输出电压几乎不随负载变化，故能提供较稳定的激励电压)，同时降低匹配网络的效率，即加大匹配网络本身的损耗，使后级输入阻抗在匹配网络中引入的损耗所占总损耗的比例减小，这样也可明显减弱对中间级工作状态的影响。

图 4.27 所示放大器输入端采用 C_1、C_2、L_1 构成T形输入匹配网络，可将功率管的输入阻抗在工作频率上变换为前级放大器所要求的50Ω匹配电阻。L_1 除了用以抵消功率管的输入电容作用外，还与 C_1、C_2 产生谐振，C_1 用来调匹配，C_2 用来调谐振。

图 4.28 所示电路为工作频率为50MHz的谐振功率放大器电路，它向50Ω外接负载提供25W 功率，功率增益达7dB。这个电路的基极馈电电路和输入匹配网络与图 4.27 所示电路相同，而集电极采用串馈电路，输出匹配网络由 L_2、L_3、C_3、C_4 组成π形网络，调节 C_3、C_4 可使输出回路谐振在工作频率上，并实现阻抗匹配。

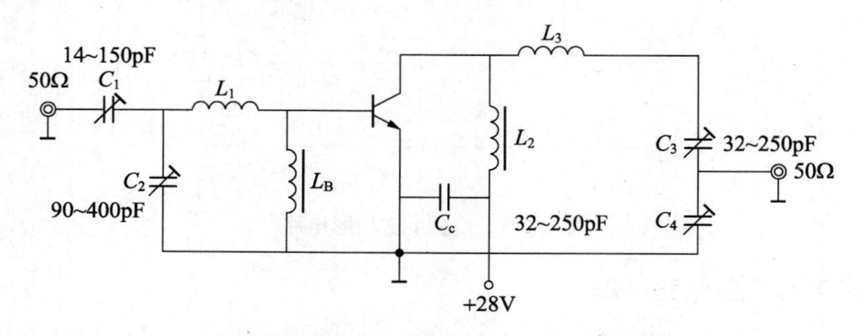

图 4.28　50MHz 谐振功率放大器电路

4.5　丁类谐振功率放大器

丙类放大器可以通过减小电流导通角 θ 来提高放大器的效率，但是为了让输出符合要求又不使输入激励电压太大，θ 就不能太小，因而放大器效率的提高就受到了限制。

由于晶体管放大器集电极效率

$$\eta_{\mathrm{c}} = \frac{P_0}{P_{\mathrm{D}}} = \frac{P_0}{P_0 + P_{\mathrm{C}}} \tag{4-41}$$

式中，P_{C} 为晶体管集电极耗散功率。式(4-41)说明，要提高放大器效率，应尽可能减小集电极耗散功率 P_{C}，而

$$P_{\mathrm{C}} = \frac{1}{2\pi}\int_{-\theta}^{\theta} i_{\mathrm{c}} u_{\mathrm{CE}} \mathrm{d}(\omega t) \tag{4-42}$$

可见，要减小 P_{C}，一种方法是减小 P_{C} 积分区间 θ，即减小电流的导通角 θ，这就是丙类放大器所采用的方法；另一种方法是减小 i_{c} 与 u_{CE} 的乘积，该方法是各种高效率谐振放大器的设计基础。使放大器工作在开关状态，当晶体管导通 i_{c} 不等于零时，其管压降 u_{CE} 为最小，接近于零；而当管子截止 $i_{\mathrm{c}} = 0$ 时，管压降 u_{CE} 不为零。可见，理想情况下，i_{c}、u_{CE} 乘积可接近于零，故 η_{C} 可达100%，这类放大器称为开关型丁类放大器。

丁类功率放大器有电压开关型和电流开关型两种电路，下面仅介绍电压开关型谐振功率放大器的工作原理。

图 4.29(a)所示为电压开关型丁类放大器原理电路。图中输入信号电压 u_{i} 是角频率为 ω 的余弦波，且幅值足够大。通过变压器 Tr 产生两个极性相反的推动电压 u_{b1} 和 u_{b2}，分别加到两个特性相同的同类型放大管 $\mathrm{VT_1}$ 和 $\mathrm{VT_2}$ 的输入端，使得两管在一个信号周期内轮流地饱和导通和截止。L、C 和外接负载 R_{L} 组成串联谐振回路。设 $\mathrm{VT_1}$ 和 $\mathrm{VT_2}$ 管的饱和压降为 U_{ces}，则当 $\mathrm{VT_1}$ 管饱和导通时，A 点对地电压为

$$u_{\mathrm{A}} = V_{\mathrm{CC}} - U_{\mathrm{ces}}$$

而当 $\mathrm{VT_2}$ 管饱和导通时，u_{A} 等于

$$u_{\mathrm{A}} = U_{\mathrm{ces}}$$

因此，u_{A} 是幅值为 $V_{\mathrm{CC}} - 2U_{\mathrm{ces}}$ 的矩形方波电压，它是串联谐振回路的激励电压，如图 4.29(b)所示。当串联谐振回路调谐在输入信号频率上，且回路等效品质因数 Q_{e} 足够高时，通过回路的仅是 u_{A} 中基波分量产生的电流 i_0，它是角频率为 ω 的余弦波，而这个余弦波电流只能是由 $\mathrm{VT_1}$、$\mathrm{VT_2}$ 分别导通时的半波电流 i_{c1}、i_{c2} 合成的。这样，负载 R_{L} 上就可获得与 i_0 相同波形的电压 u_0 输出。i_{C1}、i_{C2} 波形均示于图 4.29(b)中。可见，在开关工作状态下，两管均为半周导通，半周截止。导通时，电流为半个正弦波，但管压降很小，近似为零。截止时，管压降很大，但电流为零，这样，管子的损耗始终维持在很小值。

实际上，在高频工作时，由于晶体管结电容和电路分布电容的影响，晶体管 $\mathrm{VT_1}$、$\mathrm{VT_2}$ 的开关转换不可能在瞬间完成，u_{A} 的波形会有一定的上升沿和下降沿，如图 4.29(b)中虚线所示。这样，晶体管的耗散功率将增大，放大器实际效率将下降，这种现象随着输入信号频率的提高而更趋严重。

为了克服上述缺点，又提出了一种戊类放大器，它是在丁类放大器的基础上采用特殊设计的输出回路，以保证 u_{CE} 为最小值一段时间内才有集电极电流流通。

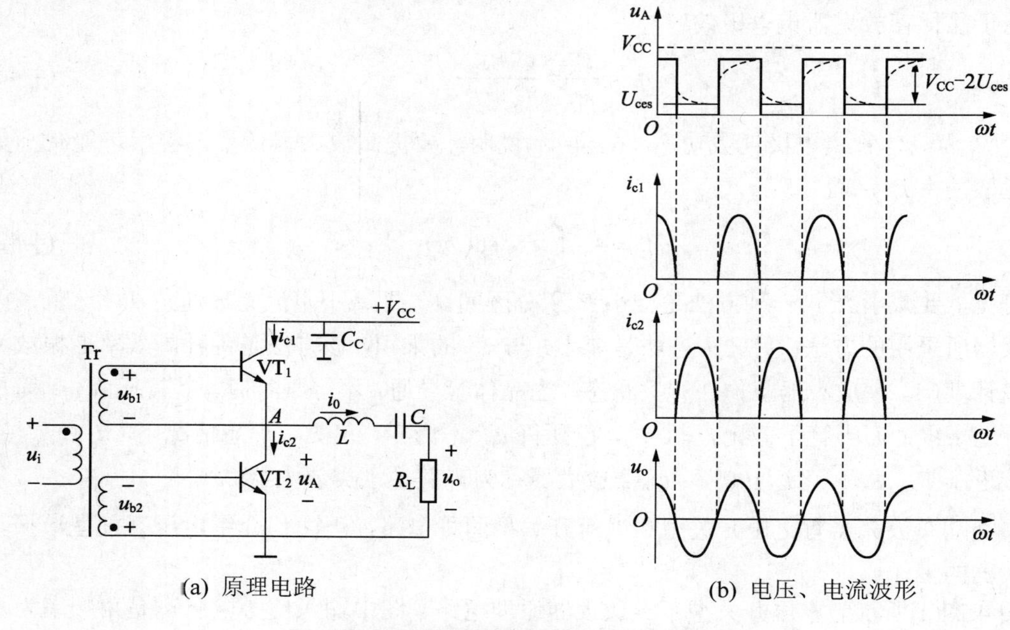

(a) 原理电路

(b) 电压、电流波形

图 4.29 丁类放大器原理图及电压、电流波形

4.6 集成高频功率放大器及其应用

在 VHF 和 UHF 频段，已出现了一些集成功率放大组件，这些组件体积小，可靠性高，输出功率一般在几瓦至几十瓦之间，日本三菱公司的 M57704 系列及美国 Motorola 公司的 MHW 系列是其代表产品。

三菱公司的 M57704 系列是一种厚膜集成电路，它有很多型号，频率范围在 335～512MHz，可用于调频移动通信系统，其外型和内部结构如图 4.30 所示，它分为三级放大电路，级间匹配网络由微带线和 LC 元件混合组成。

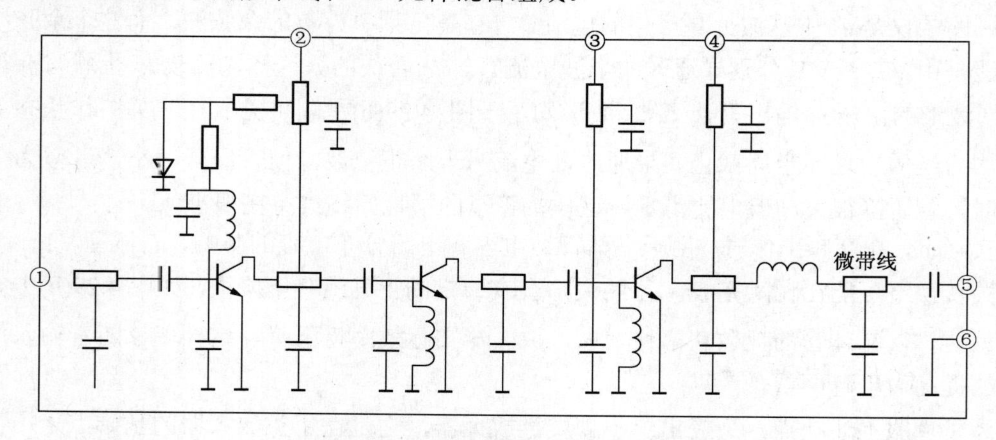

图 4.30 MS7704 系列外形和内部结构

微带线又称微带传输线，是用介质材料把单根带状导体与接地金属板隔离而构成的，

它的电性能，如特性阻抗、带内波动、损耗和功率容量等都与绝缘基板的介电系数、基板厚度 H 和带状导体宽度 W 有关。实际使用时，微带线采用双面敷铜板，在上面做出各种图形，构成电感、电容等各种微带元件，从而组成谐振回路、滤波器及阻抗变换器等。

用 M57704 集成功放构成的应用电路如图 4.31 所示，它是 TW-42 超短波电台发射机高频功放部分。其工作频率为 457.7～458MHz，发射功率为 5W。0.2W 等幅调频信号由 M57704 引脚 1 输入，经功率放大后输出，一路经微带匹配滤波后通过二极管 VT_{115} 送到多节 LC 匹配网络，然后由天线发射出去；另一路经 D_{113}、D_{114} 检波，VT_{104}、VT_{105} 直流放大后，送给 VT_{103} 调整管，然后作为控制电压从 M57704 的 2 脚输入，调节第一级功放的集电极电源，以稳定整个集成功放的输出功率。第二、三功放的集电极电源是固定的 13.8V。

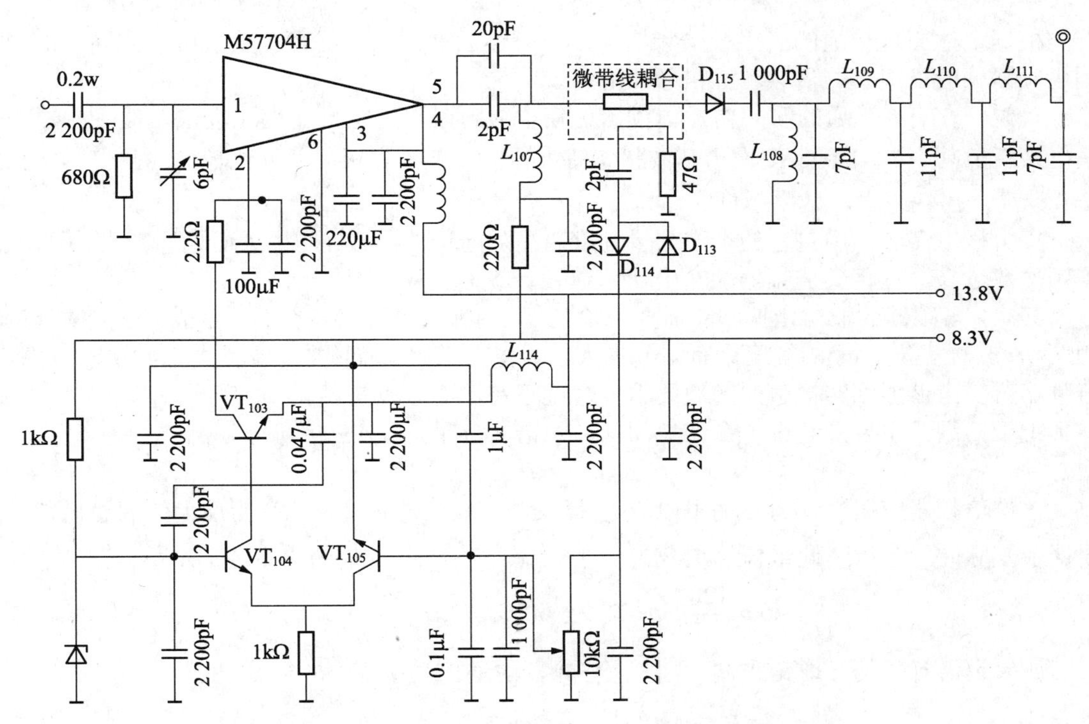

图 4.31　TW-42 超短波电台发射机高频功放部分电路

4.7　丙类倍频器

已知丙类放大器集电极电流 i_c 为尖顶余弦脉冲，即

$$i_c = I_{c0} + I_{cm1}\cos\omega t + \cdots + I_{cmn}\cos n\omega t + \cdots \tag{4-43}$$

如果集电极回路不是调谐于基波，而是调谐于 n 次谐波上(n 为正整数)，那么输出回路对基波和其他谐波的阻抗很小，仅对 n 次谐波的阻抗达到最大值，且呈电阻性。于是输出谐振回路仅有 i_c 的 n 次谐波分量产生的高频电压，而其他频率分量产生的电压均可忽略，因而，在谐振阻抗 R_p 上可得到频率为输入信号频率 n 倍的输出信号功率。这种将输入信号频率倍增 n 倍的电路称为倍频器，它广泛应用于无线电发射机等电子设备中。

图 4.32 是二次谐波倍频器工作时，倍频器谐振和回路的阻抗特性曲线与集电极电流 i_c 的频谱图。

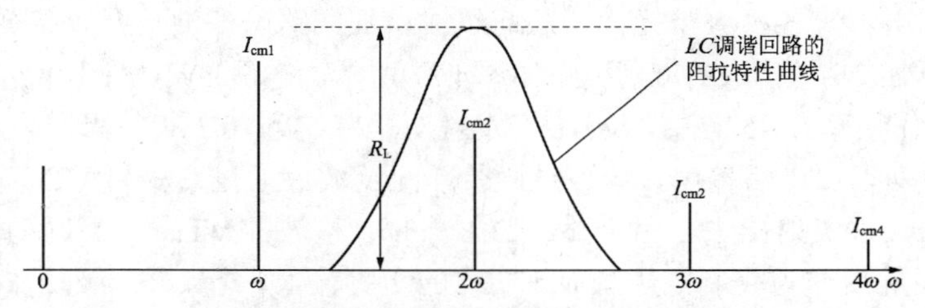

图 4.32　二次谐波倍频器谐振回路的阻抗特性曲线及 i_c 的频谱图

根据上述原理构成的三极管倍频器，由于下述因素，它的倍频次数不可能太高，故丙类倍频器一般只限于二倍频和三倍频的应用。

首先，在有 i_c 流通的时间内，倍频器的集电极瞬时电压上升速度比较快，故倍频器的集电极耗散功率 P_C 比正常工作于基波状态时大得多，即集电极效率 η 比较低，且倍频次数 n 值越高，损耗越大，效率越低。

集电极电流脉冲中包含的谐波分量幅度总是随着谐波次数 n 的增大而迅速减小。因而，倍频次数过高，三极管倍频器的输出功率和效率就会过低。

其次，倍频器的输出谐振回路需要滤除高于 n 和低于 n 的各次分量。一般低于 n 的分量(包括 n=1 的基波分量)的幅度比有用分量大，要将它们滤除较困难。显然，倍频次数过高，倍频器对输出谐振回路提出的滤波要求就会过于苛刻而难以实现。

由于倍频器主要是利用了余弦尖顶脉冲的谐波分量，即

$$I_{cn}=\alpha_n(\theta)I_{c\max} \tag{4-44}$$

在作倍频器应用时，为使输出电流 I_{cn} 最大，一般应选择使 $\alpha_n(\theta)$ 为最大值的导通角。根据余弦脉冲的分析，此最佳导通角为

$$\theta=\frac{120^\circ}{n}(n=2,\theta=60^\circ;n=3,\theta=40^\circ) \tag{4-45}$$

如果设倍频器的导通角为 θ，则 n 次倍频器的输出功率为

$$P_{on}=\frac{1}{2}U_{cn}I_{cmn}=\frac{1}{2}(\xi_n E_C)i_{c\max}\alpha_n(\theta) \tag{4-46}$$

式中，$\xi_n=U_{cn}/E_C$ 为电压利用系数。n 次倍频器的输出功率为

$$\eta_n=\frac{P_{on}}{P_D}=\frac{\frac{1}{2}U_{cn}I_{cmn}}{E_C I_{c0}}=\frac{1}{2}\xi_n g_n(\theta) \tag{4-47}$$

式中，$g_n(\theta)=\dfrac{I_{cmn}}{I_{c0}}=\dfrac{\alpha_n(\theta)}{\alpha_0(\theta)}$。可见，$n$ 次谐波倍频器的输出功率正比于 n 次谐波的分解系数 $\alpha_n(\theta)$。

工作在丙类状态的倍频器，其输出电压的振幅(即振幅特性)之间的关系不是线性关系，因而倍频器不适合于对调幅信号进行倍频。但对于振幅不变的窄频带调频信号和调相信号，可进行倍频。

当倍频次数较高时，一般采用变容二极管、阶跃二极管构成的参量倍频器，它们的倍

频次数可以高达数十倍以上。

4.8　宽带高频功率放大器

上述谐振功率放大器的主要优点是效率高，但当需要改变工作频率时，必须改变其滤波匹配网络的谐振频率，这往往是十分困难的。在多频道通信系统和相对带宽的高频设备中，谐振功率放大器就不适用了，这时必须采用无需调节工作频率的宽带高频功率放大器。由于无选频滤波性能，宽带功率放大器只能工作在非线性失真较小的甲类状态(或乙类推挽)，其效率低，输出功率小，因此常采用功率合成技术，实现多个功率放大器的联合工作，获得大功率的输出。本节主要介绍具有宽带特性的传输线变压器及宽带功率放大器的工作原理。

4.8.1　传输线变压器

1. 传输线变压器的工作原理

传输线变压器与普通的变压器相比，其主要特点是工作频带极宽，它的上限频率可高到上千兆赫，频率覆盖系数(即上限频率对下限频率的比值)可大于10^4，而普通高频变压器的上限频率只能达到几十兆赫，频率覆盖系数只有几百。

传输线变压器是将传输线绕在高导磁率、低损耗的磁环上构成。传输线可采用扭绞线、平行线、同轴线等，而磁环一般由镍锌高频铁氧体制成，其半径小的只有几毫米，大的有几十毫米，视功率大小而定。传输线变压器的工作方式是传输线原理和变压器的工作原理的结合，即其能量根据激励信号频率的不同以传输线或以变压器方式传输。

图 4.33(a)所示为 1∶1 传输线变压器的结构示意图，它是有两根等长的导线紧靠在一起并绕在磁环上构成的。用虚线表示的导线 1 端接信号源，2 端接地，用实线表示的另一根导线 3 端接地，4 端接负载。图 4.33(b)所示为以传输线方式工作的电路形式，图 4.33(c)所示为普通变压器方式工作的电路形式。为了便于比较，它们的一、二侧都有一端接地。

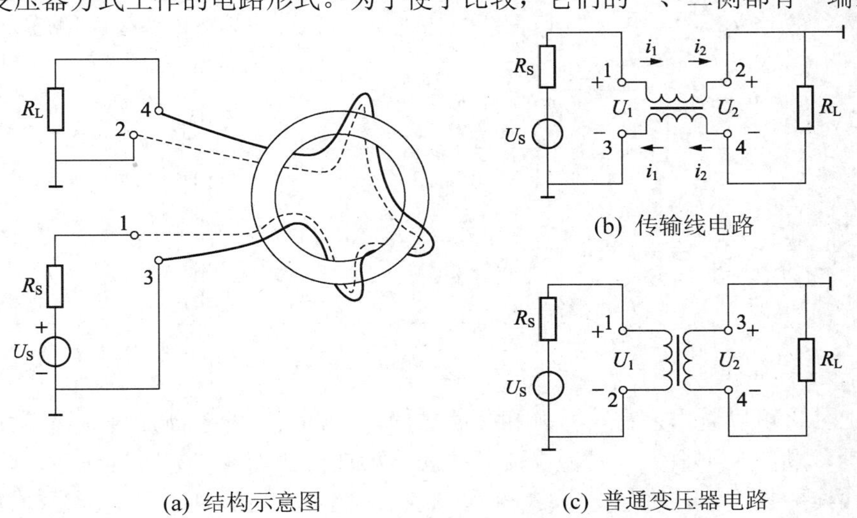

(a) 结构示意图　　(b) 传输线电路　　(c) 普通变压器电路

图 4.33　1:1 传输线变压器结构和工作原理

根据传输线理论可知，只要传输线无损且匹配(所谓匹配，是指外接负载 R_L 和输入信号内阻 R_S 均等于传输线的特性阻抗 Z_C，理想无耗传输线的 Z_C 为纯电阻)，无论加在其输入端的信号是什么频率，只要输入信号源 U_S 和 R_S 不变，在信号源向传输线始端供给的功率不变，它通过传输线全部被 R_L 所吸收。因此，可认为，无耗和匹配传输线具有无限宽的工作频带(上限频率为无穷大，下限频率为零)。在实际情况下，传输线的终端要做到严格匹配是困难的，因而它的上限频率总是有限的。为了扩展它的上限频率，首先应使 R_L 和 R_S 尽可能接近 Z_C，其次，应尽可能缩短传输线的长度。工程上要求传输线的长度为最小工作波长的 1/8，在满足上述条件下，可以近似认为传输线输入和输出的电压和电流大小相等、相位相同。

由上述可知，对于传输线变压器，通常取传输线的长度小于最小工作波长的 1/8，在 $Z_C = R_S = R_L$ 时，可近似看成无耗且匹配的传输线。因此，在图 4.33(b)所示的电路中，$u_1 = u_2 = u$，$i_1 = i_2 = i$，$Z_i = R_L = R_S$，输入信号能量可直接传输到终端。这时两个线圈中通过的电流大小相等、方向相反，在磁芯中产生的磁场正好抵消，因此，磁芯中没有功率损耗，这对传输线工作方式极为有利。

图 4.33 所示传输线变压器由于 2、3 端同时接地，这样信号电压 u_1 加在传输线始端 1、3 时同时也加到线圈 1、2 两端，负载 R_L 也接到线圈 3、4 端，如图 4.33(c)所示，传输线变压器同时按变压器方式工作。由于电磁感应，负载 R_L 上也获得了与 u_1 大小相等的感应电压 u_2，不过 u_1 和 u_2 反相。此时，在 1、3 端和 2、4 端的相对电压仍分别为 u_2 和 u_1，从而又保证了传输线工作方式的电压关系。

由图 4.33(b)、(c)可见，由于 2、3 端同时接地，输入信号源除了沿传输线传输能量外，还出现了输入电压 u 直接在一次线圈 1-2 中产生激励电流 i_0 的现象，如图 4.34 所示。由于这种励磁电流的存在，破坏传输线两线中的电流分布的对称性。显然，为了保证两线按传输线方式工作，必须要求这种励磁电流很小。为使励磁电流造成的不对称性在工作频带内减少到可以忽略的程度，应采用高 μ 的环形磁芯，以增大一次线圈的电感，从而减少励磁电流。不过，随着工作频率的下降，一次线圈电感的感抗减小，i_0 增加，相应的 i_0 在 R_S 上的压降增大，致使 u 减小。可见，传输线变压器的下限频率受到一次线圈电感的限制。

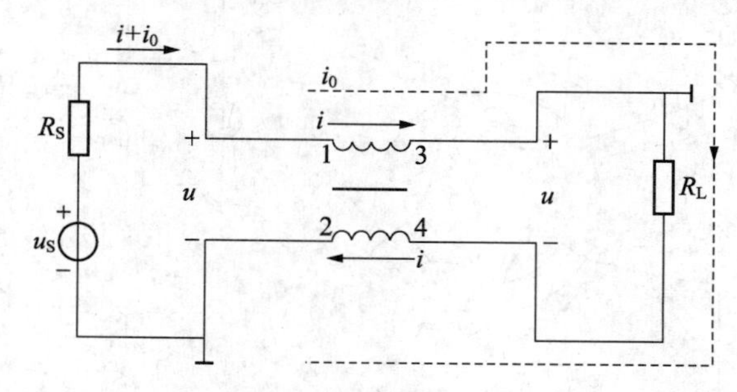

图 4.34　励磁电流的影响

由以上分析可以看出，在信号源和负载之间，可认为有两条能量传输途径并行存在。在高频范围，励磁感抗很大，励磁电流可以忽略不计，传输方式起主要作用，其上限频率取决于传输线的长度，长度越短，上限频率越高；在频率很低时，变压器传输方式起着主要作用，其下限频率受励磁电感量的限制，励磁电感量越大，下限频率越低。

2. 传输线变压器的功能

传输线变压器除了可以实现 1∶1 倒相作用外，还可实现 1∶1 平衡和不平衡电路的转换、阻抗变换等功能。

1) 平衡和不平衡电路的转换

传输线变压器用以实现 1∶1 平衡和不平衡电路转换如图 4.35 所示。图 4.35(a)所示为不平衡输入信号源，通过传输线变压器得到两个大小相等、对地反相的电压输出；图 4.35(b)所示为对地平衡的双端输入信号，通过传输线变压器转换为对地不平衡的电压输出。

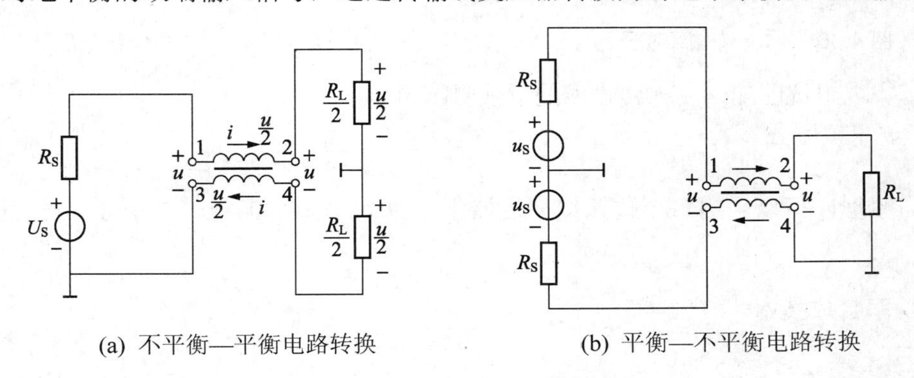

(a) 不平衡—平衡电路转换　　(b) 平衡—不平衡电路转换

图 4.35　平衡和不平衡电路的转换

(2) 阻抗变换

传输线变压器可以构成阻抗变压器，最常用的是 4∶1 和 1∶4 阻抗变换器。将传输线变压器按图 4.36 接线，就可以实现 4∶1 的阻抗变换。若设负载 R_L 上的电压为 u，由图可见，传输线终端 2、4 和始端 1、3 的电压也均为 u，则 1 端对地输入电压等于 $2u$。如果信号源提供的电流为 i，则流过传输线变压器上、下两个线圈的电流也为 i，由图 4.36 可知，通过负载 R_L 的电流为 $2i$，因此可得

$$R_L = \frac{u}{2i} \tag{4-48}$$

而信号源端呈现的输入阻抗为

$$R_i = \frac{2u}{i} = 4\frac{u}{2i} = 4R_L \tag{4-49}$$

可见，输入阻抗是负载阻抗的 4 倍，从而实现了 4∶1 阻抗比的变换。

为了实现阻抗匹配，要求传输线的特性阻抗为

$$Z_C = \frac{u}{i} = 2\frac{u}{2i} = 2R_L \tag{4-50}$$

如将传输线变压器按图 4.37 接线，则可实现 1∶4 阻抗变换。由图可知：

$$R_L = \frac{2u}{i} \tag{4-51}$$

信号源呈现的输入阻抗为

$$R_i = \frac{u}{2i} = \frac{1}{4}\cdot\frac{2u}{i} = \frac{R_L}{4} \tag{4-52}$$

可见，输入阻抗 R_i 为负载电阻 R_L 的 1/4，实现了 1∶4 的阻抗变换。

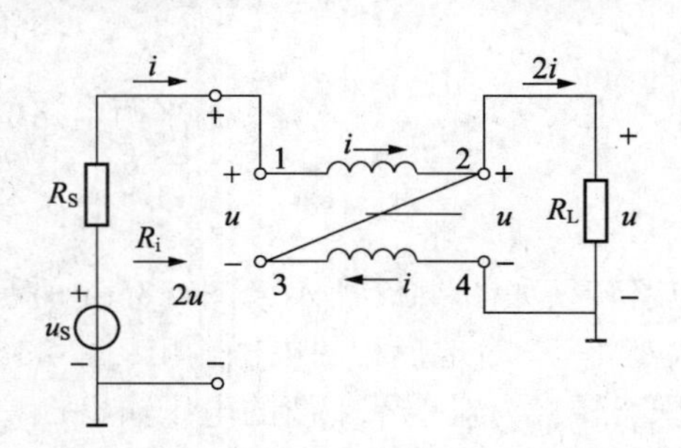

图 4.36　4∶1 传输线变压器

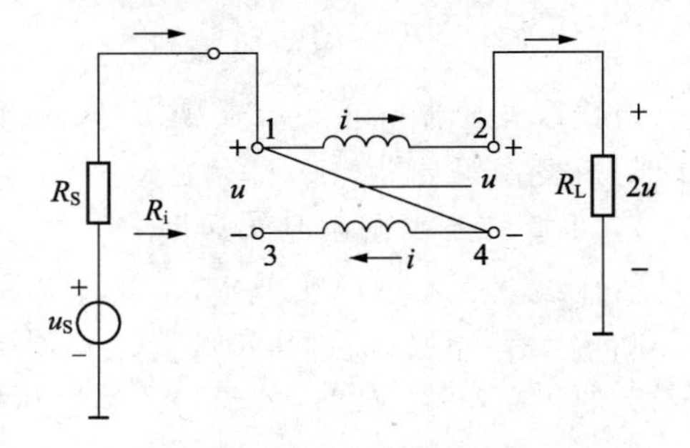

图 4.37　1∶4 传输线变压器

为了实现阻抗匹配，要求传输线的特性阻抗为

$$Z_C = \frac{u}{i} = \frac{1}{2} \cdot \frac{2u}{i} = \frac{R_L}{2} \tag{4-53}$$

根据相同原理，可以采用多个传输线变压器组成 9∶1、16∶1 或 1∶9、1∶16 的阻抗变换器。

4.8.2　功率合成技术

1. 功率合成与匹配

图 4.38 所示为一功率合成器的组成框图。图中 A 为 10W 单元放大器，H 为功率合成与分配网络，R 为平衡电阻。由图可见，功率为 5W 的信号 P_i 经过 A_i 放大后，输出 10W 功率，经分配网络 H_1 分成两路，每路各输出 5W 功率。上边一路经 A_2 放大、H_2 网络分配，又分别向 A_3、A_4 输出 5W 功率，然后再经 A_3、A_4 放大及 H_3 网络合成，得到到 20W 功率

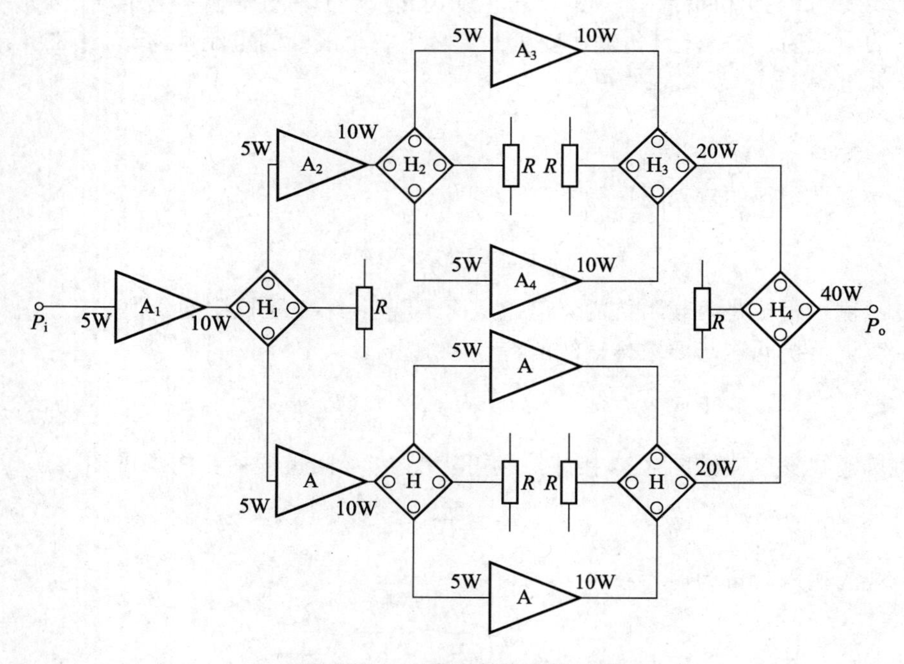

图 4.38　功率合成器的原理图

输出。下边一路也经 A 的放大 H 网络的分配和合成，得到 20W 的功率输出。上、下两路输出 20W 功率经 H_4 网络的合成，向总的负载输出 40W 功率输出。不过，考虑到网络可能匹配不理想及电路元件的损耗，实际输出功率小于 40W。以图 4.38 为基础，依次类推，可以构想更加复杂的功率合成器，输出更大的功率。

功率分配则是功率合成的反过程，其作用是将某信号功率平均、互影响地分配给各个独立负载。在任一功率合成器中，实际上也包含了一定数量的功率分配器，如图 4.38 中 H_1、H_2 等网络。

功率合成网络和分配网络多以传输变压器为基础构成，两者的区别仅在于端口的连接方式不同。因此，通常又把这类网络通称为“混合网络”。

一个理想的功率合成器，除了无损失的合成各功率放大器的输出功率外，还应具有良好的隔离作用，即其中任一放大器的工作状态发生变化或遭到破坏时，不会引起其他放大器的工作状态发生变化，不影响它们各自输出的功率。

2. 功率合成网络

由传输线变压器构成的功率合成网络如图 4.39 所示。图中，Tr_1 为混合网络，R_C 为混合网络的平衡电阻；Tr_2 为 1∶1 传输线变压器，在电路中平衡—不平衡转换作用，R_d 为合成器负载。两功率源相同，即 $R_a = R_b$，$u_{sa} = u_{sb}$，它们分别由 A、B 端加入，为了实现阻抗匹配，要求：

$$\left.\begin{aligned} R_a = R_b = Z_C = R \\ R_c = Z_C/2 = R/2 \\ R_d = 2Z_C = 2R \end{aligned}\right\} \tag{4-54}$$

式中，$Z_C = R$ 为传输线变压器 Tr_1 的特性阻抗。

若两功率源在 A、B 端加入大小相等、方向相反的电压，如图 4.39 所示，则称为反相功率合成网络，此时功率 D 端合成，R_d 上获得两功率源合成功率，而 C 端无输出。

设流入传输线变压器 Tr_1 的电流 i_t，两功率源向网络提供的电流分别为 i_a 和 i_b，通过 Tr_2 的电流，即流过 R_d 的电流为 i_d。因此，由图可得

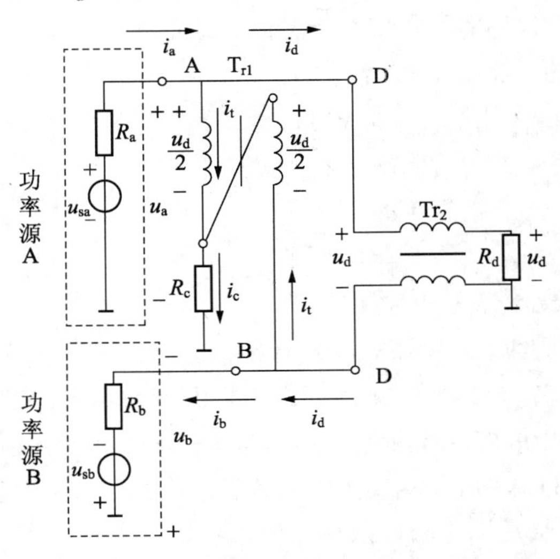

图 4.39 反向功率合成网络

$$\left.\begin{aligned} i_a &= i_d + i_t \\ i_b &= i_d - i_t \end{aligned}\right\} \tag{4-55}$$

则

$$i_d = (i_a + i_b)/2 \tag{4-56}$$

$$i_t = (i_a - i_b)/2 \tag{4-57}$$

流过电阻 R_c 的电流为

$$i_c = 2i_t = i_a - i_b \tag{4-58}$$

若电路工作在平衡状态，即 $i_a = i_b, u_a = u_b$，则有

$$\left.\begin{aligned} & i_d = i_a = i_b \\ & i_c = 0 \\ & u_d = u_a + u_b = 2u_a = 2u_b \end{aligned}\right\} \tag{4-59}$$

可见，R_c 上获得的功率为零，而 R_d 获得的功率为

$$P_d = P_a + P_b \tag{4-60}$$

这就是说，两功率源输入的功率全部传输到负载 R_d 上。

由于传输线变压器的作用，A 端与 B 端之间互相隔离，当一个功率源发生故障将不会影响到另一功率源的输出功率，若一个功率源损坏时，另一功率源的输出功率减小到两个功率源正常的 1/4。

若 A、B 端两个输入功率源电压相位相同，则称为同相功率合成器，应用上述类似的分析方法，可得 C 端有合成功率输出，而 D 端无输出。

此外，两输入功率也可由 C 端 D 端引入，而把 A 端和 B 端作为功率合成端和平衡端。反相功率合成时，B 端为合成端，A 端为平衡端；同相频率合成时，A 端为合成端，B 端为平衡端。

3. 功率分配网络

如图 4.40(a)所示为最基本的功率二分配网络，它可实现同相功率分配。该电路与图 4.39 所示功率合成电路相似，它们的区别仅在于分配网络的信号功率由 C 端输入，两个负载 R_a、R_b 则分别接 A 端和 B 端，D 为平衡端。

为了满足网络的最佳传输条件，同样要求：

$$\left.\begin{aligned} R_a &= R_b = Z_C = R \\ R_c &= Z_C/2 = R/2 \\ R_d &= 2Z_C = 2R \end{aligned}\right\} \tag{4-61}$$

式中，$Z_C = R$ 为传输线变压器 Tr_1 的特性阻抗。

为了分析方便，可将图 4.40(a)所示传输线变压器改画成自耦变压器形式，如图 4.40(b)所示。由图可见，R_a、R_b 变压器的两个绕组构成电桥电路，当电桥平衡时，C 端与 D 端是互相隔离的，即 C 端加电压，D 端无输出，而 A、B 端获得等值同相功率。

如果将信号功率由 D 端引入，A、B 仍为负载端，A、B 端将等分输入信号功率，但此时 A 端和 B 端的输出电压是反相的，故称为反相功率分配器。

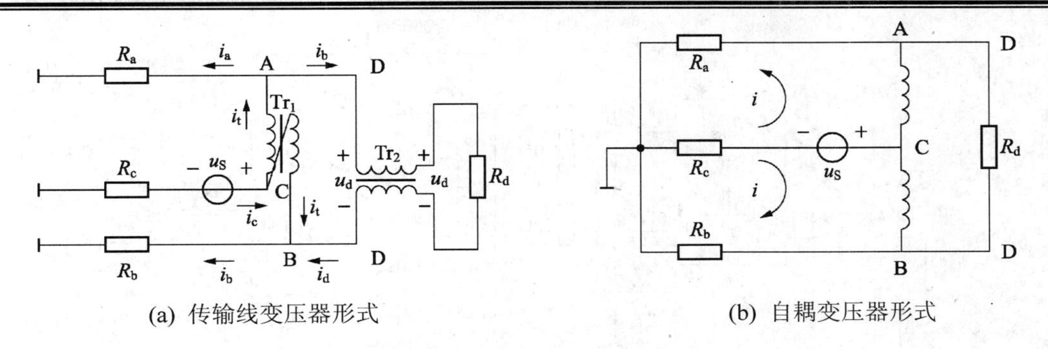

(a) 传输线变压器形式　　(b) 自耦变压器形式

图 4.40　同相功率分配网络

必须指出，同相和反相功率分配器中，当 $R_a \neq R_b$ 时，功率放大器的输出功率就不能均等地分配到 R_a、R_b 上，当 R_d=2R 时，B 端输出功率不会随 R_a 变化而改变；同样，A 端输出功率也不会随 R_b 变化而变化。

图 4.41 所示为两种功率分配器的实用电路，图 4.41(a)为二分配器，适用于不平衡信号源和 75 Ω 负载之间的匹配；图 4.41(b)为由 3 个二分配器组成的四分配器，输入信号功率经过两个二分配器，使每个负载上得到 1/4 的输入信号功率。图 4.41(b)中各电阻之间的关系为

$$\left.\begin{aligned} R_{d1} &= R_L \\ R_{d2} &= R_{d3} = 2R_L \\ R_S &= R_L / 4 \end{aligned}\right\} \tag{4-62}$$

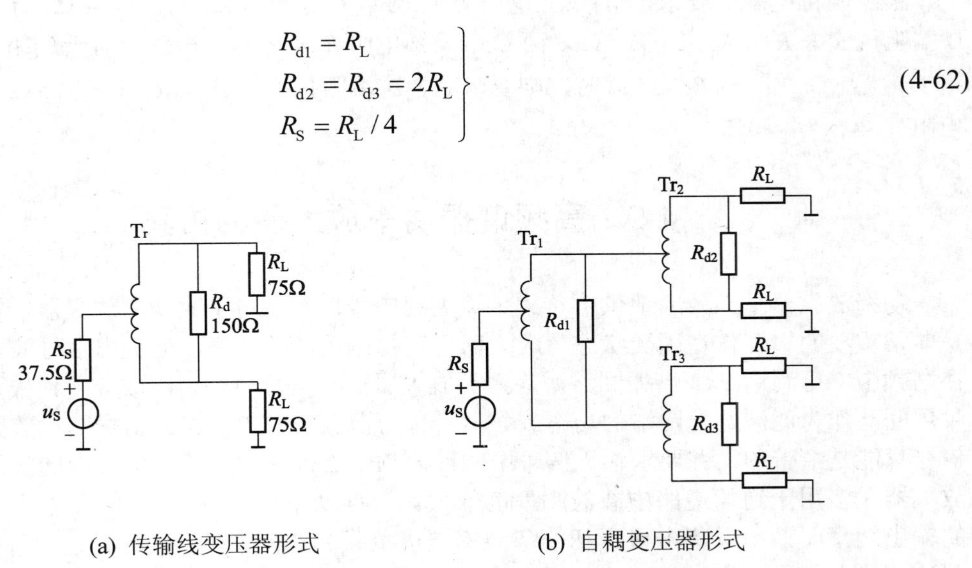

(a) 传输线变压器形式　　(b) 自耦变压器形式

图 4.41　同相功率分配网络

4.8.3　宽带高频功率放大电路

将以上讨论的混合网络与适当的放大电路相组合，就可以构成宽带功率放大器。

图 4.42 所示为反相功率合成器应用电路，其带宽为 30～75MHz，输出功率为 75W。图中 Tr_1 为 1∶1 传输线变压器，用来将不平衡的输入变为平衡的输入加到 Tr_2 的 D 端，Tr_2 构成输入反相功率分配网络，C 端为功率分配网络的平衡端，所以 A、B 两端可得到相等的激励功率，但电压相位相反。Tr_3、Tr_4 为 4∶1 阻抗变换器，它们的作用是把晶体管的输入阻抗(约 3 Ω)变换成功率分配网络 A、B 端所要求的阻抗(12.5 Ω)。

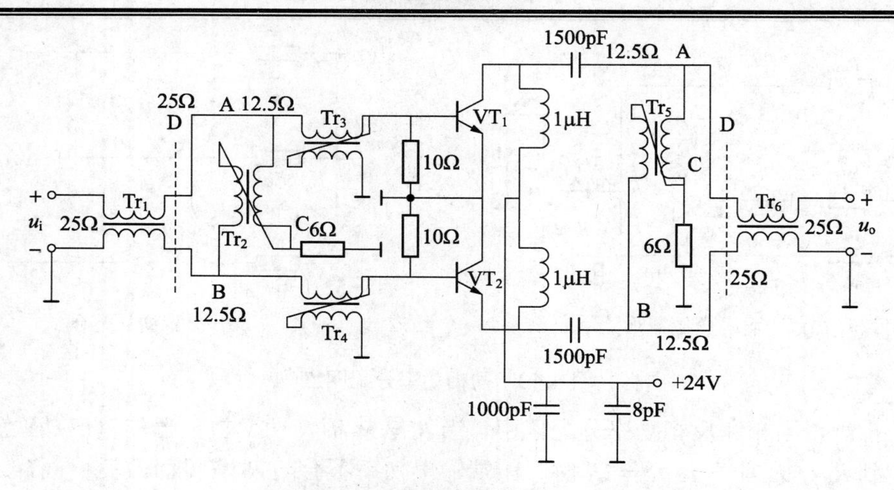

图 4.42 反相功率合成器电路

由于晶体管 VT_1、VT_2 输入的激励电压反相，经放大后，它们的输出电压也是反相的，所以输出端采用了 Tr_5 构成反相功率合成网络，可将 VT_1、VT_2 管输出的反相功率由 D 端合成后经 Tr_6 输出。C 端为平衡端。

根据阻抗匹配的要求，对于反相功率合成网络 Tr_5，当 D 端阻抗 $R_d=25\,\Omega$ 时，则要求 A、B 端阻抗 $R_a=R_b=R_d/2=12.5\Omega$，而 C 端平衡电阻 $R_c=R_d/4\approx6\ \Omega$。对于反相功率分配网络 Tr_2，当 D 端阻抗 $R_d=25\,\Omega$ 时，则要求 A、B 端阻抗 $R_a=R_b=R_d/2=12.5\,\Omega$，C 端平衡电阻 $R_c=R_d/4\approx6\Omega$。

*4.9 高频谐振功率放大器的仿真

功率放大器是高效率地供给负载足够大的信号功率。对于大功率放大器，提高其效率是非常重要的。工作在丙类状态，放大器可获得比较高的效率，但输出信号波形失真大。在高频中，可利用 LC 谐振回路滤除丙类放大器输出信号中的谐波成分，使失真减小。这种用回路作为滤波匹配网络的功率放大器，称为谐振功率放大器。谐振功率放大器的输入信号只能是窄带的，并要求输入信号中的谐波频率必须远大于输入信号中的基波率。丙类放大器大多用于通信电路中载波功率的放大。谐振功率放大器的输出功率、效率及集电极损耗等都与集电极负载回路的谐振阻抗、输入信号的幅度、基极偏置电压以及集电极电源电压的大小密切相关。本节利用 EWB 仿真技术通过对输入信号的幅度控制来观察谐振功率放大器的集电极电流的变化，从而判定谐振功率放大器的工作状态。

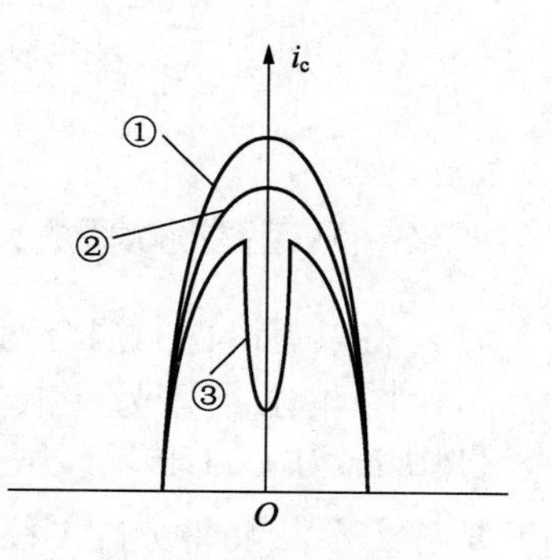

图 4.43 欠压、临界、过压状态集电极脉冲形状

在丙类谐振放大器中可根据晶体管工作是否进入饱和区，将其分为欠压、临界和过压工作状态。将不进入饱和区的工作状态称为欠压，其集电极电流脉冲形状如图 4.43 中曲线①所示，为尖顶余弦脉冲。将进入饱和区的工作状态称为过压状态，其集电极电流脉冲形状如图 4.43 中曲线③所示，为中间凹陷的余弦脉冲。如果晶体管工作刚好不进入饱和区，则称为临界工作

状态，其集电极电流脉冲形状如图 4.43 中曲线②所示，虽然仍为尖顶余弦脉冲，但顶端变化平缓。

必须指出，在谐振功率放大器中，虽然三种状态下集电极电流都是脉冲波形，由于谐振回路的滤波作用，放大器的输出电压仍为没有失真的余弦波形。

图 4.44 和图 4.45 为仿真用的丙类谐振功率放大电路图。它的特点是放大器工作于丙类状态，晶体管发射结为负偏置，流过晶体管的电流为失真的脉冲波形，负载为谐振回路。谐振回路要确保从电流脉冲中取出基波分量，获得正弦电压，还要实现放大器的阻抗匹配。电路主要元件参数如图中所示。由于测量集电极的尖顶余弦脉冲波形不方便，采用测量发射极电阻上的电压来观察。当信号源输入幅度为 50mV 正弦信号时，观察集电极电压的波形和发射极电阻上的电压波形如图 4.46 和图 4.47 所示，由图 4.47 可知，集电极电流的波形为无失真的尖顶余弦脉冲，可判定功率放大器工作在欠压状态。当信号源输入幅度为 900mV 正弦信号时，观察发射极电阻上的电压波形如图 4.48 所示波形变成凹顶脉冲，说明功率放大器工作在过压状态。小心调整信号源输入幅度，观察发射极电阻上的电压波形，可取功率放大器处于临界状态时的信号源输入幅度为 800mV。

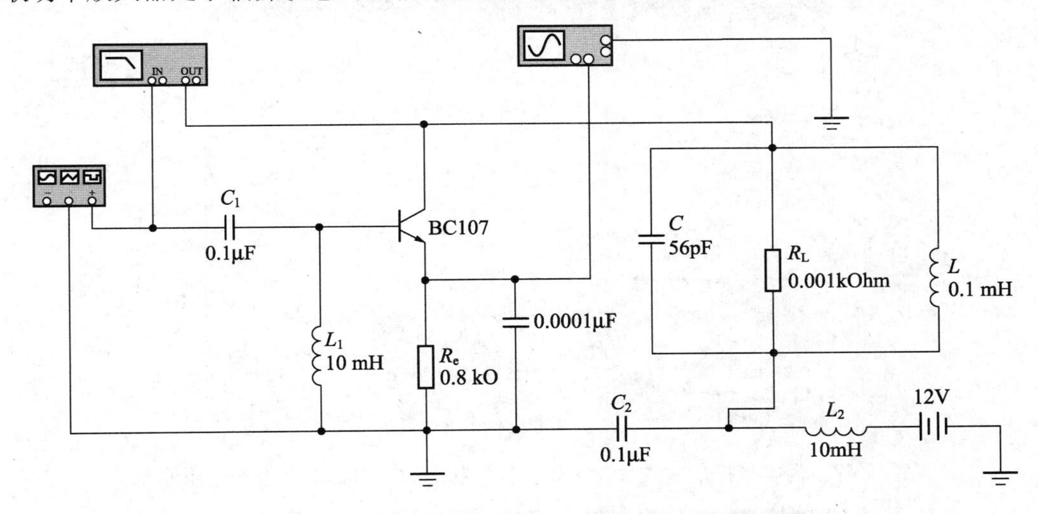

图 4.44　测量丙类谐振功率放大器发射极电阻电压波形的电路图

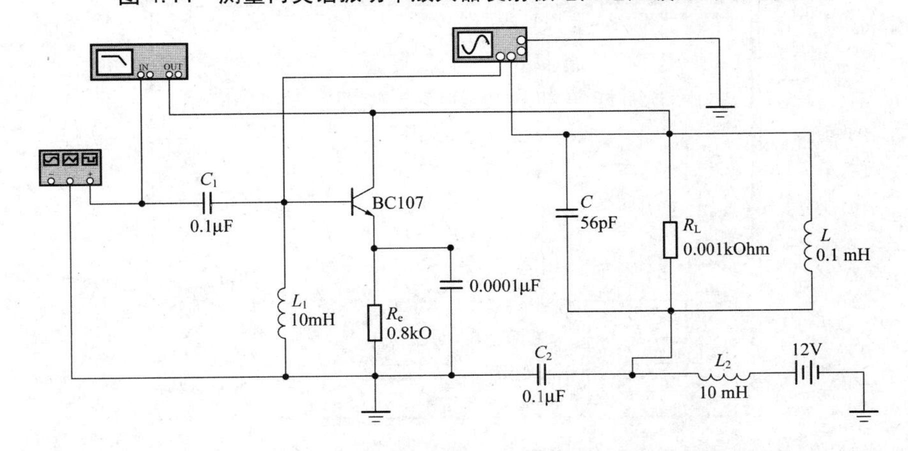

图 4.45　测量丙类谐振功率放大器集电极输出电压波形的电路图

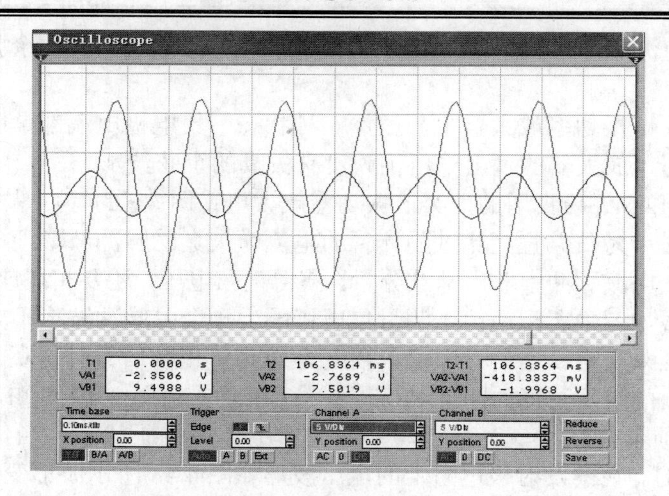

图 4.46　丙类谐振功率放大器集电极输出电压时域仿真波形

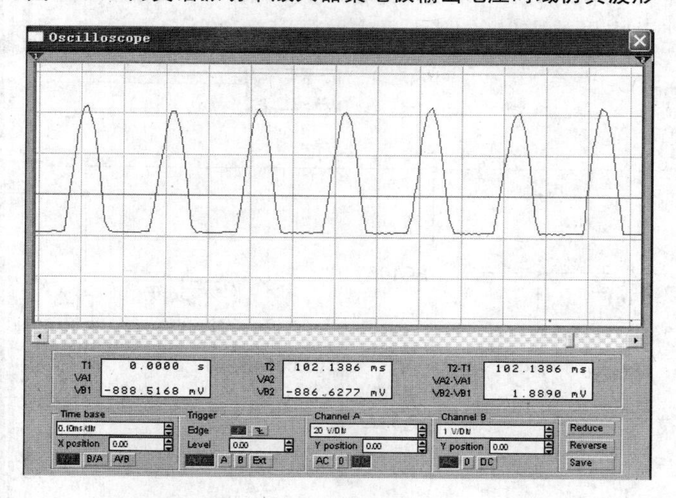

图 4.47　丙类谐振功率放大器工作在欠压状态时发射极电阻上的电压波形

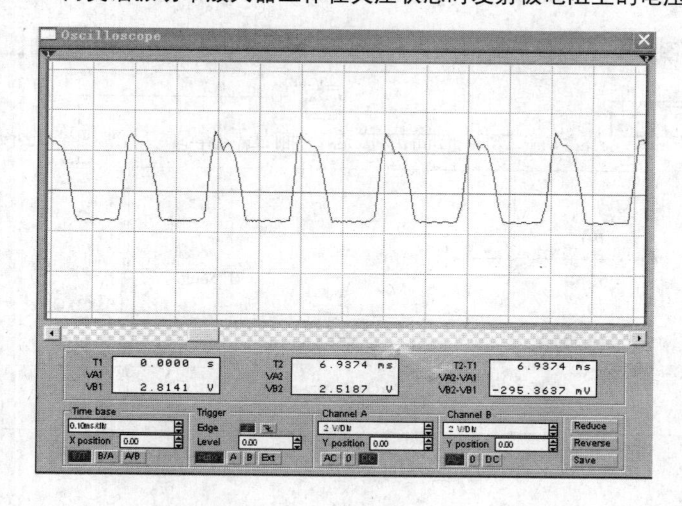

图 4.48　丙类谐振功率放大器工作在过压状态时发射极电阻上的电压波形

在仿真时，还可以通过改变集电极供电电压，发射极电阻以及集电极负载回路的谐振阻抗参数来观察集电极输出电压幅度和集电极电流的变化情况。

读者根据这一章所学的理论知识，可以对该电路进行理论分析和估算，内容包括功率和效率的计算。通过本次仿真，读者可以更加熟悉丙类功率放大器的工作原理，初步了解工程估算的方法；学习丙类谐振式高频功率放大器的电路调谐及测试技术；研究丙类功率放大器的负载特性；进一步掌握集电极负载回路的谐振阻抗、输入信号的幅度、基极偏置电压以及集电极电源电压的变化对放大器工作状态的影响。

4.10　本 章 小 结

1．功率放大器的任务是供给负载足够大的信号功率，其主要性能指标是输出功率和效率。丙类谐振功率放大器可获得高效率的功率放大。放大器按晶体管集电极电流流通的时间不同，可分为甲类、乙类、丙类等工作状态，其中丙类工作状态(导通角 θ 小于 90° 的状态)效率最高，但这时晶体管的集电极波形失真严重。采用 LC 谐振网络作为放大器的负载，可克服工作在丙类状态所产生的失真，但谐振网络通频带较窄，所以丙类谐振功率放大器适用于窄带高频信号的功率放大。

2．谐振功率放大器中，根据晶体管工作是否进入饱和区，将其分为欠压、临界、过压三种工作状态。

欠压状态：输出电压幅值 U_{cm1} 比较小，$U_{\mathrm{ce\,min}} > U_{\mathrm{ces}}$，晶体管工作时将不会进入饱和区，$i_{\mathrm{c}}$ 电流波形为尖顶余弦脉冲。放大器输出功率小，管耗大，效率低。

过压状态：输出电压幅值 U_{cm1} 过大，使 $U_{\mathrm{ce\,min}} < U_{\mathrm{ces}}$，在 $\omega t=0$ 附近晶体管工作在饱和区，i_{c} 电流波形为中间凹陷的余弦脉冲。放大器输出功率较大，管耗小，效率高。

临界状态：输出电压幅值 U_{cm1} 比较大，$\omega t=0$ 时，使晶体管工作刚好不进入饱和的临界状态，i_{c} 电流波形为鉴定余弦脉冲，但顶端变化平缓。放大器输出功率大，管耗小，效率高。

3．谐振功率放大器中，R_{C}、V_{CC}、U_{im}、V_{BB} 变化，放大器的工作也跟随变化。四个量中分别只改变其中一个量，其他三个量不变所得到的特性分别为负载特性、集电极调制特性、放大特性和基极调制特性，熟悉这些特性有助于了解谐振功率放大器性能变化的特点，并对谐振功放的调试有指导作用。

由负载特性可知，放大器工作在临界状态，输出功率最大，效率比较高，通常将相应的 R_{pcr} 值称为谐振功率放大器的最佳负载阻抗，也称匹配负载。

必须指出，在通信等应用领域，谐振功率放大器的工作频率往往高达几百兆赫，在高频工作时，晶体管非线性电容特性、引线电感等分布参数的影响会使放大器最大输出功率下降，效率和增益降低。

4．谐振功率放大器直流电路有串馈和并馈两种形式。基极偏置常采用自给偏压电路。自给偏压电路只能产生反向偏压，自给偏压形成的必要条件是电路中存在非线性导电现象。

5．滤波匹配网络的主要作用是将实际负载阻抗变换为放大器所要求的最佳负载，其次是有效滤除不需要的高次谐波，并把有用的信号功率高效率地传给负载。L 形滤波匹配网络可把低阻变高阻，也可把高阻变低阻，其变换倍数决定于网络的有载品质因数 Q_{e} 值的大小。

6. 丁类谐振功率放大器中，由于功率管工作在开关状态，故效率比丙类谐振功率放大器还要高，一般可达90%以上，但其工作频率受到开关器件特性的限制。

7. 集成高频功放组件，如M57704系列等，属于窄带谐振功率放大器，输出功率不是很大，效率也不高，功率增益较大，使用方便，广泛应用于一些移动通信系统和便携式仪器中。

8. 宽带高频功率放大器中，极间用传输线变压器作为宽带匹配网络，同时采用功率合成技术，实现多个功率放大器的联合工作，从而获得大功率输出。

传输线变压器不同于普通变压器，它是将传输线绕在高导磁率、低损耗的磁环上构成的，其能量根据激励信号频率的不同，以传输线方式或以变压器方式传输。在高频以传输线方式为主，在低频以传输线和变压器方式进行。在频率很低时将以变压器方式传输，所以传输线变压器具有很宽的工作频带，它主要用于平衡和不平衡电路的转换、阻抗变换、功率合成与分配等。

4.11 习　　题

4-1 说明谐振功率放大器与小信号谐振放大器有哪些主要区别？

4-2 为什么放大器工作于丙类效率比工作在甲类高？丙类谐振功率放大器适宜放大哪些信号？

4-3 谐振功率放大器中，欠压、临界和过压工作状态是根据什么来划分的？它们各有何特点？

4-4 谐振功率放大器原来工作在临界状态，若集电极回路稍有失谐，放大器的I_{c0}、I_{cm1}将如何变化？P_C将如何变化？有何危险？

4-5 谐振功率放大器原来工作在临界状态，若谐振回路的外接负载电阻R_P增大或减小，放大器的工作状态如何变化？I_{c0}、I_{cm1}、P_O、P_C将如何变化？

4-6 一谐振功率放大器输出功率为P_O，现增大V_{CC}，发现放大器的输出功率增加，这是为什么？如发现输出功率增加不明显，又是为什么？

4-7 在V_{BB}、U_{im}、V_{CC}、R_P中，若只改变V_{BB}或V_{CC}，U_{cm}有明显的变化，问谐振功率放大器原处于何种工作状态？为什么？

4-8 已知谐振功率放大器工作在过压状态，现欲将它调整到临界状态，应改变哪些参数？不同的调整方法所得到的输出功率是否相同？

4-9 晶体管高频功率放大器，电源$V_{CC}=24\,V, I_{c0}=300\,mA$，电压利用系数$\xi=0.95$，折线法发射结的截止偏压$U_{BZ}=0.5\,V$，输出功率$P_O=6\,W$。求电源提供的功率$P_D$、集电极损耗功率$P_C$、效率$\eta$、集电极电流基波振幅$I_{cm1}$、峰值$i_{c\max}$和导通角$\theta$。若偏压$V_{BB}=-0.5\,V$，求输入信号所需振幅$U_{bm}$。

4-10 设某谐振功率放大器的动态特性如题4-10图中*ABC*所示。试回答以下各问题并计算以下各参数：

(1) 此时功率放大器工作在何种状态？画出i_c的波形；

(2) 计算θ、P_O、P_C、η和R_P；

(3) 若要求功率放大器最大，应如何调整？

4-11 已知集电极供电电压$V_{CC}=24\text{V}$，放大器输出功率$P_O=2\text{W}$，半导通角$\theta=70°$，集电极功率$\eta=82.5\%$，求功率放大器的其他参数P_D、I_{c0}、$i_{c\max}$、I_{cm1}、P_C、U_{cm}等。

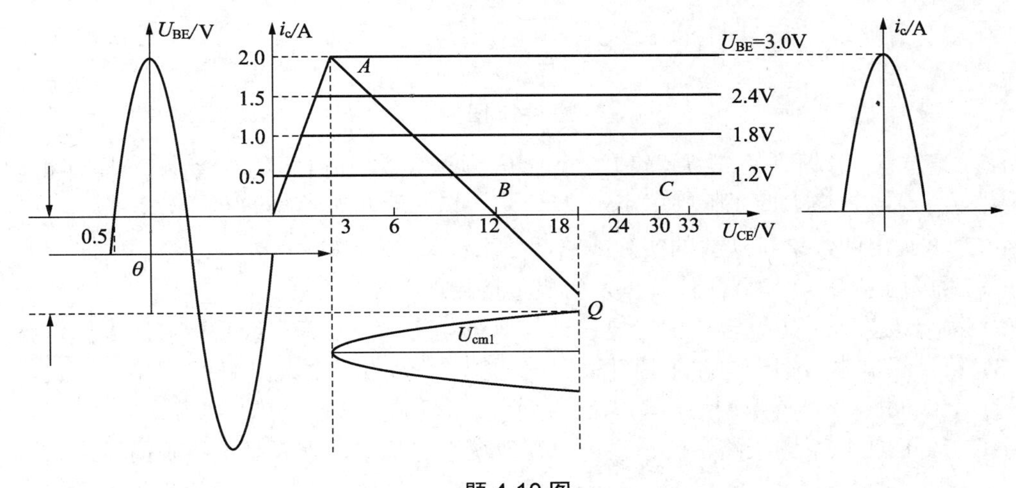

题 4-10 图

4-12 某谐振功率放大器的转移特性如题 4-12 图所示。已知该放大器采用晶体管的参数为：$f_T \geqslant 150\text{MHz}$，功率增益$A_p \geqslant 13\text{dB}$，管子允许通过的最大电流$I_{CM}=3\text{A}$，最大集电极电极功率为$P_{CM}=5\text{W}$。管子的$U_{BZ}=0.6\text{V}$，放大器的负偏置$|V_{BB}|=1.4\text{V},\theta=70°,V_{CC}=24\text{V}$，$\xi=0.9$，试计算放大器的各参数。

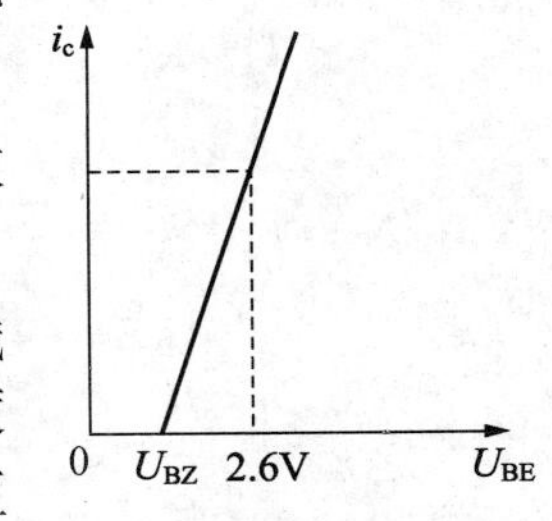

题 4-12 图

4-13 某谐振功率放大器工作于临界状态，已知晶体管的临界线斜率$g_{cr}=0.8\text{A/V}$，最低管压降$U_{ce\min}=2\text{V}$，输出电压幅度$U_{cm1}=22\text{V}$，半导通角$\theta=70°$，求：交流输出功率P_O、电源供给直流功率P_D、集电极耗散功率P_C以及集电极效率$\eta[\alpha_1(70°)=0.436$，$\alpha_0(70°)=0.253]$。

4-14 谐振功率放大器输出功率P_O已测出，在电路参数不变时，为了提高P_O采用提高U_b的方法，但效果不明显，试分析原因，并指出为实现输出功率P_O明显提高可采用什么措施？

4-15 某功率放大器如题 4-15 图所示，设中间回路与负载回路均已调谐好，放大器处于临界工作状态。

(1) 当V_{CC},V_{BB},M_1不变时，M_2增大时放大器的工作状态如何变化？为什么？

(2) 在增大M_2后，为了维持放大器仍工作于临界状态(此时V_{BB},V_{CC}仍不变)，M_1应如何变化？为什么？

(3) 若电路均已调谐好，工作在临界工作状态，已知晶体管的转移特性的斜率$g_c=0.8\text{A/V},|V_{BB}|=1\text{V},U_{BZ}=0.6\text{V},\theta=70°,V_{CC}=24\text{V}$，电压利用系数$\xi=0.9$，中介回路$Q_0=100,Q_L=10$，求集电极输出功率$P_O$和天线功率$P_A$。

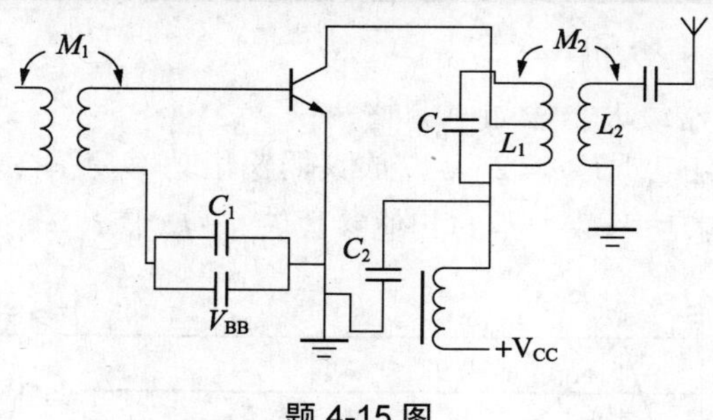

题 4-15 图

4-16 已知一谐振功率放大器和一个二倍频器，采用相同的功率管，具有相同的 $V_{CC},V_{BB},U_{bm},\theta$，且均工作在临界状态，$\theta = 70°$，试比较两种电路的 P_O,η_C,R_P。

4-17 试画出两级谐振功放的实际线路，要求：

(1) 两级均采用 NPN 型晶体管，发射极直接接地。

(2) 第一级基极采用组合式偏置电路，与前级互差耦合；第二级基极采用零偏电路。

(3) 第一级集电极馈电电路采用并联形式，第二级集电极馈电电路采用串联形式。

(4) 两级间回路为 T 形网络，输出回路采用 π 形匹配网络，负载为天线。

4-18 改正题 4-18 图线路中的错误，不得改变馈电形式，重新画出正确的线路。

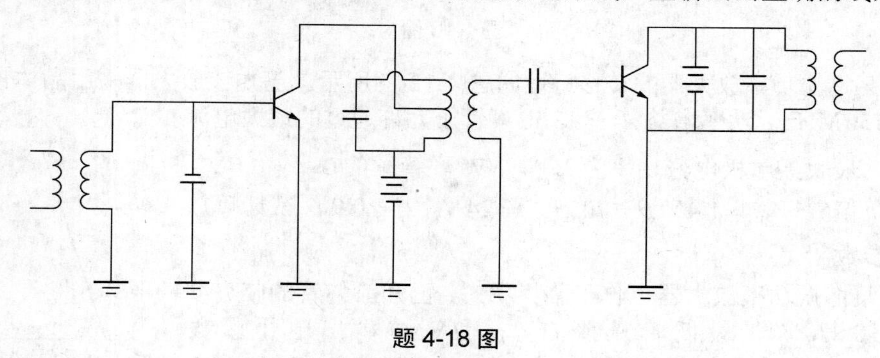

题 4-18 图

4-19 试求题 4-19 图所示各传输变压器的阻抗变换关系及相应的特性阻抗。

4-20 功率四分配网络如题 4-20 图所示，已知 $R_L = 75\Omega$，试求 R_{d1}、R_{d2}、R_{d3}及R_S 的值。

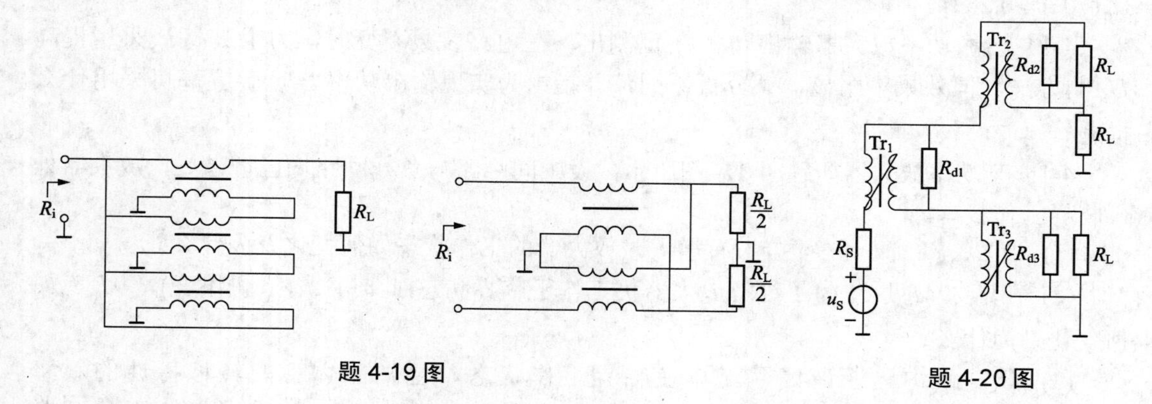

题 4-19 图　　　　题 4-20 图

第 5 章　正弦波振荡器

教学提示：正弦波振荡器在各种电子设备中有着广泛的应用。它是一种能自动地将直流电源能量转换为一定波形的交变振荡信号能量的转换电路。它与放大器的区别在于，无需外加激励信号，就能产生具有一定频率、一定波形和一定振幅的交流信号。常用正弦波振荡器主要由决定振荡频率的选频网络和维持振荡的正反馈放大器组成。

教学要求：本章应让学生理解常用正弦波振荡器的类型并判断其能否正常工作。在明确各种类型振荡器优缺点和适用场合的基础上，既要掌握实用振荡电路的分析和参数计算，也要学会常用振荡电路的设计和调试。

5.1　概　　述

振荡器是一种能自动地将直流电源能量转换为一定波形的交变振荡信号能量的转换电路。它与放大器的区别在于，无需外加激励信号，就能产生具有一定频率、一定波形和一定振幅的交流信号。

正弦波振荡器在各种电子设备中有着广泛的应用。例如，无线发射机中的载波信号源，接收设备中的本地振荡信号源，各种测量仪器如信号发生器、频率计、f_T 测试仪中的核心部分以及自动控制环节，都离不开正弦波振荡器。

根据所产生的波形不同，可将振荡器分成正弦波振荡器和非正弦波振荡器两大类。前者能产生正弦波，后者能产生矩形波、三角波、锯齿波等。本章仅介绍正弦波振荡器。

常用正弦波振荡器主要由决定振荡频率的选频网络和维持振荡的正反馈放大器组成，这就是反馈振荡器。按照选频网络所采用元件的不同，正弦波振荡器可分为 *LC* 振荡器、*RC* 振荡器和晶体振荡器等类型。其中 *LC* 振荡器和晶体振荡器用于产生高频正弦波，产生低频正弦波的 *RC* 振荡器乙在“模拟电子技术”课程中讨论过，故本章不再介绍。正反馈放大器既可以由晶体管、场效应管等分立器件组成，也可以由集成电路组成，但前者的性能可以比后者做得好些，且工作频率也可以做得更高。

另外还有一类负阻振荡器，它是利用负阻器件所组成的电路来产生正弦波，主要用在微波波段，本书不作介绍。

5.2　反馈振荡器的工作原理

5.2.1　反馈振荡器产生振荡的基本原理

反馈型振荡器是通过正反馈连接方式实现等幅正弦振荡的电路。这种电路由两部分组成，一是放大电路，二是反馈网络，图 5.1 所示为反馈振荡器构成方框图。由图可知，当开关 S 在 1 的位置，放大器的输入端外加一定频率和幅度的正弦波信号 $\dot{U}_{\mathrm{i}}$，这一信号经放大器放大后，在输出端产生输出信号 $\dot{U}_{\mathrm{o}}$，若 $\dot{U}_{\mathrm{o}}$ 经反馈网络并在反馈网络输出端得到的反馈信号 $\dot{U}_{\mathrm{f}}$ 与 $\dot{U}_{i}$ 不仅大小相等，而且相位也相同，即实现了正反馈。若此时除去外加信号，将开关由 1 端转接到 2 端，使放大器和反馈网络构成一个闭环系统，那么，在没有外加信号的情况下，输出端仍可维持一定幅度的电压 $\dot{U}_{\mathrm{o}}$ 输出，从而实现了自激振荡的目的。

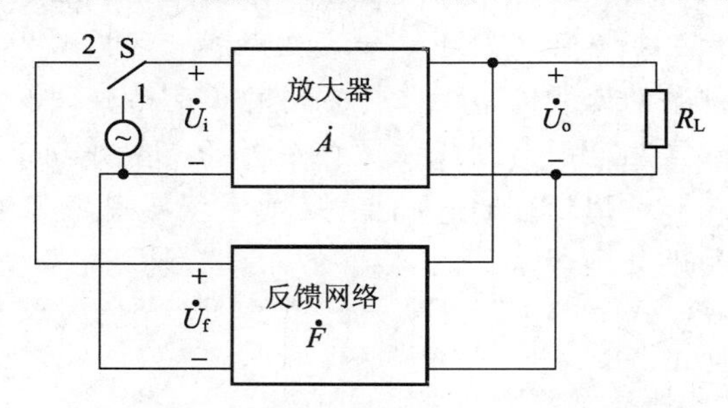

图 5.1　反馈振荡器的组成方框图

为了使振荡器的输出 $\dot{U}_{\mathrm{o}}$ 为一个固定频率的正弦波，图 5.1 所示的闭合环路内必须含有选频网络，使得只有选频网络中心频率的信号满足 $\dot{U}_{\mathrm{f}}$ 与 $\dot{U}_{\mathrm{i}}$ 相同的条件而产生自激振荡，对其他频率的信号不满足 $\dot{U}_{\mathrm{f}}$ 与 $\dot{U}_{\mathrm{i}}$ 相同的条件而不产生振荡。选频网络可与放大器相结合构成选频放大器，也可与选频网络相结合构成选频反馈网络。

如上所述，反馈振荡器是把反馈电压作为输入电压，以维持一定的输出电压的。那么，振荡的产生是否就需要在开始的一瞬间外加一个输入信号 $\dot{U}_{\mathrm{i}}$，等到产生了输出信号 $\dot{U}_{\mathrm{o}}$，又反馈一部分回来，再把输入信号拿走呢？实际上，在电源接通振荡器时，电路内必然会存在微弱的电扰动，如晶体管电流的突增、电路中的热噪声等，这些电扰动就构成原始的输入信号。又由于这些电扰动信号频率范围很宽，经过振荡电路中的选频网络，只将其中某一频率的信号反馈到放大器的输入端，而其他频率的信号将抑制掉。被放大后的某一频率分量经反馈加到输入端，幅度得到增大。这一“反馈—放大”的过程是一个循环的过程，某一频率分量的信号将不断增长，振荡由小到大而建立起来。

5.2.2　平衡条件

振荡建立起来之后，振荡幅度会无限制地增长下去吗？不会的，因为随着振荡幅度的增长，放大器的动态范围就会延伸到非线性区，放大器的增益将随之下降，振荡幅度越大，增益下降越多，最后当反馈电压正好等于原输入电压时，振荡幅度不再增大而进入平衡状态。

由于放大器开环电压增益 $\dot{A}$ 和反馈系数 $\dot{F}$ 的表示式分别为

$$\dot{A}=\frac{\dot{U}_{\mathrm{o}}}{\dot{U}_{\mathrm{i}}},\quad \dot{F}=\frac{\dot{U}_{\mathrm{f}}}{\dot{U}_{\mathrm{o}}} \tag{5-1}$$

且振荡器进入平衡状态后 $\dot{U}_{\mathrm{f}}=\dot{U}_{\mathrm{i}}$，此时根据式(5-1)可得反馈振荡器的平衡条件为

$$\dot{A}\dot{F} = AF\mathrm{e}^{\mathrm{j}(\varphi_A+\varphi_F)} = 1 \tag{5-2}$$

式中，A、φ_A 分别为电压增益的模和相角；F、φ_F 分别为反馈系数的模和相角。

式(5-2)又可分别写为

$$AF = 1 \tag{5-3}$$

$$\varphi_A + \varphi_F = 2n\pi \qquad n=0，1，2，\cdots \tag{5-4}$$

式(5-3)和式(5-4)分别称为反馈振荡器的振幅平衡条件和相位平衡条件。

作为一个稳态振荡，式(5-3)和式(5-4)必须同时得到满足，它们对任何类型反馈振荡器都是适用的。平衡条件是研究振荡器的理论基础，利用振幅平衡条件可以确定振荡幅度，利用相位平衡条件可以确定振荡频率。

必须指出，这里的 $\dot{A}$ 是指放大器的平均增益。因为振荡器处于平衡状态时，放大器已不工作在甲类状态，而工作在非线性的甲乙类、乙类或丙类状态，所以这时放大器乙不能用小信号甲类状态的增益来表示了。

下面以图 5.2 所示变压器反馈 LC 振荡电路为例确定一下平衡条件与放大器、反馈网络参数间的关系。

振荡器处于平衡状态时，放大器进入了非线性区。根据折线分析法可知，集电极电流将变成脉冲状。由图 5.2 可得放大器开环电压平均增益表示式为

$$A = \frac{U_c}{U_i} = \frac{I_{cm1}R_p}{U_{im}} \tag{5-5}$$

式中，U_c 为负载谐振回路上的基波电压；R_p 为谐振回路谐振电阻。

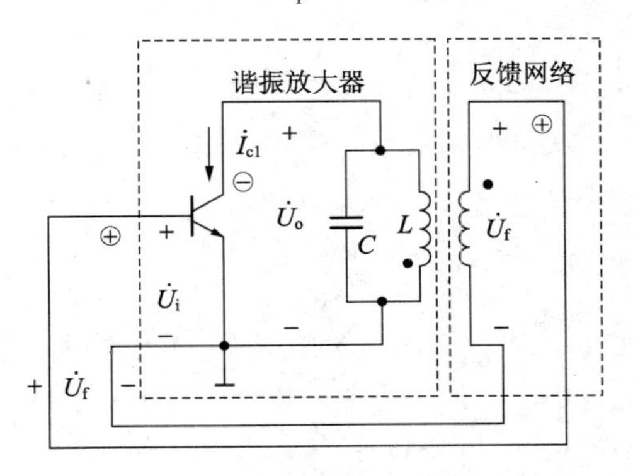

图 5.2　变压器反馈 LC 振荡电路

根据第 4 章中的公式可知

$$I_{cm1} = i_{C\max}\alpha_1(\theta) = g_c U_{im}\alpha_1(\theta)(1-\cos\theta) \tag{5-6}$$

将式(5-6)代入式(5-5)，得

$$A = g_c R_p \alpha_1(\theta)(1-\cos\theta) = A_0\gamma_1(\theta) \tag{5-7}$$

式中，$\gamma_1(\theta) = \alpha_1(\theta)(1-\cos\theta)$；$A_0 = g_c R_p$ 为起振时($\theta = 180^\circ$)小信号线性放大倍数。

由式(5-7)可知，当振幅增大进入非线性工作状态后，通角 $\theta < 180^\circ$，故 A 下降，直到 $\dot{A}\dot{F} = 1$ 达到平衡状态。此时，振荡器的振幅平衡条件又可表示为

$$AF = A_0F\gamma_1(\theta) = 1 \tag{5-8}$$

同时，又由图(5-2)可知，振荡器处于平衡状态时，输出电压 $\dot{U}_{c}=\dot{I}_{c1}Z_{p1}$，即 $\dot{A}=\dot{I}_{c1}Z_{p1}/\dot{U}_{i}=Y_{fe}Z_{p1}$，可得平衡条件的另一表达形式

$$Y_{fe}Z_{p1}\dot{F}=1 \tag{5-9}$$

或者写成如下形式：

$$Y_{fe}Z_{p1}F=1 \tag{5-10}$$

$$\varphi_{Y}+\varphi_{Z}+\varphi_{F}=2n\pi \qquad n=0，1，2，\cdots \tag{5-11}$$

式中，$Y_{fe}=|Y_{fe}|e^{j\varphi_{Y}}$ 称为晶体管的平均正向传输导纳；φ_{Y} 为集电极电流基波分量 $\dot{I}_{c1}$ 与基波输入电压 $\dot{U}_{i}$ 的相位差；$Z_{p1}=|Z_{p1}|e^{j\varphi_{Z}}$ 称为谐振回路的基波阻抗；φ_{Z} 为 $\dot{U}_{c}$ 与 $\dot{I}_{c1}$ 之间的相位差；$\dot{F}=Fe^{j\varphi_{F}}$ 称为反馈系数；φ_{F} 为 $\dot{U}_{f}$ 与 $\dot{U}_{c}$ 之间的相位差。

式(5-10)和式(5-11)就是用电路参数表示的振幅平衡条件和相位平衡条件。

当振荡器的频率较低时，$\dot{I}_{c1}$ 与 $\dot{U}_{i}$、$\dot{U}_{c}$ 与 $\dot{I}_{c1}$、$\dot{U}_{f}$ 与 $\dot{U}_{c}$ 都可认为是同相的，也就是说，满足 $\varphi_{Y}+\varphi_{Z}+\varphi_{F}=0$ 的相位条件。

当振荡器的频率较高时，$\dot{I}_{c1}$ 总是滞后 $\dot{U}_{i}$，即 $\varphi_{Y}<0$。而 φ_{F} 也不等于 0，即 $\varphi_{Y}+\varphi_{F}\neq 0$。若要保持相位平衡条件，只有回路工作于失谐状态以产生一个 φ_{Z}。这样振荡器的实际工作频率不等于回路的固有谐振频率 f_0，Z_{p1} 也不呈现为纯电阻。

5.2.3　起振条件

式(5-2)是维持振荡的平衡条件，是针对振荡器进入稳态而言的。为了使振荡器在接通直流电源后能够自动起振，则要求反馈电压在相位上与放大器输入电压同相，在幅度上则要求 $U_{f}>U_{i}$，即

$$\varphi_{A}+\varphi_{F}=2n\pi \qquad n=0，1，2，\cdots \tag{5-12}$$

$$A_{0}F>1 \tag{5-13}$$

式中，A_0 为振荡器起振时放大器工作于甲类状态时的电压放大倍数。

式(5-12)和式(5-13)分别称为振荡器起振的相位条件和振幅条件。由于振荡器的建立过程是一个瞬态过程，而式(5-12)和式(5-13)是在稳态下分析得到的，所以从原则上来说，不能用稳态分析研究一个电路的瞬态过程，因而也就不能用式(5-12)和式(5-13)来描述振荡器从电源接通后的振荡建立过程，而必须通过列出振荡器的微分方程来研究。但可利用式(5-12)和式(5-13)来推断振荡器能否产生自激振荡。因为在起振的开始阶段，振荡的幅度还很小，电路尚未进入非线性区，振荡器可以通过线性电路的分析方法来处理。

综上所述，为了确保振荡器能够起振，设计的电路参数必须满足 $A_0F>1$ 的条件。而后，随着振荡幅度的不断增大，A_0 就向 A 过渡，直到 $AF=1$ 时，振荡达到平衡状态。显然，A_0F 越大于 1，振荡器就越容易起振，并且振荡幅度也较大。但 A_0F 过大，放大管进入非线性区的程度就会加深，那么也就会引起放大管输出电流波形的严重失真。所以当要求输出波形非线性失真很小时，应使 A_0F 的值稍大于 1。

【例 5.1】 当某一反馈振荡器的 A_0 和 F 的值分别设计成以下三组数据：(8，0.2)、(10，0.2)、(20，0.2)，试分析在每一种情况下，振荡器达到平衡后所处的工作状态。

解：① 当 A_0=8，F=0.2 时，A_0F=1.6>1，说明满足振幅起振条件。在振荡器达到平衡后，根据式(5-8)，$AF = A_0F\alpha_1(\theta)(1-\cos\theta)=1$。此时可求得$\theta=101.5^\circ$，说明振荡器工作在甲乙类放大状态。

② 当 A_0=10，F=0.2 时，A_0F=2，可求得$\theta=90^\circ$，说明振荡器工作在乙类放大状态。

③ 当 A_0=20，F=0.2 时，A_0F=4，可求得$\theta=66.3^\circ$，说明振荡器工作在丙类放大状态。

通过分析该例可知，当 A_0F=2 时，$\theta=90^\circ$，振荡器平衡后的工作状态为乙类；当 A_0F>2 时，$\theta<90^\circ$，平衡后的工作状态为丙类；当 1<A_0F<2 时，$90^\circ<\theta<180^\circ$，平衡后的工作状态为甲乙类。也就是说，振荡器起振后由甲类逐渐向甲乙类、乙类或丙类过渡，最后工作于什么状态完全由 A_0F 值来决定。

5.2.4 稳定条件

上面所讨论的振荡平衡条件只能说明能在某一状态平衡，但还不能说明平衡状态是否稳定。当振荡器受到外部因素的扰动(如电源电压波动、 温度变化、噪声干扰等)，将引起放大器和回路的参数发生变化破坏原来的平衡状态。如果通过放大和反馈的不断循环，振荡器越来越偏离原来的平衡状态，从而导致振荡器停振或突变到新的平衡状态，则表明原来的平衡状态是不稳定的。反之，如果通过放大和反馈的不断循环，振荡器能够产生回到原平衡点的趋势，并且在原平衡点附近建立新的平衡状态， 则表明原平衡状态是稳定的。

1. 振幅稳定条件

在平衡条件的讨论中我们曾经指出，放大倍数是振幅 U_{om} 的非线性函数，且起振时，电压增益为 A_0，随着 U_{om} 的增大，A 逐渐减小，反馈系数则仅取决于外电路参数，一般由线性元件组成，所以反馈系数 F(或 $1/F$)为一常数。为了说明振幅稳定条件的物理概念，在图 5.3(a)中分别画出反馈型振荡器的放大器电压增益 A 和反馈系数的倒数 $1/F$ 随振幅 U_{om} 的关系。图 5.3(a)中，Q 点就是振荡器的振幅平衡点，因为在这个点上，A=1/F，即满足 AF=1 的平衡条件。那么这一点是不是稳定的平衡点呢？那就要看在此点附近振幅发生变化时，是否具有自动恢复到原平衡状态的能力。

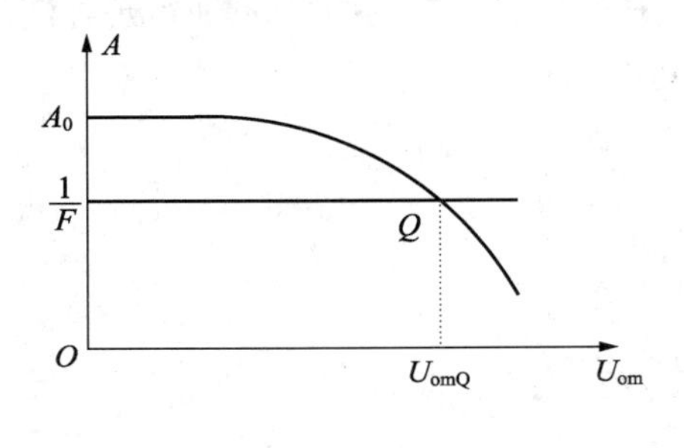

(a) 软自激的振荡特性

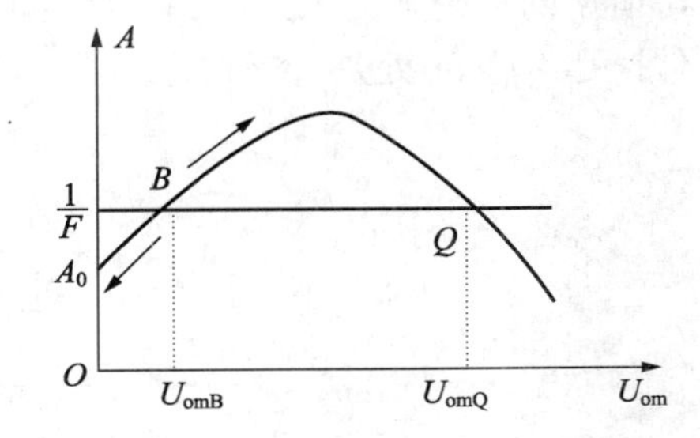

(b) 硬自激的振荡特性

图 5.3 自激振荡的振荡特性

假定由于某种因素使振幅增大超过了 U_{omQ}，由图可见，此时 A<1/F，即出现 AF<1 的情况，于是振幅就自动衰减而回到 U_{omQ}。反之由于某种因素使振幅小于 U_{omQ}，此时 A>1/F，即出现 AF>1 的情况，于是振幅就自动增大，从而又回到 U_{omQ}。因此 Q 点是稳定平衡点。Q 点是稳定平衡点的原因是，在 Q 点附近，A 随 U_{om} 的变化特性具有负的斜率，即

$$\left.\frac{\partial A}{\partial U_{om}}\right|_{U_{om}=U_{omQ}} < 0 \tag{5-14}$$

式(5-14)就是振幅稳定条件。

并非所有的平衡点都是稳定的。如果振荡管的静态工作点取得太低，而且反馈系数 F 又较小时，可能会出现图 5.3(b)的另一种振荡特性。这时 A 随 U_{om} 的变化特性不是单调下降，而是先随 U_{om} 的增大而上升，达到最大值后，又随 U_{om} 的增大而下降。因此，它与 $1/F$ 线可能出现两个平衡点 Q 点和 B 点。其中平衡点 Q 满足振幅稳定条件，而平衡点 B 不满足稳定条件，因为当振荡幅度稍大于 U_{omB} 时，则 $A>1/F$，即 $AF>1$，成为增幅振荡，振幅越来越大。而当振荡幅度稍低于 U_{omB} 时，则 $AF<1$，成为减幅振荡，振幅越来越小，直到停振为止。这种振荡器不能自行起振，除非在起振时外加一个较大的激励信号，使振幅超过 B 点，电路才能自动进入 Q 点。像这样要预先外加一个一定幅度的信号才能起振的特性称为硬自激。对于图 5.3(a)所示无需外加激励就能起振的特性称为软自激。一般情况下都是使振荡电路工作于软自激状态，通常应当避免硬自激。

2. 相位平衡的稳定条件

相位平衡的稳定条件是指相位平衡条件遭到破坏时，电路本身能重新建立起相位平衡点的条件。

由于振荡的角频率就是相位的变化率，即 $\omega = \mathrm{d}\varphi/\mathrm{d}t$，所以当振荡器的相位变化时，频率也必然发生变化。因此相位稳定条件和频率稳定条件实质上是一回事。

图 5.4 所示以角频率为横坐标，选频网络的相移 φ_Z 为纵坐标，对应某一 Q 值的并联谐振回路的相频特性曲线。在相位平衡时，根据式(5-11)有

$$\varphi_Z = -(\varphi_Y + \varphi_F) = -\varphi_{YF} \qquad (\text{取 } n=0) \tag{5-15}$$

为了表示出平衡点，将纵坐标也用与 φ_Z 等值的 $-\varphi_{YF}$ 来标度。由图可知，如果振荡电路中 $\varphi_{YF}=0$，则只有 $\varphi_Z = 0$ 才能使式(5-15)成立，这就是说，振荡电路在并联谐振回路的固有谐振频率上满足了相位平衡条件而产生振荡。在一般情况下，$\varphi_{YF} \neq 0$，为了满足相位平衡条件，谐振回路必须提供数值相同但异号的相移。这时，在图中振荡频率 ω_c 处满足相位平衡条件，那么在 ω_c 处是否是稳定的呢？下面进行分析。

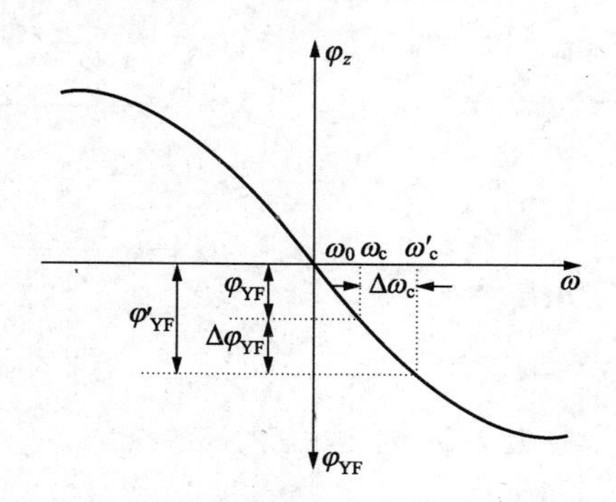

图 5.4 并联谐振回路的相频特性

若由于外界某种因素使振荡器相位发生了变化，例如由 φ_{YF} 增大到 φ'_{YF}，即产生了一个增量 $\Delta\varphi_{YF}$，从而破坏了原来工作于 ω_c 时的平衡条件。由于 $\Delta\varphi_{YF}>0$，且 $\omega = \mathrm{d}\varphi/\mathrm{d}t$，故引

起振荡频率的不断增加。振荡频率的增加，必然使得并联谐振回路的相移 φ_Z 减小，即引入 $-\Delta\varphi_Z$ 的变化。当变化到 $|-\Delta\varphi_Z| = \varphi_{YF}$ 时，则振荡器在 ω_c' 的频率上再一次达到平衡。但是新的稳定平衡点 $\omega_c' = \omega_c + \Delta\omega_c$ 毕竟还是偏离原来的平衡点。显然，这是为了抵消 $\Delta\varphi_{YF}$ 的存在必然出现的现象。反之，若外界因素去掉后，相当于在 φ_{YF}' 的基础上引入了一个 $-\Delta\varphi_{YF}$ 增量，调整过程与上述过程相反，则可返回原振荡频率 ω_c 的状态。

具备这样的调整过程是由并联谐振回路的相频特性的斜率为负所决定的，即

$$\left.\frac{\partial\varphi}{\partial\omega}\right|_{\omega=\omega_c} < 0 \tag{5-16}$$

式(5-16)就是振荡器的相位稳定条件。需要指出的是，在实际电路中，由于 φ_Y 和 φ_F 都很小，所以可以认为振荡频率主要由并联谐振回路的谐振频率所决定。另外由于并联谐振回路的相频特性正好具有负的斜率，所以说，*LC* 并联谐振回路不但是决定振荡频率的主要角色，而且是稳定振荡频率的机构。

5.3 *LC* 正弦波振荡器

以 *LC* 谐振回路作为选频网络的反馈振荡器统称为 *LC* 振荡器，它可以用来产生几十千赫到几百兆赫的正弦波信号。*LC* 振荡器按反馈网络结构不同，可分为互感耦合和三点式两大类。本节介绍以晶体管作为放大器，以 *LC* 分立元件作为选频网络的 *LC* 振荡器。其中晶体管也可以替换成场效应管，工作原理基本相同。

5.3.1 互感耦合振荡器

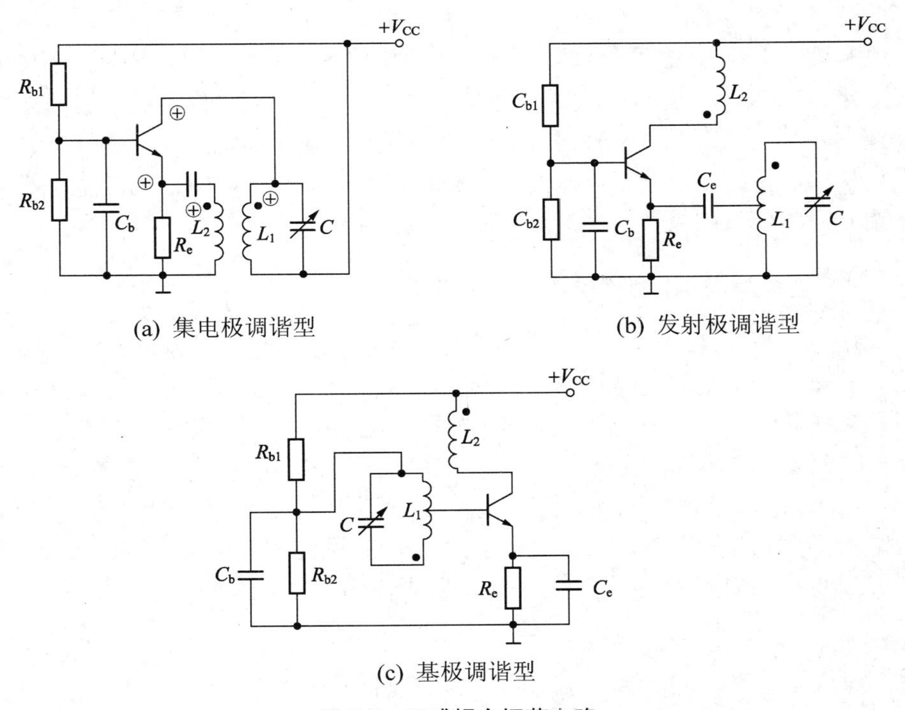

(a) 集电极调谐型

(b) 发射极调谐型

(c) 基极调谐型

图 5.5 互感耦合振荡电路

互感耦合按 LC 谐振回路和按接入晶体管电极不同有如图 5.5 所示的几种基本电路形式。图 5.5(a)中谐振回路接于集电极电路内，称为集电极调谐型；图 5.5(b)、(c)中谐振回路分别接于发射极和基极电路内，故分别称为发射极调谐型和基极调谐型。各种互感偶合振荡器的原理都是相同的，在上节已作过介绍，这里不在赘述，只补充以下几点：

(1) 因为互感耦合振荡器能否满足相位条件，取决于线圈 L_1 和 L_2 之间的极性，所以要特别注意图 5.5 中耦合线圈 L_1、L_2 同名端的正确位置，以保证电路构成正反馈。

(2) 为了满足振幅起振条件，可通过设计合适的耦合线圈匝数，以及合理调节耦合系数 M 的大小。这样，不但可使互感耦合振荡器容易起振，而且可使晶体管获得最佳负载阻抗并获得较大的信号输出。

(3) 可利用相位平衡条件求得振荡频率的大小。互感耦合振荡器的振荡频率取决于谐振回路的参数，当谐振回路有载品质因数 Q_L 足够高时，振荡频率 f_0 近似等于谐振回路的谐振频率，即

$$f_0 \approx \frac{1}{2\pi\sqrt{LC}} \tag{5-17}$$

(4) 由于互感耦合振荡器中互感耦合元件的分布电容和漏感的存在，而限制了其振荡频率及稳定度的提高。另外，因高次谐波的感抗大，故取自变压器次极的反馈电压中高次谐波振幅较大，所以导致输出振荡信号中高次谐波分量较大，波形不理想。互感耦合振荡器只适合于工作频率不太高的中、短波段。

(5) 由于晶体管基极和发射极之间的输入阻抗比较低，为了不过多地影响回路的 Q 值，故在图 5.5(b)、(c)中，晶体管与谐振回路都采用部分耦合。

【例 5.2】 判断图 5.5(a)集电极调谐型互感耦合振荡器能否正常工作。

解： 判断互感耦合振荡器能否正常工作，通常是以能否满足相位平衡条件，即是否构成正反馈为判断准则。判断方法是采用瞬时极性法。如图 5.5(a)所示，因为是共基极放大，反馈信号从发射极 e 输入。设反馈输入交流信号电压瞬时对地为高电位，由于同相放大，集电极 c 对地瞬时电压也为高电位，通过互感耦合，L_2 同名端对地也为高电位，再通过耦合电容加至发射极 e，正好与原信号电压同相，满足正反馈，即有可能产生振荡。若同名端改变，则反馈回来的信号构成负反馈，不可能产生振荡。

5.3.2　*LC* 三点式振荡器相位平衡条件的判断准则

三点式振荡器是指 LC 回路的三个端点与晶体管的三个电极分别连接而组成的一种振荡器。三点式振荡器电路用电容耦合或自耦变压器耦合代替互感耦合，可以克服互感耦合振荡器振荡频率低的缺点，是一种广泛应用的振荡电路，其工作频率可达到几百兆赫。

三点式振荡器原理电路如图 5.6 所示。其中，X_{be}、X_{ce} 和 X_{bc} 均为电抗元件。由图 5.6 可以看出，X_{be}、X_{ce} 和 X_{bc} 构成了决定振荡频率的并联谐振回路，同时也构成了正反馈所需的反馈网络。下面就分析在满足相位平衡条件时，LC 回路中三个电抗元件应具有的性质。

假定 LC 回路由纯电抗元件组成，并令回路电流为 $\dot{I}$，由图 5.6 可得

$$\dot{U}_f = j\dot{I}X_{be} \qquad \dot{U}_c = -j\dot{I}X_{ce}$$

为使 $\dot{U}_f$ 与 $\dot{U}_c$ 反相，必须要求 X_{be} 和 X_{ce} 为性质相同的电抗元件。

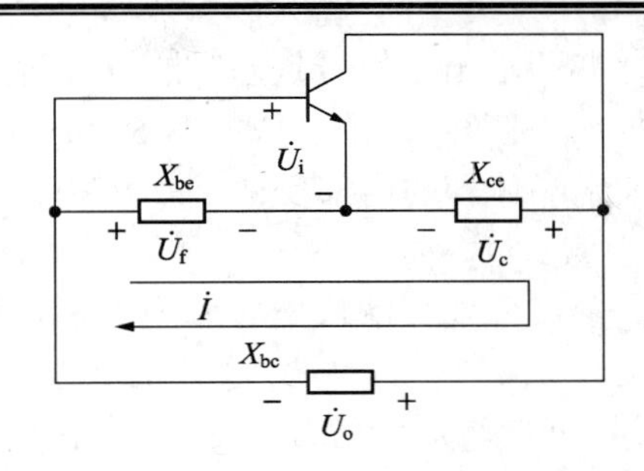

图 5.6　三点式振荡器原理电路

另一方面，在不考虑晶体管电抗效应的情况下，振荡频率近似等于回路的谐振频率。那么，在回路处于谐振状态时，回路呈纯阻性，有

$$X_{be} + X_{ce} + X_{bc} = 0 \tag{5-18}$$

由上式可见，X_{bc} 必须与 X_{be} (X_{ce})为性质相反的电抗元件。

综上所述，三点式振荡器构成的一般原则可归纳为：X_{be} 和 X_{ce} 的电抗性质必须相同，X_{bc} 与 X_{be}、X_{ce} 的电抗性质必须相异。为便于记忆，我们再进一步将三点式振荡器构成的一般原则简述为："射同它异"，即连接于晶体管射极的两个电抗元件性质必须是相同的，而连接于晶体管基极和集电极的那个电抗元件性质必须是相异的。同样，对于由场效应管或运算放大器构成三点式振荡器的一般原则也可简述为："源(指源极)同它异"或"射同(指同相端)它异"。

如果与发射极相连的两个电抗元件同为电容时的三点式振荡器，则称为电容三点式振荡器；如果与发射极相连的两个电抗元件同为电感时的三点式振荡器，则称为电感三点式振荡器。

5.3.3　电容三点式振荡器

电容三点式振荡器又称为考毕兹(Colpitts)振荡器，其原理电路如图 5.7(a)所示。图中 R_{b1}、R_{b2}、R_e 组成分压式偏置电路；C_e 为旁路电容；C_b、C_c 为隔直流电容；L_c 为高频扼流圈，其作用是为了避免高频信号被旁路，而且为晶体管集电极构成直流通路；L 和 C_1、C_2 组成振荡回路，作为晶体管放大器的负载阻抗。图 5.7(b)是它的交流等效电路。在这个电路中，电容 C_1 相当于图 5.7 中的 X_{ce}，C_2 相当于 X_{be}，而电感相当于 X_{bc}，故它符合三点式振荡器的组成原则。

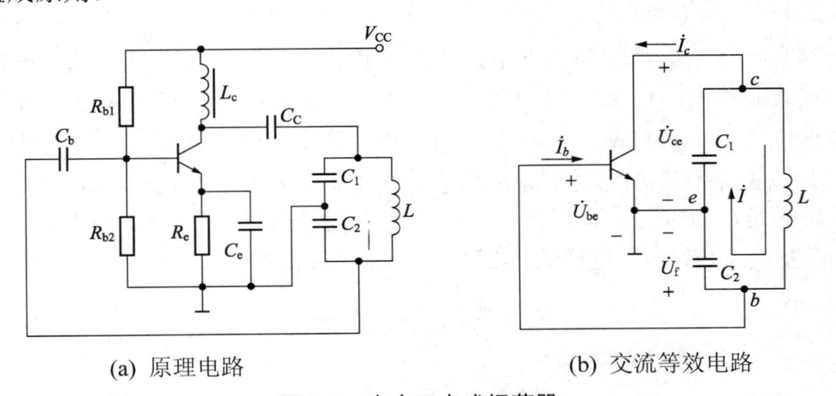

(a) 原理电路　　(b) 交流等效电路

图 5.7　电容三点式振荡器

下面再来分析起振条件，亦即求出小信号状态时的放大倍数 A_0 和反馈系数 F，看它们的乘积是否大于 1。为分析方便，把图 5.7 改画成如图 5.8(a)所示的小信号高频微变等效电路。因为外部的反馈作用远大于晶体管的内部反馈，故可忽略晶体管 y_{re} 参数的影响。等效电导 g_p 代表回路线圈损耗和负载。

将图 5.8(a)中的 y_{ie} 和 y_{oe} 参数分别分解成电容和电导后，得到如图 5.8(b)所示的等效电路。

将图 5.8(b)中的 g_{ie} 折算到 c-e 两端后的值为 $p^2 g_{ie}$，其中 $p = C_1'/C_2'$，而 C_1'，C_2' 的值分别为 $C_1' = C_1 + C_{oe}$，$C_2' = C_2 + C_{ie}$；再将 g_p 折算到 c-e 两端后的值为 $g_p' = g_p / p_1^2$，其中 $p_1 = C_2' / (C_1' + C_2')$ 是回路接入系数，C_{oe} 为晶体管输出电容，C_{ie} 为晶体管输入电容。图 5.8(c)是简化后的等效电路。其中，$g_\Sigma = g_p' + g_{oe} + p^2 g_{ie}$。

由图 5.8(c)可得小信号时的电压增益 $\dot{A}_0$ 为

$$\dot{A}_0 = \frac{\dot{U}_{ce}}{\dot{U}_{be}} = -\frac{y_{fe}}{g_\Sigma} \tag{5-19}$$

电路的反馈系数 $\dot{F}$ 为(忽略各个 g 的影响)

$$\dot{F} = \frac{\dot{U}_f}{\dot{U}_{ce}} = \frac{\dot{I}\dfrac{1}{j\omega C_2'}}{-\dot{I}\dfrac{1}{j\omega C_1'}} = -\frac{C_1'}{C_2'} \tag{5-20}$$

由此可得振荡器振幅起振条件为

$$A_0 F = \left|\dot{A}_0 \dot{F}\right| = \frac{|y_{fe}|}{g_\Sigma} \cdot \frac{C_1'}{C_2'} > 1 \tag{5-21}$$

因此可求得所需晶体管的 $|y_{fe}|$ 为

$$\begin{aligned} |y_{fe}| &> \frac{1}{F} g_\Sigma \\ &= \frac{1}{F}\left(g_{oe} + g_p' + p^2 g_{ie}\right) \\ &= \frac{1}{F}\left(g_{oe} + g_p'\right) + F g_{ie} \end{aligned} \tag{5-22}$$

由式(5-22)右端端第一项可以看出，F 越大，越容易起振。从第二项可以看出，g_{ie} 和 F 越大，越不容易起振。这是因为反馈电路不仅把输出电压的一部分送回输入端产生振荡，而且把晶体管的输入电阻也反映到 LC 回路两端，F 越大，使等效负载电导 g_Σ 越大，放大倍数也就越小，导致不易起振。另外，F 的大小，还影响波形的好坏，F 过大会使振荡波形的非线性失真变得严重，因此通常 F 都选得较小，大约在 0.1~0.5 之间。

需要指出的是，当振荡频率较低时，可以略去管子正向传输导纳的相移，y_{fe} 可近似等于 g_m (同时略去 $r_{bb'}$ 的影响)。这样式(5-22)又可近似写为

$$g_m > \frac{1}{F}\left(g_{oe} + g_p'\right) + F g_{ie} \tag{5-23}$$

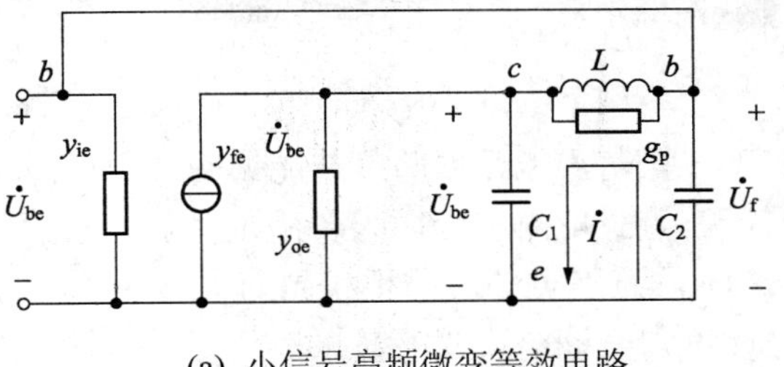

(a) 小信号高频微变等效电路

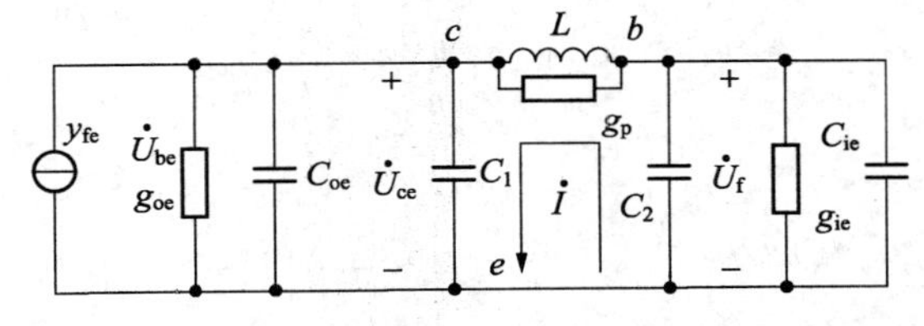

(b) 图(a)中 y_{ie} 与 y_{oe} 被分解后的等效电路

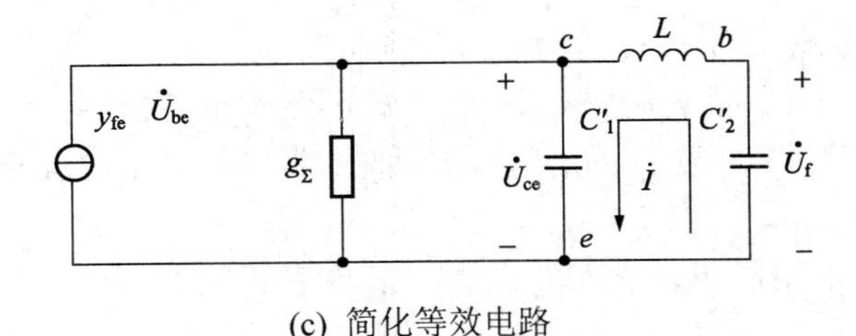

(c) 简化等效电路

图 5.8　小信号高频微变等效电路

最后分析此电路的振荡频率。为了保证相位平衡条件，振荡器的振荡频率基本上等于谐振回路的谐振频率，即

$$f_0 \approx \frac{1}{2\pi\sqrt{LC_\Sigma}} \tag{5-24}$$

式中，$C_\Sigma = C_1'C_2'/(C_1'+C_2')$。

如果考虑各电导值的影响，实际振荡频率 $f_c > f_0$，只不过差值不大，通常就用 f_0 近似代替计算。

【例 5.3】 在图 5.9 所示振荡器交流等效电路中，三个 LC 并联回路的谐振频率分别是：f_{01}、f_{02} 和 f_{03}，且设有下列四种情况：

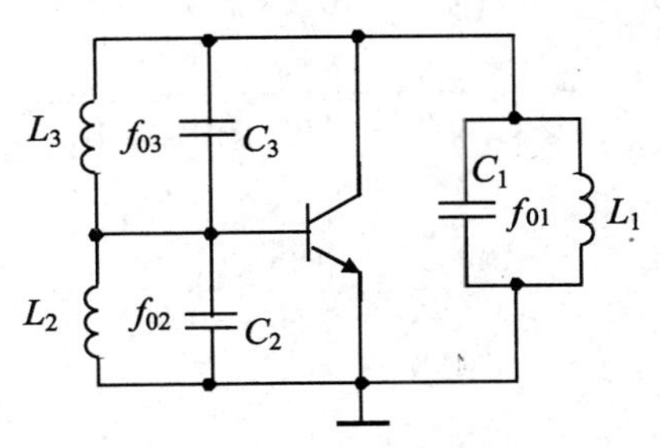

图 5.9　例 5.3 电路图

① $L_1C_1 < L_2C_2 < L_3C_3$　　② $L_1C_1 > L_2C_2 > L_3C_3$

③ $L_1C_1 < L_2C_2 = L_3C_3$　　④ $L_1C_1 = L_2C_2 > L_3C_3$

试分析上述四种情况下，振荡器能否振荡？若能振荡，则振荡频率 f_0 是多少？

解：由图可见，该电路属于三点式电路，因此只要满足“射同它异”的原则，即可振荡。即要让 L_1、C_1 回路与 L_2、C_2 回路在振荡时呈现相同的电抗性质，而 L_3、C_3 回路在振荡时呈现不同的电抗性质。由此可知，该电路要能够振荡，三个并联回路的谐振频率必须满足

$$f_{03} > f_{01}，且\ f_{03} > f_{02}$$

或满足

$$f_{03} < f_{01}，且\ f_{03} < f_{02}$$

所以

① $L_1C_1 < L_2C_2 < L_3C_3$ 对应 $f_{01} > f_{02} > f_{03}$，故电路可能振荡，属于电感三点式振荡器，此时振荡频率 f_0 满足 $f_{01} > f_{02} > f_0 > f_{03}$；

② $L_1C_1 > L_2C_2 > L_3C_3$ 对应 $f_{01} < f_{02} < f_{03}$，故电路可能振荡，属于电容三点式振荡器，此时振荡频率 f_0 满足 $f_{01} < f_{02} < f_0 < f_{03}$；

③ $L_1C_1 < L_2C_2 = L_3C_3$ 对应 $f_{01} > f_{02} = f_{03}$，故电路不可能振荡；

④ $L_1C_1 = L_2C_2 > L_3C_3$ 对应 $f_{01} = f_{02} < f_{03}$，故电路可能振荡，属于电容三点式振荡器，此时振荡频率 f_0 满足 $f_{01} = f_{02} < f_0 < f_{03}$。

在电路能够振荡的情况下，它们的振荡频率 f_0 表达式均为

$$f_0 = \frac{1}{2\pi\sqrt{L_\Sigma C_\Sigma}}$$

式中，$L_\Sigma = \dfrac{L_1(L_2 + L_3)}{L_1 + L_2 + L_3}$　　$C_\Sigma = C_1 + \dfrac{C_2C_3}{C_2 + C_3}$

【例 5.4】 电容三点式振荡电路如图 5.7 所示。已知回路参数 C_1=36pF，C_2=680pF，L=2.5μH，Q_0=100，晶体管参数 g_{oe}=1mS，g_{ie}=0.5mS，C_{oe}=4.3pF，C_{ie}=41pF。试求该振荡器的振荡频率 f_0、反馈系数 F 以及为满足起振条件所需的 $|y_{fe}|$。

解：(1)求 f_0：

$$C_1' = C_1 + C_{oe} = 36 + 4.3 = 40.3\text{pF}$$

$$C_2' = C_2 + C_{ie} = 480 + 4.3 = 721\text{pF}$$

$$C_\Sigma = \frac{C_1'C_2'}{C_1' + C_2'} = \frac{40.3 \times 721}{40.3 + 721} \approx 38.2\text{pF}$$

$$f_0 \approx \frac{1}{2\pi\sqrt{LC_\Sigma}} = \frac{1}{2 \times 3.14\sqrt{2.5 \times 10^{-6} \times 38.2 \times 10^{-12}}} \approx 16.3\text{MHz}$$

(2) 求 F：

$$F = \frac{C_1'}{C_2'} = \frac{40.3}{721} \approx \frac{1}{18}$$

(3) 求起振条件：

谐振回路本身的谐振电阻为

$$R_p = Q_0\sqrt{\frac{L}{C_\Sigma}} = 100\times\sqrt{\frac{2.5\times10^{-6}}{38.2\times10^{-12}}} \approx 25.6\text{k}\Omega$$

$$g_p = 1/R_p = 1/25.6 = 39\mu\text{S}$$

将 g_p 折算到 c-e 端时的接入系数为

$$p_1 = C_2'/(C_1'+C_2') = 721/(40.3+721) = 0.95$$

因而 g_p 的折算值为

$$g_p' = g_p/p_1^2 = 39/0.95^2 = 43\mu\text{S}$$

利用式(5-22)可得

$$|y_{fe}| > \frac{1}{F}(g_{oe}+g_p') + Fg_{ie}$$

$$= 18\times(1+43\times10^{-3}) + \frac{1}{18}\times0.5 \approx 18.8\text{mS}$$

5.3.4 克拉泼和西勒振荡器

由式(5-23)可知，电容三点式振荡器的振荡频率不仅与谐振回路的 LC 元件值有关，而且还与晶体管的输入电容 C_i 以及输出电容 C_o 有关。当工作环境改变或更换管子时，振荡频率及其稳定性就要受到影响。

如何减小 C_i 和 C_o 的影响，以提高频率稳定度呢？表面看来，加大回路电容 C_1 和 C_2 的电容量，可以减弱由于 C_i 和 C_o 的变化对振荡频率的影响。但是，如果过分加大 C_1 和 C_2 的值，必然要大幅度减小 L 的值(因为要维持振荡频率不变)，这就导致了回路 Q 值下降，振荡幅度下降，甚至会使振荡器停振，为此，需要对电容三点式振荡电路进行改进。下面介绍两种常见的改进型电路：克拉泼振荡器和西勒振荡器。

1. 克拉泼振荡器

图 5.10(a)为克拉泼振荡器原理电路，(b)为其交流等效电路。它的特点是在前述的电容三点式振荡电路的谐振回路电感支路中增加了一个电容 C_3，其取值比较小，要求 $C_3 \ll C_1$，$C_3 \ll C_2$。

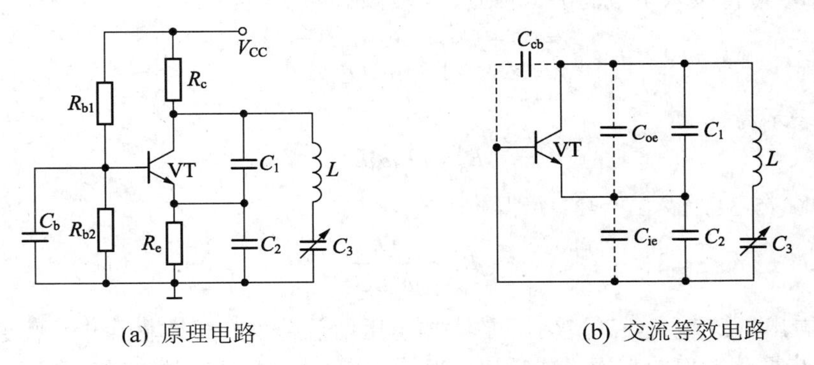

(a) 原理电路　　(b) 交流等效电路

图 5.10 克拉泼振荡器

先不考虑各极间电容的影响，这时谐振回路的总电容量 C_Σ 为 C_1、C_2 和 C_3 的串联，即

$$C_{\Sigma} = \frac{1}{\frac{1}{C_1} + \frac{1}{C_2} + \frac{1}{C_3}} \approx C_3 \tag{5-25}$$

于是，振荡频率为

$$f_0 \approx \frac{1}{2\pi\sqrt{LC_{\Sigma}}} \approx \frac{1}{2\pi\sqrt{LC_3}} \tag{5-26}$$

由此可见，C_1、C_2对振荡频率的影响显著减小，那么与C_1、C_2并接的晶体管极间电容的影响也就很小了，提高了振荡频率的稳定度。

使式(5-26)成立的条件是C_1和C_2都要选得比较大。但C_1和C_2是否越大越好呢？为了说明这个问题，我们从分析回路谐振阻抗入手。

如图5.11所示，谐振回路的谐振电阻$R_{\rm p}$折算到晶体管c-e端的电阻$R'_{\rm p}$为

$$R'_{\rm p} = p^2 R_{\rm p} \tag{5-27}$$

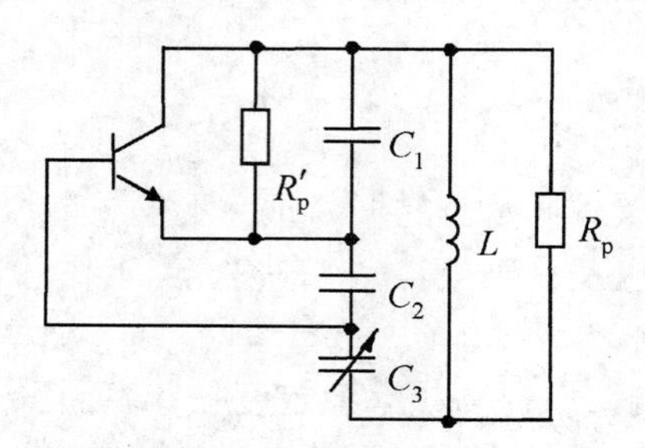

图5.11　谐振电阻折算示意图

式中，p为接入系数，其值为

$$p = \frac{C_2 C_3}{C_2 + C_3} \bigg/ \left(C_1 + \frac{C_2 C_3}{C_2 + C_3} \right) \tag{5-28}$$

因为$C_3 \ll C_2$，$C_3 \ll C_1$，故接入系数p可近似为

$$p \approx \frac{C_3}{C_1} \tag{5-29}$$

结合式(5-26)，可得接入系数的另一种表达形式为

$$p \approx \frac{C_3}{C_1} = \frac{1}{\omega_0^2 L C_1} \tag{5-30}$$

谐振阻抗可表示为

$$R_{\rm p} = Q_{\rm L} \omega_0 L \tag{5-31}$$

将式(5-30)和式(5-31)代入式(5-27)，得

$$R'_{\rm p} \approx \frac{Q_{\rm L}}{\omega_0^3 L C_1^2} \tag{5-32}$$

由上式看出，C_1越大，$R'_{\rm p}$越小，放大器电压增益越小，振荡输出电压幅度就越小。还可看出，$R'_{\rm p}$与振荡频率的三次方成反比，当减小C_3以提高振荡频率时，$R'_{\rm p}$的值急剧下降，振荡幅度显著下降，甚至会停振。另外，$R'_{\rm p}$与回路的Q值成正比，因而提高Q值有利于起振和提高振荡幅度。

综上所述，克拉泼振荡器虽然可以提高频率稳定度，但存在以下缺点：

① C_1、C_2 如果过大，则振荡幅度就太低。

② 当减小 C_3 以提高振荡频率时，振荡幅度显著下降；当 C_3 减小到一定程度时，可能停振。因此限制了振荡频率的提高。

③ 用作频率可调的波段振荡器时，振荡幅度随频率增加而下降，即在波段范围内输出信号的幅度是不平稳的。所以克拉泼振荡器只能用作固定频率振荡器或波段覆盖系数较小的可变频率振荡器。一般克拉泼振荡器的波段覆盖系数为 1.2~1.3。

2. 西勒振荡器

图 5.12 是另一种改进型的电容三点式振荡器，称为西勒振荡器。它可以认为是克拉泼电路的改进电路。其主要特点就是在回路电感 L 两端并联了一个可变电容 C_4，而 C_3 为固定值的电容器，且满足 C_1、C_2 远大于 C_3，C_1、C_2 远大于 C_4，所以回路的总等效电容为

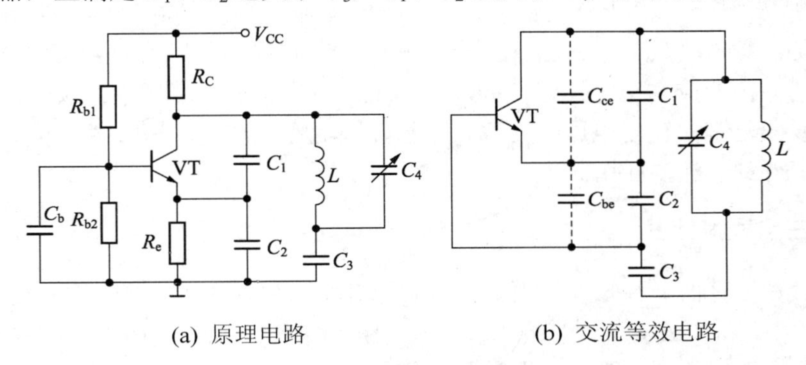

(a) 原理电路　　(b) 交流等效电路

图 5.12　西勒振荡器

$$C_\Sigma = C_4 + \frac{1}{\dfrac{1}{C_1} + \dfrac{1}{C_2} + \dfrac{1}{C_3}} \approx C_3 + C_4 \tag{5-33}$$

所以振荡频率

$$f_0 \approx \frac{1}{2\pi\sqrt{LC_\Sigma}} \approx \frac{1}{2\pi\sqrt{L(C_3 + C_4)}} \tag{5-34}$$

类似地，折算到晶体管输出端的谐振电阻 R'_p 为

$$R'_p = p^2 R_p$$

不难求得接入系数 p 的值，仍为

$$p = \frac{C_2 C_3}{C_2 + C_3} \Bigg/ \left(C_1 + \frac{C_2 C_3}{C_2 + C_3} \right) \approx \frac{C_3}{C_1} \tag{5-35}$$

可见，p 与可变电容 C_4 无关，即当调节 C_4 来改变振荡频率时，p 不变。

同样，把 R'_p 折算到 c-e 端的另一种表示式为

$$R'_p = p^2 Q_L \omega_0 L \tag{5-36}$$

由式(5-35)和式(5-36)可知，当改变 C_4 时，p、L、Q 都是常数，则 R'_p 仅随 ω_0 一次方增长，易于起振，振荡幅度增加，使在波段范围内输出电压幅度比较平稳。因此，西勒电路

可用作波段振荡器，其波段覆盖系数较大，可达 1.6~1.8。

在本电路中，C_3 的大小对电路性能有很大影响。因为频率是靠调节 C_4 来改变的，所以 C_3 不能选得过大，否则振荡频率主要由 C_3 和 L 决定，因而将限制频率调节的范围。此外，C_3 过大也不利于消除晶体管极间电容的影响。反之，如果 C_3 选得太小，则使接入系数 p 降低，振荡幅度就比较小了。在一些短波通信机里，可变电容 C_4 常在 20~360 pF 范围内选取，而 C_3 约在一二百皮法的数量级。

另外，在设计西勒振荡器时，L 和 C_1~C_4 的值可以根据式(5-33)计算得出，不过存在着无数种 L 和 C 值的组合，而且如果 L 与 C_Σ 的比值 L/C_Σ 太小的话，在低频下将难以振荡。实际上，特性阻抗 $\sqrt{L/C_\Sigma}$ 关系到振荡的难易程度。有大致的标准用来确定电感值，即振荡频率为 1MHz 时，L 在 $10\mu H$ 以上，10MHz 时，L 大于 $1\mu H$。另外需要注意的是 C_1、C_2 的值及它们的比值 C_2/C_1。因为 C_1、C_2 的大小以及它们的比值控制着谐振电阻 R'_p 的大小。如果 C_2/C_1 太小，则 R'_p 变大，使电路的振幅增大，波形就会受限制，同时也会增加输出波形中的高次谐波。反之，如果 C_2/C_1 太大，导致 R'_p 变小，不能够完全补偿振荡电路的损耗而停振。

由于西勒振荡器频率稳定性好，振荡频率可以较高，做可变频率振荡器时其波段覆盖系数较大，波段范围内输出电压幅度比较平稳，因此在短波、超短波通信机、电视接收机等高频设备中得到广泛的应用。

5.3.5 电感三点式振荡器

电感三点式振荡器又称哈特莱振荡器，其原理电路如图 5.13(a)所示，图(b)是其交流等效电路。图(a)中，R_{b1}、R_{b2} 和 R_e 为分压式偏置电阻；C_b 和 C_e 分别为隔直流电容和旁路电容；L_1、L_2 和 C 组成并联谐振回路，作为集电极交流负载，其中 L_1 相当于图 5.6 中的 X_{be}，L_2 相当于 X_{ce}，C 相当于 X_{bc}，谐振回路的三个端点分别与晶体管的三个电极相连，符合三点式振荡器的组成原则。由于反馈信号 $\dot{U}_f$ 由电感线圈 L_2 取得，故称为电感反馈三点式振荡器。

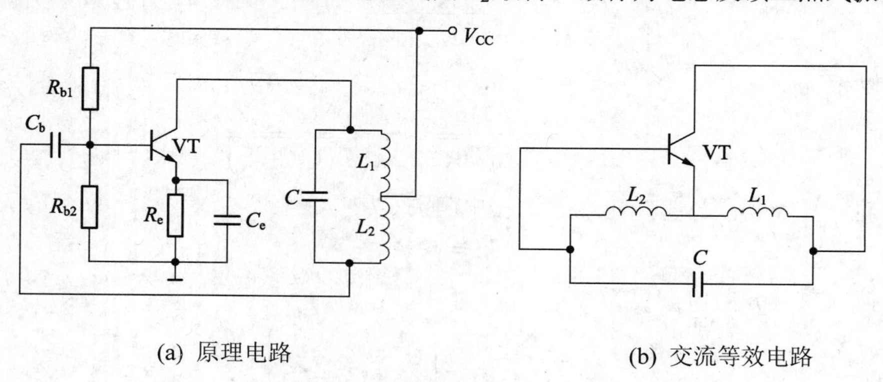

(a) 原理电路　　(b) 交流等效电路

图 5.13 电感三点式振荡器

采用与电容三点式振荡电路相似的方法可求得起振条件的公式为

$$|y_{fe}| > \frac{1}{F}\left(g_{oe} + g'_p\right) + Fg_{ie} \tag{5-37}$$

式中，各符号的含义仍与考毕兹振荡器相同，只是反馈系数 F 的表达式有所不同，即

$$F = \frac{L_2 + M}{L_1 + M} \tag{5-38}$$

当线圈绕在封闭瓷芯的瓷环上时，线圈两部分的耦合系数接近于 1，反馈系数 F 近似等于两线圈的匝数比，即 $F=N_2/N_1$。

振荡频率可近似为

$$f_0 \approx \frac{1}{2\pi\sqrt{LC}} = \frac{1}{2\pi\sqrt{\left(L_1 + L_2 + 2M\right)C}} \tag{5-39}$$

若考虑 g_{oe}、g_{ie} 的影响时，满足相位平衡条件的振荡频率值为

$$f_0 \approx \frac{1}{2\pi\sqrt{LC + \left(g_{oe} + g_p'\right)g_{ie}\left(L_1L_2 - M^2\right)}} \tag{5-40}$$

式中，$L=L_1+L_2+2M$。

由式(5-40)可见，电感三点式振荡器的振荡频率要比式 (5-39) 所示的频率值稍低一些，g_{oe}、g_{ie} 越大，耦合越松，偏低得越明显。

下面对电容三点式振荡器和电感三点式振荡器作一比较。

① 电容三点式振荡器的反馈电压取自反馈电容 C_2，二电容对晶体管非线性特性产生的高次谐波呈现低阻抗，所以反馈电压中高次谐波分量很小，因而振荡波形更接近于正弦波。另外，晶体管的输入、输出电容同回路电容并联，为了减小它们对振荡频率的影响，可适当增加回路电容的值，以提高频率稳定度。在振荡频率较高时，有时可不用回路电容，直接利用晶体管的输入、输出电容构成振荡电容，因此它的工作频率较高，一般可达数百兆赫，在超高频三极管振荡器中，常采用这种电路。它的缺点是反馈系数与回路电容有关，如果用改变电容的方法来调整振荡频率，必将改变反馈系数，从而有可能影响起振。

② 电感三点式振荡器的反馈电压取自反馈电感 L_2，对高次谐波呈现高阻抗，因而反馈电压中高次谐波分量较多，输出波形不太好。另外由于晶体管极间电容与 L_1、L_2 并联，当频率高时，极间电容影响加大，可能使支路电抗性质改变，从而不能满足相位平衡条件，所以，电感三点式振荡器振荡的最高频率较低，一般最高只达几十兆赫。它的优点是只用一只可变电容就可容易地调节振荡频率，在一些仪器中，如高频信号发生器，常用此电路制作频率可调节的振荡器。

5.4　振荡器的频率稳定度

一个振荡器除了它的输出信号要满足一定的幅度和频率外，还必须保证输出信号的幅度和频率的稳定，而频率稳定度更为重要。

5.4.1　频率准确度和频率稳定度

评价振荡器频率的主要指标有两个，即准确度和稳定度。

所谓频率准确度是指振荡器实际工作频率 f 与标称频率 f_0 之间的偏差，即

$$\Delta f = f - f_0 \tag{5-41}$$

为了合理评价不同标称频率下振荡器的频率偏差，频率准确度也常用其相对值来表示，即

$$\frac{\Delta f}{f_0}=\frac{f-f_0}{f_0} \tag{5-42}$$

频率稳定度通常定义为在一定时间间隔内，振荡器频率的相对偏差的最大值。用公式表示为

$$频率稳定度=\Delta f_{max}/f_0\,|_{时间间隔} \tag{5-43}$$

按照时间间隔长短不同，通常可分为下面三种频率稳定度。

长期频率稳定度：一般指一天以上乃至几个月内振荡频率的相对变化量。这种变化量主要取决于有源器件、电路元件的老化特性。

短期频率稳定度：一般指一天以内振荡频率的相对变化量，它主要与温度、电源电压变化和电路参数不稳定因素有关。

瞬时频率稳定度：一般指秒或毫秒内振荡频率的相对变化量。这种频率变化一般都具有随机性质并伴随着相位的随机变化，这些变化均由设备内部噪声或各种突发性干扰所引起。

以上三种频率稳定度的划分并没有严格的界限，但这种大致的区分还是有一定实际意义的。因为人们更多的是注意短期频率稳定度的提高问题，所以通常所讲的频率稳定度，一般是指短期频率稳定度。

对振荡频率稳定度的要求视振荡器的用途不同而不同。例如一般 LC 振荡器为 10^{-3}～10^{-4}，克拉泼振荡器和西勒振荡器为 10^{-4}～10^{-5}，一般的中波广播电台发射机为 10^{-5} 数量级；电视发射机为 10^{-7} 数量级，普通信号发生器为 10^{-4}～10^{-5} 数量级，精密信号发生器则要求达到 10^{-7}～10^{-9} 数量级，移动式短波通信机约为 10^{-4}～10^{-5} 数量级，单边带通信机优于 10^{-6} 数量级。

5.4.2　提高频率稳定度的措施

由前面分析可知，LC 振荡器振荡频率主要取决于谐振回路的参数，也与其他电路元器件参数有关。因此，任何能够引起这些参数变化的因素，都将导致振荡频率的不稳定。这些因素有外界的和电路本身的两个方面。其中，外界因素包括：温度变化、电源电压变化、负载阻抗变化、机械振动、湿度和气压的变化、外界磁场感应等。这些外界因素的影响，一是改变振荡回路元件参数和品质因数；二是改变晶体管及其他电路元件参数，而使振荡频率发生变化的。因此要提高振荡频率的外界因素稳定度可以从两方面入手：一是尽可能减小外界因素的变化；二是尽可能提高振荡电路本身抵御外界因素变化影响的能力。

1. 减小外界因素的变化

减小外界因素变化的措施很多，例如为了减小温度变化对振荡频率的影响，可将整个振荡器或谐振回路置于恒温槽内，以保持温度的恒定；采用高稳定度直流稳压源来减小电源电压的波动而带来晶体管工作点电压、电流发生的变化；采用金属屏蔽罩减小外界磁场的变化而引起电感量的变化；采用减震器可减小由于机械振动而引起电感、电容值的变化；采用密封工艺来减小大气压力和湿度变化而带来电容器介电系数的变化；在负载和振荡器之间加一级射极跟随器作为缓冲可减小负载的变化等。

2. 提高谐振回路的标准性

所谓谐振回路的标准性是指谐振回路在外界因素变化时，保持其谐振频率不变的能力。回路标准性越高，频率稳定度就越好。实质上，提高谐振回路的标准性就是从振荡电路本身入手来提高频率的稳定度。可采用以下措施：

(1) 采用参数稳定的回路电感器和电容器。例如，采用在高频陶瓷骨架上绕渗银制成的温度系数小、损耗小、品质因数高的电感线圈；采用性能稳定的云母电容器、高频陶瓷电容器等。

(2) 采用温度补偿法。一般情况下电感具有正温度系数，而电容由于介电材料和结构的不同，其温度系数可正可负。因此，选择合适的具有不同温度系数的电感和电容，同时接入谐振回路，从而使因温度变化引起的电感和电容值的变化互相抵消，使回路总电抗量变化减小。

(3) 改进安装工艺。缩短引线、加强机械强度、牢固安装元器件和引线可减小分布电容和分布电感及其变化量。

(4) 采用固体谐振系统。例如采用石英谐振器代替由电感和电容构成的电磁谐振系统，不但频率稳定，而且体积小、耗电省。石英晶体振荡器将在 5.5 节中介绍。

(5) 减弱振荡管与谐振回路的耦合。晶体管对振荡频率的影响有两个方面：一方面是通过极间电容 C_{be}、C_{ce} 对 ω_0 的影响，从而直接影响振荡频率；另一方面是通过工作点及内部状态的变化，对 φ_A 和 φ_F 产生影响，从而间接影响振荡频率。减小极间电容影响的一种有效方法是减小晶体管和回路的耦合，即晶体管以部分接入的方式接入回路。前面介绍的克拉泼电路和西勒电路就是这样构成的。为减小 φ_A 和 φ_F 的变化，主要措施是稳定晶体管的工作点，因此振荡器通常采用稳压电源供电和设计稳定的偏置点。此外，减小 φ_A 和 φ_F 的绝对值也有重要意义，因为当 φ_A 和 φ_F 的绝对值小时，电流、电压、参数等变化所引起的 $\Delta(\varphi_A+\varphi_F)$ 的绝对值也小。另外还可以采用相位补偿的方法使振荡器的 $(\varphi_A+\varphi_F)$ 减小。

5.4.3 *LC* 振荡器的设计考虑

1. 振荡器电路选择

LC 振荡器一般工作在几百千赫至几百兆赫范围。振荡器线路主要根据工作的频率范围及波段宽度来选择。在短波范围，电感反馈振荡器、电容反馈振荡器都可以采用。在中、短波收音机中，为简化电路常用变压器反馈振荡器做本地振荡器。

2. 晶体管选择

从稳频的角度出发，应选择 f_T 较高的晶体管，这样晶体管内部相移较小。通常选择 $f_T>(3\sim10)f_{max}$。同时希望电流放大系数 β 大些，这既容易振荡，也便于减小晶体管和回路之间的耦合。

3. 直流馈电线路的选择

为保证振荡器起振的振幅条件，起始工作点应设置在线性放大区；从稳频出发，稳定状态应在截止区，而不应在饱和区，否则回路的有载品质因数 Q_L 将降低。所以，通常应将晶体管的静态偏置点设置在小电流区，电路应采用自偏压。

4. 振荡回路元件选择

从稳频出发，振荡回路中电容 C 应尽可能大，但 C 过大，不利于波段工作；电感 L 也应尽可能大，但 L 大后，体积大，分布电容大，L 过小，回路的品质因数过小，因此应合理地选择回路的 L、C。在短波范围，C 一般取几十皮法至几百皮法，L 一般取 0.1 微亨至几十微亨。

5. 反馈回路元件选择

由前述可知，为了保证振荡器有一定的稳定振幅以及容易起振，在静态工作点通常应按下式选择，即

$$A_0F = \frac{|y_f|}{g_\Sigma}F = 3 \sim 5$$

当静态工作点确定后，y_f 的值就一定，对于小功率晶体管可以近似为

$$y_f = g_m = \frac{I_{CQ}}{26\text{mV}}$$

反馈系数的大小应在下列范围选择，即

$$F = 0.1 \sim 0.5$$

5.5 石英晶体振荡器

以上所介绍的五种 LC 振荡器均是采用 LC 元件作为选频网络。由于 LC 元件的标准性较差，因而谐振回路的 Q 值较低，空载 Q 值一般不超过 300，有载 Q 值就更低，所以 LC 振荡器的频率稳定度不高，一般为10^{-3} 量级，即使是克拉泼电路和西勒电路也只能达到 $10^{-4} \sim 10^{-5}$ 量级。如果需要频率稳定度更高的振荡器，可以采用晶体振荡器。

将石英晶振作为高 Q 值谐振回路元件接入正反馈电路中，就组成了晶体振荡器。晶体振荡器的电路类型很多，但根据石英晶振在振荡器中的作用原理，晶体振荡器可分成两类：一类是将其作为等效电感元件用在三点式电路中，工作在感性区，称为并联型晶体振荡器；另一类是将其作为一个短路元件串接于正反馈支路上，工作在它的串联谐振频率上，称为串联型晶体振荡器。

5.5.1 并联谐振型晶体振荡器

并联型晶振电路的工作原理和一般三点式 LC 振荡器相同，只是把其中的一个电感元件用晶体置换。石英晶振可接在晶体管 c、b 极之间或 b、e 极之间，所组成的电路分别称为如图 5.14(a)所示的皮尔斯振荡电路和如图(b)所示的密勒振荡电路。

在实际应用中常用的是皮尔斯(Pierce)振荡电路。图 5.15(a)是典型的皮尔斯电路，图(b)是其交流等效电路，其中虚线框内是石英晶振的等效电路，且等效为电感。

由图 5.15 可以看出，皮尔斯电路类似于克拉泼电路，但由于石英晶振中 C_q 极小，Q_q 极高，所以皮尔斯电路具有以下一些特点：

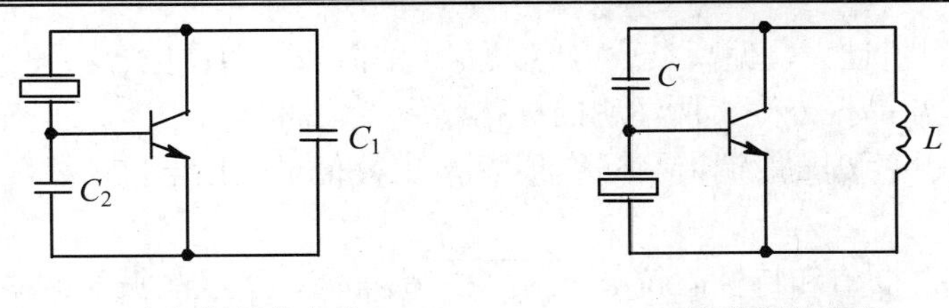

(a) 皮尔斯振荡电路　　(b) 密勒振荡电路

图 5.14　两种类型的并联型晶体振荡器原理电路

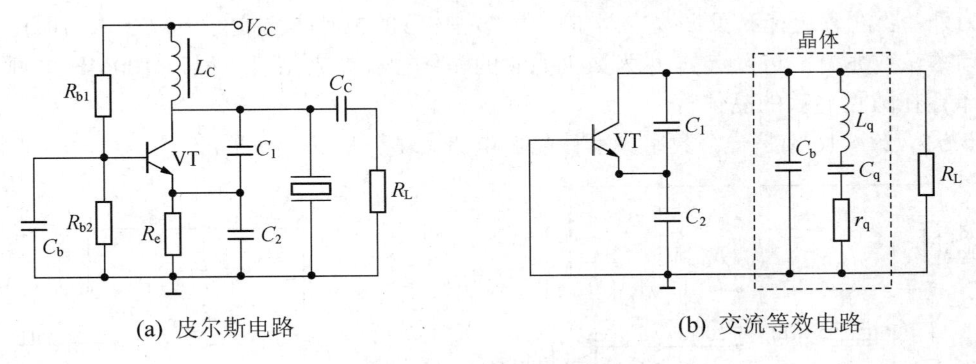

(a) 皮尔斯电路　　(b) 交流等效电路

图 5.15　皮尔斯振荡电路实例

(1) 振荡回路与晶体管、负载之间的耦合很弱。晶体管 c、b 端，c、e 端和 e、b 端的接入系数分别为

$$p_{cb}=\frac{C_q}{C_q+C_0+C_L}，\quad C_L=\frac{C_1C_2}{C_1+C_2} \tag{5-44}$$

$$p_{ce}=\frac{C_2}{C_1+C_2}p_{cb} \tag{5-45}$$

$$p_{eb}=\frac{C_1}{C_1+C_2}p_{cb} \tag{5-46}$$

以上三个接入系数一般均小于$10^{-4}\sim10^{-3}$，所以外电路中的不稳定参数对振荡回路影响很小，提高了回路的标准性。

(2) 振荡频率几乎由石英晶振的参数决定，而石英晶振本身的参数具有高度的稳定性。下面计算一下振荡器的振荡频率。

由图 5.15 可知，谐振回路的电感就是 L_q，而谐振回路的总电容 C_Σ 则由 C_q、C_0、C_1 和 C_2 组合而成。C_Σ 由下式决定，即

$$C_\Sigma=\frac{C_q\left(C_0+C_L\right)}{C_q+C_0+C_L} \tag{5-47}$$

所以振荡频率为

$$f_0=\frac{1}{2\pi\sqrt{L_q\dfrac{C_q\left(C_0+C_L\right)}{C_q+C_0+C_L}}}=f_s\sqrt{1+\frac{C_q}{C_0+C_L}} \tag{5-48}$$

式中，C_L 是和晶振两端并联的外电路各电容的等效值，即根据产品要求的负载电容。在实

际中，如果 C_1、C_2 值过大，偏离负载电容太多，则需加入微调电容，使得 C_L 等于负载电容，保证电路工作在晶振外壳上所注明的标称频率 f_N 上。

(3) 由于振荡频率 f_0 一般调谐在标称频率 f_N 上，位于晶振电抗曲线陡峭的感性区内，所以稳频性能极好。

(4) 由于晶振的 Q 值和特性阻抗 $\rho=\sqrt{L_q/C_q}$ 都很高，所以晶振的谐振电阻也很高，一般可达 $10^{10}\Omega$以上。这样即使外电路接入系数很小，此谐振电阻等效到晶体管输出端的阻抗仍很大，使晶体管的电压增益能满足振幅起振条件的要求。

另外，要注意选择石英振荡电路中所用的晶体管的原则(同样适合于 LC 振荡器)：如果振荡频率在数兆赫，可以选择 f_T 为数十兆赫的晶体管；如果振荡频率为 100MHz，那么应该选择 f_T 在数百兆赫的晶体管。

【例 5.5】 图 5.16(a)是一个数字频率计晶振电路，试分析其工作情况。

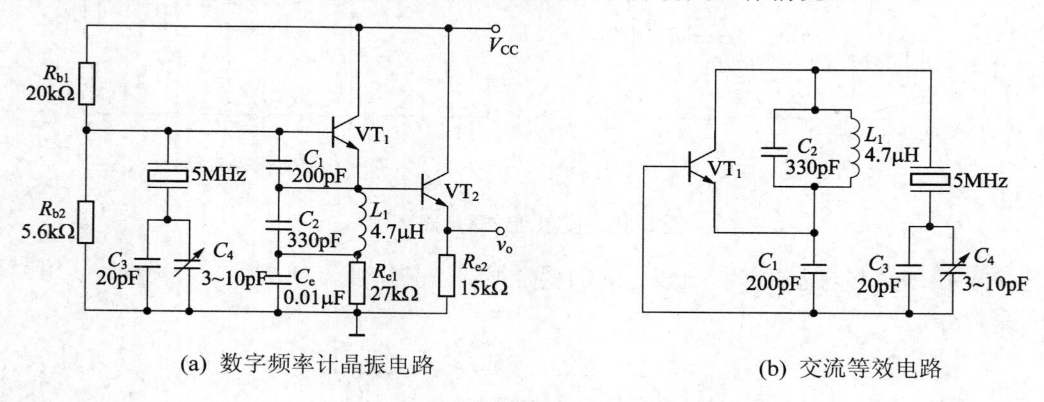

(a) 数字频率计晶振电路　　(b) 交流等效电路

图 5.16　例 5.5 图

解： 先画出 VT_1 管高频交流等效电路，如图(b)所示，0.01μF 电容较大，作为高频旁路电路，VT_2 管作射随器。由高频交流等效电路可以看到，VT_1 管的 c、e 极之间有一个 LC 回路，其谐振频率为

$$f_0=\frac{1}{2\times3.14\sqrt{4.7\times10^{-6}\times330\times10^{-12}}}\approx4.0\text{MHz}$$

所以在晶振工作频率 5MHz 处，此 LC 回路等效为一个电容。可见，这是一个皮尔斯振荡电路，晶体等效为电感，容量为 3~10pF 的可变电容起微调作用，使振荡器工作在晶振的标称频率 5MHz 上。

5.5.2　串联谐振型晶体振荡器

图 5.17(a)为实用的 5MHz 串联型晶体振荡电路，图(b)为交流等效电路。该电路的组成特点是，将石英晶振串接在电容三点式振荡电路的正反馈支路中。其工作原理是，当反馈信号的频率等于晶体的串联谐振频率时，石英晶振等效为短路元件，电路的反馈作用最强，满足振荡的相位和振幅条件而产生振荡；当偏离晶振的串联谐振频率时，石英晶振阻抗迅速增大并产生较大的相移，振荡条件不能满足而不能产生振荡。由此可见，这种振荡器的振荡频率受石英晶振串联谐振频率的控制，因而具有很高的频率稳定度。实际振荡频率稍

高于 f_s，使石英晶振等效为电感。为了减小 L、C_1、C_2 回路对频率稳定度的影响，要求将该回路调谐在石英晶振的串联谐振频率附近。

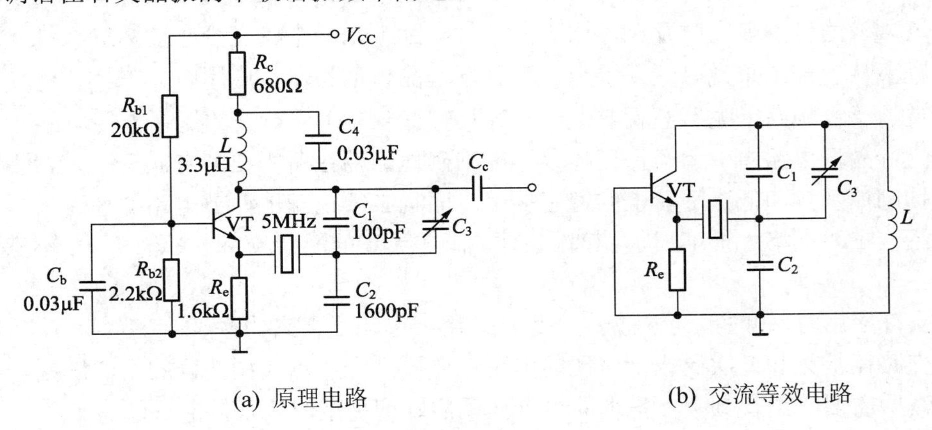

(a) 原理电路　　(b) 交流等效电路

图 5.17　串联型晶体振荡电路

5.5.3　密勒(Miller)振荡电路

图 5.18(a)是场效应管密勒振荡电路，图 5.18(b)是其高频交流等效电路。石英晶体作为电感元件接在栅极和源极之间，LC 并联谐振频率点等效为电感，作为另一电感元件连接在漏极和源极之间，漏极和栅极之间的极间电容 C_{gd} 作为构成电感三点式电路中的电容元件。由于 C_{gd} 又称为密勒电容，故此电路有密勒振荡电路之称。

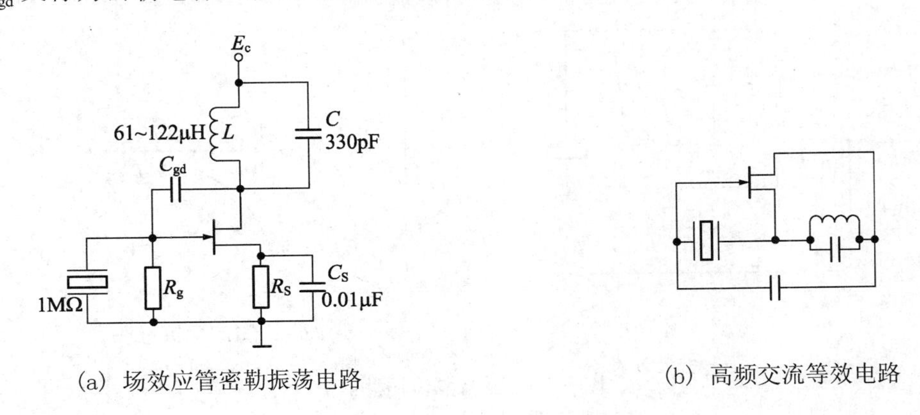

(a) 场效应管密勒振荡电路　　(b) 高频交流等效电路

图 5.18　密勒振荡电路

密勒振荡电路通常不采用双极型晶体管，原因是高频双极型晶体管发射结正偏置电阻太小，虽然晶振与发射结的耦合很弱，但也会在一定程度上降低回路的标准性和频率的稳定性，所以通常采用输入阻抗高的效应管。

5.5.4　泛音晶体振荡器

石英晶体的基频越高，晶片的厚度越薄。频率太高时，晶片的厚度太薄，加工困难，且易振碎。因此在要求更高频率工作时，可以令晶体工作于它的泛音频率上，构成泛音晶体振荡器。

所谓泛音，是指石英片振动的机械谐波。它与电气谐波的主要区别是：电气谐波与基波是整数倍关系，且谐波与基波同时并存；泛音则与基频不成整数倍关系，只是在基频奇数倍附近，且两者不能同时存在。由于晶体片实际上是一个具有分布参数的三维系统，它的固有频率从理论上来说有无限多个，那么泛音晶体谐振器在应用时，怎样才能使其工作在所指定的泛音频率上呢？这就要设计一种具有抑制非工作谐波的泛音振荡电路。

在泛音晶振电路中，为了保证振荡器能准确地振荡在所需要的奇次泛音上，不但必须有效地抑制掉基频和低次泛音上的寄生振荡，而且必须正确地调节电路的环路增益，使其在工作泛音频率上略大于 1，满足起振条件，而在更高的泛音频率上都小于 1，不满足起振条件。

在实际应用时，可在三点式振荡电路中，用一选频回路来代替某一支路上的电抗元件，使这一支路在基频和低次泛音上呈现的电抗性质不满足三点式振荡器的组成法则，不能起振；而在所需要的泛音频率上呈现的电抗性质恰好满足组成法则，能够起振。

图 5.19(a)给出了一种并联型泛音晶体振荡电路。它与皮尔斯振荡器不同之处是用 LC_1 谐振回路代替了电容 C_1，而根据三点式振荡器的组成原则，该谐振回路应该呈现容性阻抗。假设泛音晶振为五次泛音，标称频率为 5MHz，基频为 1MHz，则 LC_1 回路必须调谐在三次和五次泛音频率之间。这样，在 5MHz 频率上，LC_1 回路呈容性，振荡电路满足组成法则。对于基频和三次泛音频率来说，LC_1 回路呈感性，电路不符合组成法则，不能起振。而在七次及其以上泛音频率，LC_1 回路虽呈现容性，但等效容抗减小，从而使电路的电压放大倍数减小，环路增益小于 1，不满足振幅起振条件。LC_1 回路的电抗特性如图 5.19(b)所示。

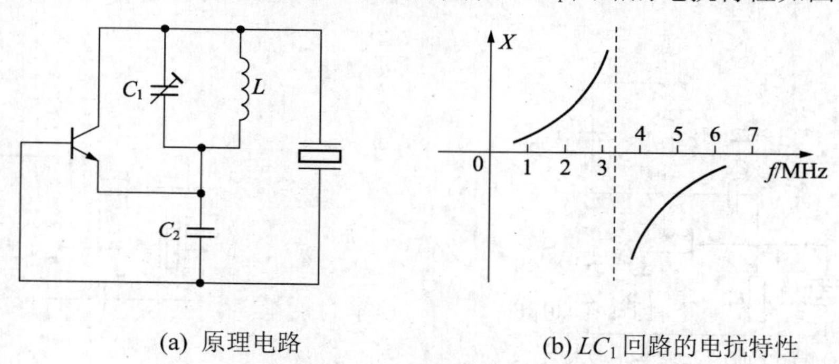

(a) 原理电路　　(b) LC_1 回路的电抗特性

图 5.19　泛音晶体振荡器

【例 5.6】 图 5.20(a)为一并联型泛音晶体振荡器的实际电路。已知，石英晶体的基频为 20MHz，要求振荡器输出振荡频率为 100MHz，即石英晶体工作于五次泛音。试求电感 L 的取值范围。

解：图 5.20(a)的交流等效电路如图 5.20(b)所示。由并联型泛音晶体振荡器的组成原则可知，为了使石英晶体工作于五次泛音的感性电抗区，必须使得由 L 和 C_1 组成的谐振回路在振荡频率 100MHz 呈容性电抗，而在三次泛音和基波频率呈感性电抗。L 和 C_1 组成的谐振回路的谐振频率高于三次泛音频率(60MHz)，却要低于五次泛音频率(100MHz)，即可实现上述要求。这样，就可求得电感 L 的取值范围。因为

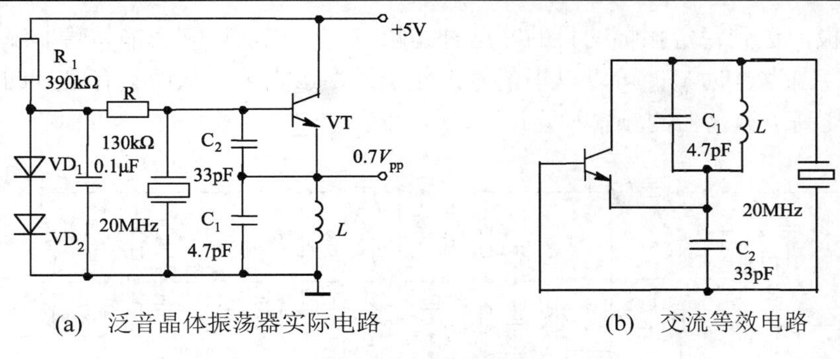

(a)　泛音晶体振荡器实际电路　　　　(b)　交流等效电路

图 5.20　例 5.6 图

$$L = \frac{1}{4\pi^2 f_0^2 C_1}$$

$$f_0 = f_{\max} = 100\text{MHz}$$

$$L_{\min} = \frac{1}{4\pi^2 \times 100^2 \times 10^{12} \times 4.7 \times 10^{-12}} = 0.54\mu\text{H}$$

$$f_0 = f_{\min} = 60\text{MHz}$$

$$L_{\max} = \frac{1}{4\pi^2 \times 60^2 \times 10^{12} \times 4.7 \times 10^{-12}} = 1.5\mu\text{H}$$

故 L 的取值范围为 0.54~1.5μH 。若取 L=1.1μH，则 L 和 C_1 谐振于 70MHz。进一步分析可知，此时回路对基波及三次泛音呈感性，不满足自激所需相位条件。

5.5.5　高稳定度石英晶振电路

一般石英晶体振荡器在常温情况下，短期频率稳定度通常只能达到 10^{-5} 的数量级。因此要想得到 10^{-6}~10^{-7} 量级及至更高的频率稳定度，就必须采用相应的措施。由于影响频率稳定度的主要因素是温度的变化，目前克服温度影响的高稳定度石英晶体振荡器主要有两种：一种是采用恒温控制的石英晶体振荡器；另一种是温度补偿石英晶体振荡器。

1. 恒温控制高稳定度石英晶体振荡器

提高稳定度的措施是将石英谐振器及其对频率有影响的一些电路元件放置在受控的恒温槽内。恒温槽的温度应高于最高环境温度。通常将恒温槽的温度精确地控制在所用谐振器频率—温度特性曲线的拐点，因为在拐点处频率温度系数 $\alpha_{\mathrm{f}} = \dfrac{\Delta f}{f\Delta f}$ 最小。由于恒温控制增加了电路的复杂性和功率消耗，所以这种恒温控制高稳定度石英晶体振荡器，主要用在大型高精密度的固定式设备中。

图 5.21 是具有双层恒温控制装置的高稳定度晶体振荡器原理电路。主振级为共发射极阻态的皮尔斯电路，其振荡频率为 2.5MHz。VT_2 为缓冲级，它将主振级与第三级隔离开，以减弱负载对主振级的影响。VT_2 的集电极回路对振荡频率处于失谐状态，使该级增益很低，并且将信号经变压器 T_1 耦合到次级，再经 R_7 衰减后加入 VT_3 的基极。第三级是具有较大功率增益的谐振放大器，它将一部分信号经变压器 T_2 加于其后的两级放大器 VT_4、VT_5 进一步进行放大，将另一部分信号经过电容 C_{11} 耦合送入由两只二极管(2CK17)、R_{10} 和 C_7 组成的自动增益控制倍压检波电路，以便获得一个反映输出振幅大小的直流负电压，反馈

到 VT_1 的基极，达到稳定振幅的目的。这种稳幅过程，比前述利用晶体管非线性工作特性来稳幅要好。因为这时 VT_1 可以以小信号工作于线性放大区，从而具有良好的输出波形，这就进一步提高了振荡器的频率稳定度。

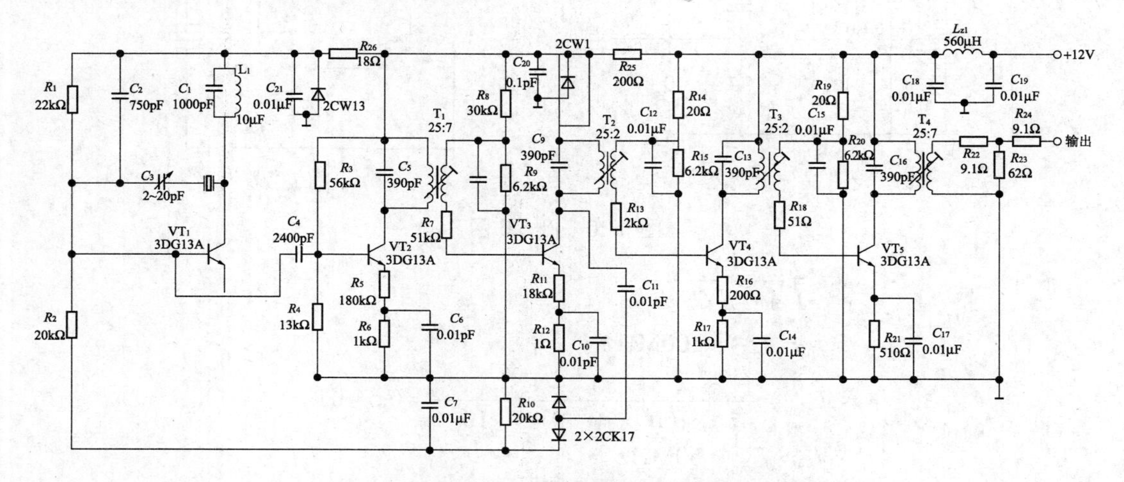

图 5.21　2.5MHz 高稳定晶体振动器原理电路

2. 温度补偿石英晶体振荡器

上述恒温控制的晶体振荡器，其频率稳定度虽然可做得很高，但是它存在着电路复杂，功率消耗大，设备庞大笨重，以及工作前需要较长时间的预热等缺点，所以应用受到一定的限制。而温度补偿石英晶体振荡器，由于没有恒温槽装置，所以它具有体积小，重量轻，功耗小，可靠性高，特别是开机后能立即工作等优点，近年来广泛应用于单边带通信电台，中小型战术电台和各种测量仪器中。

采用温度补偿法，一般可以使晶体振荡器的频率稳定度提高 1~2 个数量级。即在 −40~+70℃的环境温度中，可以使晶体振荡器的频率稳定度达到$\pm5\times10^{-7}$ 数量级。实现温度补偿的方法很多，下面以最常用的热敏电阻网络和变容二极管所组成的补偿电路，来说明温度补偿石英晶体振荡的工作原理，如图 5.22 所示。

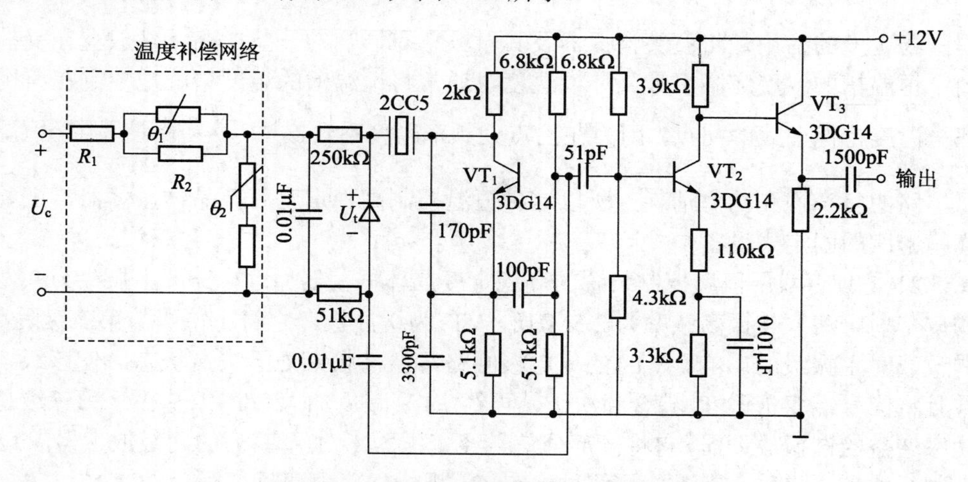

图 5.22　有温度补偿的晶体振荡器电路

图中，VT_1 接成皮尔斯晶体振荡器，VT_2 为共射极放大器，VT_3 为射极跟随器。虚线方框为温度补偿电路，它是由 R_1、R_2、θ_1 和 θ_2、R_3 构成的电阻分压器，其中，θ_1 和 θ_2 为阻值随周围温度变化的热敏电阻，该电路的作用是使 θ_2 和 R_3 上的分压值 U_t 反映周围温度变化。将 U_t 加到与晶体相串接的变容二极管上，可控制变容二极管的电容量变化。由于当环境温度改变时，石英晶体的标称频率随温度改变而略有变化，因而振荡器的频率也就有所变化。如果 U_t 的温度特性与晶体的温度特性相匹配，当变容二极管的电容随 U_t 改变时，可补偿因温度变化而引起的晶体频率的变化，则整个振荡器频率受温度变化的影响便大大减小，从而得到比较高的频率稳定度，振荡器的频率稳定度就可提高 1~2 个数量级。

5.6　集成电路振荡器

以上介绍的均为分立元件振荡器。利用集成电路也可以做成正弦波振荡器，包括压控正弦波振荡器。当然，集成电路振荡器需外接 LC 元件。

5.6.1　差分对管振荡电路

在集成电路振荡器里，广泛采用如图 5.23(a)所示的差分对管 LC 振荡电路。这个电路是日本索尼公司首次提出的，称为索尼振荡器(Sony Oscillator)。图中，VT_1 和 VT_2 为差分对管，其中 VT_2 的集电极上外接 LC 谐振回路，调谐在振荡频率上，并将其上的输出电压直接加到 VT_1 的基极上。接到 VT_2 基极上的直流电压 U_{BB} 又通过 LC 谐振回路(对直流近似短路)加到 VT_1 的基极上，为两管提供等值的基极偏置电压；同时，U_{BB} 又作为 VT_2 的集电极电源电路，这样，就会使 VT_2 的集电极和基极直流同电位。因此，必须限制 LC 谐振回路两端的振荡电压振幅(一般在 200mV 左右)，以防止 VT_2 饱和导通。

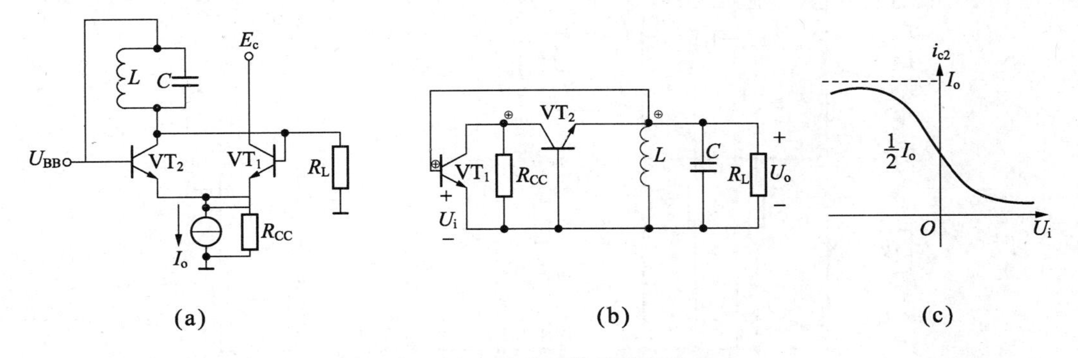

图 5.23　差分对管振荡电路

图 5.23(b)为其交流等效电路。R_{cc} 为恒流源 I_O 的交流等效电阻。可见，这是一个共集—共基反馈电路。共集电路与共基极电路均为同相放大电路，且电压增益可调至大于 1，振幅条件是可以满足的，所以只要相位条件满足，就可起振。利用瞬时极性判断法，在 VT_1 的基极断开，有：$u_{b1}\oplus\rightarrow u_{e1}(u_{e2})\oplus\rightarrow u_{c2}\oplus\rightarrow u_{b1}\oplus$，所以是正反馈。在振荡频率点，并联 LC 回路阻抗最大，正反馈电压 $u_f\,(u_o)$最强，且满足相位稳定条件。综上所述，此振荡器电

路能正常工作。

差分放大管的差动输出特性为双曲正切特性，如图 5.23(c)所示。起振时的振荡电压工作在差分放大特性的最大跨导处，很容易满足振荡振幅条件而起振。起振后，在正反馈条件下，振荡振幅将不断增大，随着振荡振幅的增大，差分放大器的放大倍数将减小，这使振荡振幅的增长趋势缓慢，直至进入晶体管截止区(而不是饱和区)后振荡器进入平衡状态；此时由于晶体管工作在截止区，输出电阻较大，对 LC 回路的影响较小，这样就保证了回路有较高的有载品质因数，有利于提高频率稳定度。

5.6.2 单片集成振荡电路 E1648

单片集成振荡器 E1648 采用典型的差分对管振荡电路，其内部电路图如图 5.24 所示。该电路由三部分组成；差分对管振荡电路、放大电路和偏置电路。VT_7、VT_8、VT_9 与第 10 脚、第 12 脚之间外接的 LC 回路组成差分对管振荡电路，其中 VT_9 为可控恒流源。振荡信号由 VT_7 基极取出，经两极放大电路和一级射随后，从第 1 脚或第 3 脚输出。第一级放大电路由 VT_5 和 VT_4 组成共射—共基极组合放大器，第二级由 VT_3 和 VT_2 组成单端输入、单端输出的差分放大器，VT_1 作跟随器。偏置电路由 VT_{10}~VT_{14} 组成。VT_{12}~VT_{14} 组成电流源，为差分对管振荡电路提供偏置电压。VT_{12} 与 VT_{13} 组成互补稳定电路，稳定 VT_8 基极电位。若 VT_8 基极电位受到干扰而升高，则有 $u_{b8}(u_{b13})\uparrow\to u_{c13}(u_{b12})\downarrow\to u_{e12}(u_{b8})\downarrow$，这一负反馈作用使 VT_8 基极电位 U_{BB} 保持恒定。VT_{14} 的输出电流在 R_{16} 和 R_{17} 上产生的压降，经 VT_{11} 与 VT_{10} 射极跟随后分别为两级放大电路提供偏置电压。

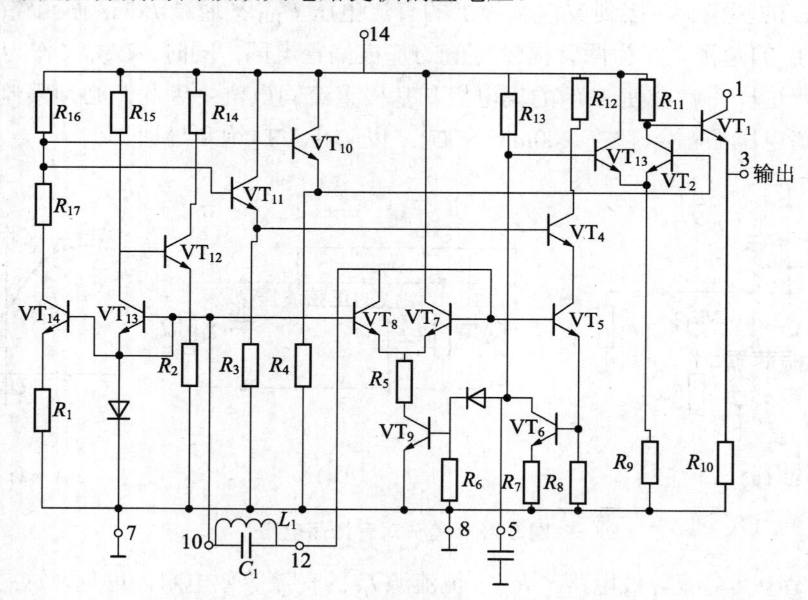

图 5.24 单片集成振荡器 E1648 内部电路图

E1648 单片集成振荡器的振荡频率 f_s 由第 10 脚和第 12 脚之间外接振荡电路的 L_1、C_1 决定，也与两脚之间的输入电容 $C_i\approx 6\text{pF}$ 有关，即 $f_s=\dfrac{1}{2\pi\sqrt{L_1(C_1+C_i)}}$。改变外接回路元件

L_1、C_1 的值可以决定 E1648 单片集成振荡器的振荡频率。它的最高频率可达 255MHz。

利用 E1648 组成的正弦波振荡器，由于第 1 脚和第 3 脚分别是片内 VT_1 的集电极和发射极，所以 E1648 有第 1 脚和第 3 脚两个输出端，第 1 脚输出电压的幅度可以大于第 3 脚的输出。如果在第 1 脚接+5V 电源电压时，放大后的振荡信号由 VT_1 组成的射随器的第 3 脚输出，输出的振荡电压的峰—峰值可达 750mV。

为了进一步增大 E1648 输出的振荡电压和功率，可在第 1 脚外接+9V 的电源电压和外接并联谐振电路(R_2、L_2、C_2)，如图 5.25 所示。并把外接并联谐振回路调到对振荡频率 f_s 谐振，这时 VT_1 作为一谐振功率放大器工作。在谐振条件下，若取负载电阻 $R_2=1\text{k}\Omega$，第 1 脚外接的谐振回路在振荡频率 f_s=10MHz 时，输出功率 P_0=13 mW，在 f_s=100MHz 时，$P_0=5\text{mW}$。

E1648 单片集成振荡器除了可以产生正弦波振荡电压输出外，还可以产生方波电压输出。在产生方波电压输出时，就在第 5 脚外加一正弦电压，使尾管 VT_9 供给的恒流源电流 I_0 增大，以及由 VT_7、VT_8、VT_9 组成的差分放大对振荡电路的输出电压增大，经后级放大后，特别是经 VT_2、VT_3 差分对放大器截止限幅，便可获得方波振荡电压输出。

如果第三者 10 脚与第 12 脚外接的 LC 谐振回路中包括有变容二极管元件，则可以构成压控振荡器，显然，利用 E1648 也可以构成晶体振荡器。

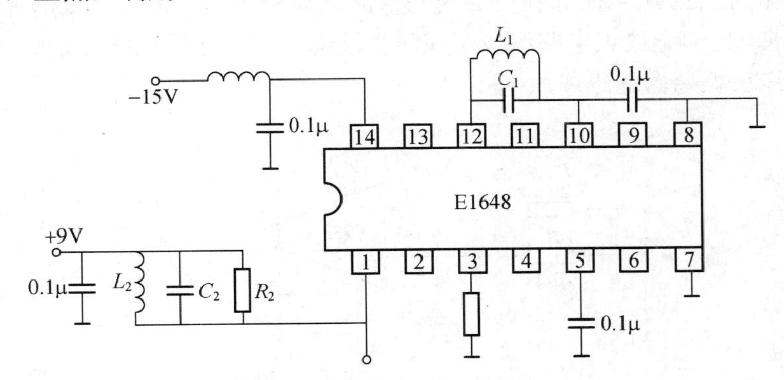

图 5.25 E1648 组成的正弦波振荡器

5.6.3 运放振荡器

由运算放大器代替晶体管可以组成运放振荡器，图 5.26 是电感三点式运放振荡器。其振荡频率

$$f_0=\frac{1}{2\pi\sqrt{(L_1+L_2+2M)C}}$$

运放三点式电路的组成原理与晶体管三点式电路组成原理相似，既同相输入端与反相输入端、输出端之间是同性质电抗元件，反相输入端与输出端之间是异性质电抗元件。

图 5.27 是晶体运放振荡器，图中晶体等效为一个电感元件，可见这是皮尔斯电路。运放振荡器电路简单，调整容易，但工作频率受到运放上限截止频率的限制。

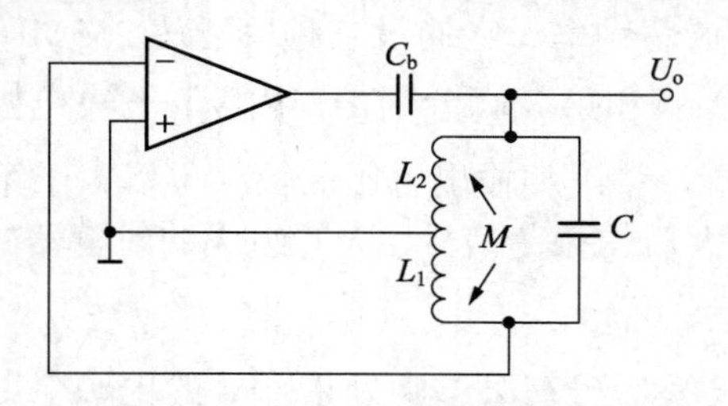

图 5.26　运放电感三点式振荡电路

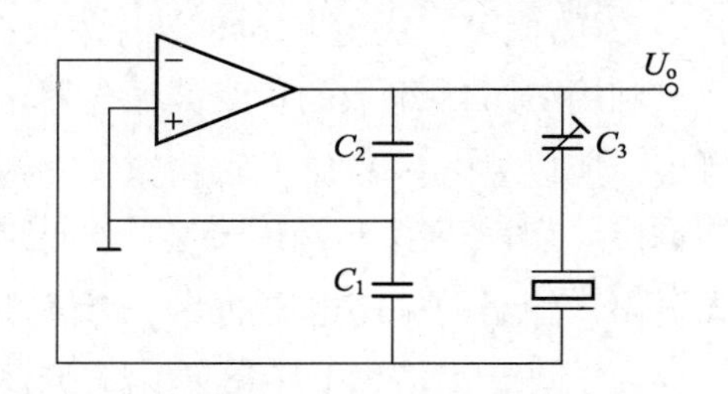

图 5.27　运放皮尔斯电路

5.6.4　集成宽带高频正弦波振荡电路

各种集成放大电路都可以用来组成集成正弦波振荡器，确定该正弦器振荡频率的 LC 元件需外接。为了满足起振条件，集成放大电路的单为增益带宽 BW_G 至少应比振荡频率 f_0 大 1～2 倍。为了满足振荡器有足够高的频率稳定度，一般宜取 $BW \geq f_0$，或者 $BW_G>(3\sim10)\,f_0$。集成放大电路的最大输出电压幅度和负载特性也应满足振荡器的起振条件及振荡平衡状态的稳定条件。利用晶振可以提高集成正弦波振荡器的频率稳定度。采用单片集成振荡电路比如图 E1648 等组成正弦波振荡器则更加方便，在 5.6.3 节中已有介绍。

用集成带宽放大电路 F733 和 LC 网络可以组成频率在 120MHz 以内的高频正弦波振荡器，典型接法如图 5.28 所示。如在第 2 脚与回路之间接入晶振，可组成晶体振荡器。

用集成宽带(或射频)放大电路组成正弦波振荡器时，LC 选频回路应正确接入反馈支路，其组成原则与运放振荡器的组成原则相似。

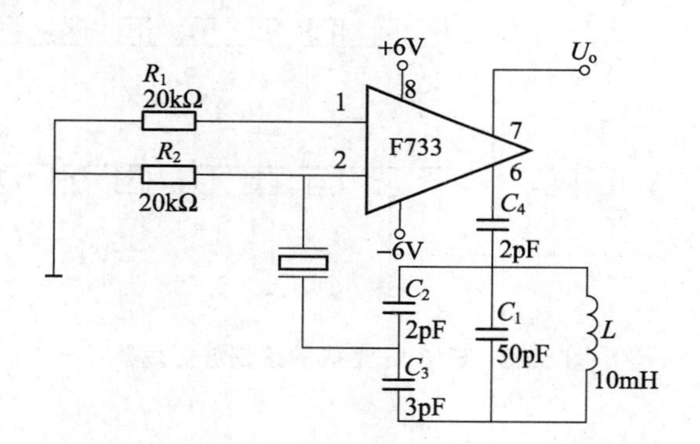

图 5.28　集成带宽放大高频正弦波振荡电路

5.7　压控振荡器

有些可变电抗元件的等效电抗值能随外加电压变化，将其中电抗元件接在正弦波振荡器中，可使振动频率随外加控制电压而变化，这种振荡器称为压控振荡器。其中最常用的压控电抗是变容二极管。

压控振荡器(Voltage Controlled Oscillator,VCO)在频率调制、频率合成，锁相环路、电视调谐器、频谱分析广泛的应用。

5.7.1　变容二极管

变容二极管是利用PN结的结电容随反向电压变化这一特性制成的一种压控电抗元件。变容二极管的符号和电容变化曲线如图5.29所示。

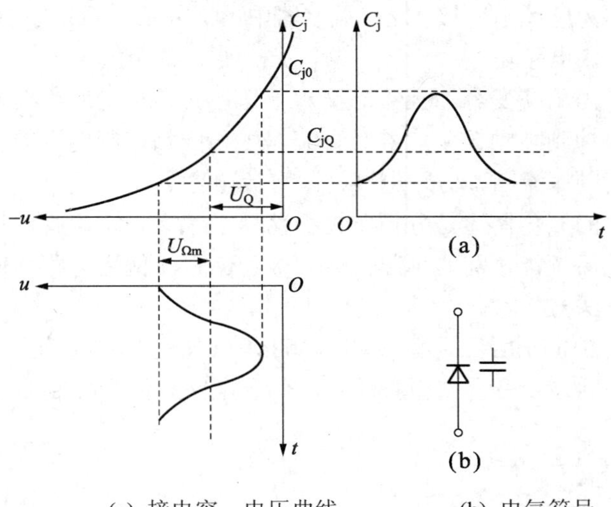

(a) 接电容—电压曲线　　　(b) 电气符号

图 5.29　变容二极管

变容二极管接电容可表示为

$$C_j = \frac{C_o}{\left(1+\dfrac{u_R}{u_D}\right)^{\gamma}} \tag{5-49}$$

式中，γ 为变容指数，其值随半导体掺杂浓度和PN结的结构比同而变化；C_o 为外加电压 $u_R=0$ 时的结电容值；u_D 为PN结的内建电位差；u_R 为变容二极管反向偏压的绝对值。

变容二极管必须工作在反向偏压状态，所以工作时需加静态直流偏压 $-U_Q$。若交流控制电压 u_Ω 为正弦信号，则变容二极管的电压为

$$u_R = U_Q + u_\Omega = U_Q + U_{\Omega m}\cos\Omega t \tag{5-50}$$

代入式(5-49)，则有

$$C_j = \frac{C_{jQ}}{\left(1+\dfrac{U_Q+U_{\Omega m}\cos\Omega t}{U_D}\right)^{\gamma}} = \frac{C_{jQ}}{(1+m\cos\Omega t)^{\gamma}} \tag{5-51}$$

式中，C_{jQ} 为静态结电容，有

$$C_{jQ} = \frac{C_o}{\left(1+\dfrac{U_Q}{U_D}\right)^{\gamma}} \tag{5-52}$$

m 为结电容调制度，有

$$m = \frac{U_{\Omega m}}{U_D + U_Q} < 1 \tag{5-53}$$

5.7.2 变容二极管压控振荡器

将变容二极管作为压控电容接入 *LC* 振荡器中，就组成了 *LC* 压控振荡器。一般可采用各种类型的三点式振荡电路。

需要注意的是，为了使变容二极管能正常工作，必须正确地给其提供静态负偏压和交流控制电压，而且要抑制高频振荡信号对直流偏压和低频控制电压的干扰。所以，在电路设计时要适当采用高频扼流圈、旁路电容、隔直流电容等。

无论是分析一般的振荡器还是分析压控振荡器，都必须正确画出振荡器的直流通路和高频振荡回路。对于后者，还需要画出变容二极管的直流偏置电路与低频控制回路。下面通过举例说明具体方法与步骤。

【例 5.7】 画出如图 5.30(a)所示中心频率为 360MHz 的变容二极管压控振荡器中晶体管的直流通路和高频振荡回路及变容二极管的直流偏置电路和低频控制回路。

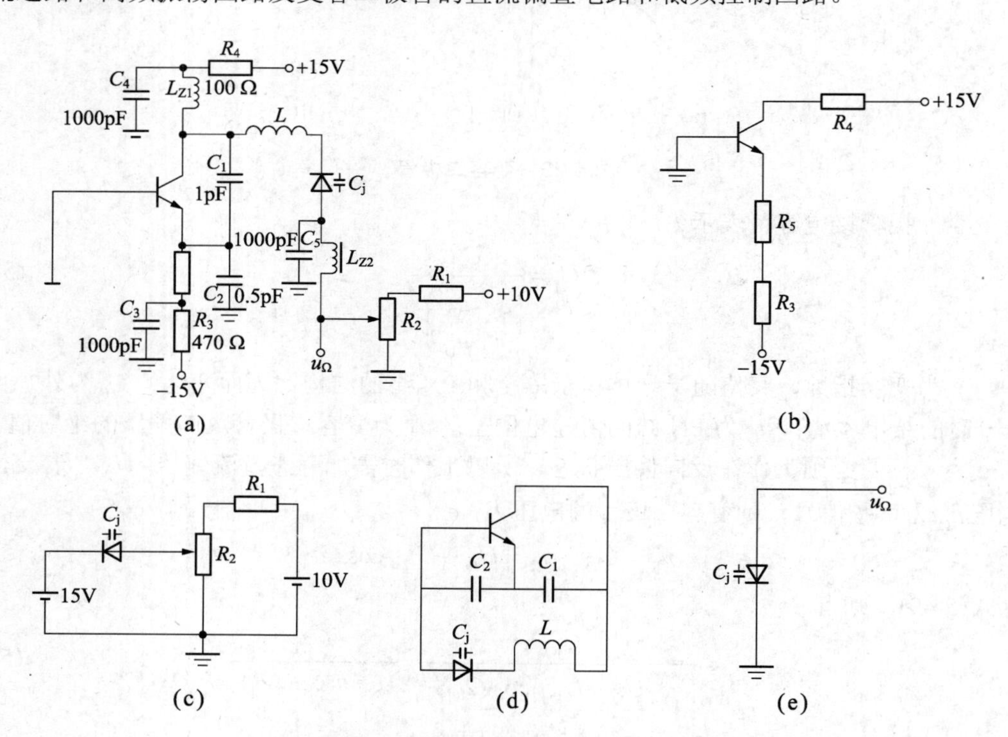

图 5.30　变容二极管压控振荡电路

解： 画晶体管直流通路，只需要将所有电容开路、电感短路即可，变容二极管也应开路，因为它工作在反偏状态，如图 5.30(b)所示。

画变容二极管直流偏置电路，需将与变容二极管有关的电容开路，电感短路，晶体管的作用可用一个等效电阻表示。由于变容二极管的反向电阻很大，可以将其他与变容二极管相串联的电阻作近似(短路)处理。例如本例中变容二极管的负端可直接与+15V 电源相接，如图 5.30(c)所示。

画高频振荡回路与低频控制回路前，应仔细分析每个电容与电感的作用。对于高频振荡回路。小电容是工作电容，大电容是耦合电容或旁路电容；小电感是工作电感，大电感是高频扼流圈。当然，变容二极管也是工作电容。保留工作电容与工作电感，将耦合电容与旁路电容短路，高频扼流圈 L_{Z1}、L_{Z2} 开路，可以不必画出偏置电阻。

判断工作电容和工作电感，一是根据参数值的大小，二是根据所处的位置。电路中数值最小的电容(电感)和与其处于同一数量级的电容(电感)均被视为工作电容(电感)，耦合电容与旁路电容的值往往要大于工作电容几十倍以上，高频扼流圈 L_{Z1}、L_{Z2} 的值也远远大于工作电感。另外，工作电容与工作电感是按照振荡器组成法则设置的，耦合电容起隔直流和交流耦合作用，旁路电容对电阻起旁路作用，高频扼流圈对直流和低频信号提供通路，对高频信号起阻挡作用，因此它们在电路中所处的位置不同。据此也可以进行正确判断。

对于低频控制电路，只需将与变容二极管有关的电感 L_{Z1}、L_{Z2}、L 短路(由于其感抗值相对较小)；除了低频耦合或旁路电容短路外，其他电容开路，支流电源与地短路即可。由于此时变容二极管的等效容抗和反向电阻均很大，所以对于其他电阻可作近似处理。本例中 C_5=1000pF，是高频旁路电容，但对于低频信号却是开路的。图 5.30(e)即为低频控制通路。

压控振荡器的主要性能指标是压控灵敏度和线性度。其中压控灵敏度定义为单位控制电压引起的振荡频率的增量，用 S 表示，即

$$S = \frac{\Delta f}{\Delta u_{\Omega}} \tag{5-54}$$

图 5.31 是变容二极管压控振荡器的频率—电压特性。一般情况下，这一特性是非线性的，其非线性程度与变容指数 γ 和电路结构有关。在中心频率附近较小区域内线性度较好，灵敏度较高。

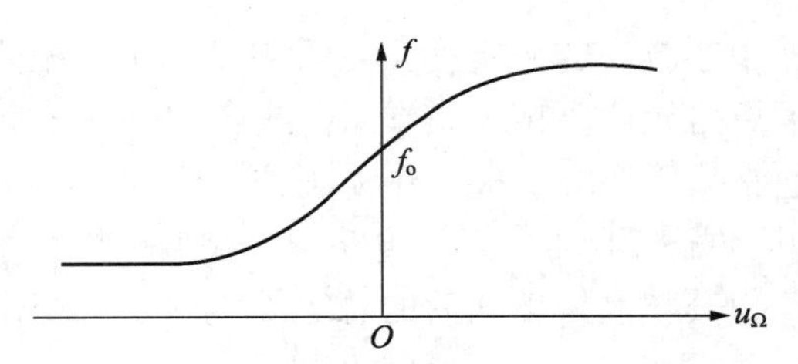

图 5.31　变容二极管压控振荡器的频率—电压特性

【例 5.8】 在图 5.30(a)所示电路中，若调整 R_2 使变容二极管静态偏置电压为-6V，对应的变容二极管静态电容 C_{jQ}=20pF，内建电位差 U =0.6V，变容指数 γ =3。求振荡回路的电感 L，以及交流控制信号 u_{Ω} 为振幅 $U_{\Omega m}$ =1V 的正弦波时所对应的压控灵敏度。

解： 由图 5.30(d)可知，谐振回路总等效电容由三个电容串联而成，所以静态时的电容

$$C_{\Sigma Q} = \frac{1}{1/C_1 + 1/C_2 + 1/C_{jQ}} = \frac{1}{1 + 1/0.5 + 1/20} \approx 0.3279\text{pF}$$

中心振荡频率

$$f_0 = \frac{1}{2\pi\sqrt{LC_{\Sigma Q}}} = 360\text{MHz}$$

所以

$$L = \frac{1}{(2\pi f_0)^2 C_{\Sigma Q}} = \frac{1}{(2\pi\times 360\times 10^6)^2 \times 0.3279\times 10^{-12}} \approx 0.596\mu\text{H}$$

又

$$C_j = \frac{C_{jQ}}{\left(1+\dfrac{U_{\Omega m}}{U_D+UQ}\cos\Omega t\right)^{\gamma}} = \frac{20\times 10^{-12}}{\left(1+\dfrac{1}{6.6}\cos\Omega t\right)^3}$$

可得

$$C_{j\max} = \frac{20\times 10^{-12}}{\left(1-\dfrac{1}{6.6}\right)^3} \approx 32.47\text{pF}，\quad C_{j\text{mim}} = \frac{20\times 10^{-12}}{\left(1+\dfrac{1}{6.6}\right)^3} \approx 13.10\text{pF}$$

$$C_{\Sigma Q\max} = \frac{1}{1/C_1+1/C_2+1/C_3} \approx 0.330\text{ pF}，\quad C_{\Sigma Q\min} = \frac{1}{1/C_1+1/C_2+1/C_{j\min}} \approx 0325\text{ pF}$$

所以

$$f_{0\min} = \frac{1}{2\pi\sqrt{LC_{\Sigma Q\max}}} \approx 358.87\text{MHz}，\quad f_{0\max} = \frac{1}{2\pi\sqrt{LC_{\Sigma Q\min}}} \approx 361.62\text{MHz}$$

由

$$f_1 = f_{0\max} - f_0 = 1.62\text{MHz}，\quad f_2 = f_0 - f_{0\min} = 1.13\text{MHz/V}$$

可见，正向和负向压控灵敏度略有差别，说明压控特性是非线性的。

5.7.3　晶体压控振荡器

为了提高压控振荡器中心频率的稳定度，可采用晶体压控振荡器。在晶体压控振荡器中，晶振或者等效为一个短路元件，起选频作用；或者等效为一个高 Q 值的电感元件，作为振荡回路元件之一。通常采用变容二极管作为压控元件。

在图 5.32 所示晶体压控振荡器高频等效电路中，晶振作为一个电感元件。控制电压调节变容二极管的电容值，使其与晶振串联后的总等效电感发生变化，从而改变振荡器的振动频率。

晶体压控振荡器的缺点是频率控制范围很窄。图 5.32 所示电路的频率控制范围仅在晶振的串联谐振频率 f_q 与并联谐振频率 f_p 之间，为了增大频率的控制范围，可在晶体支路中增加一个电感 L。L 越大，频率控制范围越大，但频率稳定度下降。因为增加的电感 L 与晶体串联或并联后，相当于使晶振本身的串联谐振频率 f_q 左移或使并联谐振频率 f_p 右移，所以可控频率范围 f_p~f_q 增大，但电抗曲线斜率下降。从图 5.33 中可以很清楚地说明这一点。

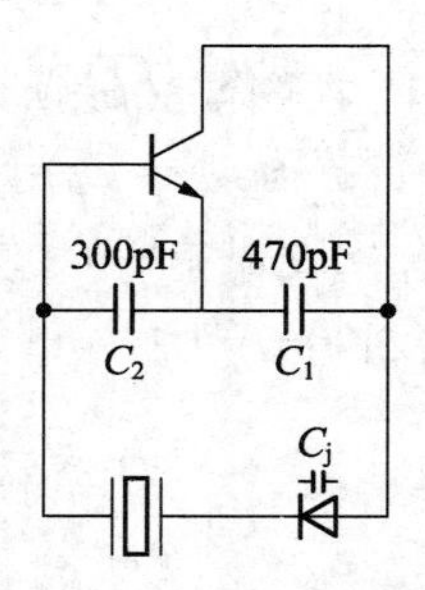

图 5.32　晶体压控振荡器高频等效电路

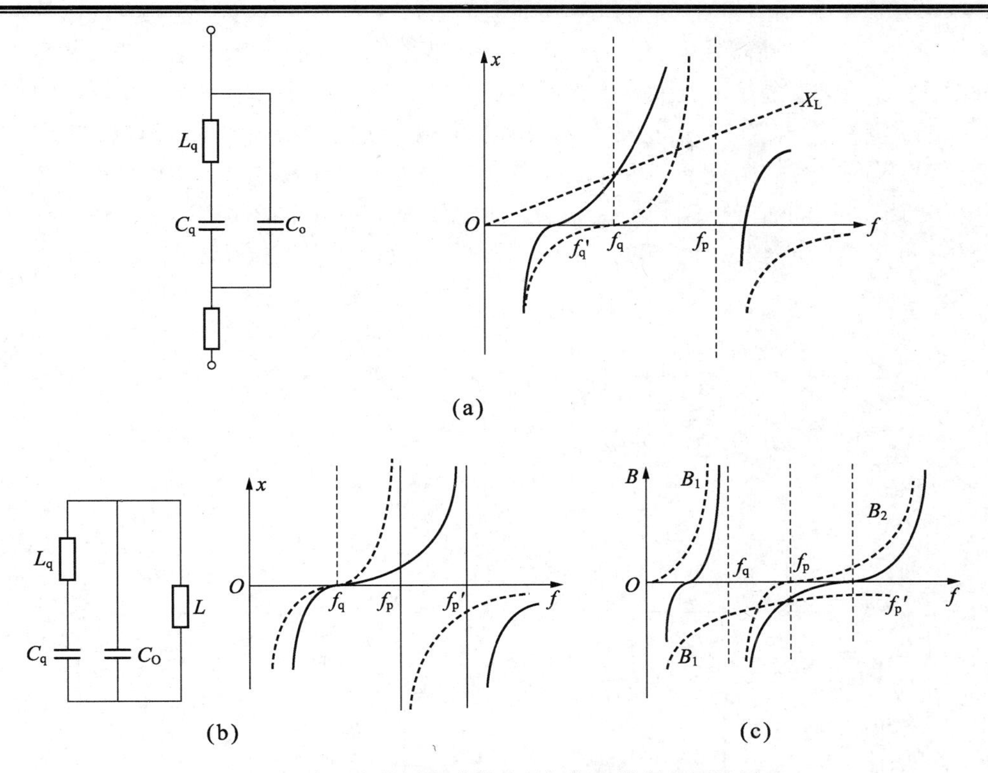

图 5.33　串联或并联电感扩张晶振频率控制范围的原理

5.8　几种特殊振荡现象

在 *LC* 振荡器中，有时候会出现一些特殊现象，如寄生振荡、间歇振荡、频率拖曳、频率占据。本节只介绍寄生振荡和间歇振荡两种特殊现象产生的原因、表现形式和消除措施。

5.8.1　寄生振荡

在实际高频放大器或振荡器中，往往存在寄生反馈，引起放大器工作不稳定。在极端情况，即使没有输入信号，也有交流输出，这种现象称为寄生振荡。对于晶体管放大器来说，寄生振荡的危害远比在振荡器中严重得多，有时甚至可能引起晶体管的 PN 结被击穿或瞬时损坏。因此，防止和消除寄生振荡是保证晶体管放大器(尤其是晶体管高频功率放大器)的工作稳定，防止晶体管损坏，使设备正常工作的必要条件之一。

寄生振荡的类型很多，主要有反馈寄生振荡、负阻寄生振荡和参量寄生振荡三种。下面重点讨论反馈型寄生振荡，对其他两种寄生振荡只作简单介绍。

反馈型寄生振荡是由放大器的输出与输入间各种寄生反馈引起的。现以图 5.34 的电路为例来说明产生这种寄生振荡的原因。在图 5.34(a)中，L_c 为高频扼流圈。在远低于工作频率时，L_c 的阻抗不能再视为无穷大，亦即不能再忽略它们的影响。而正常工作的输入、输出网络的电容阻值则变得很大，可以忽略。这样，就得到如图 5.34(b)所示的等效电路。当

L_c 和 $C_{b'c}$ 较大时，可能满足电容三点式电路的组成原则而产生低频寄生振荡。低频寄生振荡通常会对高频信号进行调制而产生调幅波。与此相反，在远高于工作频率时，电极引线电感 L'_b、L'_c 等不能再忽略，而正常工作回路的电感阻抗变得很大，可以忽略。在同时考虑分布电容和极间电容的情况下，可得到如图 5.34(c)所示的等效电路。这也可能满足三点式振荡电路的组成原则而产生高频寄生振荡。由于以上两种寄生振荡都主要是由晶体管的内部反馈(主要是极间电容 $C_{b'c}$)引起的，所以称为内部反馈型寄生振荡。

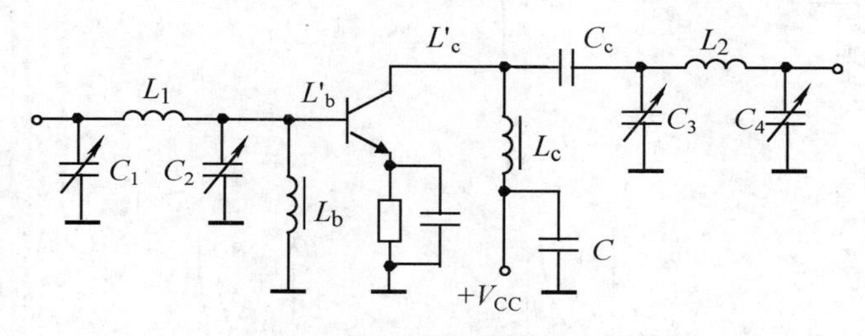

(a) 晶体管高频功率放大电路

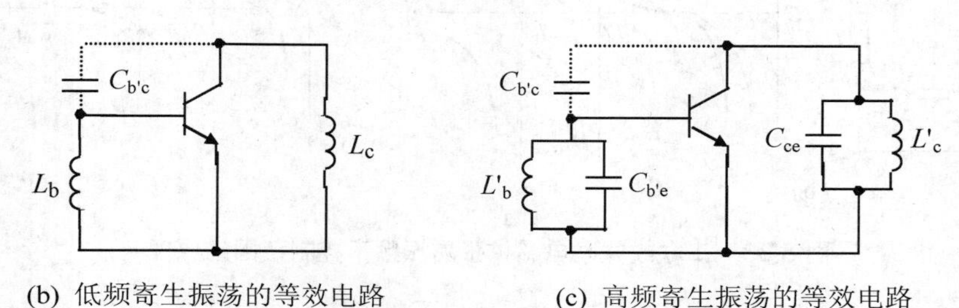

(b) 低频寄生振荡的等效电路　　(c) 高频寄生振荡的等效电路

图 5.34　内部反馈型寄生振荡实例

还有一类是被称为外部反馈型寄生振荡。这一类寄生振荡一般出现在多级放大器中。产生的原因也有多个：一是由于采用公共电源对各级馈电而产生的寄生反馈(通过公共电源内阻)；二是由于每级内部反馈加上各级之间的互相影响，例如两个虽有内部反馈而不自激的放大器，级联后便有可能产生自激振荡；三是由于馈线或元件的寄生耦合以及输入端与输出端的空间电磁耦合。

在单级晶体管功率放大器中，也可能因极间电容 $C_{b'c}$ 的非线性作用而产生参量寄生振荡；还可能由于晶体管工作进入雪崩击穿区时呈负阻特性而产生负阻寄生振荡(一般在信号的负半周出现)，以及可能由于晶体管工作于过压状态时呈现负阻而产生另一种负阻寄生振荡(一般在信号的正半周出现)。

为了防止寄生振荡，首先可采取一些通用措施，即在设计实际线路结构工艺时要遵循一些原则。例如，合理安排元件，尽量减小各元件之间的寄生耦合，集电极直流电源应有良好的去耦滤波装置，导线尽可能的短，接地点尽量靠近等。此外，还需针对不同的寄生振荡情况，采取相应的预防与排除措施。例如，为了消除和防止低频寄生振荡，应尽可能减小输入和输出电路中的扼流圈电感量及它们的 Q 值，或甚至用电阻代替基极电路的扼流圈；为了消除和防止高频寄生振荡，可在发射极或基极电路接入几欧的串联电阻，或在基极与发射极之间接一个几皮法的小电容；为了消除由公共电源耦合产生的多级寄生振荡，可采用由 LC 或 RC 低通滤波器构成的去耦电路，使后级的高频电流不流入前级，使 50Hz

交流电源不进入高频放大器。

5.8.2　间歇振荡现象与自给偏压建立过程

所谓间歇振荡是指振荡器工作时，时而振荡，时而停振的一种现象。为了说明产生间歇振荡现象的原因，我们先以图 5.35 所示的电容三点式振荡电路为例考察一下自偏压的建立过程。

如图 5.35 所示，在忽略 I_B 对偏置电压影响的情况下，可以认为，在振荡器起振之前，振荡管的起始偏压 U_{BE0} 为正值，其值为

$$U_{BE0}=\frac{R_{b2}}{R_{b1}+R_{b2}}V_{CC}-I_{E0}R_e \tag{5-55}$$

式中，I_{E0} 为发射极静态电流。

在起振之初，振荡电压 u_b 的振幅较小，振荡管工作在甲类状态，R_e 上的自偏压变化不大。随着正反馈作用，u_b 的振幅迅速增大，进入非线性工作状态时，基极电流 i_b、集电极电流 i_c 畸变，而形成直流电流增量 ΔI_E，，导致 R_e 上的自偏压 $\Delta I_E R_e$ 增大。因为 $I_E=I_{E0}+\Delta I_E$，所以射极电位 $U_E=I_E R_e$ 增大，振荡管偏压 U_{BE} 下降，导致振荡管很快由甲类放大状态向甲乙类、乙类、丙类过渡。振荡管的非线性作用反过来又限制了振幅的快速增长。随着振荡幅度的进一步增大，振荡管工作的非线性更加严重，导致自偏压进一步增大和增益 A 的进一步减小，直至 AF=1，电路进入平衡状态。可见，振荡电路在起振过程中，随着振幅的不断增大，R_e 上就建立起紧跟振幅强度变化的自偏压，而且存在着振幅与偏压之间相互制约、互为因果的关系。振荡器起振过程中振荡电压 u_b 与偏压 U_{BE} 的变化情况对应图 5.36 中 0~ t_1 之间的波形。

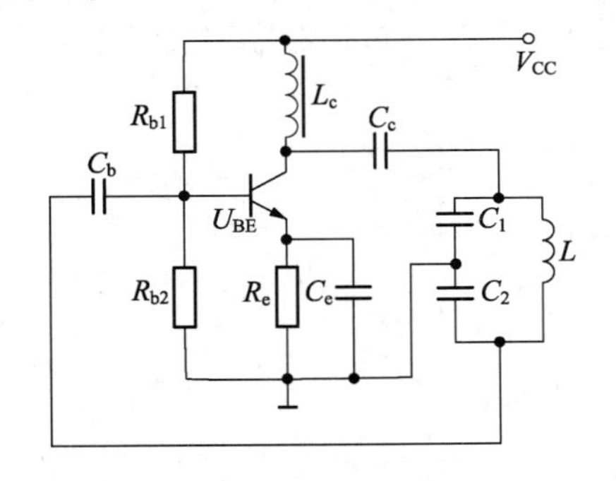

图 5.35　电容三点式振荡电路

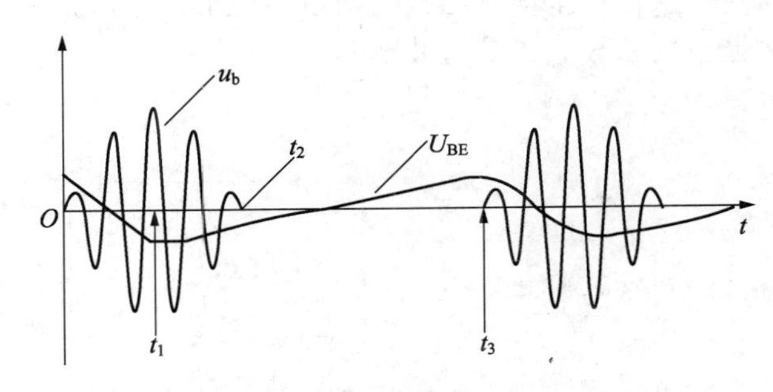

图 5.36　间歇振荡图解

在一般情况下，若 R_eC_e 的数值选得适当，自偏压则能紧跟振幅大小而变化，相应图 5.36 中 0~ t_1 段的情况。正是由于这种相互依存，又相互制约的结果，使得在某一时刻达到平衡，相应图 5.36 中 t_1 时刻的情况。但若 R_eC_e 的数值选得过大，则在晶体管截止期间偏压的减小速度将变缓，而不利于 A 的增大。假如这一过程不断延续下去，振幅将不断衰减而停振，相应图 5.36 中 t_2 时刻的情况。停振后，由于自偏电路放电时间常数很大，仍保留相当大的自生反偏压。直到自偏压减小到一定程度，又开始产生振荡，相应图 5.36 中 t_3 时刻以后的情况。这一过程重复出现的结果，就产生了间歇振荡。需要说明一点，如果回路的 Q 值较低，意味着耗能相对值较大，在晶体管截止期间振荡的衰减速度将变快，也可能由此产生

间歇振荡。

由以上分析可以看出，产生间歇振荡与否，其关键在于自偏压的变化速度和振荡幅度变化速度的相对大小。前者取决于自偏电路的放电时间常数，后者取决于振荡回路 Q 值。实践表明，如取

$$R_{e}C_{e}\leqslant\frac{2Q_{L}}{5\omega_{0}} \tag{5-56}$$

可以避免间歇振荡的产生。式中 ω_0 为振荡频率。

*5.9 正弦波振荡电路的仿真

振荡器用于产生一定频率和幅度的信号，它不需要外加输入信号的控制，就能自动将直流电能转换为所需要的交流能量输出。振荡器在现代科学技术领域中有着广泛的应用，例如，在无线电通信、广播、电视设备中用来产生所需要的载波和本机振荡信号，在电子测量仪器中用来产生各种频段的正弦信号等。本节利用 EWB 仿真技术对电感三点式振荡电路和石英晶体振荡电路进行仿真。

1. 电感三点式振荡仿真

电感三点式振荡的原理电路如图 5.37 所示。这种电路的 LC 并联谐振电路中的电感有首端、中间抽头和尾端三个端点，其交流通路分别与放大电路的集电极、发射极(地)和基极相连，反馈信号取自电感 L_2 上的电压。电感三点式的优点是容易起振，另外，改变谐振回路的电容 C，可方便地调节振荡频率。但是由于反馈信号取自电感 L_2 的两端压降，而 L_2 对高次谐波呈现高阻抗，所以不能抑制高次谐波的反馈，因此，振荡器输出信号中的高次谐波成分较大，信号波形差。

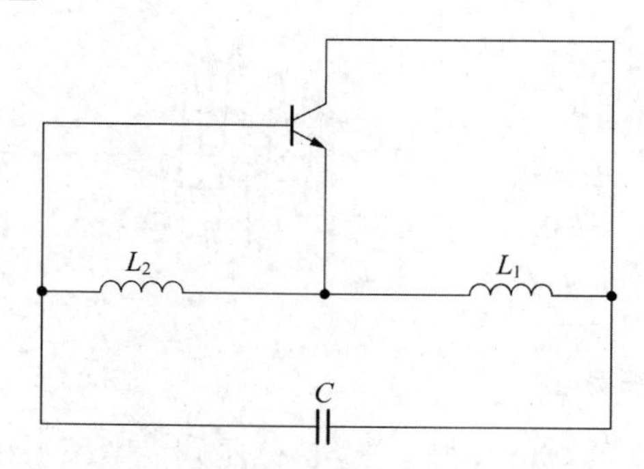

图 5.37 电感三点式振荡的原理电路

图 5.38 为实用的电感三点式振荡电路图，电路参数如图所示。图中电阻 R_{b1}、R_{b2}、R_e 为偏置电阻，电容 C_c、C_e 和 C_b 为隔直流电容，电感 L_c 为扼流电感，电感 L_1、L_2 和电容 C_1 构成电感三点式振荡回路。在开始振荡时这些电阻决定了电路的静态工作点，当振荡产生以后，由于晶体管的非线性及工作状态进入到截止区，电阻 R_e 又起自偏作用，从而限制和稳定了振荡的振幅。扼流电感 L_c 也可以用一较大的电阻代替，防止电源对回路旁路。显然图 5.38 满足电感三点式振荡的相位平衡条件。

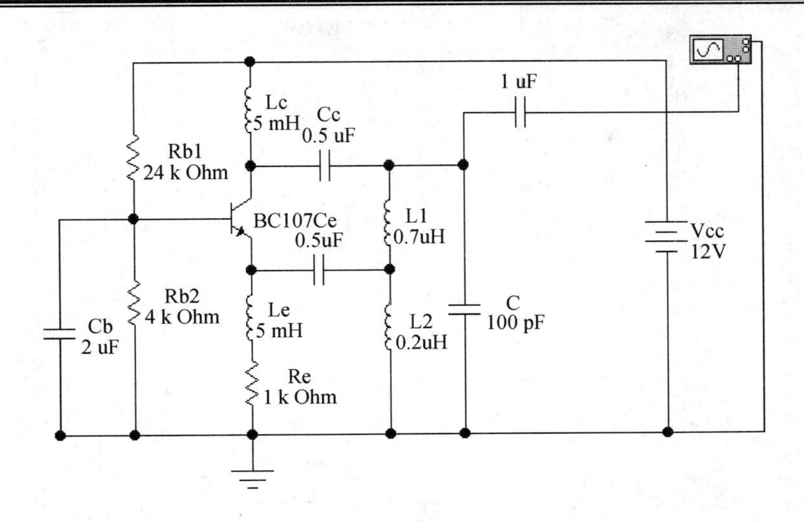

图 5.38　电感三点式振荡电路图

由于晶体管部分接入了 *LC* 并联谐振回路，谐振回路的有载 $Q>10$，那么电路谐振时回路电流 i 将远大于外电路电流，既可近似认为流过 L_1、L_2 的电流相等。于是可求出反馈系数为

$$F=\frac{L_2}{L_1}=\frac{0.2}{0.7}\approx 0.285$$

当回路谐振时 $AF=1$，所以有

$$A=\frac{1}{F}=\frac{1}{0.285}\approx 3.5$$

电路谐振频率为

$$f_0=\frac{1}{2\pi\sqrt{LC}}$$

其中 $L=L_1+L_2$，所以

$$f_0=\frac{1}{2\times 3.14\times\sqrt{0.9\times 10^{-6}\times 100\times 10^{-12}}}$$
$$=\frac{10^9}{2\times 3.14\sqrt{90}}=16.8\ \text{MHz}$$

经 EWB 仿真后可观察到起振的过程和稳定后的输出波形如图 5.39 所示。

2. 晶体振荡器

振荡回路的标准性和品质因数 Q 值是影响振荡器频率稳定性的关键因素，为了提高振荡回路的标准性和 Q 值，选用优质材料和先进的工艺结构，但从工艺水平看，Q 值超过 300 相当困难。尽管减弱负载和晶体管本身的回路的耦合，但这会引起等效谐振阻抗小，不易起振。利用石英晶体的压电效应，将它作为振荡回路元件构成石英晶体振荡器，可以获得很高的频率稳定度。这类晶体振荡器的振荡原因和一般反馈型 *LC* 振荡器相同，只要把晶体置于反馈网络和振荡回路中，作为一个感性元件，并与其他回路元件一起按照三点式电路的基本准则组成三点式振荡器。常用的有两种基本类型：并联晶体振荡器和串联晶体振荡器。

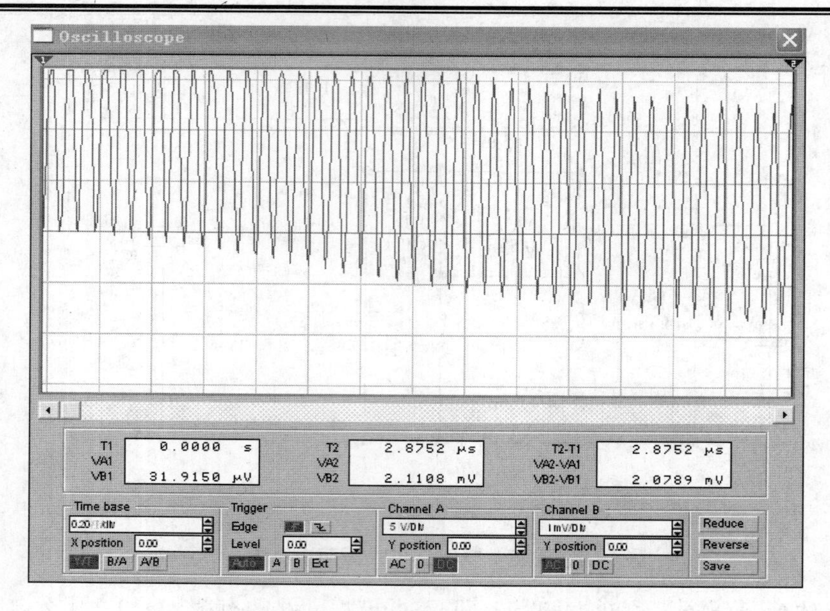

图 5.39　电感三点式振荡电路时域仿真波形

图 5.40 为典型的并联晶体振荡器，晶体接在集电极与基极之间，振荡器工作频率为 f，且有 $f_s < f < f_p$，晶体呈电感性，相当于改进型电容三点式振荡电路。C_1、C_2 既是谐振回路的一部分，又构成反馈回路。由于晶体管间存在寄生电容，它们均与谐振回路并联，会使振荡频率发生偏移，而且晶体管间电容大小会随晶体管工作状态的变化而变化，这将引起振荡频率的不稳定。为了减少晶体管间的电容的影响，增加了一个电容 C_3，因为晶体管间的电容与电容 C_1、C_2 并联，不影响 C_3 的电容，其中要求电容 C_3 远远小于电容 C_1、C_2。因为谐振回路中的总电容为

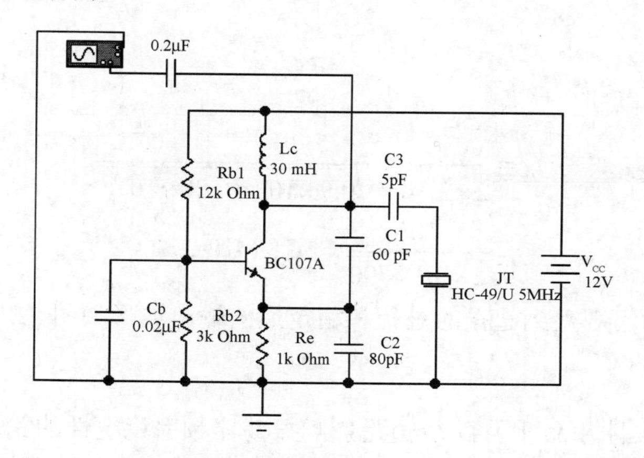

图 5.40　并联晶体振荡器电路图

$$C = \frac{1}{\frac{1}{C_1} + \frac{1}{C_2} + \frac{1}{C_3}} \approx C_3$$

谐振回路的电容就近似于 C_3 的电容，C_3 既作为减弱晶体管与晶体间的耦合电容，也作

为振荡频率的微调电容。这样，并联谐振回路的谐振频率，即振荡频率 f_0 近似等于

$$f_0 \approx \frac{1}{2\pi\sqrt{LC}} \approx \frac{1}{2\pi\sqrt{LC_3}}$$

由此可见，C_1、C_2 对对振荡频率的影响显著减小，直接影响振荡频率的是 C_3，当 C_3 越小，C_1、C_2 对振荡频率的影响也就越小，但是当 C_3 很小的时候，振荡频率的稳定度就提高，但减小 C_3，会使放大器的放大倍数降低，振荡输出的幅度减小，会引起振荡器因不满足振幅起振条件而会停止振荡。

振荡器在通电瞬间在闭合环路中产生一个很窄的脉冲作为放大器的初始的信号输入，由于很窄的脉冲具有较宽的频率成分，经选频网络的选频，使得只有一个频率的信号能反馈到放大器的输入端，而其他频率的信号被抑制。这一频率分量放大后又反馈到输入端，一直循环着，到达到了振荡平衡，也就是说，输入、输出的幅度一致，则输入和输出信号的幅度不再增大，保持不变。电路仿真如图 5.41 所示。

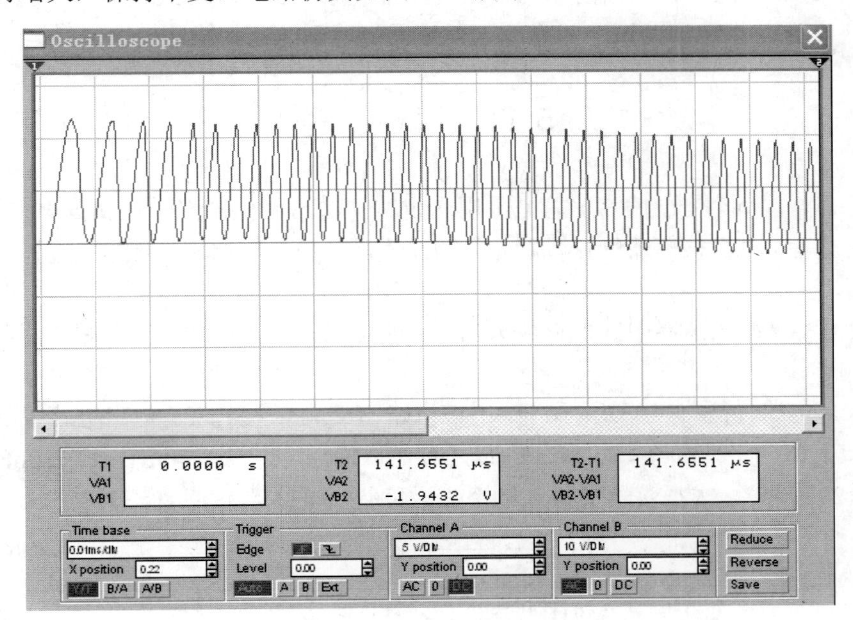

图 5.41 并联晶体振荡器时域仿真波形

通过本次仿真，读者可以更进一步了解正弦波振荡电路的工作原理和设计方法，如果进一步调节发射极电阻还可观察到间歇振荡现象。

5.10 本 章 小 结

1. 反馈型正弦波振荡器是由放大器和反馈网络组成的具有选频能力的正反馈系统。反馈振荡器必须满足起振、平衡和稳定三个条件，每个条件中包括振幅和相位两个方面的要求。起振条件和平衡条件的振幅要求分别是，环路增益必须大于 1 和等于 1，相位要求为 2π 的整数倍。振幅稳定条件和相位稳定条件分别是，增益—振幅特性和相频特性均具有负的斜率。

2．互感耦合振荡器和三点式振荡器是 LC 正弦波振荡器的常用形式，而三点式振荡器是其主要形式。三点式振荡器的组成原则为“射同它异”，分为电容三点式和电感三点式振荡器。克拉泼电路和西勒电路为三点式振荡器的两种实用的改进型电路，前者适合于作固定频率振荡器，后者可作波段振荡器。在设计 LC 振荡器的过程中需要考虑的问题：一是振荡器电路选择问题；二是晶体管选择问题；三是直流馈电线路的选择问题；四是振荡回路元件选择问题；五是反馈回路元件选择问题。

3．晶体振荡器是本章的又一重点。它的频率稳定度很高，但振荡频率的可调范围很小。晶体振荡器分基频晶振和泛音晶振两种。基频晶振又分为并联型和串联型两种类型的晶振电路。对于并联型晶振电路，应使晶体工作于感性电抗区；对于串联型晶振电路，应使晶体工作于其串联谐振频率上。泛音晶振常用于产生较高频率的振荡器，但需采取措施抑制低次谐波振荡，保证其只谐振在所需要的工作频率上，这是电路设计时所要关注的问题。

4．本章最后介绍了寄生振荡和间歇振荡产生的原因、表现形式和消除措施，其目的在于，能解决设计制作和调试振荡器或放大器过程中遇到的这些特殊问题。

5.11　习　　题

5-1 为什么晶体管 LC 振荡器总是采用固定偏置与自生偏置混合的偏置电路？

5-2 为了提高 LC 振荡器的振幅稳定性，并兼顾其他性能指标，应如何选择晶体管的工作状态？

5-3 为什么 LC 振荡器中的谐振放大器，一般是工作在失谐状态，它对振荡器的性能指标有何影响？

5-4 振荡电路如题 5-4 图所示，画出该电路的交流等效电路，标出电感线圈同名端位置；说明该电路属于什么类型的振荡电路，有什么优点。若 L=140μH，C_2=20pF，C_1 的变化范围为 12~270pF，求振荡器的最高频率 f_{max} 和最低振荡频率 f_{min}。

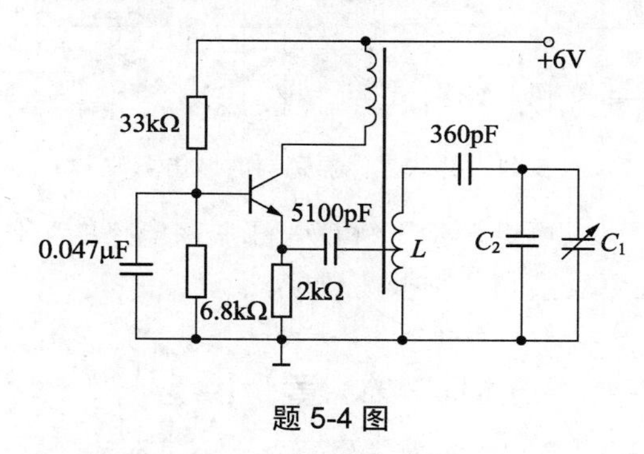

题 5-4 图

5-5 振荡电路如题 5-5 图所示，试分析下列现象振荡器工作是否正常：

(1) 图中 A 点断开，振荡停振，用直流电压表测得 V_B=2.7V，V_E=2.1V。接通 A 点，振荡器有输出，测得直流电压 V_B=2.6V，V_E=2.3V。

(2) 振荡器振荡时，用示波器测得 B 点为正弦波，而 E 点波形为一余弦脉冲。

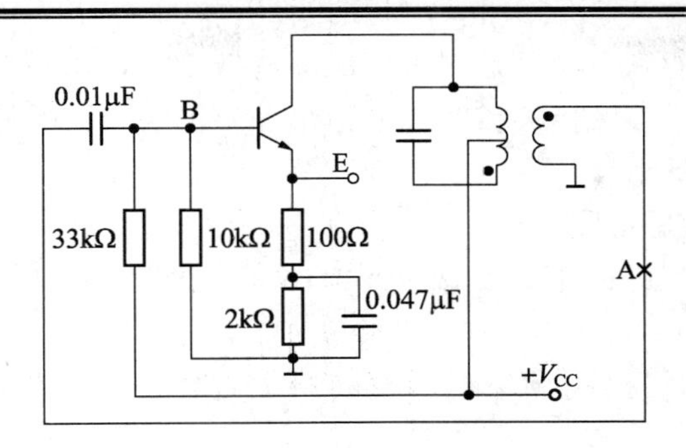

题 5-5 图

5-6 检查如题 5-6 图所示的振荡线路有哪些错误？并加以改正。

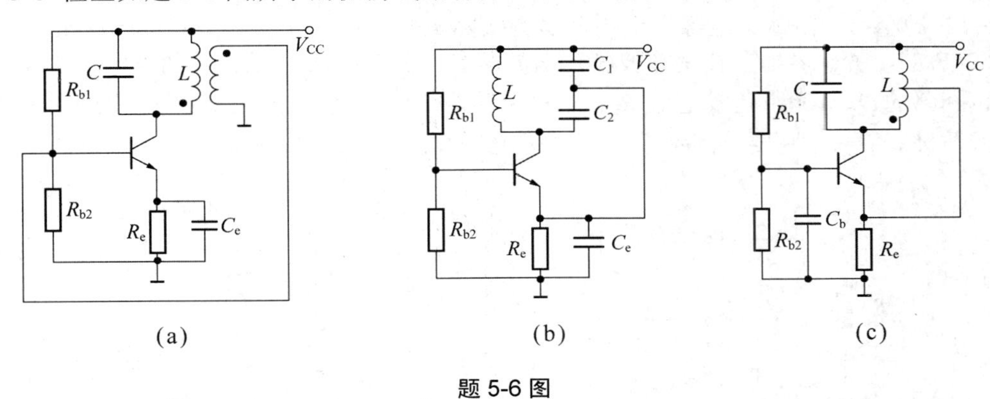

题 5-6 图

5-7 利用相位平衡条件的判断准则，判断题 5-7 图中所示的三点式振荡器交流等效电路，哪个可能振荡？哪个不可能振荡？属于哪种类型的振荡电路？有些电路应说明在什么条件下才能振荡？

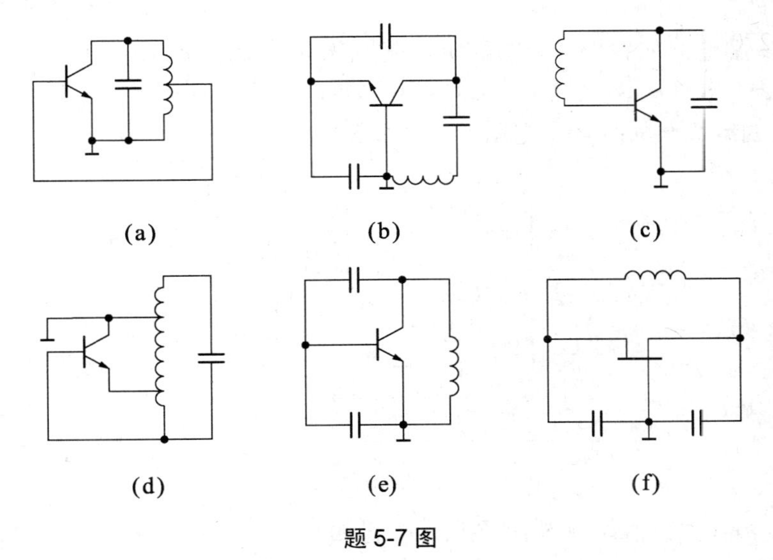

题 5-7 图

5-8 在哈特莱振荡器中，L_1=L_2=1.8mH，C=1000pF，试求：
(1)若 L_1 和 L_2 之间不存在互感时的振荡频率 f_0。

(2) 若 L_1 和 L_2 之间存在互感，这时振荡频率降低 20%，求耦合系数 k。

5-9 在考毕兹振荡器中，$C_1=C_2=200\text{pF}$，由于外界影响，引起晶体管输出电容的变化，使 C_1 变化 $\Delta C=+8\text{pF}$。试求：

(1) 电路的相对频率稳定度。

(2) 若将 C_1、C_2 增大到 10 倍，L 减小到 1/10 倍，ΔC 仍为原值，电路的相对频率稳定度变为多少？

5-10 克拉泼振荡电路提高频率稳定度的原理是什么？它为什么不适合作波段振荡器？

5-11 如题 5-11 图所示的克拉泼电路，$C_1=C_2=1000\text{pF}$，C_3 为 68~125pF 的可变电容器，$L=50\mu\text{H}$，求振荡器的波段范围。

5-12 题 5-12 图是一电容反馈振荡器的实际电路。已知 $C_1=50\text{pF}$，$C_2=100\text{pF}$，C_3 为 10~260pF 的可变电容器。在工作波段范围内，$f_0=10\sim20\text{MHz}$，试计算回路电感 L 和电容 C_0。设回路的 $Q_0=100$，负载电阻 $R_L=1\text{k}\Omega$，晶体管的输入电导 $g_{ie}=2\times10^{-3}\text{S}$。若要求起振时环路增益 $A_0F=3$，则要求的跨导 g_m 和静态工作电流 I_{CQ} 必须多大。

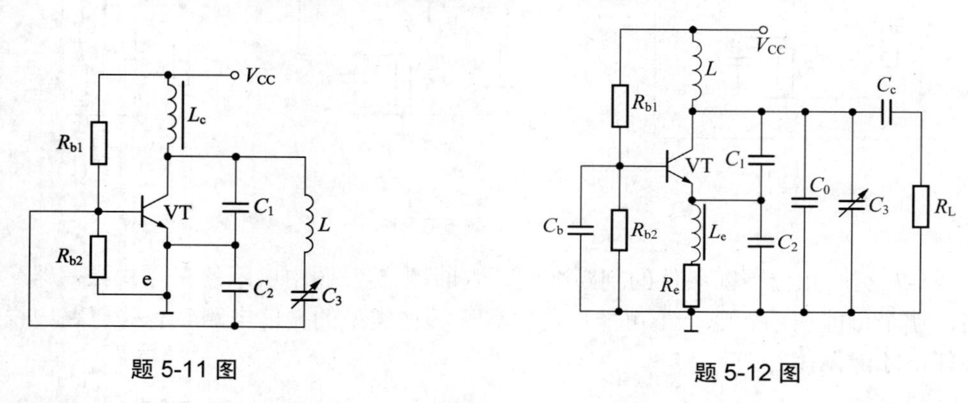

题 5-11 图　　　　题 5-12 图

5-13 振荡器电路如题 5-13 图所示，其回路元件参量为 $C_1=100\text{pF}$，$C_2=13200\text{pF}$，$L_1=100\mu\text{H}$，$L_2=300\mu\text{H}$。求：(1)画出交流等效电路；(2)求振荡频率 f_0；(3)判断是否满足三点式振荡电路的组成原则；(4)求电压反馈系数 F。

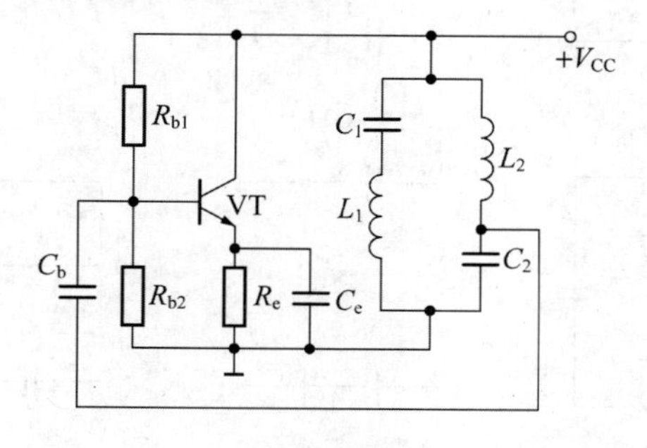

题 5-13 图

5-14 某反馈式振荡器如题 5-14 图所示。已知回路品质因数 $Q_0=100$，晶体管的特征频率 $f_T=100\text{MHz}$，在 $f=10\text{MHz}$ 时测得其 Y 参数如下，试求：

$$y_{ie}=(2+\text{j}0.5)\times10^{-3}\text{S}\qquad y_{re}=-(1+\text{j}5)\times10^{-5}\text{S}$$

$$y_{fe} = (20 - j5) \times 10^{-3}S \qquad y_{oe} = (2 + j4) \times 10^{-5}S$$

(1) 画出该振荡器的交流等效电路。

(2) 如略去晶体管参数、回路分布电容的影响，估算振荡频率 f_0 和反馈系数 F。

(3) 根据起振的振幅条件判断电路能否起振。

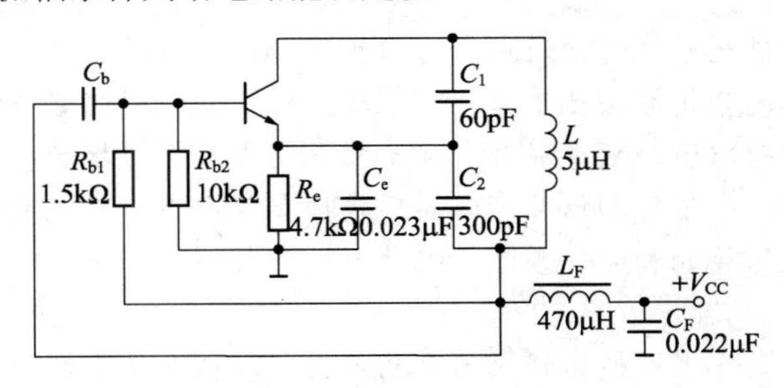

题 5-14 图

5-15 振荡器的频率稳定度用什么来衡量？LC 振荡器输出电压的振幅不稳定，是否会影响频率不稳定？为什么？引起振荡器频率变化的外界因素有哪些？

5-16 设计 LC 振荡器时，应考虑哪些问题？

5-17 题 5-17 图为一晶体振荡器电路，试求：

(1) 画出交流等效电路，指出是何种类型的晶体振荡器。

(2) 该电路的振荡频率 f_0 是多少？

(3) 晶体在电路中的作用。

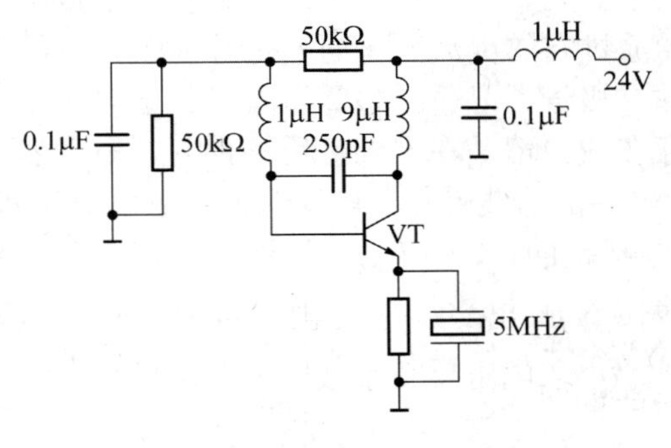

题 5-17 图

5-18 泛音晶体振荡器的电路构成有什么特点？

5-19 反馈型 LC 自激振荡器在起振后，往往出现反向偏压，试从理论上予以解释。

5-20 阐明产生间歇振荡的物理原因，列出几种防止和消除间歇振荡的方法。

第6章　非线性器件与频谱搬移电路

教学提示：非线性电子线路广泛用于通信系统和各种电子设备中。对于非线性电路，大家熟悉的线性电路的分析方法已不适合，主要工作是寻找描述非线性器件特性的函数，从而求得输出信号中新出现的频率成分。相乘器是实现频率变换的重要电路。四象限模拟相乘器在合适的工作状态下对两信号可以实现较理想的相乘，可完成频谱搬移的功能，即输出端只存在两输入信号的和频、差频。混频器是一种典型的线性时变参数电路，也能完成频谱的线性搬移。

教学要求：本章让学生了解非线性器件的作用、特性和基本分析方法，重点掌握两种频率变换电路：模拟相乘器和混频器，为以后学习其他线性频谱搬移电路打下基础。

6.1　概　　述

常用的无线电元件有三类：线性元件、非线性元件和时变参量元件。线性元件的主要特点是元件参数与通过元件的电流或施于其上电压无关。例如，电阻、电容和空心电感都是线性元件。非线性元件则不同，它的参数与通过它的电流或施于其上的电压有关。例如，通过二极管的电流大小由于其内阻值不同而不同；晶体管的放大系数与工作点有关；带磁芯的电感线圈的电感量随通过它的电流变化而变化等。

严格说来，各种晶体二极管、晶体三极管以及场效应管等电子元器件都是非线性的，绝对线性的元器件是不存在的。但是在不同使用条件下，电子器件表现出来的非线性程度不同。根据使用条件，元器件的非线性可忽略不计时，可将该元器件近似看成线性元器件，这种近似既与元器件的本身特性有关，又与元器件的工作状态有关。例如，第3章介绍的小信号放大器，由于它的输入信号足够小，在适当选择工作点的情况下，其非线性特性不占主导地位，可近似地看成线性元件，所以小信号放大器属于线性电路，采用线性电路的分析方法；而第4章介绍的谐振功率放大器，由于它们的输入信号大，同时，考虑到提高放大器效率等要求，必然涉及到器件的非线性部分，这样，就不能用线性等效电路的分析方法。因此，功率放大器归在非线性电子线路的范畴。

在线性电子线路中，对信号进行处理时，尽量使用电子元器件特性的线性部分。在这种情况下，对信号而言，电路基本上是线性的，但多少存在着不希望有的非线性失真。从另一方面来看，可以利用电子元器件的非线性来完成振荡、频率变换等功能。完成这些功能的电路统称为非线性电子线路。非线性电子线路广泛用于通信系统和各种电子设备中。按其功能可分为功率放大电路，振荡电路以及波形和频率变换电路三类。

(1) 功率放大电路用来对输入信号进行高效的功率放大，输出尽可能大的信号功率，以满足信号传输的需要。为了提高功率放大器的效率，其放大器件多工作在非线性工作状态，例如丙类状态的放大器。

(2) 振荡电路用来产生某一频率(或某一频率范围)的正弦信号。为了获得稳定的正弦波输出，振荡电路内必须含有非线性环节。

(3) 波形和频率变换电路用于对输入信号进行处理，以便产生与其波形和频谱都不同的输出信号，即产生了新的频率分量。调制、解调、混频和倍频都属于这类电路，它们的共同特点对输入信号进行频谱变换，以获得具有所需频谱的输出信号。

在通信系统中，频率变换电路的种类有很多，根据不同的特点，可以分为频谱线性搬移电路和非线性搬移电路。频谱线性搬移电路的特点是在频率变换过程中，输入信号的频谱结构不发生变化，即搬移前后各频率分量相对位置、相对大小都不变，只是在频率轴上进行不失真的简单搬移，这类电路称为频谱线性搬移电路，振幅调制、调幅信号的解调、混频电路就属于这一类电路；频谱非线性搬移电路的特点是在频率变换过程中，输入信号的频谱不仅在频域上搬移，而且频谱结构也发生了变化。频率调制、调频信号的解调、相位调制与调相信号的解调电路就属于这一类电路。本章讨论的混频电路和第 7 章讨论的线性调制与解调是频谱的线性搬移电路及其应用；在第 8 章讨论的角度调制与解调是频谱的非线性搬移电路及其应用。

与线性电路比较，非线性电路涉及的概念多，分析方法也不同。前面说过，非线性器件的主要特点是它的参数(如电阻、电容、有源器件中的跨导、电流放大倍数等)随电路中的电流或电压变化，也可以说，器件的电流、电压间不是线性关系。因此，大家熟知的线性电路的分析方法已不适合非线性电路(特别是线性电路分析中的齐次性和叠加性)，因此必须另辟非线性电路的分析方法。

本章首先介绍非器件特性及其分析方法，然后进一步介绍频率变换电路的特点及实现方法，最后介绍频谱线性搬移的实现电路：模拟乘法器、混频电路及其应用。

6.2　非线性元器件频率变换特性及分析方法

6.2.1　非线性器件

非线性电子线路中一般含有一个，甚至多个非线性元器件，所以非线性元器件是构成非线性电子线路的基础。各种半导体二极管、三极管以及场效应管等都是非线性电阻器件，它们与线性元器件的根本区别就在于其特性是非线性的。如图 6.1 所示分别为线性电阻和半导体二极管的伏安特性曲线。

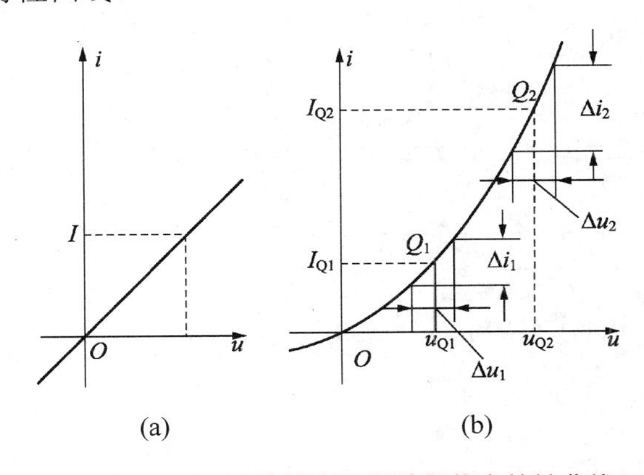

图 6.1　线性与非线性电阻器件的伏安特性曲线

由图 6.1(a)可见，线性电阻的伏安特性是一条通过坐标原点的直线，它的特性可用斜率 G(电导)来表示，其值为常数。图 6.1(b)所示半导体二极管的伏安特性是非线性的，它的电导值与外加电压 u 或流过的电流 i 的大小有关，是 u 或 i 的非线性函数，所以二极管是非线性电阻器件。对于非线性电阻器件常用直流电导 G 和交流电导 g 来表示它的非线性特性参数。

由图 6.1(b)可得 Q_1 点的直流电导和交流电导值分别为

$$\begin{cases} G_{Q1} = \dfrac{I_{Q1}}{U_{Q1}} \\ g_{Q1} = \left.\dfrac{di}{du}\right|_{Q1} \approx \dfrac{\Delta i_1}{\Delta u_1} \end{cases} \tag{6-1}$$

Q_2 点的直流电导和交流电导值分别为

$$\begin{cases} G_{Q2} = \dfrac{I_{Q2}}{U_{Q2}} \\ g_{Q2} = \left.\dfrac{di}{du}\right|_{Q2} \approx \dfrac{\Delta i_2}{\Delta u_2} \end{cases} \tag{6-2}$$

可见，G_{Q1} 与 G_{Q2}、g_{Q1} 和 g_{Q2} 不相等，这就是说非线性电阻器件的直流电导 G 和交流电导 g 值都与器件的工作点 Q 有关，即不同的工作点就有不同的电导值，是外加电压 u 或通过电流 i 的非线性函数。

6.2.2　非线性器件的频率变换作用

我们知道，如果在一个线性电阻元件上加某一频率的正弦电压，那么在电阻中就会产生同一频率的正弦电流。反之，给线性电阻通入某一频率的正弦电流，则在电阻两端就会得到同一频率的正弦电压。对于非线性电路来说，情况就大不相同了。利用图 6.2 所示二极管的伏安特性曲线，如果在半导体二极管两端加上一个余弦电压 $u(t) = U_m \cos \omega t$，可用作图的方法求得流过二极管的电流 $i_D(t)$的波形，显然它已不是余弦波形(但它仍然是一个周期性函数)。所以非线性元件上的电压和电流的波形是不相同的。

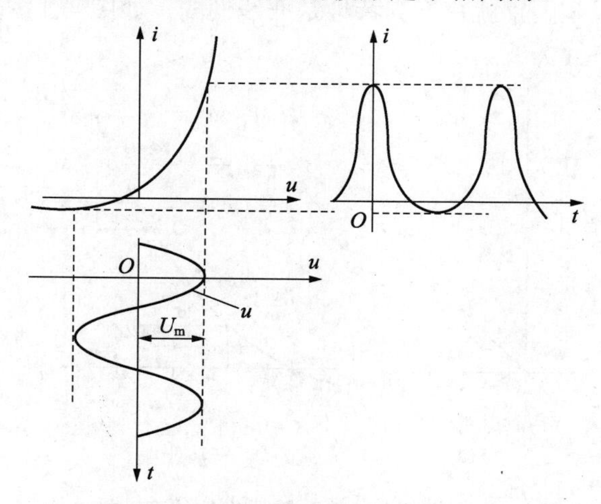

图 6.2　二极管的频率变换作用

如果将 $i_D(t)$用傅里叶级数展开，可以发现，它的频谱中除含有电压 $u(t)$的频率分量 ω(即基波)外，还新产生了 ω 的各次谐波及直流成分。也就是说，半导体二极管会产生新的频率分量，具有频率变换作用。一般来说，非线性元件的输出信号比输入信号具有更为丰富的频率成分。许多重要的无线电技术过程，正是利用非线性元件的这种频率变换作用才得以实现的。

如果非线性电阻器件的伏安特性曲线具有抛物线形状，即

$$i_D(t) = ku^2(t) \tag{6-3}$$

式中，k 为常数。

当该器件上加有两个余弦电压 $u_1 = U_{1m}\cos\omega_1 t$ 和 $u_2 = U_{2m}\cos\omega_2 t$ ，非线性元件上的有效端电压为

$$u = u_1 + u_2 = U_{1m}\cos\omega_1 t + U_{2m}\cos\omega_2 t \tag{6-4}$$

将式(6-4)代入式(6-3)可得

$$\begin{aligned} i_D &= k(u_1+u_2)^2 = ku_1^2 + ku_2^2 + 2ku_1u_2 \\ &= kU_{1m}^2\cos^2\omega_1 t + kU_{2m}^2\cos^2\omega_2 t + 2kU_{1m}U_{2m}\cos\omega_1 t\cos\omega_2 t \\ &= \frac{1}{2}k(U_{1m}^2 + U_{2m}^2) + kU_{1m}U_{2m}[\cos(\omega_1+\omega_2)t + \cos(\omega_1-\omega_2)t] \\ &\quad + \frac{1}{2}kU_{1m}^2\cos 2\omega_1 t + \frac{1}{2}kU_{2m}^2\cos 2\omega_2 t \end{aligned} \tag{6-5}$$

然而如果根据叠加原理，电流 i_D 应该是 u_1 和 u_2 分别单独作用时所产生的电流之和，即

$$i_D = kU^2{}_{1m}\sin^2\omega_1 t + kU^2{}_{2m}\sin^2\omega_2 t \tag{6-6}$$

比较式(6-5)与式(6-6)，显然是很不相同的。这个简单的例子说明，由于非线性电路产生了新的频率分量，所以不能应用叠加原理，在第 3 章介绍的晶体三极管 Y 参数微变等效电路已不适用于非线性电路的分析，这是一个很重要的概念。

6.2.3 非线性电路分析的常用方法

在实际电路中，对非线性电路的分析采用图解法和解析法，本章重点介绍工程近似解析法来分析非线性电子线路。工程近似解析法的精度虽比较差，但它有助于了解电路工作的物理过程，并对电路性能作出粗略的估算。所谓工程近似解析法，就是根据工程实际情况，对器件的数学模型和电路工作条件进行合理的近似，列出电路方程，从而解得电路中的电流和电压，获得具有实用意义的结果。

工程近似解析法的关键，是如何写出非线性元件的特性曲线的数学表示式。常用的各种非线性元件，有的已经找到了比较准确的数学表示式，有的还没有，只能选择某些近似函数来逼近。所选择的近似函数既要尽量准确，又应当尽量简单，以简化计算。

大多数非线性器件的伏安特性通常可用三种函数来近似表示或逼近。即幂级数、指数函数和折线函数。在分析方法上，主要采用幂级数展开法，以及在此基础上，在一定的条件下，将非线性电路等效为线性时变电路的线性时变电路分析法。下面分别介绍这三种分析方法。

1. 幂级数分析法

常用的非线性元件的特性曲线均可用幂级数表示。假设非线性元件的非线性伏安特性

可用某一个函数 $i = f(u)$ 表示，此函数表示的是一条连续曲线。如果在自变量 u 的某一点处(例如静态工作点 U_Q)存在各阶导数，则电流 i_D 可以在该点附近展开为泰勒级数，即

$$\begin{aligned} i_D &= f(U_Q) + f'(U_Q)(u - U_Q) + \frac{f''(U_Q)}{2!}(u - U_Q)^2 + \cdots + \frac{f^{(n)}(U_Q)}{n!}(u - U_Q)^n + \cdots \\ &= a_0 + a_1(u - U_Q) + a_2(u - U_Q)^2 + \cdots + a_n(u - U_Q)^n + \cdots \end{aligned} \tag{6-7}$$

式中 $a_n = \dfrac{f^{(n)}(U_Q)}{n!}$　　n=0，1，2，3，…

当输入电压 $u = U_Q + U_s \cos\omega_s t$，由式(6-7)可求得输出电流为

$$i_D = a_0 + a_1 U_s \cos\omega_s t + \frac{a_2 U_s^2}{2}(1 + \cos 2\omega_s t) + \cdots + a_n U_s^n \cos^n \omega_s t + \cdots \tag{6-8}$$

可以看到，输入电压中虽然只有直流和 ω_s 分量，由于特性曲线的非线性，在输出电流中除了直流和 ω_s 分量外，还出现了新的频率分量，就是 ω_s 的二次及以上各次谐波分量。输出电流的频率分量可表示为

$$\omega_0 = n\omega_s \qquad n=0，1，2，3，\cdots \tag{6-9}$$

以上分析表明：单一频率的信号电压作用于非线性元件时，在电流中不仅含有输入信号的频率分量 ω_s，而且还含有各次谐波频率分量 $n\omega_s$。

当两个信号电压 $u_1=U_{1m}\cos\omega_1 t$ 和 $u_2=U_{2m}\cos\omega_2 t$ 同时作用在非线性元件时，根据式(6-8)分析可以推出 $i_D(t)$中所含有的频率成分为

$$\begin{cases} p\omega_1, q\omega_2 \\ |p\omega_2 \pm q\omega_1| \end{cases} \quad p，q=1，2，3，\cdots$$

图 6.3 示出了流过二极管的电流 $i_D(t)$中所含有的频率成分。可以看出，$i_D(t)$中不但含有直流、ω_1 和 ω_2 的频率分量以及 ω_1 和 ω_2 的各高次谐波分量，而且同时还含有 ω_1 和 ω_2 的组合频率分量 $|p\omega_2 \pm q\omega_1|$。并且所有组合频率都是成对出现的，即如果有 $(p\omega_2 + q\omega_1)$，则一定有 $(p\omega_2 + q\omega_1)$。

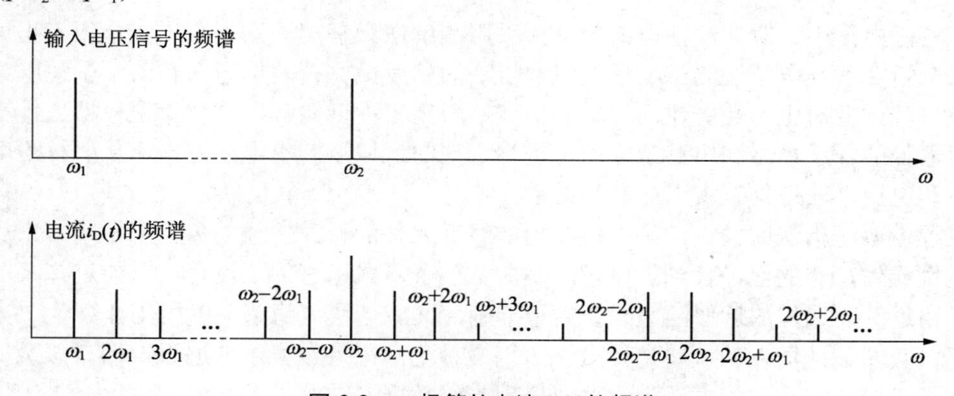

图 6.3　二极管的电流 $i_D(t)$的频谱

如果直接使用式(6-8)所表示的幂级数，或者级数的项数取得过多，必将给计算带来很大麻烦，从工程计算的角度来要求，也没有这种必要。因此，实际应用中常常只取级数的若干项就够了。究竟取级数的几项来近似表示，这取决于要求近似的准确度和特性曲线的运用范围。一般来说，要求近似的准确度越高及特性曲线的运用范围越宽，则所取的项数

就越多，为了计算简单，在工程计算所允许的准确度范围内，应当尽量选取较少的项数来近似。例如，若信号电压很小，而且只工作于特性曲线比较接近于直线的部分，这时只需取幂级数的前两项(取到一次项)就可以了；如果加在非线性元件上的信号很大，特性曲线运用范围很宽，若要用幂级数进行分析，则必须取三次项甚至更高次项。

综上所述，非线性元器件的特性分析是建立在函数逼近的基础之上的，工作信号大小不同时，适用的函数可能不同，但与实际特性之间的误差都必须在工程所允许的范围之内。

2. 指数函数分析法

非线性元件特性的另一种较为简单而准确的描述，是用指数函数来近似。当正向电压大于 50mV，或工作动态范围大部分处在大于 50mV 电压时，晶体二极管的伏安特性可以相当精确的用指数函数描述为

$$i_{\mathrm{D}} = I_{\mathrm{S}}(\mathrm{e}^{\frac{q}{kT}u} - 1) = I_{\mathrm{S}}(\mathrm{e}^{\frac{1}{U_{\mathrm{T}}}u} - 1) \tag{6-10}$$

其中，I_{S} 是反向饱和电流，U_{T}=26mV(当 T=300K 时)。如图 6.4 所示，在输入电压 u 较小时，指数特性与二极管实际特性是吻合的，但当 u 增大时，二者有较大的误差，所以指数函数分析法仅适用于小信号工作状态下的二极管特性分析。

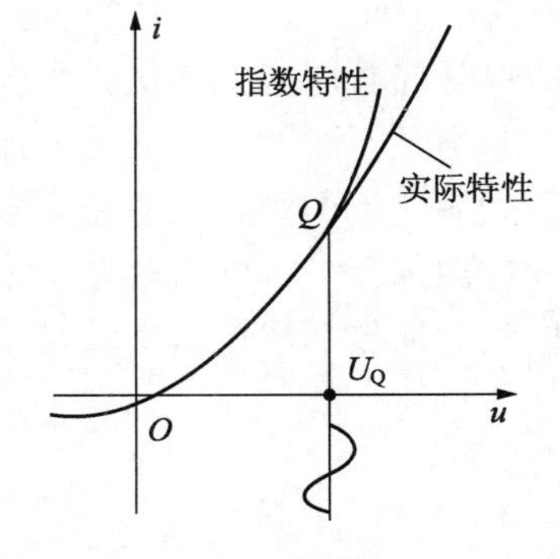

图 6.4　晶体二极管的伏安特性

利用指数函数的幂极数展开式，即

$$\mathrm{e}^x = 1 + x + \frac{1}{2!}x^2 + \cdots + \frac{1}{n!}x^n + \cdots$$

若 $u = U_{\mathrm{Q}} + U_{\mathrm{S}}\cos\omega_{\mathrm{S}}t$，由式(6-8)可得到

$$\begin{aligned} i_{\mathrm{D}} = I_{\mathrm{S}}[&\frac{U_{\mathrm{Q}}}{U_{\mathrm{T}}} + \frac{U_{\mathrm{s}}}{U_{\mathrm{T}}}\cos\omega_{\mathrm{S}}t + \frac{1}{2U_{\mathrm{T}}^2}(U_{\mathrm{Q}}^2 + U_{\mathrm{S}}\cos\omega_{\mathrm{S}}t + U_{\mathrm{S}}^2\frac{1+\cos 2\omega_{\mathrm{S}}t}{2}) \\ &+ \cdots + \frac{1}{n!U_{\mathrm{T}}^n}(U_{\mathrm{Q}} + U_{\mathrm{S}}\cos\omega_{\mathrm{S}}t)^n + \cdots] \end{aligned} \tag{6-11}$$

利用三角函数公式将上式展开，可以看到，输入电压中虽然仅有直流和 ω_{s} 分量，但在输出电流中除了直流和 ω_{s} 分量外，还出现了很多新的频率分量，有 ω_{S} 的二次及以上各次谐波分量。输出电流的频率分量可表示为

$$\omega_{\mathrm{o}} = n\omega_{\mathrm{S}} \qquad n=0，1，2，\cdots$$

由于指数函数是一种超越函数，因此这种方法又称为超越函数分析法。

3. 折线分析法

当输入信号足够大时，用幂级数分析法，就必须选用比较多的项，这将使计算变得过于复杂，在这种情况下，折线分析法是一种比较好的方法。当输入信号较大时，晶体管的非线性主要表现为截止、导通、饱和等三种不同状态之间的转换。这时，可以忽略 i_{C}–u_{BE} 曲线的弯曲部分，用由 OA 和 AB 两段直线段来近似代替实际的特性曲线，而不会造成很大误差，如图 6.5 所示(其中虚线为原特性曲线)。

对于图6.5所示特性曲线，用折线近似表示的数学表达式，即

$$\begin{cases} i_c = 0 & u_{BE} \leqslant u_{on} \\ i_c = g_c(u_{BE} - u_{on}) & u_{BE} > u_{on} \end{cases} \tag{6-12}$$

式(6-12)中，g_c是三极管跨导，即AB直线的斜率；u_{on}是晶体管特性曲线折线化后的截止电压。若基极上除直流偏压V_{BB}外，再加入一个振幅较大的余弦电压时，只有发射结电压u_{BE}大于U_{on}时才有集电极电流i_c通过，其余时间晶体管处于截止状态。因此，集电极电流不是余弦波而变成余弦脉冲波形，用傅里叶级数展开，集电极电流中出现很多新的频率分量。

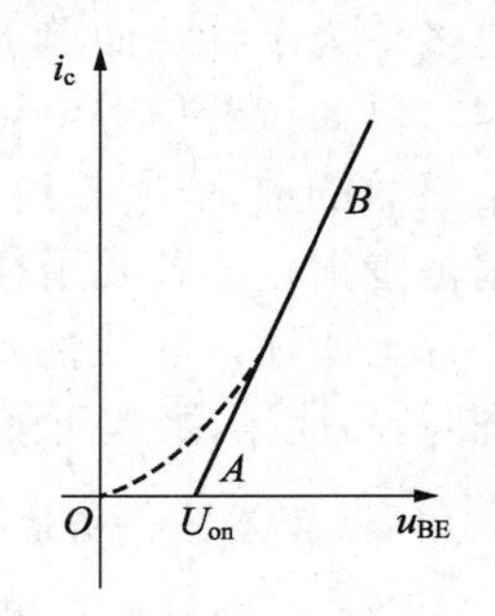

图6.5　晶体三极管的转移特性曲线用折线近似

由于折线的数学表达式比较简单，所以折线近似后使分析大大简化。但是，当作用于非线性元件的信号很小，而且正好处于我们所忽略的特性曲线的弯曲部分时，就必然产生很大的误差。因此折线法只适用于大信号的情况，例如第4章讲到的谐振功率放大器就是采用折线法分析的。

6.3　频率变换电路

6.3.1　频率变换电路的分类

在通信系统和其他一些电子设备中，需要一些能实现频率变换的电路。这些电路的特点是其输出信号的频谱中产生了一些输入信号频谱中没有的频率分量，即发生了频率分量的变换，故称为频率变换电路。

频率变换电路属于非线性电路，其频率变换功能应由非线性元器件产生。在高频电子线路中，常用的非线性元器件有非线性电阻性元器件和非线性电容性元器件。前者在电压—电流平面上具有非线性的伏安特性。如不考虑晶体管的电抗效应，它的输入特性、转移特性和输出特性均具有非线性的伏安特性，所以晶体管可视为非线性电阻器件。后者在电荷—电压平面上具有非线性的库伏特性，例如，前面曾介绍的变容二极管就是一种常用的非线性电容性器件。虽然在线性放大电路里也使用了晶体管这一非线性器件，但是必须采取一些措施来尽量避免或消除它的非线性效应或频率变换效应，而主要利用它的电流放大功能。例如，使小信号放大电路工作在晶体管非线性特性中的线性范围内，在丙类谐振功放中利用选频网络取出输入信号中才有的有用频率分量而滤除其他无用的频率分量等。

频率变换电路可分为两大类，即线性变换电路与非线性频率变换电路。

线性频率变换电路，有的要求输出信号频率ω_0应该是输入信号频率ω_s的某个固定倍数，即$\omega_0 = N\omega_s$，例如发射机中常用来提高主振器频率的倍频电路；有的要求输出信号频率ω_0应该是两个输入信号频率ω_1和ω_2的和频或差频，即$\omega_0 = \omega_1 \pm \omega_2$，例如幅度调制电路、检波电路和混频电路。这些电路的特点是输出信号频谱与输入信号频谱有简单的线性关系，也就是说，输出信号频谱只是输入信号频谱在频率轴上的搬移，故又被称为频谱搬移电路。在频谱的搬移电路中，输出信号的频率分量与输入信号的频率分量不尽相同，会产生新频率分量。由先修课程，如“电路”、“信号与系统”、“电子线路分析基础”等可知，线

性电路并不产生新的频率成分，只会有非线性失真，而在频谱的搬移电路中，输出的频率分量大多数情况下是输入信号中没有的，因此频谱的搬移必须由非线性电路来完成，其核心就是非线性器件。

非线性频率变换电路的特点是，输出信号频谱和输入信号频谱不再是简单的线性关系，也不是频谱的搬移，而是产生了某种非线性变换，例如模拟调频电路与鉴频电路。

晶体管是频率变换电路里常用的非线性器件。当两个交流信号相加输入时，晶体管输出电流中含有输入信号频率的无穷多个组合分量，在调幅、检波、混频电路中，要求输出信号频率只是输入信号频率的和频或差频。一方面，利用晶体管的非线性特性可以产生新的频率分量，满足某些功能电路的需要；另一方面，产生过多的不需要的新频率分量又会造成信号失真，也就是非线性失真。为了减少无用频率分量的影响，通常采用滤波器来滤除不需要的频率分量。因此，滤波器已成为频率变换电路中不可缺少的组成部分。在以后章节介绍的各种频率变换电路中，我们将会看到各种不同类型滤波器所起的重要作用。

6.3.2　线性时变电路分析方法

上几节主要讨论了非线性元件及其频率变换作用，本节将讨论时变参量元件及电路。时变参量元件与线性和非线性元件有所不同，它的参数不是恒定的，而是按一定规律随时间变化的，这种变化与通过元件的电流或加在元件上的电压没有关系。可以认为时变参量元件的参数是按照某种方式随时间变化的线性元件。例如，当有大、小两个交流信号同时作用于晶体管的基极时，由于大信号的控制作用，晶体管的静态工作点随它发生变动，这样，对小信号来说，可以把晶体管看成一个变跨导的线性元件。跨导的变化主要受大信号控制，基本上与小信号无关。混频器晶体管就属于这种时变参量元件。

由时变参量元件组成的电路，叫做线性时变电路。常用的线性时变电路有两种：电阻性的和电抗性的。本节主要讨论电阻性时变参量电路的分析。电阻性时变参量电路形式有通过改变晶体管工作点，从而改变其跨导的时变跨导电路；有利用模拟开关特性周期地改变线性电阻参量的线性时变电阻电路；有差分对电路组成的模拟乘法器电路等。

1. 时变跨导电路分析法

如图 6.6 所示，表示晶体三极管的时变跨导特性。

设两个不同频率的信号 u_1、u_2 同时作用于晶体三极管放大器的输入端。其中 u_1 信号幅度较大，可以认为晶体管跨导基本上受 u_1 控制，并随其作周期性改变。在偏置电压 V_{BB} 和大信号电压 u_1 共同作用下，工作点在 ABC 之间变化；而对于振幅小的信号电压 u_2 来说，在工作点附近(例如在 A 点时)，由于其电压变化范围很小，可近似认为器件跨导为常量，处于线性工作状态，但工作点不同时(例如分别在 A、B、C 点时)线性参数就不一样，故称该电路为线性时变跨导电路。

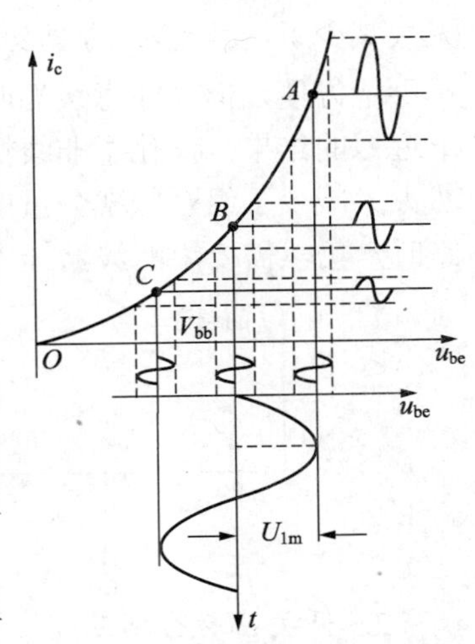

图 6.6　三极管时变跨导特性

应当注意的是，虽然这种线性时变电路是由非线性器件组成，但对小信号来说，它工作于线性状态，所以当多个小信号电压同时作用于该电路时可以运用叠加定理。

下面用时变参量方法分析晶体三极管的变频作用。

在 $U_{1m}>>U_{2m}$ 的情况下，可以认为，放大器是输入信号为 u_2，工作点电压为 $u_B=V_{BB}+U_{1m}\cos\omega_1 t$ 的小信号放大器。在不考虑三极管内部反馈和集电极电压的反作用下，基极电压与集电极电流的函数关系可写为

$$i_c=f(u_{be})$$

式中，$u_{be}=u_B+u_2$，将上式用泰勒级数在 u_B 点展开得

$$i_c=f(u_B)+f'(u_B)u_2+f''(u_B)u_2+\cdots \tag{6-13}$$

由于 u_2 很小，可忽略二次方以上各项，得近似方程

$$i_c=f(u_B)+f'(u_B)u_2$$

式中，$f(u_B)$和 $f'(u_B)$ 是对 u_2 展开的与 u_2 无关的系数，但是它们都随 u_1 变化，即随时间变化，因此，称为时变系数，或称为时变参量。其中 $f(u_B)$为 $u_{be}=u_B$ 时的集电极电流，称为时变静态电流或称为时变工作点电流(与静态工作点电流相对应)。$f'(u_B)$ 是增量在 $u_{be}=u_B$ 时的数值，称为时变增益或时变电导、时变跨导。由于 u_1 是周期性函数，所以 $f(u_B)$和 $f'(u_B)$ 也为周期性函数，可用傅里叶级数展开得

$$f(u_B)=f(V_{BB}+U_{m1}\cos\omega t)=I_{c0}+I_{cm1}\cos\omega_1 t+I_{cm2}\cos 2\omega_1 t+\cdots \tag{6-14}$$

$$f'(u_B)=g_0+g_1\cos\omega_1 t+g_2\cos 2\omega_1 t+\cdots \tag{6-15}$$

则

$$\begin{aligned}i_c=&(I_{c0}+I_{c1m}\cos\omega_1 t+I_{c2m}\cos 2\omega_1 t+\cdots)\\&+(g_0+g_1\cos\omega_1 t+g_2\cos 2\omega_1 t+\cdots)U_{2m}\cos\omega_2 t\end{aligned} \tag{6-16}$$

由上式可以看出，线性时变电路输出信号中包含有的频率分量为

$$n\omega_1 \text{和} n\omega_1+\omega_2 \qquad n=0，1，2，\cdots \tag{6-17}$$

由此可见，就非线性器件的电流 i 与输入电压 u_2 的关系而言，是线性的，类似于线性器件；但是它们的系数却是时变的。因此将具有式(6-17)描述的工作状态称为线性时变工作状态，具有这种关系的电路称为线性时变电路。

i_c 的频谱如图 6.7 所示。显然相对于图 6.3 所示非线性电路输出电流中的组合频率分量大大减少了，且无 ω_2 的谐波分量，这使所需的有用信号能量集中，损失少，同时也为滤波提供了方便，但需注意线性时变电路是在一定条件下由非线性电路演变来的，是一定条件下近似的结果，简化了非线性电路的分析，有利于系统性能指标的提高。线性时变电路虽然大大减少了组合频率分量的数目，但仍然有大量的不需要的频率分量，用于频谱搬移电路时，仍然需要用滤波器选出所需的频率分量，滤除不必要的频率分量。

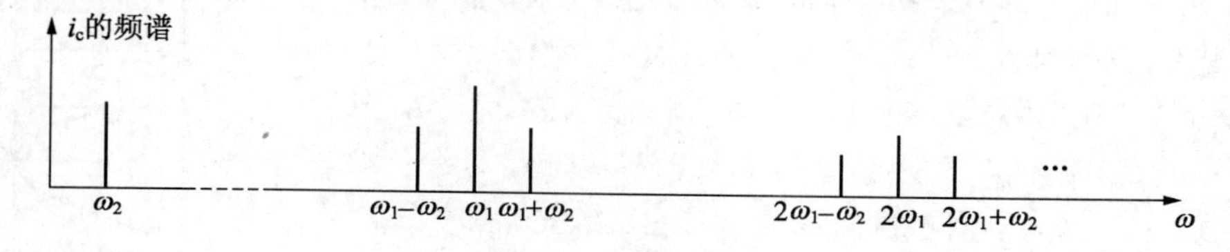

图 6.7 i_c 的频谱

2. 开关函数分析法

在有些情况下，非线性元件受一个大信号控制周期性的导通与截止，实际上起着一个

开关作用。如图 6.8 所示电路中，$u_1(t)$是大信号，幅度足够大，控制二极管工作在开关状态，$u_2(t)$为小信号。

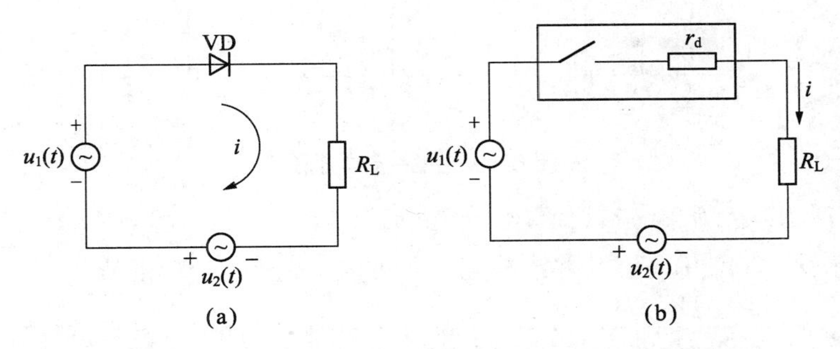

图 6.8　大小两个信号同时作用于非线性元件的原理电路

设 $u_1(t)$ 和 $u_2(t)$都是正弦电压，分别为 $u_1(t)=U_{1m}\cos\omega_1 t$ 和 $u_2(t)=U_{2m}\cos\omega_2 t$ 。

在 $u_1(t)$的正半周，二极管导通(设二极管导通电阻为 r_d)，负半周二极管截止。因此流过二极管的电流可用下式表示，即

$$i_D=\begin{cases}\dfrac{1}{r_d+R_L}(u_1+u_2) & u_1\geqslant 0\\ 0 & u_1<0\end{cases} \tag{6-18}$$

将二极管的开关作用用以下函数表示为

$$K_1(\omega_1 t)=\begin{cases}1 & u_1\geqslant 0\\ 0 & u_1<0\end{cases} \tag{6-19}$$

则电流可写成

$$i_D=\frac{1}{r_d+R_L}k_1(\omega_1 t)(u_1+u_2) \tag{6-20}$$

由式(6-20) 可以看出，它描述的也是一种时变跨导电路，不过该电路跨导为线性电导(或线性电阻)，当开关函数 $K_1(\omega_1 t)$ 在某一时刻等于零时，电导也变为零。所以，该电路又称为时变电导电路。

由于 $u_1(t)$是周期函数，所以开关函数 $K_1(\omega_1 t)$ 也是周期性函数，其周期与 $u_1(t)$的周期相同。图 6.9 表示控制信号的波形，图 6.10 表示开关函数 $K_1(\omega_1 t)$ 的波形，它是幅度为 1 的周期性矩形脉冲系列。

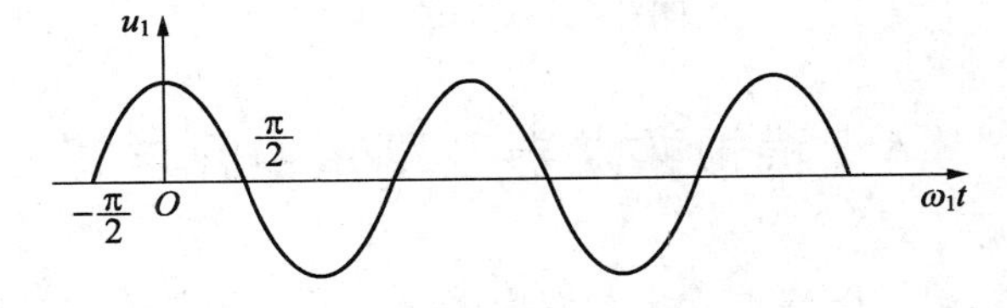

图 6.9　控制信号波形

由于开关函数 $K_1(\omega_1 t)$ 为周期 $T_0=\dfrac{2\pi}{\omega_1}$ 的周期性函数，故可将其展开为傅里叶级数，即

$$K_1(\omega_1 t)=\frac{1}{2}+\frac{2}{\pi}\cos\omega_1 t-\frac{2}{3\pi}\cos 3\omega_1 t+\cdots \qquad n=0，1，2，\ldots \tag{6-21}$$

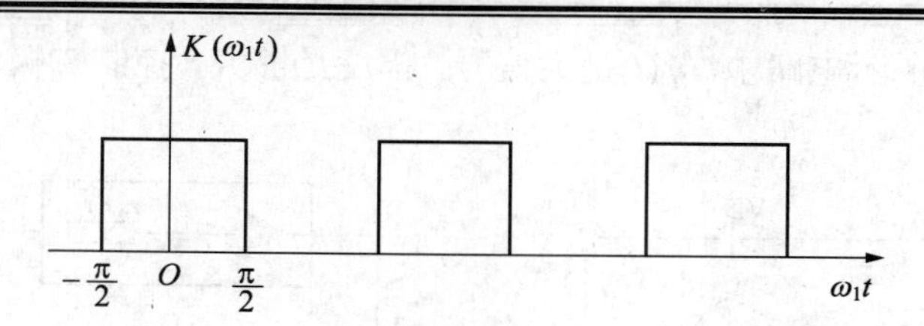

图 6.10　开关函数波形

由式(6-21)看出，$K_1(\omega_1 t)$ 中只有直流分量和 ω_1 的奇次谐波分量。将式(6-21)和 $u_1(t)$、$u_2(t)$ 的数学表达式代入式(6-20)，展开并经整理，即可求出电流 i_D 频谱为

$$i_D = \frac{1}{r_d + R_L}(\frac{1}{2} + \frac{2}{\pi}\cos\omega_1 t - \frac{2}{3\pi}\cos 3\omega_1 t + \cdots)(U_{m1}\cos\omega_1 t + U_{m2}\cos\omega_2 t) \tag{6-22}$$

利用三角公式展开式(6-22)可以看出，电流中包括以下频率成分：

(1) u_1 和 u_2 的频率成分 ω_1、ω_2；

(2) u_1 的频率与 u_2 的和差频，$|\pm\omega_1 \pm \omega_2|$；

(3) u_2 的频率与 u_1 的奇次谐波的和差频，即 $|\pm(2n-1)\omega_1 \pm \omega_2|$，这里 n 是除零以外的正整数；

(4) u_1 的偶次谐波；

(5) 直流成分。

图 6.11 示出了 $i_D(t)$ 的频谱。显然相对于图 6.3 所示指数函数所描述的非线性电路输出电流中的组合频率分量大大减少了，且无 ω_2 的谐波分量；而相对于图 6.7 所示线性时变电路输出电流中的组合频率分量也有所减少，且无 ω_o 的奇次谐波频率分量。这就使所需的有用信号的能量相对集中，损失减少，同时也为滤波造成了方便。但需注意开关函数分析法也是在一定条件下由非线性电路演变来的，也可以看作一种线性时变电路，是一定条件下近似的结果，简化了非线性电路的分析，有利于系统性能指标的提高。

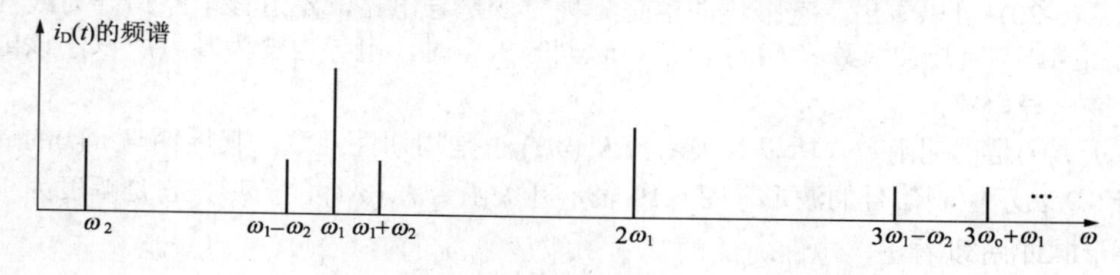

图 6.11　$i_D(t)$的频谱

6.4　模拟乘法器及基本单元电路

在通信系统中最常用、最基本的频率变换电路是具有频谱搬移功能的电路，即从频域上看，具有把输入信号的频谱通过一定的方式(线性或非线性)搬移到所需的频率范围上。显然非线性电路具有频率变换的功能，当两个信号作用于非线性器件时，由于器件的非线性特性，其输出端不仅包含输入信号的频率分量，还有输入信号频率的各次谐波分量以及输入信号频率的组合分量。在这些频率分量中，只有很少的组合分量如($\omega_1 + \omega_2$)项是完成

频谱搬移功能所需要的，其他绝大多数分量是不需要的。因此，频谱搬移电路必须具有选频功能，以滤除不必要的频率分量，减少输出信号的失真。大多数频谱搬移电路所需的是非线性函数展开式中的平方项，即两个输入信号的乘积项，或者说，频谱搬移电路的主要运算功能是实现乘法运算。因此，在实际中如何实现接近理想的乘法运算，减少无用的组合频率分量的数目和强度，就成为人们追求的目标。

下面首先介绍模拟乘法器的特性及基本工作原理，在此基础上介绍几种典型的单片模拟集成乘法器及其外围元件的设计计算和调整，并简要介绍模拟集成乘法器在运算方面的应用。关于模拟乘法器在信号处理方面的应用将在以后的各章中具体介绍。

6.4.1　模拟乘法器的基本概念

模拟乘法器能实现两个互不相关的模拟信号间的相乘功能。它不仅应用于模拟运算方面，而且广泛地应用于无线电广播、电视、通信、测量仪表、医疗仪器以及控制系统，进行模拟信号的变换及处理。目前，模拟乘法器已成为一种普遍应用的非线性模拟集成电路。

1. 模拟乘法器的基本功能

模拟乘法器具有两个输入端 x 和 y 及一个输出端口 z，是一个三端口的非线性网络，其符号如图 6.12 所示。一个理想的模拟乘法器，其输出端的瞬时电压 $u_z(t)$仅与两输入端的瞬时电压 $u_x(t)$和 $u_y(t)$的乘积成正比，不含有任何其他分量。模拟乘法器输出特性可表示为

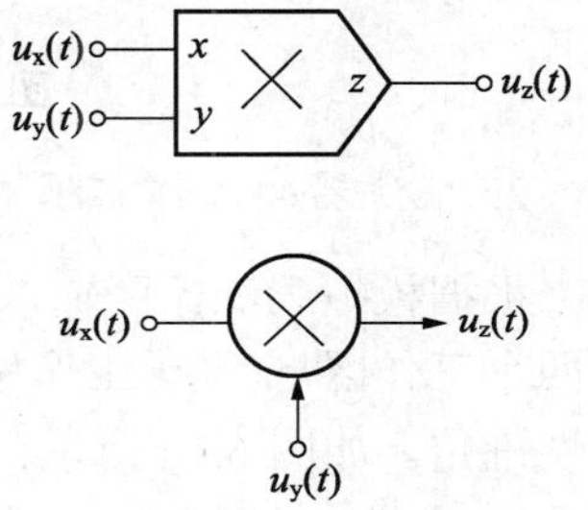

$u_x(t)$ $u_y(t)$ x y z $u_z(t)$

$u_x(t)$ $u_z(t)$ $u_y(t)$

图 6.12　模拟乘法器电路符号

$$u_o(t)=K\,u_x(t)\,u_y(t) \tag{6-23}$$

式中，K 为相乘增益(或相乘系数)，单位为[1/V]，其数值取决于乘法器的电路参数。

如果设理想的模拟乘法器两输入端的电压 $u_x(t)=U_S\cos\omega_S t$，$u_y(t)=U_o\cos\omega_o t$，如图 6.12 所示。那么输出电压为

$$\begin{aligned}u_z(t)&=KU_SU_o\cos\omega_s t\cos\omega_o t\\&=\frac{K}{2}U_SU_o\left[\cos(\omega_o+\omega_s)t+\cos(\omega_o-\omega_s)t\right]\end{aligned} \tag{6-24}$$

由式(6-24)可以看出，电路完成的基本功能是把 ω_s 的信号频率线性地搬移到$(\omega_o\pm\omega_s)$的频率点处，图 6.13(a)、(b)示出了信号频谱的搬移过程。

如果输入电压 $u_x(t)$为一个实用的限带信号，即 $u_x(t)=\sum\limits_{n=1}^{m}U_{Sn}\cos n\omega_S t$，那么输出电压为

$$\begin{aligned}u_z(t)&=KU_o\cos\omega_o t\sum_{n=1}^{m}U_{Sn}\cos n\omega_s t\\&=\frac{K}{2}U_o\left[\sum_{n=1}^{m}U_{Sn}\cos(\omega_o+n\omega_S)t+\sum_{n=1}^{m}U_{Sn}\cos(\omega_o-n\omega_S)t\right]\end{aligned} \tag{6-25}$$

图 6.13(c)、(d)示出了限带信号频谱的搬移过程。模拟乘法器是一种理想的线性频谱搬移电路，实际通信电路中的各种线性频谱搬移电路所要解决的核心问题就是使该电路的性能更接近理想乘法器。

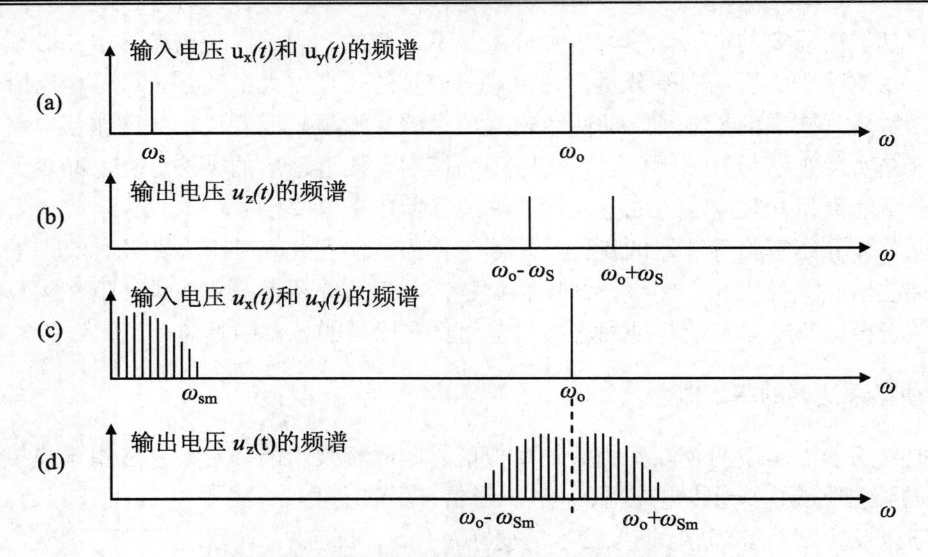

图 6.13　模拟乘法器信号频谱的线性搬移过程

2. 乘法器的工作象限

根据模拟乘法器两输入电压 $u_x(t)$、$u_y(t)$的极性，乘法器有四个工作区域(又称工作象限)，可由它的两个输入电压的极性确定。如图 6.14 所示，输入电压可能有四种极性组合：

$u_x(t)$	×	$u_y(t)$	=	$u_z(t)$	
(+)	×	(+)	=	(+)	第Ⅰ象限
(−)	×	(+)	=	(−)	第Ⅱ象限
(−)	×	(−)	=	(+)	第Ⅲ象限
(+)	×	(−)	=	(−)	第Ⅳ象限

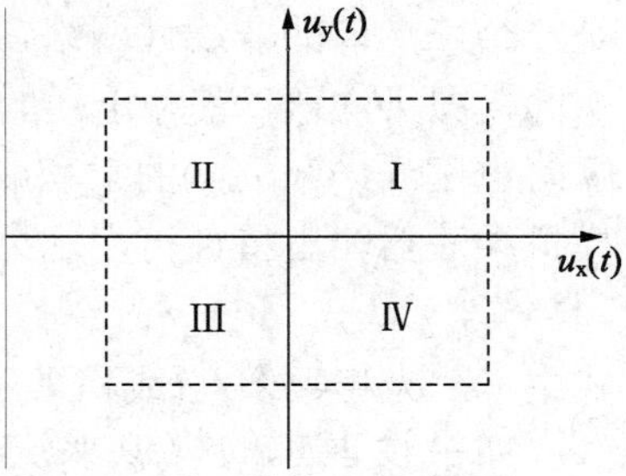

图 6.14　乘法器的工作象限

当 $u_x(t)>0$、$u_y(t)>0$ 时，乘法器工作于第Ⅰ象限，当 $u_y(t)>0$、$u_y(t)<0$ 时，乘法器工作于第Ⅳ象限，其他依此类推。

如果两个输入信号只能取单极性(同为正或同为负)时乘法器才能工作，则称之为“单象限乘法器”；一个输入信号适应两种极性，而一个只能是一种单极性的乘法器为“二象限乘法器”；两个输入信号都能适应正、负两种极性的乘法器为“四象限乘法器”。两个单象限乘法器可构成一个二象限乘法器；两个二象限乘法器可构成一个四象限乘法器。

3. 模拟乘法器的线性与非线性性质

模拟乘法器属于非线性器件还是线性器件取决于两个输入电压的性质。一般情况下当两个输入信号 $u_x(t)$和 $u_y(t)$均不定时，如前所述，模拟乘法器体现出非线性特性，属于非线性器件。然而，在一定的条件下，当输入信号 $u_x(t)$或 $u_y(t)$其中一个为恒定直流电压时，如 $u_x(t)=E$，则 $u_z(t)=KEu_y(t)=K'u_y(t)$。可见，此时模拟乘法器相当一个线性放大器，放大系数为 $K'=KE$，模拟乘法器为线性器件。

6.4.2　模拟乘法器的单元电路

在通信系统及高频电子电路中实现模拟相乘的方法很多，常用的有环形二极管相乘法和变跨导相乘法等。其中，变跨导相乘法采用差分电路为基本电路，工作频带宽、温度稳定性好、运算精度高、速度快，成本低，便于集成化，得到广泛应用。目前单片模拟集成乘法器大多采用变跨导相乘器。

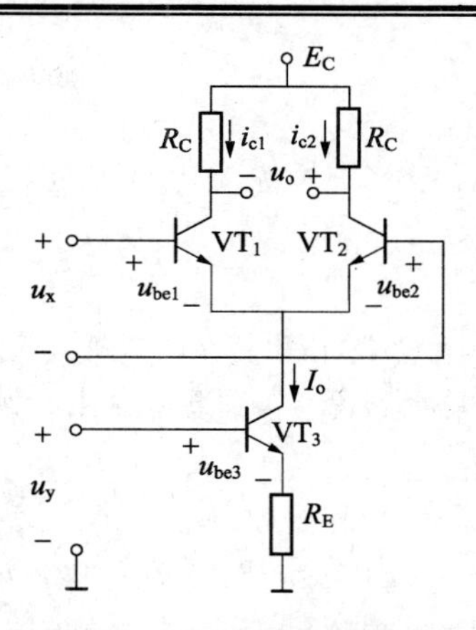

图 6.15　二象限变跨导乘法器

1. 二象限变跨导模拟乘法器

图 6.15 所示为二象限变跨导模拟乘法器。从电路结构上看，它是一个恒流源差分放大电路，不同之处在于恒流源管 VT_3 的基极输入了信号 $u_y(t)$，其恒流源电流 I_o 受 $u_y(t)$控制。

由图可知

$$u_x = u_{be1} - u_{be2}$$

根据晶体管三极管特性，VT_1、VT_2 集电极电流为

$$i_{c1} \approx i_{e1} = I_S\, e^{u_{BE1}/U_T}\ ,\quad i_{c2} \approx i_{e2} = I_S\, e^{u_{BE2}/U_T}$$

其中 $U_T = \dfrac{KT}{q}$ 为 PN 结内建电压，I_S 为饱合电流。而 VT_3 的集电极电流为

$$I_o = i_{e1} + i_{e2} = i_{e1}(1 + \frac{i_{e2}}{i_{e1}}) = i_{e1}(1 + e^{-u_x/U_T}) \tag{6-26}$$

由式(6-26)可得

$$i_{e1} = \frac{I_o}{1 + e^{-u_x/U_T}} = \frac{I_o}{2}[1 + \text{th}(\frac{u_x}{2U_T})] \tag{6-27}$$

同理可得

$$i_{e2} = \frac{I_o}{1 + e^{u_x/U_T}} = \frac{I_o}{2}[1 - \text{th}(\frac{u_x}{2U_T})] \tag{6-28}$$

其中 $\text{th}(\dfrac{u_x}{2U_T})$ 为双曲正切函数。

根据式(6-27)和式(6-28)可得差分电路的转移特性曲线如图 6.16 所示。差分输出电流 i_o 为

$$i_{od} = i_{c1} - i_{c2} = I_o \text{th}(\frac{u_x}{2U_T}) \tag{6-29}$$

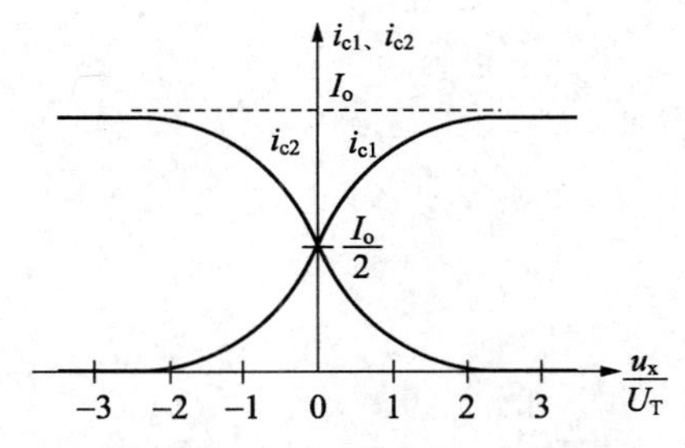

图 6.16　差分电路的转移特性曲线

由图 6.16 可以看出当 $u_x \ll 2U_T$，即 $\left|\dfrac{u_x}{U_T}\right| \ll 1$ 的范围内差分放大器工作在放大区域内，i_{c1}、i_{c2} 与 $\dfrac{u_x}{U_T}$ 近似成线性关系，式(6-29)可近似为

$$i_{od} \approx I_o \frac{u_x}{2U_T} \tag{6-30}$$

差分放大器的跨导 g_m 为

$$g_m = \frac{\partial i_{id}}{\partial u_x} = \frac{I_o}{2U_T} \tag{6-31}$$

而电路中恒流源电流 I_o 为

$$I_o = \frac{u_y - u_{be3}}{R_E} \quad (u_y>0) \tag{6-32}$$

由式(6-31)和式(6-32)可以看出，当 u_y 的大小变化时，I_o 的值随之变化，从而控制了差分放大器的跨导 g_m 随之变化。此时，输出电压 u_o 为

$$u_o = i_{od}R_C = g_m R_C u_x = \frac{R_C}{2U_T R_E}u_x u_y - \frac{R_C}{2U_T R_E}u_{be3}u_y \tag{6-33}$$

由式(6-33)可知，由于 u_y 控制了差分电路的跨导 g_m，使输出 u_o 中含有 $u_x u_y$ 相乘项，故称为变跨导乘法器。但此简单乘法器输出电压 u_o 中存在非相乘项，而且要求 $u_y \geqslant U_{BE3}$，只能实现二象限相乘，此外，恒流源管 VT_3 的温漂并没有进行补偿。因而在集成模拟乘法器中较少应用。在此基础上发展而成的双平衡模拟乘法器则应用极其广泛。

2. 吉尔伯特(Gilbert)乘法器单元电路

图 6.17 所示为吉尔伯特(Gilbert)乘法器单元电路，又称双平衡模拟乘法器，是一种四象限模拟乘法器，也是大多数集成乘法器的基础电路。电路中，六个双极型三极管分别组成三个差分电路：VT_1、VT_2、VT_3、VT_4 为双平衡的差分对，VT_5、VT_6 差分对分别作为 VT_1、VT_2 和 VT_3、VT_4 两差分对的射极恒流源。根据式(6-27)和式(6-28)差分电路的转移特性分析可知：

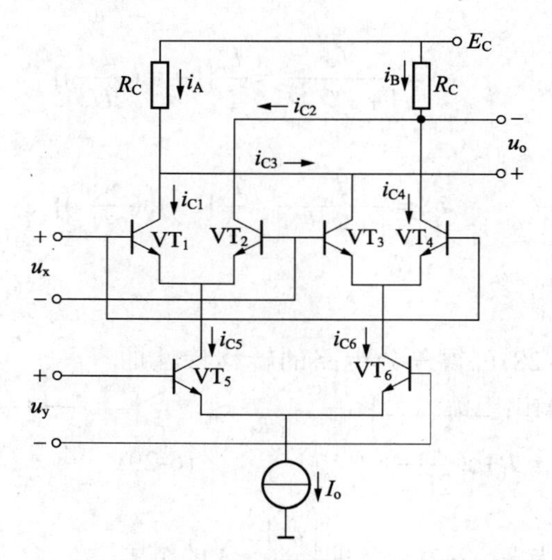

图 6.17 吉尔伯特乘法器单元电路

$$\begin{aligned} i_1 - i_2 &= i_5 \operatorname{th}\frac{u_x}{2U_T} \\ i_4 - i_3 &= i_6 \operatorname{th}\frac{u_x}{2U_T} \\ i_5 - i_6 &= I_o \operatorname{th}\frac{u_y}{2U_T} \end{aligned} \tag{6-34}$$

又因，输出电压

$$u_o = (i_A - i_B)R_C = [(i_1 + i_3) - (i_2 + i_4)]R_C$$

$$= (i_5 - i_6)R_C \operatorname{th}\frac{u_x}{2U_T} = I_o R_C \operatorname{th}\frac{u_x}{2U_T} \cdot \operatorname{th}\frac{u_y}{2U_T} \tag{6-35}$$

由式(6-34)，当输入信号较小，并满足 $u_x < 2U_T = 52\text{mV}$，$u_y < 2U_T = 52\text{mV}$，则有

$$\operatorname{th}\frac{u_x}{2U_T} \approx \frac{u_x}{2U_T},\quad \operatorname{th}\frac{u_y}{2U_T} \approx \frac{u_y}{2U_T} \tag{6-36}$$

将式(6-36)代入式(6-35)可得

$$u_o = \frac{I_o R_C}{4U_T^2} u_x u_y = K u_x u_y \tag{6-37}$$

式中相乘系数 $K = \dfrac{I_o R_C}{4U_T^2}$。

Gilbert 乘法器单元电路只有当输入信号较小时，才具有较理想的相乘作用，u_x，u_y 均可取正、负两种极性，故为四象限乘法器电路，但因其线性范围小，不能满足实际应用的需要。

3. 具有射极负反馈电阻的 Gilbert 乘法器

如图 6.18 所示，在 VT_5、VT_6 的发射极之间接一负反馈电阻 R_y 可扩展 u_y 的线性范围，R_y 取值应远大于晶体管 VT_5、VT_6 的发射结电阻，即有

$$R_y \gg r_{be5} = \frac{26\text{mV}}{I_{o1}}; R_y \gg r_{be6} = \frac{26\text{mV}}{I_{o2}}$$

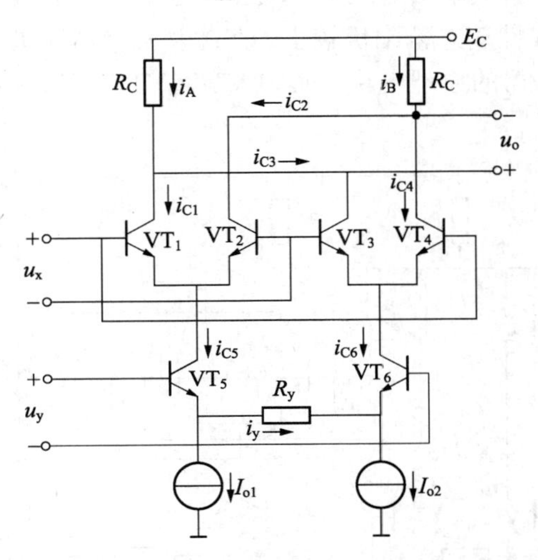

图 6.18　射极负反馈的吉尔伯特乘法器单元电路

当电路处于静态时(u_y=0)，$i_5 = i_6 = I_{o1} = I_{o2}$。当加入信号 u_y 时，流过 R_y 的电流为

$$i_y = \frac{u_y}{R_y + r_{be5} + r_{be6}} \approx \frac{u_y}{R_y} \tag{6-38}$$

i_y 的交流等效电路如图 6.19 所示。所以有

$$i_5 = I_{o1} + i_y, \quad i_6 = I_{o2} - i_y$$

$$i_5 - i_6 = 2i_y = \frac{2u_y}{R_y} \tag{6-39}$$

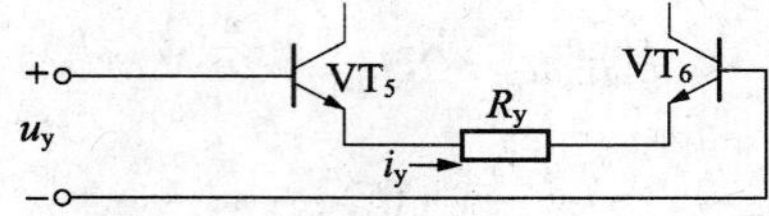

图 6.19　关于 i_y 的交流等效电路

将式(6-38)和式(6-39)代入式(6-35)可得

$$u_o = (i_5 - i_6)R_C \operatorname{th}\frac{u_x}{2U_T} = \frac{2R_C}{R_y}u_y \operatorname{th}\frac{u_x}{2U_T} \tag{6-40}$$

如果 $u_x \ll 2U_T$=52mV 时，由式(6-40)得

$$u_o = \frac{R_C}{U_T R_y}u_y u_x = K u_y u_x \tag{6-41}$$

式中相乘系数 $K = \dfrac{R_C}{R_y U_T}$。由上分析可知，控制信号 u_y 的线性范围大，温度对 VT_5、VT_6 差分电路影响小，并可通过改变 R_y 来控制相乘增益 K。然而，输入信号 u_x 的线性范围小($u_x \ll 2U_T$)，而且 K 与温度有关。

4. 线性化 Gilbert 乘法器电路

具有射极负反馈电阻的双平衡 Gilbert 乘法器，尽管扩大了对输入信号 u_y 的线性动态范围，但对输入信号 u_x 的线性动态范围仍较小，在此基础上需作进一步改进，图 6.20 为改进后的线性双平衡模拟乘法器的原理电路，其中 VT_7，VT_8，VT_9，VT_{10} 构成一个反双曲线正切函数电路。

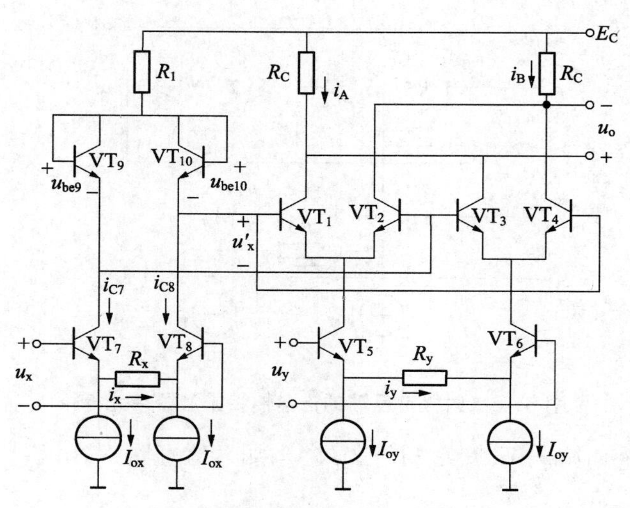

图 6.20　线性化吉尔伯特乘法器

图 6.20 所示电路中，VT_7，VT_8，R_x，I_{ox} 构成线性电压—电流变换器。由式(6-38)和

式(6-39)可得

$$i_{C7}=I_{ox}+\frac{u_x}{R_x},\qquad i_{C8}=I_{ox}-\frac{u_x}{R_x} \tag{6-42}$$

又由于u'_x为 VT_9，VT_{10} 发射结上的电压差，即 $u'_x=u_{be9}-u_{be10}$，而

$$\begin{aligned} u_{be9}&=U_T\ln\frac{i_{C9}}{I_S}=U_T\ln\frac{i_{C7}}{I_S}\\ u_{be10}&=U_T\ln\frac{i_{C10}}{I_S}=U_T\ln\frac{i_{C8}}{I_S}\end{aligned} \tag{6-43}$$

由式(6-42)和式(6-43)可得

$$u'_x=U_T(\ln\frac{i_{C7}}{I_S}-\ln\frac{i_{C8}}{I_S})=U_T\ln\frac{i_{C7}}{I_{C8}}=U_T\ln(\frac{I_{ox}+\frac{u_x}{R_x}}{I_{ox}-\frac{u_x}{R_x}})=U_T\ln(\frac{1+\frac{u_x}{R_x}}{1-\frac{u_x}{R_x}}) \tag{6-44}$$

利用数学关系 $\frac{1}{2}\ln\frac{1+x}{1-x}=\text{arcth}\,x$，则式(6-44)可写成

$$u'_x=2U_T\,\text{arcth}\frac{u_x}{I_{ox}R_x} \tag{6-45}$$

把式(6-45)代入式(6-40) 可得

$$u_o=\frac{2R_C}{R_y}u_y\,\text{th}\frac{u'_x}{2U_T}=\frac{2R_C}{I_{ox}R_xR_y}u_xu_y=Ku_xu_y \tag{6-46}$$

其中，相乘系数 $K=\frac{2R_C}{I_{ox}R_xR_y}$。

由上述分析可知：

(1) 当反馈电阻 R_x、$R_y\gg r_{be}$时，u_o与 u_x和 u_y的乘积(u_xu_y)成正比，电路更接近理想相乘特性；

(2) 相乘增益 K 可通过改变电路参数 R_x、R_y或 I_{ox}确定，一般可通过调节 I_{ox}来调整 K 的数值，而且 K 与温度无关，电路温度稳定性好。

(3) 输入信号 u_x的线性范围得到扩大，其极限值为 $U_{xm}<I_{ox}R_x$，否则双曲正切反函数无意义。

6.5　单片集成模拟乘法器及其典型应用

6.5.1　MC1596 / MC1496 及其应用

由于具有射极负反馈电阻的双平衡 Gilbert 乘法器(如图 6.18 所示电路)的频率特性较好，使用灵活，广泛地应用于集成模拟乘法器中，如美国产品 MCl496 / 1596、μA796、LMl496 / 1596；国内产品 CFl496 / 1596、XFC−1596 等。

1. 内部电路结构

图 6.21 所示为 MC1596 内部电路。与具有射极负反馈的双平衡 Gilbert 相乘器单元电路

比较，电路结构基本相同，仅恒流源用晶体管 VT_7、VT_8 代替；二极管 VD_1 与 500Ω电阻构成 VT_7、VT_8 的偏量电路；反偏电阻 R_y 外接在引脚 2、3 两端，可展宽 u_y 输入信号的动态范围，并可调整标度因子 K；负载电阻 R_C、偏置电阻 R_5 等采用外接形式。MC1596 广泛应用于通信、雷达、仪器仪表及频率变换电路中。

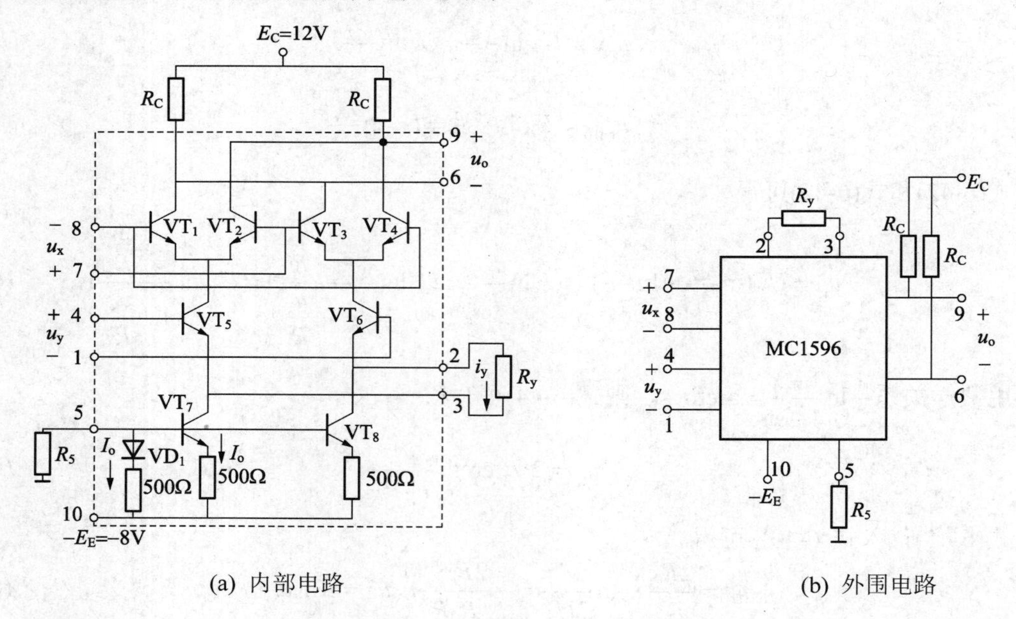

(a) 内部电路　　　　　　　　　　　　　　　　(b) 外围电路

图 6.21　MC1596 内部电路

2. 外接元件参数的设计计算

1) 负反馈电阻 R_y

利用式(6-38) $i_y=\dfrac{u_y}{R_y}$，且应满足$|i_y|<I_o$。若选择由二极管 VD_1 和 VT_7、VT_8 所组成的镜像恒流源电流 I_o=1mA，输入信号 u_y 的峰值 U_{ym}=1V，则有

$$I_o \geqslant \frac{U_{ym}}{R_y},\quad R_y \geqslant \frac{U_{ym}}{I_o}=\frac{1}{1\times10^{-3}}=1\text{k}\Omega$$

2) 偏置电阻 R_5

由图 6.21(a)中电路可得：$|-E_E|=I_o(R_5+500)+U_D$，当取$|-E_E|=8\text{V}$ 时

$$R_5=\frac{|-E_E|-U_D}{I_o}-500=\frac{8-0.7}{1\times10^{-3}}-500=6.8\text{k}\Omega$$

3) 负载电阻 R_C

MC1596 引脚 6、9 端的静态电压为 $U_6=U_9=E_C-I_oR_C$，若选 $U_6=U_9$=8V，E_C=12V，则有

$$R_C=\frac{E_C-U_R}{I_o}=\frac{12-8}{1\times10^{-3}}=4\text{k}\Omega$$

R_C 的标称值为 3.9kΩ。

3. MC1596 的基本应用

MC1596 的基本应用电路如图 6.22 所示。图中 R_1、R_2、R_3 为引脚 7、8 端内部双差分晶体三极管 VT_1、VT_2、VT_3、VT_4 的基极提供偏置电压，R_3 实现交流匹配，$R_C=R_4$ 为集电极负载。R_6~R_9，R_w 为引脚 4、1 端内部晶体三极管 VT_5、VT_6 的基极提供偏置电压，R_w 为平衡电阻。R_5 确定镜像恒流 I_o，R_y 用来扩大 u_y 的动态范围。

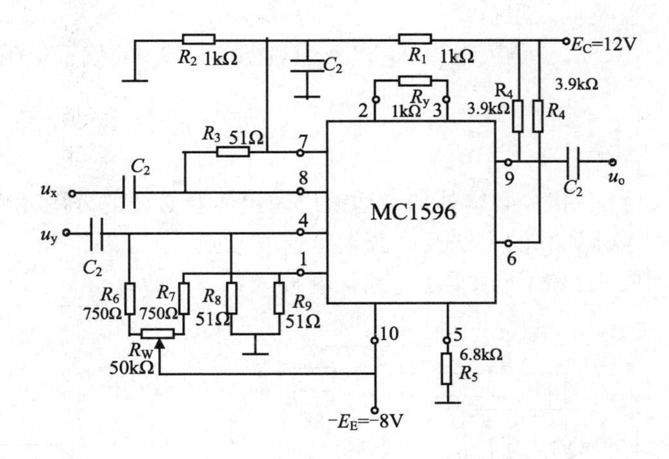

图 6.22 MC1596 的基本应用电路

在该电路的应用中，如果调节平衡电阻 R_w，使静态情况下(即无输入 u_y=0 时)，流过 R_y 的静态电流 I_{yo}=0，当同时输入 u_x 和 u_y 时(动态)，且 u_x 的幅度 U_{xm}<26mV，由式(6-42)和式(6-41)可得

$$u_o = \frac{R_C}{2R_y U_T} u_y(t) u_x(t) \tag{6-47}$$

可见，实现了相乘的运算，在通信系统中常用来实现 DSB 调幅(第 5 章介绍 DSB 调幅的内容)。

另外，如果调节平衡电阻 R_w，使静态时流过 R_y 的静态电流 $I_{yo}\neq 0$，当有 u_x 和 u_y 输入(动态)时，利用上述分析则有

$$i_y = I_{yo} + \frac{u_y}{R_y}$$

$$u_o = R_C\left(I_{yo} + \frac{u_y}{R_y}\right)\text{th}\frac{u_x}{2U_T} \approx \frac{R_C I_{yo}}{2U_T}\left(1 + \frac{u_y}{R_y I_{yo}}\right)u_x \tag{6-48}$$

可见，输出信号中含有相乘项因子，可实现信号频谱的线性搬移，在通信系统中常用来实现 AM 调幅(第 5 章介绍 AM 调幅的内容)。

6.5.2 BG314(MC1495/MC1595)及其应用

国产模拟集成乘法器 BG314、CF-1595、FZ4 等是一种通用性很强的模拟乘法器。它们的内部电路及工作原理与国外产品 MC1495/1595、LMl495/1595 基本相同，可互相代换。

1. BG314 内部电路结构

图 6.23 所示为 BG314 内部电路及其外围电路。由图可知：

(1) 内部电路如图 6.23(a)虚线框内的电路所示，显然由线性化双平衡 Gilbert 乘法器单元电路组成；

(2) 两输入差分对管 VT_5、VT_6、VT_7、VT_8 和 VT_{14}、VT_{15}、VT_{16}、VT_{17} 均采用达林顿管，以提高放大管增益及输入阻抗；

(3) 负反馈电阻 R_y、R_x、负载电阻 R_C 以及恒流源 I_{ox}、I_{oy} 的偏置电阻 R_3、R_W、R_{13} 和 R_1 均采用外接元件。

2. 外围元件设计计算

集成乘法器在实际应用时，必须外加合适的电源电压及必要的外围元件。这里以 BG314 为例，介绍外围元件设计计算的方法及电源电压选取原则。

如果设计一个如图 6.23(b)所示乘法电路，并要求：

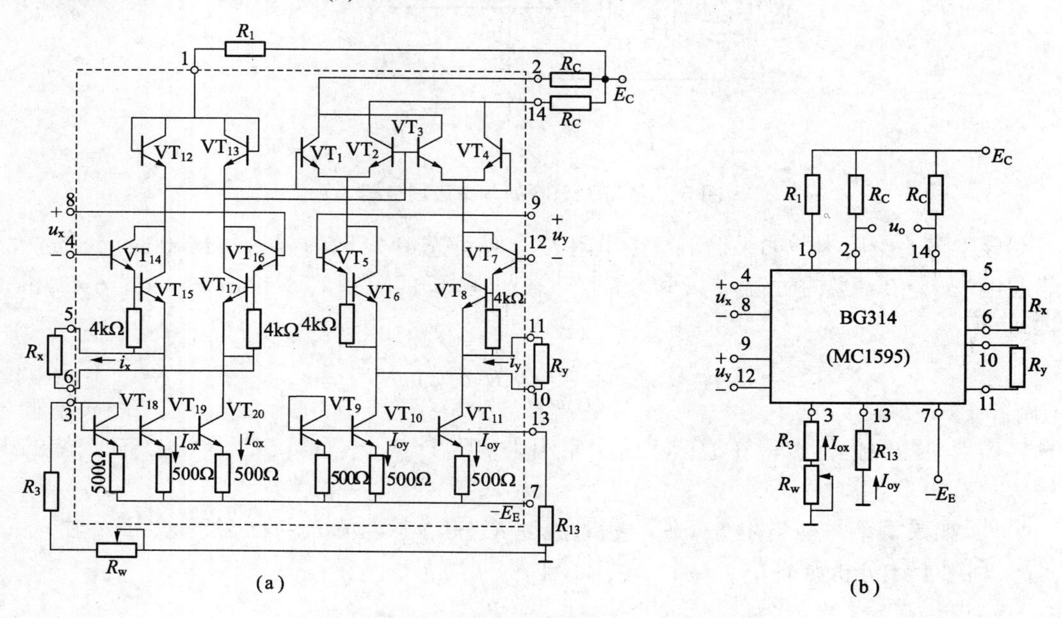

图 6.23　BG314 内部电路及其外围电路

两个输入信号的范围：$-10V \leqslant u_x \leqslant +10V$、$-10V \leqslant u_y \leqslant +10V$

输出电压范围：$-10V \leqslant u_o \leqslant +10V$

从要求达到的输入信号和相应输出信号范围可知，乘法器的增益系数 $K = \frac{1}{10}(V^{-1}) = 0.1(V^{-1})$。

1) 负电源的 $-U_E$ 的选取

负电源应能确保输入信号 u_x，u_y 为最大负值时，电路仍能正常工作，以 u_y 输入端为例进行计算。当 $|u_y|=|U_{ym}|=10V$ 时，由图 4.24 的等效电路可以看出

$$|-E_E| = |U_{ym}| + u_{BE5} + u_{BE6} + u_{CE10} + u_{RE10} \tag{6-49}$$

若 VT_5、VT_6、VT_{10} 正常工作，且设 $u_{BE5}=u_{BE6}=0.7V$，为保持 VT_{10} 工作于线性区，取

恒流源 VT_{10} 的 C、E 极间压降 u_{CE10} 及射极电阻上的压降 u_{RE10} 之和 $u_{CE10}+u_{RE10} \geqslant 2V$。则由式(6-49)可得

$$|-E_E| \geqslant 10 + 2\times0.7 + 2 = 13.4V$$

故可取 $-E_E=-15V$

2) 偏置电阻 R_3、R_{13} 的计算

恒流源偏置电阻 R_3、R_{13} 应能保证提供给电路合适的恒流电流 I_{ox} 和 I_{oy}，使晶体三极管工作在特性曲线良好的指数律部分，恒流源电流一般取 0.5～2mA 之间的电流值。若取 $I_{ox}=I_{oy}=1mA$，以引脚 3 为例，设 VT_{18}、VT_9 的发射结电压 $u_{BE18}=u_{BE9}=0.7V$，由图 6.25 的等效电路可得

$$I_{R3} = I_{ox} = \frac{|-E_E| - u_{BE18}}{R_3 + R_W + R_e} = 1mA$$

$$R_3 + R_W = \frac{|-E_E| - u_{BE18}}{I_{R3}} - R_e = \frac{15-0.7}{1\times10^{-3}} - 500 = 13.8k\Omega$$

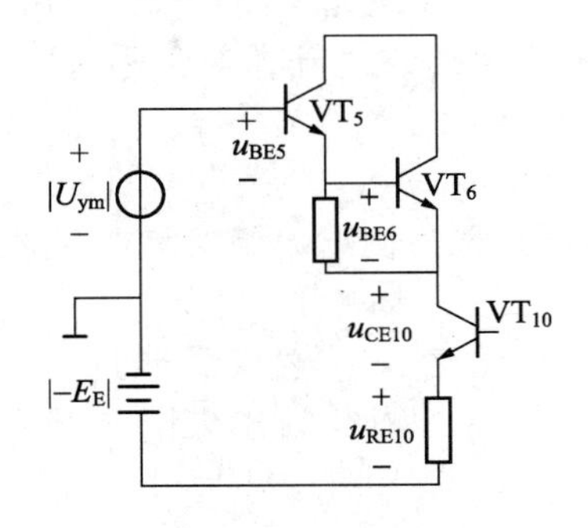

图 6.24　等效电路

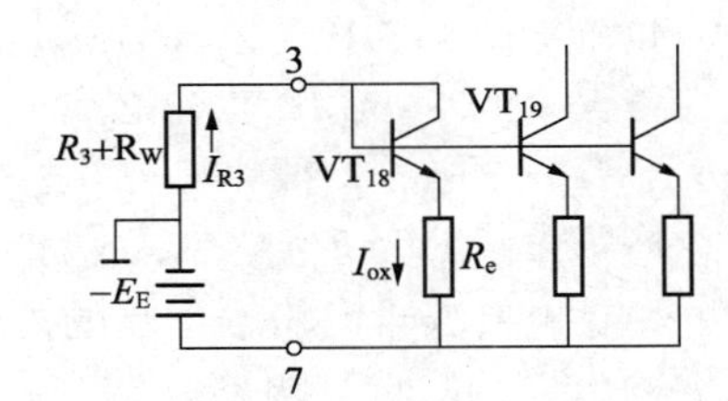

图 6.25　等效电路

一般采用 10 kΩ 的固定电阻 R_3 和 6.8 kΩ 电位器 R_W 串联，以便通过调 I_{ox} 来控制增益参数 K。同理可求出 $R_{13}=13.8\,k\Omega$。

3) 负反馈电阻 R_x 和 R_y 的计算

由式(6-42) 和图 6.23(a)可知，流过 R_x 的电流 i_x 的最大幅度 I_{xm} 应近似满足

$$I_{xm} = \frac{U_{xm}}{R_x} \leqslant I_{ox}$$

其中，$|U_{xm}|=10V$。所以

$$R_x \geqslant \frac{U_{xm}}{I_{ox}} = \frac{10}{1\times10^{-3}} = 10k\Omega$$

同理可得

$$R_y \geqslant \frac{U_{ym}}{I_{oy}} = 10k\Omega$$

4) 负载电阻 R_c

由式(6-46) 可知，增益系数 $K = \frac{2R_c}{I_{ox}R_xR_y} = \frac{1}{10}$，所以

$$R_c = \frac{1}{2}KI_{ox}R_xR_y = \frac{1}{2}(\frac{1}{10})(10^{-3})(10\times10^3)^2 = 5k\Omega$$

5) 电阻 R_1

如果取引脚 1 的电压为 U_1=9V，由图 6.23(a)可知：

$$R_1 = \frac{E_C - U_1}{2I_{ox}} = \frac{15-9}{2\times10^{-3}} = 3\text{k}\Omega$$

3. 误差电压及其调整

上述模拟乘法器工作原理分析过程中，把乘法器看作是一个理想器件，推出如式(6-46)所示的线性输出特性方程。实际乘法器电路由于工艺技术、元器件特性的不对称，不可能实现绝对理想相乘，会引入乘积误差，模拟乘法器通常会产生静态误差和动态误差。

1) 静态误差

若设乘法器在两个输入端口的直流电压分别为 X 和 Y，考虑到各种因素引入的输出误差后，通常乘法器的输出电压 Z 的特性方程可表示为

$$Z = (K \pm \Delta K)[(X \pm X_{IO})(Y \pm Y_{IO})] \pm Z_{os} \tag{6-50}$$

式中，ΔK 为增益系数误差，一般可通过 I_{ox} 和 I_{oy} 的调整使其误差值达最小值；X_{IO} 为乘法器 X 通道输入对管不对称引起的输入失调电压；Y_{IO} 为乘法器 Y 通道输入对管不对称引起的输入失调电压；Z_{os} 为负载不匹配及非线性引起的输出失调电压。

(1) 输出失调误差电压 Z_{oo}。

当 X=Y=0 时，由 X_{IO}、Y_{IO}、Z_{os} 产生的输出误差电压，称为输出失调误差电压 Z_{oo}，即

$$Z_{oo} = \pm KX_{IO}Y_{IO} \pm Z_{os} \tag{6-51}$$

式中，忽略了二阶小量项ΔKX_{IO}，ΔKY_{IO}。输出失调误差电压 Z_{oo}，一般可通过调节 X 通道、Y 通道输入端和乘法器电路输出端的外设补偿网络进行调零，以补偿输出失调电压。图 6.26 给出两种输出失调的调零电路。

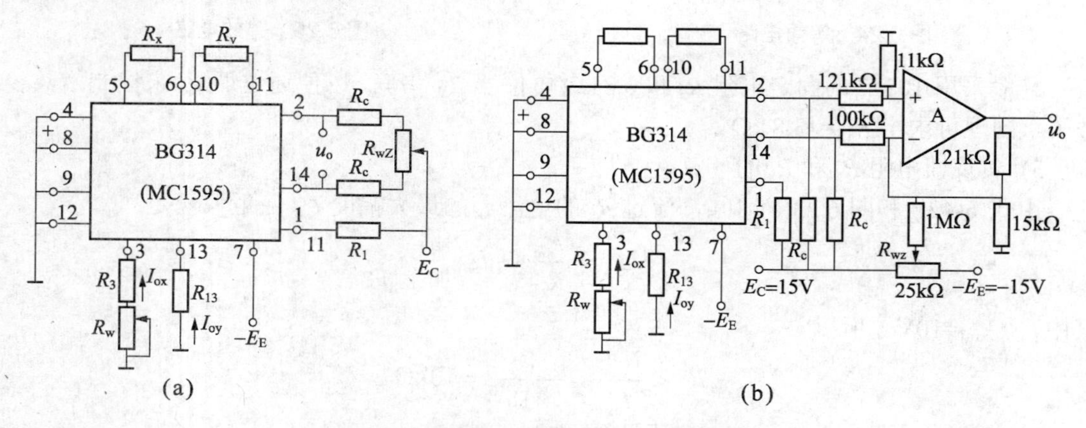

图 6.26 模拟乘法器输出失调调零电路

图 6.26(a)通过调节电位器 R_{WZ}，调整乘法器输出端集电极负载电阻，实现输出失调电压的调零。图 6.26(b)利用电位器 R_{WZ} 调节单位增益双端输出变单端输出电路 A 的反相输入端电位来实现输出失调误差电压的调零。

(2) 线性馈通误差电压 Z_{ox} 或 Z_{oy}。

实际乘法器中当一个输入端接地，另一个输入端加入信号电压时，其输出往往不为零，这时的输出电压称为线性馈通误差电压，即

$$Z_{ox}\Big|_{\substack{X\neq 0\\ Y=0}} = \pm KY_{IO}X$$
$$Z_{oy}\Big|_{\substack{X=0\\ Y\neq 0}} = \pm KX_{IO}Y \qquad (6\text{-}52)$$

显然，线性馈通误差电压由于输入端存在输入失调电压而引起的，可通过输入端的外接补偿网络来进行调零，线性馈通误差电压调零电路如图 6.27 所示。

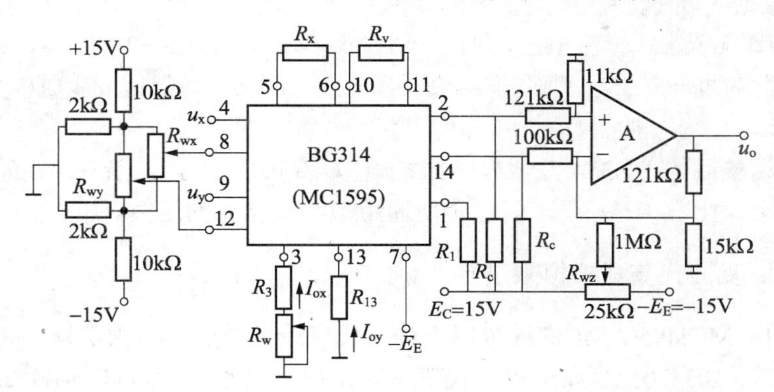

图 6.27　线性馈通误差电压调零电路

当输入电压 u_x=0 时，乘法器在输入电压 u_y 的作用下，输出电压 $Z_{ox}=u_o|_{x=0}= \pm Ku_yX_{IO}$，借助调节输入失调电位器 R_{wx} 引入一个补偿电压(即引脚 8 对地直流电压)，使输出电压为零。

同理，可借助调节输入失调电位器 R_{wy} 引入一补偿电压(引脚 12 对地电压)，使输出电压为零，使 Z_{oy} 调零。

(3) 增益误差电压 Z_{ok}。

相乘增益误差引起的输出误差电压称为增益误差电压 Z_{ok}，即

$$Z_{ok}=\pm\Delta K\,XY$$

一般通过调整恒流源 I_{ox} 的偏置电阻 R_w(如图 6.27 所示)，以此调整增益系数 K，使增益误差ΔK 达到最小值，以减小增益误差电压，使增益误差电压 $Z_{ok}=\pm\Delta K\,XY$ 调零。

2) 动态误差

动态误差是乘法器交流特性参数之一。它主要包括交流馈通误差、小信号动态误差、大信号动态误差和幅频相频响应误差等几项。为了简化动态误差的分析，工程上规定在乘法器的一个输入端加上固定的直流电压，另一输入端加上正弦交流电压，使乘法器对输入的交流电压起线性放大作用，因而可按线性放大器的一般处理方法来分析乘法器的各种交流误差电压。

3) 乘法器的调整步骤

如前所述，模拟集成乘法器存在静态误差，在实际应用中，为了保证乘法器能正常工作，并尽可能提高精度，必须在芯片外增设调零电路，并按一定的步骤进行调整。

对乘法器进行调整时，需在输出端并接直流电压表及示波器，以监示输出端电压及观察输出波形，利用低频信号发生器及高精度直流电压(±5V)源作调试信号源。这里以图 6.27 所示电路为例介绍调整步骤。

(1) 线性馈通误差电压的调零。

电位器 R_{wx}、R_{wy}、R_{wz} 先置于中间位置；X 输入端 4 脚接地，从 Y 输入端 9 脚输入频率为 15kHz、幅度为 $1V_{pp}$ 的正弦信号，调节 R_{wx}，8 脚产生附加补偿电压 U_{XIS}，使输出 u_o=0，然后，9 脚接地，4 脚输入同样的正弦信号，调节 R_{wy}，12 脚会产生附加补偿电压，使输出

u_o=0。

(2) 输出失调误差电压调零。

4、9 脚均短接到地，调节 R_w 值，使输出 u_o=0。反复上述(1)、(2)两步骤，直到上述三种情况下，输出 u_o 均为零或最小值。

(3) 增益系数 K 的调整。

4、9 引脚均加入 5V 直流电压，调 R_w 值，改变 I_{ox}，使 u_o=+2.5V；4、9 引脚改接−5V 直流电压，若此时 u_o=+2.5V，则调整结束。如 $u_o \neq +2.5$V，则应重复步骤(1)～(3)直到精度最高为止。

通过上述调整后的 BG314 集成模拟乘法器(如图 6.27 所示)，若在 4、9 引脚分别输入信号 u_x 和 u_y，则输出 $u_o=Ku_xu_y$，即可实现通用型线性相乘的运算。

6.5.3　第二代、第三代集成模拟乘法器

上述BG314、MCl495 / MCl595 等属于第一代变跨导集成模拟乘法器。MCl594、AD530、AD532、AD533、BB4205 等属于第二代变跨导模拟乘法器，AD534、AD632、BB4214 等属于第三代变跨导模拟乘法器。这里将以 MCl594 和 AD534 为例介绍第二代、第三代变跨导模拟乘法器的组成及特点。

1. MCl594L 型集成模拟乘法器

MCl594L 及其他第二代变跨导模拟乘法器芯片均是在第一代变跨导模拟乘法器的基础上发展而来的，其典型的内部电路如图 6.28 所示。由图可知，它除包含有构成第一代变跨导模拟乘法器的核心部分——线性化双平衡模拟乘法单元外，增设了电压调整器和差模输出电流—单端输出电流的转换器，并集成在同一基片上，构成了第二代四象限模拟相乘器。

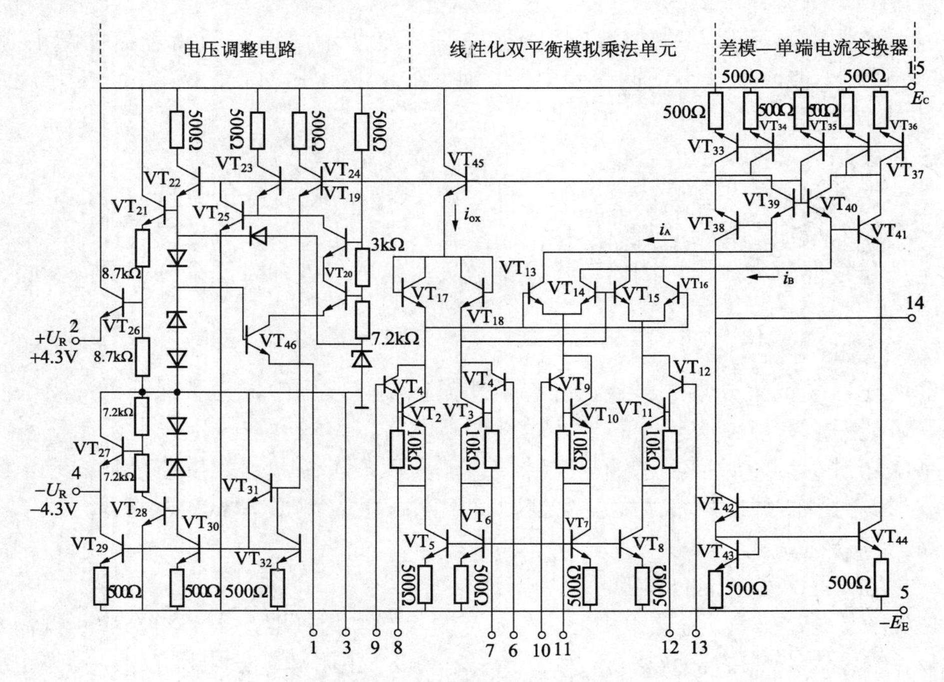

图 6.28　MCl594L 的内部电路

1) 电压调整器作用

附加电压调整器的作用有两个，一是为整个 MC1594L 提供合适的偏置电流，建立工作点；当引脚 1、3 之间外接一个约 18 kΩ 的电阻时，可使 MC1594L 中基本相乘器单元的电流为 0.5mA，电路的温度稳定性最好。第二个作用是在 2、4 引脚上提供对称的正、负参考电压$\pm U_R$(±4.3V)，用来调整电路的失调误差电压。实际电路中只要在引脚 2 与 4 之间并接两个 20 kΩ 电位器和一个 50 kΩ 电阻即可实现失调误差电压的调零。

2) 基本相乘单元电路

MC1594L 中基本相乘单元电路的相乘结果是：$i_A-i_B = Ku_xu_y$，其中相乘增益 K 与 I_{ox}(VT_{45} 管给出的射极电流)、R_y(引脚 8、7 之间的外接电阻)、R_y (引脚 12、11 之间的外接电阻)有关。

3) 输出电路

MC1594L 的输出电路是具有高输出阻抗的单端化电流放大器。其中互补管 VT_{38}～VT_{41} 构成电流控制差分放大，VT_{42}～VT_{42} 构成镜像电流源，相当于有源负载，使输出放大器的输出电阻高达 850 kΩ。如果在引脚 14 与地之间接入负载电阻 R_L，则可将单端输出电流转换成输出电压 u_o。

4) MC1594L 的外接电路

MC1594L 用作典型的相乘器时，其外接电路如图 6.29 所示。其中电位器 R_{W1}～R_{W4} 可用来实现失调误差电压的调零，运放 A 与 R_{W4}、R 组成电流—电压变换电路，相当于在引脚 14 与地之间接入负载电阻 R_L=R_{W4}+R。

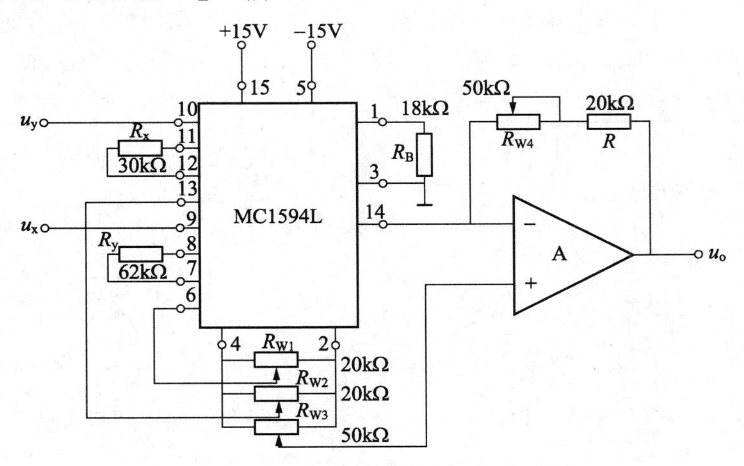

图 6.29　MC1594L 的外接电路

2. AD534 型集成模拟乘法器

AD534 及其他第三代变跨导模拟乘法器芯片都是在第二代变跨导模拟乘法器的基础上发展而成的，其典型内部简化原理电路如图 6.30 所示。

由图可知，第三代变跨导模拟乘法器增设了一个与 X 通道输入级电路相似的多输入端的电压—电流变换放大电路(Z 放大器)，其输出电流 i_z 与线性化双平衡模拟乘法单元的差分输出电流 i_d= i_A-i_B 反相叠加后，再由输出电流—电压变换放大器放大并输出。因此，可以大大抵消乘法器产生的非线性，使其主要性能明显提高。第三代变跨导模拟乘法器的特点是通过 Z 放大器引入了有源负反馈网络，因此，也称为有源负反馈模拟乘法器。负反馈 Z 放大器除可用作输出放大器调零电压电路外，还可作为扩展乘法器功能电路。

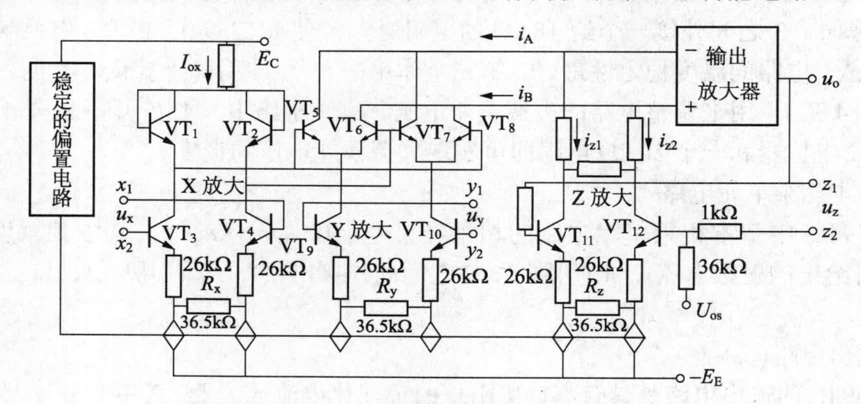

图 6.30　AD534 内部简化原理电路

第三代变跨导模拟乘法器不仅具有第二代变跨导模拟乘法器所有特点，而且具有更高的精度、更小的温漂，性能扩展更简便。图 6.31 给出了用 AD534 做四象限相乘运算的外接电路图。显然，外接电路十分简单。当两个互不相关的模拟信号 u_x 和 u_y 加到两个输入端口时，其输出端口的电压 u_o 正比于两个输入端口电压的乘积。

图 6.32 所示为 AD534 构成的二象限除法运算电路。由于第三代变跨导模拟乘法器芯片内设置了输出放大器、Z 放大器，因而扩展了乘法器电路功能，在构成除法及开方运算电路时，使用非常方便。如图所示，乘法器输出端与 y 输入端口的 y_1 端相连(y_2 端接地)，x 输入端口输入信号 $u_R=(u_{x1}-u_{x2})$、z 输入端口输入信号 $u_i=(u_{z1}-u_{z2})$，则其输出 u_o 为

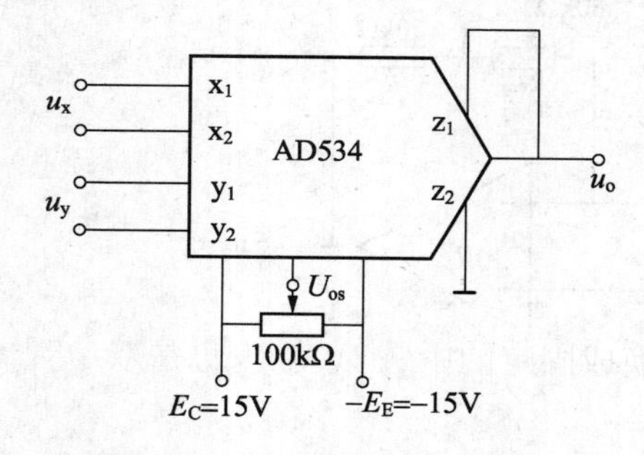

图 6.31　AD534 相乘运算电路

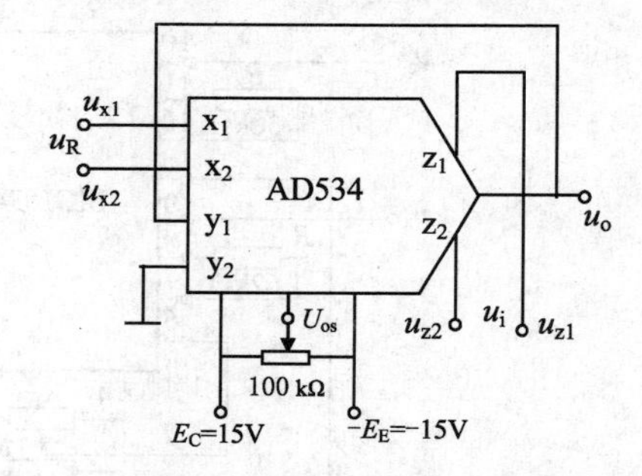

图 6.32　AD534 二象限除法运算电路

$$u_o = K_d \frac{u_i}{u_R}$$

式中，相除增益 $K_d = \dfrac{1}{K} = 10\text{V}$，$u_R$ 及 u_i 的取值范围为：$-10\text{V} \leqslant u_R \leqslant -0.2\text{V}$；$-10\text{V} \leqslant u_i \leqslant +10\text{V}$。

6.6　混频器及其干扰

混频，又称变频，是一种频谱的线性搬移过程，它是使信号自某一个频率变换成另一个频率。完成这种功能的电路称为混频器(或变频器)。混频器是超外差式接收机的重要组

成部分，其作用是将天线接收的高频信号变换成固定的中频信号，而保证其调制规律不变。也就是说，它是一个线性频谱搬移电路。例如，在超外差式广播接收机中，若是调幅电台，则把各电台调幅信号的载频变换为中频为 465kHz，变换后仍是调幅信号，若是调频电台，则把各电台调频信号的载频变换为中频为 10.7MHz，变换后仍是调频信号；在电视接收机中，把各电视台信号的载频变换为中频为 38MHz 的视频信号。

6.6.1　混频器原理

混频器是一种典型的线性时变参数电路，要完成频谱的线性搬移，关键是要获得两个输入信号的乘积，能找到这个乘积项，就可完成所需的线性搬移功能。其中，混频电路输入的是载频为 f_C 的高频已调波信号 $u_S(t)$和频率为 f_L 的本地振荡信号 $u_L(t)$，经过非线性器件变频后输出端有两个信号的差频 f_L-f_C、和频 f_L+f_C 及其他频率分量，再经滤波器滤掉不需要的频率分量，取差频(或和频)f_I 作为中频已调波信号 $u_I(t)$，从而实现变频作用。通常从输出端取出差频的混频称为下混频，而取出和频的混频称为上混频。

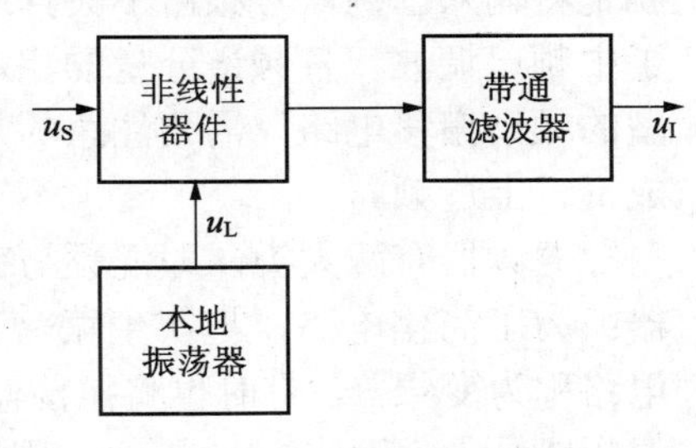

图 6.33　混频其原理

图 6.33 所示为混频器的组成电路。它由非线性器件和带通滤波器组成。

例如，混频器的输入为双边带已调信号和本振电压分别为

$$u_S = U_{Sm}\cos\Omega t\cos\omega_C t$$

$$u_L = U_{Lm}\cos\omega_L t$$

这两个信号的乘积为(设相乘系数 $k=1$)

$$u_I' = u_S u_L = U_{Sm}U_{Lm}\cos\Omega t\cos\omega_C t\cos\omega_L t$$

$$=\frac{1}{2}U_{Sm}U_{Lm}\cos\Omega t[\cos(\omega_L+\omega_C)t+\cos(\omega_L-\omega_C)] \tag{6-53}$$

若取中频 $f_I = f_L - f_C$，式(6-53)经带通滤波器取出所需边带，可得中频电压为

$$u_I = \frac{1}{2}U_{Sm}U_{Lm}\cos\Omega t\cos\omega_I t = U_{Im}\cos\Omega t\cdot\cos\omega_I t \tag{6-54}$$

由此可见经过混频器，调幅信号载波由 f_C 变换成固定的中频 f_I，输出仍是双边带信号，其调制规律保持不变。

图 6.34、图 6.35 分别表示表示单音频调制的普通调幅波在变频前后波形图和频谱图。

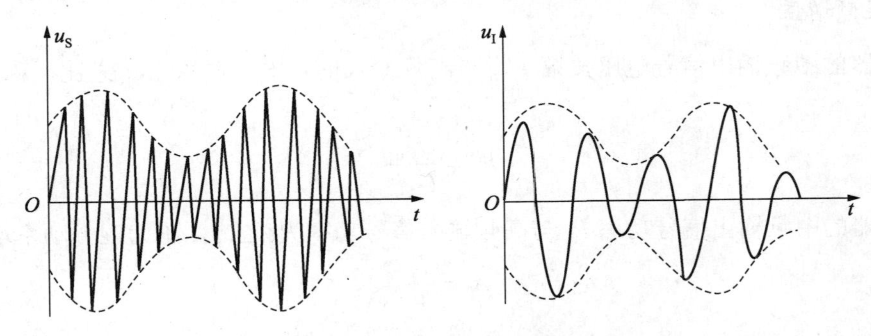

图 6.34　调幅波变频前后波形图

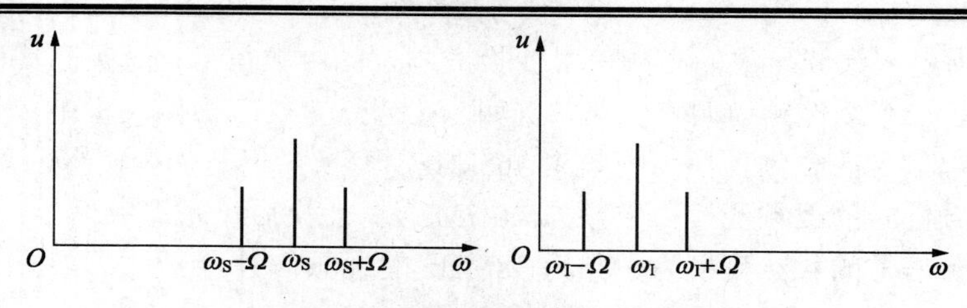

图 6.35　调幅波变频前后频谱图

从波形图上看，经混频器变频后，输出的中频调幅波与输入的高频调幅波包络形状相同，调幅规律不变，唯一的差别是波形疏密(即载波频率)不同；从频谱上看，混频的作用就是将输入已调信号频谱不失真地从高频位置 f_C 搬移到中频位置 f_I 上，将高频已调波变成了中频已调波，各频谱分量的相对大小、相对位置并不发生变化。因此混频电路是一种典型的频谱搬移电路。需要注意的是，高频已调波的上、下变频搬移到中频位置后，分别变成下、上边频。

混频器有两大类，即混频与变频。由单独的振荡器提供本振电压的混频电路称为混频器；为了简化电路，把产生振荡和混频作用由一个非线性器件(用同一晶体管)完成的混频电路称为变频器。有时也将振荡器和混频器两部分合起来称为变频器。变频器是四端网络，混频器是六端网络。在实际实用中，通常将“混频”与“变频”两词混用，不再加以区分。

混频技术的应用十分广泛，混频器是超外差接收机的关键部件。直放式接收机是高频小信号检波(平方律检波)，工作频率变化范围大时，工作频率对高频通道的影响比较大(频率越高，放大量越低，反之频率低，增益高)，而且对检波性能的影响也较大，灵敏度较低。采用超外差技术后，将接收信号混频到固定中频，调整方便，放大量基本不受接收频率的影响，频段内信号的放大一致性较好，灵敏度可以做得很高，放大功能主要在中放，可以用良好的滤波电路，选择性也较好，另外，中频较高频信号的频率低，性能指标容易得到满足。混频器在一些发射设备(如单边带通信机)中也是必不可少的。在频分多址(FDMA)信号的合成、微波接力通信，卫星通信等系统中也有其重要地位。此外，混频器也是许多电子设备，测量仪器(如频率合成器，频谱分析仪等)的重要组成部分。

6.6.2　混频器主要性能指标

衡量混频器性能的主要指标有混频增益、选择性、噪声系数、隔离度、失真和干扰、工作稳定性等。现将其含义简述如下。

1. 混频增益

混频器的中频输出信号电压振幅 U_{Im} 与高频输入信号电压振幅 U_{Sm} 之比，称为混频电压增益。

$$A_U = \frac{U_{Im}}{U_{Sm}} \tag{6-55}$$

混频器的中频输出信号功率 P_I 与高频输入信号功率 P_S 之比，称为混频动率增益，即

$$A_P = \frac{P_I}{P_S} \tag{6-56}$$

对于接收机来说，混频增益大有利于提高接受灵敏度，因此应使混频增益尽可能大。

2. 选择性

混频器的中频输出应该只有所需要的有用信号(即中频信号)，但是由于各种原因总会混杂许多与中频接近的干扰信号，为了抑制不需要的干扰，要求中频输出回路有良好的选择性，即希望回路有理想的幅频特性曲线，它的矩形系数趋近与 1。

3. 噪声系数

混频器的噪身系数是指输入信号信噪功率比 $(P_S/P_N)_i$，对输出中频信号信噪功率比 $(P_S/P_N)_o$ 的比值，即

$$N_F = \frac{(P_S/P_N)_i}{(P_S/P_N)_o} \tag{6-57}$$

接收机本身的噪声决定着接收机的灵敏度，其噪声系数主要取决于它的前端电路，在没有高频放大器的情况下，则主要由混频器决定。所以，必须选择混频电路的器件及工作状态，使其噪声系数尽可能小。

4. 隔离度

隔离度是指输入、本振和中频相互之间的隔离程度，定义为本端口功率与其串到另一端口的功率之比，用分贝数表示。

显然，隔离度越大越好。一般情况下，为了保证混频性能，本振功率比较大，当它串入输入信号端口时，就会通过输入回路加到天线上，严重干扰临近接收机，故本振信号的泄漏更为重要。

5. 失真和干扰

在混频器中会产生幅度失真和非线性失真，还会有各组合频率分量产生的非线性干扰(如交调失真、互调失真、寄生通道干扰等，详细可参阅其他有关教材，本节后面也简单进行讨论)，因此不但要求选频回路的幅频特性要理想，还应尽量选择场效应管或乘积型器件构成混频器，以尽量少产生不需要的频率分量。

6.6.3 实用混频电路

根据所用器件不同，混频器(或变频器)可分为晶体管混频器、场效应管混频器、二极管混频器、差分对混频器等。根据电路结构不同，可分为单管混频器、平衡混频器、环形混频器等。

本节主要讨论晶体三极管混频器、二极管平衡和环形混频器、模拟乘法器混频器和场效应管混频器。

1. 晶体三极管混频器

晶体三极管混频器的特点是电路简单，有较高的变频增益，要求本振电压幅度较小，约在 50～200mV 之间(当信号电压较大时会产生非线性失真)。目前虽已逐渐由二极管平衡混频器和差分对管乘法混频器所取代，但是混频器的基本电路，在以分立元件构成的广播、电视、通信设备的接收机或测量仪器中，都是采用晶体管混频电路。在一些集成电路接收系统的芯片中，也有采用晶体三极管作混频器，例如 TA7641BP 单片收音机中的混

频器。

1) 工作原理

三极管混频电路的形式与小信号谐振放大器相似，其差别有两点：输入输出回路调谐在不同频率上；增加了本振电压的注入电路。晶体管混频器的工作原理电路如图 6.36 所示。

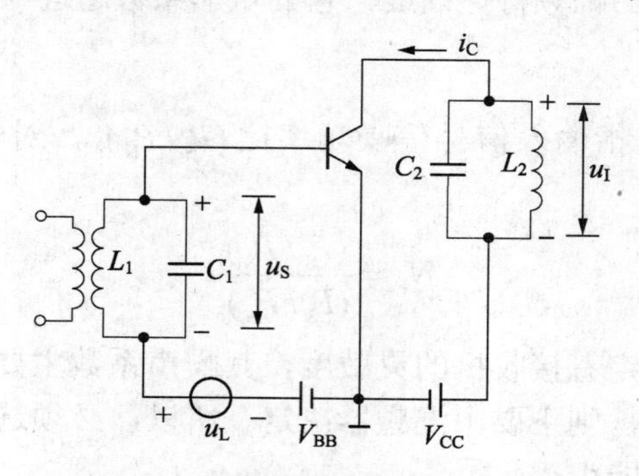

图 6.36　晶体管混频电路原理图

图中，直流偏置 V_{BB}、本振电压 $u_L(t)$和信号电压 $u_S(t)$都加在晶体管的基极和发射极之间，一般情况下，$U_{Lm} \gg U_{sm}$，也就是本振电压是大信号，而输入信号电压为小信号。根据前面线性时变电路分析法可知，在一个大信号 u_L 和一个小信号 u_S 同时作用于非线性器件时，晶体管可近似看作是小信号工作点随大信号变化而变化的线性参变元件，当高频信号通过线性参变元件时，便产生各种频率分量，达到混频的目的。

2) 电路类型

晶体管混频器的电路有多种形式。一般按照晶体管组态和本地振荡电压注入点的不同，有如图 6.37 所示的四种基本电路。其中图 4.37(a)和图 4.37(b)为共射混频电路。图 4.37(a)表示信号电压由基极输入，本振电压由基极注入。图 4.37(b)表示信号电压由基极输入，本振电压由发射极注入。图 4.37(c)和图 4.37(d)为共基混频电路。图 4.37(c)表示信号电压由发射极输入，本振电压由发射极注入。图 4.37(d)表示信号电压由发射极输入，本振电压由基极注入。

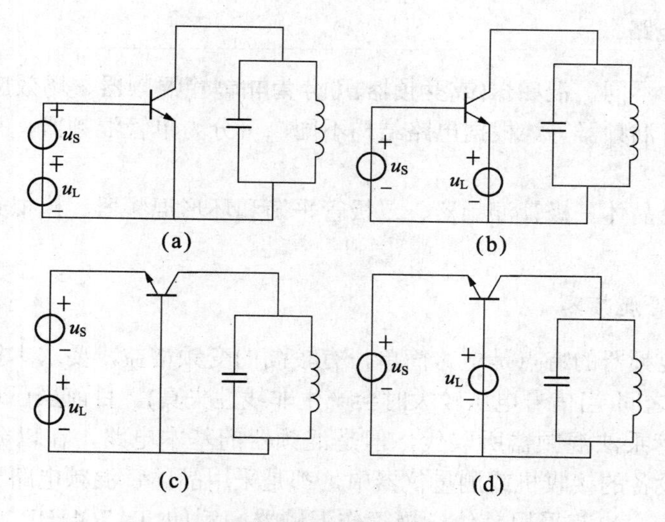

图 6.37　晶体管混频器的基本电路形式

这四种电路组态各有其优缺点。

图 6.37(a)电路对信号电压来说是共射电路，它具有输入阻抗较大，变频增益大的优点，用作混频时，本地振荡电路负载较轻，容易起振，需要的本振注入功率也较小。但是由于信号电压和本振电压都加在基极，是直接耦合，因此信号电路与本振电路相互影响较大，可能产生频率牵引现象，当相对频差不大时，牵引现象比较严重，不宜采用此种电路。

图 6.37(b)电路的输入信号与本振输入信号与本振电压分别从基极输入和发射极注入，因此，相互干扰产生牵引现象的可能性小。同时 ，对于本振电压来说是共基电路，其输入阻抗较小，使本振负载较重，虽不易起振但也不易过激，因此振荡波形好，失真小。这是它的优点。但需要较大的本振注入功率；不过通常所需功率也只有几十毫瓦，本振电路是完全可以供给的。因此，这种电路应用较多。

图 6.37(c)和图 6.37(d)两种电路对于信号电压都是共基混频电路，输入阻抗小，在较低的频率工作时，变频增益低，因此一般不采用这两种电路。但在较高的频率工作时(几十兆赫)，因为共基电路的 f_α 比共射电路的 f_β 要大很多，所以变频增益较大。因此，在较高频率工作时可以采用这两种电路，也就是说这两种电路的上限工作频率较高。

3) 电路举例

如图 6.38 所示为中波广播收音机中常用的混频电路。

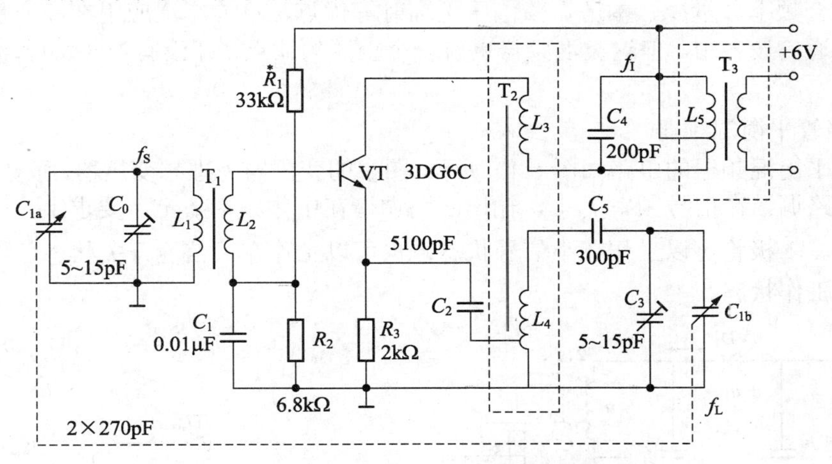

图 6.38　中波收音机中常用混频电路

图中由磁性天线接收到无线电信号，将 L_1、C_{1a}、C_0 组成的天线输入回路调谐在接收信号的载频上，选出所需的电台信号 u_S，经变压器 T_1 耦合加到 3DG6C 晶体管 VT 的基极。本地振荡部分由晶体管、线圈 L_4 和电容 C_{1b}、C_3、C_5 组成的振荡回路和反馈线圈 L_3 等构成，调谐在本振频率上。对于本振频率而言，中频回路 C_4、L_5 的并联阻抗可看成短路；另外旁路电容 C_1 容抗很小，加上 L_2 的电感量甚小，对本振频率呈现的感抗可忽略不计，因此对本地振荡而言，电路构成了共基极变压器反馈振荡器。画出混频器中的本振交流等效电路如图 6.39 所示。电压本振电压通

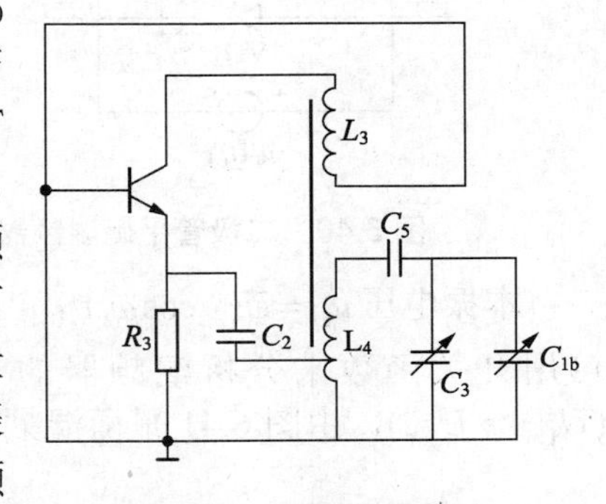

图 6.39　本振等效电路

过 C_2 加到晶体管发射极，而信号由基极输入，所以是发射极注入、基极输入式混频电路。

反馈线圈 L_3 的电感量很小，对中频近似短路，因此混频器的负载仍然可以看作是由中频回路组成。对于信号频率来说，本地振荡的阻抗很小，而且发射极是部分接在线圈 L_4 上，所以发射极对输入信号来说相当于接地的。电阻 R_4 对信号具有负反馈作用，从而能提高输入回路的选择性，并有抑制交叉调制干扰的作用。

在混频器中，希望在整个中波波段内，在对每个有用电台频率都能满足

$$f_{\rm I} = f_{\rm L} - f_{\rm S} = 465\text{kHz}$$

为此，电路中采用双联可变电容 $C_{\rm la}$、$C_{\rm lb}$ 作为输入回路和本振回路的统一调谐电容，同时还增加垫衬电容 C_5 和补偿电容 C_3、C_0。如果仔细的调整这些补偿元件，就能使得在整个中波波段内，本振频率几乎与输入信号载频同步变化，即可保证可变电容器在任何位置上，都能达到本振频率 $f_{\rm L} \approx f_{\rm I} + f_{\rm S}$。

2. 二极管混频器

晶体三极管混频器的主要优点是有混频增益，但它存在一些缺点：动态范围小、组合频率干扰严重、噪声较大、存在本地振荡辐射问题。因此，人们必然要寻找性能更好的混频电路。二极管平衡混频器和环形混频器由于电路结构简单、动态范围大、噪声低、工作频率宽、组合频率分量少、本地振荡电压无辐射等优点，目前广泛应用在高质量以及工作频率较高的通信设备中。但这类混频器也有一个重要的缺点，即没有混频增益(混频增益小于 1)。

1) 二极管平衡混频器

二极管平衡混频器的电路如图 6.40 所示。图中的变压器为理想变压器，匝数比如图示。

输入回路调谐在信号频率 $f_{\rm S}$ 上，输出回路调谐在中频频率 $f_{\rm I}$ 上，要求上、下两部分电路完全对称。二极管可以工作在小信号状态，也可以工作在大信号开关状态，下面只讨论大信号开关工作状态。

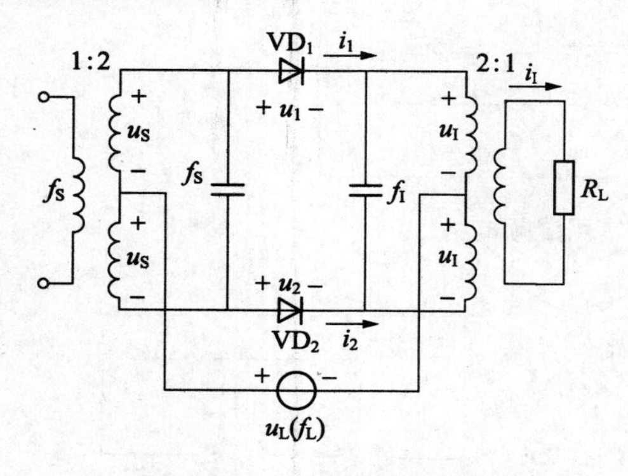

图 6.40　二极管平衡混频器

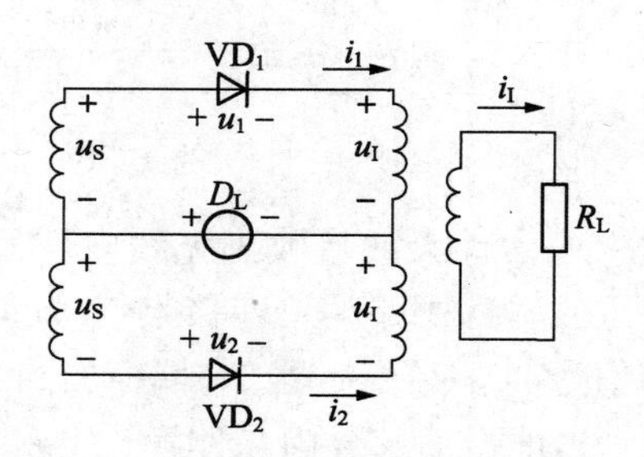

图 6.41　平衡混频器等效电路

本振电压 $u_{\rm L} = U_{\rm Lm}\cos\omega_{\rm L} t$，当 $U_{\rm Lm}$ 足够大时，二极管工作受本振电压控制的开关状态，可用开关函数来分析混频器的工作原理。考虑到输出中频回路上电压 $u_{\rm I}$ 的反作用 ($U_{\rm Lm} \gg U_{\rm Im}$)，由图 6.41 平衡混频器等效电路可知，加到 VD₁、VD₂ 两端的电压分别为

$$u_1 = u_{\rm L} + u_{\rm S} - u_{\rm I}$$

$$u_2 = u_{\rm L} - u_{\rm S} + u_{\rm I}$$

因此，根据 6.3.2 节讨论的开关函数分析法，并设二极管导通时电阻为 r_d(电导为 $g_d=\frac{1}{r_d}$)，则流过 VD_1、VD_2 的电流分别为

$$i_1=g_dk_1(\omega_Lt)u_1=g_dk_1(\omega_Lt)(u_L+u_S-u_I)$$
$$i_2=g_dk_1(\omega_Lt)u_2=g_dk_1(\omega_Lt)(u_L+u_S+u_I)$$

由图 6.41 可见，i_1 和 i_2 以相反的方向流过输出回路和输入回路。若令

$$u_S=U_{Sm}\cos\omega_St$$

则

$$u_I=U_{Im}\cos(\omega_L-\omega_S)t=U_{Im}\cos\omega_It$$

因此，流过输入/输出回路的电流为

$$\begin{aligned}i&=i_1-i_2=2g_dk_1(\omega_Lt)(u_S-u_I)\\&=2g_d\left(\frac{1}{2}+\frac{2}{\pi}\cos\omega_Lt-\frac{2}{3\pi}\cos3\omega_Lt+\cdots\right)\cdot(U_{Sm}\cos\omega_St-U_{Im}\cos\omega_It)\end{aligned}\tag{6-58}$$

对于混频器，输出的有用分量是中频成分，对于其他频率分量输出回路近似短路。由式(6-58)可得流过输出回路的中频电流 i_I 为

$$\begin{aligned}i_I&=\frac{2}{\pi}g_dU_{Sm}\cos(\omega_L-\omega_S)t-g_dU_{Im}\cos\omega_It\\&=\frac{2}{\pi}g_dU_{Sm}\cos\omega_It-g_dU_{Im}\cos\omega_It\end{aligned}\tag{6-59}$$

该中频电流幅度为

$$i_{Im}=\frac{2}{\pi}g_dU_{Sm}-g_dU_{Im}\tag{6-60}$$

流过输入回路中的信号频率 ω_S 也会在输入回路中产生压降。从式(6-58)可知，信号频率分离的电流为

$$\begin{aligned}i_S&=g_dU_{Sm}\cos\omega_St-\frac{2}{\pi}g_dU_{im}\cos(\omega_L-\omega_I)t\\&=g_dU_{Sm}\cos\omega_St-\frac{2}{\pi}g_dU_{Im}\cos\omega_St\end{aligned}\tag{6-61}$$

它的振幅为

$$I_{Sm}=g_dU_{Sm}-\frac{2}{\pi}g_dU_{Im}\tag{6-62}$$

式(6-60)和式(6-62)称为混频器输入/输出电流与电压的关系式。式(6-60)说明输出中频电流由两部分组成：第一部分是由 u_L 与 u_S 正常混频得到的，叫做正向混频；第二部分是由中频电压 u_I 产生的，它总是抵消正向混频作用，称为负载电压的反作用。式(6-62)说明输入高频电流不仅与信号高频电压有关，而且还与中频输出电压有关，因为中频输出电压再与本振电压混频会产生新的信号电流，把这种混频现象称为反向混频。反向混频的存在使得混频器输入端与输出端之间存在着耦合，二极管混频器成为双向混频器件，这是我们所不希望的。而三极管输入/输出隔离度很大，所以反向混频很小。

由式(6-58)可知，二极管平衡混频器在开关状态下应用时，其输出电流中将不含有本振频率及其谐波分量、信号频率的谐波及其组合分量，即其组合频率分量很少，从而可以减

小混频干扰。

2) 二极管环形混频器

二极管环形混频器的电路如图 6.42 所示，同二极管平衡混频器的原理推导一样，可得二极管环形混频器输出的中频电流 i_{I} 为

$$i_{\text{I}} = \frac{4}{\pi} g_{\text{d}} U_{\text{Sm}} \cos(\omega_{\text{L}} - \omega_{\text{S}})t \tag{6-63}$$

环形混频器的输出是平衡混频器输出的 2 倍，且减少了电流频谱中的组合频率分量，这样就会减小混频器中所特有的组合频率干扰。由于二极管环形混频器具有工作频带宽、噪声系数低(约 6dB)、混频失真小、动态范围大等优点，近年来，在几百兆的工作频段内，已成为广泛采用的一种混频电路。环形混频器的混频增益和抑制干扰的能力都比平衡混频器优越，在相同条件下，输出中频电流可比平衡混频器大 1 倍，这与调制器的结果是一致的。

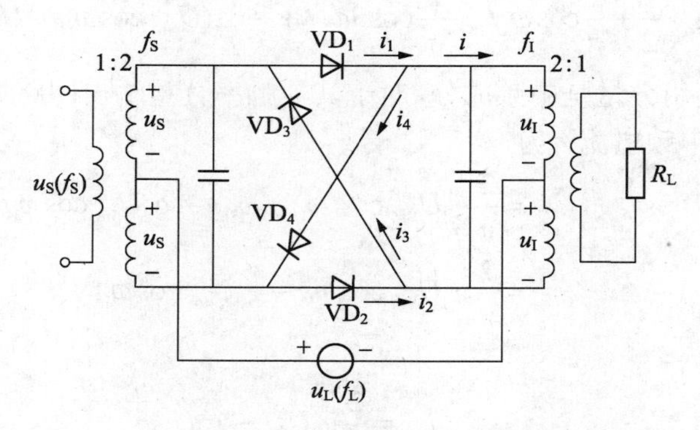

图 6.42　二极管环形混频器

二极管平衡混频器与环形混频器输出的无用组合频率分量均比晶体三极管混频器少，而二极管环形混频器比平衡混频器还要少一个 ω_{S} 分量，且混频增益加倍。

二极管混频器在电路形式和工作原理上与二极管调幅器相同，不同的是，混频器输入的是高频已调信号和本振信号，它们都是高频信号，输出为中频已调信号；而调幅器输入的是载波和低频调制信号，输出的是高频已调信号。

3. 模拟乘法器混频电路

既然混频器是频谱搬移电路，因此可用集成模拟乘法器来实现。在理想乘法器输出频谱中，只含有和频和差频，信号频率、本振频率及其他组合频率成分都被抑制了，故乘积混频干扰很小；当本振电压一定时，中频输出电压就与输入信号幅度成线性关系，因此交调和互调失真也很小；另外，本振信号与输入信号相互隔离好，牵引现象小。故此，目前集成电路广泛采用模拟乘法器来实现混频。

如图 6.43 所示是利用模拟乘法器单片集成电路构成混频器的实例。图中，本振电压由 10 端(X 输入端)注入，已调信号电压由 1 端(Y 输入端)输入，混频后的中频电压(9MHz)由 6 端经 π 形带通滤波器输出，π 形滤波器调谐在 9MHz，带宽约为 450kHz，除滤波外还起到阻抗变换作用，以获得较高的变频增益，当

$$f_{\text{S}} = 30\text{MHz}, U_{\text{Sm}} \leqslant 15\text{mV}, f_{\text{L}} = 39\text{MHz}, U_{\text{Lm}} = 100\text{mV}$$

时，该电路的变增益可达 13dB。为了减小输出信号波形失真，调 50kΩ的电位器使 1、4 脚直流电位差为零，使电路平衡。2 脚与 3 脚之间加接电阻，可扩展输入信号 u_S 的线性范围。

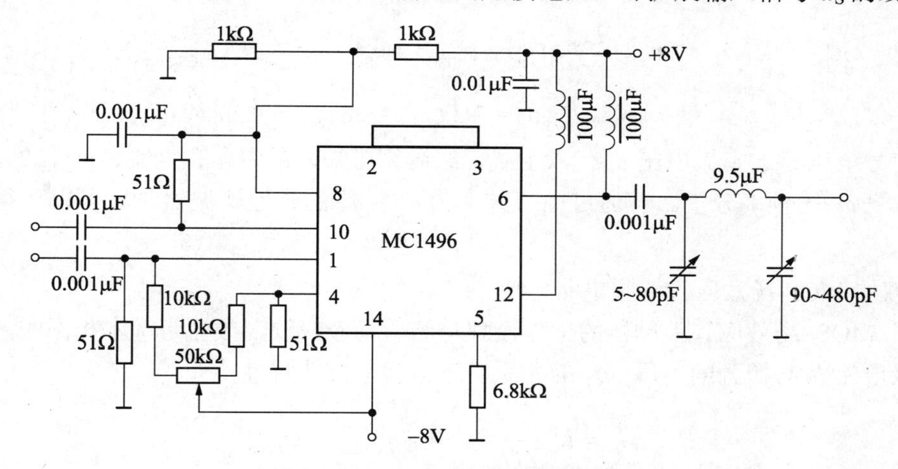

图 6.43 MC1496 构成的混频器

模拟乘法器混频器主要优点有：混频器输出电流频谱纯净，可显著减少接受机中的寄生通道干扰，允许输入信号的线性动态范围较大，交调和互调失真小，对本振电路的大小无严格限制，其大小只影响变频增益而不引起信号失真。

4. 场效应管混频器

场效应管工作频率高，其特性近似于平方律，动态范围大，非线性失真小，噪声系数低，单向传输性能好。因此，用场效应管构成混频器，其性能好于晶体三极管混频器。但是由于场效应管输出阻抗高，实际上难于实现完全匹配。

1) 结型场效应管混频器

结型场效应管工作在饱和区时，其漏极电流 i_D 与栅源间电压 u_{GS} 的关系可近似为平方律特性，即

$$i_D = I_{DSS}(1-\frac{u_{GS}}{U_P})^2 \tag{6-64}$$

式(6-64)中，I_{DSS} 为 $u_{GS}=0$ 时的 i_D，U_P 为夹断电压。图 6.44 所示是结型场效应管混频器的原理电路图。

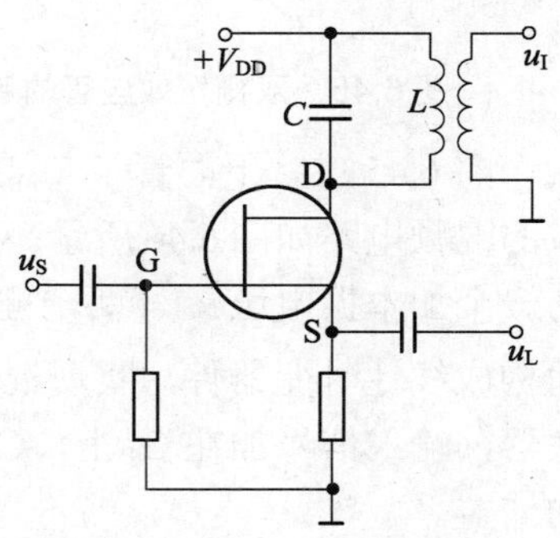

图 6.44 结型场效应管混频电路图

信号电压 u_S 从栅极输入，本振电压 u_L 由源极注入，加在场效应管栅源之间的电压为

$$u_{GS} = U_{GSQ} + u_S - u_L$$

其中 U_{GSQ} 为场效应管静态工作点的 U_{GS} 值。

设输入信号和本振信号分别为

$$u_S = U_{Sm}\cos\omega_S t$$
$$u_L = U_{Lm}\cos\omega_L t$$

由式(6-64)可得

$$
\begin{aligned}
i_{\mathrm{D}} &= I_{\mathrm{DSS}}\left(1-\frac{U_{\mathrm{GSQ}}+u_{\mathrm{S}}-u_{\mathrm{L}}}{U_{\mathrm{P}}}\right)^2 \\
&= \frac{I_{\mathrm{DSS}}}{{U_{\mathrm{P}}}^2}({U_{\mathrm{P}}}^2+{U_{\mathrm{GSQ}}}^2+{u_{\mathrm{S}}}^2+{u_{\mathrm{L}}}^2-2U_{\mathrm{P}}U_{\mathrm{GSQ}}-2U_{\mathrm{P}}u_{\mathrm{S}} \\
&\quad +2U_{\mathrm{P}}u_{\mathrm{L}}+2U_{\mathrm{GSQ}}u_{\mathrm{S}}-2U_{\mathrm{GSQ}}u_{\mathrm{L}}-2u_{\mathrm{S}}u_{\mathrm{L}})
\end{aligned} \tag{6-65}
$$

将信号电压 u_{S}、本振电压 u_{L} 代入上式，经运算可知，i_{D} 中含有直流、ω_{S}、$2\omega_{\mathrm{S}}$、ω_{L}、$2\omega_{\mathrm{L}}$、$\omega_{\mathrm{L}}\pm\omega_{\mathrm{S}}$ 等频率分量。若通过中心频率为 $\omega_{\mathrm{L}}-\omega_{\mathrm{S}}$ 的带通滤波器，就可以获得中频电流分量。

2) 双栅 MOS 场效应管混频电路

单栅 MOS 场效应管混频器的工作原理与结型场效应管混频器是基本相同的，在饱和区其漏极电流 i_{D} 与栅源间电压 u_{GS} 的关系可近似为平方律特性，即

$$
i_{\mathrm{D}} = I_{\mathrm{D0}}\left(\frac{u_{\mathrm{GS}}}{U_{\mathrm{GSth}}}-1\right)^2,\quad u_{\mathrm{GS}} > U_{\mathrm{GSth}} \tag{6-66}
$$

式中，I_{D0} 为 $u_{\mathrm{GS}}=2U_{\mathrm{GSth}}$ 时的 i_{D} 值；U_{GSth} 为开启电压。

为了便于说明双栅场效应作用原理，用两个级联的场效应管表示，如图 6.45 所示，

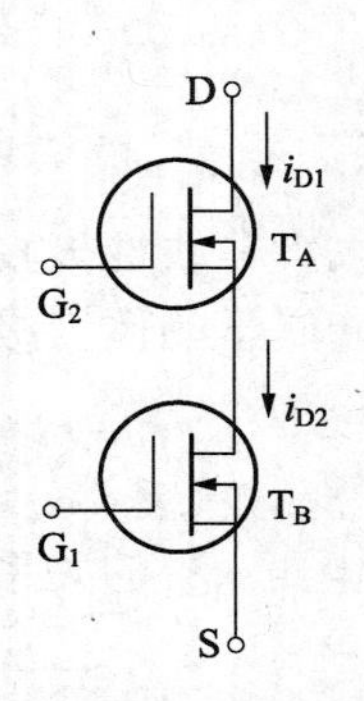

图 6.45　双栅场效应管的等效电路

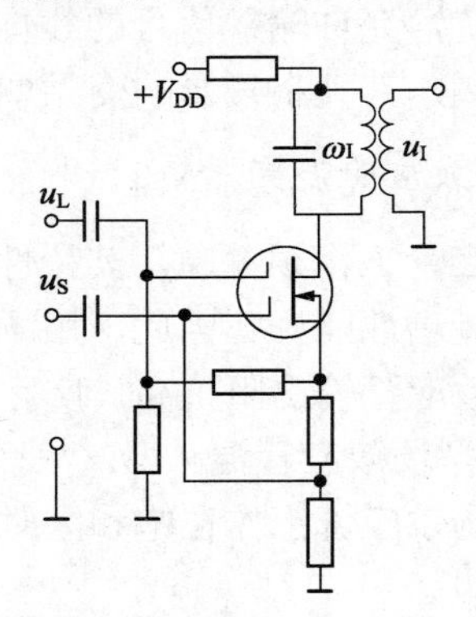

图 6.46　双栅场效应管混频电路

图 6.45 中，下面管子 T_B 的漏极直接接到上面管子 T_A 的源极上，$i_{\mathrm{D}}=i_{\mathrm{D1}}=i_{\mathrm{D2}}$。相应构成的混频电路如图 6.46 所示。双栅 MOS 场效应管的两个栅极，一个加高频输入信号电压 u_{S}，另一个加本振电压 u_{L}，两个栅极彼此独立，互不影响。u_{DS2} 受到 T_A 管 $u_{\mathrm{GS1}}(u_{\mathrm{L}})$ 的控制，从而构成线性时变器件，实现混频功能。顺便指出，双栅场效应管还可用来构成可控增益放大器，输入信号加在 G_1 上，G_2 交流接地，改变加在 G_2 上的偏置电压，就可以控制放大器的增益。

双栅绝缘栅场效应管具有栅漏极间电容很小，正向传输导纳较大，且 i_{D} 受到双重控制的特点，很适合于作为超高频段混频器。

为了减小由于场效应管非理想平方律特性而产生的非线性产物，场效应管还可作开关运用，用来构成平衡混频器和环形混频器。

6.6.4　混频器的干扰与失真

混频电路必须采用非线性器件，产生输入信号的各种组合频率分量，实现频谱搬移，广泛用于超外差接收机中，使接收机的性能得到改善。但另一方面，混频器件的非线性又是混频电路产生各种干扰的根源，其非线性特性不仅会产生很多无用的组合频率分量，还会给接收机带来干扰，而且使有用中频信号振幅与输入高频信号振幅不成比例。因此分析干扰产生的具体原因，提出减小或避免干扰的措施，是混频电路讨论中一个关键问题。

混频电路的输入除了载频为 f_S 的已调波信号 u_S 和频率为 f_l 的本振信号 u_L 之外，还可能有从天线进来的外来干扰信号，外来干扰信号包括其他发射机发出的已调信号和各种噪声，信号频率和本振频率的各次谐波之间以及干扰信号之间，经非线性器件相互作用会产生很多频率分量。其中某些频率等于或接近中频时，能够顺利通过中频放大器，经解调后，在输出级引起干扰失真，影响有用信号的正常接收。

混频器存在下列干扰：信号与本振的自身组合干扰(也叫干扰哨声)；外来干扰与本振的组合干扰(也叫寄生通道干扰)；信号、外来干扰与本振形成的交叉调制干扰(交调干扰)；外来干扰与本振互相形成的互调干扰；包络失真和强信号阻塞干扰等。

下面对混频器中产生干扰的原因及减小干扰的措施进行讨论。

1．信号与本振的自身组合干扰(干扰哨声)

当两个频率的信号作用于非线性器件时，会产生这两个频率的各种组合分量。对混频器而言，作用于非线性器件的两个信号为输入信号和本振电压，混频器在它们和它们谐波的共同作用下，产生了许多组合频率分量，可用下列频率通式表示，即

$$f_{p,q}=|\pm pf_L \pm qf_S| \tag{6-67}$$

上式中，p、q 分别为本振频率，它们均为任意正整数。绝对值号表示在任意情况下，频率不可能为负。

这些频率分量中只有一个分量是有用的中频信号，取 $p=q=1$ 可得中频 $f_I=f_L-f_S$，除此频率分量外的其他组合频率分量均为无用的，当其中的某些频率分量接近中频，并落入中频通频带范围内时，它就能与有用中频信号一起被中频放大器放大后加到检波器上，经检波器的非线性作用，这些接近中频的组合频率分量与有用的中频信号产生差拍检波，使接收机输出哨叫声，形成了对有用信号的干扰。所以把这种信号与本振的组合频率干扰，称为干扰哨声。

【例 6.1】　在广播中波波段中，信号频率 f_S=931kHz，本振频率 f_L=1 369kHz，中频 f_I=465kHz。若 p=1，q=2，则有

$$|1\,396-2\times931|=|-1\,369+2\times931|=466=465+1\ (\text{kHz})$$

这样，466kHz 无用频率分量位于中频附近，能通过中频滤波器，然后通过中放，与中频为 465kHz 的调幅信号一起进入检波器中的非线性器件，会产生 F=(466−465)kHz=1kHz 的音频差拍电压，经扬声器输出后的声音类似于哨声。

干扰哨声是信号本身(或其谐波)与本振的各次谐波组合形成的，与外来干扰无关，所以不能靠提高前端电路的选择性来抑制。

实际中任何一部接收机的接收频段都是有限的，例如，中波段广播收音机的接收频段

为 535～1 605kHz。因此，只有落在接收频段内的输入信号才可能产生干扰哨声。如果将中频选在接收信号频段之外，对于上述中频段广播收音机，中频选在 465kHz，则产生中频干扰的 465kHz 外来干扰无法通过混频电路之前的选频网络，就可以避免中频干扰和最强的干扰哨声。再则，由于组合频率分量电流的振幅总是随着 $p+q$ 的增加而迅速减小，因而，其中只有对应于 p 和 q 为较小值的输入有用信号才会产生明显的干扰哨声，而对于 p 和 q 为较大值产生的干扰哨声一般可忽略。

由此可见，只要合理选择中频频率，将产生最强干扰哨声的频率移到接收频段以外，就可大大减小干扰哨声的有害影响。

2. 外来干扰与本振的组合干扰(寄生通道干扰)

这种干扰是指外来干扰电压与本振电压由于混频器的非线性而形成的假中频。在混频器中，通常把有用信号与本振电压变换成中频的通道，称为主通道，在此同时，存在的其他变换通道称为寄生通道。所以又把这种外来干扰和本振电压产生的组合频率干扰，称为寄生通道干扰。

当接收机调谐在 f_S 上，接收频率为 f_S 信号时，本振频率为 f_L，且 $f_L - f_S = f_I$。这时，若加到混频器输入端的是频率为 f_m 的干扰信号，则混频器件输出电流中将出现由下列频率通式表示的众多组合频率分量，即

$$f_{p,q} = |\pm pf_L \pm qf_m| \tag{6-68}$$

在上述众多通道中，若某些通道的 p 和 q 值及其所取的正、负号满足下列关系式，即

$$|\pm pf_L \pm qf_m| = f_I \tag{6-69}$$

则干扰信号通过这些通道就能将其频率由 f_m 变换为 f_I，因而，它们就可以顺利地通过中频放大器，从而使收听者听到该干扰信号的声音，表现为串台，还可能夹杂着哨叫声。

这一类干扰主要有中频干扰、镜像干扰及其他副波道干扰，其中中频干扰和镜像干扰两种寄生通道干扰由于对应的 p、q 值很小，故造成的影响很大，需要特别引起重视。

(1) 当 p=0，q=1 时，$f_m = f_I$ 称为中频干扰。由于干扰信号频率等于或接近于中频，它可以直接通过中频放大器形成干扰。

抑制中频干扰的方法主要是提高前端电路的选择性，以降低作用在混频器输入端的干扰电压值，如加中频陷波电路，滤除外来的中频干扰电压。此外，要合理选择中频数值，中频要选在工作波段之外，最好采用高中频方式。

(2) 当 p=1，q=1 时，$f_m = f_L + 2f_I$，称为镜像频率干扰。f_m 与 f_S 是以 f_L 为轴形成镜像对称关系，f_m 称为 f_C 的镜像频率，将这种干扰叫做镜像干扰。

【例 6.2】 当接收 580 kHz 的信号时，还有一个 1 510 kHz 的信号也作用在混频器的输入端。它将以镜像干扰的形式进入中放，因为 $f_m - f_L = f_I - f_S = 465\text{ kHz} = f_I$。因此可以同时听到两个电台信号的声音，并且还可能出现哨声。

对于镜像干扰，p=q=1，为二阶干扰，其寄生通道的 p 和 q 值和主通道的相同(即 p=q=1)，因而具有相同的变换能力。

变频器对于 f_m 和 f_S 的变频作用完全相同(都是取差频)，所以变频器对镜像干扰无任何抑制作用。抑制的方法主要是提高前端的电路的选择性和提高中频频率，以降低加到混频器输入端的镜像电压值。高中频方案对抑制镜像干扰是非常有利的。

一部接收机的中频频率是固定的，所以中频干扰的频率也是固定的。而镜像频率则是随着信号频率 f_S(或本振频率 f_L)的变化而变化，这是它们的不同之处。中频干扰和镜像干扰信号只要能进入到混频器的输入端，混频器就能有效地将它们变换为中频。所以，要抑制这两种干扰，就必须在混频器前将它们滤除。

3．信号和外来干扰、本振产生的组合频率干扰(交调干扰)

接收机前端电路选择性不够好时，有用信号和干扰信号会同时加到混频器的输入端，若这两个信号均为调幅波，则通过混频器的非线性作用，会产生交叉调制干扰，它的特点是，当接收有用信号，在输出端不仅可以收听到有用信号台的声音，同时还清楚地听到干扰台声音，而信号频率与干扰频率间没有固定的关系，一旦有用信号消失，干扰台的声音也随之消失，好像干扰台声音调制在有用信号的载频上。所以，交调干扰的含义为：一个已调的强干扰信号与有用信号(已调波或载波)同时作用于混频器时，经非线性作用，可以将干扰的调制信号转移到有用信号的载频上，然后再与本振混频得到中频信号，从而形成干扰。

例如，设混频器之前的选频网络带宽为 10kHz，若 $f_C = 560\ \text{kHz}$，则位于 555～565kHz 范围内的外来干扰都可能产生三阶交调干扰。

交叉调制干扰由混频器晶体管特性中的三次方项或更高次非线性项产生。交叉调制的产生与干扰台的频率无关，任何频率较强的干扰信号加到混频器的输入端，都有可能形成交叉调制干扰，只有当干扰信号频率与有用信号频率相差较大，受前端电路较强的抑制时，形成的干扰才比较弱。

如果混频器前级高频放大器的特性是非线性的，它也会产生交叉调制干扰。只不过放大器里由三次方项产生的，交调产物的频率为 f_C，而不是 f_I，在混频器里是由更高次方项产生的。习惯上仍将更高次方项产生的交调称为三阶交调，以和放大器的交调相一致。

抑制交叉调制干扰的主要措施有：提高混频器前端电路的选择性，尽量减小干扰信号的幅度，是抑制交叉调制干扰的有效措施；选用合适的器件(如平方律器件)和合适的工作状态，使不需要的非线性项尽可能小，以减少组合分量；采用抗干扰能力较强的平衡混频器和模拟乘法器混频电路。

4．两个外来干扰和本振产生的组合频率干扰(互调干扰)

互调干扰是指两个或多个干扰信号同时作用于混频器的输入端时，由于混频器的非线性作用，两个(或多个)干扰与本振信号相互混频，产生的组合频率分量接近于中频，它就能很顺利地能过中频放大器，经检波器差拍检波后产生干扰啃叫声，通常称这种干扰为互相调制干扰(简称互调干扰)。

与交调干扰相类似，放大器工作于非线性状态时，也会产生互调干扰，最严重的是由三次方项产生的，称之为三阶互调。而混频器的互调由四次方项产生的，除掉本振的一阶，即为三阶，故也称之为三阶互调。

【例 6.3】 当中频频率为 f_I=0.5MHz，输入信号频率为 $f_S = 2.4\text{MHz}$ 时，由于输入回路选择性不好，有两个干扰电台 $f_{N1} = 2\text{MHz}$，$f_{N2} = 1.6\text{MHz}$ 也进入混频器。则当 $f_I = f_L - f_S$ 时，$f_L = 2.9\ \text{MHz}$，混频器中非线性四次方项产生如下组合频率项，即

$$f_{\mathrm{L}}-(2f_{\mathrm{N1}}-f_{\mathrm{N2}})=0.5\mathrm{MHz}=f_{\mathrm{I}}$$

它正好在中频带内，产生三阶互调干扰。

5. 包络失真和强信号阻塞干扰

与混频器非线性有关的另外两个现象是包络失真和阻塞干扰。

包络失真是指由于混频器的非线性，输出包络与输入包络不成正比。假定混频电路中的非线性器件为晶体管，其转移特性为

$$i=a_0+a_1u+a_2u^2+a_3u^3+a_4u^4+\cdots \tag{6-70}$$

若设 $u=u_{\mathrm{S}}+u_{\mathrm{L}}$，即不考虑外来干扰的影响，则在输出电流表达式中，电压偶次方项均会产生中频分量。其中二次方项产生的振幅为 $a_2U_{\mathrm{S}}U_{\mathrm{L}}$，四次方项产生的振幅为 $\dfrac{3}{2}a_4(U_{\mathrm{L}}^2U_{\mathrm{S}}+U_{\mathrm{L}}U_{\mathrm{S}}^3)$。可见，实际中频分量振幅并非与信号振幅 U_{S} 成正比。U_{S} 越大，失真越严重。因为 U_{S} 就是已调波的包络，所以称此为包络失真。

阻塞干扰是指当强的干扰信号与有用信号同时加入混频器时，强干扰会使混频器输出有用信号的幅度减小，严重时，甚至小到无法接收，这种现象称为阻塞干扰。当然，只有有用信号，在信号过强时，也会产生振幅压缩现象，严重时也会有被削平而无法收听到有用信号的声音，这种现象称为强干扰阻塞。可以分析出，产生阻塞的主要原因是输入混频器的信号过强，致使晶体管工作于饱和区或截止区，所以，仍然是混频器件的非线性引起的，特别是引起互调、交调的四阶产物。某些混频器(如晶体管)的动态范围有限，也会产生阻塞干扰。

克服阻塞的方法是减小信号幅度和干扰信号幅度。对于干扰信号可提高前端电路的选择性，对于有用信号可以在接收机前加一个抗饱和电路或在接收机前端加自动增益控制，这样可以加大接收机的动态范围，从而可避免阻塞现象的出现。

通常，能减小互调干扰的那些措施也都能改善包络失真与阻塞干扰。

*6.7 集成模拟乘法器的仿真

集成模拟乘法器是通用的集成器件，广泛应用于信号处理、通信、自动控制等领域。

在调幅、检波和混频电路中，需要产生两个输入信号频率的和频或差频，这可以用集成模拟乘法器来实现。它的电路符号如图 6.47 所示。

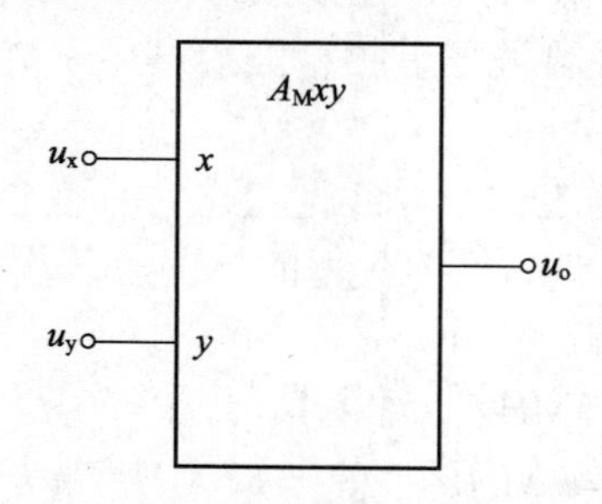

图 6.47 集成模拟乘法器的电路符号

由图 6.47 可见，它有两个输入端口，输入电压分别为 u_x 和 u_y，一个输出端口，输出电压为 u_o。在理想情况下，它们之间的关系为

$$u_o = A_M u_x u_y \tag{6-71}$$

其中 u_x 和 u_Y 的极性是任意的，可正可负，因而将这种相乘器称为四象限相乘器，而且当任一端输入电压为零时，输出电压为零；当任一端电压为恒定值时，输出电压与另一端输入电压之间呈线性关系。设两个输入信号分别为

$$u_x(t) = U_{xm}\cos\omega_x t$$
$$u_y(t) = U_{ym}\cos\omega_y t$$

则两个信号相乘后的输出信号

$$u_o = A_M u_x u_y = \frac{1}{2}A_M U_{xm}U_{ym}\left[\cos(\omega_x+\omega_y)t+\cos(\omega_x-\omega_y)t\right] \tag{6-72}$$

式中说明相乘器输出电压既无 ω_x 分量，也无 ω_y 分量，反而出现了两个新的频率分量，即和频 $(\omega_x+\omega_y)$ 和差频 $(\omega_x-\omega_y)$。由于集成模拟乘法器仅能产生和频和差频，而且不会产生不需要的高次谐波的组合分量，所以在频率变换电路里应用广泛。本节利用 EWB 软件对集成模拟乘法器 MC1596 的功能进行验证和利用 MC1596 构成的混频电路进行仿真。

1. 集成模拟乘法器 MC1596 的功能验证

由 MC1596 构成的验证模拟乘法功能的电路如图 6.48 所示。电路参数如图中所示标注。在第 4 脚和第 9 脚分别输入 $u_x = 220\,\text{mV}$，10kHz 和 $u_y = 25\,\text{mV}$，500kHz 正弦波信号，则第 6 脚的输出 $u_o = Ku_x u_y$，仿真波形如图 6.49 所示。

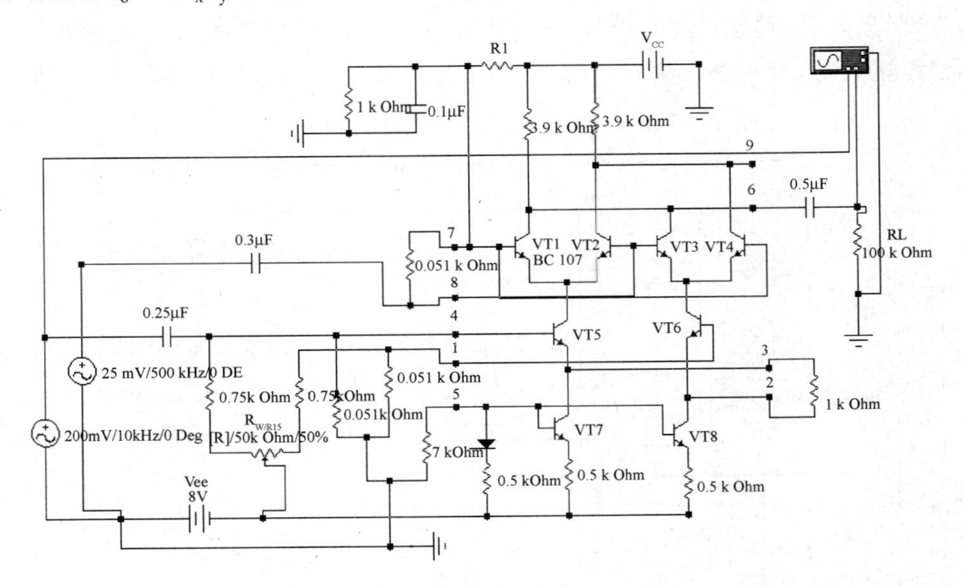

图 6.48　集成模拟乘法器 MC1596 的功能验证电路图

2. MC1596 构成的混频电路

利用模拟乘法器实现混频，其原理十分简单，将中心频率为 60MHz 的已调幅信号 u_S 与

频率为 75.3MHz 的本振信号 u_{I} 分别加到模拟乘法器的两输入端，侧其输出电流为

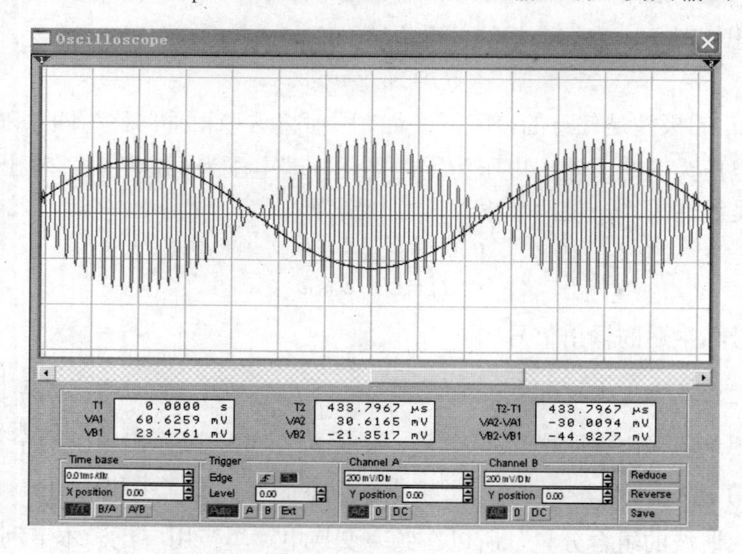

图 6.49　集成模拟乘法器 MC1596 的功能验证时域仿真波形

$$u_0 = Ku_{\mathrm{S}}u_{\mathrm{I}} = \frac{1}{2}KU_{\mathrm{Sm}}U_{\mathrm{Im}}\left[\cos(\omega_{\mathrm{I}}+\omega_{\mathrm{S}})t+\cos(\omega_{\mathrm{I}}-\omega_{\mathrm{S}})t\right]$$

由滤波器取出差频 $(\omega_{\mathrm{I}}-\omega_{\mathrm{S}})$ 分量，可获得中频输出，实现混频。采用模拟乘法器 MC1596 构成的混频电路如图 6.50 所示。图中，本振电压 u_{I} 由引脚 8 输入，已调信号电压 u_{S} 由引脚 4 输入，混频后的中频频率为 f_{o}=15.3MHz，由引脚 6 经过 π 型带通滤波器输出中频电压 u_{o}。该滤波器的通频带约为 450kHz，除作选频外还起阻抗变换作用，以获得较高的变频增益。为减小输出信号波形失真，引脚 1 与 4 之间接有平衡电路。电路仿真波形如图 6.51 所示。

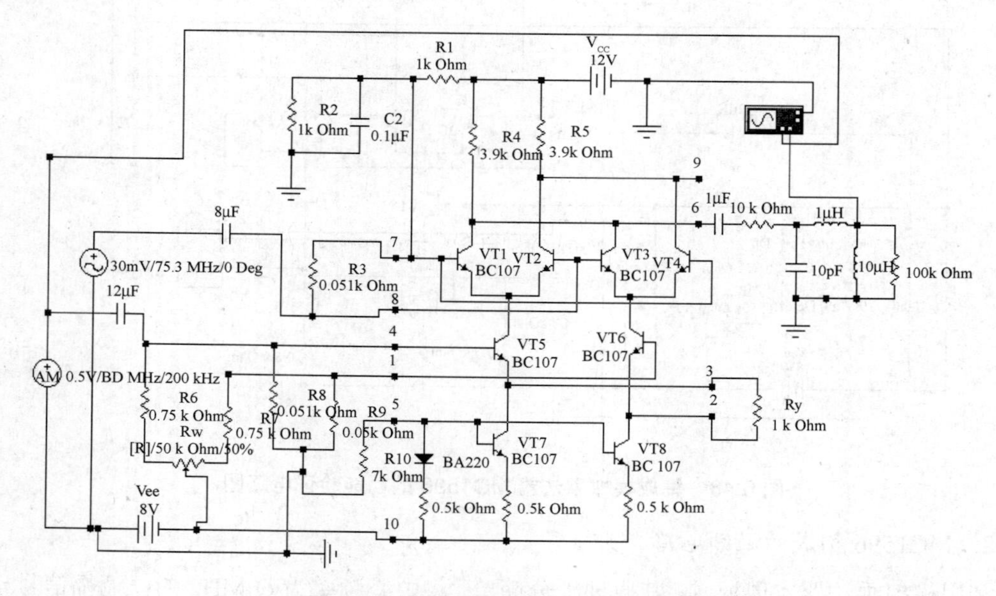

图 6.50　MC1596 构成的混频电路图

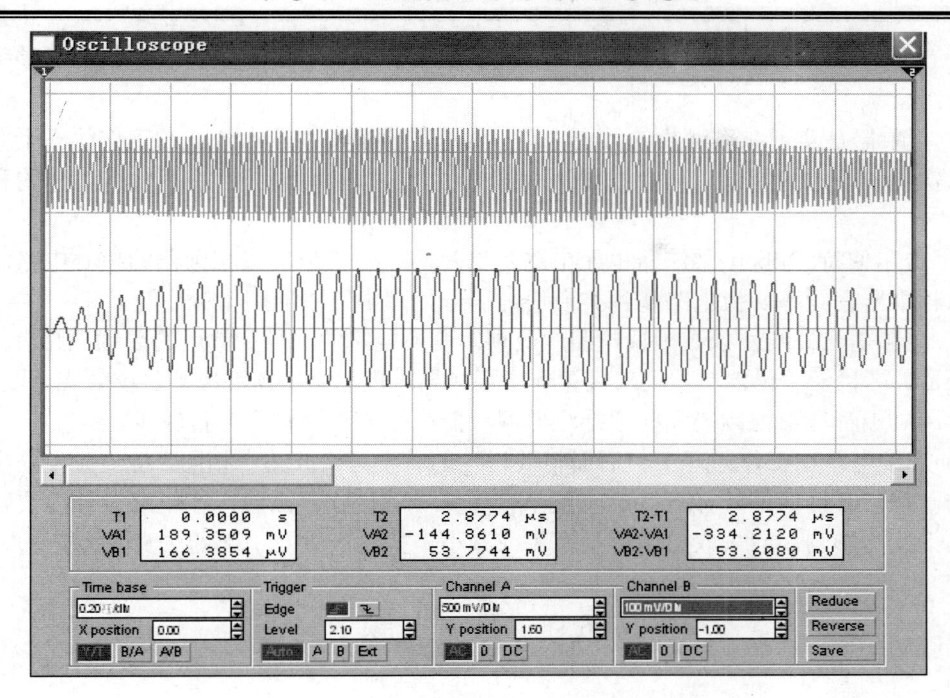

图 6.51　MC1596 构成的混频电路时域仿真波形

模拟乘法器混频具有以下优点；

(1) 混频输出电流频谱纯净，可大大减少接收机中的寄生通道干扰。

(2) 对本振电压的幅度限制不很严格，一般说来，其大小只影响变频增益而不引起信号失真。

通过本次仿真，使读者了解模拟乘法器的一般工作原理及其他的组成部分。了解集成模拟乘法器是实现两个模拟量相乘功能的器件，它是另一类使用很广泛的模拟集成电路，它属于非线性模拟集成电路。通过利用集成模拟乘法器可以构成乘法、平方、除法、平方根等运算电路，同时也可构成压控增益、混频、鉴相等电路。

6.8　本 章 小 结

1．频率变换电路的输出能产生输入信号中没有的新的频率成分，频率变换电路必须由非线性器件来实现，晶体二极管、三极管及场效应管的伏安特性都是非线性的，可以视为非线性电阻器件，具有频率变换作用。

2．非线性元器件的特性分析是频率变换电路分析的基础，是建立在函数逼近的基础上的。一般可用指数函数、幂级数或折线来逼近，但要注意工作信号大小或偏置电压不同时，适用函数也不同。当输入信号较小时采用前两种函数分析法比较准确；当输入信号较大时采用折线分析法比较简易；当有两个大、小信号同时输入时，采用线性时变分析法比较方便。

3．给非线性器件输入单一交流信号时，输出的是输入信号频率的各次谐波；当两个交流信号叠加输入时，输出的是输入两信号频率的各次谐波的组合分量。在实际频率变换电路中，有用的频率分量只是其中几项，因此需要采取一定措施来减少或抑制输出频率中不需要的组合频率项。

4．相乘器是实现频率变换的重要电路。四象限模拟相乘器在合适的工作状态下对两信号可以实现较理想的相乘，可完成频谱搬移的功能，即输出端只存在两输入信号的和频、差频。

5．吉尔伯特(Gilbert)乘法器单元电路是单片四象限模拟集成相乘器的核心电路。四象限模拟相乘器在频率变换电路和各类通信与信号处理电路中应用十分广泛。

6．混频是一种线性频谱搬移电路，是频率变换电路的一种。常用的混频电路有：三极管混频器、二极管平衡混频器、二极管环形混频器、模拟乘法器混频器、场效应管混频器，其中使用二极管环形混频器和模拟乘法器混频器产生的组合频率分量较少。

7．混频电路在工作原理上与后面将要讨论的调幅、检波基本相同，但混频电路中存在特有的干扰，其性能的好坏直接影响整个有用信号的接收。因此，在电路设计上要特别注意混频干扰的影响，应采取措施尽量避免或减小干扰的产生及引起的失真。

6.9 习　题

6-1 已知非线性器件的伏安特性为 $i = a_0 + a_1u + a_2u^2 + a_3u^3 + a_4u^4$，式中 a_0、a_1、a_2、a_3、a_4 是不为零的常数。若其上外加电压为 $u = U_{1m}\cos\omega_1 t + U_{2m}\cos\omega_2 t$，试写出电流 i 中有哪些组合频率分量？其中 $\omega_1 \pm \omega_2$ 分量是由 i 中的哪些项产生的？

6-2 一非线性器件的伏安特性为

$$i = a_0 + a_1u + a_2u^2 + a_3u^3$$

式中

$$u = u_1 + u_2 + u_3 = U_{1m}\cos\omega_1 t + U_{2m}\cos\omega_2 t + U_{3m}\cos\omega_3 t$$

试写出电流 i 中组合频率分量的频率通式，说明它们是各由 i 中的哪些次方项产生的，并求出其中的 ω_1 和 $\omega_1 + \omega_2 - \omega_3$ 频率分量的振幅。

6-3 若非线性元件的伏安特性为

$$i = a_0 + a_1u + a_3u^3$$

式中，a_0、a_1、a_3 是不为零的常数。

(1) 能否用它实现混频？为什么？

(2) 设信号 u 是频率为 150 kHz 和 200 kHz 的两个正弦波，问电流中能否出现 50 kHz 和 350 kHz 的频率成分？

6-4 变频作用是如何产生的？为什么一定要有非线性元件才能实现？

6-5 试推导出如图 6.15 所示二象限变跨导乘法器单端输出时的输出电压表示式(从 VT_2 集电极输出)。

6-6 试推导出如图 6.17 所示 Gilbert 乘法器单元电路单端输出时的输出电压表示式。

6-7 图 6.20 所示线性 Gilbert 乘法器电路，若 $R_x = R_y = 5k\Omega$，$R_C = 1.25k\Omega$，$I_{ox} = I_{oy} = 1mA$，两个输入信号 $u_x = 2V$，$u_y = 3V$，求出输出电压和相乘系数 K。

6-8 图 6.23 所示 BG314 内部电路及其外围电路，已选定 $E_C = 12V$，$-E_e = -12V$ 要求

的动态范围均 ±6V，相乘系数 $K=0.1(\text{V}^{-1})$。求 BG314 的外围元件 R_1、R_3、R_{13}、R_C、R_x 及 R_y 的值。

6-9 混频器中晶体三极管在静态工作点上展开的转移特性由幂级数表示为

$$i_c = I_0 + au_{be} + bu_{be}^2 + cu_{be}^3 + du_{be}^4$$

已知混频器的本振频率为 f_L=23kHz，中频频率 $f_I = f_L - f_S = 3\text{MHz}$。若在混频器输入端同时作用 $f_{M1} = 19.6\text{MHz}$ 和 $f_{M2} = 19.2\text{MHz}$ 的干扰信号。试问在混频器输出端是否会有中频信号输出？它是通过转移特性的几次项产生的？

6-10 在一超外差式广播收音机中，中频频率 $f_L - f_S = f_I$ 为 465kHz。试分析下列现象属于何种干扰，又是如何形成的。

(1) 当收到频率 f_S = 931kHz 的电台时，伴有频率为 1kHz 的啸叫声；

(2) 当收听频率 f_S = 550kHz 的电台时，听到频率为 1 480kHz 的强电台播音；

(3) 当收听频率 f_S = 1480kHz 的电台播音时，听到频率为 740kHz 的强电台播音。

6-11 试分别求题 6-11 图(a)、(b)、(c)所示的单平衡混频器的输出电压 $u_O(t)$ 表示式。设二极管的伏安特性均为从原点出发，斜率为 g_D 的直线，且二极管工作在受 u_L 控制的开关状态。

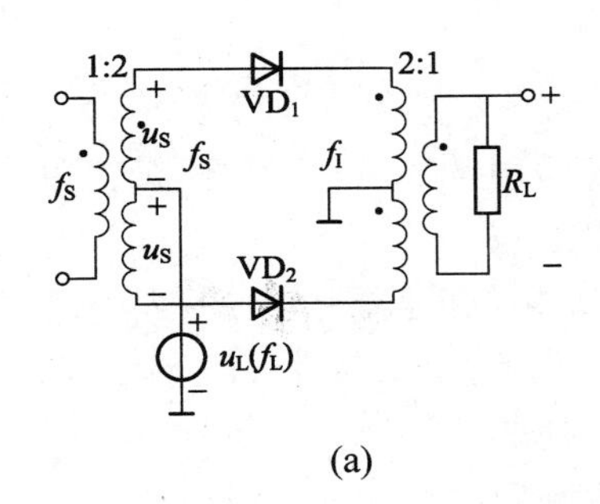

(a)

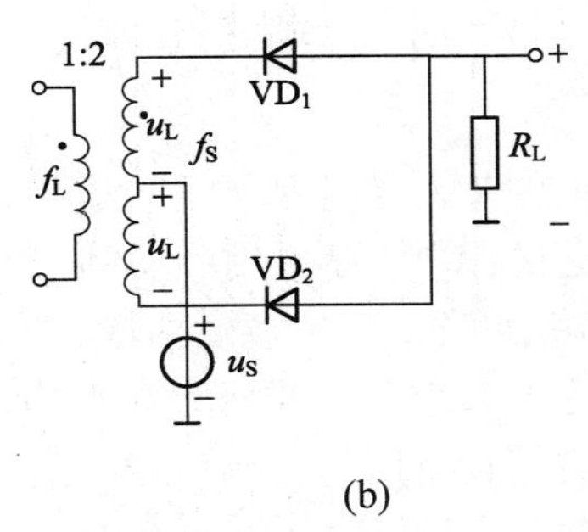

(b)

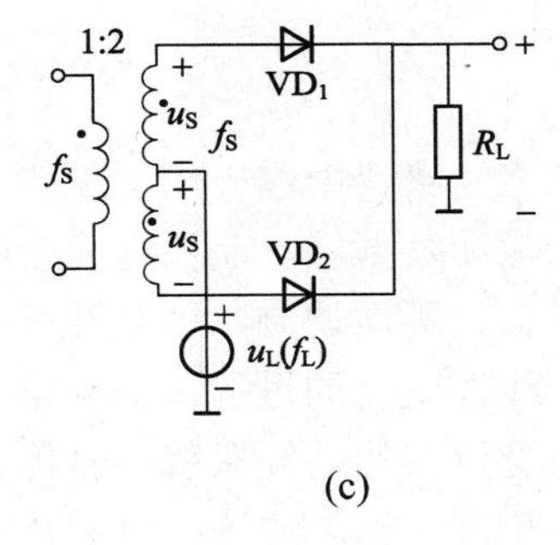

(c)

题 6-11 图

第 7 章　振幅调制与解调

教学提示：振幅调制与解调电路都属于频谱的线性搬移电路，因此又称为线性调制与解调电路。振幅调制与解调电路具有电路简单、占据的频带宽度较窄等特点，往往应用于设备比较简单、不需保密的场合(如广播)。因此，现有的通信系统和其他电子系统已较少单独使用线性调制与解调电路。由于线性调制与解调方式最早出现，是理解其他调制及解调方式的基础，所以本章对它做了详尽介绍。

教学要求：本章应让学生理解振幅调制的表达式、波形、频谱、调制解调的实现方法及原理电路。重点是让学生掌握不同振幅调制与解调方法的特点及适用场合。在具体应用环境中，应根据设备复杂程度等要求，针对具体情况进行具体分析，合理灵活地应用不同的线性调制与解调方法。

7.1 概　　述

绪论中已介绍，无线电通信的基本任务是不用导线远距离传送各种信息，如语音、图像和数据等，而在这些信息传送过程中都必须用到调制与解调。

所谓调制，就是让高频振荡信号的某个参数(振幅、频率或相位)随调制信号的大小而线性变化的过程。调制信号可以是数字的，也可以是模拟的，通常用u_{Ω}或$f(t)$表示。未受调制的高频振荡信号称为载波，它可以是正弦信号，也可以是非正弦信号，如方波、三角波、锯齿波等；但都是周期信号，用符号u_{c}或i_{c}表示。已调制后的高频振荡波称为已调信号，它带有调制信号的特征信息，即已经把要传送的信息载到高频振荡信号上了。解调则是调制的逆过程，就是将载于高频振荡信号上的调制信号恢复出来的过程。

调制的种类很多，分类方法各不相同。按调制信号形式的不同可分为模拟调制和数字调制；按载波信号形式的不同可分为正弦波调制、脉冲调制，通常的分类见表 7-1。

表 7-1　调制方式分类

模拟调制	正弦波调制	振幅调制(AM)
		频率调制(FM)
		相位调制(PM)
	脉冲调制	脉幅调制(PAM)
		脉宽调制(PDM)
		脉位调制(PPM)
		其他高效数字调制

续表

数字调制	基带调制	脉冲编码调制(PCM)
		增量调制(DM)
		增量脉冲编码调制(DPCM)
	频带调制	幅度键控(ASK)
		移频键控(FSK)
		移相键控(PSK)
		其他编码方式

不同的调制方式有不同的性能特点，本课程只讨论仅限于模拟信号对正弦波的调制，有关数字调制内容可参阅有关数字通信等方面的文献。众所周知，正弦信号一般可表示为

$$u(t)=U_{\mathrm{m}}\cos\varphi(t)=U_{\mathrm{m}}\cos(\omega t+\varphi_0) \tag{7-1}$$

式中，U_{m}是正弦信号的幅度；$\varphi(t)$是正弦信号的瞬时相位角；ω是正弦信号的频率；φ_0是初相位。调制方式按用调制信号去控制载波信号的振幅、频率或相位可分为振幅调制、频率调制或相位调制。

本章讨论模拟调制信号对正弦载波信号的调幅，下一章讨论模拟调制信号对正弦载波信号的调频和调相(两者合称为角度调制)。

调幅(又称幅度调制)常用于长波、中波、短波和超短波的无线电广播、通信、电视、雷达等系统。这种调制方式是用调制信号去控制载波信号的振幅，使之按照调制信号的规律变化，严格地讲，是使高频振荡的振幅与调制信号成线性关系，而其他参数(频率和相位)不变。在频谱结构上，已调信号的频谱完全是调制信号的频谱在频域内的线性搬移(精确到常数因子)。

模拟信号的调幅通常又分为四种方式：普通的调幅方式(AM)、抑制载波的双边带调制(DSB-SC)、抑制载波的单边带调制(SSB-SC)及残留边带(VSB)调制。对应的已调信号分别为普通调幅信号、双边带信号、单边带信号和残留边带信号。它们的主要区别是产生的方法和频谱结构不同。本章主要介绍前三种调制方式。

7.2　调幅的基本原理

为了理解调制及解调电路的构成，必须对已调信号有个正确的概念。本节对振幅调制信号进行分析，然后给出各种实现的方法。

7.2.1　普通调幅波

普通调幅是一种相对便宜的、质量不高的调制形式。主要用于声频和视频的商业广播。调幅也能用于双向移动无线通信，如民用波段(CB 广播)。

1. 表达式

普通调幅波也叫标准调幅波，用 AM 表示。我们以调制信号是单频信号为例，设单频

调制信号为$u_{\Omega}(t)=U_{\Omega m}\cos\Omega t$，载波信号为$u_{C}(t)=U_{cm}\cos\omega_{C}t$。通常要求$\omega_{c}\gg\Omega$。那么调幅信号(已调波)可表示为

$$u_{AM}(t)=U_{AM}(t)\cos\omega_{C}t \tag{7-2}$$

式中，$U_{AM}(t)$为已调波的瞬时幅值(也称为调幅波的包络函数)。由于调幅信号的瞬时振幅与调制信号成线性关系，即有

$$U_{AM}(t)=U_{cm}+\Delta U_{c}(t)=U_{cm}+k_{a}u_{\Omega}=U_{cm}(1+m_{a}\cos\Omega t) \tag{7-3}$$

上式中，$\Delta U_{c}(t)$与调制信号u_{Ω}成正比，其振幅$k_{a}U_{\Omega m}$与载波振幅U_{cm}之比称为调幅指数(调幅度)，即

$$m_{a}=\frac{k_{a}U_{\Omega m}}{U_{cm}} \tag{7-4}$$

它表示载波幅度受调制信号控制的程度。$U_{AM}(t)$称为包络函数，k_{a}为由调制电路决定的比例常数。把式(7-3)代入式(7-2)可得单频信号的调幅波表达式为

$$u_{AM}(t)=U_{AM}(t)\cos\omega_{c}t=U_{cm}(1+m_{a}\cos\Omega t)\cos\omega_{c}t \tag{7-5}$$

上面的分析是以单频信号为例进行的。实际上，调制信号往往是包含多个频率的复杂信号，其频率范围从Ω_1到Ω_n，如调幅广播所传送的话音信号频率约为 50Hz～4.5kHz。这时用$f(t)$来表示调制信号，则调幅波可用下式来描述：

$$u_{AM}(t)=U_{cm}[1+k_{a}f(t)]\cos\omega_{c}t \tag{7-6}$$

式中，$f(t)$是均值为零的归一化调制信号，$\left|f(t)\right|_{\max}=1$。若将调制信号分解为

$$f(t)=\sum_{n=1}^{\infty}U_{\Omega_n}\cos\Omega_n t \tag{7-7}$$

则调幅波可用下式来描述：

$$u_{AM}(t)=U_{cm}[1+\sum_{n=1}^{\infty}m_{a}\cos\Omega_n t]\cos\omega_{c}t \tag{7-8}$$

式中，$m_n=k_{a}U_{\Omega_n}/U_{cm}$。由于在多频调制时，各低频分量的幅度并不相等，因而调幅度m_{a}也各不同。

2. *波形*

图 7.1 示出了标准振幅调制(AM)中各种信号的波形图。其中图(a)为单频调制信号(信息)的波形；图(b)为载波的波形；图(c)为调制系数$m_a<1$时已调波的波形；图(d)为调制系数$m_a=1$时已调波的波形；图(e)为调制系数$m_a>1$时已调波的波形。

由图可以看出 AM 调幅波的特点为：

(1) 调幅波的振幅(包络)随调制信号变化，而且包络的变化规律与调制信号波形一致，表明调制信号(信息)记载在调幅波的包络中。

(2) 由式(7-3)可知，调幅波的包络函数为

$$U_{AM}(t)=U_{cm}(1+m_{a}\cos\Omega t)$$

因此，调幅波的包络的波峰值为

$$U_{AM}\big|_{\max}=U_{cm}(1+m_{a})$$

包络的波谷值为

$$U_{AM}\big|_{min} = U_{cm}(1 - m_a)$$

显然，包络的振幅为

$$U_m = \frac{U_{AM}\big|_{max} - U_{AM}\big|_{max}}{2} = U_{cm}m_a \tag{7-9}$$

(3) 由式(7-9)可以看出

$$m_a = \frac{包络振幅}{载波振幅} = \frac{U_m}{U_{cm}} \tag{7-10}$$

即，调制系数 m_a 反映了调幅的强弱程度，一般 m_a 值越大调幅度越深。当 m_a=0 时，表示未调幅，即无调幅作用；当 m_a=1 时，U_m= U_{cm}，调制系数的百分比达到 100%，此时包络振幅的最小值 $U_{AM}|_{min}$=0；当 m_a>1 时，如图 7.1(e)所示，已调波的包络形状与调制信号不一样，产生了严重的包络失真，这种情况称为过量调幅，实际应用中必须尽力避免。因此，在振幅调制过程中为了避免产生过量调幅失真，保证已调波的包络真实的反映出调制信号的变化规律，要求调制系数 m_a 必须满足 0<m_a<1。

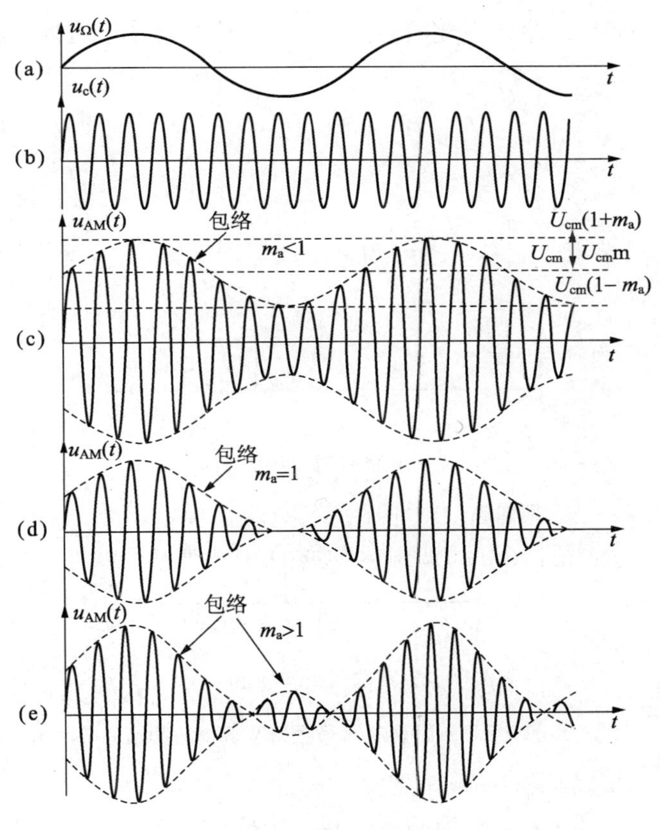

图 7.1　调幅信号的波形

图 7.2 表示了当调制信号为复杂信号时所产生的普通调幅波波形。

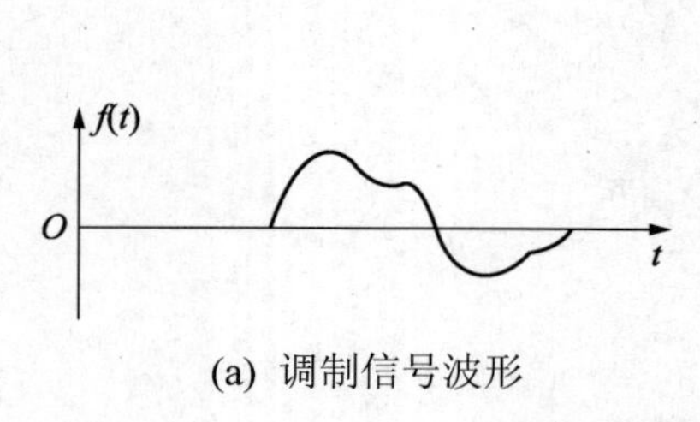

(a) 调制信号波形

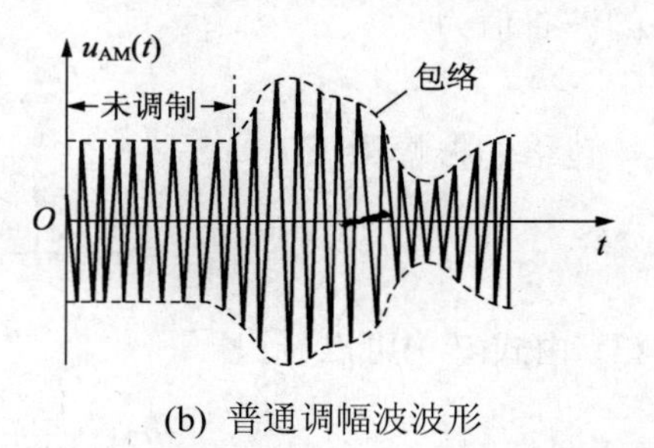

(b) 普通调幅波波形

图 7.2 复杂调制信号的普通调幅波波形

3. 频谱

当调制信号为单频信号时，把式(7-5)用三角公式展开可得

$$u_{\mathrm{AM}}(t)=U_{\mathrm{cm}}\cos\omega_{\mathrm{c}}t+\frac{1}{2}m_{\mathrm{a}}U_{\mathrm{cm}}\cos(\omega_{\mathrm{c}}+\Omega)t+\frac{1}{2}m_{\mathrm{a}}U_{\mathrm{cm}}\cos(\omega_{\mathrm{c}}-\Omega)t \tag{7-11}$$

这表明单频调幅波由载波分量ω_{c}，上边频分量$\omega_{\mathrm{c}}+\Omega$和下边频分量$\omega_{\mathrm{c}}-\Omega$三个频率分量组成，载波分量幅度仍为$U_{\mathrm{cm}}$，上、下边频分量幅度为$\frac{1}{2}m_{\mathrm{a}}U_{\mathrm{cm}}$，频谱如图 7.3 所示。显然，载波分量并不包含信息，调制信号的信息只包含在上、下边频内。

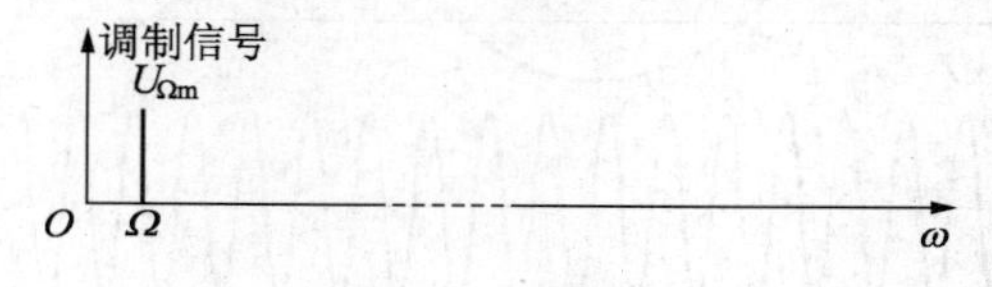

(a) 调制信号频谱

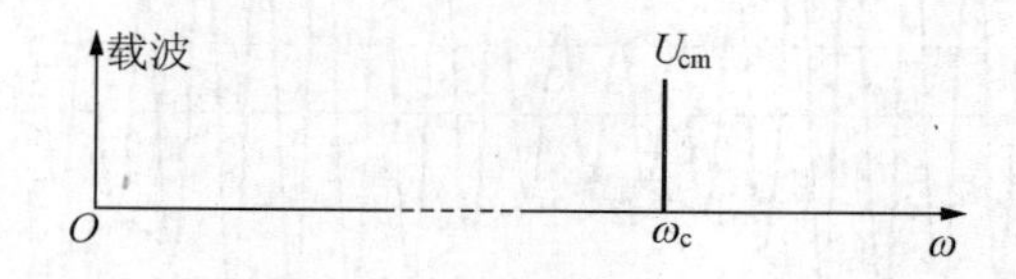

(b) 载波信号频谱

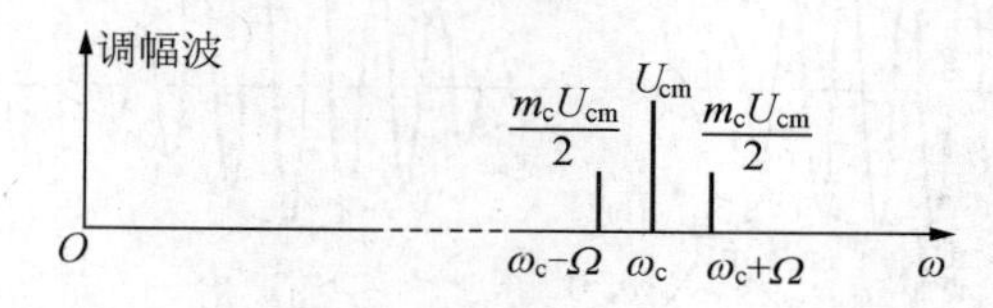

(c) 普通调幅波频谱

图 7.3 单频调制信号频谱及调幅波频谱

由图 7.3 可见，单频调幅波的频带宽度BW_{AM}(简称带宽)为

$$BW_{\mathrm{AM}}=2\Omega(\mathrm{rad/s}),\ \Omega=2\pi F \tag{7-12}$$

当调制信号为限带信号时，式(7-8)用三角公式展开可得

$$u_{AM}(t)=U_{cm}\cos\omega_c t+\frac{1}{2}U_{cm}\sum_{i=1}^{n}m_{ai}[\cos(\omega_c+\Omega_i)t+\cos(\omega_c-\Omega_i)t] \tag{7-13}$$

调制后的各个频率产生各自的上边频和下边频，叠加后形成上边频带和下边频带。由于上、下边带中每一对应的频率分量的幅度相等且成对出现，因此上、下边带的频谱分布相对于载波也是对称的，如图 7.4 所示。

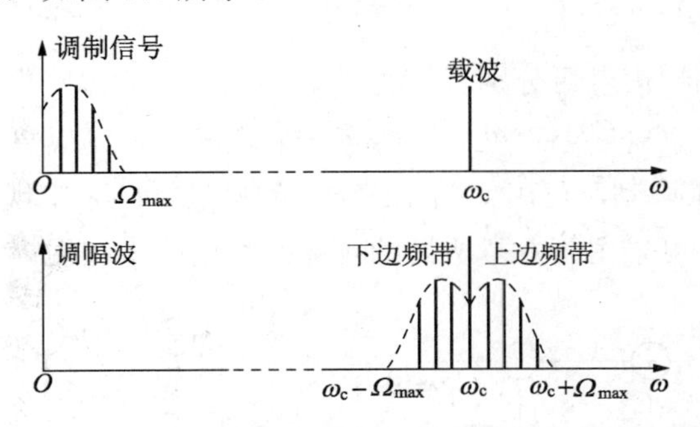

图 7.4　限带调制信号及其调幅波频谱

由图 7.4 可见，总带宽为最高调制频率的 2 倍，即

$$BW_{AM}=2\Omega_{max}(\text{rad/s})\text{ 或 }BW_{AM}=2F_{max}(\text{Hz}) \tag{7-14}$$

由调幅波的频谱图可以看出，调制过程实质上是一种频谱搬移过程。经过调制后，调制信号的频谱由低频被搬移到载频附近，成为上、下边频带。

4. 普通调幅波的功率分配

设调幅波电压加在负载电阻 R 两端，各频率分量对应的功率为

(1) 载波频率

$$P_c=\frac{1}{2}\frac{U_{cm}^2}{R} \tag{7-15}$$

(2) 上边频功率

$$P_1=\frac{1}{2}(\frac{1}{2}m_a U_{cm})^2\frac{1}{R}=\frac{1}{8}\frac{m_a^2U_{cm}^2}{R}=\frac{1}{4}m_a^2P_c \tag{7-16}$$

(3) 下边频功率

$$P_2=P_1=\frac{1}{4}m_a^2P_c \tag{7-17}$$

(4) 调制的平均总功率

$$P_\Sigma=P_c+P_1+P_2=(1+\frac{m_a^2}{2})P_c \tag{7-18}$$

(5) 调制的最大功率

$$P_{max}=\frac{1}{2}\frac{(1+m_a)^2U_{cm}^2}{R}=(1+m_a)^2P_c \tag{7-19}$$

式(7-18)表明，AM 信号的总功率包括载波功率和边带功率两部分。只有边带功率才与调制信号有关。也就是说，载波分量不携带信息。即使在满调幅(m_a=1 时，也称 100%调制)条件下，载波分量仍占据大部分功率，而含有用信息的两个边带占有的功率较小。通常

m_a=0.3 时，$P_c = 0.955P_\Sigma$，$P_1 + P_2 = 0.045P_\Sigma$。因此，从功率上讲，AM 信号的功率利用率比较低。式(7-19)还表明调幅波的最大输出功率随 m_a 的增大而增大，所以设备的利用率也比较低。从能量观点看，这就是一种浪费。但由于这种调制设备简单，特别是解调更简单，便于接收，所以一般无线电广播还是采用这种普通调幅。

5. 产生原理框图

由式(7-5)可知，调幅信号可分别表示为

$$u_{AM}(t) = U_{cm}(1 + m_a \cos\Omega t)\cos\omega_c t \text{ 或 } u_{AM}(t) = U_{cm}\cos\omega_c t + U_{cm} m_a \cos\Omega t \cos\omega_c t$$

可见，要完成 AM 调制，可用如图 7.5 所示的原理框图来实现，其核心部分在于实现调制信号与载波相乘，可采用第 6 章所讲的频谱搬移电路来实现。

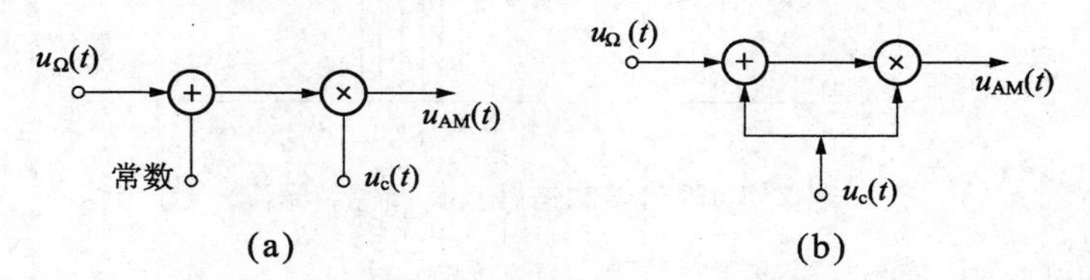

图 7.5　AM 信号产生原理框图

【例 7.1】 有一普通 AM 调制器，载波频率为 500kHz，振幅为 20V。调制信号频率为 10kHz，它使输出调幅波的包络振幅为 7.5V，求：

(1) 上、下边频；(2) 调制系数；(3) 调制后，载波和上、下边频电压的振幅；(4) 包络振幅的最大值和最小值；(5) 已调波的表达式；(6) 画出输出调幅波的频谱；(7) 画出输出调幅波的草图。

解： (1) 上、下边频是所给频率的和与差，即

上边频分量：$f_u=(f_c+F)$= 500kHz+10kHz=510kHz

下边频分量：$f_l=(f_c-F)$=500kHz−10kHz =490kHz

(2) 调制系数：

$$m_a = \frac{包络振幅}{载波振幅} = \frac{U_m}{U_{cm}} = \frac{7.5}{20} = 0.375$$，调制百分比=100×0.375=37.5%

(3) 已调波中载波的振幅是 U_{cm}=20V，而上、下边频分量的振幅是调幅波包络振幅的 1/2，即

$$U_{um}=U_{lm}=\frac{1}{2}U_m=3.75\text{V}$$

(4) 包络的最大振幅(波峰值)为

$$U_{AM}\big|_{max} = U_{cm}(1 + m_a) = 20 + 7.5 = 27.5\text{V}$$

包络的最小振幅(波谷值)为

$$U_{AM}\big|_{min} = U_{cm}(1 - m_a) = 20 - 7.5 = 12.5\text{V}$$

(5) 由式(7-5)可得出已调波的表达式为

$$u_{AM}(t)=20(1+0.375\cos2\pi\times10\times10^3 t)\cos2\pi\times500\times10^3 t(\text{V})$$

(6) 输出调幅波的频谱如图 7.6(a)所示。

(7) 输出调幅波的草图如图 7.6(b)所示。

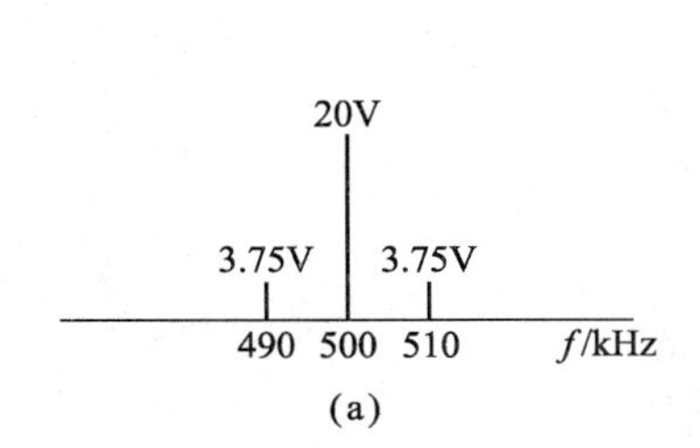

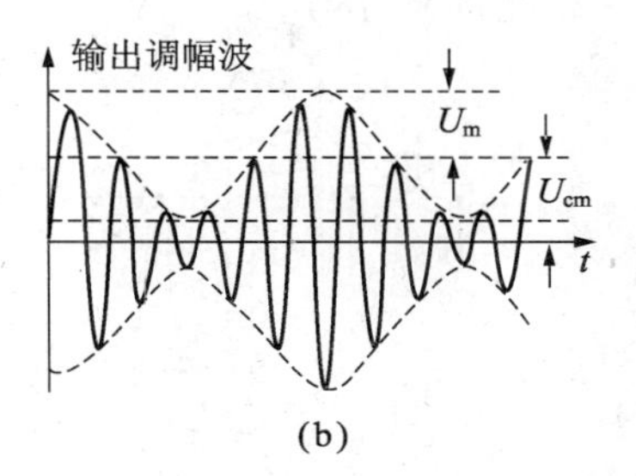

图 7.6　例 7.1 图

7.2.2　抑制载波的双边带调幅信号

从以上讨论可知，普通调幅波中的载波不包含信息，而不含信息的载波占据了调幅波功率的绝大部分。为了减小不必要的功率浪费，可以只发射上、下边频而不发射载波，这种调制方式称为抑制载波的双边带调幅信号，简称双边带调幅，用 DSB 表示。

1. 表达式

在 AM 调制过程中，如果将载波分量抑制掉，就可以形成抑制载波的双边带信号。双边带信号也可以用载波和调制信号直接相乘得到。

当调制信号为单频信号时，若设 $u_\Omega(t)=U_{\Omega m}\cos\Omega t$， $u_c(t)=U_{cm}\cos\omega_c t$，则双边带调幅信号的数学表示式为

$$u_{DSB}(t)=ku_\Omega u_c=kU_{\Omega m}U_{cm}\cos\Omega t\cos\omega_c t \tag{7-20}$$

式中，k 为乘积电路的电路常数；$kU_{\Omega m}U_{cm}\cos\Omega t$ 为双边带调幅信号的振幅，它与调制信号成正比。

当调制信号为复杂信号时，若设 $f(t)=\sum_{n=1}^{\infty}U_{\Omega_n}\cos\Omega_n t$，则双边带调幅信号的数学表示式为

$$u_{DSB}(t)=kf(t)u_c=kU_{cm}(\sum_{n=1}^{\infty}U_{\Omega mi}\cos\Omega_i t)\cos\omega_c t \tag{7-21}$$

2. 波形

由于双边带调幅信号的振幅为 $U_{cm}U_{\Omega m}\cos\Omega t$，显然其振幅可正可负。而普通调幅波高频信号的振幅为 $U_{cm}(1+m_a\cos\Omega t)$，在 $m_a\leqslant 1$ 时其振幅不可能出现负值。单频调制的双边带调幅波信号波形如图 7.7 所示。

与 AM 波相比，双边带信号的波形具有如下特点：

(1) 包络不同。AM 波的包络正比于调制信号 u_Ω；而双边带信号的包络正比于 $|u_\Omega|$。双边带信号的包络仍然是随调制信号变化的，但它不像 AM 波那样是在 U_{cm} 的基础上变化，而是在零值的基础上变化，可正可负，所以双边带信号的包络已不能完全准确地反映低频调制信号的变化规律。

(2) 相位不同。AM 信号已调波高频与原载频始终同相。双边带信号已调波高频与原载波在调制信号的正半周时同相，而在调制信号的负半周时反相；双边带信号的高频相位在调制电压过零点处跳变 180°。

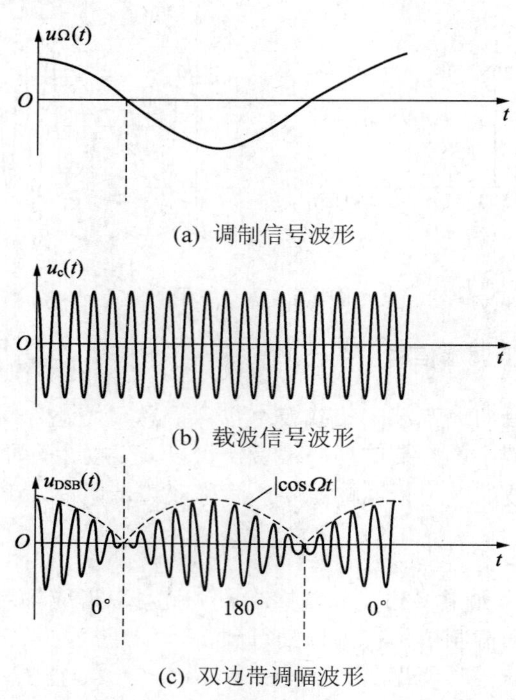

(a) 调制信号波形

(b) 载波信号波形

(c) 双边带调幅波形

图 7.7　单频调制时双边带调幅信号的波形

3. 频谱

将式(7-20)用三角公式展开得

$$u_{\text{DSB}}=\frac{k}{2}U_{\Omega\text{m}}U_{\text{cm}}[\cos(\omega_{\text{c}}+\Omega)t+\cos(\omega_{\text{c}}-\Omega)t] \tag{7-22}$$

这表明单频双边带调幅波由上边频分量 $\omega_{\text{c}}+\Omega$ 和下边频分量 $\omega_{\text{c}}-\Omega$ 两个频率分量组成，频谱如图 7.8 所示。

由图 7.8 可见，单频双边带调幅波的频带宽度 BW_{DSB} (简称带宽)为

$$BW_{\text{DSB}}=2\Omega\ (\text{rad/s}) \quad 或 \quad BW_{\text{DSB}}=2F\ (\text{Hz}) \tag{7-23}$$

对于限带信号，调制后各个频率产生各自的上边频和下边频，叠加后形成上边频带和下边频带，如图 7.9 所示。因为上、下边频幅度相等且成对出现，所以上、下频带的频率分布相对于载波是对称的。其数学表达式可写为

$$u_{\text{DSB}}=\frac{k}{2}U_{\text{cm}}\sum_{n=1}^{\infty}U_{\Omega n}[\cos(\omega_{\text{c}}+\Omega_n)t+\cos(\omega_{\text{c}}-\Omega_n)t] \tag{7-24}$$

单频调制的 DSB 信号只有两个频率分量，它的频谱相当于从 AM 波频谱图中将载频分量去掉后的频谱。DSB 调制从频域中看同样实现了一种频谱结构的线性搬移功能。另外，DSB 调幅后已调波的频带宽度也是未调幅前限带信号频带的 2 倍，由于 DSB 信号不含载波，它的全部功率为边带占有，所以发送的全部功率都载有信息，功率利用率高于 AM 制。

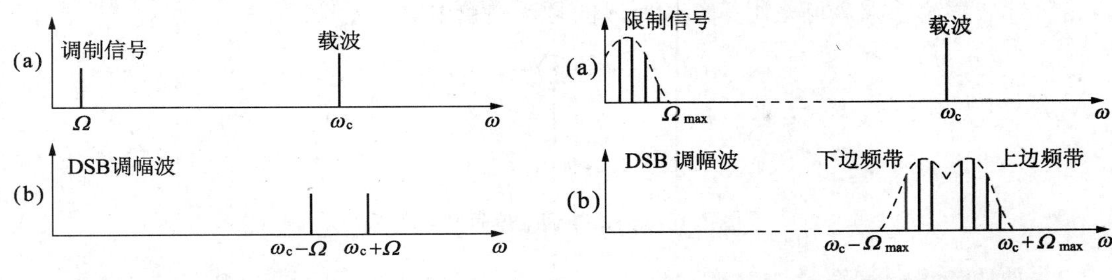

图 7.8　单频调制的 DSB 信号频谱　　　图 7.9　限带信号调制的 DSB 信号频谱

【例 7.2】 两个已调波电压，其表示式分别为

$$u_1(t)=2\cos 100\pi t+0.1\cos 90\pi t+0.1\cos 110\pi t\ (\text{V})$$

$$u_2(t)=0.1\cos 90\pi t+0.1\cos 110\pi t\ (\text{V})$$

$u_1(t)$、$u_2(t)$各为何种已调波，分别计算消耗在单位电阻上的边频功率、平均功率及频谱宽度。

解： 从已给 $u_1(t)$式可变换为 $u_1(t)=2(1+0.1\cos 10\pi t)\cos 100\pi t$，可知这是普通调幅波。其消耗在单位电阻上的边频功率为

$$P_1+P_2=2P_1=\left(\frac{1}{2}m_a U_{cm}\right)^2=0.1^2=0.01\text{W}$$

载波功率为 $$P_c=\frac{1}{2}U_{cm}^2=2\text{W}$$

$u_1(t)$的平均总功率为 $$P_{AM}=P_c+2P_1=2.01\text{W}$$

频谱宽度为 $$BW=2F=2\times 10\pi/2\pi=10\text{Hz}$$

同样对所给的 $u_2(t)$，可写为 $u_2(t)=0.2\cos 10\pi t\cos 100\pi t$，可看出 $u_2(t)$是抑制载波的双边带调幅波，$F=10\pi/2\pi=5\text{Hz}$，$f_c=100\pi/2\pi=50\text{Hz}$。其边频功率为

$$P_1+P_2=2P_1=\left(\frac{1}{2}m_a U_{cm}\right)^2=0.1^2=0.01\text{W}$$

总功率 P_{DSB} 等于边频功率 P_s，频谱宽度 $BW=2F=2\times 10\pi/2\pi=10\text{Hz}$。

从此题可以看出，在调制频率 F、载频 f_c、载波振幅 U_{cm} 一定时，若采用普通调幅，单位电阻所吸收的边频功率，$2P_1$ 大约只占平均功率的 0.49%，而不含信息的载频功率却占 95%以上，在功率发射上是一种大浪费。两种调幅波的频谱宽度一样。

4. 双边带调幅波的功率关系

因为双边带信号不包含载波，所以发送的功率只有上、下边频功率。设调幅波电压加在负载电阻 R_L 两端，则上、下边频功率均为

$$\frac{1}{2}\left(\frac{k}{2}U_{\Omega m}U_{cm}\right)^2\frac{1}{R_L}=\frac{k^2}{8}\frac{U_{\Omega m}^2 U_{cm}^2}{R_L}$$

双边带波的上、下边频都载有调制信号信息，它的功率有效利用率比 AM 波的高。

5. 产生原理框图

由式(7-20)可知，双边带调幅信号可由图 7.10 所示框图来实现，其核心部分在于实现

调制信号与载波相乘，可采用第 6 章所讲的频谱搬移电路来实现。

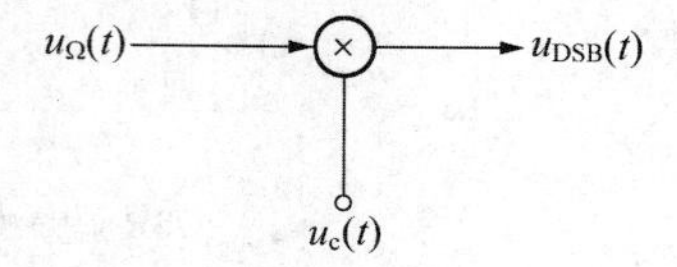

图 7.10　双边带调幅信号产生框图

7.2.3　单边带调幅信号

由于两个边带所含信息完全相同，故从信息传输角度看，发送一个边带的信号即可，所以可以进一步把其中的一个边带抑制掉，而只发射一个边带，这就是单边带调幅波，用 SSB 表示。

1. 单边带调幅信号性质

对于单频调制的单边带调幅信号，其数学表示式为

$$u_{SSBH}=\frac{k}{2}U_{\Omega m}U_{cm}\cos(\omega_c+\Omega)t=\frac{k}{2}U_{\Omega m}U_{cm}[\cos\omega_c t\cos\Omega t-\sin\omega_c t\sin\Omega t] \tag{7-25}$$

或

$$u_{SSBL}=\frac{k}{2}U_{\Omega m}U_{cm}\cos(\omega_c-\Omega)t=\frac{k}{2}U_{\Omega m}U_{cm}[\cos\omega_c t\cos\Omega t+\sin\omega_c t\sin\Omega t] \tag{7-26}$$

式中，u_{SSBH} 为上边带单边带调幅信号；u_{SSBL} 为下边带单边带调幅信号；k 为乘积电路的电路常数。

从上两式可以看出，单频调制的单边带信号是与原载波信号相似的高频等幅振荡波，但它与原载波信号不同的是频率为含有传送信息特征的 $\omega_c+\Omega$ 或 $\omega_c-\Omega$。单边带信号的振幅 $\frac{k}{2}U_{\Omega m}U_{cm}$ 与调制信号振幅 $U_{\Omega m}$ 成正比，它的频率随调制信号的频率不同而不同，它的波形如图 7.11(a)所示，频谱如图 7.11(c)和图 7.11(d)所示。

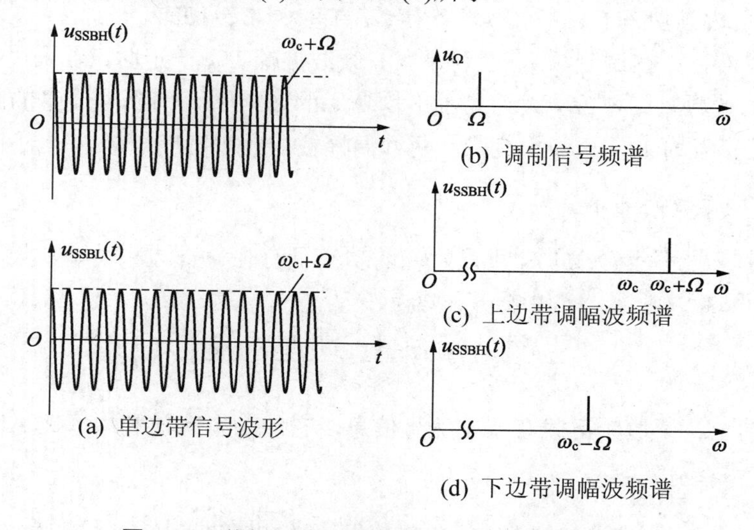

图 7.11　单频调制单边带调幅信号的波形及频谱

为了看清 SSB 信号波形的特点，下面分析双音调制时产生的 SSB 信号波形。为分析方便，设双音频振幅相等，即

$$u_{\Omega}(t)=U_{\Omega\mathrm{m}}\cos\Omega_1 t+U_{\Omega\mathrm{m}}\cos\Omega_2 t \tag{7-27}$$

且 $\Omega_1<\Omega_2$，则单边带调幅波为

$$u_{\mathrm{SSBH}}(t)=\frac{k}{2}U_{\Omega\mathrm{m}}U_{\mathrm{cm}}[\cos(\omega_{\mathrm{c}}+\Omega_1)t+\cos(\omega_{\mathrm{c}}+\Omega_2)t] \tag{7-28}$$

$$u_{\mathrm{SSBL}}(t)=\frac{k}{2}U_{\Omega\mathrm{m}}U_{\mathrm{cm}}[\cos(\omega_{\mathrm{c}}-\Omega_1)t+\cos(\omega_{\mathrm{c}}-\Omega_2)t] \tag{7-29}$$

将 u_{Ω} 可改写为如下公式，即

$$u_{\Omega}(t)=2U_{\Omega\mathrm{m}}\cos\frac{1}{2}(\Omega_2-\Omega_1)t\cos\frac{1}{2}(\Omega_2+\Omega_1)t \tag{7-30}$$

双音调制信号时单边调制信号的波形及频谱如图 7.12 所示。

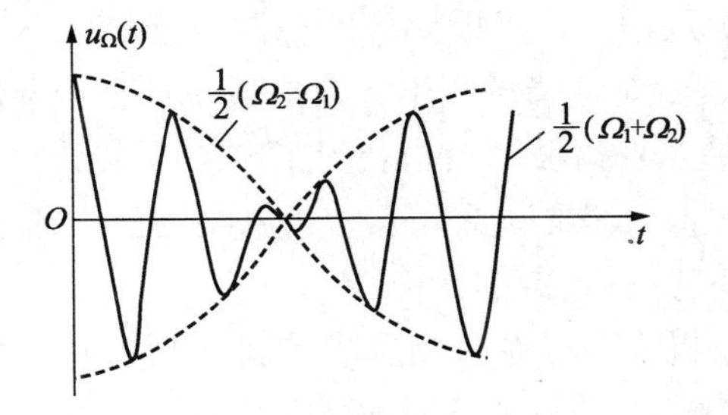

(a) 调制信号波形

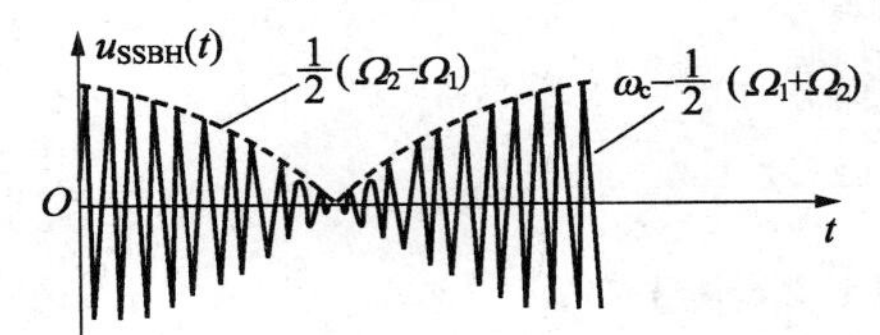

(b) 上边带信号波形

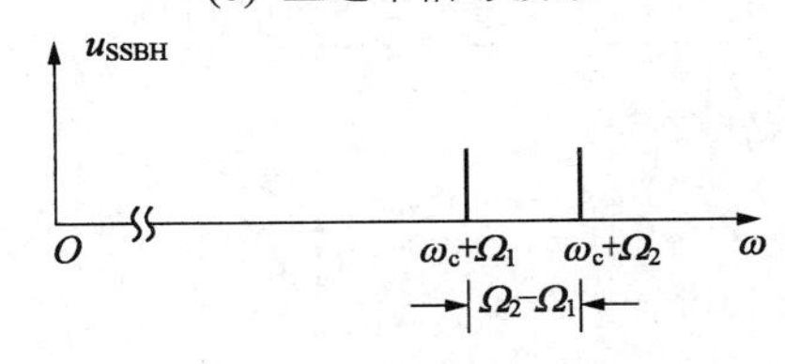

(c) 上边带调幅波频谱

图 7.12　双音调制时 SSB 信号的波形和频谱

把图 7.12 和图 7.7、图 7.8 比较可以看出，双音调制时 SSB 信号的波形和频谱与单频调制时 DSB 信号的波形和频谱很相近。但与单频调制时 DSB 信号不同的是双音调制时 SSB 信号的波形在调制电压过零点不发生 180° 跳变；且双音调制时 SSB 信号的频谱在 f_{c} 的左边或右边，而单频调制时 DSB 信号的频谱分布在 f_{c} 的两边。

当调制信号为复杂信号时，SSB 信号表达式为

$$u_{\mathrm{SSBH}}(t)=\frac{k}{2}U_{\mathrm{cm}}[f(t)\cos\omega_{\mathrm{c}}t-\hat{f}(t)\sin\omega_{\mathrm{c}}t] \tag{7-31}$$

$$u_{\text{SSBL}}(t)=\frac{k}{2}U_{\text{cm}}[f(t)\cos\omega_{\text{c}}t+\hat{f}(t)\sin\omega_{\text{c}}t] \tag{7-32}$$

上两式中，$\hat{f}(t)$ 是 $f(t)$ 的希氏变换。希氏变换实质上是一个宽带相移网络，表示把 $f(t)$ 幅度不变，所有的频率分量均相移 $\pi/2$，即可得到 $\hat{f}(t)$。当信号为复杂信号时，其 SSB 波形比较复杂，不宜表示出来。图 7.13 是多频调制的 SSB 信号频谱。

从上面的讨论可以看出单边带通信的特点如下：

(1) 单边带调幅波频谱宽度 $BW_{\text{SSB}}=\Omega_{\max}-\Omega_{\min}$，大约只有双边带调幅波的 1/2。因为 SSB 信号频带窄、频带利用率高，所以它在载波电话通信系统中有重要地位。

(2) 由于单边带调幅波只发射一个边带，并且它的包络不随调制信号变化，所以它的功率有效率比双边带调幅波的要高。因此在通信距离相等的情况下，单边带调幅波所需发射功率也比 DSB 调制小，所以它在广播中占有重要地位。

(3) 在无线电波的传播过程中，不同频率的电磁波会产生不同的衰减和相移，引起接收信号的失真和不稳定，这就是选择性衰落。而单边带只有一个边带分量，这种选择性衰落现象影响较小。因此单边带在短波通信中获得了广泛的应用。

(4) 由于单边带信号的接收机必须采用同步检波的方式实现解调，一般的调幅接收机不能接收 SSB 信号，因此其具有一定的保密性。

(5) 单边带信号的接收机需要复杂且精度高的自动频率控制系统来产生与原载波同频同相的同步信号，这必然带来设备复杂、成本高的缺点。

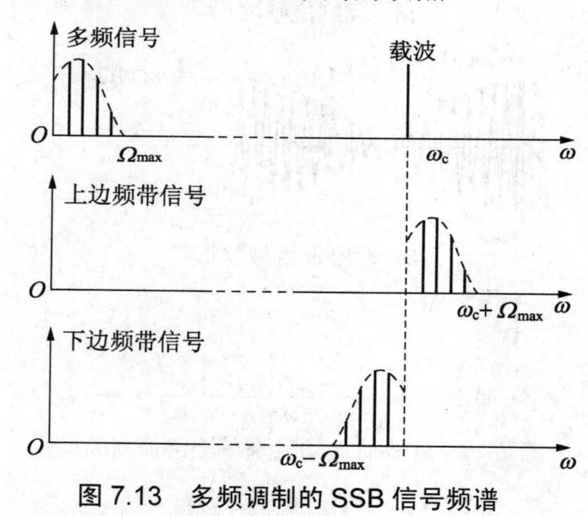

图 7.13　多频调制的 SSB 信号频谱

2. 单边带信号的产生方法

从上面的讨论可以看到，单边带信号不能由调制信号和载波信号的简单相乘直接得到。产生单边带信号常用的方法是滤波法、移相法和滤波移相法。

1) 滤波法

从双边带调幅信号和单边带调幅信号的频谱图上比较可知，实现单边带调幅的最直接的方法是：先用乘法器产生双边带调幅信号，再用带通滤波器滤除其中一个边带，保留另一个边带，即可实现单边带调幅信号。滤波法实现的方框图如图 7.14 所示。

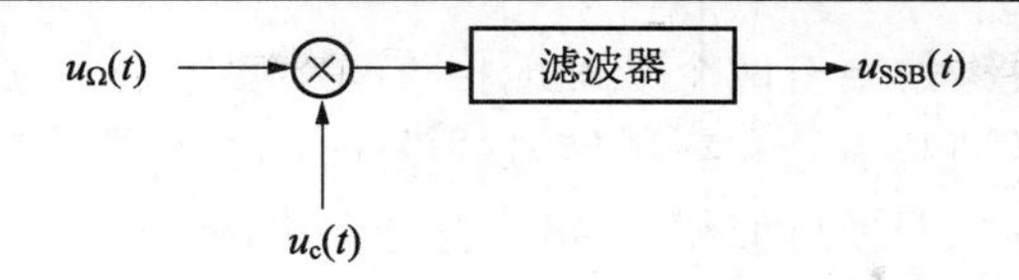

图 7.14　滤波法实现 SSB 信号方框图

由图 7.14 可知，滤波法实现单边带调幅信号电路由乘法器加边带滤波器组成。但滤波法的关键是要求一个高质量的边带滤波器，即在 f_c 附近具有陡峭的截止特性，才能有效地保留有用的边带而抑制无用的边带。由于一般调制信号都具有丰富的低频成分，经调制后得到的 DSB 信号的上、下边带之间的间隔为调制信号最低频率 Ω_{min} 的 2 倍，而 Ω_{min} 很低，所以间隔 $2\Omega_{min}$ 很窄。又因为 $\omega_c \gg \Omega_{min}$，边带滤波器的相对带宽很小，使得滤波器的设计和制作很困难，有时甚至难以实现。为此，在工程中往往将滤波器做成具有滚降特性的带通滤波器，从而产生残留边带滤波信号，其带宽介于双边带和单边带信号的带宽之间，其滤波特性如图 7.15 所示。事实证明，只要残留边带滤波器的特性在 ω_c 处具有互补对称(奇对称)特性，那么，采用相干解调法解调残留边带信号就能够准确地恢复所需的基带信号。这里我们将不再详细介绍残留边带调制信号。工程中常常采用逐级调制滤波的方法，先在较低的频率上实现单边带调幅，然后向高频处进行多次频谱搬移，一直搬移到所需要的载频值，其实现框图如图 7.16 所示。由图可见，每经过一次调制，实际上把频谱搬移一次，同时把信号频率的绝对值提高一次，这样信号的频谱结构没有变化，而上、下边带之间的频率间距拉大了，滤波器的制作就比较容易了。

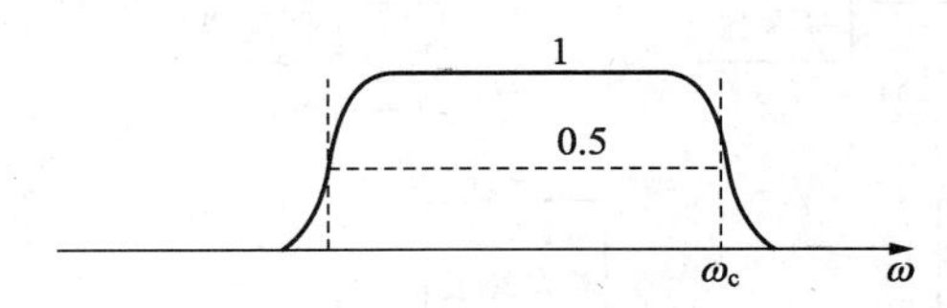

图 7.15　具有滚降特性的带通滤波器的滤波特性

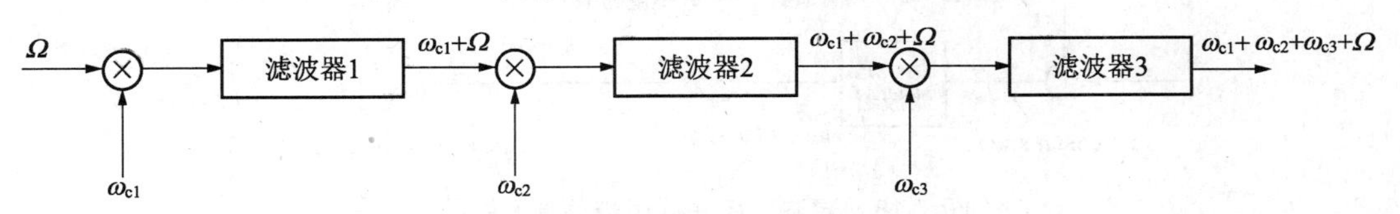

图 7.16　逐级滤波法实现单边带调制的框图

2) 移相法

另一种产生单边带信号的方法是移相法。当调制信号为复杂信号时，SSB 信号为

$$u_{SSBH} = \frac{k}{2} U_{cm} [f(t)\cos\omega_c t - \hat{f}(t)\sin\omega_c t]$$

或

$$u_{SSBL} = \frac{k}{2} U_{cm} [f(t)\cos\omega_c t + \hat{f}(t)\sin\omega_c t]$$

它是两个双边带信号相减或相加，可用图 7.17 所示的方框图来实现。

移相法获得的单边带信号不依靠滤波器来抑制另一边带，所以这一方法原则上能把相距很近的两个边带分开，而不需要多次重复的调制和复杂的滤波器。这是移相法的突出优点。但实现这种方法的关键是要有两个准确地相移 90° 且输出的振幅完全相同的调制器。这种理想的移相器在包括调制信号和载波信号的整个频带范围内都要准确地相移 90°，实际上在这么宽的频率范围内即使近似相移 90° 也是很难做到的。

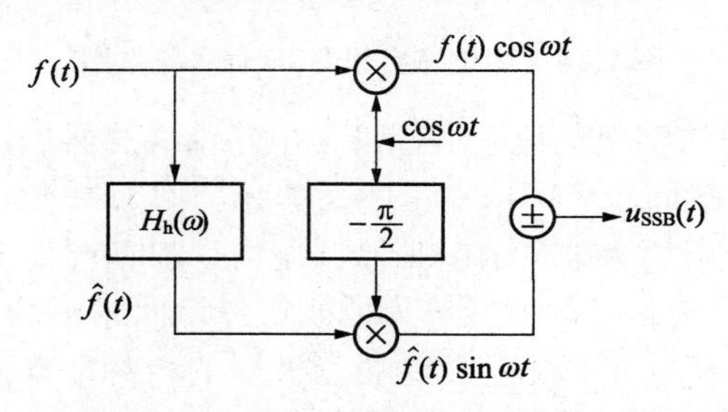

图 7.17　移相法单边带调制器方框图

3) 滤波移相法

滤波法的缺点在于滤波器的设计困难。相移法的困难在于宽带 90° 相移器的设计，而单频 90° 相移器的设计比较简单。

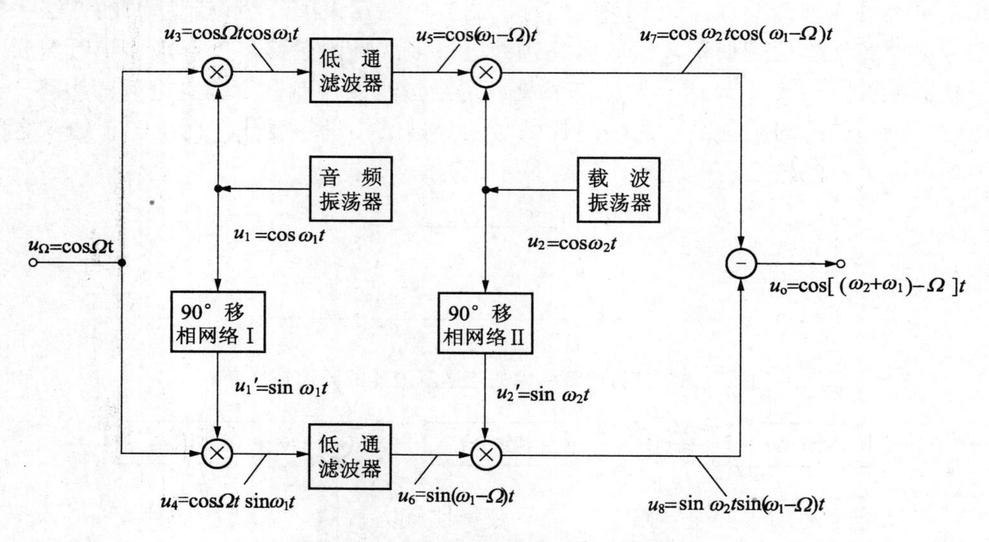

图 7.18　滤波移相法单边带调制方框图

结合两种方法的优缺点而提出的滤波移相法(也叫维弗法)是一种比较可行的方法，其原理图如图 7.18 所示。

滤波移相法的关键在于将载频 ω_c 分成 ω_1 和 ω_2 两部分，其中 ω_1 是略高于 Ω_{max} 的低频，ω_2 是高频，即 $\omega_c=\omega_1+\omega_2$，$\omega_1 \ll \omega_2$。现仍以单频调制信号为例说明此法的原理。为简化起见，图 7.18 信号的振幅均表示为 1，各电路的增益也为 1。

调制信号 u_Ω 与两个相位差为 90° 的低载频信号 u_1、u_1' 分别相乘，产生两个双边带信号 u_3、u_4，然后分别用滤波器取出 u_3、u_4 中的下边带信号 u_5 和 u_6。因为 ω_1 是低频，所以用低通滤波器也可以取出下边带 u_5 和 u_6。由于 $\omega_1 \ll \omega_c$，故滤波器边沿的衰减特性不需那么陡峭，比较容易实现。取出的两个下边带信号分别再与两个相位差为 90° 的高载频信号 u_2、u_2' 相乘，产生 u_7、u_8 两个双边带信号。将 u_7、u_8 相减，则可以得到

$$u_o(t)=u_7-u_8=\cos\omega_2 t\cdot\cos(\omega_1-\Omega)t-\sin\omega_2 t\cdot\sin(\omega_1-\Omega)t$$
$$=\cos(\omega_2+\omega_1-\Omega)t=\cos(\omega_c-\Omega)t \tag{7-33}$$

式中，$u_o(t)$ 为单边带调幅信号。

由图 7.18 知，滤波移相法将 90°的移相网络固定在固定频率 ω_1 和 ω_2 上，克服了移相法的缺点，对滤波器的截止频率的边带特性要求也不高。其设计、制作及维护都比较简单，适用于小型轻便设备。

7.3　幅度调制电路

如上所述，三种调幅电路的输入信号都是调制信号和载波信号，其频率为 Ω 和 ω_c。而输出信号则不同，普通调幅波调幅电路输出频谱为 $\omega_c\pm\Omega$、ω_c，双边带调幅电路的输出频谱为 $\omega_c\pm\Omega$，单边带调幅电路的输出频谱为 $\omega_c+\Omega$ 或 $\omega_c-\Omega$。因此不管哪种调幅方式，都是将调制信号和载波信号同时加到非线性元件上，经过非线性的频率变换(频谱搬移)，把调制信号搬到载波的两边，同时产生许多新的频率分量，再利用滤波器等器件取出所需的频率分量，就可实现调幅。

如第 6 章所述，常用的非线性元件有晶体二极管、三极管和集成模拟乘法器等。根据它们的工作点和运用范围不同，有小信号和大信号调幅两种。这里主要讨论大信号调幅。

在调幅发射机中，按实现调幅级电平的高低可分为高电平调幅电路和低电平调幅电路。

高电平调幅是直接产生满足发射机输出功率要求的已调波。它的优点是整机效率高。设计时必须兼顾输出功率、效率和调制线性的要求。通常高电平调幅只能产生普通调幅波，

低电平调幅电路是先在低功率电平级进行振幅调制，然后再经过高频功率放大器放大到所需要的发射功率。由于低电平调幅电路的功率较小，对调幅电路来说，输出功率和效率不是主要指标，重点是提高调制的线性，减少不需要的频率分量的产生和提高滤波性能。

7.3.1　高电平调幅电路

高电平调幅主要用于产生 AM 波。为了获得比较大的功率输出，用调制信号去控制处于丙类工作状态的末级高频功率放大器来实现调幅。通常分为基极调幅、集电极调幅以及集电极—基极(或发射极)组合调幅。其基本工作原理就是利用改变某一极的直流电压来控制集电极高频电流振幅。基极调幅和集电极调幅的原理和调制特性我们已在第 4 章谐振功率放大器中进行了初步的讨论。

1. 集电极调幅电路

图 7.19 是集电极调幅的原理电路。图中高频载波信号从基极加入，电容 C_c、C_b 是高频旁路电容，它的作用是短路高频电流，而对调制信号相当于开路；R_b 是基极自给偏压电阻；LC 回路谐振于载波频率 ω_c，通频带为 $2\Omega_{max}$。低频调制信号 u_Ω 通过低频变压器 T_2 加到集电极回路上，与加到放大器的直流电源 E_c 相串联，因此放大器的集电极有效动态电源电压 $U_c(t)$ 可认为是

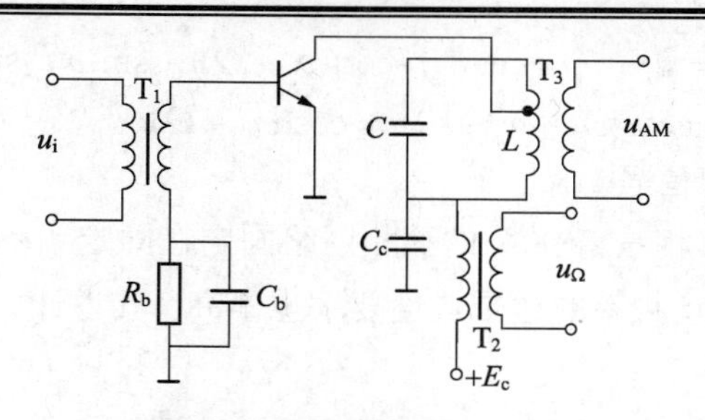

图 7.19 集电极调幅电路

$$U_c(t) = E_c + U_\Omega \cos \Omega t \tag{7-34}$$

可见，集电极电源电压是随调制信号变化的，而不再像普通的谐振放大器一样是恒定的。

在第 4 章曾经讲过集电极有效电源电压U_c对工作状态的影响。当基极直流偏置电压U_b、激励高频信号电压振幅U_{im}和集电极有效回路阻抗R_p不变时，已经得到了集电极电流的直流分量i_{c0}和集电极电流的基波分量的振幅i_{cm1}分别随U_c变化的工作曲线。该曲线称为静态集电极调制特性。由图可知，i_{c0}和i_{cm1}在欠压区可认为不变，而在过压区，它们将随集电极有效动态电源电压$U_c(t)$线性变化。因此集电极调幅实际上是以载波作为激励信号，电源电压随调制信号变化，工作在过压区的高频谐振功率放大器。

设输入信号为$u_i(t) = U_{im} \cos \omega_c t$，则发射结电压为$u_{be} = E_b + u_i = E_b + U_{im} \cos \omega_c t$。又设调制信号$u_\Omega(t) = U_{\Omega m} \cos \Omega t$，则集电极动态电源$U_c(t) = E_c + u_\Omega = E_c(1 + m_a \cos \Omega t)$，式中调幅指数为$m_a = U_{\Omega m} / E_c$。由此可见，要想得到100%的调幅，$U_{\Omega m} = E_c$。则$i_{c0}$和$i_{cm1}$分别为

$$i_{c0}(t) = I_{c0}(1 + m_a \cos \Omega t) \tag{7-35}$$

$$i_{cm1}(t) = I_{cm1}(1 + m_a \cos \Omega t) \tag{7-36}$$

当谐振回路工作于基波状态下时，电路输出电压为

$$u_o(t) = R_p I_{cm1}(1 + m_a \cos \Omega t) \cos \omega_c t \tag{7-37}$$

在载波状态$u_\Omega = 0$时，$U_c(t) = E_c$，$i_{c0} = I_{c0}$，$i_{cm1} = I_{cm1}$。

从式(7-35)、式(7-36)、式(7-37)可以看出，当谐振回路工作于基波状态时，集电极电流的直流分量i_{c0}和集电极电流的基波分量的振幅i_{cm1}、电路输出电压振幅均与调制信号成正比，而电路输出电压u_o和集电极电流的基波分量i_{c1}就是普通调幅波，如图 7.19 所示。

从图 7.20 中可以看出，在过压区，调制特性曲线线性程度差。这是因为当$U_c(t)$减小时，集电极电流脉冲不仅幅度减小，而且凹陷也加深，致使$U_c(t)$越小，i_{cm1}下降越快，造成调制曲线向下弯曲。因此，集电极调幅电路一般工作于弱过压状态或者采用补偿措施来改善调制特性曲线的线性。补偿的原则是使$U_c(t)$减小时$u_{be\max}$也相应减小。在图 7.18 中就采用了基极自给偏压电路来补偿，图中基极自给偏压$U_b(t) = -i_{b0} R_b$。利用$U_b(t)$和$U_c(t)$对工作状态的影响起相反作用，保证集电极调幅电路始终能工作在临界-弱过压状态。或者可以采用集电极双重调幅电路和集电极—发射极双重调幅电路来进行补偿。在集电极双重调幅电路里，利用$U_c(t)$和U_{im}对工作状态的影响起相反作用，保证集电极调幅电路始终能工作在临界—弱过压状态。在集电极—发射极双重调幅电路里，利用$U_c(t)$和$U_b(t)$对工作状态的影响起相反作用，保证集电极调幅电路始终能工作在临界—弱过压状态。

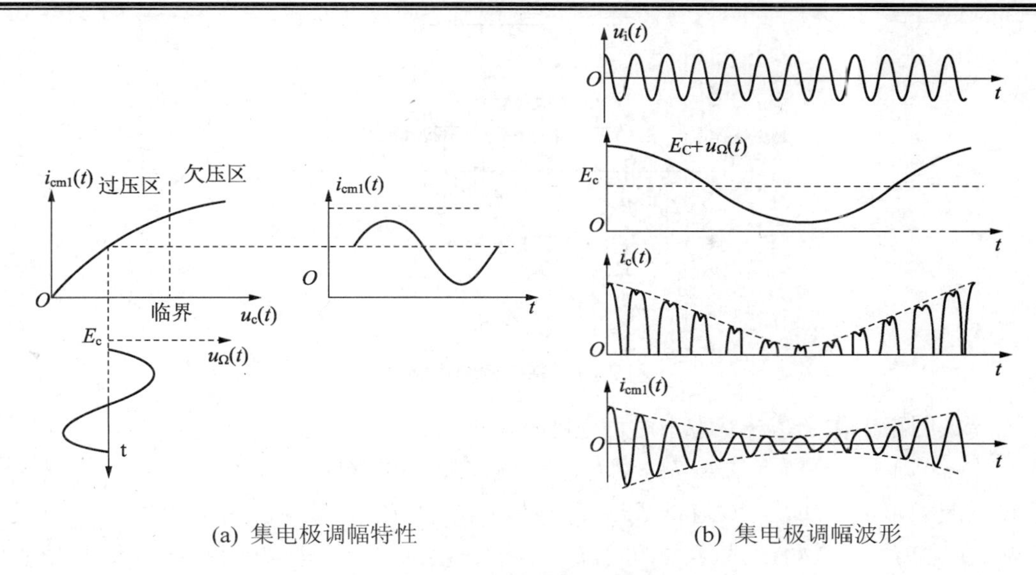

(a) 集电极调幅特性　　　　　　　　(b) 集电极调幅波形

图 7.20　集电极调幅特性及波形

由上述分析可以看出，集电极调幅的特点是：电路应工作于弱过压状态，此时其输出波形也较好，其调幅效率较高；并且在调制过程中，调幅效率不变，这样可保证集电极调幅电路始终处于高效率下工作。

2. 基极调幅

图 7.21 是基极调幅电路。图中 C_1、C_3、C_5 为低频旁路电容；C_2、C_4、C_6 为高频旁路电容；T_1 为高频变压器；L_{B1} 是高频扼流圈；L_B 是低频扼流圈；LC 回路谐振于载波频率 ω_c，通频带为 $2\Omega_{max}$。调制信号 u_Ω 通过隔直电容加到基极回路上，与加到放大器的直流电源 E_b 相串联，因此放大器的基极有效动态电源电压等于两电压之和，即

$$U_b(t)=E_b+u_\Omega=\frac{R_1}{R_1+R_2}E_c+U_{\Omega m}\cos\Omega t=E_b+U_{\Omega m}\cos\Omega t \tag{7-38}$$

可见，基极电源电压是随调制信号变化的，而不再像普通的谐振放大器一样是恒定的。

基极调幅电路的基本原理是利用丙类功率放大器在集电极电源电压 U_c、激励高频信号电压振幅 U_{im} 和集电极有效回路阻抗 R_p 不变的条件下，在欠压区用 u_Ω 改变 $U_b(t)$，其集电极输出电流随 u_Ω 变化这一特点来实现调幅的。

设基极输入信号为 $u_i(t)=U_{im}\cos\omega_c t$，调制信号为 $u_\Omega(t)=U_{\Omega m}\cos\Omega t$，则基极发射极电压为 $u_{be}(t)=U_b(t)+u_i=E_b+U_{\Omega m}\cos\Omega t+U_{im}\cos\omega_c t$，其中基极有效动态电源电压为 $U_b(t)=E_b+u_\Omega=E_b(1+m_a\cos\Omega t)$，式中调幅指数为 $m_a=U_{\Omega m}/E_b$。由此可见，

要想得到 100%的调幅，调制信号电压的峰值应等于直流电压 E_b。基极电流的直流分量 i_{b0}、集电极电流的直流分量 i_{c0} 和集电极电流的基波分量的振幅 i_{cm1} 分别为

$$i_{b0}(t)=I_{b0}(1+m_a\cos\Omega t) \tag{7-39}$$

$$i_{c0}(t)=I_{c0}(1+m_a\cos\Omega t) \tag{7-40}$$

$$i_{cm1}(t)=I_{cm1}(1+m_a\cos\Omega t) \tag{7-41}$$

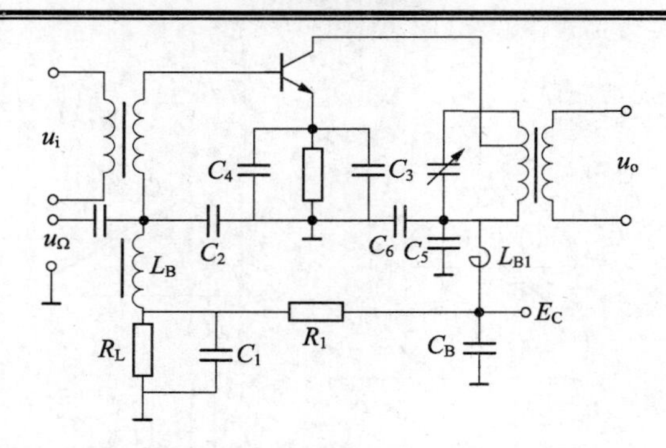

图 7.21　基极调幅电路

当谐振回路工作于基波状态下时，电路输出电压为

$$u_o(t) = R_p I_{cm1}(1 + m_a \cos\Omega t)\cos\omega_c t \tag{7-42}$$

在载波状态 $u_\Omega = 0$ 时，$U_c(t) = E_c$，$i_{c0} = I_{c0}$，$i_{cm1} = I_{cm1}$。

从式(7-39)、式(7.40)、式(7-41)可以看出，当谐振回路工作于基波状态下时，集电极电流的直流分量 i_{c0} 和集电极电流的基波分量的振幅 i_{cm1}、电路输出电压振幅均与调制信号成正比，而电路输出电压和集电极电流的基波分量 i_{c1} 就是普通调幅波，如图 7.22 所示。

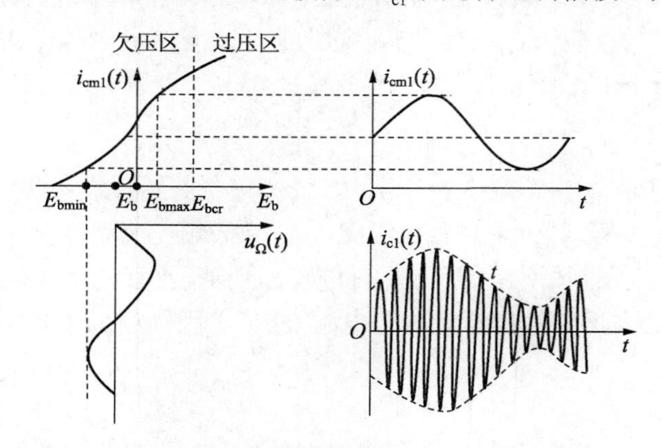

图 7.22　基极调幅特性

从图 7.22 可以看出，基极调幅特性曲线只有中间一段接近线性，而上部和下部都有较大的弯曲。为了减小失真，电路应工作在欠压区。在实际电路中，工作在欠压区的电路的集电极电流中的 I_{c0} 和 I_{cm1} 随 u_{be} 变化线性范围小。因而，调制信号的幅度范围将会受到一定的限制。

由以上的讨论可知，基极调幅电路的特点是：电路必须工作在欠压状态下；调制信号的功率受限；调幅效率较低；输出波形较差。它的优点是要求的调制信号功率很小，这是由于基极电路电流较小。

总体来说，与低电平调幅电路相比，高电平调幅电路的优点是调幅与功放合一，整机效率高，可直接产生很大功率输出的调幅信号，但也有一些缺点和局限性。一是只能产生普通调幅信号，二是调制线性度差。

7.3.2　低电平调幅电路

要完成调幅信号的低电平调制，可采用第 6 章介绍的频谱线性搬移电路来实现。下面介绍几种实现方法。

1. 二极管电路

用单二极管电路和平衡二极管电路作为调制电路，都可以产生调幅信号。下面分别介绍各种电路。

1) 单二极管开关状态调幅电路

所谓开关状态调幅电路是指二极管在不同频率电压作用下进行频率变换时，其中一个电压振幅足够大，另一电压振幅较小，二极管的导通或截止受大振幅电压的控制，近似认为二极管处于一种理想的大信号开关状态。通过第 6 章的介绍可知，二极管工作在小输入信号状态下也可以实现频率变换，但输出信号频率成分较多并且幅度较小，本书中我们就不再介绍。

单二极管开关调幅电路的原理电路如图 7.23 所示(负载略)，调制信号 u_Ω 和载波信号(参考信号) u_c 同时作用在非线性二极管上，$U_{cm} \gg U_{\Omega m}$，所以 u_c 为控制信号。为分析方便起见，设输入和输出变压器的初次级匝数比均为 1∶1。

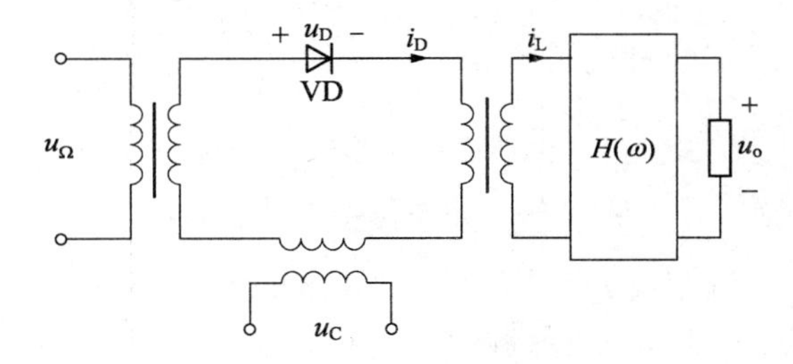

图 7.23　单二极管开关调幅电路

忽略输出电压 u_o 的反作用，加在二极管两端的电压 u_D 为

$$u_D = u_\Omega + u_c \tag{7-43}$$

二极管可等效为一个受控开关，控制电压就是 u_c，即二极管的通断主要由 u_c 控制，

$$i_D = \begin{cases} g_D u_D & u_c \geqslant 0 \\ 0 & u_c < 0 \end{cases} \tag{7-44}$$

由于 $u_c = U_{cm}\cos\omega_c t$，上式也可以合并写成

$$i_D = g(t)u_D = g_D K_1(\omega_c t)u_D \tag{7-45}$$

式中，$g(t)$ 为时变电导，受 u_c 的控制；$K_1(\omega_c t)$ 为开关函数。

若 u_Ω 为单频信号，代入式(7-45)得

$$i_D = \left[\frac{1}{2} + \frac{2}{\pi}\cos\omega_c t - \frac{2}{3\pi}\cos 3\omega_c t + \cdots\right](U_{\Omega m}\cos\Omega t + U_{cm}\cos\omega_c t) \tag{7-46}$$

将式(7-46)进一步分解可知流过二极管的电流 i_D 中的频率分量有：u_Ω 和 u_c 的基波频率 Ω 和 ω_c；u_c 偶次谐波分量 $2n\omega_c$；由 Ω 与 ω_c 的奇次谐波分量的组合频率分量 $[(2n+1)\omega_c \pm \Omega]$。

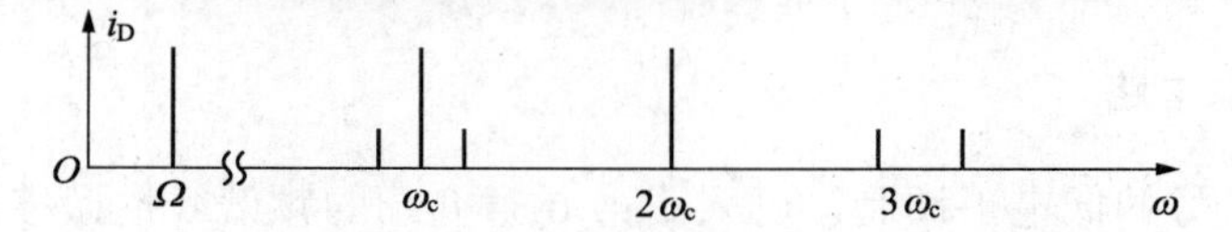

图 7.24　单二极管开关调幅电路输出信号频谱

i_D的频谱如图 7.24 所示。从频谱图可以看出，当传输特性为$H(\omega)$的电路为中心频率在Ω_c、带宽为2Ω的带通滤波器时，就可以产生一个 AM 调幅信号。可见单二极管开关状态调幅电路能实现标准 AM 波的调幅。

2) 二极管单平衡调幅电路

图 7.25 是二极管单平衡调幅电路的原理电路。它是利用电路的对称性来抵消载波输出的双边带调幅电路，由两个性能一致的二极管及中心抽头变压器T_1、T_2组成。为分析方便，其中T_1的初次级匝数比为 1∶2，T_2的初次级匝数比为 2∶1。调制信号u_Ω经变压器T_1在次级绕组上得到两个幅度相等、相位相反的电压，载波信号u_c加在T_1、T_2的两个中间抽头之间。

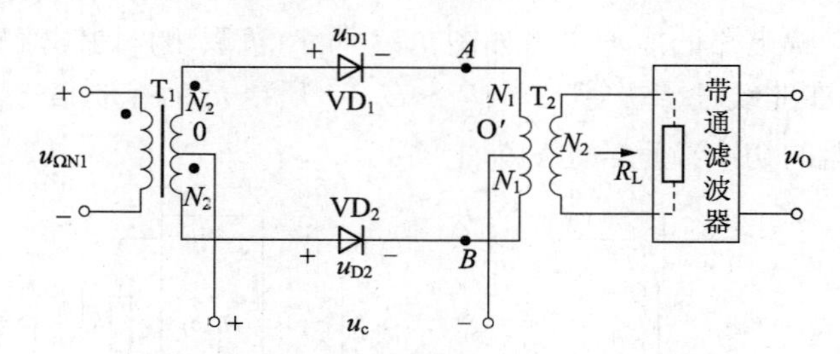

图 7.25　二极管单平衡调幅电路

二极管处于大信号工作状态，伏安特性可用折线近似。$U_{cm} \gg U_{\Omega m}$，二极管开关主要受u_c控制。忽略输出电压的反作用，则加到两个二极管上的电压u_{D1}、u_{D2}为

$$u_{D1} = u_c + u_\Omega,\quad u_{D2} = u_c - u_\Omega \tag{7-47}$$

当忽略输出信号的反作用时，流过两二极管的电流i_1、i_2分别为

$$i_1(t) = g_1(t)u_{D1} = g_D K_1(\omega_c t)(u_c + u_\Omega)$$

$$i_2(t) = g_2(t)u_{D2} = g_D K_1(\omega_c t)(u_c - u_\Omega) \tag{7-48}$$

i_1、i_2在T_2次级产生的电流分别为

$$i_{L1} = \frac{N_1}{N_2} i_1 = i_1,\quad i_{L2} = \frac{N_1}{N_2} i_2 = i_2 \tag{7-49}$$

次级总电流i_L应为

$$i_L = i_{L1} - i_{L2} = i_1 - i_2 \tag{7-50}$$

将式(7-49)代入上式，有

$$\begin{aligned} i_L(t) &= 2g_D K_1(\omega_c t)u_\Omega \\ &= g_D U_{\Omega m}\cos\Omega t + \frac{4}{\pi} g_D U_{\Omega m}\cos(\omega_c + \Omega)t + \frac{4}{\pi} g_D U_{\Omega m}\cos(\omega_c - \Omega)t \\ &\quad - \frac{4}{3\pi} g_D Ul\cos(3\omega_c + \Omega)t - \frac{4}{3\pi} g_D U_{\Omega m}\cos(3\omega_c - \Omega)t + \cdots \end{aligned} \tag{7-51}$$

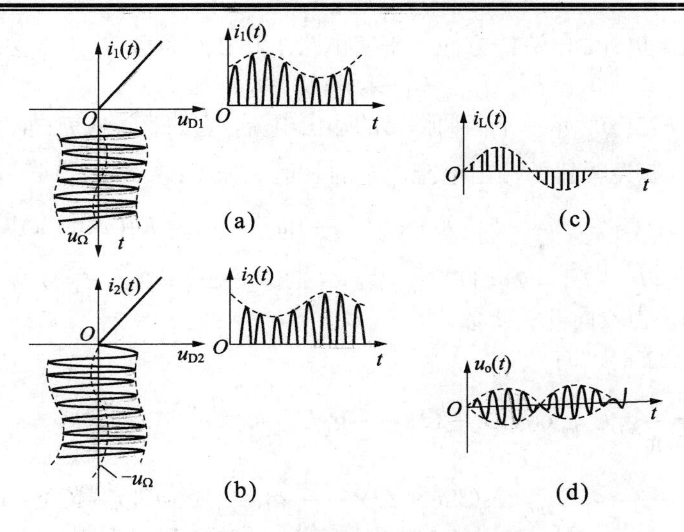

图 7.26　二极管平衡调幅器各点波形

由式(7-51)可以看出，流过负载的电流 i_L 中的角频率分量有：Ω、$\omega_c \pm \Omega$、$3\omega_c \pm \Omega$ 等频率。与单二极管电路的的输出相比，二极管单平衡调幅电路的输出中很多不需要的频率分量已不存在。当输出电路采用中心频率在 ω_c、带宽为 2Ω 的带通滤波器时，就可以产生一个 DSB 调幅信号。由于谐振时的负载阻抗为 R_L，电路输出端电压为

$$u_o(t) = \frac{8}{\pi} R_L g_D U_{\Omega m} \cos\omega_c t \cos\Omega t \tag{7-52}$$

图 7.26(c)和(d)分别是二极管平衡调制输出电流和电压波形。

3) 二极管环形调幅电路

图 7.27(a)为二极管环形调幅电路，与二极管单平衡电路相比，多接了两只 VD_3 和 VD_4，四只二极管组成一个环路，因此称为二极管环形电路。二极管环形电路可看成由图 7.27(b)和图 7.27(c)两个二极管平衡电路组成的，因此又称为二极管双平衡电路，其分析方法同二极管单平衡电路。

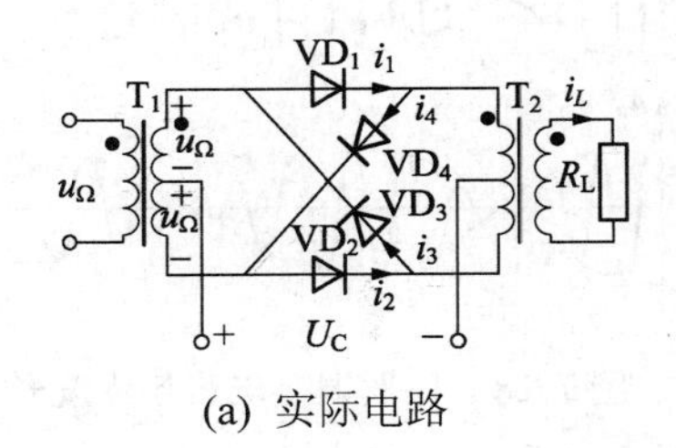

(a) 实际电路

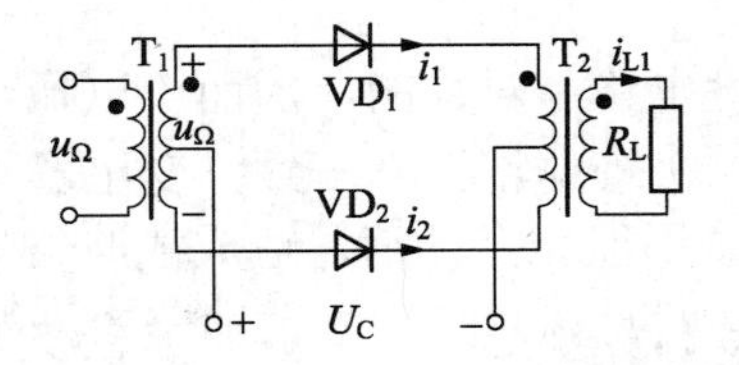

(b) u_c 正半周时等效电路

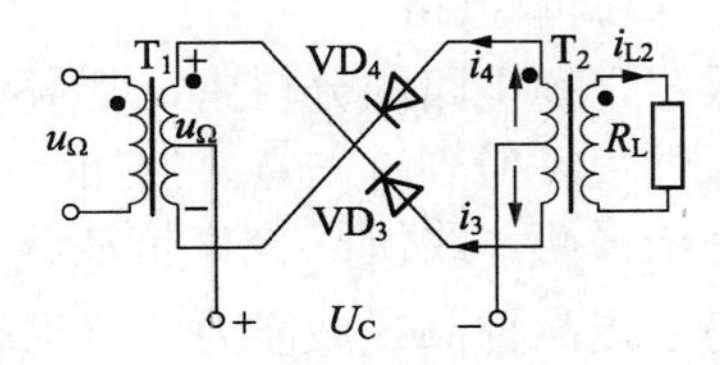

(c) u_c 负半周时等效电路

图 7.27　环形调幅电路

根据图 7.27(b)和(c)中电流的方向，平衡电路 1 和 2 在负载 R_L 上产生的总电流为

$$i_L = i_{L1} + i_{L2} = (i_1 - i_2) + (i_3 - i_4) \tag{7-53}$$

其中 $(i_1 - i_2)$ 为图 7.27(b)所示单平衡调幅器的输出电流，它的表达式就是(7.50)式。而 $(i_3 - i_4)$ 图 7.27(c)所示单平衡调幅器的输出电流，它的表达式如下：

$$i_{L2}(t) = (i_3 - i_4) = -2g_D K_1[(\omega_c t - \frac{T_c}{2})]u_\Omega = -2g_D K[(\omega_c t - \pi)]u_\Omega \tag{7-54}$$

$$i_L(t) = i_{L1} - i_{L2} = 2g_D[K_1(\omega_c t) - K(\omega_c t - \pi)]u_\Omega = 2g_D K_1'(\omega_c t)u_\Omega \tag{7-55}$$

式(7-55)中，$K_1(\omega_c t)$ 为双向开关函数。

当 $u_\Omega = U_{\Omega m}\cos\Omega t$ 时，有

$$\begin{aligned} i_L(t) = &\frac{4}{\pi}g_D U_{\Omega m}\cos(\omega_c + \Omega)t + \frac{4}{\pi}g_D U_{\Omega m}\cos(\omega_c - \Omega)t \\ &- \frac{4}{3\pi}g_D U_{\Omega m}\cos(3\omega_c + \Omega)t - \frac{4}{3\pi}g_D U_{\Omega m}\cos(3\omega_c - \Omega)t + \cdots \end{aligned} \tag{7-56}$$

其各点输出波形如图 7.28 所示。由式(7-56)可以看出，流过负载的电流 i_L 中的角频率分量有：$\omega_c \pm \Omega$ 、$3\omega_c \pm \Omega$ 等频率分量；用带通滤波器选出边频分量 $\omega_c \pm \Omega$，就可以产生一个 DSB 调幅信号。与二极管平衡调幅电路相比，二极管环形调幅电路边带输出幅度加倍，并且抵制了调制分量 Ω，无用组合分量更少。

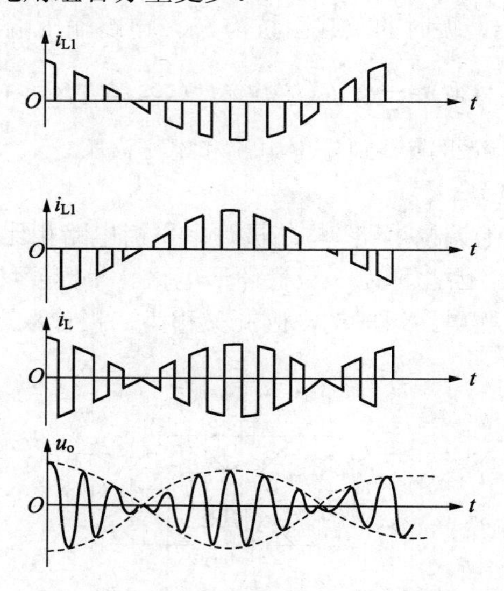

图 7.28　环形调幅电路各点波形

4) 实用二极管调幅电路

在上述二极管平衡电路的分析中，都假设电路是对称的，因而可以抵消一些无用的频率分量。但实际上很难做到这一点。例如，二极管的特性不一致，变压器不对称等，会造成电路不可能完全平衡，致使 ω_c 及其谐波分量不能完全抵消，造成载波信号的泄露，称为载漏。所以，为了提高抑制载波能力，要求载漏越小越好，一般要求载波输出比有用边带输出电平低 20dB 以上。为此，应很好地设计和制作变压器、挑选特性相同的二极管，以提高电路的对称性。

要保证电路的对称性，一般采用如下办法：

(1) 选用特性相同的二极管。用小电阻与二极管串联，使各个二极管的等效正、反向电阻彼此接近，如图 7.29 所示。但串联电阻后会使电流减小，所以阻值不能太大，一般为几十欧至上百欧。

(2) 变压器中心抽头要准确对称，分布电容及漏感要对称。这也可以采用双线并绕法绕制变压器，并在中心抽头处加平衡电阻。同时，还要注意两线圈对地分布电容的对称性。另外，为了防止杂散电磁耦合影响对称性，可采取屏蔽措施。

(3) 为改善电路性能，应使电路工作在理想开关状态，且二极管的通断只取决于载波信号 u_c 而与调制信号 u_Ω 无关。为此，要选用开关特性好的二极管，载波信号 u_c 远大于调制信号 u_Ω。

图 7.29 是二极管平衡调制器的一种实际线路。这个电路的优点是其输出端省去了有中心抽头的输出变压器而采用电阻分压；增加了一些调不对称的元件电路 C_2、C_3、R_2 等。与图 7.25 不同的是，调制信号 u_Ω 是单端输入，边带信号为单端输出，VD_1、VD_2 反接。由图 7.29 可见，作用在 VD_1、VD_2 的电压仍为 $u_{D1}=u_c+u_\Omega$，$u_{D2}=u_c-u_\Omega$，输出电流为 $i_L=i_1-i_2$。所以，电路原理同图 7.26，载波 u_c 同相加到 VD_1、VD_2 被抵消，调制信号 u_Ω 反相加到 VD_1、VD_2 而有输出。图中 C_1 对载波信号短路，对调制信号开路；R_2、R_3 分别与二极管串联，同时用可调电阻 R_1 来平衡正向特性；用 C_2、C_3 来平衡反向工作时两管的结电容。

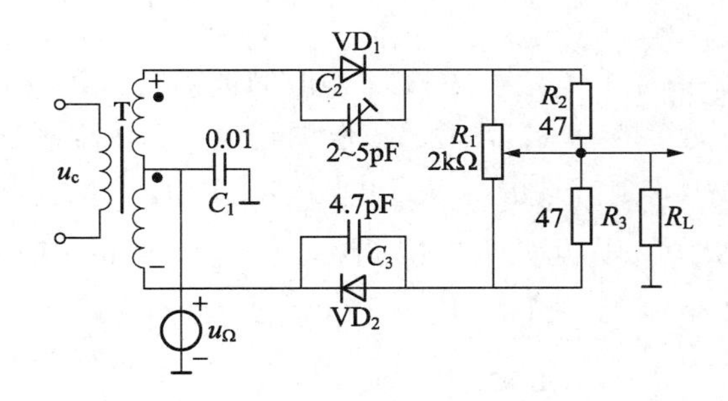

图 7.29　二极管平衡调制器的一种实际线路

另一种常用的平衡调幅电路如图 7.30(a)所示，称为二极管桥式调幅电路。它由四个二极管构成桥路，所以 T_1、T_2 不需要中心抽头，称为桥式调幅电路。由图 7.30 可知，载波电压 u_c 和调制电压 u_Ω 分别接到桥路的两个对角线端点上。当 u_c 为正半周时，四个二极管同时截止，u_Ω 直接加在输出变压器上，当 u_c 为负半周时，四个二极管同时导通，A、B 两点短路，没有输出。这样，调制电压 u_Ω 在载波电压的控制下被斩波(工作在开关状态)，故输出成为间断的波形。输出电压 $u_o=u_\Omega K(\omega_c t)$，在后面加上滤波电路就可以提取出 DSB 信号。当桥路平衡时，AB 两端(即调幅器输出端)将无载波电压。实际电路如图 7.30(b)所示。

平衡电路中的载漏问题同样存在于环形电路中，在实际电路中仍需采取措施加以解决。为了解决好二极管特性参差性问题，可将每臂用两个二极管并联。

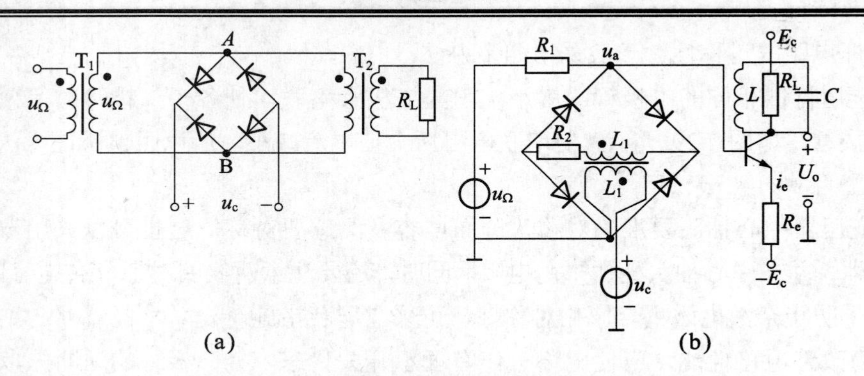

图 7.30　桥式平衡调幅器

2. 模拟乘法器调幅电路

如第 6 章所述，模拟乘法器可实现输出电压为两个输入电压的线性积。而普通调幅波，双边带调幅波和单边带调幅波都含有调制信号和载波的乘积项，所以可以用模拟乘法器来构成调幅器。在实际应用中常使用集成模拟相乘器来实现各种调幅电路，而且电路简单，性能优越且稳定，调整方便，利于设备的小型化。

用集成模拟乘法器来实现调幅，只要将低频调制信号电压和一直流电压叠加后，再与高频载波电压相乘，便能获得 AM 信号；低频调制信号电压直接与高频载波电压相乘，便能获得 DSB 信号；而利用带通滤波器从 DSB 信号中取出其中一个边带信号而滤除另一个边带信号，即可获得 SSB 信号。

1) BG314 构成的调幅器

图 7.31 为由 MC1595 的国产型号 BG314 构成的调幅器。载波信号 u_c 从 9 脚输入，调制信号 u_Ω 从 4 脚输入，而第 8 和 12 脚附加补偿调零电压。因而在 X 通道和 Y 通道的输入电压分别为载波信号 u_c 和调制信号 u_Ω，从而电路实现 DSB 调幅。当在 12 脚除附加补偿调零电压外，还附加直流电压，即可实现 AM 调幅。为了滤除高次谐波，通常需在乘法器输出端接带通滤波器。

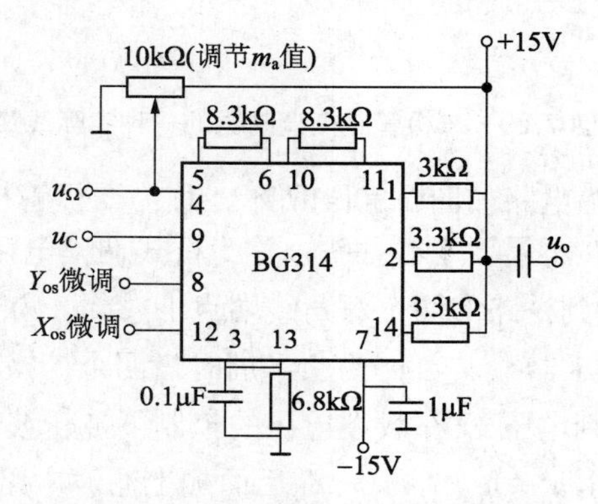

图 7.31　MC1595 构成的调幅器

2) MC1596 构成的调幅器

图 7.32 为由 MC1596 构成的调幅器。X 通道两输入端，即第 8 脚和第 7 脚直流电位相同；Y 通道两输入端，即第 1 脚和第 4 脚之间接有调零电路，可通过调节电位器，使第 1

脚直流电位比第 4 脚高，从而产生普通调幅波及调节调幅度。实际应用中，载波电压 u_c 加在 X 通道输入端口，调制信号 u_Ω 和直流电压加在 Y 通道的输入端口，从而电路实现调幅。

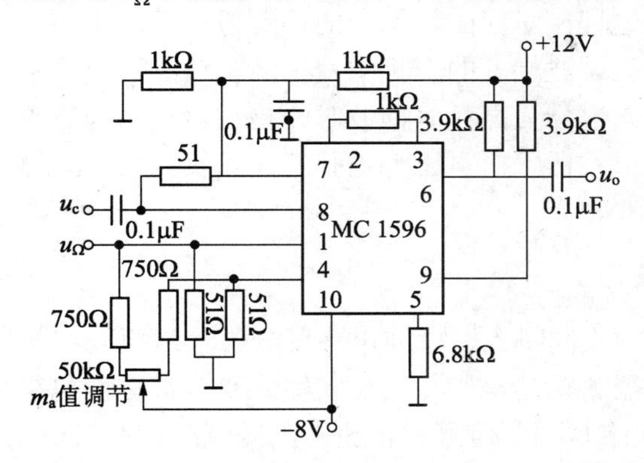

图 7.32　MC1596 构成的调幅器

3) MC1496 构成的调幅电路

用 MC1496 集成电路构成的调幅器电路图如图 7.33 所示，图中 R_{P1} 用来调节引脚 1、4 之间的平衡，R_{P2} 用来调节 8、10 之间的平衡，三极管为射极跟随器，以提高调幅器带负载能力。18 脚输入的是载波，1 脚输入的是调制信号。当在 AB 两点间加有一定的直流电压时，便可产生 AM 波；当在 AB 两点间没加有直流电压时，便可产生 DSB 波。

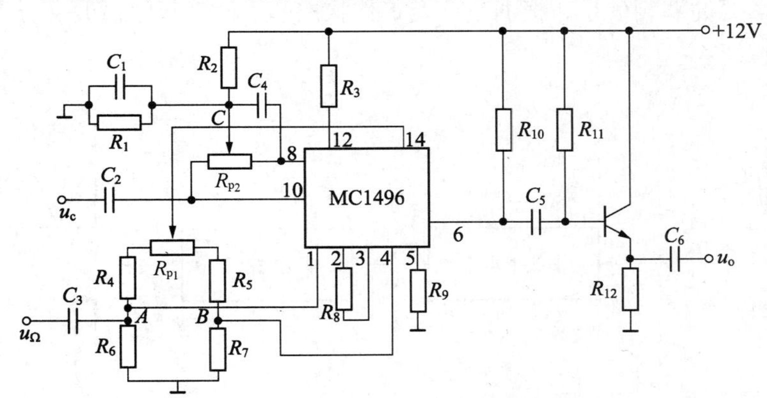

图 7.33　MC1496 构成的调幅器

7.4　调幅波的解调

前面讲了调幅波的产生方法，下面介绍调幅波的解调方法。

7.4.1　调幅波的解调方法

调幅信号的解调是把调制在高频调幅信号中的原调制信号取出来的过程。通常将这种解调称为检波。完成这种解调作用的电路称为振幅检波器，简称检波器。从频谱上看，解调也是一种信号频谱的线性搬移过程，是将高频载波端边带信号的频谱线性搬移到低频端，这种搬移正好与调制过程的搬移过程相反，故所有的频谱线性搬移电路均可用于调幅解调。

1. 检波电路的功能

解调过程是和调制过程相对应的，不同的调制方式对应于不同的解调。对于振幅调制信号，由于信息记载在已调波幅度的变化中，检波电路的功能是从幅度变化中不失真的恢复出原调制信号。当输入信号为高频等幅波时，检波器输出为直流电压。当输入信号是正弦调制的调幅信号时，检波器输出电压为正弦波。当输入信号为脉冲调制的调幅信号时，检波器输出电压为脉冲波。

2. 检波电路的分类

根据输入调制信号的不同特点，检波电路可分为包络检波和同步检波两大类。

包络检波是指检波器的输出电压直接反映输入高频调幅波包络变化规律的一种检波方式。由于 AM 信号的包络与调制信号成正比，因此包络检波只适用于普通调幅波(AM 波)的解调。其原理框图如图 7.34 所示。

包络检波主要由非线性器件和低通滤波器两部分组成。由于包络检波的输入信号为振幅调制信号 $u_i(t)=U_{im}(1+m_a\cos\Omega t)\cos\omega_c t$，其频谱由载频$\omega_c$和边频$\omega_c\pm\Omega$组成，它并没有包含调制信号本身的频率分量$\Omega$。但载频$\omega_c$与上、下边频$\omega_c\pm\Omega$之差就是$\Omega$，因而它包含有调制信号的信息。为了解调出原调制频率Ω，检波器必须包含有非线性器件，以便调幅信号通过它产生新的频率分量，其中包含有所需的Ω分量，然后由低通滤波器滤除不需要的高频分量，取出所需要的调制信号。根据电路及工作状态的不同，包络检波又分为峰值包络检波和平均包络检波。

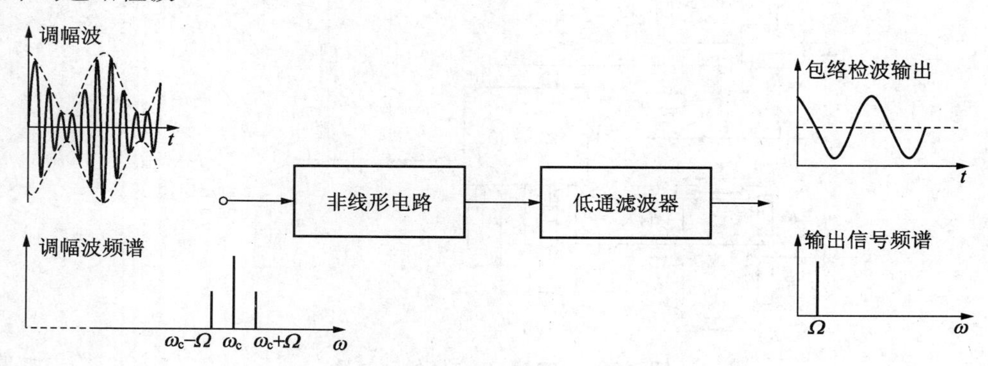

图 7.34　包络检波原理框图

DSB 和 SSB 信号的包络不同于调制信号，不能简单地采用包络检波解调，必须使用同步检波。同步解调器是一个三端口的网络，两个输入端口，一个输出端口。其中两个输入电压，一个是 DSB 或 SSB 信号，另一个是外加的解调载波电压(本地载波电压或称为恢复载波电压)。但需注意同步检波过程中，为了正常解调，必须恢复载波信号，而所恢复的载波必须与原调制载波同步(即同频同相)，这正是同步检波名称的由来。同步检波可分为乘积型和叠加型两类，图 7.35 示出了同步检波原理框图，其中图 7.35 (a)为乘积型同步检波器，图 7.35 (b)为叠加型同步检波器。从输入输出信号的频谱可以看出，同步检波的基本功能就是将高频载波端边带信号的频谱线性搬移到低频端，但为了不失真解调，两种同步检波器都必须输入与调制载波同步的解调载波 u_c' 。顺便指出，同步检波也可解调 AM 信号，一般同步检波电路相应要比包络检波器复杂。但由于同步检波电路更易于集成化，所以随着集成电路的发展，采用同步检波器解调 AM 信号的方法已被广泛使用。

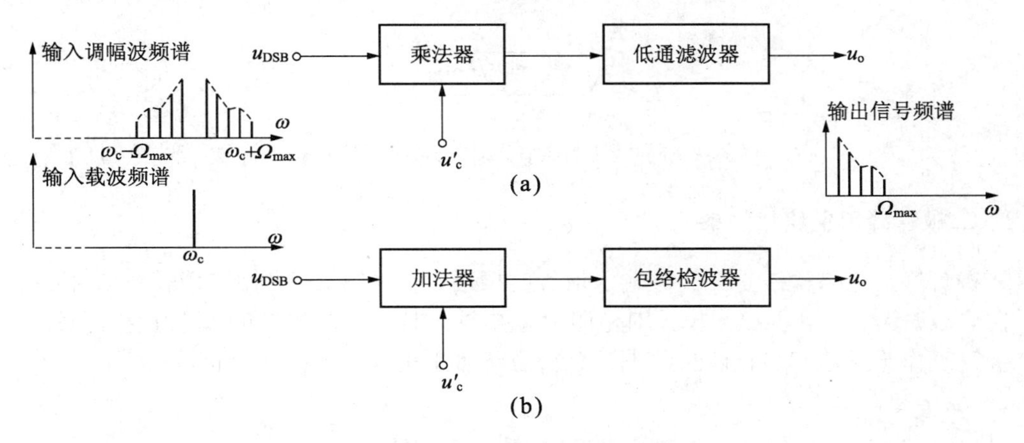

图 7.35　同步检波原理框图

3．检波电路的主要技术指标

1) 电压传输系数 K_{d}

检波电路的电压传输系数定义为检波电路的输出电压振幅和输入高频电压振幅之比。电压传输系数是检波器的主要性能指标之一，用来描述检波器将高频调幅波转化为低频调制信号的能力，又称为检波系数或检波效率。

当输入为高频等幅波，即 $u_{\mathrm{i}}=U_{\mathrm{im}}\cos\omega_{\mathrm{i}}t$ 时，K_{d} 也可定义为输出直流电压 U_{dc} 与输入高频电压振幅的比值，即

$$K_{\mathrm{d}}=\frac{U_{\mathrm{dc}}}{U_{\mathrm{im}}} \tag{7-57}$$

当输入为普通调幅波，即 $u_{\mathrm{i}}=U_{\mathrm{im}}(1+m_{\mathrm{a}}\cos\Omega_{\mathrm{m}}t)\cos\omega_{\mathrm{c}}t$ 时，K_{d} 定义为输出的 Ω 分量振幅 $U_{\Omega\mathrm{m}}$ 与输入高频调幅波包络变化的振幅 $m_{\mathrm{a}}U_{\mathrm{im}}$ 的比值，即

$$K_{\mathrm{d}}=\frac{U_{\Omega\mathrm{m}}}{m_{\mathrm{a}}U_{\mathrm{im}}} \tag{7-58}$$

2) 等效输入电阻 R_{id}

从检波器的输入端看进去的等效电阻称为输入电阻 R_{id}。在超外差接收机中，检波器通常作为前级中频电路的负载，因此其等效输入阻抗对前级回路会产生影响。检波器的输入阻抗包括输入电阻 R_{id} 及输入电容 C_{id}。通常输入电容与前级输出回路构成谐振回路影响谐振频率，所以可只考虑输入电阻 R_{id} 的影响。输入电阻 R_{id} 直接并入输入回路，影响着回路的有效 Q 值及回路阻抗，从而影响放大器的电压增益和通频带。所以 R_{id} 应尽可能大些，以减少对前级回路的影响。

因为检波器是非线性电路，R_{id} 的定义与线性放大器是不相同的。R_{id} 定义为输入等幅高频电压的振幅 U_{im} 与输入高频电流脉冲的基波分量振幅 I_{1m} 的比值，即

$$R_{\mathrm{id}}=\frac{U_{\mathrm{im}}}{I_{\mathrm{1m}}} \tag{7-59}$$

3) 非线性失真系数 K_f

非线性失真的大小一般用非线性失真系数 K_f 表示。当输入为单频调制的调幅波时，K_f 定义为

$$K_f = \frac{\sqrt{U_{2\Omega m}^2 + U_{3\Omega m}^2}}{U_{\Omega m}} \tag{7-60}$$

式中，$U_{\Omega m}$、$U_{2\Omega m}$、$U_{3\Omega m}$、…分别为输出电压中调制信号基波和各次谐波分量的有效值。

7.4.2 二极管峰值包络检波器

二极管峰值包络检波是在高频输入信号的振幅大于0.5V时，利用二极管对电容 C 充电，加反向电压时截止，电容 C 上电压对电阻 R 放电这一特性实现检波的。因为信号振幅较大，且二极管工作于导通和截止两种状态，分析方法可采用大信号折线分析法。

1. 原理电路

图 7.36(a)是二极管峰值包络检波器的原理电路。它是由输入回路、VD 和 RC 低通滤波器组成。在超外差接收机中，输入回路通常就是末级中放的输出回路，输入回路提供信号源。二极管通常选用导通电压小、导通电阻小的锗管。在理想情况下，RC 网络对高频载波 ω_c 短路；电容 C 对直流及低频开路，此时负载为 R。因此 RC 需满足如下条件：

$$\frac{1}{\omega_c} \ll RC \ll \frac{1}{\Omega} \tag{7-61}$$

图 7.36(b)和(c)分别为充放电电路的等效电路图。

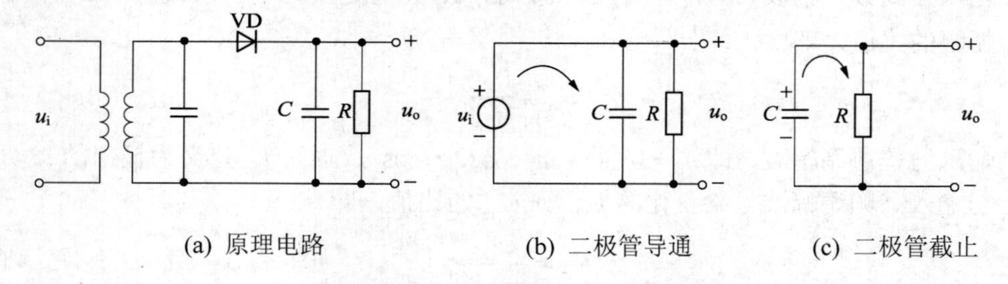

图 7.36　二极管峰值包络检波器

2. 工作原理

当输入信号 u_i 为普通调幅波 u_{AM} 时，检波过程可用图 7.37(a)来说明。通常低通滤波器电容 C 上的初始电压为零。当 u_i 从零逐渐增大时，由于电容 C 的高频阻抗很小，u_i 几乎全部加到 VD 两端。VD 导通，输出高频载波电压对 C 充电。因导通电阻 r_D 小，充电电流很大，充电时间常数 $r_D C$ 很小，所以电容上的电压建立得很快，这个电压又反向加在二极管上，此时 VD 上的电压为信号源 u_i 与电容电压 u_c 之差，即 $u_D = u_c - u_i$。当 u_i 达到一定值时，$u_D = u_c - u_i = 0$，VD 开始截止；随着 u_i 的继续下降，VD 存在一段截止时间，在此期间内电容器 C 把导通期间存储的电荷通过 R 放电。因放电时间常数 RC 比较大，放电较慢；在 u_c 值下降不多时，u_i 的下一个正半周已经到来。当 $u_i > u_c$ 时，二极管再次导通，电容 C 在原有积累电荷量的基础上又得到补充，u_c 进一步提高。然后，继续上述放电、充电的过

程，如图 7.37(a)所示。因为二极管在输入电压的每个高频周期的峰值附近导通，所以其输出电压波形与输入信号包络形状相同。

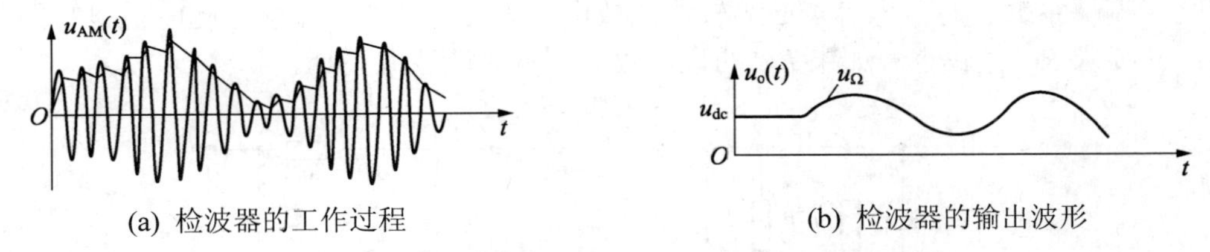

(a) 检波器的工作过程　　(b) 检波器的输出波形

图 7.37　输入为 AM 信号时检波器的工作过程及输出波形

从这个过程可以得出下列几点：

(1) 检波过程就是信号源通过二极管给电容充电和电容对电阻 R 放电的交替重复过程。若忽略二极管导通电阻 r_D，VD 的导通与截止期间的检波器等效电路如图 7.36(b)、(c)所示。

(2) 由于电容放电的时间常数远大于输入信号的载波周期，放电时间缓慢，使得二极管负极永远处于正的较高的电位，电容上的电压接近于高频正弦波的峰值电压。该电压对 VD 形成一个较大的负电压，从而使二极管只在输入电压的峰值附近才导通。由于导通时间很短，电流导通角 θ 很小，二极管电流是一个窄脉冲序列，如图 7.38 所示。通过 RC 低通滤波的输出电压波形和输入信号包络的形状相同，所以叫二极管峰值包络检波器。

(3) 二极管两端的电压为 $u_D = u_{AM} - u_o$，其波形可用图 7.38 来说明；二极管电流 i_D 包含平均直流分量 I_{av} 及高频分量。I_{av} 流经电阻 R 形成平均电压 U_{av}，它是检波器的有用输出电压；高频电流主要被旁路电容 C 旁路，在其上产生很小的高频波纹电压 Δu，所以输出电压 $u_o = U_{av} + \Delta u = U_{dc} + u_\Omega + \Delta u$。实际上，当电路元件选择正确时，高频波纹电压小，可以忽略。这时，输出电压 $u_o = U_{av} = U_{dc} + u_\Omega$，其波形如图 7.37(b)所示。直流输出电压 U_{dc} 接近于但小于输入电压峰值 U_{im}。

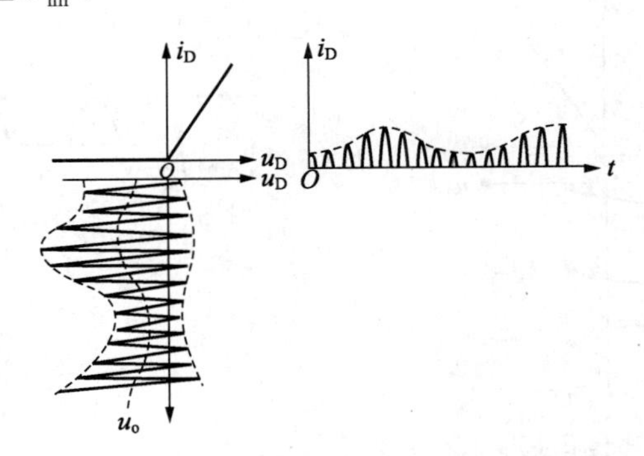

图 7.38　输入为 AM 信号时检波器二极管的电压及电流波形

检波器如果只需输出调制频率电压，则可在原理电路后加上隔直电容 C_g 和负载电阻 R_g，如图 7.39(a)所示。这种实用输出电路一般常作为接收机的检波电路。若要检波器输出与载波电压成比例的直流电压时，则可用低通滤波器 $R_\phi C_\phi$ 取出直流分量，如图 7.39(b)所示，其中的交流分量被 C_ϕ 短路。这种实用输出电路一般可用于自动增益控制信号(AGC 信号)的检测电路。

由上述分析可以看出，RC 的数值对检波器输出性能有很大的影响。如果 RC 值大，则放电慢，高频波纹变小，平均电压上升，电压传输系数大，检波效率高。当检波电路一定时，电路跟随输入信号的能力取决于输入信号幅度变化的速度。当幅度变化快，例如调制频率高或调幅系数大时，电容器必须较快地放电，以使电容器电压能跟随峰值包络的下降速度；即要求 RC 值较小。如果 RC 的数值较大则有可能造成失真。

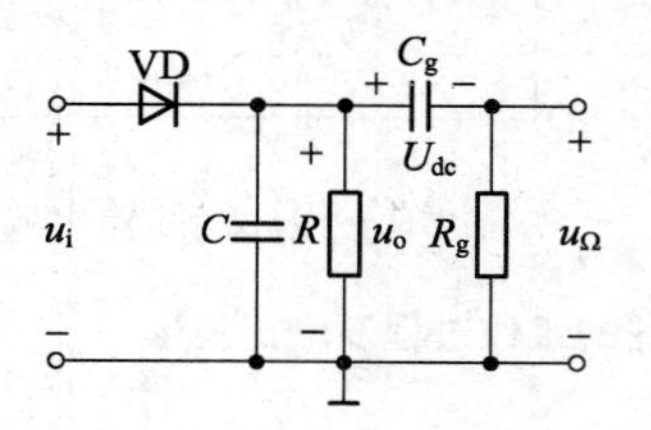

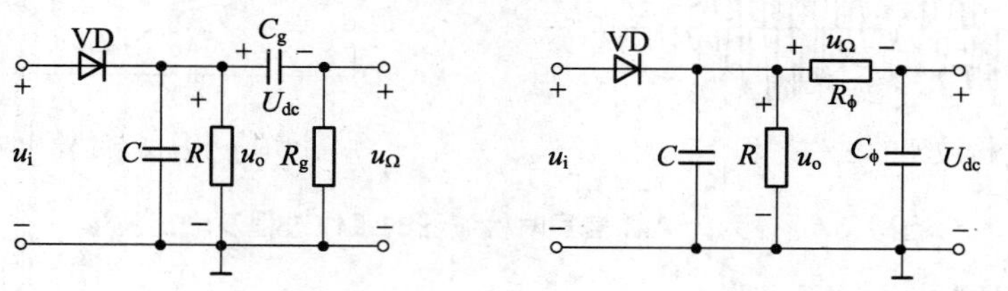

(a) 输出调制信号的实际电路　　(b) 输出直流分量的实际电路

图 7.39　包络检波器的实际电路

3. 技术指标

1) 电压传输系数 K_d

由前面的介绍可知，当输入为高频等幅波时，$K_d = \dfrac{U_{dc}}{U_{im}}$；当输入为普通调幅波时，$K_d = \dfrac{U_{\Omega m}}{m_a U_{im}}$，这两个定义是一致的 。因此这里用输入为高频等幅波时的定义来计算。

在二极管峰值包络检波器中，当输入 u_i 为高频等幅波，即 $u_i = U_{im}\cos\omega_c t$ 时，采用理想的高频滤波，并以通过原点的折线表示二极管伏安特性，二极管电流 i_D 为

$$i_D = g_D(u_i - u_o) = g_D[U_{im}\cos\omega_c t - u_o] \tag{7-62}$$

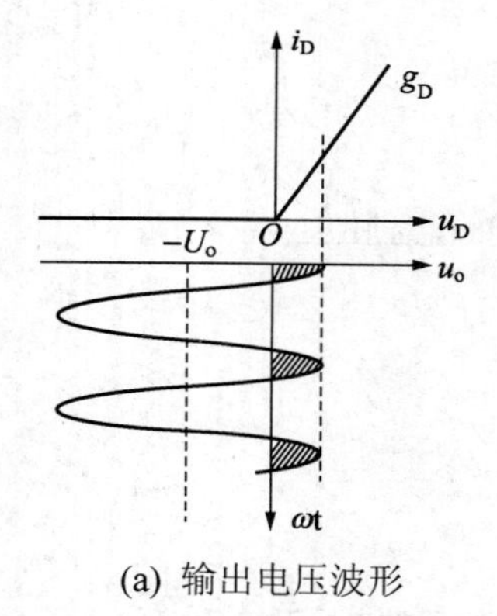

(a) 输出电压波形

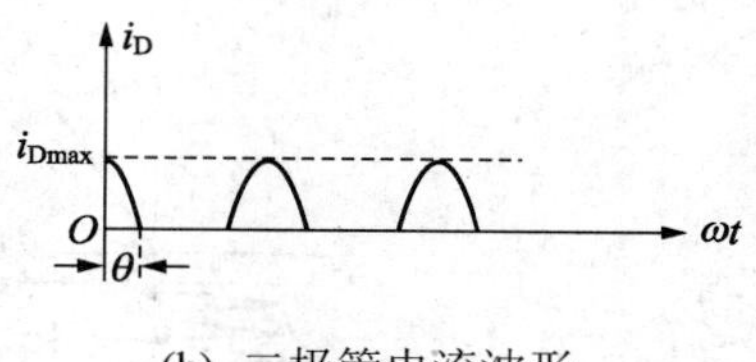

(b) 二极管电流波形

图 7.40　包络检波器的电流电压波形

其波形如图 7.40(b)所示。当 $\omega_c t = \theta$ 时，$i_D = 0$，此时 $u_o = U_{im}\cos\theta$，即输出电压峰值 $U_{om} = U_{im}\cos\theta$，代入式(7-57)得

$$K_d = \frac{U_{dc}}{U_{im}} = \frac{U_{om}}{U_{im}} = \cos\theta \tag{7-63}$$

而电流 i_D 的振幅最大值 $i_{D\max}$ 为

$$i_{D\max} = g_D(U_{im} - U_o) = g_D U_{im}(1 - \cos\theta) \tag{7-64}$$

式中 $g_D = 1/r_D$；θ 为电流通角；二极管电流 i_D 是周期性余弦脉冲。i_D 的平均分量 I_0 为

$$I_0 = \frac{g_D U_{im}}{\pi}(\sin\theta - \theta\cos\theta) \tag{7-65}$$

经低通滤波器的输出电压为

$$u_o = I_0 R = \frac{g_D U_{im}}{\pi} R(\sin\theta - \theta\cos\theta) \tag{7-66}$$

所以有

$$K_d = \frac{U_{dc}}{U_{im}} = \frac{g_D}{\pi} R(\sin\theta - \theta\cos\theta) = \cos\theta \tag{7-67}$$

等式两边各除以 $\cos\theta$，可得

$$\tan\theta - \theta = \frac{\pi}{g_D R} \tag{7-68}$$

当 $g_D R$ 很大时，如 $g_D R \geqslant 50$ 时，$\tan\theta \approx \theta + \theta^3/3$，代入式(7-68)，有

$$\theta = \sqrt[3]{\frac{3\pi}{g_D R}} \tag{7-69}$$

由上面的分析可以看出：

(1) 在二极管大信号峰值包络检波器中，当电路确定(二极管与 R 确定)以后，θ 与输入信号的大小无关，即是恒定的。这是由于负载电阻 R 的反作用，使电路具有自动调节作用而维持 θ 不变。例如，当输入电压增加，引起 θ 增大，导致 I_0、U_0 增大，负载电压加大，加到二极管上的反偏电压增大，致使 θ 下降，从而维持 θ 恒定。

检波效率 $K_d = \cos\theta$，检波效率与输入信号大小无关。所以，检波器的输出和输入之间的关系是线性的。一般情况下，当输入为 AM 信号 $u_i = u_{AM} = U_{im}(1 + m_a\cos\Omega t)\cos\omega_c t$ 时，输出电压 $u_o = K_d U_{im}(1 + m_a\cos\Omega t)$，即检波输出信号与输入已调波的包络成正比。

(2) θ 越小，$K_d = \cos\theta$ 越大，并趋近于 1。而 θ 随 $g_D R$ 增大而减小，因此 K_d 随 $g_D R$ 增大而增大。当 $g_D R > 50$ 时，$K_d > 0.9$ 且变化不大。

(3) 在实际的检波电路中，理想滤波的条件难以实现，因此检波器输出的平均电压要比上述的计算值要小些。检波器的实际传输特性与电容 C 的容量有关。

2) 等效输入电阻 R_{id}

大信号包络检波器的输入阻抗包括输入电阻 R_{id} 及输入电容 C_{id}，如图 7.41(a)所示。这里我们只考虑输入电阻 R_{id}。

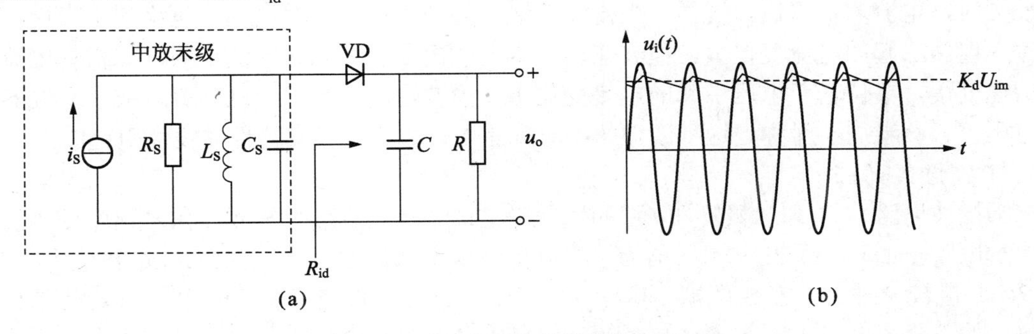

图 7.41　检波电路的等效输入电阻 R_{id}

考虑输入 u_{i} 为高频等幅波，即 $u_{\mathrm{i}}=U_{\mathrm{im}}\cos\omega_{\mathrm{c}}t$，如图 7.41(b)所示。忽略二极管导通电阻 r_{D}，则消耗在 r_{D} 上的功率很小，可以忽略不计。根据能量守恒原理，检波器输入的高频功率 $U_{\mathrm{im}}^2/2R_{\mathrm{id}}$ 全部转换为输出的负载电阻上消耗的平均功率 $K_{\mathrm{d}}^2U_{\mathrm{im}}^2/R$，即

$$\frac{U_{\mathrm{im}}^2}{2R_{\mathrm{id}}}\approx\frac{K_{\mathrm{d}}^2U_{\mathrm{im}}^2}{R} \tag{7-70}$$

又因为 $K_{\mathrm{d}}=\cos\theta\approx1$，则

$$R_{\mathrm{id}}=\frac{R}{2} \tag{7-71}$$

4. 失真

检波器实现对调幅信号进行解调，为了取出原调制频率 Ω，通过耦合电容 C_{g} 与下级输出电阻 R_{g} 相连接，如图 7.39(a)所示。

检波电路的失真分为频率失真、非线性失真、惰性失真和负峰切割失真，其中后两种是二极管峰值包络检波器中所特有的失真。

1) 频率失真

由容抗对不同频率的信号的传输不同而引起的失真，称为频率失真，又叫线性失真。

包络检波器输入信号是调制频率为 $\Omega_{\min}\sim\Omega_{\max}$ 的调幅波，低通滤波器 RC 具有一定的频率特性，电容 C 的主要作用是滤除调幅波中的载波频率分量，为此应满足

$$RC\gg\frac{1}{f_{\mathrm{c}}}，\ \text{一般}\ RC\geqslant(5\sim10)\frac{1}{f_{\mathrm{c}}} \tag{7-72}$$

但是，当 C 取得过大时，对于检波后输出的电压上限频率 $\Omega_{\max}$ 来说，C 的容抗将产生旁路作用。对不同的频率将产生不同的旁路作用，这样便产生了频率失真。为了不产生频率失真，应使电容 C 容抗对上限频率 $\Omega_{\max}$ 旁路作用要小，为此应满足

$$RC\ll\frac{1}{\Omega_{\max}} \tag{7-73}$$

同样为了不引起频率失真，应使 C_{g} 对于下限频率 $\Omega_{\min}$ 的电压降很小，必须满足

$$R_{\mathrm{g}}C_{\mathrm{g}}\gg\frac{1}{\Omega_{\min}} \tag{7-74}$$

2) 非线性失真

二极管的伏安特性是弯曲的，就伏安特性来说，在电压较小时，电流变化较慢，在电压较大时，电流增加得快。这样，当检波器输入为调幅波时，在调幅波包络的正半周，单位输入电压引起的电流变化大，检波输出电压大；而在调幅包络的负半周，二极管电流变化的速度慢，单位输入电压引起的电流变化小，检波输出电压小，这样就造成了检波器输出电压正、负半周不对称。这种波形的不对称是由于二极管伏安特性非线性引起的。

3) 惰性失真

当检波电路一定(即二极管和 RC 的数值确定)时，为了能跟得上 AM 信号幅度变化的速度，要求放电时间常数 RC 较小。但为了提高检波效率和滤波效果，常需要 RC 数值大一些。当 RC 数值较大时，电容 C 两端电压在二极管截止期间放电速度就会较慢。如果电容 C 两端电压的下降速度小于输入 AM 信号包络下降的速度时，会造成二极管负偏压大于输入信

号电压的下一个正峰值，致使二极管在其后的若干个高频信号周期内不导通，输出信号不随输入信号包络而变化，从而形成如图 7.42(b)所示的对角切割，造成失真。这种失真是由于电容放电惰性引起的，故称为惰性失真。

为了避免产生惰性失真，必须在一个高频信号周期内，使电容 C 通过 R 放电的速率大于等于包络的下降速率，即在任何时刻，电容 C 上电压 u_C 的变化率应大于等于包络 $U(t)$ 的变化率，即

$$\left|\frac{\partial u_{\mathrm{C}}}{\partial t}\right| \geqslant \left|\frac{\partial U(t)}{\partial t}\right| \tag{7-75}$$

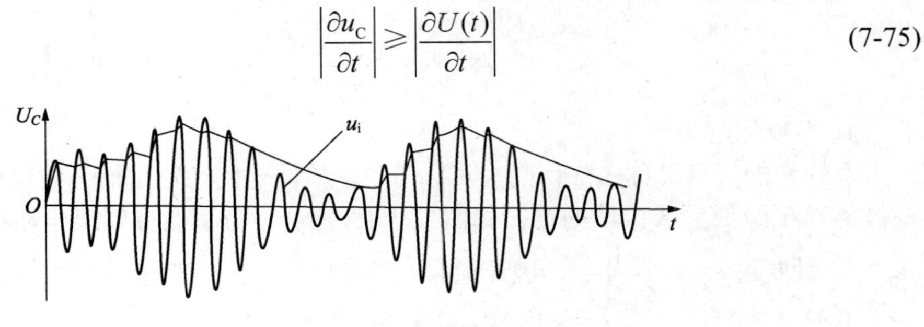

图 7.42　惰性失真波形

如果输入信号为单音调制的 AM 波，即输入信号为 $u_{\mathrm{i}}(t)=U_{\mathrm{im}}(1+m_{\mathrm{a}}\cos\Omega t)\cos\omega_{\mathrm{c}}t$，在 t_1 时刻其包络 $U_{\mathrm{im}}(1+m_{\mathrm{a}}\cos\Omega t)$ 的变化速率为

$$\left|\frac{\partial U(t)}{\partial t}\right|_{t=t_1}=\left|m_{\mathrm{a}}U_{\mathrm{im}}\Omega\sin\Omega t_1\right| \tag{7-76}$$

而电容两端电压近似为输入电压包络值，即 $u_C=U_{\mathrm{im}}(1+m_{\mathrm{a}}\cos\Omega t)$，又由 $i_{\mathrm{o}}=\dfrac{u_{\mathrm{o}}}{R}=\dfrac{u_{\mathrm{C}}}{R}=C\dfrac{\mathrm{d}u_{\mathrm{C}}}{\mathrm{d}t}$ 得

$$\left|\frac{\partial u_C}{\partial t}\right|_{t=t_1}=\left|\frac{\mathrm{d}u_C}{\mathrm{d}t}\right|_{t=t_1}=\left|\frac{u_C}{RC}\right|_{t=t_1}=\frac{U_{\mathrm{im}}}{RC}(1+m_{\mathrm{a}}\cos\Omega t_1) \tag{7-77}$$

由式(7-75)、式(7-76)和式(7-77)可得，在 t_1 时刻不产生惰性失真的条件为

$$\left|\frac{U_{\mathrm{im}}}{RC}(1+m_{\mathrm{a}}\cos\Omega t_1)\right|=\left|m_{\mathrm{a}}U_{\mathrm{im}}\Omega\sin\Omega t_1\right| \tag{7-78}$$

变换式(7-78)可得

$$A=\left|\frac{m_{\mathrm{a}}RC\Omega\sin\Omega t_1}{(1+m_{\mathrm{a}}\cos\Omega t_1)}\right|\leqslant 1 \tag{7-79}$$

实际上，不同时刻 t_1 的输入信号包络和电容两端电压 u_C 的下降速度是不同的。为避免在任意时刻产生惰性失真，必须保证 A 值最大时仍有 $A_{\max}\leqslant 1$。故令 $\dfrac{\mathrm{d}A}{\mathrm{d}t}=0$，解得 $\cos\Omega t=-m_{\mathrm{a}}$，代入式(7-79)得

$$A_{\max}=\left|\frac{m_{\mathrm{a}}RC\Omega\sin\Omega t}{(1+m_{\mathrm{a}}\cos\Omega t)}\right|=\frac{RCm_{\mathrm{a}}\Omega}{\sqrt{1-m_{\mathrm{a}}^2}}\leqslant 1$$

整理得避免惰性失真的条件为

$$RC \leqslant \frac{\sqrt{1-m_{\mathrm{a}}^2}}{m_{\mathrm{a}}\Omega} \tag{7-80}$$

可见，调幅指数越大，调制信号的频率越高，时间常数 RC 的允许值越小。在实际应用中，由于调制信号频率总是占有一定的带宽($\Omega_{\min} \sim \Omega_{\max}$)，并且各调制频率所对应的调幅指数 m_{a} 也不相同，所以，在设计检波器时，应该使用最大调调幅指数 $m_{\mathrm{a\,max}}$ 和最高调制频率 $\Omega_{\max}$ 来检验有无失真，其避免惰性失真的条件为

$$RC \leqslant \frac{\sqrt{1-m_{\mathrm{a\,max}}^2}}{m_{\mathrm{a\,max}}\Omega_{\max}} \tag{7-81}$$

4) 负峰切削失真

负峰切削失真又称底部切削失真。为了从检波电路的输出信号中取出低频调制信号，检波器与下级低频放大器的连接如图 7.39(a)所示。为了能有效地传输检波后的低频信号 u_{Ω}，一般要求 $R_{\mathrm{g}} \gg \dfrac{1}{C_{\mathrm{g}}\Omega_{\min}}$，因而通常 C_{g} 的取值较大(一般为 5～10μF)。这样在调制信号一周内，C_{g} 两端的直流电压基本不变，其大小约为载波振幅值 U_{im}，可以把它看作一直流电源。它将在电阻 R 和 R_{g} 上产生分压，在电阻 R 上的压降为

$$U_{\mathrm{R}} = \frac{U_{\mathrm{im}}}{R+R_{\mathrm{g}}}R \tag{7-82}$$

U_{R} 对检波二极管来说相当于一个反向偏置电压，而且在整个检波过程中可认为保持不变。当输入的高频调幅波包络下降到小于 U_{R} 时，如图 7.43(a)所示，二极管截止，检波器的输出信号将不再跟随输入调幅波包络的变化，从而产生负峰切削失真。

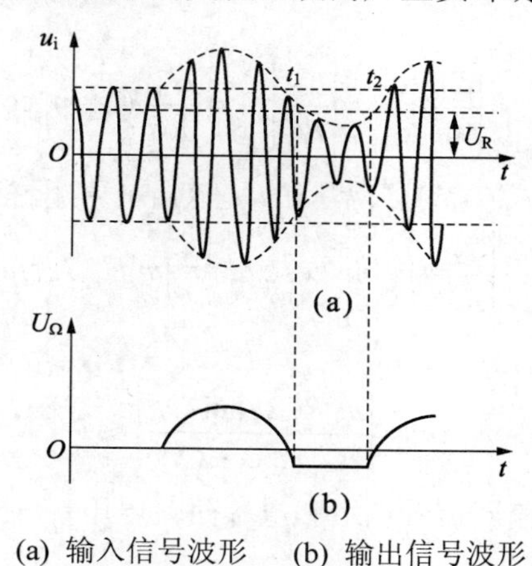

(a) 输入信号波形　(b) 输出信号波形

图 7.43　底部切削失真波形

由式(7-82)可以看出，R_{g} 越小，U_{R} 分压越大，负峰切削失真越容易产生；另外，m_{a} 的数值越大，调幅波包络的振幅 $m_{\mathrm{a}}U_{\mathrm{im}}$ 越大，调幅波包络的最小幅度 $(1-m_{\mathrm{a}})U_{\mathrm{im}}$ 越小，负峰切削失真也越容易产生。由图 7.43 可以看出，要避免负峰切削失真，调幅波包络的最小幅度应比电阻 R 上的直流压降大，即 $(1-m_{\mathrm{a}})U_{\mathrm{im}} \geqslant \dfrac{U_{\mathrm{im}}}{R+R_{\mathrm{g}}}R$，整理得避免负峰切削失真的条件

为

$$m_a \leqslant \frac{R}{R+R_g} = \frac{R//R_L}{R} = \frac{R_{\approx}}{R} \tag{7-83}$$

式中，$R_{\approx}$ 为检波器输出端的交流负载电阻；R 为直流负载电阻。因此负峰切削失真是由于检波器的交直流负载不同引起的。

在实际应用中，克服负峰切割失真一般采用下面两种方法：

(1) 采用分压式输出。

为了减小差别，通常提高 R_g，可将直流负载电阻 R 分为 R_1 和 R_2，如图 7.44(a)所示。此时交流负载电阻 $R_{\approx} = R_1 + R_2 // R_g$，$\frac{R_{\approx}}{R} = \frac{R_1 + R_2 // R_g}{R_1 + R_2}$，当 R_1 和 R_2 相比取值比较大时，比较容易满足避免负峰切削失真的条件。

(2) 采用射极跟随器。

分压式输出电路会使下级放大器获得的输入信号比较小，因此可以在检波器和下级放大器之间插入一级射极跟随器，如图 7.44(b)所示，这种电路的输入阻抗比较大，即 R_g 增大，从而使 $R_{\approx}$ 与 R 的差别不大，比较容易满足避免负峰切削失真的条件。

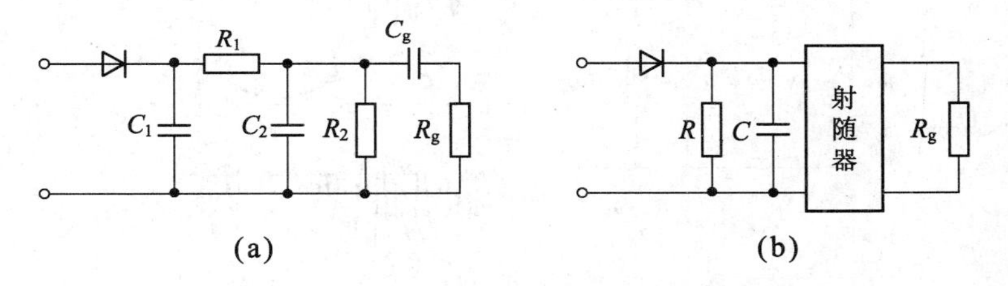

图 7.44 减小负峰切削失真的电路

5. 检波器设计及元件参数选择

根据上面的分析，检波器设计及元件参数选择的原则如下:

(1) 如果从前级中放的选择性和通频带要求出发，要求检波器输入电阻 R_{id} 的取值应该比较大，这样对前级选频回路的有载品质因数 Q_L 的影响减小，使它能满足始终较大的要求。

(2) 为了使检波器输出的低频调制信号的高频波纹小(接近于原信号)，要求

$$RC \gg T_c$$

其中，T_c 为载波信号周期。

(3) 包络检波器一般的输入信号是调制频率为 $\Omega_{min} \sim \Omega_{max}$ 的调幅波，为了减小检波后输出的低频信号的频率失真，要求 $RC \ll 1/\Omega_{max}$。即滤波电容 C 不能取得太大，以免滤除低频信号中的上限频率 Ω_{max}。另外，要求 $RC \gg 1/\Omega_{min}$，即隔直电容 C_g 不能太小，以免隔离低频信号中的下限频率 Ω_{min}。

(4) 为避免惰性失真，应满足

$$RC \leqslant \frac{\sqrt{1-m_{a\max}^2}}{m_{a\max}\Omega_{max}}$$

(5) 为避免底部切削失真，应满足

$$m_a \leqslant \frac{R}{R+R_g}=\frac{R//R_L}{R}=\frac{R_\approx}{R}$$

(6) 检波二极管要选用正向电阻小、反向电阻大、结电容小、最高频率 $f_{\max}$ 高的电接触型二极管。

综上所述，电阻 R 的选择，应主要考虑输入电阻及失真问题，同时要考虑对电压传输系数的影响，应使 $RC \gg r_D$，$R_1+R_2 \gg 2R_{id}$，R_1/R_2 的比值一般取 0.1～0.2 范围，R_1 值太大将导致 R_1 上电压增大，电压传输系数减小。电容 C 的选择不能太大，以免产生惰性失真；也不能太小，以免产生高频波纹。

6. 并联检波器

在上面讲的这种检波器中，信号源、非线性器件 VD 及 RC 网络三者为串联，因此这种检波器的全称为二极管串联型大信号峰值包络检波器。除此之外，峰值包络检波器还有并联检波器、推挽检波器、倍压检波器、视频检波器等。并联检波器是将信号源、非线性器件 VD 及 RC 网络三者并联起来，如图 7.45(a)所示。

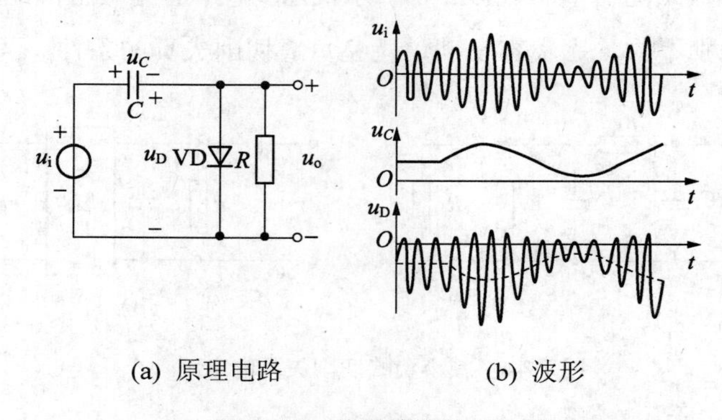

(a) 原理电路　　(b) 波形

图 7.45　并联检波器及波形

并联检波器和串联检波器工作原理相似。当 VD 导通时，C 被充电，充电时间常数为 $r_D C$；当 VD 截止时，电容 C 通过 R 放电，放电时间常数 RC 比较大。达到动态平衡时，C 上产生与串联检波器类似的锯齿状波动电压，平均值为 U_{av}。实际加在二极管的电压 $u_D=u_c-u_i$，其波形如图 7.45(b)所示。并联检波器中的电容 C 也起检波兼隔离作用，但不能滤除高频分量，所以其输出中除低频分量以外，还含有高频分量。因此其输出端还需加高频滤波电路。

当电路参数相同时，并联检波器和串联检波器具有相同的电压传输系数。根据能量守恒原理，实际加到并联检波器中的高频功率，一部分消耗在 R 上，一部分转换为输出平均功率，即

$$\frac{U_{im}^2}{2R_{id}} \approx \frac{U_{im}^2}{2R}+\frac{U_{av}^2}{R}$$

当 $U_{av} \approx U_{im}$ 时

$$R_{id} \approx \frac{R}{3} \tag{7-84}$$

7. 小信号检波器

前面讲的二极管峰值包络检波电路均工作在大信号状态下，其实检波器也可以工作在输入电压较小的状态。这种检波器不再属于峰值包络检波器范围，而称为小信号检波器。小信号检波是高频输入信号的振幅小于 0.2V，利用二极管伏安特性弯曲部分进行频率变换，然后通过低通滤波器实现检波，通常称其为平方律检波。

因为是小信号输入，需外加偏压 V_Q 使其静态工作点位于二极管特性曲线部分的 Q 点。当加的输入信号为调幅信号时，二极管中的电流变化规律如图 7.46 所示。图中输入为普通调幅信号，由于二极管伏安特性非线性，二极管的电流为失真的调幅电流 i_D，产生了新的频率，而其中包含有调幅信号频率成分 Ω。经过滤波器后，就可以得到所需的原调制信号。将二极管的伏安特性在工作点 Q 附近用泰勒级数展开后，可知输出电压中除调制信号分量外，还有其他的频率分量，也就产生了非线性失真。这种检波器的电压传输系数和输入电阻也小，这是它的缺点。利用这种电路中的检波电流与输入高频电压振幅平方成正比的特性，可以作为功率指示，在测量仪表及微波检测中广泛应用。

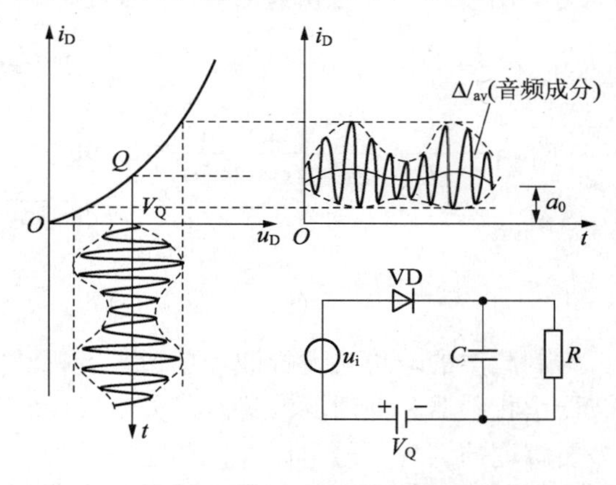

图 7.46　二极管小信号检波电路和波形

【例 7.3】 设计一个实用中波段收音机的二极管包络检波器，如图 7.47 所示。现要求检波器的等效输入电阻 $R_{id} \geqslant 5k\Omega$，不产生惰性失真和负峰切割失真。选择检波器的各元件参数值(设调制信号频率 F 为 300~3000Hz，检波器输入已调信号的载频为 465kHz，二极管的正向导通电阻 $r_D \approx 100\Omega$，后级低放输入阻抗 $R_{i2} \approx 2\ k\Omega$，调制系数 $m_a \approx 0.3$)。

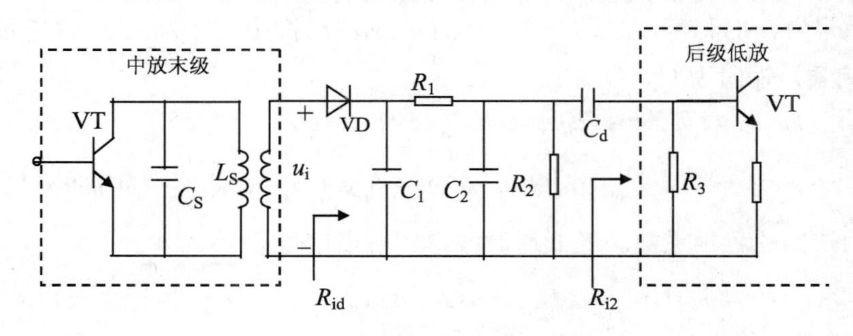

图 7.47　例 7.3 图

解：先计算电阻 R_1、R_2 的值，因为二极管包络检波器的输入电阻 R_{id} 与其直流负载电阻 R 的关系为 $R_{id}\approx R/2$，而 $R=R_1+R_2$，所以有 $R=R_1+R_2\geqslant 10\text{k}\Omega$。又因不产生负峰切割失真的条件是 $R_\Omega/R>m_a\approx 0.3$(其中 R_Ω 为检波器的交流负载)，因此可得到 $R_\Omega>3\text{k}\Omega$。由图 7.47 已给出的电路形式，现取 $R_1\approx(1/5\sim 1/10)R_2$，如取 $R_1=2\text{ k}\Omega$，则 $R_2=10\text{k}\Omega$，直流负载电阻 $R=R_1+R_2=12\text{k}\Omega>10\text{k}\Omega$，满足要求。此时交流负载

$$R_\Omega=R_1+\frac{R_2R_{i2}}{R_2+R_{i2}}=2+\frac{10\times 2}{10+2}=3.7\text{k}\Omega$$

再由不产生惰性失真的条件计算 C_1、C_2

$$RC\leqslant\frac{\sqrt{1-m_{\max}^2}}{\Omega_{\max}m_{\max}}\approx\frac{3.2}{\Omega_{\max}}$$

可得

$$C\leqslant\frac{3.2}{\Omega_{\max}R}=\frac{3.2}{2\pi\times 3000\times 12\times 10^3}=0.014\mu\text{F}$$

由于实际电路中 R_1 较小，所以可以近似认为 $C=C_1+C_2$，通常可以选用 $C_1=C_2=0.005\mu\text{F}$ 的电容。另外 C_d 可根据 $R_{i2}C_d\gg\frac{1}{\Omega_{\min}}$，可得

$$C_d\gg\frac{1}{\Omega_{\min}R_{i2}}=\frac{1}{2\pi\times 300\times 2\times 10^3}=0.3\ \mu\text{F}$$

通常可以选用 $C_d=1\sim 5\ \mu\text{F}$ 。

7.4.3 同步检波

同步检波器主要用于抑制载波的双边带调幅波和单边带调幅波的解调，也可以用来解调普通调幅波。同步检波器由相乘器和低通滤波器两部分组成。它与包络检波器的区别在于检波器的输入除了有需要解调的调幅信号电压外，还必须外加一个频率和相位与输入信号载频完全相同的同步信号电压 u_r，调幅信号与同步信号相乘或相加就分别为乘积型和叠加型两种同步检波器。

1. 乘积型同步检波器

调幅信号与同步信号经过乘法器和滤波后就可以得到原调制信号。如果同步信号和发送端的频率及相位有一定的偏差，将会使恢复出来的调制信号产生失真。

设输入信号为 DSB 信号，即 $u_i(t)=U_{im}\cos\Omega t\cos\omega_c t$，同步信号为 $u_r(t)=U_{rm}\cos(\omega_r t+\varphi)$，这两个信号相乘，输出为

$$\begin{aligned}ku_iu_r&=kU_{im}\cos\Omega t\cos\omega_c tU_{rm}\cos(\omega_r t+\varphi)\\&=\frac{k}{2}U_{im}U_{rm}\cos\Omega t\{\cos[(\omega_c+\omega_r)t+\varphi]+\cos[(\omega_c-\omega_r)t+\varphi]\}\end{aligned}\tag{7-85}$$

式中，k 为乘法器的相乘系数。经低通滤波得到输出信号为

$$u_o(t)=\frac{k}{2}U_{im}U_{rm}\cos\Omega t\cos[(\omega_c-\omega_r)t+\varphi]\tag{7-86}$$

由式 (7-86)可以看出：

(1) 当同步信号与原发射端的载波信号同步时，即 $\omega_c-\omega_r=\Delta\omega=0$，$\varphi=0$ 时，输出信号为 $u_o=\frac{k}{2}U_{im}U_{rm}\cos\Omega t$。即表明同步检波器能无失真地恢复原调制信号。

(2) 当同步信号与原发射端的载波信号有一定的频率差时，即 $\Delta\omega\neq0$，$\varphi=0$ 时，输出信号为 $u_o=\frac{k}{2}U_{im}U_{rm}\cos\Delta\omega t\cos\Omega t$，即表明同步检波器输出解调信号中相对于原调制信号 u_Ω 已引起振幅失真，称之为频率失真。

(3) 当同步信号与原发射端的载波信号同频，但有一定的相位差时，即 $\Delta\omega=0$，$\varphi\neq0$ 时，输出信号为 $u_o=\frac{k}{2}U_{im}U_{rm}\cos\varphi\cos\Omega t$。即表明同步检波器输出解调信号中引入了一个振幅衰减因子 $\cos\varphi$，如果 φ 固定不变，则同步检波器能无失真地恢复原调制信号，但幅度有衰减，称为相位失真；否则就会引起振幅失真。

对单边带信号来说，解调过程与双边带相似。设输入信号为单频调制的上边带信号 $u_i=U_{im}\cos(\omega_c+\Omega)t$，同步信号为 $u_r=U_{rm}\cos(\omega_r t+\varphi)$，这两个信号相乘，输出为

$$\begin{aligned}ku_iu_r&=kU_{im}\cos(\omega_c+\Omega)tU_{rm}\cos(\omega_r t+\varphi)\\&=\frac{k}{2}U_{im}U_{rm}\{\cos[(\omega_c+\omega_r+\Omega)t+\varphi]+\cos[(\omega_c-\omega_r+\Omega)t-\varphi]\}\end{aligned}\tag{7-87}$$

经低通滤波得到输出信号

$$u_o=\frac{k}{2}U_{im}U_{rm}\cos[(\omega_c-\omega_r+\Omega)t-\varphi]\tag{7-88}$$

当 $\Delta\omega=0$、$\varphi=0$ 时，$u_o=\frac{k}{2}U_{im}U_{rm}\cos\Omega t$，同步检波器能无失真地恢复原调制信号。

对于普通调幅波，同样也可以采用同步检波器来实现解调。如图 7.48 所示为模拟乘法器 MC1596 组成的同步检波器。被解调信号可以是任一种调幅信号，从集成电路的 1 脚输入，本地载频信号从 8 脚输入。解调出的原调制信号从 9 脚输出，经外接π型低通滤波器，即可解调出所需的信号。除了使用模拟乘法器以外，还可以使用前面所介绍的二极管平衡电路、二极管环形电路等具有乘法功能的电路来实现乘积型同步检波器。

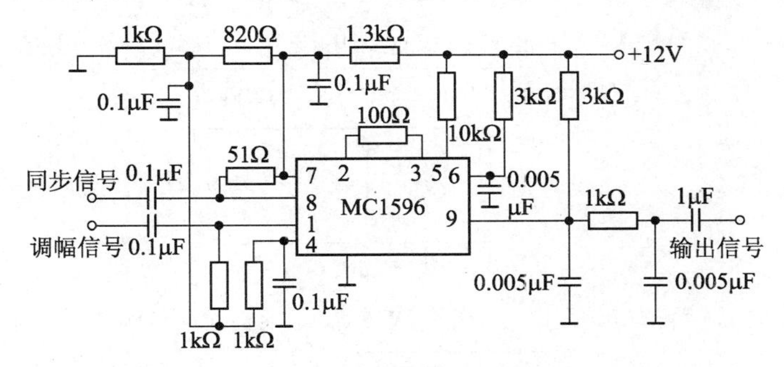

图 7.48 集成同步检波器

2. 叠加型同步检波器

叠加型同步检波是将 DSB 或 SSB 信号插入恢复载波，使之成为或近似为 AM 信号，再利用包络检波器将调制信号恢复出来。图 7.49 就是叠加型同步检波器的原理电路。

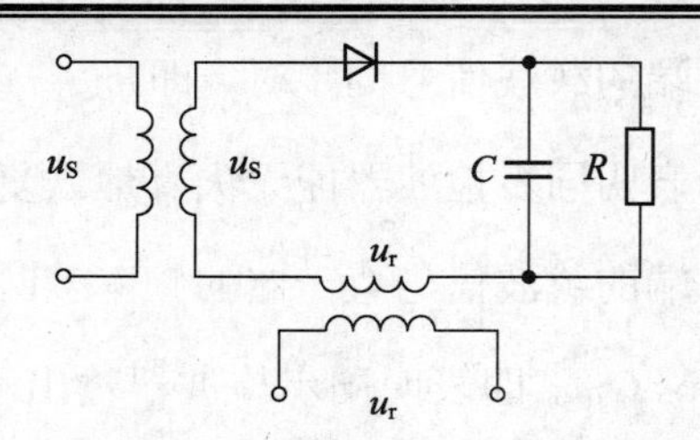

图 7.49　叠加型同步检波器原理电路

设输入信号为 DSB 信号，即

$$u_i(t)=U_{im}\cos\Omega t\cos\omega_c t$$

本地同步信号为$u_r(t)=U_{rm}\cos\omega_r t=U_{rm}\cos\omega_c t$，这两个信号相加，输出为

$$\begin{aligned}u_i+u_r&=U_{im}\cos\Omega t\cos\omega_c t+U_{rm}\cos\omega_c t\\&=U_{rm}(1+\frac{U_{im}}{U_{rm}}\cos\Omega t)\cos\omega_c t=U_{rm}(1+m_a\cos\Omega t)\cos\omega_c t\end{aligned}\tag{7-89}$$

式中，$m_a=\dfrac{U_{im}}{U_{rm}}$，由于$u_r$是由本地产生的，其振幅可以做得较大，很容易满足$m_a\leqslant 1$的条件。所以合成后的信号为不失真的 AM 调幅波，再通过包络检波器就可以检出所需的调制信号。

当输入信号为 SSB 信号，即$u_i(t)=U_{im}\cos(\omega_c+\Omega)t$，本地同步信号为$u_r(t)=U_{rm}\cos\omega_r t=U_{rm}\cos\omega_c t$，这两个信号相加，输出为

$$\begin{aligned}u_i+u_r&=(U_{im}\cos\Omega t+U_{rm})\cos\omega_c t-U_{im}\sin\Omega t\sin\omega_c t\\&=U_{rm}(1+\frac{U_{im}}{U_{rm}}\cos\Omega t)\cos\omega_c t-U_{im}\sin\Omega t\sin\omega_c t\\&=U_m(t)\cos[\omega_c t+\varphi(t)]\end{aligned}\tag{7-90}$$

式中

$$U_m(t)=\sqrt{(U_{rm}+U_{im}\cos\Omega t)^2+(U_{im}\sin\Omega t)^2}\tag{7-91}$$

$$\varphi(t)=\arctan\frac{U_{im}\sin\Omega t}{U_{im}\cos\Omega t+U_{rm}}\tag{7-92}$$

包络检波器对相位不敏感，下面只讨论包络的变化。由式(7-91)可得

$$\begin{aligned}U_m(t)&=\sqrt{U_{rm}^2+U_{im}^2+2U_{rm}U_{im}\cos\Omega t}\\&=U_{rm}\sqrt{1+\left(\frac{U_{im}}{U_{rm}}\right)^2+2\frac{U_{im}}{U_{rm}}\cos\Omega t}\\&=U_{rm}\sqrt{1+m_a^2+2m_a\cos\Omega t}\end{aligned}\tag{7-93}$$

式中，$m_a=U_{im}/U_{rm}$。当$m_a\ll 1$时，忽略高次项m_a^2，则式(7-93)可近似表示为

$$U_m(t)\approx U_{rm}\sqrt{1+2m_a\cos\Omega t}\approx U_{rm}(1+m_a\cos\Omega t)\tag{7-94}$$

如果设包络检波器的电压传输系数为K_d，那么经过包络检波器后输出的电压为

$$u_o=K_d U_{rm}(1+m_a\cos\Omega t)\tag{7-95}$$

经过隔直电容后就可将调制信号恢复出来。

图 7.50 是由两个二极管峰值包络检波器构成的叠加型平衡同步检波器，其中上面的检

波器输出为

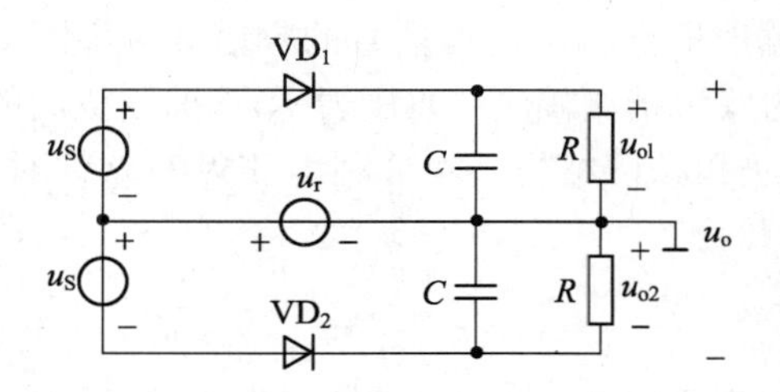

图 7.50 叠加型平衡同步检波器

$$u_{o1}(t) = K_d U_{rm}(1 + m_a \cos\Omega t)$$

下面的检波器输出为

$$u_{o2}(t) = K_d U_{rm}(1 + m_a \cos\Omega t)$$

则总的输出为

$$u_o(t) = u_{o1}(t) - u_{o2}(t) = 2K_d U_{rm} m_a \cos\Omega t \tag{7-96}$$

由此可见，输出信号和原调制信号成线性关系。

3. 同步信号的提取

从上面的分析可知，不管是乘积型同步检波器还是叠加型同步检波器，实现同步检波的关键是要产生一个与载波信号同频同相的恢复载波。对于 AM 波来说，由于信号中包括载波信号，所以可从 AM 信号中直接提取同步信号；通常将 AM 波通过限幅器将其包络变化去掉，得到等幅载波信号，再经过选频就可以得到所需的同频同相的本地载波。对于 DSB 信号来说，通常是将其通过平方器，从中选出频率为 $2f_c$ 的分量，再经过二分频，就可以得到频率为 f_c 的同步信号。对于 SSB 信号，用前面的两种方法都不行，一般采用外加导频信号法或本地直接产生同步信号法。外加导频信号法是在发射机发送 SSB 信号的同时，限带发射一个载波信号(称为导频信号)，它的功率远远低于 SSB 信号的功率。接收端用具有高选择性的窄带滤波器从输入信号中提取该导频信号，导频信号经放大后就可作为本地同步信号。如果发射机不附带发射导频信号，接收端就只能采用高稳定度晶体振荡器产生指定频率的本地同步信号。在这种情况下，要使接收端的本地同步信号和发送端的载波信号严格同频同相是不可能的，只能要求频率和相位的不同步量限制在允许的范围内。

*7.5 振幅调制与解调的仿真

通过本章前几节的学习可知，振幅调制常用于长波、中波、短波和超短波的无线电广播、通信、电视、雷达等系统。这种调制方式是在发送端用要传递的低频信号(如代表语言、音乐、图像的电信号)去控制作为传送载体的高频振荡(称为载波)的幅度，使其随调制信号线性变化，而保持载波的角频率不变。在接受端是从高频已调波中恢复出原低频调制信号。调幅解调也称为检波，而完成调幅解调作用的电路称为检波器。从频谱上看，调制和解调是一种信号频谱的线性搬移过程，调制是将低频调制信号的频谱线性搬移到载波的上、下边频，而解调是将高频载波端边带信号的频谱线性搬移到低频端，这种调制与解调的频谱搬移过程恰好相反，故所有的频谱线性搬移电路均可用于调幅解调。

在幅度调制中，又根据所取出输出已调信号的频谱分量不同，分为普通调幅(标准调幅，用 AM 表示)、抑制载波的双边带调幅(用 DSB 表示)、抑制载波的单边带调幅(SSB)等。它们的主要区别是产生的方法和频谱结构。本节利用 EWB 软件对二极管环形调幅电路和二极管峰值包络检波进行仿真。

1. 二极管环形调幅电路

图 7.51 为二极管环形调幅电路，与二极管单平衡电路相比，多接了两只 VD_3 和 VD_4，四只二极管组成一个环路，因此称为二极管环形电路。二极管环形电路可看成两个二极管平衡电路组成的，因此又称为二极管双平衡电路。在环形调幅器中选择好 V_0、V_1 是提高调幅器的调制线性的关键，尤其是 V_0 的选择更为重要。下面讨论二极管环形调幅电路参数的选择。

1) 载波电压 V_0 的选择

载波电压 V_0 选择的依据主要保证二极管正确导通和截止，即保证二极管工作在开关状态下。经验证明，增大载波电压和减小调制信号电压都对减少调幅的非线性失真有利。对二极管来说，载波电压越高，越接近线性调幅。因此，实际应用中如图像调制器中所用环形调幅器，通常取载波电压为 $V_0=(8\sim20)V_1$。

2) 二极管的选择

环形调幅电路中使用的二极管，最好选用超高速开关管或热载流子二极管(也叫肖特基势垒二极管)，工作频率可扩展到微波频段，在特性方面，四只二极管正反向特性要一致，正向等效电阻要小，反向饱和电流也要小。另外，选择的二极管要满足它允许通过的最大电流和它所能承受的最大反向电压。

目前已有二极管双平衡通用组件(把四只二极管做成集成对)供应市场。工作频段很宽(几十千赫到几千兆赫)，应用很广，不仅用于幅度调制，还可用于变频、解调和其他电路。

二极管环形调幅电路电路参数如图 7.51 中所标注，EWB 仿真波形如图 7.52 所示。

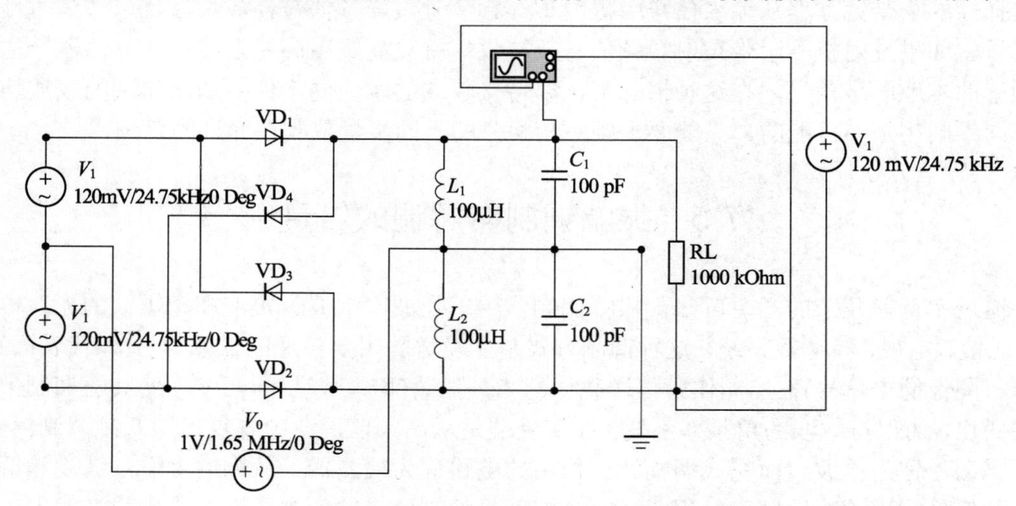

图 7.51　二极管环形调幅电路图

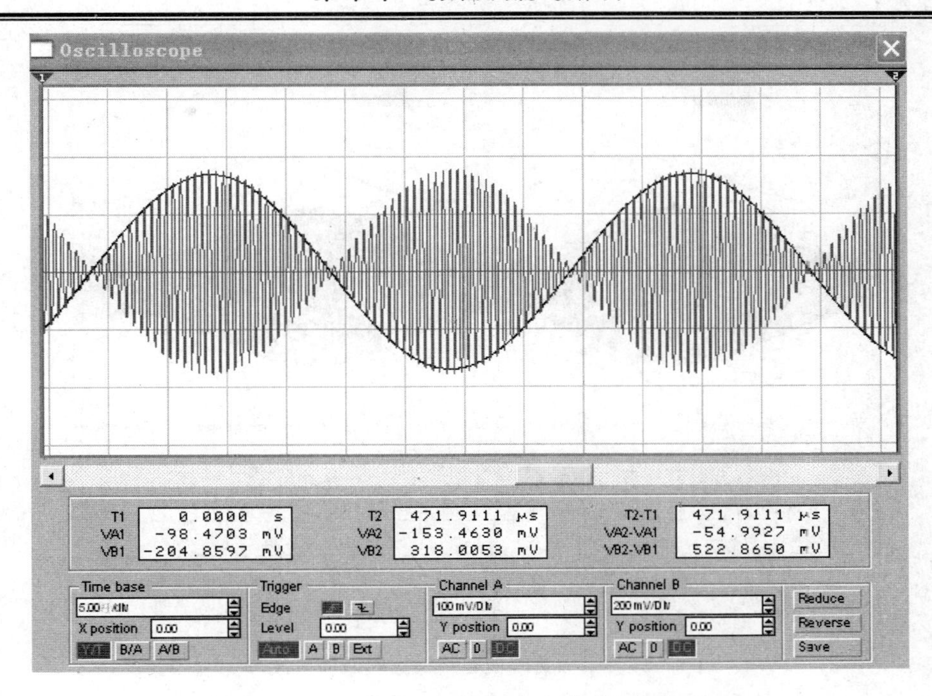

图 7.52　二极管环形调幅电路时域仿真波形

2. 二极管峰值包络检波

二极管峰值包络检波是在高频输入信号的振幅大于0.5V时，利用二极管对电容C充电，加反向电压时截止，电容C上电压对电阻R放电这一特性实现检波的。因为信号振幅较大，且二极管工作于导通和截止两种状态。

图 7.53 为二极管峰值包络检波电路图，电路参数如图中所标注。EWB 仿真波形如图 7.54 所示。

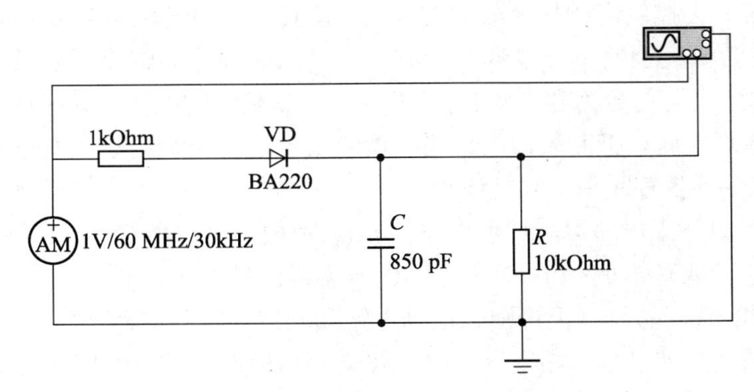

图 7.53　二极管峰值包络检波电路图

通过本次仿真，使读者了解二极管环形调幅和二极管峰值包络检波的一般工作原理及调试、仿真方法。读者也可对其他形式的振幅调制和解调电路进行电路设计和仿真，如利用 MC1596 完成双边带信号的调制和同步解调。

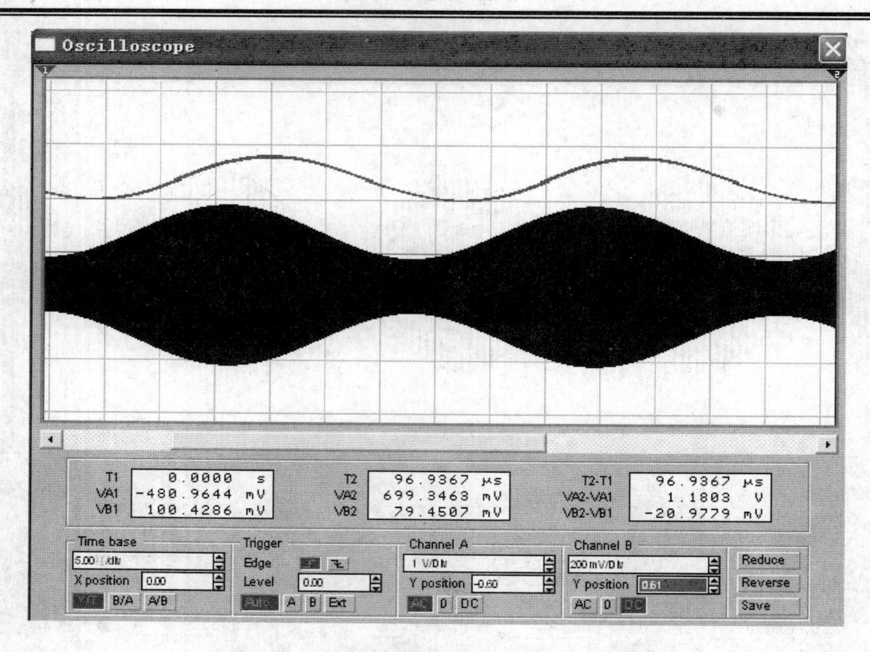

图 7.54　二极管峰值包络检波时域仿真波形

7.6　本 章 小 结

1．调幅和检波过程，在时域上都表现为两信号的相乘；在频域上则是频谱的线性搬移。因此其原理电路模型相同，都由非线性元器件(实现频率变换)和滤波器(滤除不需要的频率分量，通过输出分量)组成。不同之处是输入信号、参考信号、滤波器特性在实现调幅和检波时各有不同的形式。以完成特定要求的频谱搬移。

2．用调制信号去控制高频振荡载波的幅度，使其幅度的变化量随调制信号成正比地变化，这一过程称为幅度调制。经过幅度调制后的高频振荡称为幅度调制波(简称调幅波)。根据频谱的结构不同，可分为普通调幅(AM)波、抑制载波的双边带调幅(DSB)波和单边带调幅(SSB)波。普通调幅、抑制载波的双边带调幅及单边带调幅的数学表达式、波形图、功率分配、频带宽度等各有区别。其检波也可采用不同的电路模型。

3．普通调幅波产生电路可采用低电平调制电路(模拟乘法器)，也可采用高电平调制电路(集电极调制电路或基极调制电路)。抑制载波调幅波的产生电路一般可采用晶体二极管平衡、环形调制电路，晶体二极管桥式调制电路和利用模拟乘法器产生。

4．解调是调制的逆过程。幅度调制波的解调简称检波，其作用是从幅度调制波中不失真地检出调制信号来。从频谱上看，就是将幅度调制波的边带信号不失真地搬到零频。普通调幅波中已含有载波，对于大信号检波可采用二极管包络检波器，对于小信号检波宜采用同步解调。在包络检波器中要合理选择元件值，避免失真。而对于抑制载波调幅波只能采用同步检波器才能解调。同步检波的关键是如何产生一个与发射载波同频、同相并保持同步变化的参考信号。在集成电路中多采用模拟相乘器构成同步检波器。

7.7 习　　题

7-1 为什么调制必须利用电子器件的非线性特性才能实现？它和小信号放大在本质上有什么不同？

7-2 设某一广播电台的信号电压 $u = 20(1+0.3\cos 6280t)\cos 6.33\times10^6 t(\text{mV})$，问此电台的载波频率是多少？调制信号频率是多少？

7-3 某发射机输出信号为

$$u_o(t) = 25(1+0.7\cos 2\pi 5000t - 0.3\cos 2\pi 10000t)\cos 2\pi 10^6 t$$

(1) 试求它所包含的各分量的频率及振幅。

(2) 设发射机输出负载 $R_L = 100\Omega$，求总的输出功率 P_{av}、载波功率 P_C 和边频功率 $P_{边频}$。

7-4 一个调幅发射机的载波输出功率为 5kW，$m_a = 0.7$，被调级的平均效率为 50%，试求：

(1) 边频功率；

(2) 电路为集电极调幅时，直流电源供给被调级的功率；

(3) 电路为基极调幅时，直流电源供给被调级的功率。

7-5 题 7-5 图给出了一个振幅调制波的频谱。

(1) 写出该普通调幅波的标准表示式，计算调幅指数、调制频率及信号带宽；

(2) 画出产生这种信号的方框图；

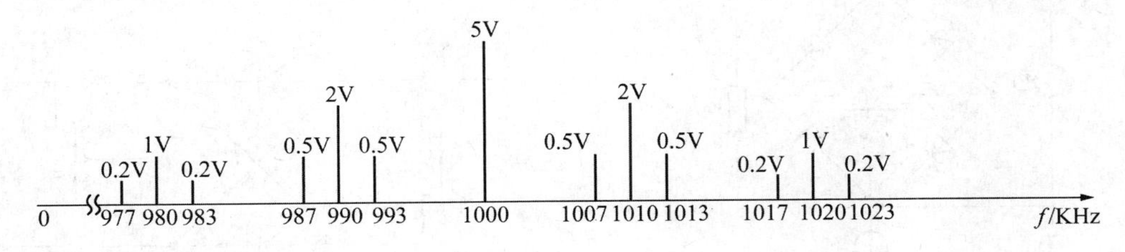

题 7-5 图

(3) 仿照此方法画出一个载频等于 10MHz，能同时传送两路带宽等于 5kHz 的话音信号的上边带调制信号的频谱。

7-6 试用乘法器、加法器和滤波器组成产生下列信号的框图：

(1) AM 波；(2) DSB 波；(3) SSB 波。

7-7 在题 7-7 图所示的各电路中，调制信号 $u_\Omega = U_{\Omega m}\cos\Omega t$，载波信号 $u_c = U_{cm}\cos\omega_c t$，且 $\omega_c \gg \Omega$，$U_{cm} \gg U_{\Omega m}$，二极管 U_{D1}、U_{D2} 的伏安特性相同，均为从原点出发，斜率为 g_D 的直线。

(1) 试问哪些电路能实现双边带调制？

(2) 在能够实现双边带调制的电路中，试分析其输出电流的频率分量。

7-8 在题 7-8 图所示的桥式电路中，各二极管的特性一致，均为自原点出发、斜率为 g_D 的直线，并且工作在受 u_2 控制的开关状态。若 $R_L \gg R_D(R_D = 1/g_D)$，试分析电路分别工作在调幅和检波时，u_1、u_2 各应为什么信号，并写出 u_o 的表示式。

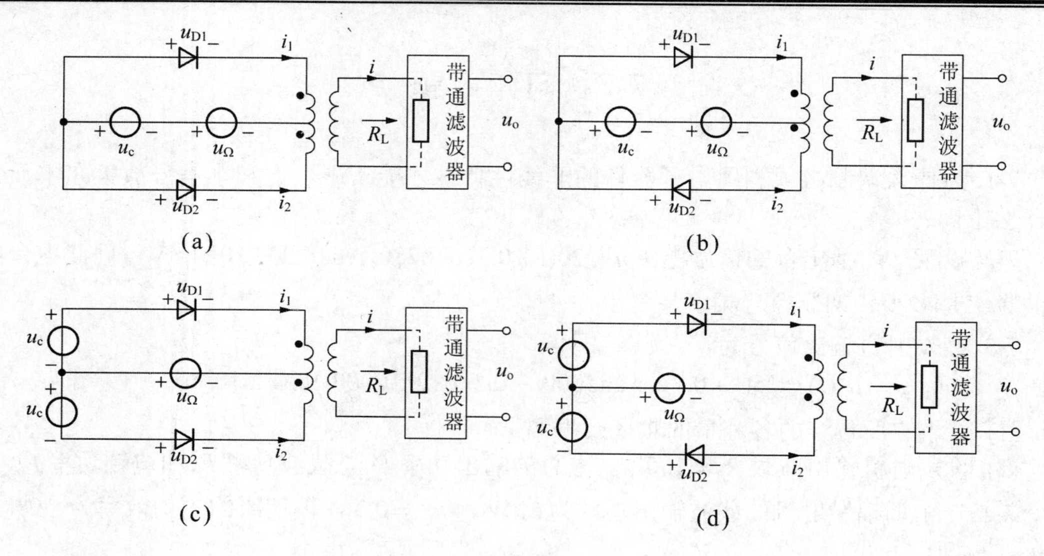

题 7-7 图

7-9 在题 7-9 图所示的环形振幅调制电路中，各二极管的特性一致，均为自原点出发、斜率为 g_D 的直线，并且工作在受 u_c 控制的开关状态。调制信号 $u_\Omega = U_{\Omega m}\cos\Omega t$，载波信号振幅 U_{cm}，重复周期为 $T_c = 2\pi/\omega_c$ 的对称方波，且 $U_{cm} \gg U_{\Omega m}$。试求出输出电压的波形及相应的频谱。

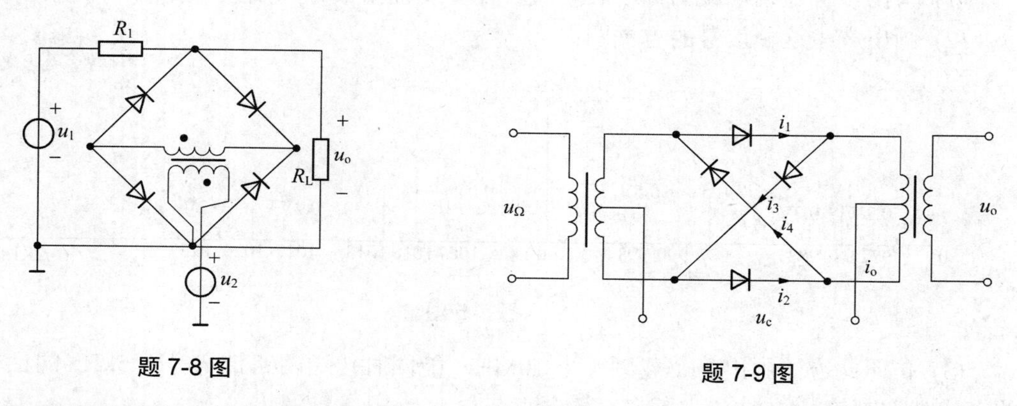

题 7-8 图　　　　题 7-9 图

7-10 振幅检波器必须有哪几个组成部分？各部分作用如何？下列各图(见题 7-10 图)能否检波？图中 R、C 为正常值，二极管为折线特性？

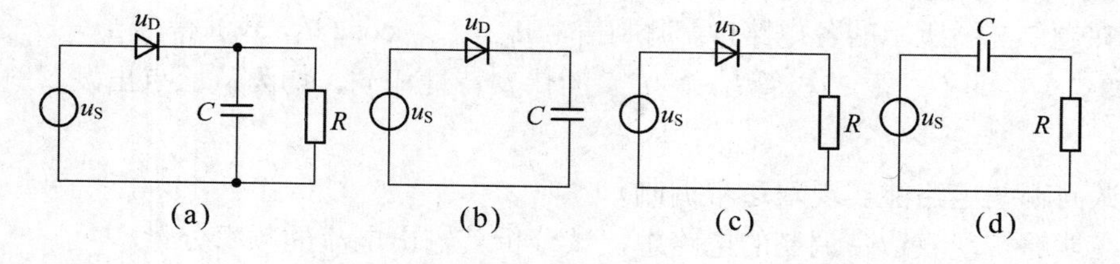

题 7-10 图

7-11 检波器电路如题 7-11 图所示。u_S 为已调波(大信号)。根据图示极性，画出 RC 两端、R_g 两端、C_g 两端、二极管两端的电压波形。

7-12 包络检波器电路如题 7-12 图所示。设检波二极管为理想二极管，$R_L \gg R$。若输入电压分别为以下信号时，在满足 $\omega_c \gg \Omega$ 条件下，试分别求 u_o 和 u_{o1}。

(1) $u_S = 2\sin[\omega_c t + \phi(\Omega)]$ (V)；

(2) $u_S = -4[1 + 0.6 f(t)]\sin\omega_c t$ (V)；

(3) $u_S = 3\cos(\omega_c - \Omega)t$ (V)；

(4) $u_S = 3\cos\omega_c t + 0.5\cos(\omega_c - \Omega)t + 0.5\cos(\omega_c + \Omega)t$(V)；

(5) 若电阻 R 取值过大，会出现什么现象？

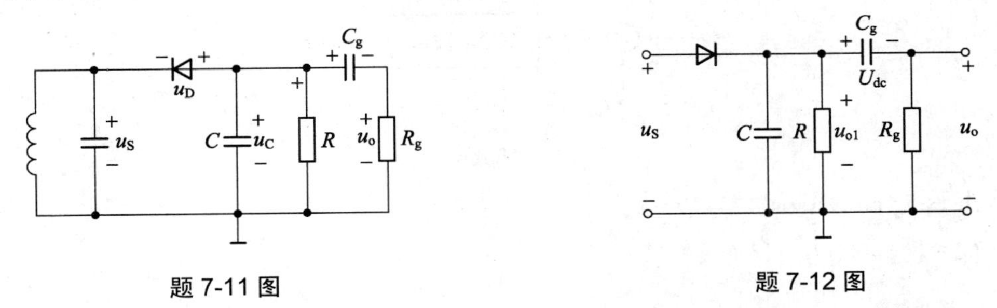

题 7-11 图　　　　题 7-12 图

7-13 检波电路如题 7-13 图所示。$u_S = 0.8(1 + 0.5\cos\pi \times 10^4 t)\ \cos(2\pi \times 465 \times 10^3)t$ (V)，$r_D = 125\Omega$，$R = 4.7\text{k}\Omega$，$C = 0.01\mu\text{F}$，$R_g = 10\text{k}\Omega$，$C_g = 10\text{pF}$。试计算输入电阻 R_i、传输系数 K_d，并检查有无惰性及底部失真。

7-14 检波电路如题 7-14 图所示。$R_L = 1\text{k}\Omega$，$R_1 = 510\Omega$，$R_2 = 4.7\text{k}\Omega$。输入信号电压 $u_S = 1.2\cos(2\pi \times 465 \times 10^3)t + 0.36\cos(2\pi \times 462 \times 10^3)t + 0.36\cos(2\pi \times 468 \times 10^3)t$(V)

试求：

(1) 调幅波的调幅指数、调制信号频率，并写出调幅波的数学表达式。

(2) 试问会不会产生惰性失真或负峰切割失真？

(3) 画出 A、B 点的瞬时电压波形并写出这两点的输出电压表达式。

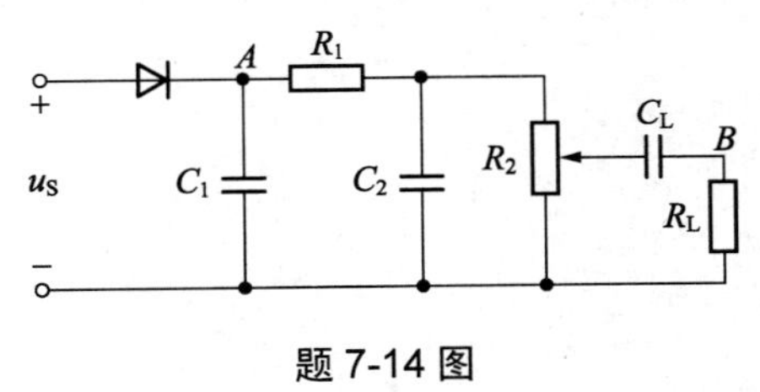

题 7-14 图

7-15 平衡同步检波电路如题 7-15 图所示，设二极管均为理想的。若 u_S 和 u_r 分别为如下信号时，试求输出电压 u_{o1}、u_{o2} 和 u_o。

(1) $u_S = 3(1 - 0.5\cos\Omega t)\sin\omega_c t$(V)，$u_r = 0$；

(2) $u_S = (1 + 0.6\sin\Omega t)\cos\omega_c t$(V)，$u_r = 2\cos\omega_c t$(V)；

(3) $u_S = 0.5 f(t)\cos\omega_c t$(V)，$u_r = 3\cos\omega_c t$(V)；

(4) $u_S = 0.3\cos(\omega_c - 2\pi \times 10^3)t$(V)，$u_r = -3\cos\omega_c t$(V)。

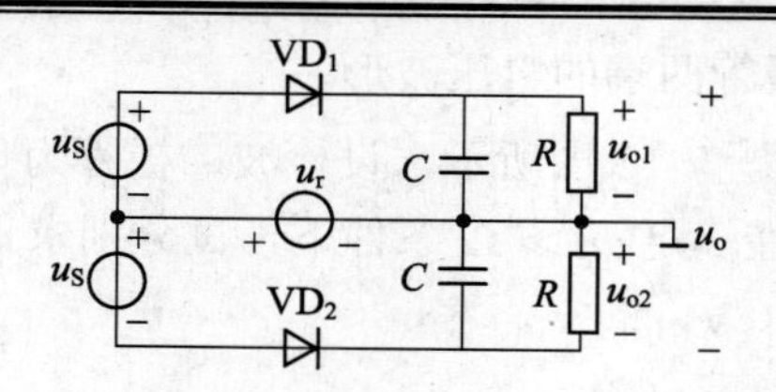

题 7-15 图

7-16 如题 7-16 图所示的乘积型同步检波器，恢复载波 $u_r = U_{rm}\cos(\omega_c t + \varphi)$ 。试求在下列两种情况下的输出电压表达式，并说明是否有失真。

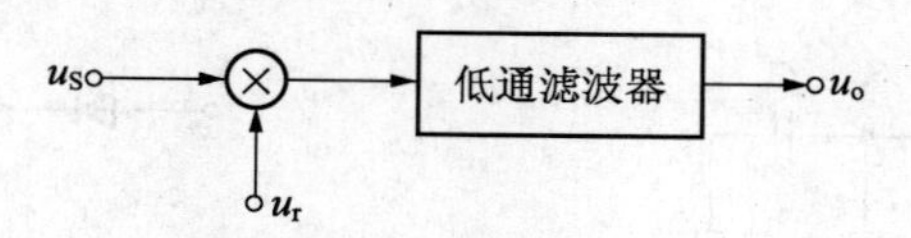

题 7-16 图

(1) $u_S = U_{sm}\cos\Omega t\cos\omega_c t$;

(2) $u_S = U_{sm}\cos(\omega_c + \Omega)t$ 。

第 8 章　角度调制与解调

教学提示：保持载波的振幅不变，使其频率或相位按调制信号规律变化，分别称为频率调制(FM)和相位调制(PM)，由于两种调制都使载波的总相角发生调变，因而统称为角度调制。本章讨论的主要内容包括调角波信号分析、角度调制的原理、实现方法及电路。

教学要求：本章让学生理解角度调制的表达式、波形、频谱、调制解调的实现方法及原理电路。重点是让学生掌握变容二极管直接和间接调频与解调的原理、电路组成和分析方法。

8.1　概　　述

角度调制是用调制信号去控制载波信号角度(频率或相位)变化的一种信号变换方式。如果受控的是载波信号的频率，则称频率调制(Frequency Modulation)，简称调频，以 FM 表示；若受控的是载波信号的相位，则称为相位调制(Phase Modulation)，简称调相，以 PM 表示。无论是 FM 还是 PM，载频信号的幅度都不受调制信号的影响。

调频波的解调称为鉴频或频率检波，调相波的解调称鉴相或相位检波。与调幅波的检波一样，鉴频和鉴相也是从已调信号中还原出原调制信号。

角度调制与解调和振幅调制与解调最大的区别在频率变换前后频谱结构的变化不同。其频率变换前后频谱结构发生了变化，所以属于非线性频率变换。

与前几章讲述的频谱线性搬移电路不同，角度调制属于频谱的非线性变换，即已调信号的频谱结构不再保持原调制信号频谱的内部结构，且调制后的信号带宽比原调制信号带宽大得多。虽然角度调制信号的频带利用率不高。但其抗干扰和噪声的能力较强，因此 FM 广泛应用于广播、电视、通信以及遥测方面，PM 主要应用于数字通信。另外，角度调制的分析方法和模型等都与频谱线性搬移电路不同。

调频波和调相波都表现为相位角的变化，只是变化的规律不同而已。由于频率与相位间存在微分与积分的关系，调频与调相之间也存在着密切的关系，即调频必调相，调相必调频。同样，鉴频和鉴相也可相互利用，既可以用鉴频的方法实现鉴相，也可以用鉴相的方法实现鉴频。因此，本章只着重讨论调频信号的产生及解调方法，而对相位调制只做简单的说明和对比。

8.2　角度调制的基本原理

为了理解调制及解调电路的构成，必须对已调信号有个正确的概念。本节对角度调制信号进行了分析。

8.2.1　调角波的表达式及波形

高频振荡信号的一般表达式可用下式表示，即

$$u(t)=U_{\mathrm{m}}\cos(\omega_0 t+\varphi_0)=U_{\mathrm{m}}\cos\varphi(t)$$

式中，U_{m} 为高频振荡器的振幅；$\varphi(t)$ 为高频振荡器的瞬时相角。

1. 调频波表达式及波形

设调制信号为单一频率信号 $u_{\Omega}(t)=U_{\Omega m}\cos\Omega t$，载波信号为 $u_{\mathrm{c}}(t)=U_{\mathrm{cm}}\cos\omega_{\mathrm{c}}t$，则根据调频波的定义，调频信号的瞬时角频率 $\omega(t)$ 随调制信号 $u_{\Omega}(t)$ 线性变化，即

$$\omega(t)=\omega_{\mathrm{c}}+\Delta\omega(t)=\omega_{\mathrm{c}}+k_{\mathrm{f}}u_{\Omega} \tag{8-1}$$

可以看出，瞬时角频率 $\omega(t)$ 是在调频波的中心频率 ω_{c} 的基础上，增加了与 $u_{\Omega}(t)$ 成正比的瞬时角频率偏移 $\Delta\omega(t)$ (又称角频率偏移或角频偏)。角频偏 $\Delta\omega(t)$ 用如下公式表示，即

$$\Delta\omega(t)=k_{\mathrm{f}}u_{\Omega}=k_{\mathrm{f}}U_{\Omega\mathrm{m}}\cos\Omega t=\Delta\omega_{\mathrm{m}}\cos\Omega t \tag{8-2}$$

式中，$\Delta\omega_{\mathrm{m}}$ 是 $\Delta\omega(t)$ 的最大值，称为最大角频偏，与 $\Delta\omega_{\mathrm{m}}$ 对应的 $\Delta f_{\mathrm{m}}=\Delta\omega_{\mathrm{m}}/2\pi$ 称为最大频偏，由上式可得 $\Delta\omega_{\mathrm{m}}=k_{\mathrm{f}}U_{\Omega\mathrm{m}}$，$\Delta\omega_{\mathrm{m}}$ 与 $U_{\Omega\mathrm{m}}$ 成正比；k_{f} 是比例常数，表示 $U_{\Omega\mathrm{m}}$ 对最大角频偏的控制能力，它是单位调制电压产生的频偏值，也称为调频灵敏度。

在频率调制方式中，$\Delta\omega_{\mathrm{m}}$ 是衡量信号频率受调制程度的重要参数，也是衡量调频信号质量的重要指标。比如常用的调频广播，其最大频偏就定为 75kHz。由图 8.1(b)可以看出，瞬时频率变化范围为 $f_{\mathrm{c}}-\Delta f_{\mathrm{m}}\sim f_{\mathrm{c}}+\Delta f_{\mathrm{m}}$，最大变化值为 $2\Delta f_{\mathrm{m}}$。

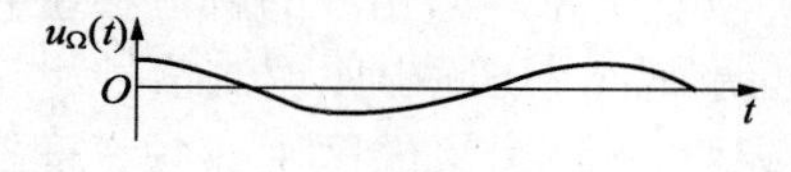

(a) 调制信号波形

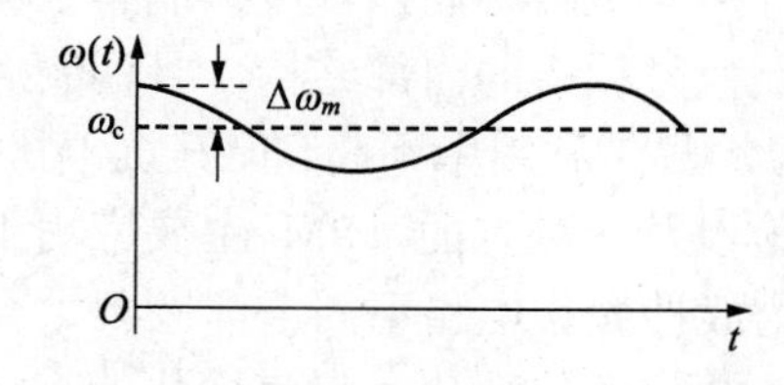

(b) 调频波的瞬时频率波形

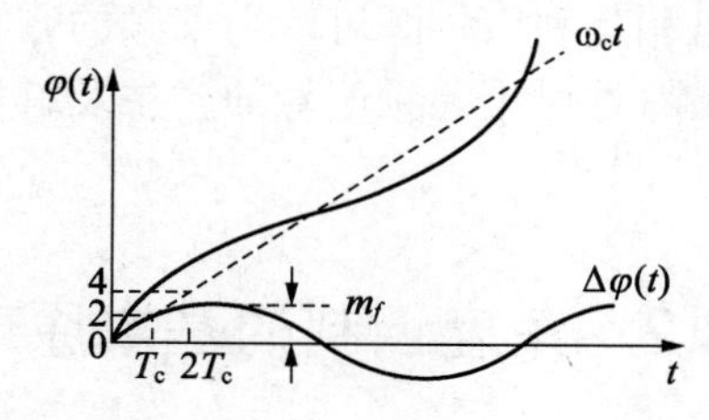

(c) 调频波的瞬时相位波形

图 8.1　调频波的瞬时频率和瞬时相位波形

由于瞬时相位 $\varphi(t)$ 是瞬时角频率 $\omega(t)$ 对时间的积分，则调频波的瞬时相位为

$$\varphi(t)=\int_0^t \omega(\tau)\mathrm{d}\tau+\varphi_0 \tag{8-3}$$

式中，φ_0 为信号的初始角频率。为了分析方便，不妨设 $\varphi_0=0$，则式(8-3)变为

$$\varphi(t)=\int_0^t(\omega_c+k_f u_\Omega)\mathrm{d}t=\omega_c t+\frac{\Delta\omega_m}{\Omega}\sin\Omega t=\omega_c t+m_f\sin\Omega t=\varphi_c+\Delta\varphi(t) \tag{8-4}$$

式中，$\dfrac{\Delta\omega_m}{\Omega}=\dfrac{k_f U_\Omega}{\Omega}=m_f$ 为调频指数；$\Delta\varphi(t)$ 是调频波的瞬时附加相位偏移，简称相移，即

$$\Delta\varphi(t)=\int_0^t\Delta\omega(t)\mathrm{d}t=\frac{\Delta\omega_m}{\Omega}\sin\Omega t=m_f\sin\Omega t \tag{8-5}$$

可以看出，相移是频偏的积分。$\Delta\varphi(t)$ 与调制信号相位相差 90°（即由 $\cos\Omega t$ 变成 $\sin\Omega t$），如图 8.1(c)所示。调频波的调频指数 m_f 就是 $\Delta\varphi(t)$ 的最大值，又叫最大相位偏移。m_f 与 $U_{\Omega m}$ 成正比(又称调制深度)，与 Ω 或 F 成反比。图 8.2 展示了 Δf_m、m_f 与 F 的关系。

由此可得 FM 波的数学表达式为

$$u_{FM}=U_{cm}\cos(\omega_c t+m_f\sin\Omega t) \tag{8-6}$$

图 8.3 是调频波波形。当 u_Ω 最大时，$\omega(t)$ 也最高，波形密集；当 u_Ω 为负峰时，频率最低，波形最疏。因此调频波是波形疏密变化的等幅波。

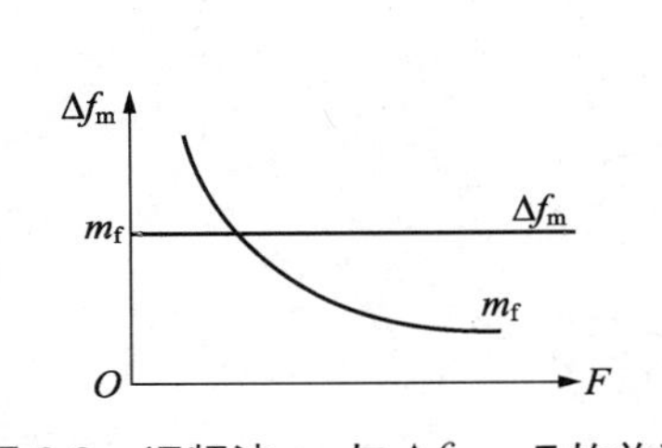

图 8.2　调频波 m_f 与 Δf_m、F 的关系

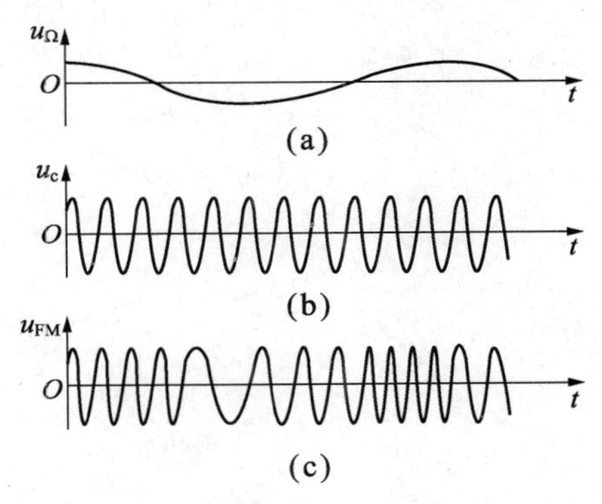

图 8.3　调频波波形

当调制信号是多频信号 $f(t)$ 时，则调频波的一般表示式为

$$u_{FM}=U_{cm}\cos(\omega_c t+k_f\int_0^t f(\tau)\mathrm{d}\tau) \tag{8-7}$$

总之，调频是将消息寄载在频率上而不是在幅度上。也可以说在调频信号中消息是蕴藏于单位时间内波形数目或者说零交叉点数目中。由于各种干扰作用主要表现在振幅上，而在调频系统中，可以通过限幅器来消除这种干扰，因此 FM 波抗干扰能力较强。

2. 调相波表达式及波形

设调制信号 $u_\Omega(t)=U_{\Omega m}\cos\Omega t$，调相波的瞬时相位 $\varphi(t)$ 除了原来载波的相位 $\omega_c t$（设 $\varphi_0=0$）外，还附加了一个与调制信号 $u_\Omega(t)$ 成正比的附加相位 $k_p u_\Omega(t)$，即调相波的瞬时相位为

$$\begin{aligned}\varphi(t)&=\omega_c t+\Delta\varphi(t)=\omega_c t+k_p u_\Omega\\&=\omega_c t+\Delta\varphi_m\cos\Omega t=\omega_c t+m_p\cos\Omega t\end{aligned} \tag{8-8}$$

式中，$k_{p}=\Delta\varphi_{m}/U_{\Omega m}$，是由调相电路决定的比例常数(rad/V)，又称为调相灵敏度，它表示单位调制电压所引起的相位偏移值；$\Delta\varphi(t)$ 是随着调制信号变化而产生的附加相移，其波形如图 8.4(c)所示。$\Delta\varphi_{m}=k_{p}U_{\Omega m}=m_{p}$ 为最大相位偏移，又称为调相指数，对于一确定电路，m_{p} 和 $U_{\Omega m}$ 成正比。

因此调相信号的数学表达式可表示为

$$u_{PM}(t)=U_{cm}\cos(\omega_{c}t+m_{p}\cos\Omega t) \tag{8-9}$$

调相波的波形如图 8.4(g)所示，也是等幅疏密波。它与图 8.1 中的调频波相比只是延迟了一段时间。如不知道原调制信号，则在单频调制的情况下无法从波形上分辨是 FM 波还是 PM 波。

调相波的相位是变化的，由式(8-8)求导得调相波的瞬时频率为

$$\omega(t)=\frac{d}{dt}\varphi(t)=\omega_{c}-\Delta\omega(t)=\omega_{c}-m_{p}\Omega\sin\Omega t=\omega_{c}-\Delta\omega_{m}\sin\Omega t \tag{8-10}$$

其波形如图 8.4(f)所示。式中，$\Delta\omega(t)=m_{p}\Omega\sin\Omega t=k_{p}U_{\Omega m}\Omega\sin\Omega t$，为调相波的瞬时角频偏，其波形如图 8.4(e)所示。调相波的最大角频偏 $\Delta\omega_{m}=m_{p}\Omega=k_{p}U_{\Omega m}\Omega$。

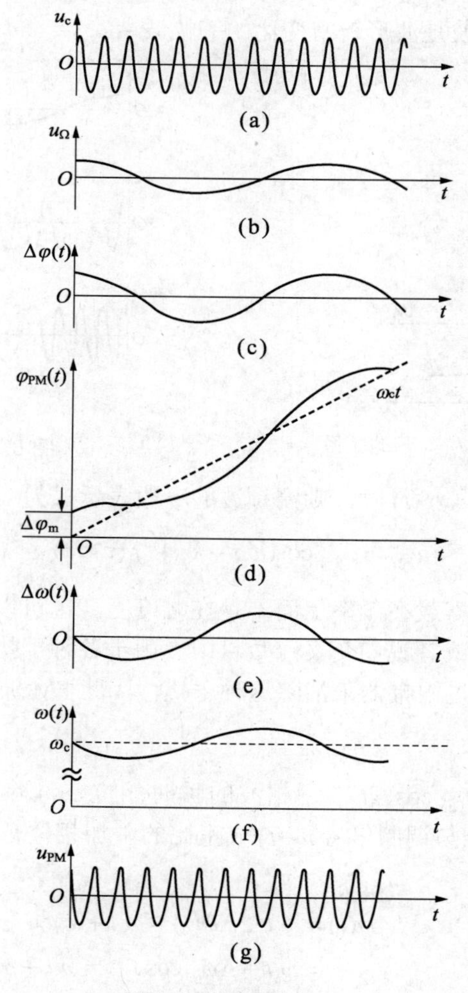

图 8.4　调相波波形

对应调相波的最大频偏 $\Delta f_{\mathrm{m}}=m_{\mathrm{p}}f/2\pi=k_{\mathrm{p}}U_{\Omega\mathrm{m}}f/2\pi$，它不仅与调制信号的幅度成正比，而且还与调制频率成正比(这一点与 FM 不同)，其与调制信号的频率和幅度的关系如图 8.5 所示。调制频率越高，频偏也越大。若规定 Δf_{m} 值，那么就需限制调制频率。

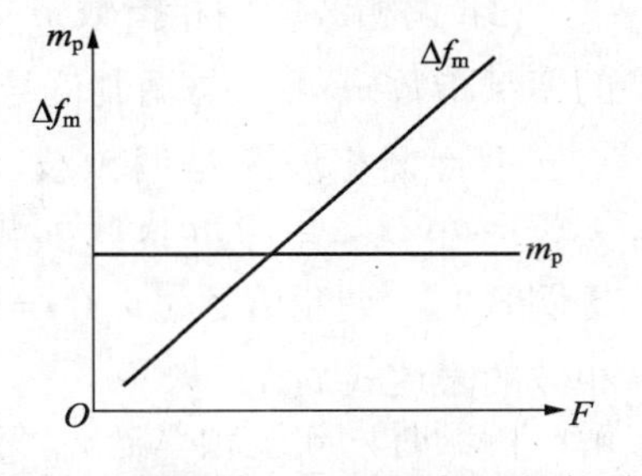

图 8.5　调相波 Δfm、m_{p} 与 F 的关系

当调制信号是多频信号 $f(t)$ 时，则调频波的一般表示式为

$$u_{\mathrm{PM}}(t)=U_{\mathrm{cm}}\cos(\omega_{\mathrm{c}}t+k_{\mathrm{p}}f(t)) \tag{8-11}$$

3. 调频波与调相波的比较

通过以上的分析和比较，将调频波与调相波的比较列于表 8-1 中。

表 8-1　调频波与调相波的比较

项　目	调　频　波	调　相　波
调制信号	$u_{\Omega}=U_{\Omega\mathrm{m}}\cos\Omega t$	$u_{\Omega}=U_{\Omega\mathrm{m}}\cos\Omega t$
载波	$u_{\mathrm{c}}=U_{\mathrm{cm}}\cos\omega_{\mathrm{c}}t$	$u_{\mathrm{c}}=U_{\mathrm{cm}}\cos\omega_{\mathrm{c}}t$
偏移的物理量	频率	相位
瞬时角频率	$\omega(t)=\omega_{\mathrm{c}}+k_{\mathrm{f}}u_{\Omega}$	$\omega(t)=\omega_{\mathrm{c}}+k_{\mathrm{p}}\dfrac{\mathrm{d}u_{\Omega}}{\mathrm{d}t}$
瞬时相位	$\varphi(t)=\omega_{\mathrm{c}}t+k_{\mathrm{f}}\int u_{\Omega}\mathrm{d}t$	$\varphi(t)=\omega_{\mathrm{c}}t+k_{\mathrm{p}}u_{\Omega}$
调制指数(最大相偏)	$m_{\mathrm{f}}=\dfrac{\Delta\omega_{\mathrm{m}}}{\Omega}=\dfrac{k_{\mathrm{f}}U_{\Omega\mathrm{m}}}{\Omega}=\Delta\varphi_{\mathrm{m}}$	$m_{\mathrm{p}}=\dfrac{\Delta\omega_{\mathrm{m}}}{\Omega}=k_{\mathrm{p}}U_{\Omega\mathrm{m}}=\Delta\varphi_{\mathrm{m}}$
最大频偏	$\Delta\omega_{\mathrm{m}}=k_{\mathrm{f}}U_{\Omega\mathrm{m}}$	$\Delta\omega_{\mathrm{m}}=k_{\mathrm{p}}U_{\Omega\mathrm{m}}\Omega$
已调波信号	$u_{\mathrm{FM}}=U_{\mathrm{cm}}\cos(\omega_{\mathrm{c}}t+m_{\mathrm{f}}\sin\Omega t)$	$u_{\mathrm{FM}}=U_{\mathrm{cm}}\cos(\omega_{\mathrm{c}}t+m_{\mathrm{p}}\cos\Omega t)$

从表 8-1 可以看出，调频波和调相波的主要区别如下：

(1) 由于频率与相位之间存在着微分与积分的关系，所以这预示着 FM 与 PM 之间是可以互相转化的。如果先对调制信号积分，然后再进行调相，就可以得到间接调频波。如果先对调制信号微分，然后用微分结果去进行调频，就可以得到间接调相波。调频波与调相波的关系如图 8.6 所示。

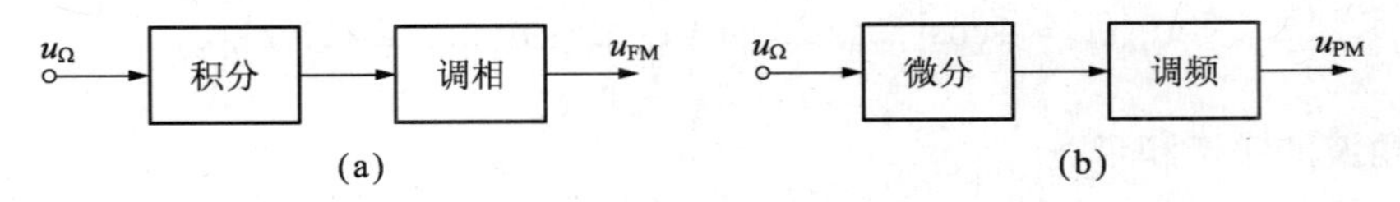

图 8.6　调频波与调相波的关系

(2) 调相波的最大频偏 Δf_{m} 不仅与调制信号的幅度成正比，而且还与调制频率成正比；而调频波的最大频偏 Δf_{m} 只与调制信号的幅度成正比，与调制频率无关。正因为如此，调频波和调相波的频带宽度有了明显差异，我们将在下一节讨论这个问题。

(3) 调相波的调相指数 m_p 只与调制信号的幅度成正比，与调制频率 F 无关；但调频波的调频指数 m_f 不仅与调制信号的幅度成正比，而且与调制频率 F 成反比。

不管调相波还是调频波，其最大角频偏都等于调制指数与调制频率的乘积，即为 $\Delta\omega_m = m\Omega$ (这里用 m 代替 m_f 或 m_p)；因此分析它们的特性时，往往可以合并考虑。

【例 8.1】 调制信号为 $u_\Omega(t)=U_{\Omega m}\cos\Omega t$，载波为 $u_c(t)=U_{cm}\cos\omega_c t$，试分别求调频波、调相波的表达式 $u(t)$。

解： 调频时，载波频率随 u_Ω 变化，即

$$\omega(t)=\omega_0+k_f U_{\Omega m}\sin\Omega t$$

$$\varphi(t)=\int\omega(t)\mathrm{d}t=\omega_0 t-\frac{k_f u_{\Omega m}}{\Omega}=\omega_0 t-m_f\cos\Omega t$$

$$u_{FM}(t)=U_{cm}\cos(\omega_0 t-m_f\cos\Omega t)$$

调相时，载波相位随 u_Ω 变化，即

$$\varphi(t)=\omega_0 t+k_p U_{\Omega m}\sin\Omega t=\omega_0 t+m_p\sin\Omega t$$

$$u_{PM}(t)=U_{cm}\cos\left(\omega_0 t+m_p\sin\Omega t\right)$$

【例 8.2】 载波振荡的频率为 f_c=25MHz，振幅为 U_{cm}=4V；调制信号为单频正弦波，频率为 400Hz，最大频偏为 $\Delta f=10\ \text{kHz}$。试写出：

(1) 调频波和调相波的数学表达式；

(2) 若调制频率变为 2kHz，所有其他参数不变，写出调频波和调相波的数学表达式。

解：

$$m_f=\frac{\Delta f}{F}=\frac{10\times10^3}{400}=25 \qquad m_p=\frac{\Delta f}{F}=\frac{10\times10^3}{400}=25$$

(1) 调频波的数学表达式为

$$u_{FM}(t)=4\cos[2\pi\times25\times10^6 t-25\cos(2\pi\times400t)]$$

调相波的数学表达式为

$$u_{PM}(t)=4\cos[2\pi\times25\times10^6 t+25\sin(2\pi\times400t)]$$

(2) 若调制频率为 2kHz，即增大 5 倍，则对调频波来说，m_f 将缩小 5 倍，而对调相波来说，m_p 仍然保持不变，所以调频波的数学表达式为

$$u_{FM}(t)=4\cos\left[2\pi\times25\times10^6 t-5\cos\left(2\pi\times2\times10^3 t\right)\right]$$

调相波的数学表达式为

$$u_{PM}(t)=4\cos\left[2\pi\times25\times10^6 t+25\sin\left(2\pi\times2\times10^3 t\right)\right]$$

8.2.2 调角波的频谱和带宽

一般说来，受同一调制信号调制的调频信号和调相信号，它们的频谱结构是不同的。但在调制信号为单音信号时，它们的频谱结构类似，因此对它们的分析方法相同。这里用 m 代替 m_f 或 m_p，它们可以写成统一的调角波表示式，即

$$u(t)=U_{cm}\cos(\omega_c t+m\sin\Omega t) \tag{8-12}$$

1. 调频波的展开式

利用三角函数公式展开式(8-12)得

$$u(t)=U_{\text{cm}}[\cos(m\sin\Omega t)\cos\omega_{\text{c}}t-\sin(m\sin\Omega t)\sin\omega_{\text{c}}t] \tag{8-13}$$

而 $\cos(m\sin\Omega t)$ 和 $\sin(m\sin\Omega t)$ 是周期为 $2\pi/\Omega$ 的周期性时间函数，可以将它展开为傅氏级数，其基波角频率为 Ω，即

$$\cos(m\sin\Omega t)=J_0(m)+2\sum_{n=1}^{\infty}J_{2n}(m)\cos 2n\Omega t$$

$$\sin(m\sin\Omega t)=2\sum_{n=1}^{\infty}J_{2n+1}(m)\sin(2n+1)\Omega t \tag{8-14}$$

式中，$J_n(m)$ 是宗数为 m_{f} 的 n 阶第一类贝塞尔函数。当 m 、n 一定时，$J_n(m)$ 是定系数，其随 m 变化的曲线如图 8.7 所示，$J_n(m)$ 值，也可由附录 2 函数表查出。$J_n(m)$ 具有以下特性：

$$\begin{cases}J_n(m_{\text{f}})=J_{-n}(m_{\text{f}}) & n\text{为偶数}\\ J_n(m_{\text{f}})=-J_{-n}(m_{\text{f}}) & n\text{为奇数}\end{cases}$$

将式(8-14)代入式(8-13)得调角波的级数展开式为

$$\begin{aligned}u(t)&=U_{\text{cm}}[J_0(m)+2\sum_{n=1}^{\infty}J_{2n}(m)\cos 2n\Omega t]\cos\omega_{\text{c}}t\\&\quad-U_{\text{cm}}[2\sum_{n=1}^{\infty}J_{2n+1}(m)\sin(2n+1)\Omega t]\sin\Omega t\\&=U_{\text{cm}}\sum_{n=-\infty}^{\infty}J_n(m)\cos(\omega_{\text{c}}+n\Omega)t\end{aligned} \tag{8-15}$$

在图 8.7 所示的第一类贝塞尔函数曲线中，所有贝塞尔函数都是正负交替变化的非周期函数，在 m 的某些值上，函数值为零。与此对应，在某些确定的 $\Delta\varphi_m$ 值，对应的频率分量为零。由图 8.7 的函数曲线可以看出，当 m 一定时，并不是 n 越大，$J_n(m)$ 值越小；只是在 m 较小(m 约小于 1)时，$J_n(m)$ 随 n 增大而减小；对于 m 大于 1 的情况，$J_n(m)$ 幅度会增大，只有 $n\to\infty$ 时幅度才又减小，这是由贝塞尔函数总的衰减趋势决定的。

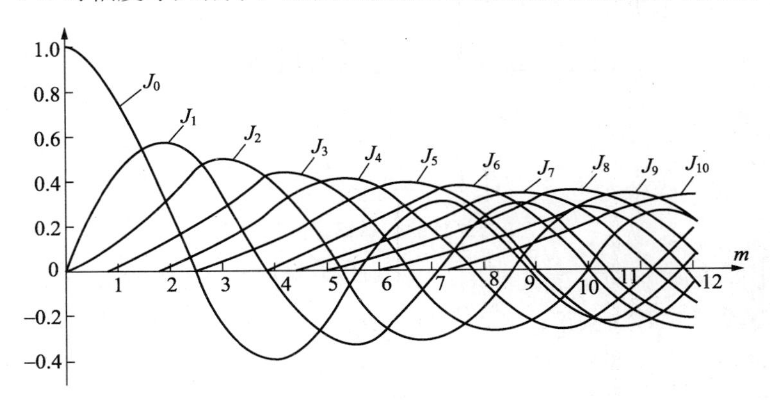

图 8.7　第一类贝塞尔函数曲线

2. 调频波的频谱结构和特点

将式(8-15)进一步展开，有

$$
\begin{aligned}
u(t) = U_{\mathrm{cm}}[&J_0(m)\cos\omega_{\mathrm{c}}t + J_1(m)\cos(\omega_{\mathrm{c}}+\Omega)t \\
&- J_1(m)\cos(\omega_{\mathrm{c}}-\Omega)t + J_2(m)\cos(\omega_{\mathrm{c}}+2\Omega)t \\
&+ J_2(m)\cos(\omega_{\mathrm{c}}-2\Omega)t + J_3(m)\cos(\omega_{\mathrm{c}}+3\Omega)t \\
&- J_3(m)\cos(\omega_{\mathrm{c}}-3\Omega)t + \cdots
\end{aligned}
\tag{8-16}
$$

由上式可知，在单一频率信号调制下，调角信号频谱具有以下特点：

(1) 调角信号的频谱不是像振幅调制那样，已调信号是调制信号频谱的线性搬移；而是由无穷多个频率分量组成的；其中包括载波 ω_{c} 或 f_{c} 与无数边频 $\omega_{\mathrm{c}} \pm n\Omega$ 或 $f_{\mathrm{c}} \pm nF$，这些边频对称地分布在载频两边，其幅度取决于调制指数 m (它与调制电压 $U_{\Omega\mathrm{m}}$ 成正比)。此调频和调相属于非线性调制。

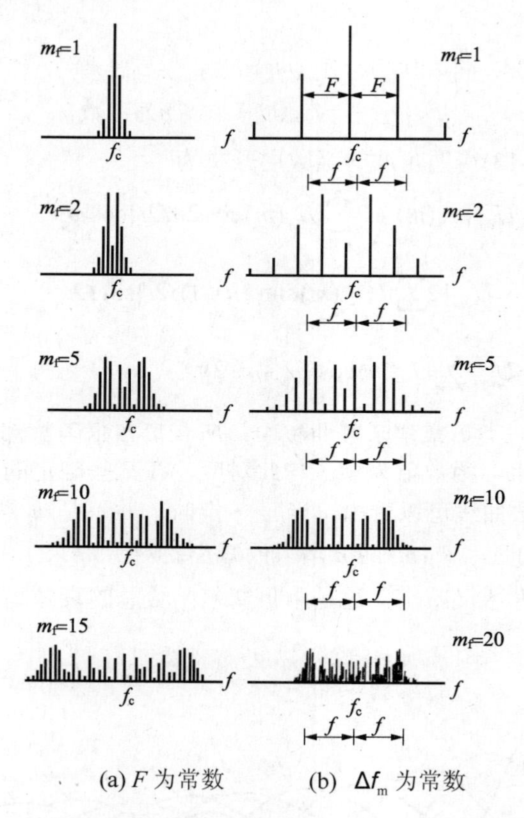

(a) F 为常数　　(b) Δf_{m} 为常数

图 8.8　单频调制时调频波的频谱

图 8.8 是不同 m_{f} 时调频信号的频谱，图(a)是保持 F 不变而改变 Δf_{m} 时的频谱。图(b)是保持 Δf_{m} 不变而改变 F 时的频谱。对比图(a)与图(b)，当 m 相同时，其频谱的包络形状是相同的。一般来说，由于贝塞尔函数的特点，在 m_{f} 较小(m_{f} 约小于 1)时，边频分量随 n 增大而减小；对于 m_{f} 大于 1 的情况，有些边频分量幅度会增大，只有更远的边频幅度才又减小；图 8.8 中将幅度很小的高次边频忽略了。图 8.8(*a*)中，m_f 是靠增加频偏 Δf_{m} 实现的，因此可以看出，随着 Δf_{m} 增大，调频波中有影响的边频分量数目要增多，频谱要展宽。而在图

8.8(b)中，它是靠减小调制频率而加大 m_f。虽然有影响的边频分量数目也增加，但频谱并不展宽。了解这一频谱结构特点，对确定调频信号的带宽是很有用的。

至于调相波的频谱的包络形状与调频波的频谱的包络形状类似，两者的区别就是保持 Δf_m 不变而增大 F 时，频谱要展宽；而当保持 F 不变时，Δf_m 增大频谱波并不展宽。这里不多做介绍了。

(2) 调角信号 $u(t)$ 在电阻 R_L 上消耗的平均功率为

$$P=\frac{\overline{u^2}}{R_L} \tag{8-17}$$

由于信号的功率只与信号的振幅有关，而调角信号和载波信号的振幅都为 U_{cm}，因此有

$$P=\frac{1}{2R_L}U_{cm}^2=P_c \tag{8-18}$$

此结果表明，调角波的平均功率与未调载波平均功率相等。当 m 由零增加时，已调制的载频功率下降，而分散给其他边频分量。也就是说，调制的过程只是进行功率的重新分配，而总功率不变，其分配的原则与调角指数 m 有关。

从贝塞尔函数曲线可以看出，适当选择 m 值，可使任一特定频率分量(包括载频及任意边频)达到所要求的那样小。例如 $m=2.405$ 时，$J_0(m)=0$，在这种情况下，所有功率都在边频中。

3. 调角信号的带宽

理论上讲，调角信号有无穷多个分量，信号带宽就应包括有无穷多个分量。但实际上，调角信号中各边频分量幅度均与 $J_n(m)$ 成正比，当 m 一定时，随着边频对数 n 的增加，$J_n(m)$ 的数值总的趋势是减小的；特别当 $n>m$ 时，$J_n(m)$ 的数值很小，并且其值随着 n 的增加而迅速下降。因此，振幅很小的边频分量可以忽略。实际应用中，调角信号的带宽往往是将大于一定幅度的频率分量包括在内。这样就可以使频带内集中了信号的绝大部分功率，也不致因忽略其他分量而带来可察觉的失真。所以也可以把调角波近似地认为是具有有限带宽的信号，其带宽与 m 密切相关。

根据不同要求，工程上常作近似规定，具体如下：

(1) 在高质量通信系统中，常以忽略小于未调制载波振幅的 1%的边频分量来决定频谱宽度。若满足关系式

$$J_n(m)\geqslant 0.01, J_{n+1}(m)<0.01 \tag{8-19}$$

则调角波频带宽度为

$$B=2nF\text{或}B=2n\Omega \tag{8-20}$$

(2) 在中等质量通信系统中，以忽略小于未调制载波振幅 10%的边频分量来决定频谱宽度。在一般情况下，当 $n>m+1$ 时，$J_n(m)$ 恒小于 0.1。因此频谱宽度确定为

$$B=2(m+1)F=2(\Delta f_m+F)$$

或

$$B=2(m+1)\Omega=2(\Delta\omega_m+\Omega) \tag{8-21}$$

该式称为卡森(Carson)公式，调角波的有效频谱宽度常用卡森公式计算。它对应于调频信号功率的 98%左右。若 m 值不为整数，计算时 m 的数值应取靠近原数值的整数值。

对于不同的 m 值，有用边频的数目(2n)可查贝塞尔函数表(见本章附录)或贝塞尔函数曲

线得到。满足$|J_n(m)|\gg 0.01$的n/m的关系曲线如图8.9所示。

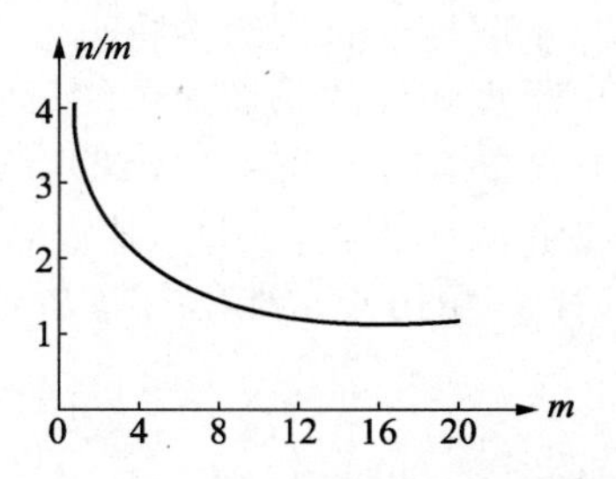

图8.9　$|J_n(m)|\gg 0.01$的n/m的关系曲线

(1) 由图可见，当m很大时，n/m_f趋近于1。因此当$m\gg 1$时，应将$n=m$的边频包括在频带内，此时称为宽带调角波，其带宽为

$$B=2nF=2mF=2\Delta f_m \tag{8-22}$$

当$m\gg 1$时，带宽B只与频偏Δf_m成比例，而与调制频率F无关。这一点的物理解释是，$m\gg 1$意味着F比Δf_m小得多，瞬时频率变化的速度(由F决定)很慢。这时最大、最小瞬时频率差，即信号瞬时频率变化的范围就是信号带宽。从这一解释出发，对于任何调制信号波形，只要最大频偏Δf_m比调制频率的最高频率大得多，其信号带宽都可以认为是$B=2\Delta f_m$。因此，频率调制是一种恒定带宽的调制，而相位调制就是非恒定带宽的调制。

(2) 当m_f很小时，$|J_1(m)|\gg|J_2(m)|$、$|J_3(m)|$、…，此时可以认为调角波只由载波ω_c和$\omega_c\pm\Omega$的边频构成。这种调频波通常称为窄带调频(NBFM)。窄带调频对应的调制指数m_f，一般为0.5以下(也有定为0.3以下)。以m_f=0.5为例，第二边频分量幅度只有第一边频的约1/8，其他分量就更小，允许忽略。从另一角度看，只保留第一边频对时，引起的寄生振幅调制也较小，约为10%。此时

$$B=2F \tag{8-23}$$

当m为小于1的窄带调角时，带宽由第一对边频分量决定，带宽B只随F变化，而与Δf_m无关。窄频带调角的振幅谱与一般AM波完全相同。但是应该注意到一个原则区别，就是此边频的合成矢量与载波垂直，这种调制也称为正交调制。由于其频谱与调制信号频谱有线性关系(即调制过程是频谱的线性搬移)，故也是一种线性调制。

以上主要讨论单一调制频率调角时的频谱与带宽。当调制信号不是单一频率时，由于调频是非线性过程，其频谱要复杂得多。根据分析和经验，当多频调制信号调角时，仍可以用式(8-21)来计算调角信号带宽。其中Δf_m应该用峰值频偏。F和m_f用最大调制频率F_{max}和对应的m。由于调相指数m_p与F无关，所以B正比于F；调制频率变化时，B随之变化。如果按最高调制频率F_{max}值设计调相信号信道，则在调制频率低时有很大余量，系统频带利用不充分。因此在模拟通信中调相方式用得很少。

综上所述，除了窄带调角外，当调制频率F相同时，调角信号的带宽比振幅调制(AM、DSB、SSB)要大得多。由于信号频带宽，通常FM只用于超短波及频率更高的波段，而PM则很少使用。

【例8.3】 已知调制信号为$u_\Omega(t)=U_{\Omega m}\cos 2\pi\times 10^3 t(\mathrm{V}), m_f=m_p=10$，求此时FM波和PM波的带宽。若$U_{\Omega m}$不变，$F$增大1倍，两种调制信号的带宽如何？若$F$不变，$U_{\Omega m}$增大1倍，两种调制信号的带宽如何？若$U_{\Omega m}$和$F$都增大1倍，两种调制信号的带宽如何？

解：(1) 已知调制信号为$u_\Omega(t)=U_{\Omega m}\cos 2\pi\times 10^3 t(\mathrm{V})$，即$F$=1kHz，对于FM信号，由于$m_f=10$，所以

$$B_{FM}=2(m_f+1)F=2(10+1)\times 10^3\,\mathrm{Hz}=22\,\mathrm{kHz}$$

对于PM信号，$m_p=10$，所以

$$B_{PM}=2(m_p+1)F=2(10+1)\times10^3\text{Hz}=22\text{kHz}$$

(2) 对于 FM 波，有

$$\Delta f_m=k_f U_{\Omega m}，\quad m_f=\frac{\Delta f_m}{F}=\frac{k_f U_{\Omega m}}{F}$$

若 V_Ω 不变，F 增大 1 倍，则 Δf_m 不变，m_f 减半，即 m_f=5，因此

$$B_{FM}=2(m_f+1)F=2(5+1)\times2\times10^3\text{Hz}=24\text{kHz}$$

对于 PM 波，$m_p=k_f U_{\Omega m}$，m_p 不变，因此

$$B_{PM}=2(m_p+1)F=2(20+1)\times10^3\text{Hz}=42\text{kHz}$$

(3) F 不变，$U_{\Omega m}$ 增大 1 倍：

对于 FM 波：Δf_m 和 m_f 增大一倍，即 m_f=20，因此

$$B_{FM}=2(m_f+1)F=2(20+1)\times10^3\text{Hz}=42\text{kHz}$$

对于 PM 波：m_p 也增大 1 倍，即 m_p=20，因此

$$B_{PM}=2(m_p+1)F=2(20+1)\times10^3\text{Hz}=42\text{kHz}$$

(4) F 和 $U_{\Omega m}$ 均增大 1 倍，对于 FM 波，m_f 不变，因此

$$B_{FM}=2(m_f+1)F=2(10+1)\times2\times10^3\text{Hz}=44\text{kHz}$$

对于 PM 波：m_p 增大 1 倍，因此

$$B_{PM}=2(m_p+1)F=2(20+1)\times2\times10^3\text{Hz}=84\text{kHz}$$

【例 8.4】 调角波的数学表达式为 $u(t)=10\sin(10^8 t+3\sin10^4 t)$，问这是调频波还是调相波？求其调制频率、调制指数、频偏以及该调角波在 100Ω 电阻上产生的平均功率。

解：当调制信号为 $U_{\Omega m}\cos10^4 t$ 时该式表示调频波，当调制信号为 $U_{\Omega m}\sin10^4 t$ 时该式表示调相波。

调制指数为

$$m_f=m_p=3$$

调制频率为

$$F=\frac{\Omega}{2\pi}=\frac{10^4}{2\pi}\text{Hz}=1.59\text{kHz}$$

最大频偏为

$$\Delta f_m=m_f F=3\times1.59=4.77\text{kHz}$$

平均功率为

$$P=\frac{U_{cm}^2}{2R}=\frac{10^2}{2\times100}\text{W}=0.5\text{W}$$

说明：因为调频前后平均功率没有发生变化，所以调制后的平均功率也等于调制前的载波功率。即调频只导致能量从载频向边频分量转移，总能量则未变。

8.2.3 各种调制方式的比较

抗干扰性、频带宽度和设备利用率三者是电子技术的三项主要性能指标。抗干扰性的强弱决定着信息传输的质量，频带宽度决定着给定频段的容量，而设备利用率影响着设备

的造价、体积和重量。下面将从这三个指标对不同调制方式进行比较。

1. 抗干扰(噪声)性能

FM 和 PM 的抗干扰性比 AM 好。原因如下：

(1) 调制指数 m 越大，抗干扰性越强。因为调制指数 m 表明高频载波信号受调制信号控制的程度，它反映着有用信息的强弱。因此，相对于一定的噪声和干扰而言，m 越大，调制信号产生的频偏远大于干扰(噪声)产生的频偏，其抗干扰性就越强。$m_a<1$，而 m_f、$m_p \gg 1$，所以 FM 和 PM 的抗干扰性比 AM 好。

(2) 大部分干扰都是幅度干扰，FM 和 PM 均为等幅波，可以用限幅器去掉幅度干扰；而 AM 的幅度中包含有用的调制信息，因此无法避免幅度干扰。

(3) 干扰主要集中在低频区，通常 FM、PM 只用于超短波及频率更高的波段，受到的低频干扰比 AM 小得多。

理论证明，对于输入白噪声，调幅制的输出噪声频谱呈矩形。在整个调制频率范围内，所有噪声都一样大。调频制的噪声频谱(电压谱)呈三角形，随着调制频率的增高，噪声也增大。调制频率范围越宽，输出的噪声也越大。由于常用的调制信号，诸如话音、音乐等信号的带宽较大，其信号能量不是均匀地分布，而是在较低的频率范围内集中了大部分能量，高频部分能量较少。这样会导致调制频率高频端信噪比降低到不允许的程度。为了改善输出端的信噪比，可以采用预加重与去加重措施。

所谓预加重，是在发射机的调制器前，有目的、人为地(通常用微分器)改变调制信号，使其高频端得到加强(提升)，以提高调制频率高端的信噪比。信号经过这种处理后，产生了失真，因此在接收端应采取相反的措施，在解调器后接去加重网络(对应采用积分器)，以恢复原来调制频率之间的比例关系。采用预、去加重网络后，对信号不会产生变化，但对信噪比却得到较大的改善。

2. 频带宽度

AM 的带宽 $B=2F$；而调角信号的带宽 $B=2(m+1)F$，由于通常 $m\gg 1$，所以调角信号的带宽远大于 AM 的带宽。因此 FM 电台只用于超短波频段($30\sim300\text{MHz}$)，否则电台拥挤不下；而 AM 电台则可设立在中、短波频段(30MHz 以下)。通常 m 大，FM、PM 的带宽大，调制的抗干扰能力也强。因此，m 值的选择要从通信质量和带宽限制两方面考虑。对于高质量通信(如调频广播、电视伴音)，由于信号强，主要考虑质量，m 值选得大。对于一般通信，要考虑接收微弱信号，带宽窄时噪声影响小，m 选得较小。

3. 设备利用率

与 AM 制相比，角度调制方式的设备利用率高。因调角波是等幅波，所以不管调制指数 m 为多少，其平均功率与最大功率一样，发射级的末级功放管均可以工作在最大功率状态，这样角度调制方式的设备利用率就高。但在调幅系统中，通常 $m_a\leqslant 1$。由于所传信息(话言、音乐等)的特点，平均调幅系数 m_a 只能达到 0.3 左右。最大功率为载波功率的 $(1+m_a)^2=4$ 倍，而平均功率却只是载波功率的 $(1+\frac{m_a}{2})^2=1.05$ 倍。这就是说，发射级的末级功放管及其直流电源必须具有 4 倍的载波功率的储备，而实际提供的平均功率却只是载波功率的 1.05 倍。因此调幅系统的设备利用率是非常低的。

8.3 频率调制电路

实现调频的电路或部件称为调频器或调频电路。实现调相的电路或部件称为调相器或调相电路。无论是调频还是调相，都会使瞬时频率发生变化，因此调频器或调相器应包括高频振荡器。一个完整的调频或调相电路的构成与调频或调相方法有关。

调频波产生的方法主要有两种：一种是直接调频法；另一种是间接调频法。同样，调相波产生的方法也主要有两种：一种是直接调相法；另一种是间接调相法。间接调频法实际上主要是调相电路，而间接调相法实际上主要是调频电路，因此我们主要分析直接和间接调频法。

在实际应用中，对调频电路提出以下要求：

(1) 调制特性线性要好。调频器的调制特性称为调频特性。调频特性可以用 f 或 Δf 与 $U_{\Omega m}$ 之间的关系曲线表示，称为调频特性曲线，如图 8.10 所示。调频特性曲线的线性度要高，线性范围要大(Δf_m 要大)，以保证 Δf 与 u_Ω 之间在较宽范围内呈线性关系。

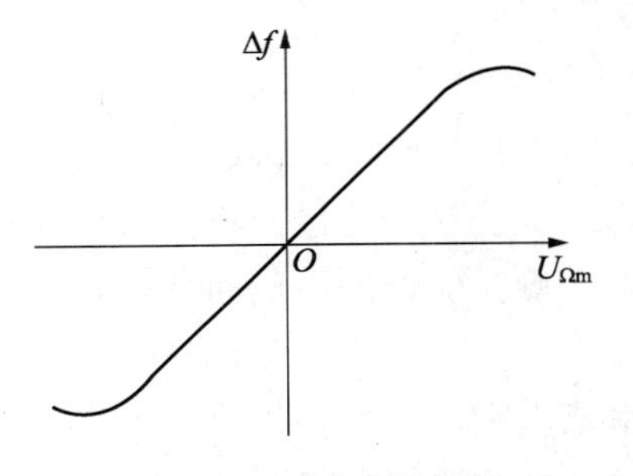

图 8.10 调频特性曲线

(2) 调制灵敏度要高。单位调制电压变化所产生的频率偏移，称为调频灵敏度 k_f 。调制特性曲线在原点处的斜率就是调频灵敏度 k_f 。 k_f 越大，同样的值产生的 Δf_m 越大，调制信号的控制作用就越强，但过高的灵敏度对调频电路性能带来不利影响。

(3) 中心频率(载波)稳定度要高。调频的瞬时频率就是以载频 f_c 为中心而变化的，因此，为了防止产生较大的失真，载波频率 f_c 要稳定。此外，载波振荡的幅度要保持恒定，寄生调幅要小。

(4) 最大频偏 Δf_m 要恒定。在调频系统，要求 Δf_m 在整个波段内保持恒定。

由图 8.10 的调频特性曲线可以看出，增大最大频偏 Δf_m 和改善调制线性是相互矛盾的。因此如何扩展最大线性频偏是调频器设计的一个关键问题。

8.3.1 直接调频电路

下面首先介绍直接调频法，然后介绍能产生正弦波的变容二极管直接调频电路和晶体振荡器直接调频电路。

1. 直接调频法

这种方法一般是用调制电压直接控制振荡器的振荡频率，使振荡频率 f 按调制电压的规律变化。若被控制的是 LC 振荡器，则只需控制振荡回路的某个元件(L 或 C)，使其参数随调制电压变化，就可达到直接调频的目的。所以，在直接调频法中常采用压控振荡器(Voltage Control Oscillator，VCO)作为频率调制器来产生调频信号。若被控制的是张弛振荡器，由于张弛振荡器的振荡频率取决于电路中的充电或放电速度，因此，可以用调制信号去控制(通过受控恒流源)电容的充电或放电电流，从而控制张弛振荡器的重复频率。对张弛振荡器调频，产生的是非正弦波调频信号，如三角波调频信号、方波调频信号等。

在压控振荡器中，最常用的压控元件是压控变容二极管，还可以采用由晶体管及场效应管等放大器件组成的电抗管电路作为等效压控电容或压控电感(在变容二极管问世之前应用很广泛，现在很少使用)。由于电路简单、性能良好，用变容二极管实现直接调频已成为目前最广泛采用的调频电路之一。

在直接调频法中，振荡器与调制器合二为一。这种方法的主要优点是在实现线性调频的要求下，可以获得相对较大的频偏。它的主要缺点是会导致 FM 波的中心频率偏移，频率稳定度差，在许多场合须对载频采取自动频率微调电路(Automatic Frenquency Control，AFC)(第 9 章讲述)来克服载频的偏移或者对晶体振荡器进行直接调频。

2. 变容二极管直接调频电路

在加反向偏压时，变容二极管呈现一个较大的结电容。这个结电容的大小能灵敏地随反向偏压而变化。利用了变容二极管这一特性，将变容二极管作为可控电容元件接到振荡器的振荡回路中，则回路的电容量会随调制电压而变化，从而改变振荡频率，达到调频的目的。

由于变容二极管工作频率范围宽，固有损耗小，使用方便，构成的调频器电路简单，因此变容二极管调频器是使用最多的调频电路。

1) 变容二极管

半导体二极管具有PN结，利用PN结反向偏置时势垒电容随外加反向偏压变化的机理，在制作半导体二极管的工艺上进行特殊处理，以控制半导体的掺杂浓度和掺杂分布，可以使二极管的势垒电容灵敏地随反偏电压变化且呈现较大的变化，这样就制作成了变容二极管。

变容二极管的结电容 C_{j}，与在其两端所加反向电压 u 之间存在着如下关系：

$$C_{\mathrm{j}}=\frac{C_{\mathrm{j0}}}{\left(1+\dfrac{u}{U_{\mathrm{P}}}\right)^{\gamma}} \tag{8.24}$$

式中，C_{j0} 为变容二极管在零偏置($u=0$)时的结电容值；U_{P} 为变容二极管 PN 结的势垒电位差(硅管约为 0.7V，锗管约为 0.3V)；γ 为变容二极管的结电容变化指数，它决定于 PN 结的杂质分布规律：$\gamma=1/3$ 称为缓变结，扩散型管多属此种；$\gamma=1/2$ 为突变结，合金型管属于此类。采用特殊工艺制成的超突变结的 γ 在 1~5 之间。

变容二极管的结电容变化曲线和符号如图 8.11 所示。

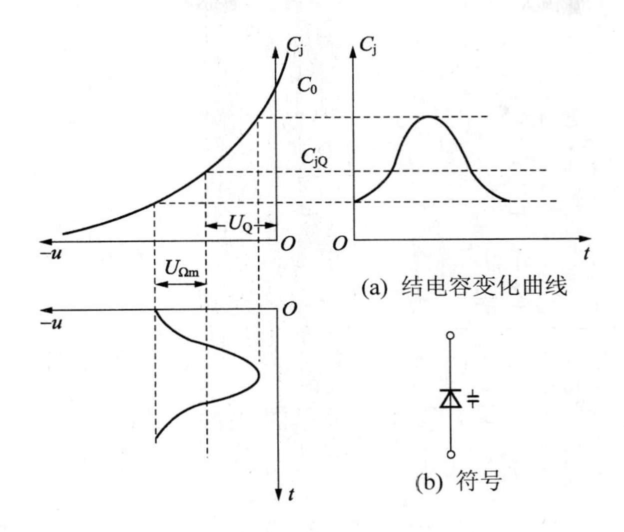

(a) 结电容变化曲线

(b) 符号

图 8.11　变容二极管

变容二极管必须工作在反向偏压状态，所以工作时需加负的静态直流偏压 U_{Q}。设在变容二极管上加静态直流偏压 U_{Q} 和交流控制电压为 $u_{\Omega}=U_{\Omega\mathrm{m}}\cos\Omega t$，则

$$u=U_{\mathrm{Q}}+u_{\Omega}=U_{\mathrm{Q}}+U_{\Omega\mathrm{m}}\cos\Omega t \tag{8-25}$$

将式(8-25)代入式(8-24)，得

$$\begin{aligned}C_{\mathrm{j}}&=\frac{C_{\mathrm{j0}}}{\left(1+\dfrac{U_{\mathrm{Q}}+U_{\Omega\mathrm{m}}\cos\Omega t}{U_{\mathrm{P}}}\right)^{\gamma}}\\&=\frac{C_{\mathrm{i0}}}{\left(1+\dfrac{U_{\mathrm{Q}}}{U_{\mathrm{P}}}\right)^{\gamma}}\frac{1}{\left(1+\dfrac{U_{\Omega\mathrm{m}}}{U_{\mathrm{Q}}+U_{\mathrm{P}}}\cos\Omega t\right)^{\gamma}}\\&=C_{\mathrm{jQ}}(1+m\cos\Omega t)^{-\gamma}\end{aligned} \tag{8-26}$$

式中，$C_{\mathrm{jQ}}=C_{\mathrm{j0}}\big/\left(1+U_{\mathrm{Q}}/U_{\mathrm{P}}\right)^{\gamma}$ 为静态工作点的结电容，$m=U_{\Omega\mathrm{m}}/(U_{\mathrm{Q}}+U_{\mathrm{P}})\approx U_{\Omega\mathrm{m}}/U_{\mathrm{Q}}$ 为反映结电容调深度的调制指数。

2) 变容二极管直接调频原理电路

将式(8-26)中的变容二极管接入振荡回路，结电容 C_{j} 会随着调制信号 u_{Ω} 变化而变化，从而引起 LC 谐振回路谐振频率的变化而实现调频。

图 8.12 为一变容二极管直接调频的原理电路，C_{j} 作为回路总电容接入回路。图 8.12(b)是图 8.12(a)振荡回路的简化等效电路，由等效电路可以看出这是一个电感三点式振荡器。图 8.12(a)中 C_{c}、C_{b} 是高频滤波电容，对高频交流信号短路；L_{c} 是高频扼流圈，对直流和低频交流信号短路；R_{b1}、R_{b2} 为三极管的直流偏置电阻，提供振荡电路的静态直流偏压；U_{Q} 提供变容二极管的静态直流偏压，u_{Ω} 提供变容二极管的控制电压。

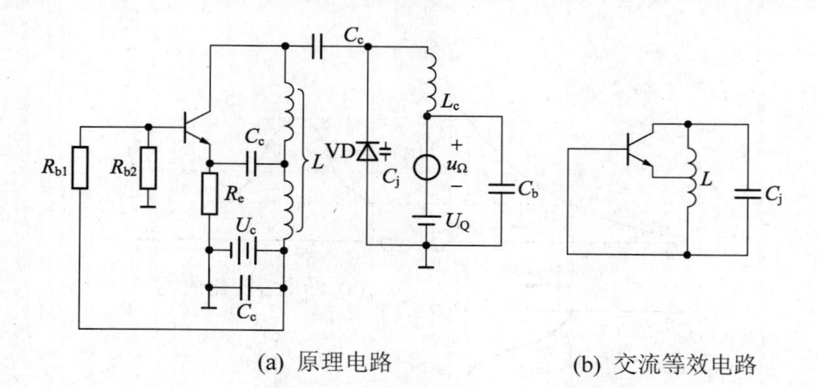

(a) 原理电路　　(b) 交流等效电路

图 8.12　变容二极管直接调频电路

由图 8.12 可知，变容二极管上加了 U_Q 和 u_Ω，此时振荡频率为

$$\omega(t)=\frac{1}{\sqrt{LC_j}}=\frac{1}{\sqrt{LC_{jQ}}}(1+m\cos\Omega t)^{\gamma/2}=\omega_c(1+m\cos\Omega t)^{\gamma/2} \tag{8-27}$$

式中，$\omega_c=1/\sqrt{LC_{jQ}}$ 为不加调制信号时的振荡频率，即振荡器的中心频率——未调载频。

调制后变容二极管调频振荡器的振荡频率可以分为以下两种情况讨论。

(1) 若变容二极管的结电容变化指数 $\gamma=2$，则得

$$\omega(t)=\omega_c(1+m\cos\Omega t)=\omega_c+k_f\cos\Omega t \tag{8-28}$$

式中，$k_f=\omega_c U_{\Omega m}/(U_Q+U_P)$，这时调频振荡器的振荡频率在中心频率 ω_c 的基础上，随 u_Ω 成正比例变化。这样调频就是线性调频。

(2) 一般情况下，$\gamma\neq 2$，这时，将式(8-27)展开成幂级数

$$\omega(t)=\omega_c\left[1+\frac{\gamma}{2}m\cos\Omega t+\frac{1}{2!}\cdot\frac{\gamma}{2}\left(\frac{\gamma}{2}-1\right)m^2\cos^2\Omega t+\cdots\right]$$

忽略高次项，$\omega(t)$ 可近似为

$$\begin{aligned}\omega(t)&=\omega_c+\frac{\gamma}{8}\left(\frac{\gamma}{2}-1\right)m^2\omega_c+\frac{\gamma}{2}m\omega_c\cos\Omega t+\frac{\gamma}{8}\left(\frac{\gamma}{2}-1\right)m^2\omega_c\cos 2\Omega t\\&=\omega_c+\Delta\omega_c+\Delta\omega_m\cos\Omega t+\Delta\omega_{2m}\cos 2\Omega t\end{aligned} \tag{8-29}$$

式中，$\Delta\omega_c=\gamma(\gamma/2-1)m^2\omega_c/8$，是调制过程中产生的中心频率漂移；$\Delta\omega_m=\gamma m\omega_c/2$，为最大角频偏；$\Delta\omega_{2m}=\gamma(\gamma/2-1)m^2\omega_c/8$，为二次谐波最大角频偏。由此可以得出以下结论：

① 由于 C_j-u 曲线不是直线，这使得在一个调制信号周期内，电容的平均值不等于静态工作点的 C_{jQ}，从而引起中心频率发生了偏移。偏移值 $\Delta\omega_c$ 与 γ 和 m 有关，当变容管一定后，$U_{\Omega m}$ 越大，m 越大，$\Delta\omega_c$ 也越大。

② 调频波的最大角频偏 $\Delta\omega_m=\gamma m\omega_c/2$。因此选择 γ 大的变容二极管、增大调制度 m 和提高载波频率 ω_c 均可以提高最角频偏。

③ 由于 C_j-u 曲线不是直线，增加了二次谐波 2Ω 引起的二次谐波最大角频偏 $\Delta\omega_{2m}=\gamma(\gamma/2-1)m^2\omega_c/8$。当 $U_{\Omega m}$ 增大而使 m 增大时，将同时引起 $\Delta\omega_m$、$\Delta\omega_c$ 及 $\Delta\omega_{2m}$ 的增大，因此 m 不能选得太大。当忽略高次项时，还将产生高次谐波 $n\Omega$ 引起的高次谐波最

大角频偏$\Delta\omega_{nm}$。这样，在调频接收机的解调输出中将产生高次谐波$n\Omega$，造成调频接收的非线性失真。在实际中应尽量减小这种失真。

④ 调频灵敏度可以通过调制特性求出。根据调频灵敏度的定义，有

$$k_f=\frac{\Delta\omega_m}{U_{\Omega m}}=\frac{\gamma}{2}\cdot\frac{m\omega_c}{U_{\Omega m}}=\frac{\gamma}{2}\cdot\frac{\omega_c}{U_Q+U_P}\approx\frac{\gamma}{2}\cdot\frac{\omega_c}{U_Q} \tag{8-30}$$

上式表明，调频灵敏度k_f由变容管特性及静态工作点确定。当变容管和中心频率一定时，在不影响线性条件下，$|U_Q|$值越小，调频灵敏度k_f越大。同时还可由式(8-30)看到，在变容管、U_Q及$U_{\Omega m}$一定时，相对频偏$\Delta\omega_m/\omega_c=m\gamma/2$也一定。此时增大$\omega_c$，则$\Delta\omega_m$增加。

在这种将C_j构成回路总电容的应用中，变容二极管的静态结电容C_Q直接决定FM波的中心频率。但实际中C_{jQ}随温度、电源电压的变化而变化，会直接造成振荡频率稳定度的下降；在调制过程中，C_j-u曲线的非线性也将导致FM波的中心频率产生偏移$\Delta\omega_c$。因此除非要求宽带调频，一般很少这样应用。在必须使用时，常采用自动频率微调等稳频措施来稳定中心频率。

3) 变容二极管直接调频实际电路

在实际应用中，通常$\gamma\neq2$，C_j作为回路总电容将会使调频特性出现非线性，输出信号的频率稳定度也将下降。因此，通常利用对变容二极管串联或并联电容的方法来调整回路总电容C与电压u之间的特性。并联电容可较大地调整C_j值小的区域内的$C-u$特性，串联电容可有效地调整C_j值大的区域内的$C-u$特性。如果原变容管$\gamma>2$，则可以通过串、并联电容的方法，使$C-u$特性在一定偏压范围内接近$\gamma=2$的特性，从而实现线性调频。变容管串、并联电容后，总的$C-u$曲线斜率要下降，因此频偏下降。

图8.13(a)是变容二极管调频器的实际电路。振荡回路由10pF、15pF、33pF电容及可调电感L和变容二极管组成，因此这是一个电容反馈三点式振荡器，其交流等效电路如图8.13(b)所示。图中低频控制信号u_Ω通过12μH的高频扼流圈(相当于短路)加到两个反向串联的变容二极管负端，直流偏置电压U_Q通过12μH的高频扼流圈同时加至两变容二极管正端，所以对直流及调制信号来说，两个变容管是并联的。12μH的高频扼流圈对高频相当于开路，所以对高频而言，两个变容管是串联的，总变容管电容$C_j'=C_j/2$。C_j'与33pF电容串联后接入振荡回路，所以，C_j'对于振荡回路是部分接入的。

这种电路的变容二极管为部分接入，采用两个变容二极管反向串联具有如下好处：

(1) 变容二极管部分接入回路方式可减小寄生调制。前面的分析中加在变容二极管上的电压是U_Q和u_Ω。实际上，高频输出电压也要加在变容二极管上，如图8.14所示。这样变容二极管的电容值应由每个高频周期内的平均电容来确定。由图可以看出，当高频电压摆向左方时电容的增加量大，而高频电压摆向右方时电容的减小量相对要小些，因而会造成平均电容增大；而且高频电压叠加在u_Ω之上，每个高频周期的平均电容变化又不一样，这样会引起频率不按调制信号规律变化而造成寄生调制。部分接入方式可以减小加在变容二极管上的高频电压，以减弱因其产生的寄生调制。

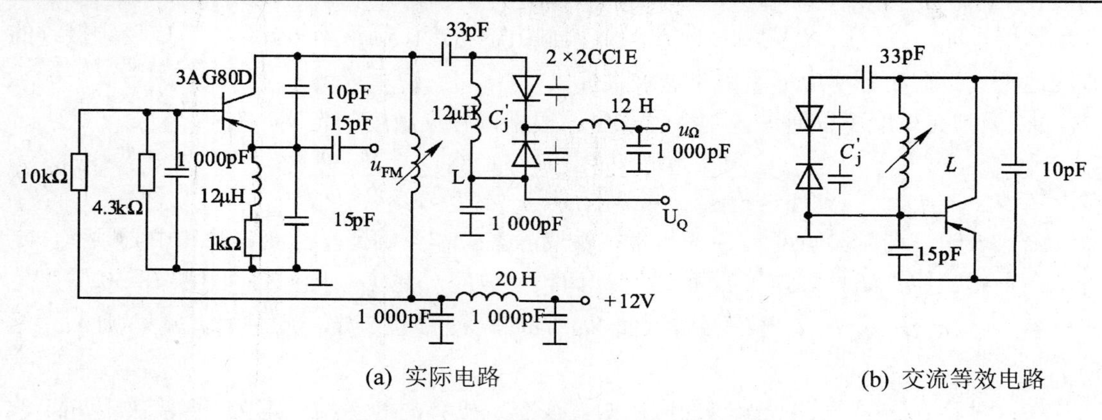

(a) 实际电路　　(b) 交流等效电路

图 8.13　变容二极管调频器的实际电路

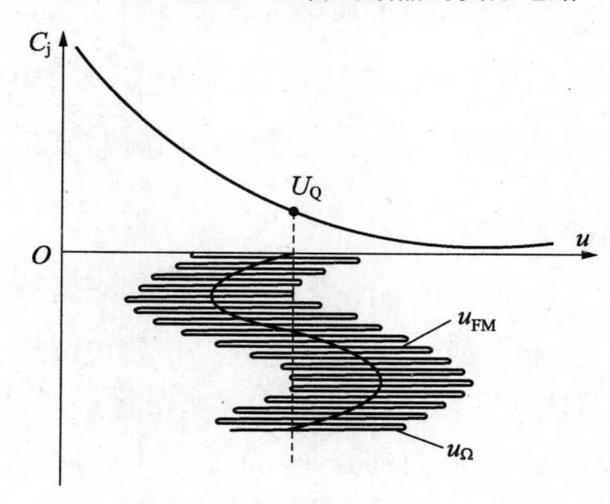

图 8.14　加在变容二极管上的电压

(2) 对高频而言，两个变容管是串联的，所以加到每个变容管的高频电压就降低 1/2，从而可以减弱高频电压对电容的影响；两个变容管采用反向串联组态，在高频信号的任意半周期内，一个变容管的寄生电容(高频输出信号对变容二极管的反作用)增大，另一个则减小，使结电容的变化因不对称性而相互抵消，能减弱寄生调制。

(3) 由于 C_j 的部分接入，C_{jQ} 随温度及电源电压变化的影响变小，C_j 的非线性导致的中心载波频率的偏移也将减小，有利于提高中心频率的稳定度。

(4) 变容二极管部分接入回路方式适用于要求频偏较小的情况。

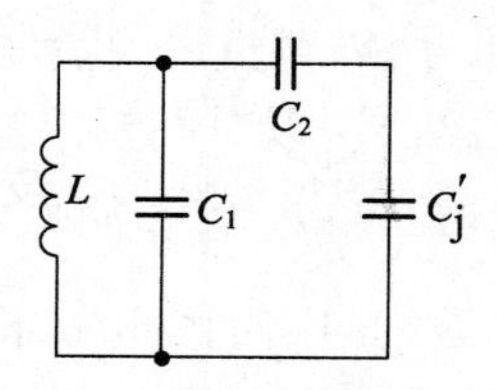

图 8.15　变容二极管部分接入的振荡回路

将图 8.13(b)的振荡回路简化为图 8.15，这就是变容二极管部分接入回路的情况。其中 $C_1 = \dfrac{10\times 15}{10+15} = 6\text{pF}$，$C_2 = 33\text{pF}$。这样，回路的总电容为

$$C = C_1 + \frac{C_2 C_j'}{C_2 + C_j'} = C_1 + \frac{C_2 C_{jQ}'}{C_2(1+m\cos\Omega t)^\gamma + C_{jQ}'} \tag{8-31}$$

振荡回路的振荡频率为

$$\omega(t)=\frac{1}{\sqrt{LC}}=\left\{L\left[C_1+\frac{C_2C'_{jQ}}{C_2(1+m\cos\Omega t)^{\gamma}+C'_{jQ}}\right]\right\}^{-1/2} \tag{8-32}$$

将上式在静态工作点U_Q处展开，可得

$$\begin{aligned}\omega(t)&=\omega_c(1+A_1m\cos\Omega t+A_2m^2\cos^2\Omega t+\cdots)\\&=\omega_c+\frac{A_2}{2}m^2\omega_c+A_1m\omega_c\cos\Omega t+\frac{A_2}{2}m^2\omega_c\cos2\Omega t+\cdots\end{aligned} \tag{8-33}$$

式中，$A_1=\dfrac{\gamma}{2p}$，$p=(1+p_1)(1+p_1p_2+p_2)$，$p_1=\dfrac{C'_{jQ}}{C_2}$，$p_2=\dfrac{C_1}{C'_{jQ}}$。

从式(8-33)可以看出，当C_j部分接入时，其最大频偏为

$$\Delta f_m=A_1mf_c=\frac{\gamma}{2p}mf_c \tag{8-34}$$

它是全接入时Δf_m的 $1/p$。这是因为此时C_j对回路总电容的控制能力比全接时要小，Δf_m必然下降，调频灵敏度也下降为全接入时的$1/p$。C_1越大，C_2越小，即p加大，C_j对频率的变化影响就越小，故C_1、C_2值要选取适当，一般取$C_1=(10\%\sim30\%)C_2$。

(5) 这个电路与采用单变容管时相比较，由于总变容管电容$C'_j=C_j/2$，C'_j电容接入系数减小。在要求最大频偏相同时，m值就可以降低。

当偏压值较小时，若变容管上高频电压过大，还会使变容管正向导通。正向导通的二极管会改变回路阻抗和Q值，引起寄生调幅，也会引起中心频率不稳。一般应避免在低偏压区工作。另外，改变变容管偏置及调节电感L可使该电路的中心频率在 50~100 MHz 范围内变化。

3. 晶体振荡器直接调频电路

为得到高稳定度调频信号，变容二极管(对LC振荡器)直接调频电路须采取增加自动频率微调电路或锁相环路等稳频措施。在要求中心频率稳定度高，频偏要求不大的场合可以直接对晶体振荡器调频。

1) 晶体振荡器直接调频原理

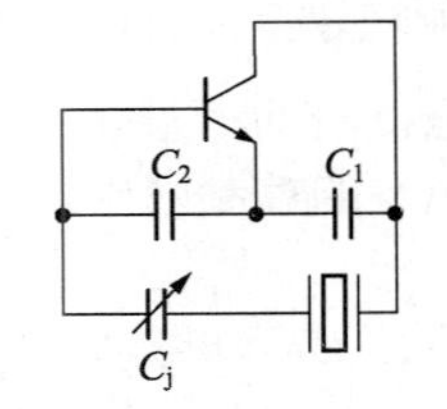

图 8.16　皮尔斯晶体振荡器的等效电路

图 8.16 是并联型皮尔斯晶体振荡器的等效电路，其稳定度高于密勒电路。其中，变容二极管相当于晶体振荡器中的微调电容，它与C_1、C_2的串联等效电容作为石英谐振器的负载电容C_L。此电路的振荡频率为

$$f_1=f_q\left[1+\frac{C_q}{2(C_L+C_0)}\right] \tag{8-35}$$

式中，f_q为晶体的串联谐振频率；C_q、C_0分别为晶体的动态和静态电容；C_L为C_1、C_2及C_j的串联电容值，即

$$C_L=\frac{1}{\dfrac{1}{C_1}+\dfrac{1}{C_2}+\dfrac{1}{C_j}} \tag{8-36}$$

可见当 C_j 变化时，C_L 变化，从而使振荡频率发生变化。

如果用调制信号 u_Ω 控制 C_j 变化，就可以实现调频。由于振荡器在满足振荡条件时，晶体呈现感抗特性，即工作于晶体的感性区，因此 f_1 只能处于晶体的串联谐振频率 f_q 与并联谐振频率 f_0 之间。由于晶体的相对频率变化范围很窄，只有 $\dfrac{f_0 - f_q}{f_1} = 10^{-3} \sim 10^{-4}$ 量级，再加上 C_j 的串联，晶振可调频率范围更窄。因此，晶体振荡器直接调频电路的最大频偏非常小。在实际电路中，需要采取扩大频偏的措施。

扩大频偏的方法有两种：一种是在晶体支路中串接小电感，使总的电抗曲线中呈现感性的工作频率区域加以扩展(主要是频率的低端扩展)。这种方法简便易行，实际中常被采用。但用这种方法获得的扩展范围有限，串接小电感还会使调频信号的中心频率的稳定度有所下降。另一种方法是利用 Π 型网络进行阻抗变换，在这种方法中，晶体接于 Π 型网络的终端。

晶体振荡器直接调频电路的主要缺点就是相对频偏非常小，但其中心频率稳定度较高，一般可达 10^{-5} 以上。如果为了进一步提高频率稳定度，可以采用晶体振荡器间接调频的方法。

2) 晶体调频振荡器的实用电路

图 8.17(a)是晶体调频振荡器的实用电路。其基本电路就是并联型皮尔斯晶振电路，如图 8.17(b)所示。决定频率的回路主要是晶体，还有与晶体串接的小电感 L 和变容二极管的结电容 C_j，以及电容 C_1 和 C_2。

图 8.17(a)实用电路中，采用在晶体支路上串接小电感的方法来扩大频偏。电源电压 $-U_c$ 经稳压管稳压，再经 2.4kΩ 电阻和 47kΩ 滑动电阻分压后，通过 10kΩ 电阻加到变容二极管的正极；从而使变容二极管获得反向静态偏置电压 U_Q。改变 47kΩ 滑动电阻的滑动端，可以调整静态偏置电压 U_Q，从而改变 C_{jQ}，即可调整调频器的中心频率。控制电压 u_Ω 通过 4.7kΩ 滑动电阻加到变容二极管。改变 4.7kΩ 滑动电阻的滑动端，可以调整加到变容二极管两端的控制电压 u_Ω 的幅值，从而获得所要求的频偏。

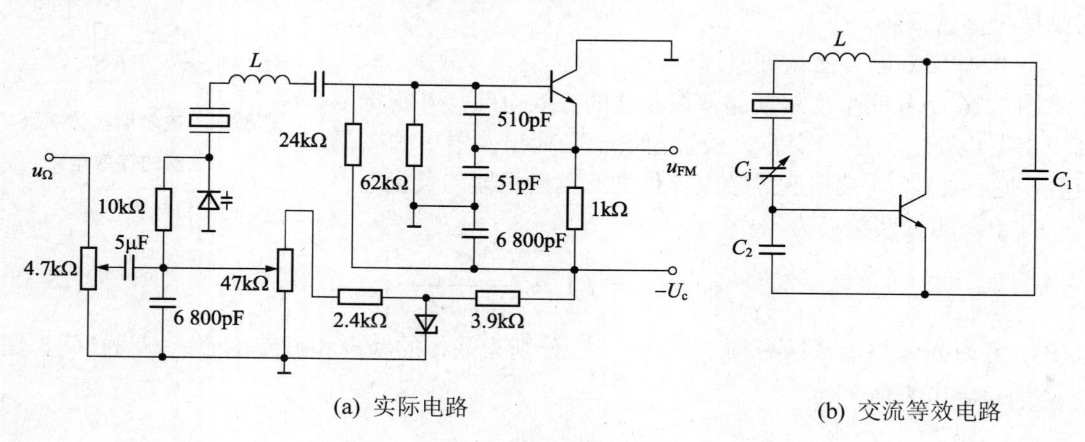

(a) 实际电路　　(b) 交流等效电路

图 8.17　晶体振荡器直接调频电路

4. 扩大直接调频器线性频偏的方法

在直接调频电路中，随最大相对频偏$\Delta f_m / f_c$的增大，调制特性的非线性程度增大。对于特定的载波频率f_c，当最大相对角频偏$\Delta f_m / f_c$确定时，绝对频偏Δf_m也就被限定了，其值与调制频率的大小无关。因此，在相对频偏一定的条件下，如果在较高的载波频率上实现调频，就可以获得较大的绝对频偏。当载波频率f_c较低时且要求绝对频偏Δf_m一定，可以在较高的载波频率上实现调频，然后通过混频将载频降下来，而频偏的绝对数值Δf_m保持不变，如图 8.18 所示。若将瞬时频率为f_2的调频信号与固定频率为$f_3 = 3(n+1)f_c$的高频正弦信号进行混频，则差频为

$$f_4 = f_3 - f_2 = f_c - \Delta f_m \cos \Omega t \tag{8-37}$$

可见混频能使调频信号最大频偏保持不变，最大相对频偏发生变化。

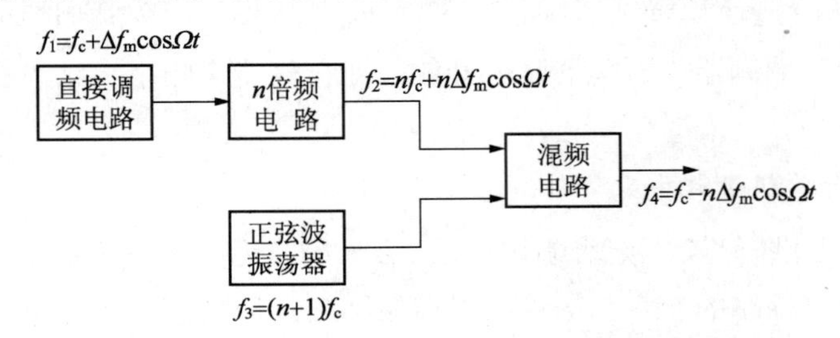

图 8.18　扩大直接调频电路的频偏的原理图

这种方法较为简单，但高频调频器的制作成本较高，也可以先在较低的载波频率上实现调频，然后通过倍频将所有频率提高，频偏也提高了相应的倍数(绝对频偏增大了)。最后，通过混频将所有频率降低同一绝对数值，使载波频率达到规定值。这种方法的缺点是产生的宽带调频(WBFM)信号的相位噪声随倍频值的增加而增加。

8.3.2　间接调频电路

正如前面所指出的，间接调频法就是利用调相的方法来实现调频。这种方法也称为阿姆斯特朗(Armstrong)法。因此调相电路是间接调频法的关键电路。因为调相电路输入的载波振荡信号可采用频率稳定度很高的晶体振荡器，所以已调相信号的频率都很高。采用调相电路实现间接调频，可以提高调频电路中心频率的稳定度。在实际中，间接调频应用较为广泛。

1. 间接调频法

首先用高稳定度的晶体振荡器作主振级，产生载频信号，然后在后级利用积分以后的调制信号对稳定的载频信号进行调相，这样就可以得到中心频率稳定度很高的调频信号。

间接调频系统的原理框图如图 8.19 所示。它包含三个主要步骤。

(1) 对调频信号$u_\Omega(t)$积分，产生$\int u_\Omega(t)\mathrm{d}t$；

(2) 用$\int u_\Omega(t)\mathrm{d}t$对载波调相，产生对$u_\Omega(t)$而言的窄带调频$u_{FM}(t)$；

(3) 窄带调频波经多级倍频器和混频器后，产生中心频率(载波)范围和调频频偏Δf_m都符合要求的宽带调频波输出。

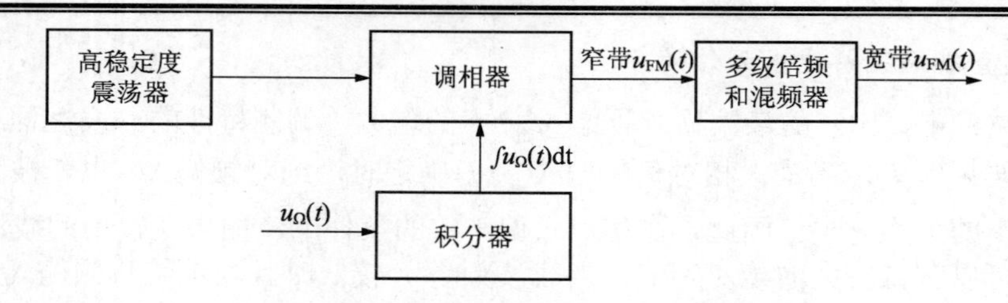

图 8.19　间接调频系统的原理框图

用这种方法得到的调相波受谐振回路或相移网络相频特性非线性的限制，其最大瞬时相位偏移 m_p 一般都在 30° 以下，即 $\left|k_p u_\Omega\right|_{max} < \pi/6$，因而线性调相的范围是很窄的。由此转换成的调频波的最大频偏 Δf_m 也很小(即所得调频波的调频指数 $m_f \ll 1$)。因此，不能直接获得较大的频偏 Δf_m 是它的主要缺点。为了增大 m_p，可以采用级联调相电路。

在间接调频中，调制器与振荡器是分开的。对振荡器影响小，频率稳定度高，但设备较复杂。

2. 变容二极管单级调相电路

图 8.20(a)是单回路变容二极管调相电路。L_{c1}、L_{c2} 为高频扼流圈。该电路由电感 L、电容 C 和受调制信号控制的变容二极管组成谐振回路。调制信号的作用是使谐振回路谐振频率改变，当载波通过这个回路时由于失谐而产生相移，从而获得调相波。

图 8.20(b)是单回路变容二极管调相电路谐振回路的等效电路。在高 Q 值及谐振回路失谐不大的情况下，并联振荡电路的电压、电流间相移为

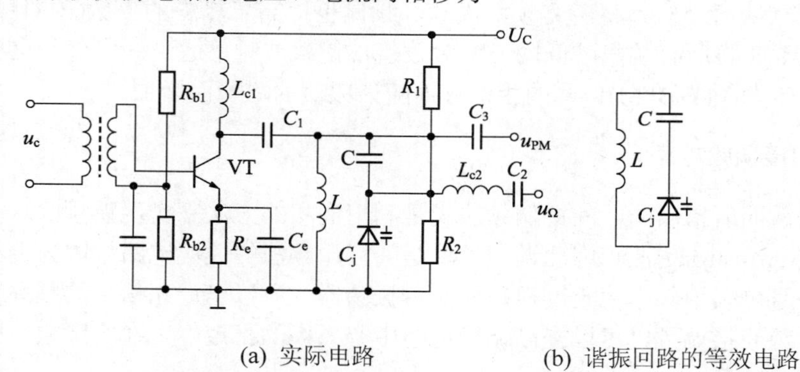

(a) 实际电路　　(b) 谐振回路的等效电路

图 8.20　单回路变容二极管调相电路

$$\Delta\varphi(t) = -\arctan\left(Q\frac{2\Delta f}{f_c}\right) \tag{8-38}$$

当 $\Delta\varphi(t) < \pi/6$ 时，$\tan\varphi \approx \varphi$，上式简化为

$$\Delta\varphi \approx -2Q\frac{\Delta f}{f_c} \tag{8-39}$$

设输入调制信号为 $U_{\Omega m}\cos\Omega t$，由前面分析可知，其瞬时频率偏移为

$$\Delta f = \frac{1}{2p}\gamma m f_c \cos\Omega t$$

将此式代入式(8-39)，可得

$$\Delta\varphi = -\frac{Q\gamma m\cos\Omega t}{p} \tag{8-40}$$

式(8-40)表明，在单级谐振回路满足 $\Delta\varphi(t) < \pi/6$ 的条件下，产生的相移按输入调制信号的规律变化。若调制信号经过积分器后输入，则输出信号的相位偏移与被积分的调制信号呈线性关系，其频率与积分前的信号也成线性关系，即产生了调频波。

此外从电路的幅频特性考虑，只有在失谐不大的情况下，寄生调幅较小，否则幅度起伏过大。实际中，往往在调相后加一级限幅器，以减小寄生调幅。

3. 扩大间接调频电路的频偏方法

由于回路相移受到限制，这种电路得到的频偏是不大的。必须采取扩大频偏措施。采用间接调频时，受到非线性限制的是最大相位偏移。因此不能在较高的载波频率上实现调频以扩大线性频偏，而一般采用先在较低的载波频率上实现调频，然后再通过倍频和混频的方法得到所需的载波频率的最大线性频偏。

还可以通过改进调相电路来扩大频偏，图 8.21 是由三级单振荡回路组成的调相电路。图中每个回路都由变容二极管调相，各变容二极管均受同一控制信号控制。由于控制信号已经将调制信号积分，所以输出为调频波。若每级相偏为 30°，则三级可达 90° 相移，因而增大了频偏。图中各级间耦合电容为 1pF，故互相影响很小。

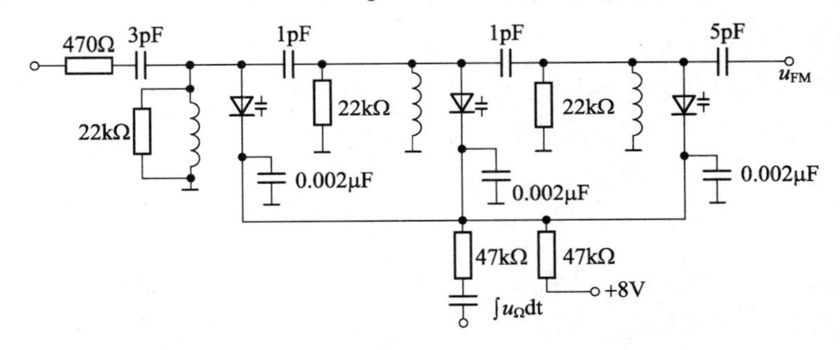

图 8.21　三级单回路级联的变容二极管调相电路

8.4　调频波的解调

调角波的解调就是从调角波中恢复出原调制信号的过程。调频波的解调电路称为频率检波器或鉴频器(FD)，调相波的解调电路称为相位检波器或鉴相器(PD)。

8.4.1　调频波的解调方法

调频接收机的组成大多是采用超外差式的，鉴频通常在中频频率上进行的。在调频产生、传输和调频接收机前端电路中带来的干扰和噪声对 FM 信号会产生影响，主要表现为调频信号出现了寄生调幅和寄生调频。一般在末级中放和鉴频器之间设置限幅器就可以消除由寄生调幅所引起的输出噪声(具有自动限幅能力的鉴频器，如比例鉴频器就不需此限幅器)。可见，限幅与鉴频一般是连用的，统称为限幅鉴频器。若调频信号的调频指数较大，它本身就可以抑制寄生调制。

1. 鉴频器的主要性能指标

鉴频器是一个将输入调频波的瞬时频率 f(或频偏 Δf)变换为相应的解调输出电压 u_Ω 的变换器。能全面描述鉴频器主要特性的是鉴频特性曲线，它是指鉴频器的输出电压 u_Ω 与瞬时频率 f 或频偏 Δf 之间的关系曲线。在线性解调的理想情况下，此曲线为一直线，但实际往往有弯曲，呈“S”形，简称“S”曲线，如图 8.22 所示。若峰值点的频偏为 $\Delta f = f(t) - f_c = 0$ 时，则对应于调频信号的中心频率 f_c，输出 $u_\Omega = 0$；当频偏按照调制信号的规律在 f_c 左右变化时，鉴频器就能检测出 FM 波所包含的调制信号信息，从而还原出原调制信号。对于鉴频器来讲，要求线性范围宽线性度好。但在实际上，鉴频特性在两峰之间都存在一定的非线性，通常只有在 $\Delta f = 0$ 附近才有较好的线性。

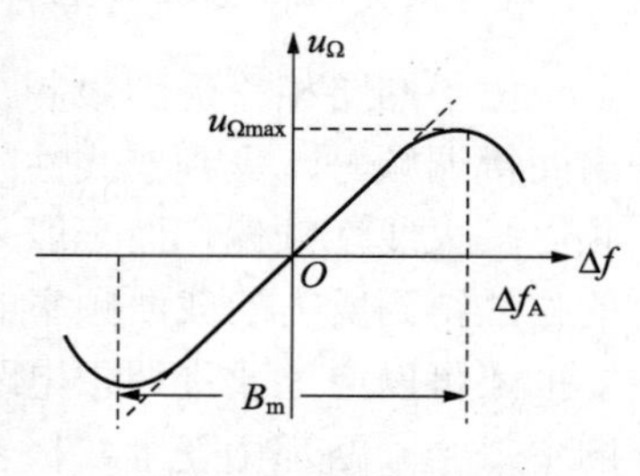

图 8.22　鉴频特性曲线

衡量鉴频器特性主要有以下三个性能指标：

1) 线性范围 B_m

在图 8.22 中，用峰值带宽 B_m 来近似衡量鉴频特性线性区宽度，它指的是鉴频特性曲线左右两个最大值($\pm u_{o\max}$)间对应的频率间隔。鉴频特性曲线一般是左右对称的，$B_m = 2\Delta f_A$。对于鉴频器来讲，要求线性范围宽($B_m > 2\Delta f_m$)，线性度好。

2) 鉴频灵敏度(跨导) S_D

S_D 指得是鉴频特性在载频处的斜率，它表示的是单位频偏所能产生的解调输出电压。鉴频灵敏度又叫鉴频跨导，用公式表示为

$$S_D = \left.\frac{du_\Omega}{df}\right|_{f=f_c} = \left.\frac{du_\Omega}{d\Delta f}\right|_{\Delta f=0} \tag{8-41}$$

显然，鉴频灵敏度越高，意味着鉴频特性曲线越陡峭，鉴频能力也越强。也可以理解为鉴频器将输入频率转换为输出电压的能力或效率，因此，鉴频灵敏度又可以称为鉴频效率。通常希望鉴频灵敏度要大。

3) 非线性失真

在 B_m 范围内，因鉴频特性曲线不是理想的线性而引起的失真，称为鉴频器的非线性失真。实际应用中非线性失真应该尽量减小。

顺便指出，这里所讲的鉴频能力，是以高输入信噪比为条件的。同 AM 包络检波器一样，鉴频器也存在门限效应。鉴频器输入信噪比低于规定的门限值时，鉴频器的输出信噪比将急剧下降，甚至无法接收。实际上，各种鉴频器都存在门限效应，只是门限电压的大小不同而已。

2. 鉴频方法

从 FM 波中还原调制信号的方法很多，概括起来有四大类：

(1) 利用 FM 波过零信息实现鉴频，如脉冲计数式鉴频法。

(2) 将 FM 波变换成 AM-FM 波，再幅度检波，即可获得原调制信号，如斜率鉴频器等。

(3) 将 FM 波变换成 FM−PM 波，再相位检波，即可获得原调制信号，如相位鉴频器、比例鉴频器等。

(4) 利用锁相环路(将在第 9 章中介绍)来实现频率解调。

下面介绍脉冲计数式鉴频法，然后介绍波形变换法。

1) 脉冲计数式鉴频法

从某种意义上讲，信号频率就是信号电压或电流波形单位时间内过零点(或零交点)的次数。对于脉冲或数字信号，信号频率就是信号脉冲的个数。调频信号瞬时频率的变化，直接表现为单位时间内调频信号过零值点(简称过零点)的疏密变化。调频信号每周期有两个过零点，由负变为正的过零点称为“正过零点”，由正变为负的过零点称为“负过零点”等。如果在调频信号的每一个负过零点处由电路产生一个幅度为固定值、宽度为 τ 的单极性矩形脉冲。这样就把调频信号转换成了重复频率与调频信号的瞬时频率相同的单向矩形脉冲序列，如图 8.23(a)所示。这时单位时间内矩形脉冲的数目就反映了调频波的瞬时频率，该脉冲序列幅度的平均值能直接反映单位时间内矩形脉冲的数目。脉冲个数越多，平均分量越大，脉冲个数越少，平均分量越小。因此实际应用时，不需要对脉冲直接计数，而只需用一个低通滤波器取出这一反映单位时间内脉冲个数的平均分量，就能实现鉴频，如图 8.23(b)所示。

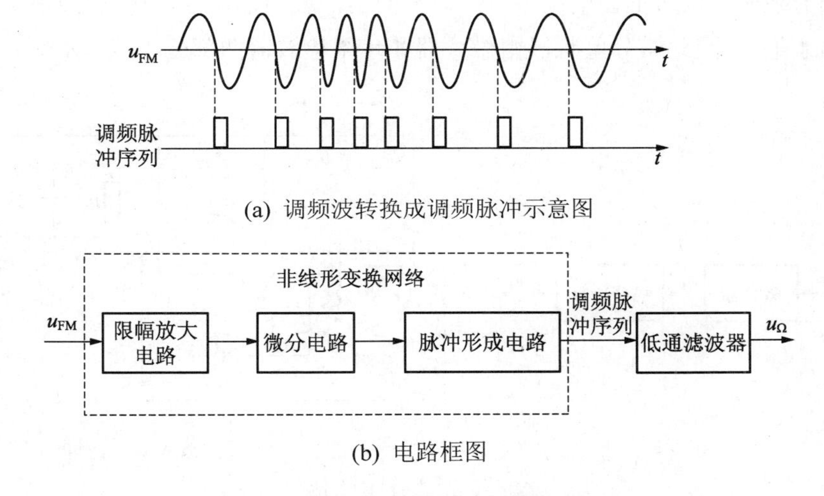

(a) 调频波转换成调频脉冲示意图

(b) 电路框图

图 8.23 脉冲计数式鉴频器原理

脉冲计数式鉴频法的鉴频特性的线性度高，最大频偏大，便于集成。但是，其最高工作频率受脉冲序列的最小脉宽 $\tau_{\min}$ 的限制 $\tau_{\min} < 1/(f_c + \Delta f_{0m})$，实际工作频率通常小于几十兆赫，一般能工作在 10 MHz 左右。在限幅电路后插入分频电路，可使工作频率提高到几百兆赫左右。目前，在一些高级的收音机中已开始采用这种电路。

2) 振幅鉴频法

振幅鉴频器是将等幅的调频信号变换成 AM−FM 波，然后通过包络检波器解调此调频信号，其工作原理如图 8.24 所示。图中变换电路是这种方法的主要元器件，该变换电路是具有线性频率—电压转换特性的线性网络。实现这种变换的方法有以下几种。

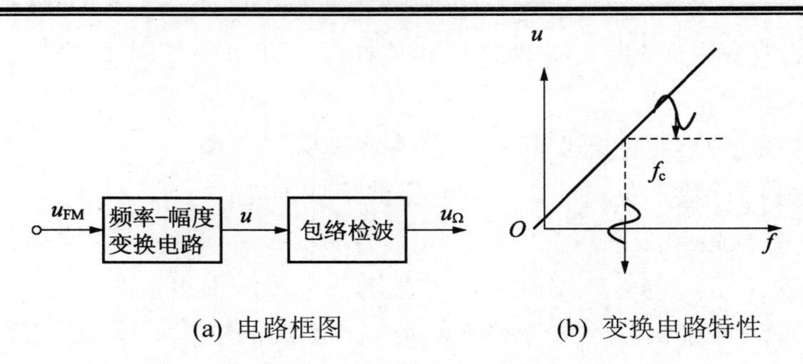

(a) 电路框图　　(b) 变换电路特性

图 8.24　振幅鉴频电路原理

(1) 时域微分法。

前面已经讲过，当调制信号为复杂信号 $f(t)$ 时，调频波为

$$u_{FM} = U_{cm}\cos\left[\omega_c t + k_f\int_0^t f(\tau)d\tau\right]$$

对此式直接微分可得

$$u = \frac{du_{FM}}{dt} = -U_{cm}\left[\omega_c + k_f f(t)\right]\sin\left[\omega_c t + k_f\int_0^t f(\tau)d\tau\right] \tag{8-42}$$

式(8-42)中电压 u 的振幅与瞬时频率 $\omega(t)=\omega_c + k_f f(t)$ 成正比，因此是一个 AM-FM 波。由于 ω_c 远大于频偏，包络不会出现负值，即不会出现过调幅现象。该信号经包络检波后即可得到原调制信号，因此微分鉴频器由微分器和包络检波器两部分组成，如图 8.25(a)所示。

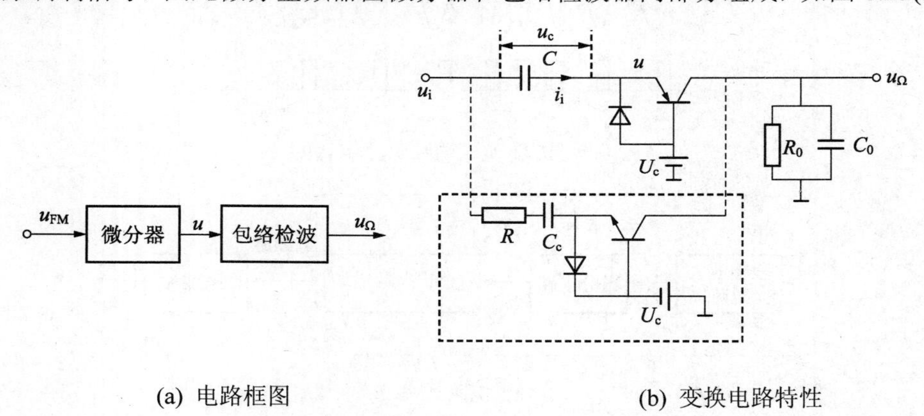

(a) 电路框图　　(b) 变换电路特性

图 8.25　微分鉴频电路

图 8.25(b)为简单的微分鉴频电路，微分作用由电容 C 完成。图中虚线框内的电路为另一平衡支路，以消除输出直流分量。由三极管、R_o 和 C_o 构成包络检波器。

在实际电路中，由于器件非线性等原因，这种方法的有效的线性鉴频范围是有限的。为了扩大线性鉴频范围，可以采用较为理想的时域微分鉴频器，如脉冲计数式鉴频器。

(2) 斜率鉴频法。

利用 LC 谐振回路也可以完成 FM 波到 AM-FM 波的转换。斜率鉴频法的工作频率在 LC 谐振曲线的斜边上变化，所以称为斜率鉴频器。斜率鉴频器通常有单失谐回路斜率鉴频器、双失谐回路斜率鉴频器以及集成电路中采用的差分峰值斜率鉴频器。我们将在后面详细介绍这种方法。

3) 相位鉴频法

相位鉴频法的原理是利用变换电路将等幅的调频信号变成 FM-PM 波，然后把此 FM-PM 波和原来输入的调频信号一起加到鉴相器上，就可以通过鉴相器解调此调频信号。其原理框图如图 8.26 所示。

相位鉴频法的关键是鉴相器。鉴相器就是用来检出两个信号之间的相位差，完成相位差-电压变换作用的部件或电路。鉴相器的输出电压就是瞬时相位差的函数，在线性鉴相时 u_o 与输入相位差成正比。

与调幅信号的同步检波器类似，相位检波器也有乘积型和叠加型之分，相应的相位鉴频器分别称为乘积型相位鉴频器和叠加型相位鉴频器。

(1) 乘积型相位鉴频法。

利用乘积型鉴相器实现鉴频的方法称为乘积型相位鉴频法或积分鉴频法。乘积型鉴相器模型如图 8.27 所示。图中，输入调相信号 $u_i = U_{im}\cos(\omega_c t + k_p u_\Omega)$；另一路信号为 u_i 的同频正交载波 $u_i' = U_{im}'\sin\omega_c t$ 。则鉴相器的输出为

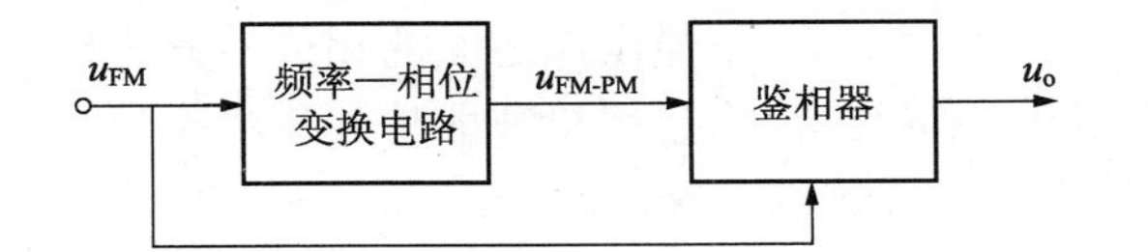

图 8.26　相位鉴频法原理框图

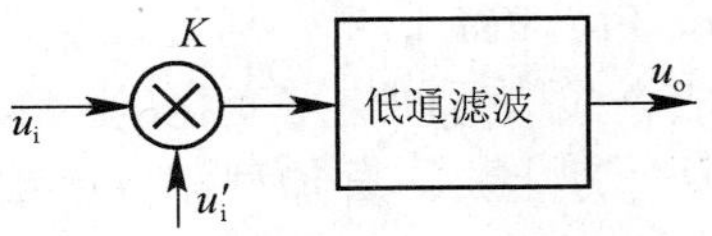

图 8.27　乘积型鉴相器框图

$$\begin{aligned} Ku_i u_i' &= KU_{im}U_{im}'\cos(\omega_c t + k_p u_\Omega)\cos(\omega_c t + \frac{\pi}{2}) \\ &= \frac{K}{2}U_{im}U_{im}'\left[\cos\left(k_p u_\Omega - \frac{\pi}{2}\right) + \cos\left(2\omega_c t + k_p u_\Omega + \frac{\pi}{2}\right)\right] \end{aligned} \tag{8-43}$$

式中，K 为乘法器的乘积因子。

该信号经过低通滤波器后滤除高频信号，则输出电压为

$$u_o = \frac{K}{2}U_{im}U_{im}'\cos(k_p u_\Omega - \frac{\pi}{2}) = \frac{K}{2}U_{im}U_{im}'\sin(k_p u_\Omega) \tag{8-44}$$

由此可见，乘积型鉴相器具有正弦形鉴相特性。当满足 $|\sin(k_f u_\Omega)| < \frac{\pi}{6}$ 时，上式可近似为

$$u_o = \frac{K}{2}U_{im}U_{im}'\sin(k_p u_\Omega) \approx \frac{K}{2}U_{im}U_{im}'k_p u_\Omega = ku_\Omega \tag{8-45}$$

由此可见，鉴相器输出与输入信号的相位偏移成正比，可以实现线性鉴相。

这种电路既可以实现鉴相，也可以实现鉴频。将输入信号改为调频信号和移相 90° 的调频信号之后，就可以实现鉴频，如图 8.28 所示。应当指出，鉴频器既然是频谱的非线性变换电路，它就不能简单地用乘法器来实现。因此，这里采用的电路模型是有局限性的，只有在相偏较小时才近似成立。通常情况下，其中移相网络采用单谐振回路，乘法器采用集成模拟乘法器或(双)平衡调制器实现。当两输入信号幅度都很大时，由于乘法器内部的限幅作用，鉴相特性趋近于三角形。

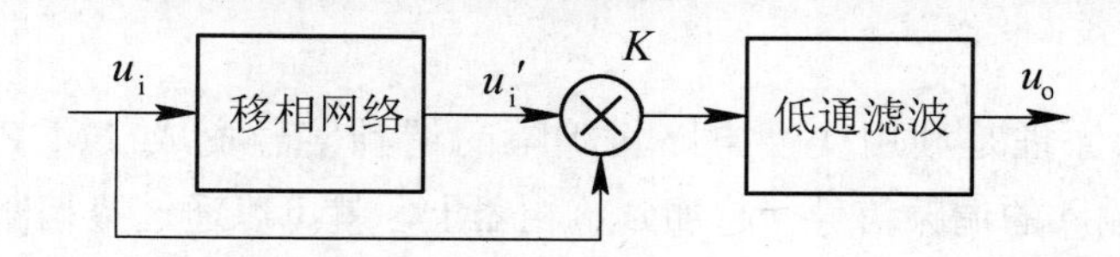

图 8.28　乘积型相位鉴频器框图

(2) 叠加型相位鉴频法。

利用叠加型鉴相器实现鉴频的方法称为叠加型相位鉴频法。其实现方框图如图 8.29 所示。

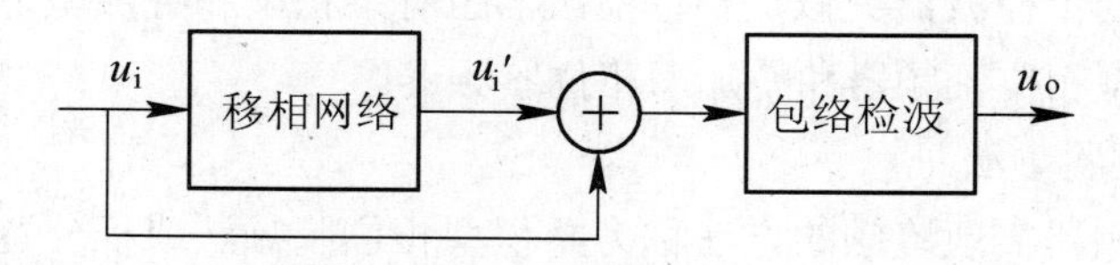

图 8.29　叠加型相位鉴频器框图

叠加型相位鉴频器的工作过程实际包括两部分：首先，输入调频信号经频率—相位变换后变成 FM-PM 信号，通过加法器完成矢量相加，将两个信号电压之间的相位差变化相应地变成合成信号的包络变化(既 FM-PM-AM 信号)；然后由包络检波器将其包络检出。因此，从原理上讲，叠加型相位鉴频器也可认为是一种振幅鉴频器。

8.4.2　叠加型相位鉴频器

为了抵消直流项，扩大线性鉴频范围，叠加型相位鉴频器通常采用平衡式电路，差动输出，如图 8.30 所示。具有线性的频相转换特性的变换电路(移相网络)一般由耦合回路来实现，因此也称为耦合回路相位鉴频法。耦合回路的初、次级电压间的相位差随输入调频信号瞬时频率变化。虚线框内部分为平衡式叠加型鉴相器。耦合回路可以是互感耦合回路，也可以是电容耦合回路。另外，$\pi/2$ 固定相移也由耦合回路引入。

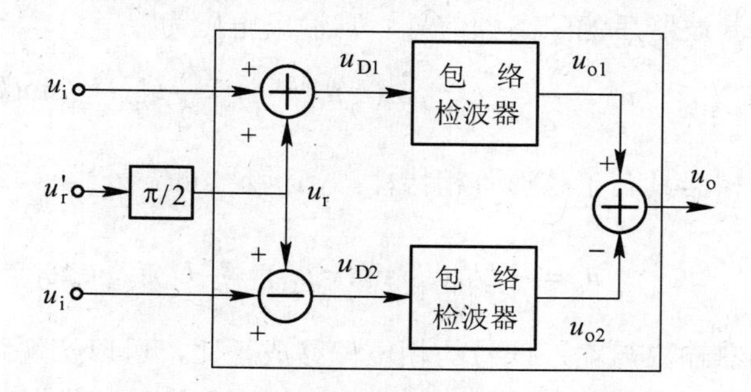

图 8.30　平衡式叠加型鉴相器框图

根据耦合回路的不同，又将叠加型相位鉴频器分为互感耦合型相位鉴频器和电容耦合型相位鉴频器两种。这里主要介绍互感耦合型相位鉴频器。

1. 电路结构和基本原理

互感耦合相位鉴频器又称福斯特－西利(Foster-Seeley)鉴频器，图 8.31 是其典型电路。它由放大器、频率—相位转换网络和平衡式叠加相位鉴频器组成。

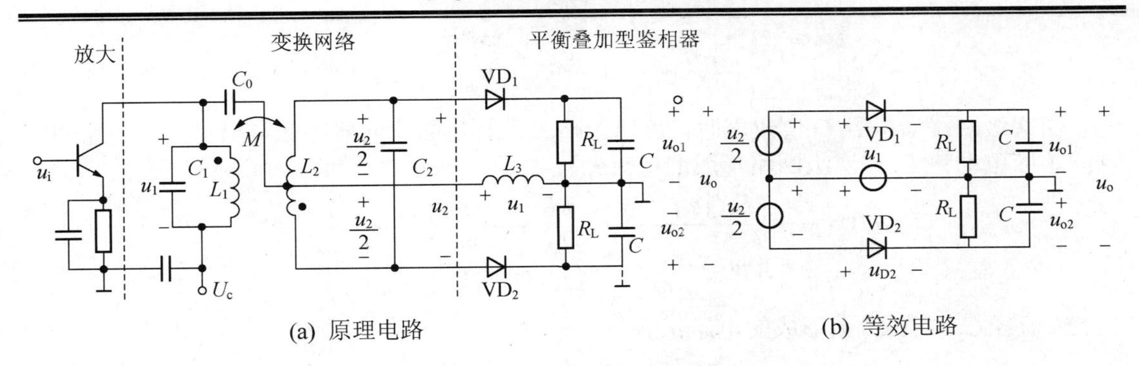

(a) 原理电路　　(b) 等效电路

图 8.31　互感式叠加型相位鉴频器

放大器由晶体管组成，它把输入调频波放大，在集电极输出限幅放大后的调频波 u_1。以互感 M 耦合的初、次级双调谐回路为频率—相位转换网络。图中，初、次级回路参数相同，即令 $C_1 = C_2 = C$，$L_1 = L_2 = L$，$r_1 = r_2 = r$，$k = M/L$，中心频率均为 $f_0 = f_c$（f_c 为调频信号的载波频率)。调频信号 u_1 一方面经隔直电容 C_o 加在后面的两个包络检波器上，另一方面经互感耦合 M 在次级回路两端产生调频—调相(FM-PM 波)u_2。所以 u_1 可直接接在高频扼流圈 L_3 上，在 L_3 上产生端电压 u_1，其等效电路如图 8.31(b)所示。频率—相位转换网络使 u_1 和 u_2 在固定载频上产生固定的 90° 相移；当 u_1 的瞬时频率在 f_c 的基础上线性变化时，u_1 和 u_2 的相位差也在 90° 的基础上线性变化。

二极管 VD_1、VD_2 和两个 C、R_L 组成两个平衡的包络检波器，差动输出。在实际中，鉴频器电路还可以有其他形式，如接地点改接在下端(图中虚线所示)，检波负载电容用一个电容代替并可省去高频扼流圈。

2. 工作原理分析

互感耦合相位鉴频器的工作原理可分为移相网络的频率—相位变换，加法器的相位—幅度变换和包络检波器的差动检波三个过程。

1) 频率—相位变换网络

频率—相位变换是由图 8.32(a)所示的互感耦合回路完成的。图 8.32(b)为其等效电路。在互感 M 较小时，忽略次级回路对初级回路的反射阻抗；考虑初、次级回路均为高 Q 回路，r_1 也可忽略；则初级回路电感 L_1 中的电流为

$$i_1(\mathrm{j}\omega) = \frac{u_1(\mathrm{j}\omega)}{r_1 + \mathrm{j}\omega L_1 + Z_f} \approx \frac{u_1(\mathrm{j}\omega)}{\mathrm{j}\omega L_1} \tag{8-46}$$

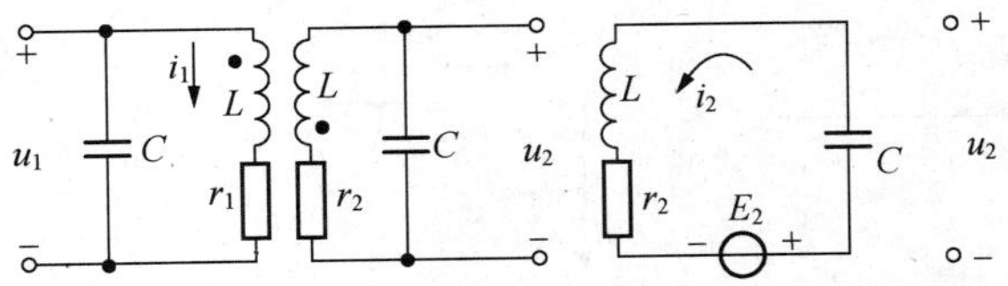

(a) 原理电路　　(b) 等效电路

图 8.32　频率—相位变换网络

初级电流在次级回路产生的感应电动势为

$$E_2(\mathrm{j}\omega)=\mathrm{j}\omega Mi_1(\mathrm{j}\omega)=\frac{M}{L_1}u_1(\mathrm{j}\omega) \tag{8-47}$$

当次级回路谐振且 Q 值较大时，可以忽略二极管包络检波器等效电阻对次级回路的影响，感应电动势 E_2 在次级回路形成的电流 i_2 为

$$i_2(\mathrm{j}\omega)=\frac{E_2(\mathrm{j}\omega)}{r_2+\mathrm{j}\left(\omega L_2-\dfrac{1}{\omega C_2}\right)}=\frac{M}{L_1}\frac{u_1(\mathrm{j}\omega)}{r_2+\mathrm{j}\left(\omega L_2-\dfrac{1}{\omega C_2}\right)} \tag{8-48}$$

i_2 流经 C_2，在 C_2 上形成的电压 u_2 为

$$\begin{aligned}u_2(\mathrm{j}\omega)&=-\frac{1}{\mathrm{j}\omega C_2}i_2(\mathrm{j}\omega)=\mathrm{j}\frac{1}{\omega C_2}\frac{M}{L_1}\frac{u_1(\mathrm{j}\omega)}{r_2+\mathrm{j}\left(\omega L_2-\dfrac{1}{\omega C_2}\right)}\\&=\frac{\mathrm{j}A}{1+\mathrm{j}\xi}u_1(\mathrm{j}\omega)=\frac{Au_1(\mathrm{j}\omega)}{\sqrt{1+\xi^2}}\mathrm{e}^{\frac{\pi}{2}-\varphi}\end{aligned} \tag{8-49}$$

式中，$\xi=2Q\Delta f/f_0$ 称为广义失谐；$Q=1/(\omega_0 Cr)$；$A=kQ$ 为耦合因子；$\varphi=\arctan\xi$ 为次级回路的阻抗角。

上式表明，u_1 与 u_2 之间的幅值和相位关系都将随输入信号的频率变化。但在 f_0 附近幅值变化不大，而相位变化明显。图 8.33(a)是 LC 并联谐振回路相频特性曲线，图 8.33(b)为互感耦合回路相频特性曲线，即为 u_1 与 u_2 之间的相位差 $(\pi/2)-\varphi$ 与频率的关系。

(a) LC 并联谐振回路相频特性　　(b) 互感耦合回路相频特性

图 8.33　频率—相位变换电路的相频特性

由此可得图 8.34 所示的频率—相位变换合成矢量图，分成如下三种情况：

(1) 当 $f=f_0=f_c$ 时，次级回路谐振，u_1 与 u_2 之间的相位差为 $\pi/2$ (引入的固定相差)；

(2) 当 $f>f_0=f_c$ 时，次级回路呈感性，u_1 与 u_2 之间的相位差为 $(\pi/2)\sim\pi$；

(3) 当 $f<f_0=f_c$ 时，次级回路呈容性，u_1 与 u_2 之间的相位差为 $0\sim\pi/2$。

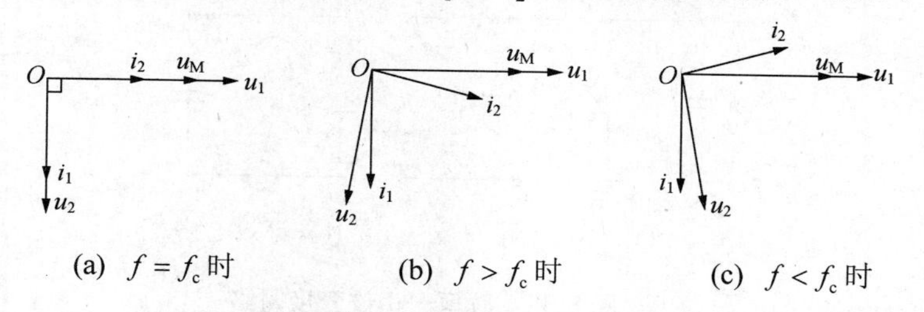

(a)　$f=f_c$ 时　　(b)　$f>f_c$ 时　　(c)　$f<f_c$ 时

图 8.34　频率—相位变换合成矢量图

设调频波瞬时频率的变化范围在耦合回路的通带之内，且 u_1 与 u_2 之间的幅值在瞬时频

率的变化范围之内基本不变。当广义失谐ξ较小时，$\varphi = \arctan\xi \approx \xi$，则$u_2$与$u_1$之间的相位差为

$$(\pi/2) - \varphi = \frac{\pi}{2} - \frac{2Q\Delta f}{f_0} \tag{8-50}$$

由式(8-49)和式(8-50)可以看出，调频波瞬时频率的变化Δf通过耦合回路的频率—相位变换之后，变成了瞬时相位变化，而且在一定条件下，两者近似成线性关系。因而互感耦合回路可以作为线性相移网络，其中固定相差$\pi/2$是由互感形成的。

2) 相位-幅度变换

根据图 8.31(b)所示，忽略输出电压，则在两个检波二极管上的高频电压分别为

$$\left.\begin{aligned} u_{D1} &= u_1 + \frac{u_2}{2} \\ u_{D2} &= u_1 - \frac{u_2}{2} \end{aligned}\right\} \tag{8-51}$$

合成矢量的幅度随u_1与u_2间的相位差发生变化，产生了 FM-PM-AM 信号，如图 8.35 所示。分成如下三种情况：

(1) 当$f = f_0 = f_c$时，u_{D2}与u_{D1}的振幅相等，即$U_{D1} = U_{D2}$；

(2) 当$f > f_0 = f_c$时，u_{D1}的振幅大于u_{D2}的振幅，即$U_{D1} > U_{D2}$，随着f的增加，两者差值将加大；

(3) 当$f < f_0 = f_c$时，u_{D1}的振幅小于u_{D2}的振幅，即$U_{D1} < U_{D2}$，随着f的增加，两者差值也将加大。

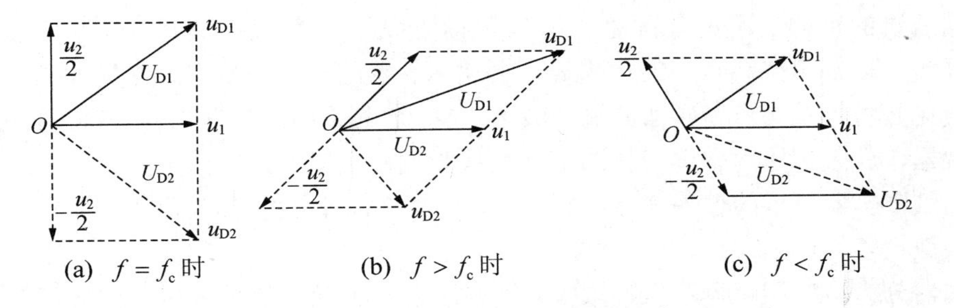

图 8.35 互感耦合相位鉴频器的矢量合成图

3) 检波输出

设两个包络检波器的检波系数分别为K_{d1}、K_{d2}(通常$K_{d1} = K_{d2} = K_d$)，则两个包络检波器的输出分别为$u_{o1} = K_{d1}|u_{D1}| = K_{d1}U_{D1}$、$u_{o2} = K_{d2}|u_{D2}| = K_{d2}U_{D2}$。鉴频器的输出电压为

$$u_o = u_{o1} - u_{o2} = K_d(U_{D1} - U_{D2}) \tag{8-52}$$

按如下三种情况分析可知：

(1) 当$f = f_0 = f_c$时，$U_{D1} = U_{D2}$，鉴频器输出u_o为零；

(2) 当$f > f_0 = f_c$时，$U_{D1} > U_{D2}$，鉴频器输出u_o为正；

(3) 当$f < f_0 = f_c$时，$U_{D1} < U_{D2}$，鉴频器输出u_o为负。

3. 鉴频特性

互感耦合回路相位鉴频器的鉴频特性曲线对原点奇对称。随瞬时频偏 Δf 的正负变化，输出电压也同时正负变化，如图 8.35 所示。在瞬时频偏为零时，固定相移为 $\pi/2$，利用平衡差动电路保证输出为零。在频偏不大的情况下，随着频率的变化，u_2 与 u_1 幅度变化不大而相位变化明显，鉴频特性近似线性，但当频偏较大时，相位变化趋于缓慢，而 u_2 与 u_1 幅度明显下降，从而引起合成电压下降。实际上，鉴频器的鉴频特性可以认为是移相网络的幅频特性和相频特性相乘的结果。只有输入的调频信号的频偏在鉴频特性的线性区内，才能不失真地得到原调制信号。

互感耦合回路相位鉴频器的鉴频特性与耦合因子 A 有密切的关系。鉴频灵敏度也与 A 值有关。此外 A 越大，峰值带宽越宽。但 A 太大(如 $A>3$ 时)，曲线的线性度变差、斜率下降。线性度及斜率下降主要是耦合过紧时，谐振曲线在原点处凹陷过大造成的。为了兼顾鉴频特性的几个参数，A 通常选择在 1~3 之间。实际鉴频特性的线性区约在 $2B_m/3$ 之内。

值得一提的是，电容耦合相位鉴频器是通过电容来耦合的，耦合系数由 C_m 和 C 决定，易于调整。并且两回路不需要通过空间的磁耦合，可单独屏蔽，结构也简单。这里不再详细介绍。

综上所述，互感耦合回路相位鉴频器中的耦合双回路是一个频率-相位变化器，它把 FM 波 u_1 变成 FM-PM 波 u_2；而 FM 波 u_1 和 FM-PM 波 u_2 经叠加后，变成两个 AM-FM 波 u_{D1} 和 u_{D2}；再经包络检波后即可恢复原调制信号。

4. 限幅电路

前面所讲的鉴频器不具有自动限幅(软限幅)能力。发射机的调制特性或接收机的谐振曲线不理想、以及干扰和噪声的影响等，会使鉴频器的输入信号产生寄生调幅，输入信号的幅度变化必将导致相位鉴频器的输出波形失真。通常采用限幅器来抑制寄生调幅的影响。所谓限幅器，就是把输入幅度变化的信号变换为输出幅度恒定的信号的变换电路。在鉴频器中采用硬限幅器要求的输入信号电压较大，约 1~3V。因此，其前面的中频放大器的增益要高、级数较多。

限幅器分为瞬时限幅器和振幅限幅器两种。脉冲计数式鉴频器中的限幅器属于瞬时限幅器。振幅限幅器的实现框图由图 8.36(a)所示，由非线性器件完成瞬时限幅作用，在瞬时限幅器后面接上带通滤波器，取出等幅调频方波中的基波分量，就可以构成振幅限幅器。但这个滤波器的带宽应足够宽，否则会因滤波器的传输特性不好而引入新的寄生调幅。

根据非线性器件的不同，限幅电路一般分为二极管电路、三极管电路和集成电路三类。在低频电路中已经讲述过二极管限幅电路(瞬时限幅器)。高频功率放大器在过压区(饱和状态)就是一种三极管限幅器。集成电路中常用的限幅电路是差分对电路，当输入电压大于 100 mV 时，电路就进入限幅状态。

振幅限幅器的性能可由图 8.36(b)所示的限幅特性曲线表示。图中，U_P 表示限幅器进入限幅状态的最小输入信号电压，称为门限电压。对限幅器的要求主要是在限幅区内要有平坦的限幅特性，门限电压要尽量小。

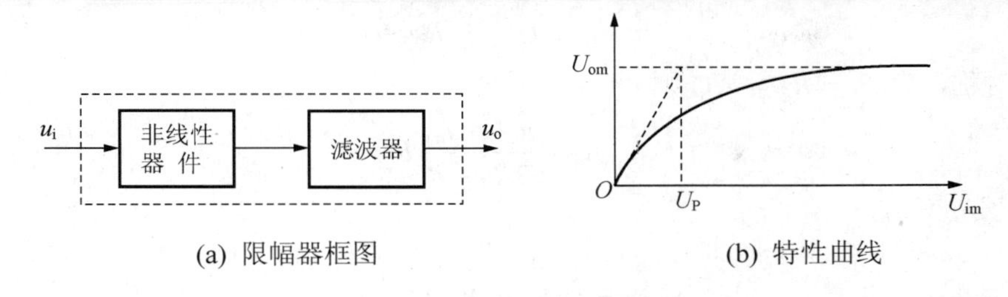

(a) 限幅器框图　　(b) 特性曲线

图 8.36　限幅器及其特性曲线

8.4.3　比例鉴频器

由互感耦合相位鉴频器的分析可知，为抑制寄生调幅的影响，相位鉴频器前必须使用限幅器。但限幅器要求较大的输入信号，这必将导致鉴频器前中放、限幅数的增加。这对那些要求电路简单、缩小体积、降低成本的调频广播接收机来说是不利的。

比例鉴频器具有自动限幅作用，不仅可以减少前面放大器的级数，而且可以避免使用硬限幅器。因此，比例鉴频器在调频广播接收机及电视接收机中得到了广泛的应用。

1. 电路结构

比例鉴频器与互感耦合叠加型相位鉴频器在电路结构上差异很小，基本电路如图 8.37(a)所示。

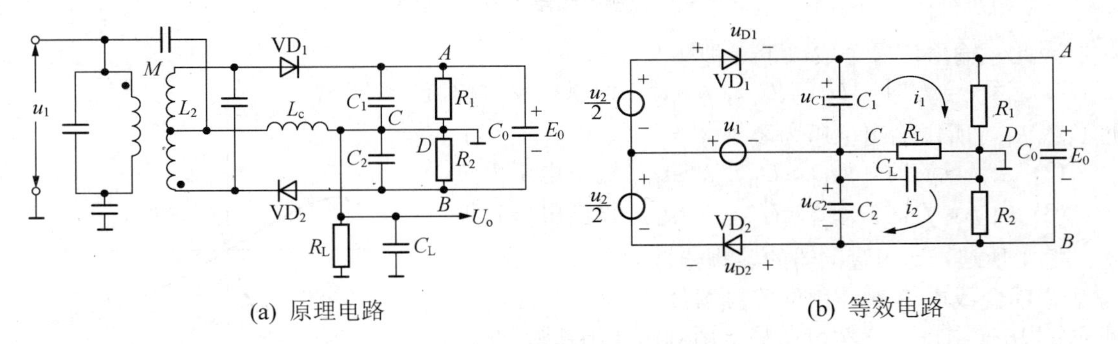

(a) 原理电路　　(b) 等效电路

图 8.37　比例鉴频器

比例鉴频器与互感耦合相位鉴频器的电路区别在于：

(1) 两个二极管的连接极性相反。

(2) 在电阻(R_1+R_2)两端并接一个大电容C_0，容量约在10μF 数量级。时间常数$(R_1+R_2)C_0$很大，约 0.1~0.25s，远大于低频信号的周期。故在检波过程中，可认为C_0上电压基本不变，近似为一恒定值E_0。

(3) 接地点和输出点改变。比例鉴频器的输出电压不是在 A、B 两端，而是在中点 C、D 两端引出。

2. 工作原理分析

比例鉴频器的等效电路如图 8.37(b)所示，电压、电流如图所示。由电路理论可得

$$i_1(R_1+R_2)-i_2R_L=u_{C1} \tag{8-53}$$

$$i_2(R_2+R_L)-i_1R_L=u_{C2} \tag{8-54}$$

$$u_o = (i_2 - i_1)R_L \tag{8-55}$$

通常电路对称，有 $R_1 = R_2 = R$，则

$$u_o = \frac{u_{C2} - u_{C1}}{2R_L + R} R_L \tag{8-56}$$

若 $R_L \gg R$，则

$$u_o = \frac{1}{2}(u_{C2} - u_{C1}) = \frac{1}{2} K_d (U_{D2} - U_{D1}) \tag{8-57}$$

将式(8-57)和式(8-52)相比较可知，在输入调频信号幅度相等、电路参数相同的条件下，比例鉴频器的输出电压与互感耦合或电容耦合相位鉴频器相比要小 1/2(鉴频灵敏度减半)。

如果输入 u_1 为调频波，由于电路的频—相变换网络与互感耦合相位鉴频器的相同，所以 u_1 与 u_2 之间的相位差为 $(\pi/2)-\varphi$。其矢量合成图如图 8.38 所示。

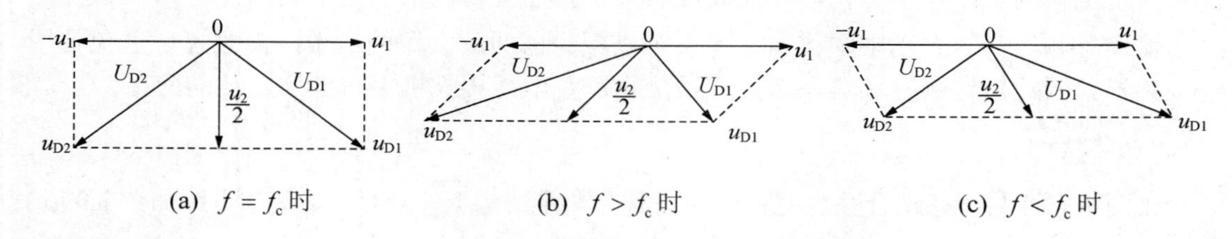

图 8.38 比例鉴频器的矢量合成图

因此，输出信号分成以下三种情况：

(1) 当 $f = f_c$ 时，$U_{D1} = U_{D2}$，$i_1 = i_2$，但以相反方向流过负载 R_L，所以输出电压为零；

(2) 当 $f > f_c$ 时，$U_{D1} > U_{D2}$，$i_1 > i_2$，输出电压为负；

(3) 当 $f < f_c$ 时，$U_{D1} < U_{D2}$，$i_1 < i_2$，输出电压为正。

综上所述，比例鉴频器的鉴频特性如图 8.39 所示，它与互感耦合或电容耦合相位鉴频器的鉴频特性(图中虚线所示)的极性相反。这在自动频率控制系统中要特别注意。当然，通过改变两个二极管连接的方向或耦合线圈的绕向(同名端)，可以使鉴频特性反向。只要比例鉴频器的输入调频信号工作在鉴频特性曲线的线性区，就可以还原出原调制信号。

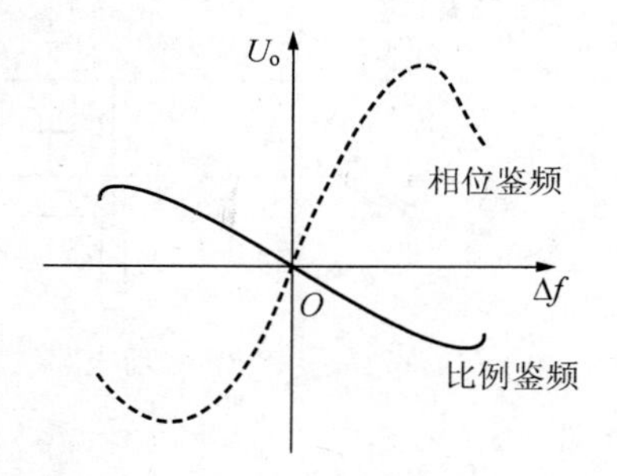

图 8.39 比例鉴频器鉴频特性曲线

3. 自限幅原理

比例鉴频器的输出电压只取决于输入调频信号的频率变化，而与输入调频信号的幅度变化无关。由于在电阻(R_1+R_2)两端并接一个大电容 C_0，C_0 上电压近似为一恒定值 E_0，所以输出电压也可由下式导出：

$$u_o = \frac{1}{2}(u_{C2} - u_{C1}) = \frac{1}{2}E_0 \frac{u_{C2} - u_{C1}}{E_0} = \frac{1}{2}E_0 \frac{u_{C2} - u_{C1}}{u_{C2} + u_{C1}} = \frac{1}{2}E_0 \frac{1 - \dfrac{u_{C1}}{u_{C2}}}{1 + \dfrac{u_{C1}}{u_{C2}}} \tag{8-58}$$

由上式可以看出，由于 E_0 恒定，比例鉴频器输出电压取决于两个检波电容上电压的比

值，故称比例鉴频器。当输入调频信号的频率变化时，u_{C1}与u_{C2}中，一个增大，另一个减小，变化方向相反，输出电压可按调制信号的规律变化。若输入信号的幅度改变(如增大)，则u_{C1}与u_{C2}将以相同方向变化(如均增加)，这样可保持比值基本不变，使得输出电压不变，这就是所谓的限幅作用。

比例鉴频器具有限幅作用的原因就在于电阻(R_1+R_2)两端并接了一个大电容C_0。u_0只与u_{C1}和u_{C2}的比值有关，是以C_0足够大，且$R_L \gg R_1$、R_2为条件的。

比例鉴频器的限幅作用还可解释为由鉴频器高Q回路的负载变化产生的。回路的空载Q_0值要足够高，一般应在接上检波器后，有载Q_e值降至Q_0的1/2。通常取(R_1+R_2)值在5~7 kΩ为宜。从电路图可以看到，E_0对检波管VD_1、VD_2是个反向偏压。若(R_1+R_2)值太大，则当输入信号幅度迅速减小时，E_0的反偏作用会使二极管截止，造成在一段时间内收不到信号。这种现象称为向下寄生调幅的阻塞效应。为解决上述问题，可使二极管串联一个小电阻R。为了兼顾减轻阻塞效应与抑制寄生调幅，R上的电压应为E_0的15%左右。实际上，调整电阻值，还可以使上下两支路对称。

要注意保证时间常数$(R_1+R_2)C_0$大于寄生调幅干扰的几个周期，以抑制比例鉴频器存在的过抑制现象。所谓过抑制是指输入信号幅度加大时，输出电压反而下降的现象。例如当输入信号加大时，因R_i变化使回路Q_e值下降太多，相位减小过多，因而使输出电压下降。过抑制现象会引起解调失真。

8.4.4　其他鉴频器

除了以上所介绍的主要鉴频器之外，下面介绍一下其他几种鉴频器。

1. 双失谐回路斜率鉴频器

在介绍双失谐回路斜率鉴频器之前，要先介绍一下单失谐回路斜率鉴频电路。

图 8.40(a)就是单失谐回路斜率鉴频原理电路。在斜率鉴频电路中，利用的是调谐回路的失(离)谐状态，因此又称失(离)谐回路法。工作过程如图(c)所示，谐振回路的谐振频率f_0高于FM波的载频f_c，并尽量利用幅频特性的倾斜部分。当$f > f_c$时，谐振回路两端电压u_i大；当$f < f_c$时，u_i小，因而形成图 8.40(b)中的u_i波形。为方便起见，图 8.40(c)中的u_i波形只画了包络部分。

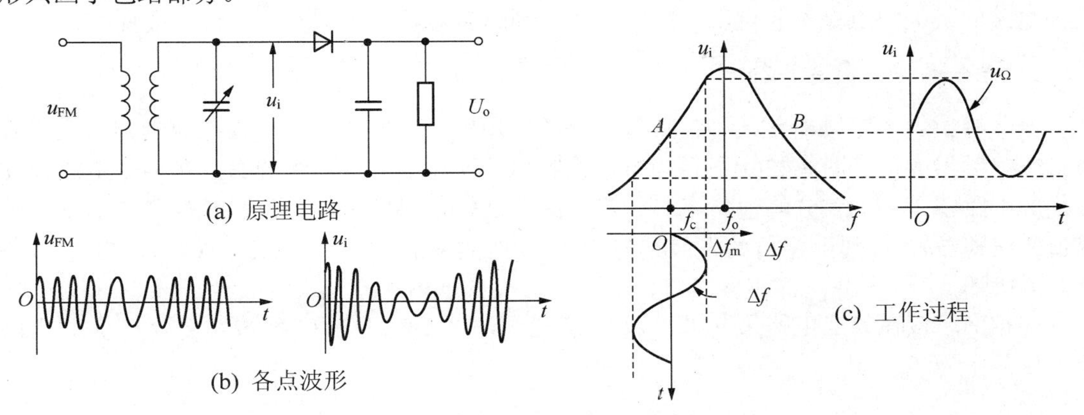

图 8.40　单失谐回路斜率鉴频电路

由图 8.40(c)可见，单调谐回路的谐振曲线线性度是较差的。为了扩大线性范围，实际上多采用三调谐回路的双失谐回路斜率鉴频器，如图 8.41(a)所示。三个回路的谐振频率分别为 $f_{01}=f_c$、$f_{02}>f_c$、$f_{03}<f_c$，且 $f_{02}-f_c=f_c-f_{03}$。双失谐回路斜率鉴频器的输出是取两个单失谐斜率鉴频器带输出之差，即该鉴频器的传输特性或鉴频特性，如图 8.41(b)中的实线所示。其中虚线为两回路的谐振曲线。各点输出波形如图 8.41(c)所示。上支路输出电压 U_{o1} 与图 8.40 中 U_o 波形相同。下支路波形 U_{o2} 则与上支路相反。当瞬时频率最高时，U_{o1} 最大，U_{o2} 最小；当瞬时频率最低时，U_{o1} 最小，U_{o2} 最大。输出负载为差动连接，鉴频器输出电压为 $U_o=U_{o1}-U_{o2}$。当 $f=f_c$ 时，上、下支路输出相等，总输出电压 $U_o=0$。

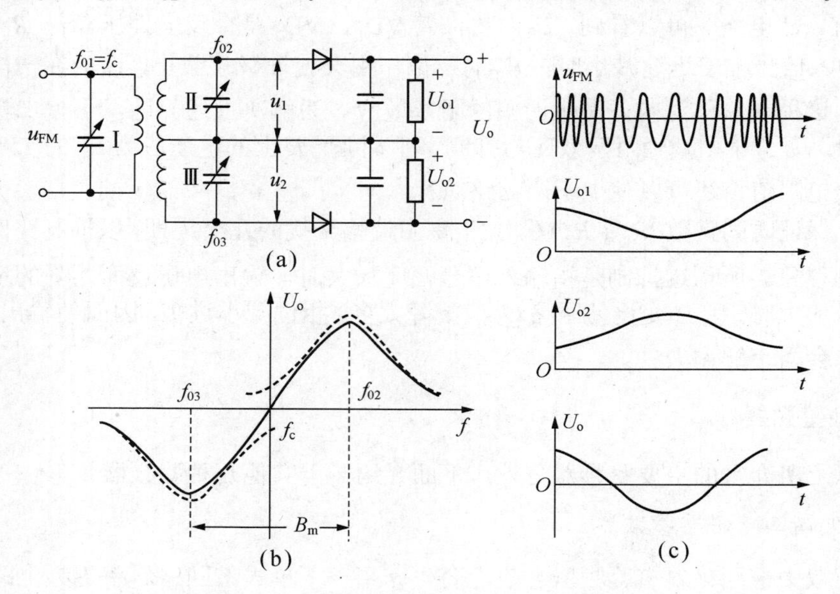

(a) 实际电路　(b) 双失谐回路鉴频特性曲线　(c) 各点波形

图 8.41　双失谐回路斜率鉴频电路

从图 8.41(b)看出，双失谐回路斜率鉴频器的鉴频特性曲线可获得较好的线性响应，失真较小，灵敏度也高于单失谐回路斜率鉴频器。这种电路适用于解调大频偏调频信号。但这种电路的最大缺点是不易调整，三个回路必须尽量对称，否则会引起较大失真。

2. 差分峰值斜率鉴频器

差分峰值斜率鉴频器是一种在集成电路中常用的振幅鉴频器。其工作原理与双失谐回路斜率鉴频器类似。图 8.42(a)所示为电视接收机的伴音信号处理系统 D7176AP、TA7243P 等集成电路中采用的差分峰值斜率鉴频器。图中，VT_1、VT_2 为射极跟随器；VT_3、VT_4 为峰值包络检波管(分别由 VT_3 的发射结与 C_3 和 VT_4 的发射结与 C_4 构成)；VT_5、VT_6 组成差分对放大器。

移相网络接在集成电路第 9 脚、第 10 脚之间，由 L_1、C_1 和 C_2 组成。L_1、C_1 并联电路的谐振频率为 f_{01}，则

$$f_{01}=\frac{1}{2\pi\sqrt{L_1C_1}} \tag{8-59}$$

L_1、C_1 和 C_2 组成串、并联回路的谐振频率为 f_{02}，则

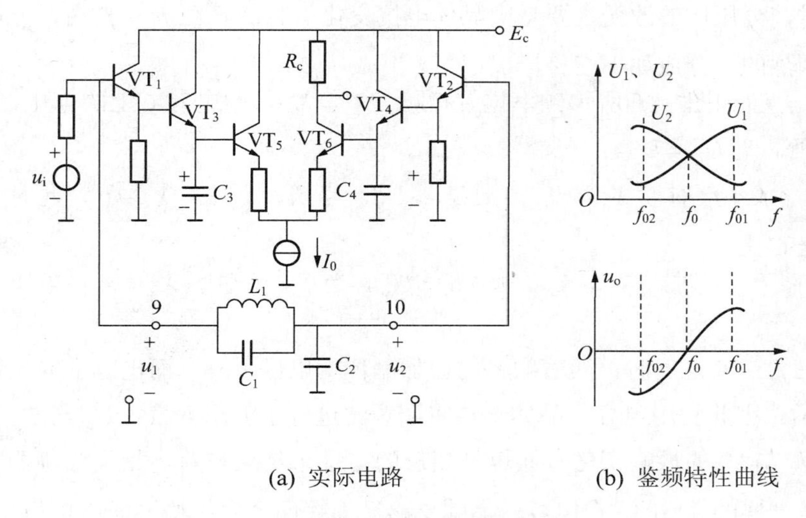

(a) 实际电路　　(b) 鉴频特性曲线

图 8.42　差分峰值斜率鉴频器

$$f_{02} = \frac{1}{2\pi\sqrt{L_1(C_1 + C_2)}} \tag{8-60}$$

比较式(8-59)和式(8-60)可知， $f_{01} > f_{02}$ 。

当调频信号的瞬时频率 $f = f_{01}$ 时，L_1C_1 回路并联谐振，呈现最大谐振阻抗，这时，第 9 引脚输出电压 u_1 最大，此时回路电流最小，C_2 的容抗值也较小，所以第 10 引脚输出电压 u_2 最小。当调频信号的瞬时频率 $f = f_{02}$ 时，L_1、C_1 和 C_2 回路并联谐振，呈现最大谐振阻抗，而 L_1、C_1 回路失谐，呈现最小谐振阻抗，因而这时 u_1 最小而 u_2 最大。u_1 和 u_2 的峰值包络电压 U_1 和 U_2 随 f 变化的曲线以及鉴频特性曲线如图 8.42(b)所示，该曲线与双失谐回路斜率鉴频器的鉴频特性类似。

根据以上分析，输入调频信号电压 u_i 一路直接加于 VT_1 管的基极，即为 u_1；另一路经移相网络变为 AM−FM 信号 u_2，加在 VT_2 管的输入端。u_1、u_2 分别经射极跟随器加于两个包络检波器之上。设两个包络检波器的检波系数分别为 k_{d1}、k_{d2} (通常 $k_{d1} = k_{d2}$)，则两个包络检波器的输出分别为 $u_{c3} = k_{d1}U_1$、$u_{c4} = k_{d2}U_2$。将这两个检波器输出分别加于差分放大器 VT_5、VT_6 的输入端。经差分放大后，VT_6 集电极的单端输出电压 $u_o = k(U_1 - U_2)$，即差分峰值斜率鉴频器将从 VT_6 集电极输出鉴频之后的调制信号。

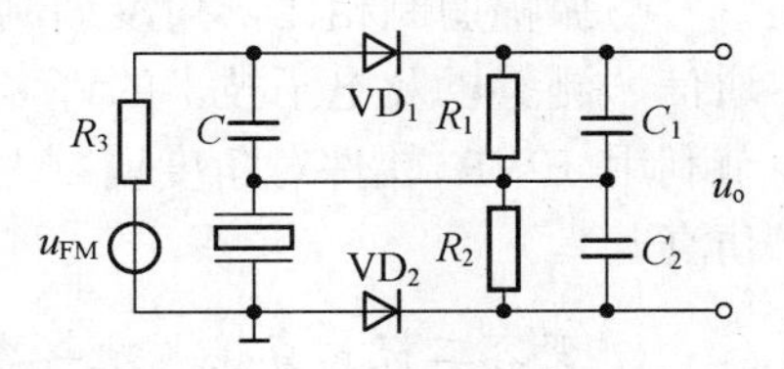

图 8.43　晶体鉴频器原理电路

3. 晶体鉴频器

前面我们讲过晶体调频器，晶体也可以鉴频，其原理电路如图 8.43 所示。电容 C 与晶体串联后接到调频信号源。VD_1、R_1、C_1 和 VD_2、R_2、C_2 组成两个二极管包络检波器。为了保证电路平衡，通常 VD_1 与 VD_2 性能相同，$R_1 = R_2$，$C_1 = C_2$。

电容 C 与晶体组成分压器，其分压取决于两者的电抗比。设 C 的电抗为 X_C，晶体的电抗为 X_q，它们的电抗曲线如图 8.44(a)所示。晶体串、并联频率 f_q、f_0 相距很近，其电抗在

此范围内呈感抗且变化很快。而在此频率范围内的电容容抗可近似认为不变。因此，当信号频率变化时，分压比的改变主要是由晶体电抗变化引起的。在 $f_q \sim f_0$ 内，分压比随频率的变化也是剧烈的。分成如下三种情况：

(1) 当 $f = f_c$ (如图中 f_c 所示频率位置)时，$X_C = X_q$，则电容 C 上的电压 U_C 和晶体上的电压 U_q 相等，即 $U_C = U_q$。

(2) 当 $f_q < f < f_C$ 时，$X_q < X_C$，则 $U_C > U_q$。当 $f = f_q$ 时，$X_q = 0$，此时电压几乎全部降在电容器 C 上。

(3) 当 $f_c < f < f_0$ 时，$X_q > X_C$，则 $U_C < U_q$。当 $f = f_0$ 时，$X_q = \infty$，电压几乎全部降在晶体上。

当频率在 $f_q \sim f_0$ 之间时，随着频率的增加晶体上电压上升，而电容上的电压下降，如图 8.44(b)所示。因此利用电容—晶体支路将调频波进行了波形变换，U_C 与 U_q 是调幅一调频波，而且 U_C 与 U_q 的振幅变化方向也是相反的。这个结果与前述相位鉴频器加给两个检波器的电压是一样的。因此，在电容—晶体支路后面接两个包络检波器就可得出解调信号。

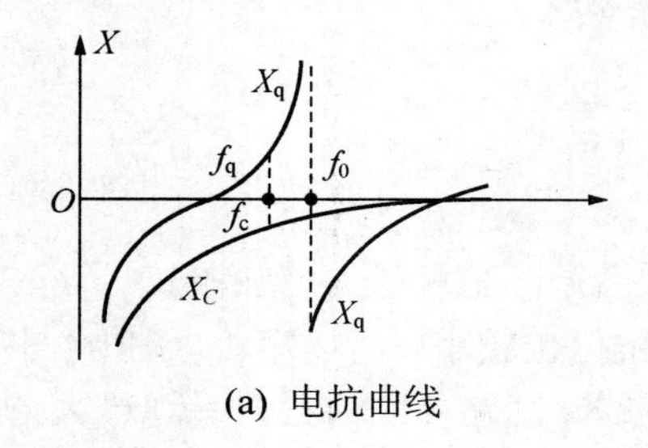

(a) 电抗曲线

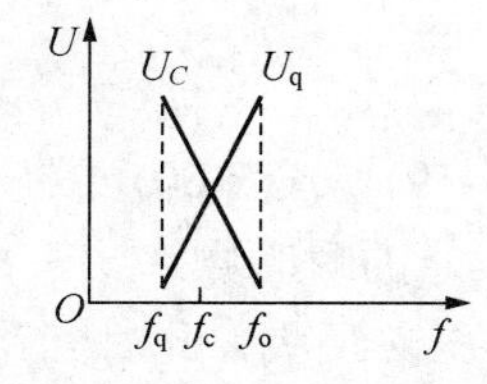

(b) 电容、晶体两端电压变化曲线

图 8.44　电容—晶体分压器

与晶体调频相同，由于晶体 f_q 至 f_0 范围窄，实用中有时要扩展频带。常用的扩展频带的方法有串联电感等，其原理与晶体调频原理相同。晶体鉴频器的主要优点是结构简单，调整容易，鉴频灵敏度高。它在窄带调频接收机中得到日益广泛的应用。

*8.5　角度调制与解调的仿真

与振幅调制相比，角度调制具有抗干扰能力强和较高的载波功率利用系数等优点，在通信、测量以及电子技术的许多领域中，角度调制和解调技术得到了极为广泛的应用。本节利用 EWB 软件对角度调制中的变容二极管直接调频电路和叠加型相位鉴频器电路进行仿真。

1. 变容二极管直接调频电路

变容二极管直接调频电路是目前应用最为广泛的直接调频电路，它是利用变容二极管反偏时所呈现的可变电容特性实现调频作用的，具有工作频率高、固有损耗小等优点。图 8.45 为变容二极管直接调频的实际电路，电路参数如图中标注。

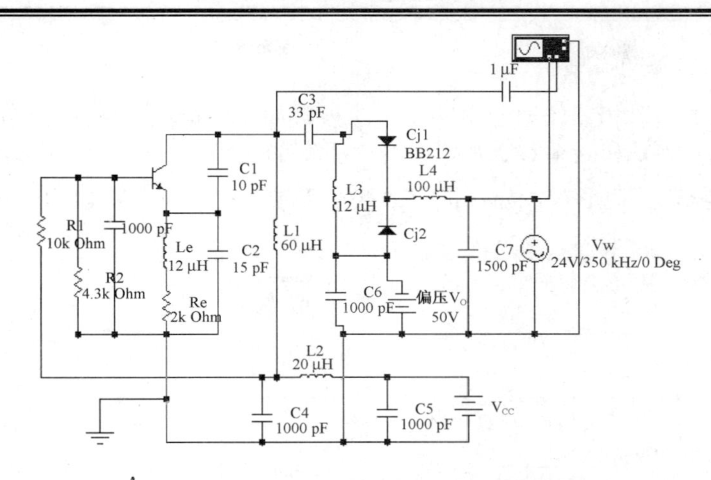

图 8.45　变容二极管直接调频的实际电路

在图 8.45 中，L_1，C_1、C_2 串联，C_3 和反向串联的两个变容二极管，三个支路并联组成电容反馈三点式振荡电路。直流偏置电压 $-V_0$ 同时加在两个变容二极管的正极，调制信号 $u_\Omega(t)$ 经 12 μH 扼流圈加在二极管负极上，两个二极管的动态偏置为

$$u_{\mathrm{d}}(t)=V_0+u_\Omega(t)$$

图 8.46 中两个变容二极管串联后的总电容为 $C_{\mathrm{j}}'=\dfrac{C_{\mathrm{j}}}{2}$，$C_{\mathrm{j}}'$ 与 C_3 串联后接入振荡回路，对振荡回路来说是部分接入，与单二极管直接接入比较，在 Δf_{m} 相同的情况下，m 值降低。同时两变容二极管反向串联，对高频信号而言，加到两管的高频电压降低 1/2，可减弱高频电压对结电压的影响，另外在高频电压的任一半周内，一个变容管寄生电容增大，而另一个减少，使结电容的变化不对称性相互抵消，从而消弱寄生调制。因此，该电路较为实用。

变容二极管直接调频电路的仿真结果如图 8.46 所示。

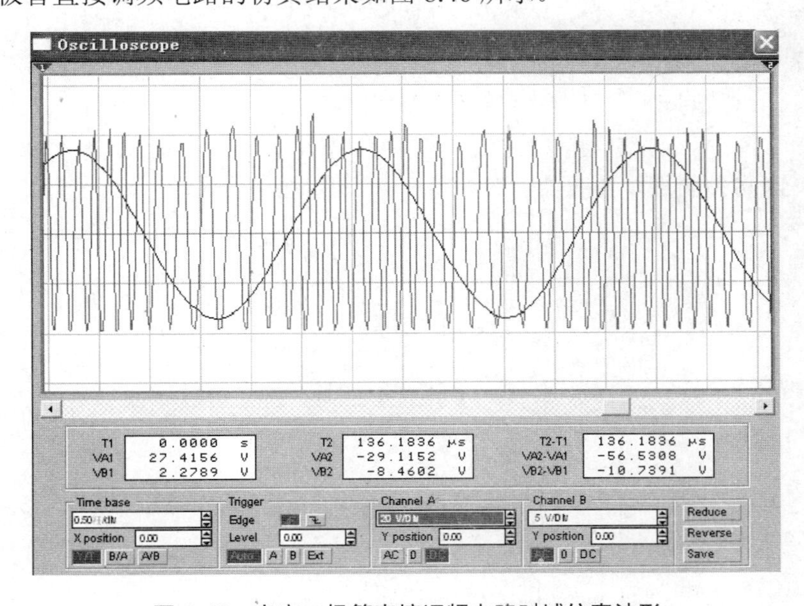

图 8.46　变容二极管直接调频电路时域仿真波形

2. 叠加型相位鉴频器电路

图 8.47 为叠加型鉴相器的原理电路，电路参数如图中标注。下面对该电路进行分析。图中二极管 VD_1、 VD_2 和四个 C、R 组成两个平衡的包络检波器，差动输出。在实际中，鉴频器电路还可以有其他形式，如接地点改接在下端，检波负载电容用一个电容代替并可省去高频扼流圈。

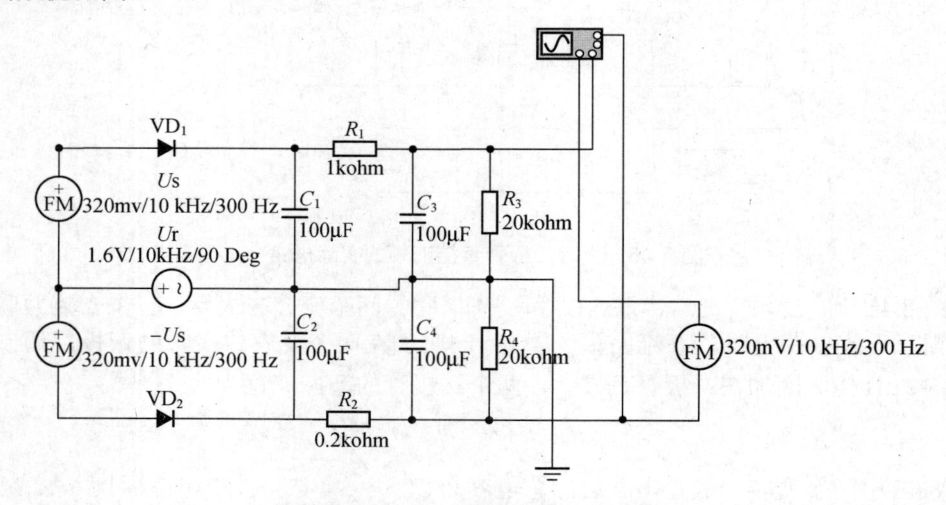

图 8.47　叠加型鉴相器的原理电路

设输入调相波 $u_s(t)$ 为

$$u_s(t) = U_s \sin[\omega_0 t + \varphi(t)]$$

式中，$\varphi(t) = k_p u_\Omega(t)$，$\omega_0 = 10\,\text{kHz}$。而同频正交载波信号为

$$u_r(t) = U_r \sin[\omega_0 t + \frac{\pi}{2}]$$

由图 8.47 可得

$$\begin{cases} u_{D1} = u_r(t) + u_s(t) \\ u_{D2} = u_r(t) - u_s(t) \end{cases}$$

利用矢量图 8.48 可得合成电压振幅

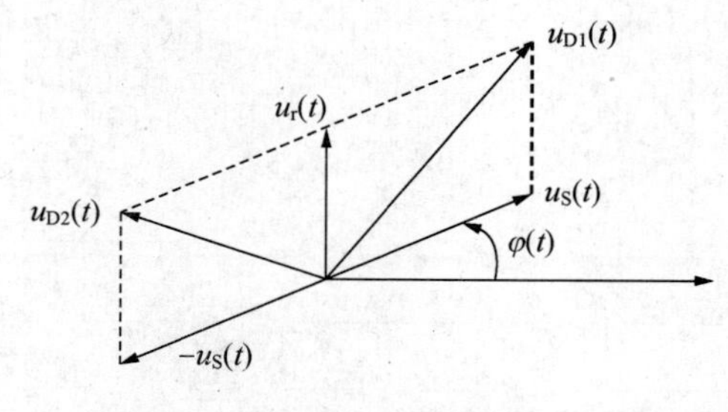

图 8.48　矢量图

所以有：

$$\begin{cases} U_{D1} = \sqrt{U_S^{\ 2} + U_r^{\ 2} + 2U_S U_r \sin\varphi(t)} \\ U_{D2} = \sqrt{U_S^{\ 2} + U_r^{\ 2} - 2U_S U_r \sin\varphi(t)} \end{cases}$$

由于u_{D1}和u_{D2}的振幅U_{D1}和U_{D2}是随$\varphi(t) = k_p u_\Omega(t)$变化的，即$u_{D1}$和$u_{D2}$为调相调幅波。

如果设包络检波器的传输系数为$K_{d1}=K_{d2}=K_d$，则两个包络检波器的输出电压为

$$\begin{cases} u_{o1} = K_d U_{D1} \\ u_{o2} = K_d U_{D2} \end{cases}$$

而叠加型鉴相器输出的总电压为

$$u_o(t) = u_{o1} - u_{o2} = K_d[U_{D1} - U_{D2}]$$

讨论：(1) 当$U_S \ll V_r$时

$$U_{D1} = U_r\sqrt{1+(\frac{U_S}{U_r})^2 + 2\frac{U_S}{U_r}\sin\varphi(t)} \approx U_r\sqrt{1+2\frac{U_S}{U_r}\sin\varphi(t)}$$

$$= U_r[1+\frac{U_S}{U_r}\sin\varphi(t)]$$

同理

$$U_{D2} \approx U_r[1-\frac{U_S}{U_r}\sin\varphi(t)]$$

则叠加型鉴相器输出的总电压为

$$u_o(t) = 2K_d U_S \sin\varphi(t)$$

可见这时的鉴相器具有正弦鉴相特性，其线性鉴相范围为$|\varphi(t)| \leqslant \frac{\pi}{12}$。

(2) 当$U_S \gg U_r$时，同理可推出

$$u_o(t) = 2K_d U_r \sin\varphi(t)$$

由讨论(1)，(2)可以看出输出电压u_o的大小取决于振幅小的输入信号振幅。

(3) 当$U_S = U_r$时

$$U_{D1} = \sqrt{2}U_S\sqrt{1+\sin\varphi(t)}$$
$$U_{D2} = \sqrt{2}U_S\sqrt{1-\sin\varphi(t)}$$

所以

$$u_o(t) = \sqrt{2}K_d U_S[\sqrt{1+\sin\varphi(t)} - \sqrt{1-\sin\varphi(t)}]$$。

利用三角函数公式

$$\begin{cases} \sqrt{1-\sin x} = \cos\frac{x}{2} - \sin\frac{x}{2} \\ \sqrt{1+\sin x} = \cos\frac{x}{2} + \sin\frac{x}{2} \end{cases}$$

所以

$$u_o(t) = 2\sqrt{2}K_d U_S \sin\frac{\varphi(t)}{2}$$

而当$|\frac{\varphi(t)}{2}| \leqslant \frac{\pi}{12}, |\varphi(t)| \leqslant \frac{\pi}{6}$的范围内时

$$\sin\frac{\varphi(t)}{2}\approx\frac{\varphi(t)}{2}$$

所以 $u_{o}(t)=\sqrt{2}K_{d}U_{S}\varphi(t)$，同样也可实现线性鉴相。

应当强调指出，叠加型相位鉴频器的工作过程实际包括两个动作：首先，输入调频信号经频率—相位变换后变成既调频又调相的 FM-PM 信号，通过加法器完成矢量相加，将两个信号电压之间的相位差变化相应地变成合成信号的包络变化(既调频、调相又调幅的 FM-PM-AM 信号)，然后由包络检波器将其包络检出。因此，从原理上讲，叠加型相位鉴频器也可以认为是一种振幅鉴频器。叠加型鉴相器电路解调仿真波形如图 8.49 所示。

通过本次仿真，使读者了解变容二极管直接调频电路和叠加型相位鉴频器电路一般工作原理及调试、仿真方法。读者也可对其他形式的角度调制和角度解调电路进行电路设计和仿真，如晶体振荡器直接调频电路、变容二极管调相电路和差分峰值振幅鉴频器等。

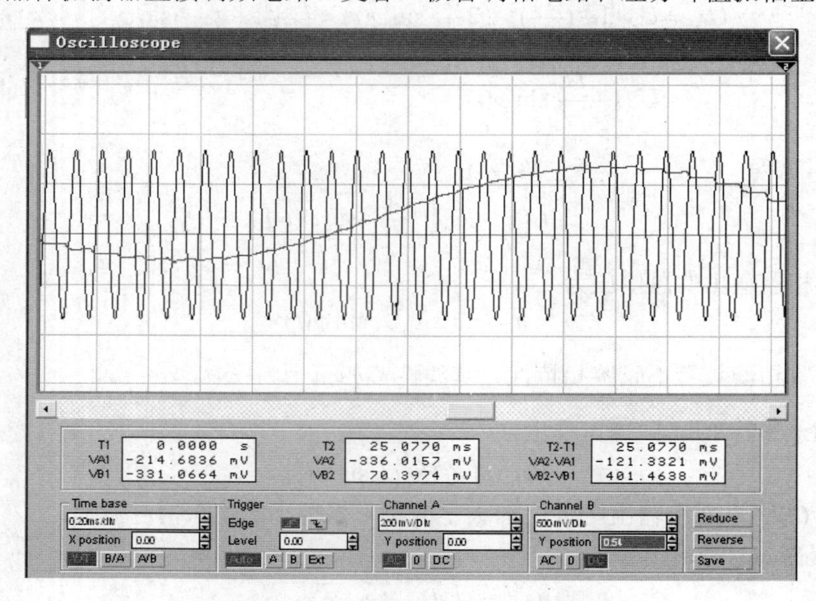

图 8.49 叠加型鉴相器电路解调仿真波形

8.6 本章小结

1．调频信号的瞬时频率变化与调制电压成线性关系，调相信号的瞬时相位变化与调制电压成线性关系，两者都是等幅信号。对于单频调频或调相信号来说，只要调制指数相同，则频谱结构与参数相同。但当调制信号是由多个频率分量组成时，相应的调频信号和调相信号的频谱都不相同，而且各自的频谱都并非是单个频率分量调制后所得频谱的简单叠加。这些都说明了非线性频率变换与线性频率变换是不一样的。

2．最大频偏 Δf_{m}、最大相偏 $\Delta\varphi_{m}$ (即调制指数 m_{f} 或 m_{p})和带宽 BW 是调角信号的三个重要参数。要注意区别 Δf_{m} 和 BW 两个不同概念，注意区别调频信号和调相信号中 Δf_{m}、$\Delta\varphi_{m}$ 与其他参数的不同关系。

3．直接调频方式可获得较大的线性频偏，但载频稳定度较差；间接调频方式载频稳定度较高，但可获得的线性频偏较小。前者的最大相对频偏受限制，后者的最大绝对频偏受限制。采用晶振、多级单元级联、倍频和混频等措施可改善两种调频方式的载频稳定度或最大线性频偏等性能指标。

4．斜率鉴频和相位鉴频是两种主要鉴频方式，其中互感耦合叠加型相位鉴频器鉴频曲线线性较好，灵敏度较高；比例相位鉴频器具有自限幅能力，电路简单，体积小；而差分峰值鉴频和乘积型相位鉴频两种实用电路便于集成、调谐容易、线性性较好，在集成电路中得到了普遍应用。

5．在鉴频电路中，LC 并联回路作为线性网络，利用其幅频特性和相频特性，分别可将调频信号转换成调频—调幅信号和调频—调相信号，为频率解调准备了条件。在调频电路中，由变容二极管(或其他可变电抗元件)组成的 LC 并联回路作为非线性网络，更是经常用到的关键部件。

6．限幅电路是鉴频电路前端不可缺少的重要部分，它可以消除叠加在调频信号上面的寄生调幅，从而可减小鉴频失真。

8.7　习　　题

8-1　调角波 $u=15\cos(2\pi\times10^8 t+10\cos 4000\pi t)$ (V)，试确定：(1)最大频偏；(2)最大相偏；(3)信号带宽；(4)此信号在单位电阻上的功率；(5)能否确定这是 FM 波还是 PM 波？(6)调制信号表达式。

8-2　调制信号如题 8-2 图所示。(1)画出 FM 波的 $\Delta\omega(t)$和$\Delta\varphi(t)$ 曲线；(2)画出 PM 波的 $\Delta\omega(t)$和$\Delta\varphi(t)$ 曲线；(3)画出 FM 波和 PM 波的波形草图。

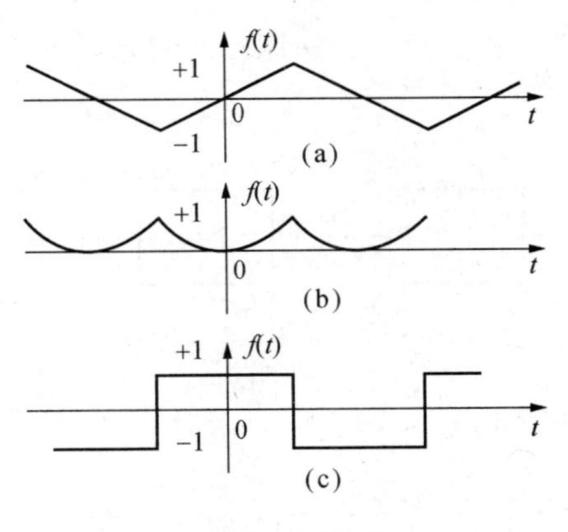

题 8-2 图

8-3　已知调制信号 $u_\Omega=0.2\cos 2\pi\times10^3 t$ (V)，载波振幅为 1V，载波中心频率为 1 MHz。把它分别送到调幅电路和调频电路中，分别形成调幅波和调频波。调幅电路的调幅比例常数 $k_a=0.05$，调频电路的调频比例常数 $k_f=1\,\text{kHz/V}$。

(1) 分别写出调幅波和调频波的表示式，求各信号的带宽。

(2) 若调制信号变为 $u_\Omega=20\cos 2\pi\times10^3 t$ (V)，分别求其信号的带宽。

(3) 由此(1)、(2)可得出什么结论。

8-4 频率为 100 MHz 的载波被频率为 5 kHz 的正弦信号调制，最大频偏为 50 kHz，求此时 FM 波的带宽。若$U_{\Omega m}$加倍，频率不变，带宽是多少？若$U_{\Omega m}$不变，频率增大 1 倍，带宽如何？若$U_{\Omega m}$和频率都增大 1 倍，带宽又如何？

8-5 已知某调频电路调制信号频率为 400Hz，振幅为 2.4V，调制指数为 60，求频偏。当调制信号频率减为 250Hz，同时振幅上升为 3.2V 时，调制指数将变为多少？

8-6 已知彩色伴音采用调频制，四频道的伴音载频 $f_c = 83.75\ \text{MHz}$，$\Delta f_m = 50\ \text{MHz}$，$F_{max} = 15\ \text{MHz}$。(1)试问瞬时频率的变化范围是多少？(2)计算信号带宽；(3)试画出伴音信号频谱图。

8-7 调制信号 $u_\Omega = 2\cos 2\pi \times 10^3 t + 3\cos 3\pi \times 10^3 t\ (\text{V})$，调频灵敏度 $k_f = 3\ \text{kHz/V}$，载波信号为 $u_c = 5\cos 2\pi \times 10^7 t\ (\text{V})$，试写出此 FM 信号表达式。

8-8 调频振荡器回路的电容为变容二极管，其压控特性为 $C_j = C_{j0} / \sqrt{1+2u}$，$u$ 为变容二极管反向电压的绝对值。反向偏压 U_Q=4V，振荡中心频率为 10MHz，调制电压为 $u_\Omega = \cos \Omega t\ (\text{V})$。(1)求在中心频率附近的线性调制灵敏度；(2)当要求 $K_{f2} < 1\%$ 时，求允许的最大频偏值。

8-9 调频振荡器回路由电感 L 和变容二极管组成。L=3 μH，变容二极管参数为：$C_{j0} = 225\text{pF}$，$\gamma = 0.5$，$U_P = 0.6\text{V}$，$U_Q = 4.8\text{V}$，调制电压为 $u_\Omega = 3\cos(10^4 t)\ \text{V}$。求输出调频波的(1)载频；(2)由调制信号引起的载频漂移；(3)最大频偏；(4)调频系数；(5)二阶失真系数。

8-10 设计一个调频发射机，要求工作频率为 160MHz，最大频偏为 1MHz，调制信号最高频率为 10kHz，副载频选 500kHz，请画出发射机方框图，并标出各处的频率和最大频偏值。

8-11 题 8-11 图中给出三种矢量合成法调相器的方框图。试用矢量图说明各自的调相原理。

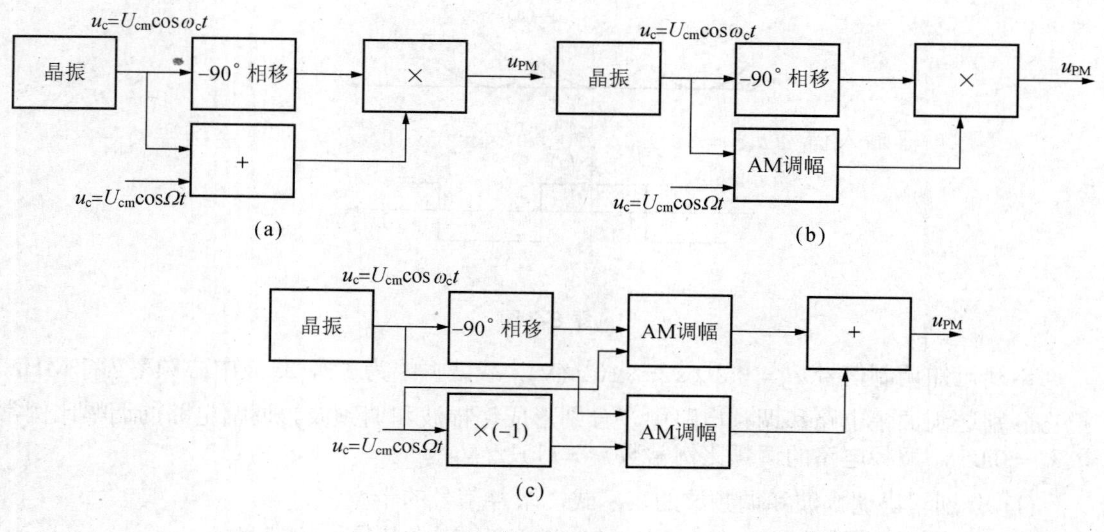

题 8-11 图

8-12 在题 8-12 图所示的两个电路中，分别能实现什么功能，相应的回路参数如何配置？输入信号各是什么？

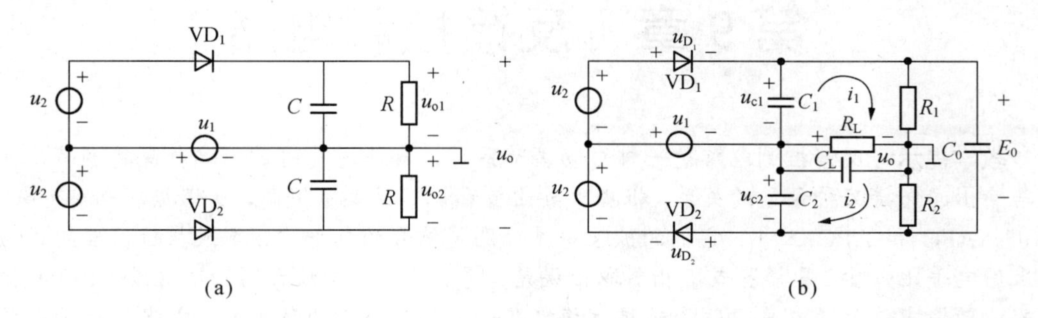

题 8-12 图

8-13 已知某鉴频器的输入信号为 $u_{FM}=3\sin(\omega_c t+10\sin 2\pi\times10^3 t)$ (V)，鉴频跨导为 $S_D=-5$ mV/kHz，线性鉴频范围大于 $2\Delta f_m$。求输出电压 u_o 的表示式。

8-14 设互感耦合相位鉴频器的输入信号为 $u_1=U_{1m}\cos(\omega_c t+m_f\sin\Omega t)$ (V)，试画出下列波形示意图：(1) u_1；(2) u_1 的调制信号 u_Ω；(3)次级回路电压 u_2；(4)两个检波器的输入电压 u_{d1} 及 u_{d2}；(5)两个检波器的输出电压 u_{o1} 及 u_{o2}；(6)两个检波二极管上的电压 u_{d1} 及 u_{d2}；(7)鉴频器输出电压 u_o。

8-15 将双失谐回路鉴频器的两个检波二极管 VD_1、VD_2 都调换极性反接，电路还能否工作？只接反其中一个，电路还能否工作？有一个损坏(开路)，电路还能否工作？

8-16 鉴相器的实现框图分别如题 8-16 图(a)和(b)所示。

(1) 填出方框 A 和 B 的名称。

(2) 说明输入信号 u_1 和 u_2 的主要特征，并定性画出电路的鉴相特性曲线。

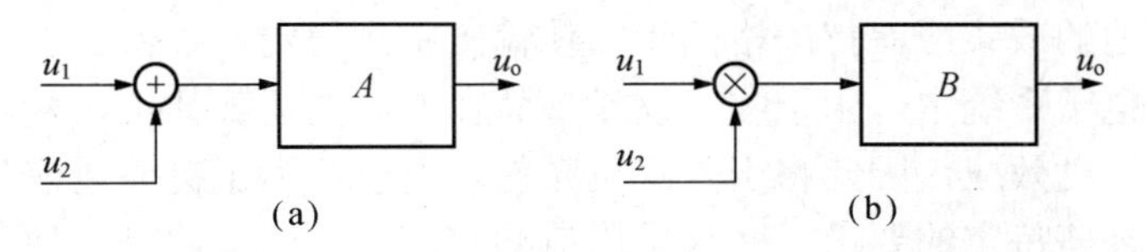

题 8-16 图

8-17 某鉴频器输入信号 $u_{FM}=3\cos(2\pi\times10^6 t+5\sin 2\pi\times10^3 t)$ (V)，其鉴频特性曲线如题 8-17 图所示。试回答下列问题：

(1) 求电路的鉴频灵敏度 S_D。

(2) 当输入调频信号 u_{FM} 时，求输出电压 u_o。

(3) 将 u_{FM} 的调制信号频率增大 1 倍后作为输入信号，说明输出 u_o 有无变化？若将调制信号的幅度增大 1 倍后再作为输入信号，则输出 u_o 又有何变化？

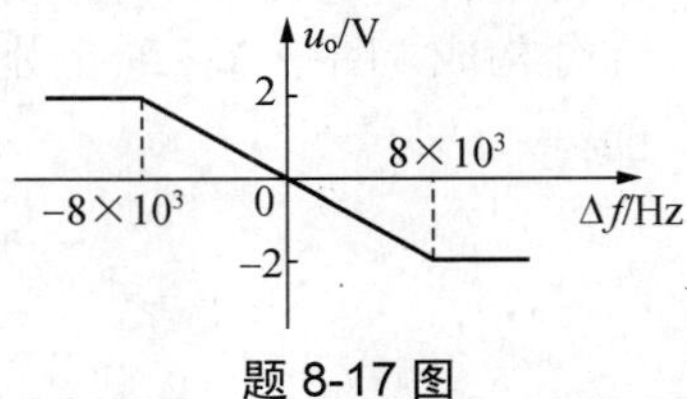

题 8-17 图

8-18 用矢量合成原理定性描绘出比例鉴频器的鉴频特性。

8-19 相位鉴频器使用久了，出现了以下现象，试分析产生的原因：

(1) 输入载波信号时，输出为一直流电压；

(2) 出现严重的非线性失真。

第 9 章　反馈控制电路

教学提示： 反馈控制电路是一种自动调节系统。其作用是通过环路自身的调节，使输入与输出间保持某种预定的关系。根据需要比较和调节的参量不同，反馈控制电路可分为：AGC、AFC 和 APC 三种，它们的被控参量分别是信号的电平、频率或相位，在组成上分别采用电平比较器、鉴频器或鉴相器取出误差信号，然后控制放大器的增益或 VCO 的振荡频率，使输出信号的电平、频率或相位稳定在一个预先规定的参量上，或者跟踪参考信号的变化。

教学要求： 本章可从反馈控制电路的基本概念入手，先简单介绍 AGC、AFC 电路的组成、工作原理及应用，重点让学生掌握 APC 及 PLL 的工作原理及应用。注意区分 APC 和 AFC 两种不同的自动调节过程的异同点。

9.1 概　　述

以上各章分别介绍了谐振放大电路、振荡电路、调制电路和解调电路。由这些功能电路可以组成一个完整的通信系统或其他电子系统，但是这样组成的系统其性能未必完善。例如，在调幅接收机中，天线上感应的有用信号强度往往由于电波传播衰落等原因会有较大的起伏变化，导致输出信号时强时弱不规则变化，有时还会造成阻塞。又如，在通信系统中，收、发两地的载频应保持严格同步，使输出中频稳定，要做到这一点比较困难。特别是在航空航天电子系统中，由于收、发设备装在不同的运载体上，两者之间存在相对运动，必然产生多普勒效应，因此将引入随机频差。所以，为了提高通信和电子系统的性能指标，或者实现某些特定的要求，必须采用自动控制方式。由此，各种类型的反馈控制电路便应运而生了。

反馈控制电路是一种自动调节系统，其作用是通过环路自身的调节，使输入与输出间保持某种预定关系。这种系统具有如图 9.1 所示的方框图。它由反馈控制器和控制对象两部分构成，图中 X_i , X_o 分别为系统的输入量和输出量，它们之间满足所要求的确定的关系，即

$$X_o = F(X_i) \tag{9-1}$$

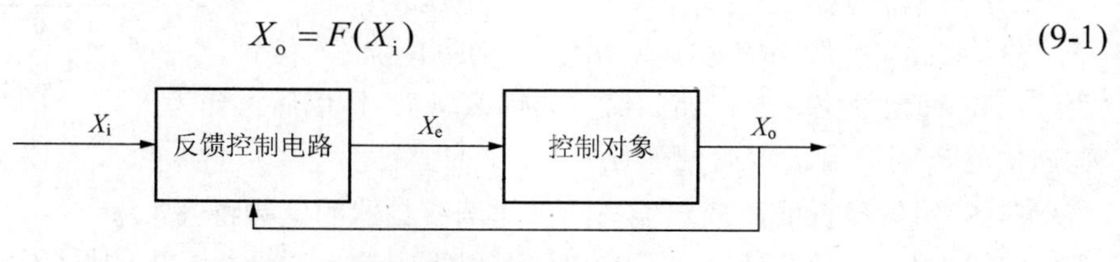

图 9.1　反馈控制系统方框图

如果由于某种原因，这种关系尚未满足遭到破坏时，控制器将 X_o 和 X_i 加以比较，产

生一个 X_o 与 X_i 间偏离预定关系的误差量 X_e，X_e 将对执行机构施加影响，实现调节，使 X_o 与 X_i 间的调节接近或恢复预定的关系。

根据需要比较和调节的参量不同，反馈控制电路分为以下三种。

(1) 自动增益控制电路：需要比较和调节的参量为电压或电流，则相应的 X_o 与 X_i 为电压或电流。其典型应用电路为自动增益控制(Automatic Gain Control，AGC)电路。

(2) 自动频率控制电路：需要比较和调节的参量为频率，而相应的 X_o 与 X_i 为频率。其典型应用电路为自动频率微调(Automatic Frequency Control，AFC)电路。

(3) 自动相位控制电路：需要比较和调节的参数是相位，而相应的 X_o 与 X_i 为相位。自动相位控制(Automatic Phase Control，APC)电路，又称为锁相环(PLL)，它是应用最广泛的一种反馈控制电路，目前已制成通用的集成组件。因此本章将重点介绍它的工作原理、性能特点及其主要应用，同时对其他各种反馈控制电路予以简要地介绍，而对频率合成技术在下一章专门加以讨论。

需要指出的是，反馈控制电路和大家以前学习过的负反馈放大器都是闭环工作的自动调节系统，区别在于组成上不同，反馈放大器仅仅由放大器和反馈网络组成，而反馈控制电路除放大器外，还包括具有频率变换的非线性环节。因此，必须采用非线性电路的分析方法。不过，当分析某些性能指标时，在一定条件下，这些非线性环节可以用近似线性方法处理，这样，反馈控制电路就可以采用与反馈放大器相同的分析方法。

9.2　自动增益控制电路

自动增益控制(AGC)电路是某些电子设备，特别是接收设备的重要辅助电路之一，其主要作用是使设备的输出电平保持为一定的数值，因此也称为自动电平控制(ALC)电路。

接收机的输出电平取决于输入信号电平和接收机的增益。由于种种原因，在通信、导航及遥测遥控系统中，由于受发射功率大小、收发距离远近、电磁波传播衰落等各种因素的影响，接收机的输入信号变化范围往往很大，微弱时可以是几微伏或几十微伏，信号强时可达几百毫伏。也就是说，最强信号电压和最弱信号电压相差可达几十分贝。这种变化范围叫做接收机的动态范围。

显然，在接收弱信号时，希望接收机的增益高，而接收强信号时则希望它的增益低。这样才能使输出信号保持适当的电平，不至于因为输入信号太小而无法正常工作，也不至于因为输入信号太大而使接收机发生饱和或堵塞，这就是 AGC 电路所应完成的任务。所以，AGC 电路是输入信号电平变化时，用改变增益的方法维持输出信号电平基本不变的一种反馈控制系统。这是接收机中几乎不可缺少的辅助电路。在发射机或其他电子设备中，AGC 电路也有广泛的应用。

9.2.1　基本工作原理

自动增益控制电路的基本组成方框图如图 9.2 所示。它的反馈控制器是由振幅检波器、直流放大器、比较器和低通滤波器组成，控制对象就是可控增益放大器。该放大器的输入信号为 $u_i = U_{im}\cos\omega t$，输出信号为 $u_o = U_{om}\cos\omega t$。设可控增益放大器的增益为 $A_g(u_c)$ 则它们满足如下关系式：

$$U_{om} = A_2(u_c)U_{im} \tag{9-2}$$

这个输出高频信号还同时加到检波器上，检波反应信号强度变化的电压，经低通滤波器、直流放大器，产生反馈信号 u_f 加到比较器，与外加参考信号 u_r 相减产生差值信号，作为控制电压，加到可控增益放大器，用来调整放大器的增益，使输出信号电平保持在所需要的范围之内。

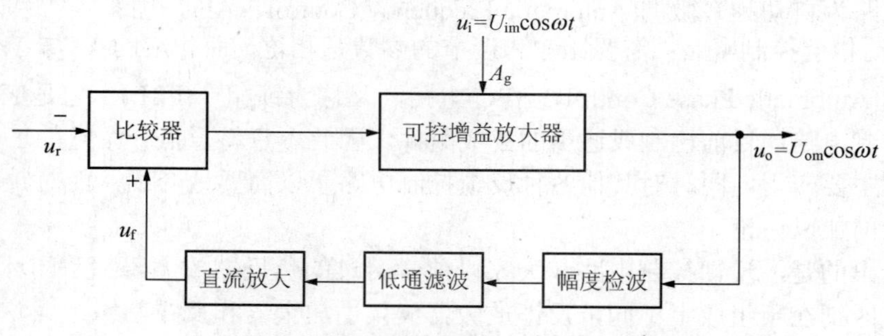

图 9.2　自动增益控制电路的组成方框图

这种控制是通过改变受控放大器的静态工作点、输出负载值、反馈网络的反馈量与受控放大器相连的衰减量来实现的。

9.2.2　自动增益控制电路的应用

常见的自动增益控制电路用于调幅接收机时，称为自动增益控制电路，又称 AGC 电路，它属于这样一种情况：u_r 是固定不变的，而 u_{im} 是在较大范围内变化的，这时，AGC 电路的任务就是保证整个环路的输出幅度在一个允许的小范围的变化。这时的 u_r 就是一个门限，只有比较器的输入大于 u_r 时，才有误差电压输出。

具体来说，在接收机中，天线上感应的有用信号强度(反映在载波振幅上)往往由于电波传播衰落原因会有比较大的起伏变化，致使扬声器的声音时强时弱，有时还会造成阻塞。这就需要 AGC 电路进行调节。当输入信号很强时，自动增益控制电路进行控制，使接收机的增益减小；当输入信号很弱时，自动增益控制电路不起作用，接收机增益大。这样，当信号强度变化时，接收机的输出的电压或功率几乎不变。

图 9.3 示出了带有 AGC 电路的调幅接收机的组成方框图。图 9.3 中，包络检波器前的高频放大器和中频放大器组成环路的可控增益放大器，它输出的中频调幅信号 $u_i = U_{im}(1+m_a\cos\Omega t)\cos\omega_i t$ 的中频载波电压振幅 U_{im} 就是环路的输出量。AGC 检波器和直流放大器组成反馈控制器。其中 AGC 检波兼作比较器，它的门限电压 u_r 就是环路的输出量。实际上采用二极管检波器作为 AGC 检波器时，门限电压 u_r 就是加到检波器电路中的直流负偏压，只有当输入中频电压振幅大于 u_r 时，AGC 检波器才工作，输出相应的平均电压，否则，AGC 检波器的输出为零，AGC 不起作用，这种电路称为延迟放大式 AGC 电路。

如果 AGC 检波器电路不加直流负偏压，一有外来信号，AGC 立刻起作用，接收机的增益因受控制而减小，这对提高接收机的灵敏度是不利的，延迟式 AGC 电路就克服了这个缺点。延迟式 AGC 原理图如图 9.4 所示。

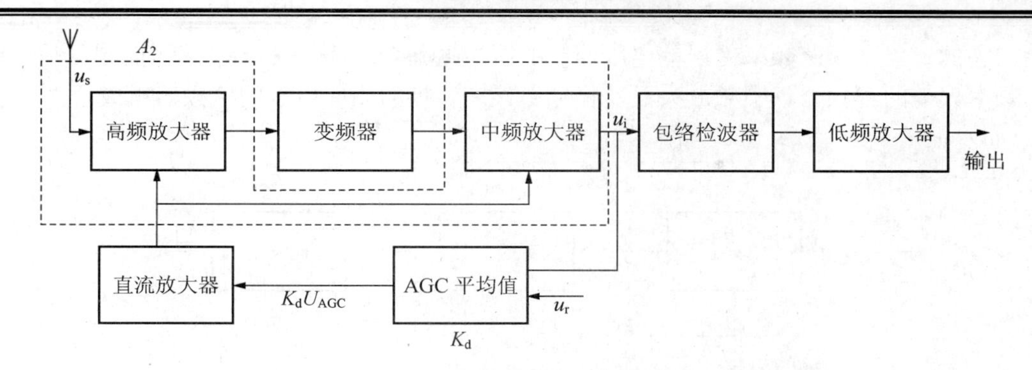

图 9.3　带有 AGC 电路的调幅接收机的组成方框图

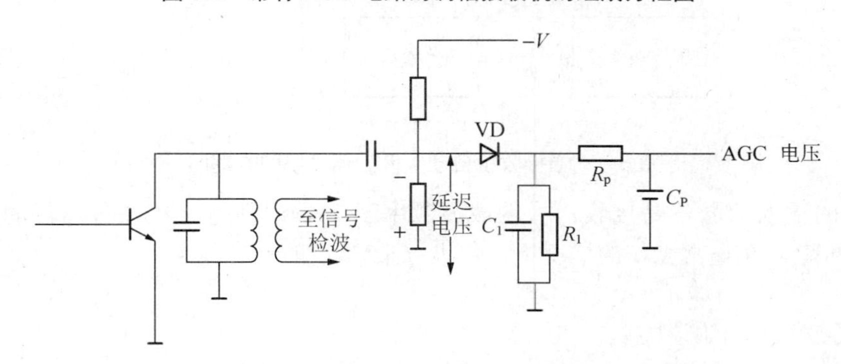

图 9.4　延迟式 AGC 原理图

正确选定 AGC 低通滤波器的时间常数 C_pR_p 是时间 AGC 电路的主要任务之一。$\tau_p = C_pR_p$ 不能太大也不能太小。τ_p 太大，接收机的增益不能得到及时调整，太小则会使调幅波受到反调制。通常在接收机语言调幅信号时，τ_p 选 0.02~0.2s；接收等幅电平时，τ_p 为 0.1~1s。

9.3　自动频率控制电路

自动频率控制电路也是通信电子设备中常用的反馈控制电路。它被广泛地用作接收机和发射机的自动频率微调电路，即称 AFC 电路。它与 AGC 电路的区别在于控制对象不同，AGC 电路的控制对象是信号的电平，而 AFC 电路的控制对象则是信号的频率，其主要作用是自动控制振荡器的振荡频率。例如，在超外差接收机中利用 AFC 电路的调节作用可自动地控制本振频率，使其与外来信号之差值维持在近乎中频的范围。在调频发射机中如果振荡频率漂移，用 AFC 电路可适当减小频率的变化，以提高频率稳定度。在调频接收机中，用 AFC 电路的跟踪特性构成调频解调器，即所谓的调频负反馈解调器，可改善调频解调器的门限效应。在雷达设备中，AFC 系统是组成雷达接收机的重要部分。

9.3.1　基本工作原理

下面以自动频率控制电路在接收机中的典型应用——调幅接收机自动频率微调系统为例来说明自动频率控制电路的工作原理。图 9.5 为调幅接收机自动频率微调系统(AFC)的方框图，它的对象是振荡频率受误差电压控制的压控振荡器(简称 VCO)，反馈控制器是由检测出频率误差的混频器、中频放大器及将频率误差转换为相应电压的鉴频器组成。

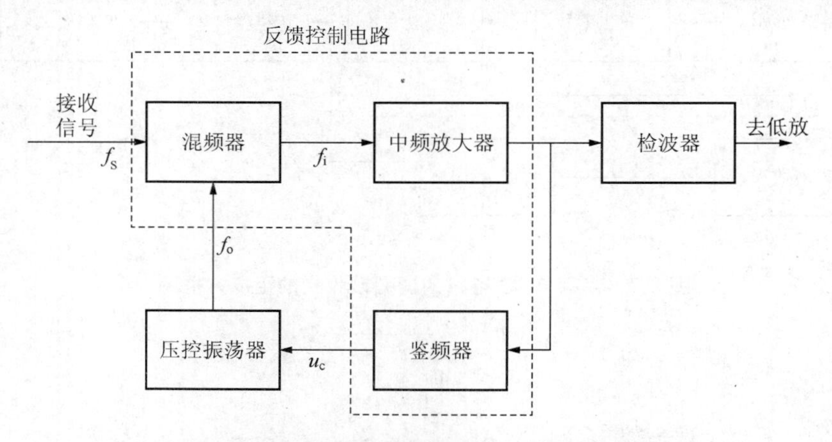

图 9.5　调幅接收机自动频率微调系统的方框图

该环路的输入信号就是接收信号的载波频率 f_S，输出信号是压控振荡器的振荡频率 f_0(即本振频率)。在正常工作的情况下，f_0 与 f_S 应满足的预定关系为

$$f_0 = f_S + f_i \tag{9-3}$$

式中，f_i 为接收机的固定中频。

当 f_0 和 f_S 之间满足式(9-3)所示的预定关系时，鉴频器就没有误差电压输出，即 $u_c = 0$，相应 VCO 控制电压为零。若某种不稳定因素使 VCO 控制为零时的振荡频率增大 Δf_0，但 f_s 仍维持不变，则混频后中频频率将相应在 f_i 上增大 $\Delta f_i = \Delta f_0$，中放输出电压加到鉴频器，当有 Δf_0 产生时，鉴频器就给出相应的输出电压 u_c，用这个电压控制本地振荡器的频率，使它减小，从而使中频的误差频率由 Δf_i 减小到 $\Delta f_i'$，而后在新的 VCO 振荡频率的基础上，在经历上述同样过程，使中频误差频率进一步减小，如此循环下去，最后环路进入锁定状态。锁定后误差频率称为剩余频率误差，简称剩余频差，用 $\Delta f_{i\infty}$ 表示。这时，VCO 在由 $\Delta f_{i\infty}$ 通过鉴频器后产生的控制电压的作用下，使其振荡频率误差保持在 $\Delta f_{o\infty} = \Delta f_{i\infty}$ 上。可见，自动频率控制电路通过自身的调节可以将原先因 VCO 不稳定而引起的较大的起始频差 Δf_{io} 减小到较小的剩余频差 $\Delta f_{i\infty}$。

类似地，当 f_o 一定，而 f_S 的变化 Δf_s 时，通过环路的自动调节，也同样能使 VCO 的振荡频率跟上 f_S 的变化，使误差频率由起始频差 $|\Delta f_{io}| = \Delta f_S$ 减小到较小的剩余频 $|\Delta f_{i\infty}|$。

在带有 AFC 电路的调幅接收机中，正是利用 AFC 的上述自动调节作用，使偏离于额定中频的频率误差减小，这样，在 AFC 电路的作用下，接收机的输入调幅信号的载波频率和 VCO 振荡频率之差接近于额定中频。因此，采用 AFC 电路后，中频放大器的带宽可以减小，有利于提高接收机的灵敏度和选择性。

下面进一步分析频率调整原理。图 9.6 是鉴频器的特性曲线，即表示输出误差电压 ΔU 与频率偏离中心频率 f_i 的数量 $\Delta f = f_i' - f_i$ 之间的关系曲线。斜率即灵敏度 S_d 表示为

$$S_d = \frac{\Delta U}{\Delta f}\bigg|_{\Delta f=0} \tag{9-4}$$

利用误差电压 ΔU 控制压控振荡器的频率，即 $u_c = \Delta U$。表示 VCO 振荡频率误差 Δf 与

控制电压关系的曲线叫控制特性曲线(或称调制特性曲线)。图 9.7 是压控振荡器在控制电压 u_{c}(误差电压 ΔU)为零时，频率偏离 $\Delta f=0$，即初始失谐量 $\Delta f_{\mathrm{I}}=0$ 时的控制特性曲线。u_{c} 为正则 Δf 为负，u_{c} 为负则 Δf 为正，起始斜率为

$$S_{\mathrm{m}}=\frac{\Delta f}{U_{\mathrm{c}}}\bigg|_{U_{\mathrm{c}}=U_{\mathrm{co}}} \tag{9-5}$$

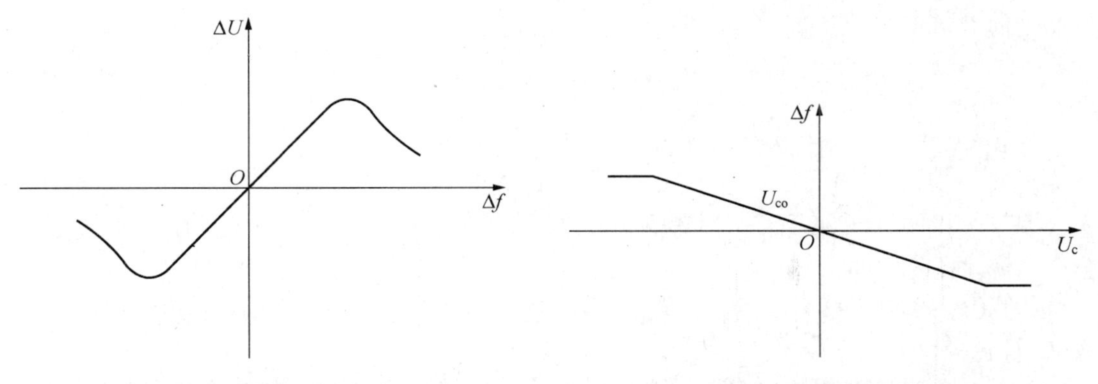

图 9.6　鉴频器特性曲线　　图 9.7　控制特性曲线

图 9.5 所示的自动频率控制系统中，鉴频器输出误差电压 ΔU 就作为 VCO 输入控制电压 u_{c}，当频率调整平衡以后，VCO 的频率偏离 Δf 也应与鉴频器输入频率偏离 Δf 相等，为便于讨论，我们把图 9.7 曲线画到图 9.6 上去，这时应把 u_{c} 与 Δf 两坐标互换一下，如图 9.8 所示。可见两曲线相交于原点，即环路锁定于原点上，剩余频差 $\Delta f_{\mathrm{i}\infty}=0$。

当初始失谐量 $\Delta f_{\mathrm{I}}\neq 0$，为正 Δf_{I} 时，那么 VCO 的控制特性曲线就要朝正方向移动 Δf_{I}，如图 9.9 所示，反馈系统稳定后应锁定于两曲线的交点 Q 上，相应的频率偏离从初始的 Δf_{I} 减少到 Δf_{Q}，即该 AFC 系统此时的剩余频差 $\Delta f_{\mathrm{i}\infty}=\Delta f_{\mathrm{Q}}$。而剩余频差 $\Delta f_{\mathrm{i}\infty}$ 应越小越好。显然，在初始失谐量 Δf_{I} 一定的情况下，要减少剩余频差应提高鉴频特性的斜率 S_{d} 或提高压控振荡器的控制特性的斜率 S_{m}。

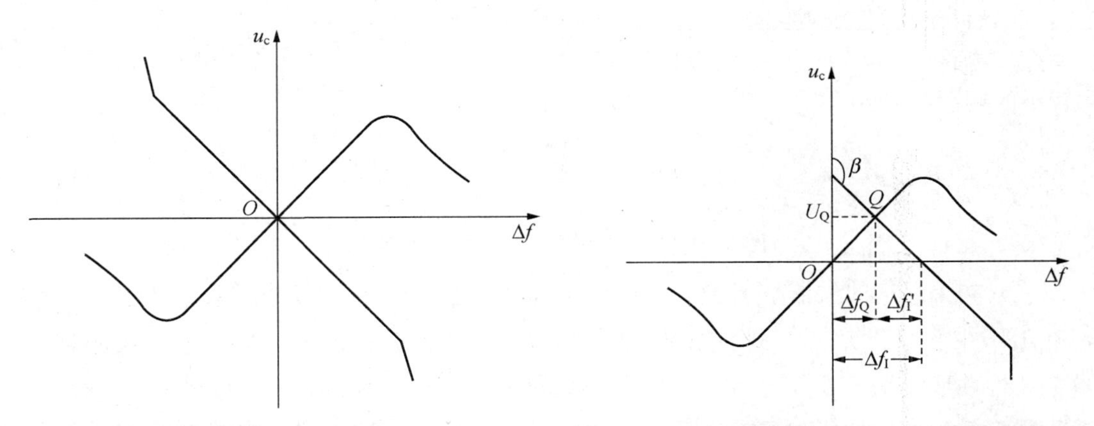

图 9.8　初始失谐量 $\Delta f_{\mathrm{I}}=0$ 时 AFC 系统的平衡点　　图 9.9　初始失谐量 $\Delta f_{\mathrm{I}}\neq 0$ 时 AFC 系统的平衡点

自动频率微调系统的工作效率可以用剩余失谐量 Δf_{Q} 与初始失谐量 Δf_{I} 的比值来表达。这个比值叫做调整系数或自动微调系数，以符号 K_{AFC} 表示为

$$K_{AFC}=\frac{\Delta f_I}{\Delta f_Q}=1-\frac{\Delta f_Q-\Delta f_I}{\Delta f_Q} \tag{9-6}$$

鉴频特性的斜率

$$S_d=\tan\alpha=\frac{U_Q}{\Delta f_Q} \tag{9-7}$$

控制特性的斜率

$$S_m=\tan\beta=-\frac{\Delta f_I-\Delta f_Q}{U_Q} \tag{9-8}$$

将式(9-7)和式(9-8)代入式(9-6)得

$$K_{AFC}=1-S_dS_m \tag{9-9}$$

K_{AFC} 越大，表明 AFC 越有效。由式(9-9)可见，为了使调整有效，S_d 与 S_m 的符号必须相反，整个系统才是稳定的。

从式(9-9)还可以看出，$|S_d|$ 与 $|S_m|$ 越大，则 K_{AFC} 越大，即 AFC 越有效，这与前面分析的结论相符。

对于不同的初始失谐 Δf_I 值，调制特性曲线与 Δf 轴在不同的点相交。只有在初始失谐值在一定范围内，AFC 系统才起作用，最终将已失谐的频率调回来。参看图 9.10，由初始失谐值从很大(AFC 系统不能工作)逐步减小到 Δf_p 值，此时调制特性曲线①刚刚与鉴频特性曲线的 a 点相切，AFC 系统开始产生作用，将频率捕捉回来，最后稳定在 A 点。我们把 Δf_p 叫做 AFC 系统的捕捉带(或捕捉范围)。

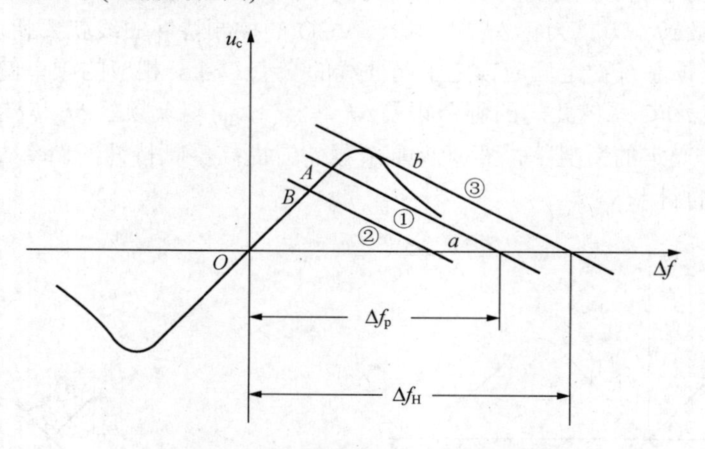

图 9.10　捕捉范围和保持范围的确定

反之，如果最初的失谐小于 Δf_p，调制特性曲线如图 9.10 的曲线②所示，此时 AFC 系统已在工作并平衡于 B 点，此后如果不断增加初始失谐，并使之超过 Δf_p，但只要不超过与鉴频特性曲线相切于 b 点的另一条调制特性曲线所决定的频带 Δf_H，AFC 系统仍然有效，不会失去信号，可一旦初始失谐超过 Δf_H，AFC 系统即失去作用，Δf_H 叫做 AFC 系统的保持带宽(保持范围)或叫做同步带。

9.3.2　自动频率控制电路的应用

1. 调频发射机自动频率微调电路

图 9.11 是具有自动频率微调系统的调频发射机方框图。这里调频电路中心频率为 f_c，晶体振荡器频率为 f_0，鉴频器中心频率调整在 f_0-f_c，由于 f_0 频率稳定度很高，当 f_c 产生漂移时，反馈系统的控制作用就可以使 f_c 的偏离减小。这个原理和接收机中的情况是一样的，低通滤波器的作用是为了滤除调制信号的影响。

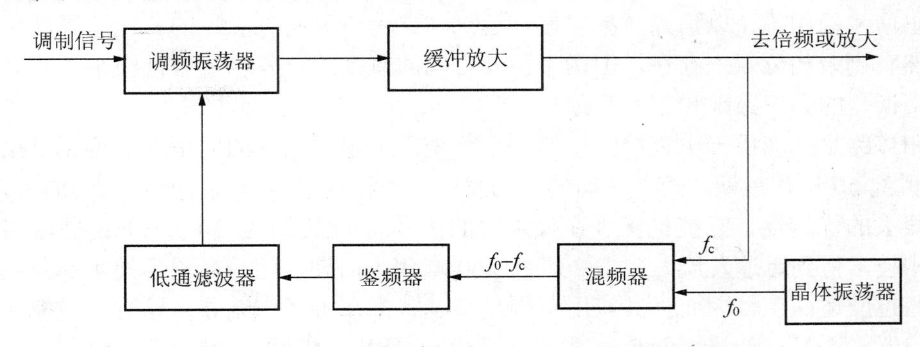

图 9.11　具有自动频率微调系统的调频发射机方框图

2. 调频负反馈调解器

图 9.12 为调频负反馈解调器的组成方框图。由图可见，它与普通调频接收机的区别在于低通滤波器取出的解调电压同时又反馈给 VCO(相当于普通调频接收机中的本振)，作为控制电压，使 VCO 的振荡角频率按调制电压变化。若设混频器输入调频波的瞬时角频率为 $\omega(t)=\omega_s+\Delta\omega_{ms}\cos\Omega t$，则当环路锁定时，VCO 产生的调频振荡的瞬时角频率为 $\omega(t)=\omega_o+\Delta\omega_{mo}\cos\Omega t$，相应在混频器输出端产生的中频信号的瞬时角频率为

$$\omega_i(t)=(\omega_o-\omega_s)+(\Delta\omega_{mo}-\Delta\omega_{ms})\cos\Omega t$$

式中，$(\omega_o-\omega_s)$ 和 $(\Delta\omega_{mo}-\Delta\omega_{ms})$ 分别为输出中频信号的载波角频率 ω_i 和最大角频偏 $\Delta\omega_{mi}$。通过限幅鉴频后就可以输出不失真的解调电压。

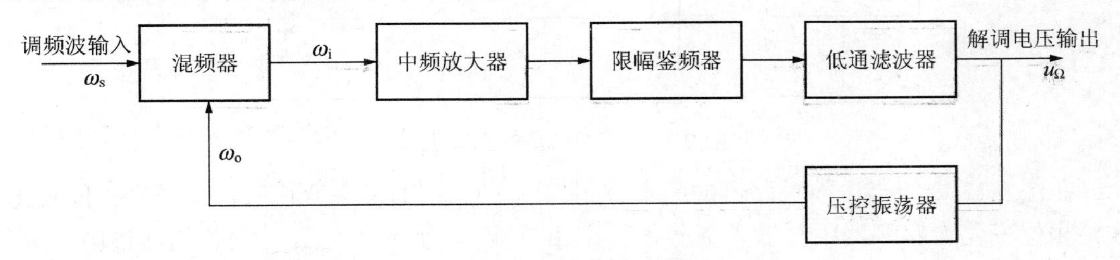

图 9.12　调频负反馈解调器的组成方框图

必须注意，调频负反馈解调器中的低通滤波器带宽必须足够宽，以便不失真地让解调后的调制信号通过，但是前述 AFC 电路中的低通滤波器的频带应足够窄，以便滤除限幅鉴频器输出电压中的边频分量，使加到 VCO 上的控制电压仅是反映中频信号载波频率偏移的缓变电压。因此通常将 AFC 电路称为载波跟踪型自动频率控制电路，而将调频负反馈解调电路称为调制跟踪型自动频率控制电路。

与普通限幅鉴频器比较，上述调频副反馈解调器的突出特点是要降低噪声门限值，有利于对微弱信号实现解调。

9.4　锁相环路的基本工作原理

锁相环路(PLL)和 AGC、AFC 电路一样，也是一种反馈控制电路。它是一个自动相位误差控制(APC)系统，是将参考信号与输出信号之间的相位进行比较，产生相位误差电压来调整输出信号的相位，以消除频率误差，达到与参考信号同频的目的。在达到同频的状态下，虽然有剩余相位误差存在，但两个信号之间的剩余相位差也可做得很小，从而实现无剩余频率误差的频率跟踪和相位跟踪。

锁相环路早期应用于电视接收机的同步系统，使电视图像的同步性能得到了很大的改善。20 世纪 50 年代后期，随着空间技术的发展，锁相技术用于接收来自空间的微弱信号，显示了很大的优越性，它能把深埋在噪声中的信号(信噪比约为-10～-30dB)提取出来，因此，锁相技术得到迅速发展。到了 20 世纪 60 年代中后期，随着微电子技术的发展，集成锁相环路也应运而生，因而，其应用范围越来越宽，在雷达、制导、导航、遥控、遥测、通信、仪器、测量、计算机乃至一般工业都有不同程度的应用，遍及整个电子技术领域，而且正朝着多用途、集成化、系列化及高性能的方向进一步发展。

锁相环路可分为模拟锁相环与数字锁相环。模拟锁相环的显著特征是相位比较器(鉴相器)输出的误差信号是连续的，对环路输出信号的相位调节是连续的，而不是离散的。数字锁相环则与之相反。本书重点讨论模拟锁相环路的基本工作原理和主要性能。

9.4.1　锁相环路的基本工作原理

基本的锁相环路是由鉴相器(PD)、环路滤波器(LF)和压控振荡器(VCO)三个基本部分组成，如图 9.13 所示。

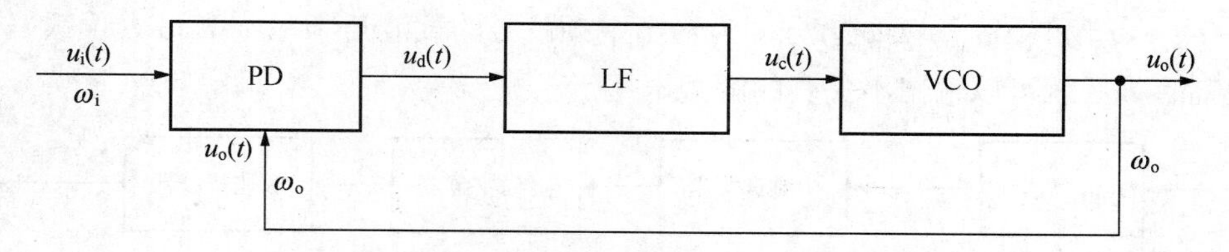

图 9.13　锁相环路的基本组成

在图 9.13 中，当压控振荡器的频率 ω_0 由于某种原因而发生变化时，会产生相位变化，这种相位变化在鉴相器中与输入信号的稳定相位(频率为 ω_i)相比较，使鉴相器输出一个与相位误差成比例的误差电压 $u_c(t)$，$u_c(t)$ 经过低通滤波器，取出其中缓慢变动的直流电压分量，用来控制压控振荡器中的压控元件参数值(通常是变容二极管的电容量)，而这个压控元件是 VCO 振荡回路的组成部分，其结果是压控元件电容量的变化将使 VCO 的输出频率 ω_o 向 ω_i 靠近，直到 VCO 的振荡频率变化到与输入信号频率相等，环路就在这个频率上稳定下来，这时我们称环路处于锁定状态。

由于上述讨论可知，加到鉴相器的两个振荡信号的频率差为

$$\Delta\omega(t) = \omega_i - \omega_o$$

此时的瞬时相位差为

$$\varphi_e = \int \Delta\omega(t)\mathrm{d}(t) + \varphi_o$$

可分两种情况来讨论。

(1) 若 $\omega_i = \omega_o$，则 $\Delta\omega(t) = 0$，于是

$$\varphi_e(t) = \int \Delta\omega(t)\mathrm{d}(t) + \varphi_o = \varphi_o \tag{9-10}$$

由此可知，当两个振荡器频率相等时，它们的瞬时相位差是一个常数。

(2) 若 $\varphi_e(t) =$ 常数，则

$$\Delta\omega(t) = \frac{\mathrm{d}\varphi_e(t)}{\mathrm{d}t} = 0$$

也即

$$\omega_i = \omega_o \tag{9-11}$$

由此可知，当两个振荡信号的瞬时相位差为一常数时，二者的频率必然相等。

由以上的简单分析，即可得到关于锁相环路的重要概念。当两个振荡信号的频率相等时，则它们之间的相位差保持不变；反之，若两个信号的相位差是个恒定值，则它们的频率必然相等。

在闭环条件下，如果由于某种原因使 VCO 的角频率 ω_o 发生变化，设变动量为 $\Delta\omega$，那么，由式(9-10)可知，两个信号之间的相位差不再是恒定值，鉴相器的输出电压也就跟着发生变化，这变化的电压使 VCO 的频率不断改变，直到 $\omega_i = \omega_o$ 为止，这就是锁相环路的基本原理。

由以上的简略介绍可见，锁相环路与自动频率微调的工作过程十分相似：两者都是利用误差信号的反馈作用来控制被稳定的振荡器频率。但两者之间也有根本的差别：在锁相环路中，我们采用的是鉴相器，它所输出的误差电压与两个相互比较的频率源之间的相位差成比例，因而达到最后的稳定(锁定)状态时，被稳定(锁定)的频率等于输入的标准频率，但有稳定相位差(剩余相位)存在；在自动频率微调系统中，采用的是鉴频器，它所输出的误差电压与两个比较频率源之间的频率差成比例，两个频率不能完全相等，有剩余频差存在。因此利用锁相环路可以实现较为理想的频率控制。为了进一步了解环路的工作过程，以及对环路进行必要的定量分析，有必要先分析环路中三个基本部件的特性，然后得出环路相应的数学模型。

1. 鉴相器(PD)及其电路模型

在锁相环路中，鉴相器两个输入信号分别为环路输入信号 $u_i(t)$ 和 VCO 电压 $u_o(t)$，如图 9.14(a)所示，它的作用是检测出两个输入电压的瞬时电位差，产生相应的输出电压 $u_d(t)$。若设 ω_r 为 VCO 未加控制电压时的固有振荡角频率，用来作环路的参考角频率，则 $u_i(t)$ 的角频率 ω_i 和 VCO 的实际振荡角频率 ω_o 可分别表示为

$$\omega_i = \omega_r + \frac{\mathrm{d}\varphi_i(t)}{\mathrm{d}t} \qquad \omega_o = \omega_r + \frac{\mathrm{d}\varphi_o(t)}{\mathrm{d}t} \tag{9-12}$$

即

$$\begin{cases} u_{\mathrm{i}} = U_{\mathrm{im}}\cos[\omega_{\mathrm{i}}t + \varphi_{\mathrm{i}}(t)] \\ u_{\mathrm{o}} = U_{\mathrm{om}}\cos[\omega_{\mathrm{r}}t + \varphi_{\mathrm{o}}(t) + \varphi] \end{cases} \tag{9-13}$$

式中，φ 为起始相角，一般取 $\varphi = \dfrac{\pi}{2}$，即 $u_{\mathrm{o}}(t) = U_{\mathrm{om}}\sin[\omega_{\mathrm{r}}t + \varphi_{\mathrm{o}}(t)]$。

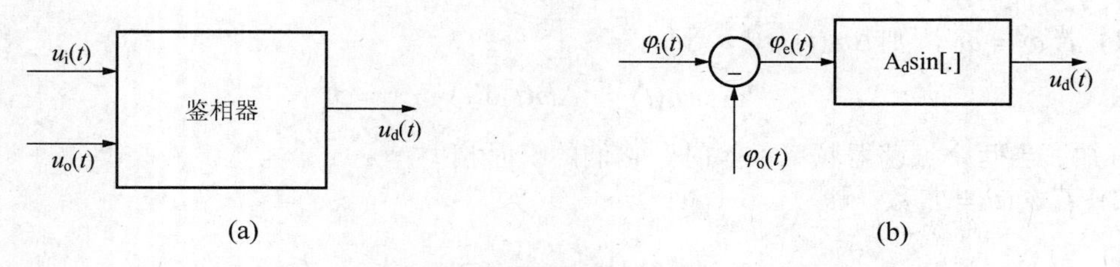

图 9.14　鉴相器的电路模型

鉴相器有各种实现电路，例如，采用模拟乘法器的乘积型鉴相器和采用包络检波的叠加型鉴相器，它们的输出平均电压可表示为

$$u_{\mathrm{d}}(t) = A_{\mathrm{d}}\sin\varphi_{\mathrm{e}}(t) \tag{9-14}$$

式中，A_{d} 与 U_{im} 与 U_{om} 的大小有关；$\varphi_{\mathrm{e}}(t)$ 为 $u_{\mathrm{i}}(t)$ 和 $u_{\mathrm{o}}(t)$ 之间的瞬时相位差(不计起始相角 φ)，即

$$\varphi_{\mathrm{e}}(t) = \varphi_{\mathrm{i}}(t) - \varphi_{\mathrm{o}}(t) \tag{9-15}$$

因此，鉴相器的电路模型如图 9.14(b)所示。

2. 压控振荡器(VCO)

压控振荡器的作用是产生频率随控制电压变化的振荡电压。在一般情况下，压控振荡器的振荡频率随控制电压变化的特性是非线性的，如图 9.15(a)所示。但是，在有限的控制电压范围内，可近似由下列线性方程表示，即

$$\omega_{\mathrm{o}} = \omega_{\mathrm{r}} + A_{\mathrm{o}}u_{\mathrm{c}}(t) \tag{9-16}$$

式中，A_{o} 为 VCO 频率控制特性曲线在 $u_{\mathrm{c}} = 0$ 处的斜率，称为压控灵敏度。根据式(9-12)，将式(9-16)改写为

$$\frac{\mathrm{d}\varphi_{\mathrm{o}}(\mathrm{t})}{\mathrm{d}t} = A_{\mathrm{o}}u_{\mathrm{c}}(t) \tag{9-17}$$

或

$$\varphi_{\mathrm{o}}(t) = A_{\mathrm{o}}\int_0^t u_{\mathrm{c}}(t)\mathrm{d}t$$

可见，就 $\varphi_{\mathrm{o}}(t)$ 和 $u_{\mathrm{c}}(t)$ 之间的关系而言，VCO 是一个理想的积分器。因此，往往将它称为锁相环路中的固有积分环节。若用微分算子 $p = \dfrac{\mathrm{d}}{\mathrm{d}t}$ 表示，则式(9-17)可以表示为

$$\varphi_{\mathrm{o}}(t) = A_{\mathrm{o}}\frac{u_{\mathrm{c}}(t)}{p} \tag{9-18}$$

由式(9-18)可得 VCO 的电源模型，如图 9.15(b)所示。

3. 环路低通滤波器

环路低通滤波器的作用是；滤除鉴相器输出电流的无用组合频率分量及其他干扰分量，以保证环路所要求的性能，并提高环路的稳定性。

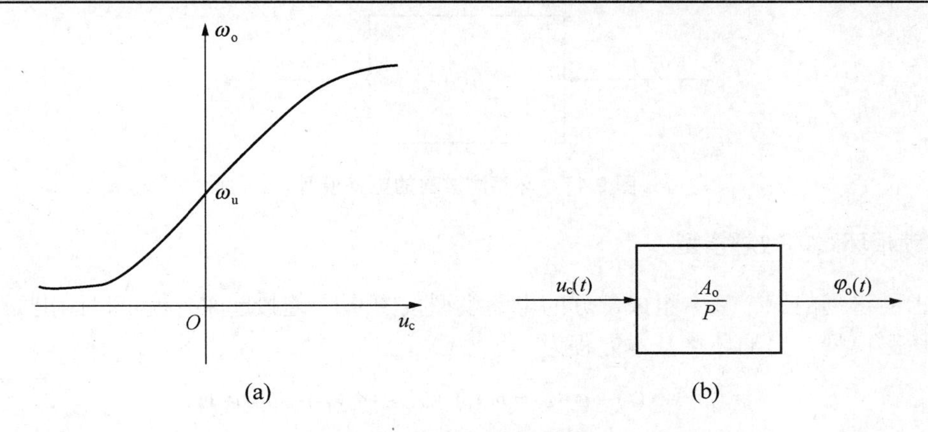

图 9.15 VCO 的电路模型

在锁相环路中，常用的环路低通滤波器如图 9.16(a)、(b)、(c)所示。它们的传递函数分别如下。

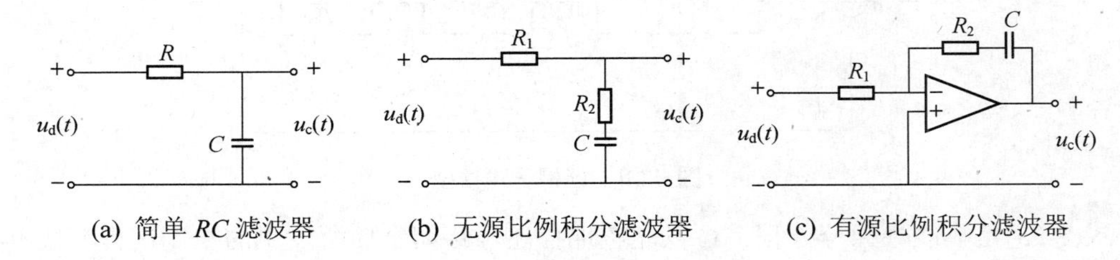

图 9.16 环路低通滤波器

1) 简单 RC 滤波器

$$A_F(s)=\frac{U(s)}{U_d(s)}=\frac{1/sC}{R+1/sC}=\frac{1}{1+s\tau} \tag{9-19}$$

式中，$\tau=RC$。

2) 无源比例积分滤波器

当集成运放满足理想化条件时

$$A_F(s)=A_F(s)=\frac{R_2+1/sC}{R_1+R_2+1/sC}=\frac{1+s\tau_2}{1+s(\tau_1+\tau_2)} \tag{9-20}$$

式中，$\tau_1=R_1C$；$\tau_2=R_2C$。

3) 有源比例积分滤波器

当集成运放满足理想化条件时

$$A_F(s)=-\frac{R_2+1/sC}{R_1}=\frac{1+s\tau_2}{s\tau_1} \tag{9-21}$$

式(9-21)表明，$A_F(s)$与 s 成反比，故这种滤波器称为理想积分滤波器。

如果将 $A_F(s)$中的复频率 s 用微分算子 p 替换，就可以写出描述滤波器激励和响应之间关系的微分方程，即

$$u_c(t)=A_F(p)u_d(t) \tag{9-22}$$

由式(9-22)可得环路低通滤波器的电路模型，如图 9.17 所示。

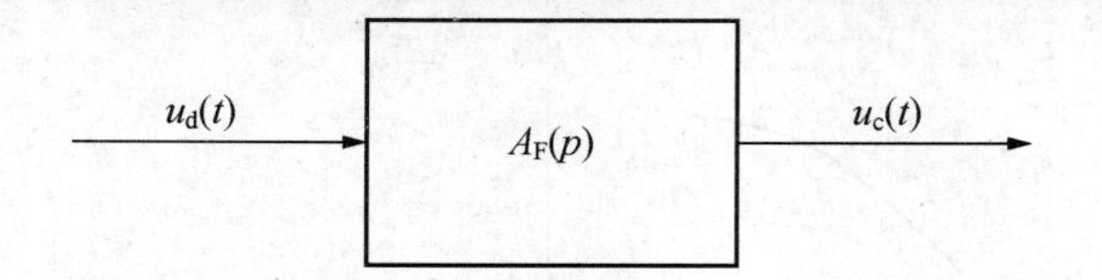

图 9.17　环路滤波器的电路模型

9.4.2　锁相环路的数学模型

将上面得到的三个基本组成部分的电路模型按图 9.13 连接起来，就可以画出如图 9.18 所示的环路模型写出的环路基本方程为

$$\varphi_e(t)=\varphi_i(t)-\varphi_o(t)=\varphi_i(t)-A_dA_oA_F(p)\frac{1}{p}\sin\varphi_e(t)$$

或

$$p\varphi_e(t)+A_dA_oA_F(p)\sin\varphi_e(t)=p\varphi_i(t) \tag{9-23}$$

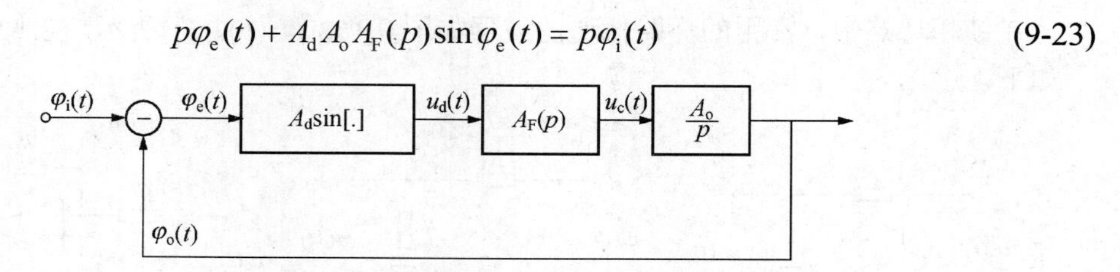

图 9.18　锁相环路模型

式(9-23)是非线性微分方程，可以完整地描述环路闭合后所发生的控制过程。式(9-23)中，等式左边的第一项 $p\varphi_e(t)=\mathrm{d}\varphi_e(t)/\mathrm{d}t=\Delta\omega_e(t)=\omega_i-\omega_o$ 表示 VCO 振荡角频率偏离输入信号频率的数值，称为瞬时角频率差；第二项表示 VCO 在 $u_c(t)=A_dA_F(p)\sin\varphi_e(t)$ 的作用下产生振荡角频率偏离 ω_r 的数值，即为 $\Delta\omega_o(t)=\omega_o-\omega_r$ 称为控制角频率差；而等式右边 $p\varphi_i(t)=\mathrm{d}\varphi_i(t)/\mathrm{d}t=\Delta\omega_i(t)=\omega_i-\omega_r$，表示输入信号角频率偏离 ω_r 的数值，称为输入固有角频差。因而，式(9-23)表明，环路闭合后的任何时刻，瞬时角频差和控制角频率频差之和恒等于固有角频差。如果输入固有角频差为常数，$\Delta\omega_i(t)=\Delta\omega_i$，$u_i(t)$ 为恒定频率的输入信号，则在环路进入锁定过程中，瞬时角频率差不断减小，而控制角频差不断的增大，但两者之和恒等于 $\Delta\omega_i$。直到瞬时角频差减小到零，$p\varphi_e(t)=0$，而控制角频差增大到 $\Delta\omega_i$ 时，VCO 振荡角频率等于输入信号角频率($\omega_i=\omega_o$)，环路便进入锁定状态。这时，相位误差 $\varphi_e(t)$ 为一固定值，用 $\varphi_{e\infty}$ 表示，称为剩余相位误差或稳定相位误差。如同 9.4 节所述，正是这个稳定相位误差，才使鉴相器输出一直流电压，这个直流电压通过滤波器加到 VCO 上，调整其振荡角频率，使它等于输出信号角频率，若设滤波器的直流增益为 $A_F(0)$，则当环路锁定时式(9-23)简化为

$$A_dA_oA_F(0)\sin\varphi_{e\infty}=\Delta\omega_i$$

故 $\varphi_{e\infty}$ 为

$$\varphi_{e\infty}=\arcsin\frac{\Delta\omega_i}{A_{\Sigma0}} \tag{9-24}$$

式中，$A_{\Sigma0}=A_dA_oA_F(0)$ 为环路的直流总增益。

式(9-24)表明，环路锁定时，随着 $\Delta\omega_i$ 增大，$\varphi_{e\infty}$ 也相应增大。这就是说 $\Delta\omega_i$ 越大，将

VCO 振荡频率调整到等于输入信号频率所需的控制电压就要越大，因而产生这个控制电压的 $\varphi_{e\infty}$ 也要越大。直到 $\Delta\omega_i$ 增大到大于 $A_{\Sigma 0}$ 时，式(9-24)无解，表明环路不存在使它锁定的 $\varphi_{e\infty}$，或者说，输入固有频差过大，环路就无法锁定。其原因就在于 $\varphi_{e\infty}=\dfrac{\pi}{2}$ 时，鉴相器已输出最大电压，若继续增大 $\varphi_{e\infty}$，鉴相器输出电压反而减小，无法获得足够的控制电压，调整 VCO 振荡频率，使它等于输入信号频率。由此可见，能够维持环路锁定所允许的最大输入固有频率 $\Delta\omega_i = A_{\Sigma 0}$，称为锁相环路的同步带或跟踪带，用 $\Delta\omega_H$ 表示。实际上，由于输入信号角频率向 ω_r 两边偏离的效果是一样的，因此

$$\Delta\omega_H = A_{\Sigma 0} \tag{9-25}$$

式(9-25)表明，要增大锁相环的同步带，必须提高其直流总增益。不过，这个结论是在假设 VCO 的频率控制范围足够大的条件下才成立。因为在满足这个条件时，锁相环路的同步带主要受到鉴相器最大输出电压的限制。如果式(9-25)求得的 $\Delta\omega_H$ 大于 VCO 的频率控制范围，那么，即使有足够大的控制电压加到 VCO 上，也不能将 VCO 振荡频率调整到输入信号的频率上。因此，在这种情况下，同步带主要受到 VCO 最大频率控制范围的限制。

9.4.3　锁相环路的捕捉过程

在锁相环路中，必须区分两种不同的自动调节过程。若环路原先是锁定的，则当输入信号发生变化时，环路通过自身调节来维持锁定的过程称为跟踪过程，相应地，能够维持锁定所允许的输入信号频率偏离 ω_r 的最大值 $|\Delta\omega_i|$ 就是上面导出的同步带。反之，若 $|\Delta\omega_i|$ 过大，环路原先是失锁的，则当 $|\Delta\omega_i|$ 减小到某一数值时，环路就能够通过自身调节进入锁定。这种由失锁进入锁定的过程称为环路的捕捉过程，相应地，能够由失锁进入锁定所允许的最大 $|\Delta\omega_i|$ 称为环路捕捉带。一般情况下，捕捉带不等于同步带，且前者小于后者。这跟我们前面讨论的 AFC 系统中的捕捉带和同步带的概念是相同的。

下面对环路的捕捉过程进行定性的讨论。

当环路未加输入信号时，VCO 上没有控制电压，它的振荡角频率为 ω_r。现将输入信号加到环路上，输入信号的固有频差 $\Delta\omega_i = \omega_i - \omega_r$，因而，在接入输入信号的瞬间，加到鉴相器上的两个电压之间的瞬时相位差 $\varphi_e(t) = \int_0^t \Delta\omega_i \mathrm{d}t = \Delta\omega_i t$，相应地在鉴相器输入端产生角频率 $\Delta\omega_i$ 的正弦电压，即 $u_d(t) = A_d \sin\Delta\omega_i(t)$。

若 $\Delta\omega_i$ 很大，其值远大于环路滤波器的通频带，以致鉴相器输出差拍电压不能通过环路滤波器，则 VCO 上就没有控制电压，它的振荡角频率仍维持在 ω_r 上，环路出于失锁状态。反之，若 $\Delta\omega_i$ 减小，其值在环路滤波的通频带以内，则鉴相器输出差拍电压的基波分量就能顺利通过环路滤波器后加到 VCO 上，控制 VCO 振荡角频率 ω_o，使它在 ω_r 上下近似按正弦规律摆动。一旦 ω_o 摆动到 ω_i 并符合正确的相位关系时，环路就趋于锁定，这时鉴相器输出一个与 $\varphi_{e\infty}$ 相对应的直流电压，以维持环路锁定。

若 $\Delta\omega_i$ 处于上述两者之间，则有以下两种情况。

第一种情况是：$\Delta\omega_i$ 较大，其值以超过环路滤波器的通频带，因而鉴相器输出差拍电压通过环路滤波器时，就会受到较大衰减，但是，只要加到 VCO 上的控制电压还能使其振荡频率摆到 ω_i 上，环路就能锁定，通常由这种失锁很快进入锁定的过程称为快捕捉过程，

相应地，能够锁定的最大$|\Delta\omega_i|$称为快捕捉带，用$\Delta\omega_k$表示。显然，这时加到VCO上的差拍控制电压，其幅值为$A_dA_F(\Delta\omega_k)$，因而，VCO产生的最大控制角频率差为$A_dA_F(\Delta\omega_k)$，且其值等于固有角频差$\Delta\omega_k$，即

$$\Delta\omega_k = A_0A_dA_F(\Delta\omega_k) \tag{9-26}$$

由式(9-26)便可求得环路的快捕捉带。

例如，采用简单*RC*滤波器时，由式(9-19)可知，它的频率特性为

$$A_F(j\omega) = \frac{1}{1 + j\omega\tau}$$

若$\Delta\omega_c \gg 1/\tau$，则当$\omega = \Delta\omega_k$时，上式的模值可近似表示为

$$A_F(j\omega_k) \approx \frac{1}{\Delta\omega_k\tau}$$

将它代入式(9-26)，求得的快捕捉带为

$$\Delta\omega_k = \pm\sqrt{A_0A_d/\tau} = \pm\sqrt{\Delta\omega_H/\tau} \tag{9-27}$$

当$\Delta\omega_H = 4\times10^6\,\text{rad/s}$，$\tau$=20μs时，$\Delta\omega_k$=$4.47\times10^6\,\text{rad/s}$时，其值小于$\Delta\omega_H$。

第二种情况是：当$\Delta\omega_i$比前一种大，鉴相器输出差拍电压通过环路滤波器时将受到更大的衰减，因此，加到VCO上的控制电压更小，VCO振荡频率ω_o在ω_r上下摆动的幅度也就更小，使得ω_o不能摆到ω_i上，不过，既然ω_o在ω_r上下摆动，而ω_i又是恒定的，因而它们之间的差拍频率$(\omega_i-\omega_o)$就会在$\Delta\omega_i$上下摆动。当ω_o摆到大于ω_r时，$(\omega_i-\omega_o)$减小，相应的$\varphi_e(t)$随时间增长得慢，反之，当ω_o摆到ω_r时，$(\omega_i-\omega_o)$增大，相应$\varphi_e(t)$随时间增长得快，如图9.19(a)所示，因此鉴相器的输出误差电压$u_d(t)$变为正半周长，负半周短的不对称波形，如图9.19(b)所示。该不对称波形中的直流分量和基波分量通过滤波器后又加到VCO上，而众多的谐波分量则滤波器滤除。其中，直流分量的电压为正值，它使VCO振荡角频率ω_o的平均值由ω_r上升到$\omega_{r(av)}$，如图9.19(c)所示。可见，通过这样一次反馈和控制过程，ω_o的平均值向ω_r靠近，这个新的ω_o再与ω_i差拍，得到的角频率更近，相应的$\varphi_e(t)$随时间增长得更慢，因而，鉴相器输的上宽下窄的不对称误差电压波形的频率更低，而且波形的不对称程度也更大，结果是包含的直流分量加大，ω_o的平均值进一步靠近ω_i，并且在平均值上下摆动的角频率更低。如此循环往复下去，直到ω_o能够摆动到ω_i时，环路便通过快捕过程进入锁定，鉴相器输一个由$\varphi_{e\infty}$产生的直流电压，以维持环路锁定。如图9.20所示为上述捕捉过程中的鉴相器输出电压$u_d(t)$的波形。

综上所述，当$\Delta\omega_i$较大时，环路需要经过许多个差拍周期，使VCO振荡角频率ω_o的平均值逐步靠近到ω_i时，环路才会被锁定。因而，环路从失锁到锁定需要花费较长的捕捉时间。通常ω_o的平均值靠近ω_i的过程称为频率牵引过程。显然，它是使捕捉时间拉长的主要时间。

由上述讨论可知，环路的捕捉带，即保证环路由失锁进入锁定所允许的最大$\Delta\omega_i$值不仅取决于A_d和A_o的大小，还取决于环路滤波器的频率特性。A_d和A_o增大，即$\Delta\omega_i$较大，环路滤波器对鉴相器输出误差电压有较大的衰减，但还能使ω_o在平均值上下有一定的摆动，因此，环路的捕捉带可增大。环路滤波器的通频带越宽，带外衰减越小，环路的捕捉带也可越大。同理，捕捉带还与VCO的频率控制范围有关，只有当VCO的频率控制范围

大于捕捉带时，VCO 的影响才可忽略。显然，捕捉带一般大于快捕带。

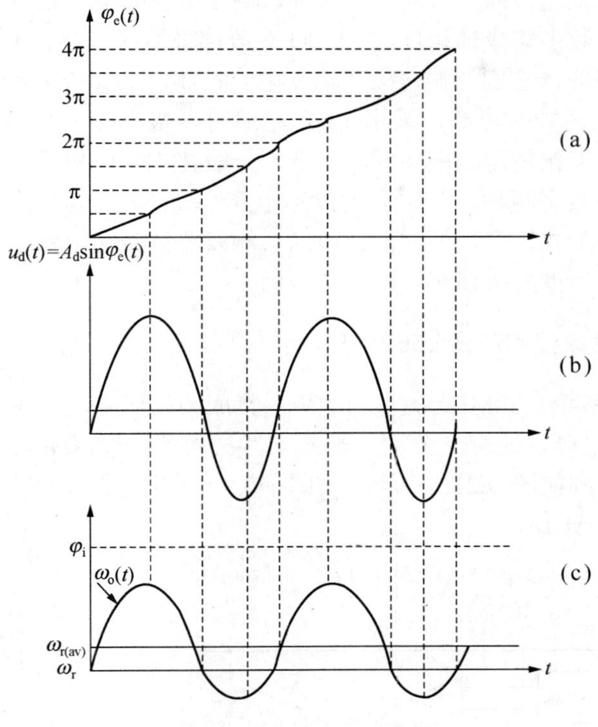

图 9.19　捕捉过程示意图

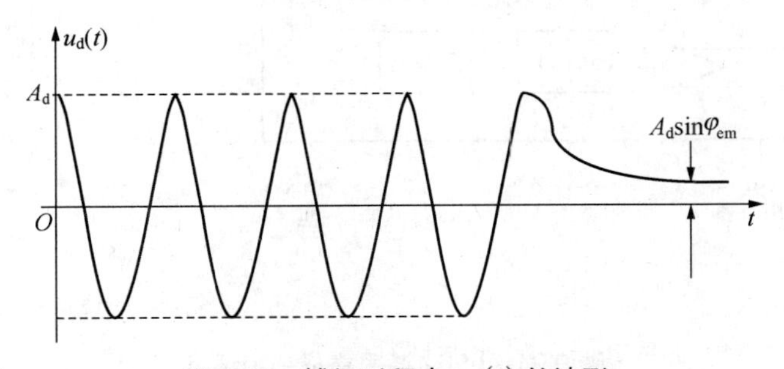

图 9.20　捕捉过程中 $u_d(t)$ 的波形

9.5　集成锁相环

由于集成电路技术的迅速发展，目前，锁相环路几乎已全部集成化了。集成锁相环路的性能优良，价格便宜，使用方便，因而为许多电子设备所采用。可以说，集成锁相环路已成为继集成运算放大器之后，又一种具有广泛用途的集成电路。

集成锁相环电路种类很多。按其内部电路结构，可以分为模拟集成锁相环与数字集成锁相环两大类。按用途分，无论是模拟式还是数字式的又都可分为通用型与专用型两种。通用型是一种适用于各种用途的锁相环，其内部电路主要由鉴相器与 VCO 两部分组成，有的还附加有放大器和其他辅助电路。也有用单独的集成鉴相器的集成 VCO 连接成符合要求的锁相环路。专用型是一种专为某种功能设计的锁相环，例如，用于调频多路立体声解调环，用于电视机中的正交色差信号同步检波环，用于通信和测量仪器中的频率合成环等。

无论是模拟还是数字集成锁相环，其 VCO 一般都采用射极耦合多谐振荡器或积分—施密特触发型多谐振荡器，它们的振荡频率均受电流控制，故又称为流控振荡器，其中射极耦合多谐振荡器的振荡频率较高，采用 ECL 电路时，最高振荡频率可达 155MHz。而积分—施密特触发型多谐振荡器的振荡频率较低，一般在 1MHz 以下。

鉴相器有模拟和数字两种。其中，模拟鉴相器一般都采用双差分对模拟乘法器电路，而数字鉴相器的电路形式较多，但它们都由门、触发器等数字电路组成。

下面介绍几种通用型集成锁相环路及其应用。

9.5.1　通用型单片集成锁相环路 L562

L562 是工作频率可达 30MHz 的多功能单片集成锁相环路，它的内部除包含鉴相器 PD 和压控振荡器 VCO 之外，还有三个放大器 A_1、A_2、A_3 和一个限幅器，其组成如图 9.21(a)所示，其外引线端排列如图 9.21(b)所示。图中 VCO 采用射极耦合多谐振荡电路，它的最高振荡频率可达到 30MHz。

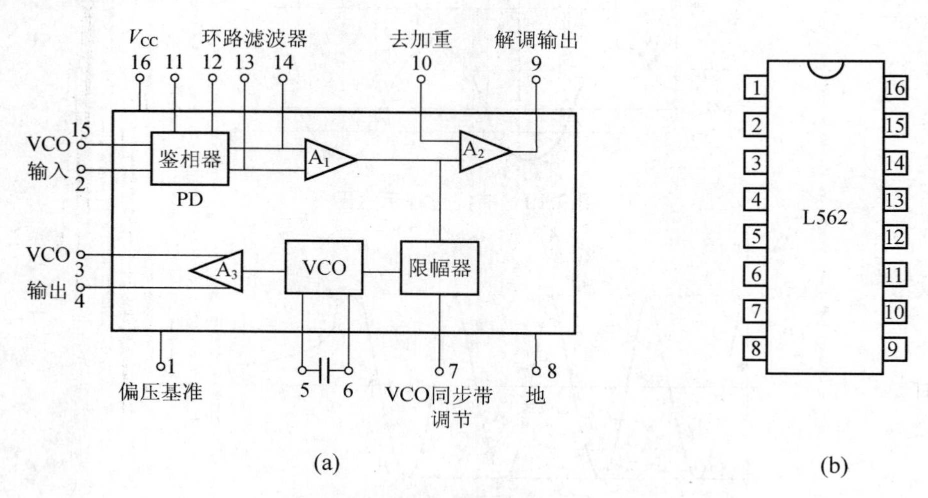

图 9.21　L562 通用集成锁相环路

L562 的鉴相器采用双差分对模拟相乘器电路，其输出端 13、14 外接阻容元件构成环路滤波器。压控振荡器 VCO 采用射极耦合多谐振荡器电路，外接定时电容 C 由 5、6 端接。压控振荡器的等效电路如图 9.22 所示，VT_1、VT_2 管交叉耦合构成正反馈，其发射极分别接有受 $u_c(t)$ 控制的恒流源 I_{o1} 和 I_{o2} (通常 $I_{o1}=I_{o2}=I_o$)，当 VT_1 和 VT_2 管交替导通和截止时，定时电容 C 由 I_{o1} 和 I_{o2} 交替充电，从而在 VT_1 和 VT_2 管的集电极负载上得到对称方波输出。振荡频率由 C 和 I_o 等决定，即

$$f_o=\frac{I_o}{4CU_D}=\frac{g_m u_c(t)}{4CU_D}=A_o u_c(t) \tag{9-28}$$

式中，$I_o=g_m u_c(t)$，g_m 为压控恒流源的跨导；U_D 为二极管 VD_1、VD_2 的正向压降，约等于 0.7V；$A_o=g_m/(4CU_D)$ 为压控振荡器的控制灵敏度。

VT_1、VT_2管集电极负载电阻上并有二极管，使VT_1、VT_2管不进入饱和区，以提高振荡频率。此外，该电路控制特性线性好，振荡频率易于调整，故应用十分广泛。

图 9.21(a)中限幅器用来限制锁相环路的直流增益，以控制环路同步带的大小。由 7 端注入的电流可以控制限幅器的限幅电平和直流增益，注入电流增加，VCO 的跟踪范围减小，当注入的电流超过 0.7 mA 时，鉴相器输出的误差电压对压控振荡器的控制被截断，压控振荡器处于失控自由振荡工作状态。环路中的放大器A_1、A_2、A_3作隔离、缓冲放大之用。

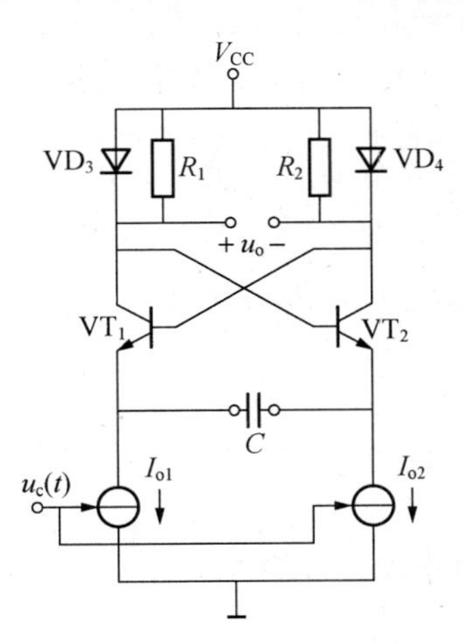

图 9.22　射极耦合压控多谐振荡器

L562 只需单电源供电，最大电源电压为 30 V，一般可采用+18 V 电源供电，最大电流为 14mA。信号输入(11 与 12 端间)电压最大值为 3V。

9.5.2　CMOS 锁相环路 CD4046

CD4046 是低频多功能单片集成锁相环路，它主要由数字电路构成，具有电源电压范围宽、功耗低、输入阻抗高等优点，最高工作频率为 1 MHz。

CD4046 锁相环路的组成和外引线端排列分别如图 9.23(a)、(b)所示。

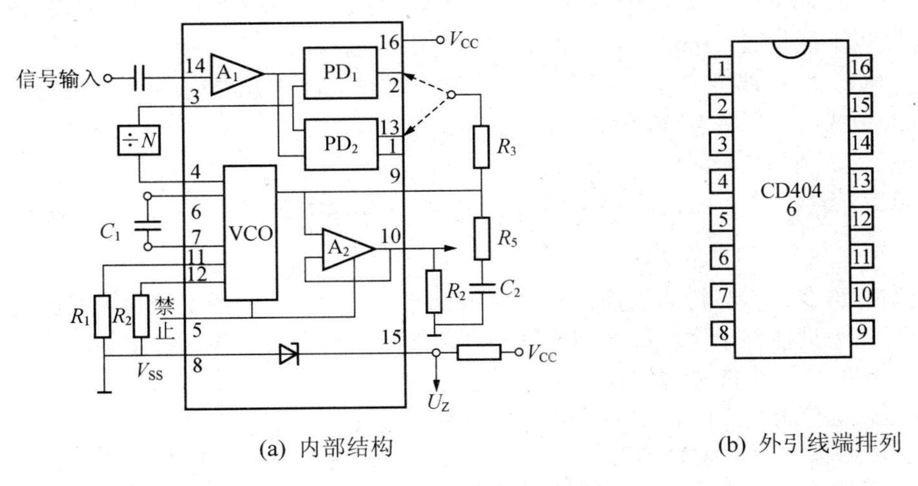

图 9.23　CD4046 集成锁相环路

由图可见，CD4046 内含两个鉴相器、一个压控振荡器和缓冲放大器、内部稳压器、输入信号放大与整形电路。14 端为信号输入端，输入 0.1 V 左右的小信号或方波，经 A_1 放大和整形，使之满足鉴相器所要求的方波。PD_1 鉴相器由异或门构成，它与大信号乘积形鉴相原理相同，具有三角形鉴相特性，但要求两输入信号占空比均为 50%的方波，无信号输入时，鉴相器输出电压达 $V_{DD}/2$，用以确定 VCO 的自由振荡频率。鉴相器 PD_2 采用数字式鉴频鉴相器，由 14、3 端输入信号的上升沿控制，其鉴频鉴相特性如图 9.24 所示。由图可见，在 ±2π 范围内，即 $f_i = f_o$ 时，鉴相器输出电压 $u_D(t)$ 与相位差成线性关系，称为鉴相区；在 $f_i > f_o$ 或 $f_i < f_o$ 区域，称为鉴频区，在此区域鉴相器输出电压 $u_D(t)$ 几乎与相位差无关，且无论频差有多大，它都能输出较大的直流电压，几乎为恒值 U_{dm}，这样，可使锁相环路快速进入锁定状态。

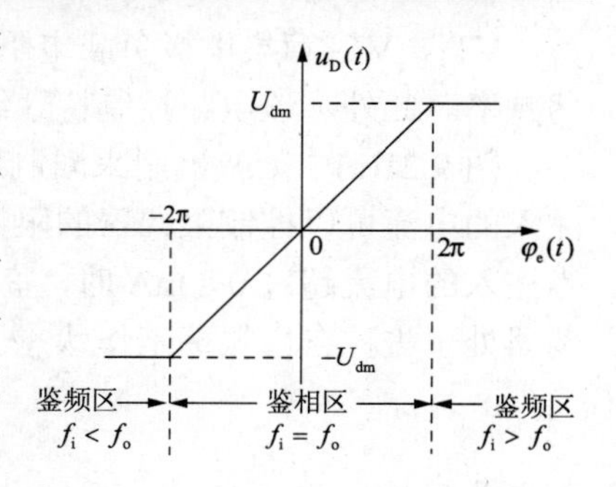

图 9.24　数字式鉴频鉴相器特性

同时，这类鉴频鉴相器只对输入信号的上升沿起作用，所以它的输出与输入构成的锁相环路，其同步带和捕捉带与环路滤波器无关而为无限大，但实际上将受压控振荡器控制范围的限制。1 端是 PD_2 锁相指示输出，锁定时输出为低电平脉冲。两个鉴相器中可任选一个作为锁相环路的鉴相器，一般来说，若输入信号的信噪比及固有频差较小，则采用 PD_1，反之，若输入信号的信噪比较高，或捕捉时固有频差较大，则应采用 PD_2。VCO 采用 CMOS 数字门型压控振荡器，6、7 端之间外接的电容 C_1 和 11 端外接的电阻 R_1，用来决定 VCO 振荡频率的范围，12 端外接电阻 R_2 可使 VCO 有一个频移。R_1 控制 VCO 的最高振荡频率，R_2 控制 VCO 的最低振荡频率，当 $R_2 = \infty$ 时，最低振荡频率为 0，无输入信号时，PD_2 将 VCO 调整到最低频率。

A_2 是缓冲输出级，它是一个跟随器，增益近似为 1，用作阻抗转换。5 端用来使锁相环路具有“禁止”功能，当 5 端接高电平 1 时，VCO 的电源被切断，VCO 停振；5 端接低电平 0 或接地，VCO 工作。内部稳压器提供 5 V 直流电压，从 15 与 8 端之间引出，作为环路的基准电压，15 端需外接限流电阻。

在使用 CD4046 时应注意，输入信号不许大于 V_{DD}，也不许小于 V_{SS}，即使电源断开时，输入电流也不能超过 10mA；在使用中每一个引出端都需要有连接，所有无用引出端必须接到 V_{DD} 或 V_{SS} 上，视哪个合适而定。器件的输出端不能对 V_{DD} 或 V_{SS} 短路，否则由于超过器件的最大功耗，会损坏 CMOS 器件。V_{SS} 通常为 0V。

9.6　锁相环路的应用

锁相环路有许多独特的优点，所以应用十分广泛。下面先说明锁相环路的基本特性，然后通过几个具体例子说明如何利用锁相环路的基本特性实现某种特定的功能。有关锁相环路在频率合成器中的应用将在下章中详细介绍。

总结以上分析可知，锁相环路具有以下基本特性：

(1) 环路锁定后，没有频率误差。当锁相环路锁定时频率严格等于输入信号频率，而只有不大的剩余相位误差。

(2) 频率跟踪特性。锁相环路锁定时，压控振荡器的输出频率能在一定范围内跟踪输入信号频率的变化。

(3) 窄带滤波特性。锁相环路通过环路滤波器的作用后具有窄带滤波特性。当压控振荡器输出信号的频率锁定在输入信号频率上时，位于信号频率附近的频率分量通过鉴相器变成低频信号而平移到零频率附近，这样，环路滤波器的低通作用对输入信号而言，就相当于一个高频带通滤波器，只要把环路滤波器的通带做得比较窄，整个环路就具有很窄的带通特性。例如，可以在几十兆赫的频率上，做到几赫的带宽，甚至更小。

9.6.1　锁相环路的调频与鉴频

1. 锁相环路调频

图 9.25 为锁相环路调频器的方框图。实现调制的条件是调制信号的频谱要处于低通滤波器通带之外，并且调制指数不能太大。这样调制信号不能通过低通滤波器，因而在锁相环内不能形成交流反馈，也就是调制频率对锁相环路无影响。锁环路就只对 VCO 平均中心频率不稳定所引起的分量起作用，使它的中心频率锁定在晶振频率上。因此，输出调频波的中心频率稳定度很高。这样，用锁相环路调频器能克服直接调频的中心频率稳定度不高的缺点。

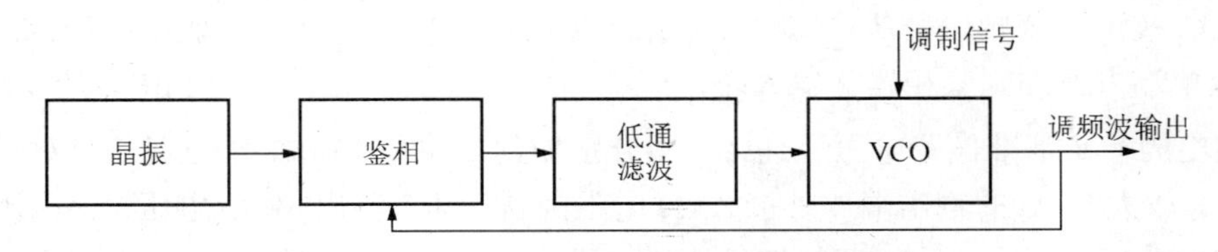

图 9.25　锁相环路调频器的方框图

2. 锁相环路鉴频

图 9.26 表示锁相环路鉴频器的方框图。

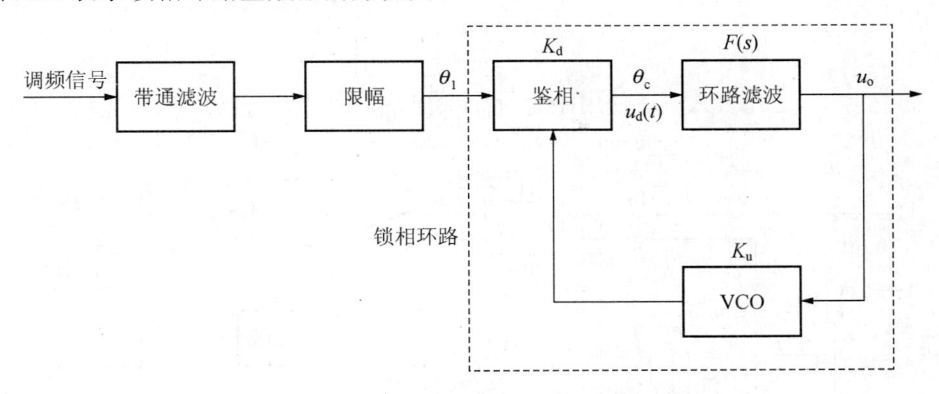

图 9.26　锁相环路鉴频器方框图

假定输入调频信号为

$$\begin{aligned} u_i(t) &= U_{im}\sin\left[\omega_r t + A_f \int u_\Omega(t)dt\right] \\ &= U_{im}\sin\left[\omega_r t + \varphi_i(t)\right] \end{aligned} \tag{9-29}$$

式中，$\varphi_{\mathrm{i}}(t)=A_{\mathrm{f}}\int u_{\Omega}(t)\mathrm{d}t$；$A_{\mathrm{f}}$为调频比例系数；$u_{\Omega}(t)$为调制信号瞬时电压。则由拉普拉斯变换可知：

$$\varphi_{\mathrm{e}}(t)\propto\frac{\mathrm{d}}{\mathrm{d}t}\varphi_{\mathrm{i}}(t)\propto A_{\mathrm{f}}u_{\Omega}(t) \tag{9-30}$$

瞬时相位误差$\varphi_{\mathrm{e}}(t)$与调制信号电压成正比，通过鉴相器的关系式，得

$$u_{\mathrm{d}}(t)=A_{\mathrm{d}}\varphi_{\mathrm{e}}(t)\propto A_{\mathrm{d}}Au_{\Omega}(t) \tag{9-31}$$

因此，鉴相器的输出电压$u_{\mathrm{d}}(t)$正比于原来的调制信号$u_{\Omega}(t)$。由于直接从鉴相器输出端取出解调信号，解调输出中有较大的干扰与噪声，所以一般不采用。通常要经过环路滤波器进一步滤波后输出，如图 9.26 所示。

分析证明，这种鉴频器的输入信号噪声比的门限值比普通鉴频器有所改善。调制指数越高，门限改善的分贝值也越大，一般情况下，可改善几个分贝。调频指数高时，可改善 10dB 以上。

此外，在调频波锁相解调电路中，为了实现不失真解调，环路的捕捉带必须大于输入调频波的最大频偏，环路的带宽必须大于输入调频波中调制信号的频谱宽度。

如图 9.27 所示为采用 L562 组成调频波锁相解调器的外接电路。输入调频信号电压$u_{\mathrm{i}}(f)$经耦合电容C_1、C_2以平衡方式加到鉴相器的一对输入端I_1和I_2(若要单端输入，可将I_1端通过C_1接地，调频信号从C_2输入I_2端)。VCO 的输出电压从 3 端取出，经1kΩ电阻、C_3电容以单端方式加到鉴相器 2 输入端，而鉴相器另一输入端 15 经 0.1 μF 电容交流接地。从 1 端取出的稳定基准偏置电压经1kΩ电阻分别加到 2 端和 15 端，作为双差分对管的基极偏置电压。放大器A_3的输出端 4 外接12kΩ电阻到地，其上输出 VCO 电压，该电压是与输入调频信号有相同调制规律的调频信号。放大器A_2的输出端 9 外接15kΩ电阻到地，其上输出低频解调电压。端点 7 注入直流，用来调节环路的同步带。10 端外接去加重电容C_4，提高解调电路的抗干扰性。

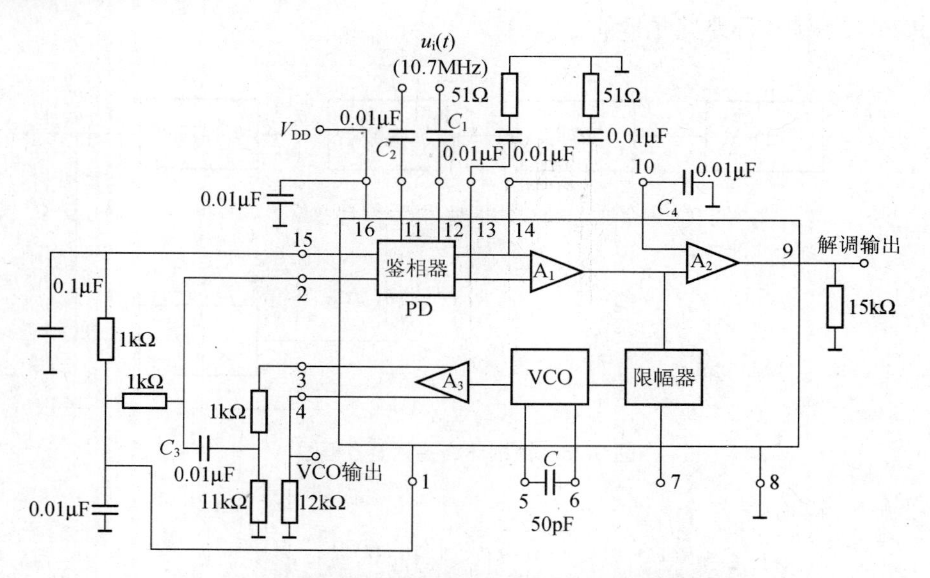

图 9.27　采用 L562 组成调频波锁相解调器的外接电路

9.6.2　锁相接收机

在空间技术中，测速与测距是确定卫星运行的两种重要的技术手段，它们都是依靠地面接收机接收卫星发来的通信信息而实现的。因为卫星距离地面很远，而且发射功率低，所以地面能接收到的信号极其微弱。此外，卫星环绕地球飞行时，由于多普勒效应，地面接收到的信号频率将偏离卫星发射的信号频率，并且偏离量值的变化范围较大。例如，一般情况下虽然接收信号本身只占有几十赫到几百赫，而它的频率偏移可以达到几千赫到几十千赫，如果采用普通的外差式接收机，中频放大器带宽就要相应地大于这一变化范围，宽频带会引起大的噪声功率，导致接收机的输出信噪比严重下降，无法接收有用信号。锁相接收机(窄带跟踪接收机)的带宽很窄，又能跟踪信号，因此能大大提高接收机的信噪比。一般来说，可比普通接收机信噪比提高 30～40dB。这是一个很重要的优点。

图 9.28 是锁相接收机的简化原理方框图。图中，混频器输出的中频信号经中频放大后，与本地晶振产生的中频标准参考信号同时加到鉴相器上，如果两者的频率有偏差，鉴相器的输出电压就去调整压控振荡器的频率，使混频器输出的中频被锁定在本地标准中频上。这样，中频放大器的通带就可以做得很窄(3～300Hz)，接收机的灵敏度就高，接收微弱信号的能力就强。

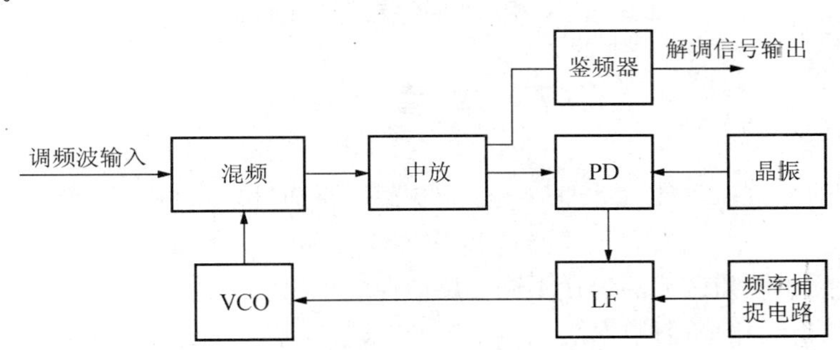

图 9.28　锁相接收机的简化原理方框图

由于这种接收机的中频频率可以跟踪接收信号频率的漂移，而且中频放大器的频带又窄，所以实际上它是一个窄带跟踪锁相环路。锁相环路中的环路滤波器的带宽很窄，只允许调频波的中心频率通过，实现频率跟踪，而不允许调频波的调制信号通过；调频波中的调制信号是中频放大器的输出信号经鉴频器解调后得到的。

一般锁相接收机的环路带宽都做得很窄，因而环路的捕捉带也很窄。对于中心频率在大范围内变化的输入信号，单靠环路自身进行捕捉往往是困难的。因此，锁相接收机都附有捕捉装置，用来扩大环路的捕捉范围。例如，环路失锁时，频率捕捉装置会送出一个锯齿波扫描电压，加到环路滤波器以产生控制电压，控制压控振荡器的频率在大的范围内变化。一旦振荡器的振荡频率靠近输入信号频率，环路将扫描电压自动切断，进入正常工作。

9.6.3　锁相同步检波电路

如果锁相环路的输入电压是调幅波，只有幅度变化，而无相位变化，则由于锁相环路只能跟踪输入信号的相位变化，所以环路输出端得不到原调制信号，只能得到等幅波。用锁相环路对调幅波进行解调，实际上是利用锁相环路供给一个稳定度高的载波信号电压，与输入调幅信号共同加到同步检波器上，就可得到所需的解调电压。

我们已经知道，欲将调幅信号进行同步检波，必须从已调波信号中恢复出同频同相的载波，作为同步检波器的本机载波信号。显然，用载波跟踪型锁相环就能得到这个本机载波信号。锁相同步检波电路的组成方框图如图 9.29 所示。不过，由于压控振荡器输出信号与输入参考信号(已调幅波)的载波分量之间有固定π/2 的相移，因此，必须经过π/2 移相器将其变成与已调波载波分量同相的信号，并与已调波共同加到同步检波器上，才能得到所需的解调信号。

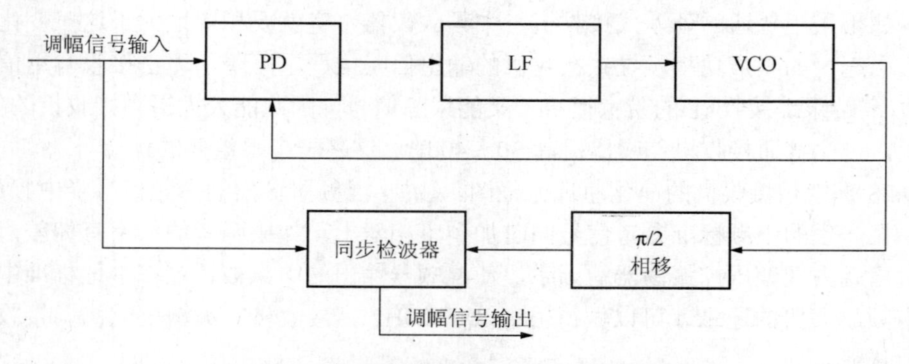

图 9.29　锁相同步检波电路的组成方框图

9.7　本 章 小 结

1．反馈控制电路是一种自动调节系统。其作用是通过环路自身的调节，使输入与输出间保持某种预定的关系。它由反馈控制器和控制对象两部分构成。

2．根据需要比较和调节的参量不同，反馈控制电路可分为：自动电平控制电路、自动频率控制电路和自动相位控制电路三种。它们的被控参量分别是信号的电平、频率或相位，在组成上分别采用电平比较器、鉴频器或鉴相器取出误差信号，然后控制放大器的增益或 VCO 的振荡频率，使输出信号的电平，频率或相位稳定在一个预先规定的参量上，或者跟踪参考信号的变化。三种电路都包含低通滤波器。它们分别存在电平、频率和相位方面的三误差，称为稳态误差。为了减少稳态误差，可以在环路中加入直流放大器，即增大环路的直流总增益。

3．自动电平控制电路的典型应用是调幅接收机中的自动增益控制电路(AGC)。当输入信号很强时，AGC 电路进行控制，使接收机的增益减小；当输入信号很弱时，AGC 电路不起作用，这样以维持接收机输出端的电压或功率几乎不变。

4．自动频率控制电路和自动相位控制电路的典型应用分别是自动频率微调电路(AFC)和锁相环电路(APC)。它们的工作过程十分相似：两者都是利用误差信号的反馈作用来控制被稳定的振荡频率。但两者之间也有根本的差别：在锁相环中，采用的是鉴相器，所输出的误差电压与两个互相比较的频率源之间的相位差成比例，因而到达最后的锁定状态时，被锁定的频率等于输入的标准频率，但有稳定相差(剩余相差)存在；而在自动频率微调系统中，采用的鉴频器，它所输出的误差电压与两个比较频率源之间的频率差成正比，两个频率不能完全相等，有剩余频差存在。因此利用锁相环路可以实现较为理想的频率控制。

5．无论在 APC 还是在 AFC 中，必须区分两种不同的自动调节过程。若环路原先是锁定的，则当输入信号频率发生变化时，环路通过自身调节来维持锁定所允许的输入信号频率偏离的最大值就是同步带或跟踪带；反之，若环路原先是失锁的，则当减小$|\Delta\omega_1|$到某一数值时，环路就能够通过自身调节进入锁定。这种由失锁进入锁定的过程称为环路的捕捉过程，相应地，能够由失锁进入锁定所允许的最大$|\Delta\omega_1|$称为环路的捕捉带。一般情况下，捕捉带不等于同步带，且前者小于后者。

6．锁相环路的基本方程为 $p\varphi_e(t)+A_dA_0A_F(p)\sin\varphi_e(t)=p\varphi_i(t)$，该环路方程可以完整地描述环路闭合后发生的控制过程。

7．锁相环路的捕捉带不仅取决于 A_d 和 A_0 的大小，还取决于环路滤波器的频率特性。A_d 和 A_0 增大，捕捉带也增大；滤波器的通频带越宽，捕捉也越大。需要说明的是，捕捉带还与 VCO 频率控制范围有关，只有当 VCO 的频率控制范围大于捕捉带时，VCO 影响才可忽略。捕捉带一般大于快捕带。

8．在锁相环路中，当 VCO 的频率控制范围足够大时，要增大同步带，必须提高其直流总增益，而当 VCO 的频率控制范围较小时，同步带主要受到频率控制范围的限制。

9．集成锁相环路有两大类：模拟锁相环、数字锁相环，每一类按其用途又可分为通用型和专用型。主要应用领域：锁相倍频、分频、混频、锁相频率合成、锁相调频与鉴频。

9.8　习　　题

9-1 在通信接收机中，为什么要采用自动增益控制？

9-2 对调幅接收机 AGC 电路的滤波应有怎样的要求，为什么？

9-3 加上自动增益控制电路之后，接收机输出电压能否保持绝对不变，为什么？有什么方法可以使输出电压的变化尽量减小？

9-4 锁相环路稳频与自动频率微调在工作原理上有哪些异同？为什么说锁相环路相当于一个窄带跟踪滤波器？

9-5 某调频通信接收机的 AFC 系统如题 9-5 图所示。试说明它的组成原理，与一般调频接收机 AFC 系统相比有什么区别？有什么优点？若将低通滤波器省去是否可正常工作？能否将低通滤波器的元件合并到其他元件中去？

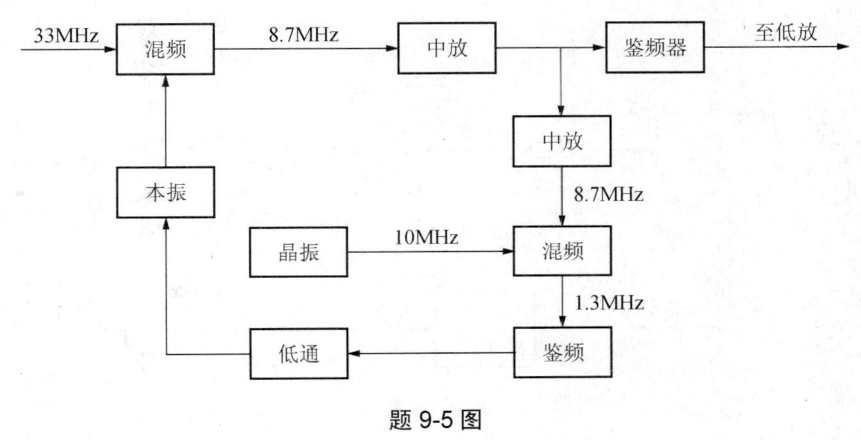

题 9-5 图

9-6 题 9-6 图是调频接收机中 AGC 电路的两种设计方案。试分析哪一种方案可行，并加以说明。

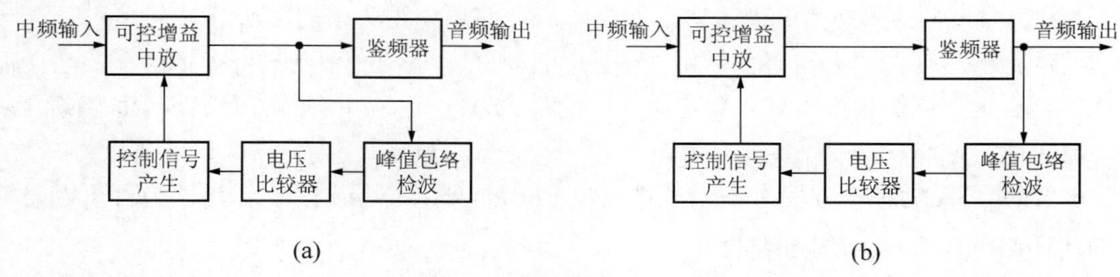

题 9-6 图

9-7 捕捉带、同步带各代表什么意义？

9-8 什么是调制跟踪型环路？什么是载波跟踪型环路？造成二者区别的原因是什么？它们分别有什么用途？

9-9 频率反馈控制环路用作调频信号的解调器，如题 9-9 图所示。忽略放大器对输入调频信号所带来的失真和延时的影响，低通滤波器的传输系数为 1。当环路输入为单音频调制的调频波 $u_{FM}(t)=U\cos(\omega_0 t+m_f\sin\Omega t)$时，要求加大中频放大器输入的调频波的调制指数 $m_f'=\dfrac{1}{10}m_f$。试求所需的 A_0、A_d 值。

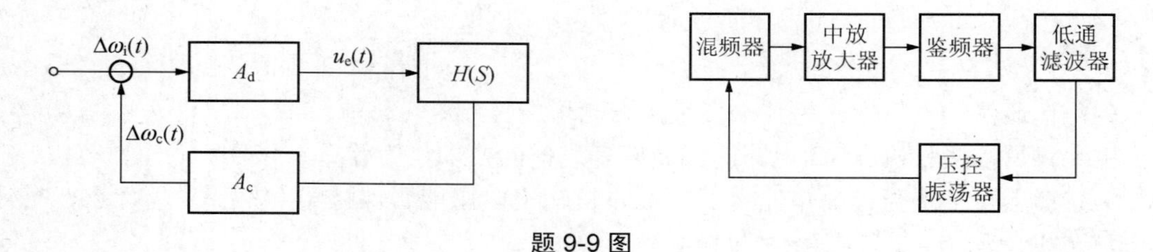

题 9-9 图

9-10 题 9-10 图所示的锁相环路用作解调调频信号。设环路的输入信号为

$$u_i(t)=U_i\sin\left(\omega_i t+10\sin 2\pi\times10^3 t\right)$$

已知：$A_p=250\,\text{mV/rad}$，$A_o=2\pi\times25\times10^3\,\text{rad/(s·V)}$，放大器的增益 A=40，有源理想积分滤波器的参数为 $R_1=17\cdot7\,\text{k}\Omega$、$R_2=0\cdot94\,\text{k}\Omega$、$C=0\cdot03\,\mu\text{F}$。试求放大器输出 1kHz 的音频电压振幅 V_Ω 为多大？

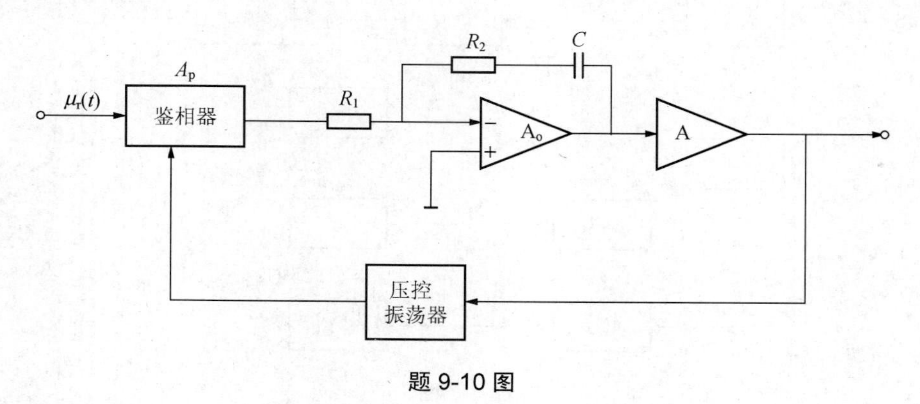

题 9-10 图

9-11 锁相环路的剩余相差和哪些因素有关？剩余相差为零的环路是如何控制 VCO 工作的？

9-12 为什么说 APC 可以实现比 AFC 更为理想的频率控制？

9-13 调频接收机 AFC 系统为什么要在鉴频器与本振之间接一低通滤波器？

9-14 题 9-14 图为 AGC 放大器电路的组成方框图，已知 $\eta_d = 1$，可控增益放大器的增益控制特性为 $A_c(U_c) = U_c$，输入电压振幅 $(U_{im})_{min} = 100\mu V$，$(V_{im})_{max} = 100mV$，主放大器的增益 $A_1 = 10\,000$ (倍)，U_R 为参考电压，要求：

(1) 推导此系统的控制特性 U_o-U_R 表达式。

(2) 计算 U_R=1 时 U_o 的变化范围 ($k = 10$)，并与开环 ($\eta_d = 0$) 情况比较。

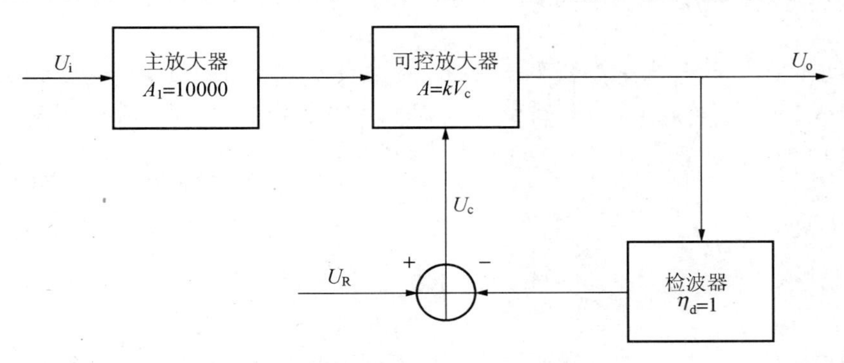

题 9-14 图

9-15 锁相环路如题 9-15 图所示，环路参数为 $A_d = 1V/rad, A_F = 5\times10^4 rad/s\cdot V$。环路滤波器采用如图 9.16(c)所示的有源比例积分滤波器，其参数为 $R_1 = 125k\Omega, R_2 = 1k\Omega, C = 10\mu F$。设参考信号 $u_R(t) = U_{Rm}\sin(10^6 t + 0.5\sin 2\omega t)$，VCO 的初始角频率为 1.005×10^6 rad/s，鉴相器具有正弦鉴相器特性。试求：

(1) 环路锁定后的 $u_o(t)$ 表达式；

(2) 捕捉带 $\Delta\omega_P$，快捕捉带和快捕时间 τ_L。

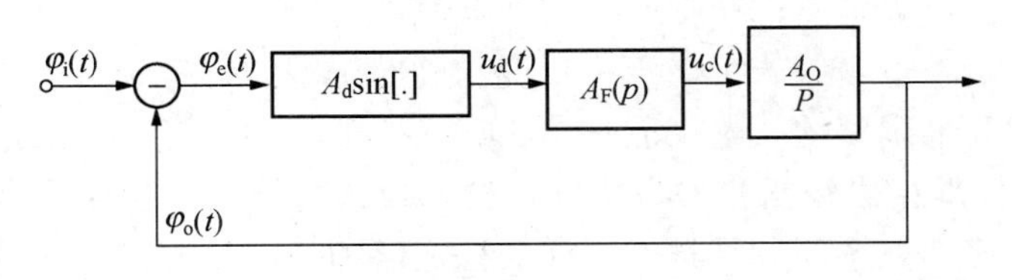

题 9-15 图

第 10 章　频率合成技术

教学提示： 频率合成技术是将一个或若干个高稳定度和高准确度的参考频率经过各种处理技术生成具有同样稳定度和准确度的大量离散频率的技术。参考频率可由高稳定度的晶体振荡器(简称晶振)产生，处理技术包括各种数字处理技术及锁相技术，从而使合成的离散频率与参考频率有严格的比例关系，并且具有同样的稳定度和准确度。频率合成有各种不同的方法，大致可以归纳为直接合成法，间接合成法(锁相环路法)和直接数字频率合成三大类。

教学要求： 本章让学生了解频率合成技术的主要性能指标、分类和特点。应重点掌握间接频率合成法即利用锁相技术来产生所需要的频率的方法和以全数字技术从相位概念出发合成波形的频率合成技术原理即 DDS 频率合成原理。

10.1　概　　述

随着通信、雷达、宇宙航行和遥控遥测技术的不断发展，对振荡信号源的要求越来越高，不但要求它的频率稳定度和准确度高，而且要求能方便地改换频率。石英晶体振荡器虽具有很高的频率稳定度和准确度，但它的频率值是单一的，最多只能在很小频段内进行微调。现代技术的发展可采用一个(或多个)石英晶体标准振荡源，产生大量的与标准源有相同频率稳定度和准确度的众多频率，这就是目前工程上大量使用的频率合成器。

锁相频率合成器是利用锁相环路的窄带跟踪特性，在石英晶体振荡器提供的基准频率源作用下，产生出一系列离散的频率。其优点是系统结构简单，输出频率成分的频谱纯度高，而且易于得到大量的离散频率。目前全数字化频率合成器通过微机或其他数字存储单元进行选择和预置，可以迅速、精确地改变输出信号的频率。

频率合成技术是将一个或若干个高稳定度和高准确度的参考频率经过各种处理技术生成具有同样稳定度和准确度的大量离散频率的技术。参考频率可由高稳定度的晶体振荡器(简称晶振)产生，处理技术包括各种数字处理技术及锁相技术，从而使合成的离散频率与参考频率有严格的比例关系，并且具有同样的稳定度和准确度。应用这种技术合成频率的仪器或设备称为频率合成器或频率综合器。

频率合成器是现代通信系统的重要组成部分，对通信系统的性能具有重大影响。频率合成器的性能需要一系列指标来表征，一般以下述基本指标衡量其优劣。

(1) 频率范围。频率范围是指频率合成器最低输出频率 $f_{\min}$ 和最高输出频率 $f_{\max}$ 之间的范围。$f_{\max}$ 与 $f_{\min}$ 之比称为覆盖系数，当覆盖系数大于 2～3 时，整个频段可以划分为几个分频段。通常要求在规定的频率范围内，在任何指定的频率上，频率合成器都能工作，电性能满足技术的要求。

(2) 频率分辨力。频率分辨力是指两个相邻频率之间的最小间隔。不同用途的频率合成器对频率分辨力有不同要求。有的只需千赫级的分辨力，有的则需达到赫甚至毫赫的分辨力。

(3) 频率转换时间。频率转换时间是指频率合成器从一个频率转换到另一个频率并且达到稳定所需要的时间。常规通信中，通常要求频率转换时间低于几十毫秒。跳频通信系统中，频率转换时间越短越好，最好达到微秒数量级。直接合成法与直接数字合成法的频率转换时间极短，在高速通信系统中得到广泛应用；锁相合成法的频率转换时间相对较长，大约为参考时钟周期的 25 倍，多用于慢速通信系统。

(4) 频率准确度和稳定度。频率准确度是指频率合成器的实际输出频率标称工作频率的大小。频率稳定度是指在一定时间间隔内，只考虑频率稳定度。

(5) 频谱纯度。频谱纯度是指频率合成器输出信号中包含谐波分量和其他杂散分量大小的一种度量。影响频谱纯度高低的主要因素是滤波器的质量、相位噪声和其他寄生干扰。通常总是希望频谱的纯度越高越好。

(6) 系列化、标准化及模块化的可实现性。

(7) 成本、体积及质量。

频率合成方法很多，按照合成频率所使用的方法分类，可分为直接合成法与间接合成法；按照使用参考频率源数目，可分为相干合成法和非相干合成法；从理论基础及实现方法相对独立的角度，可分为直接频率合成法(Direct Frequency Synthesis ,简称 DS 法)、间接频率合成法(Indirect Frequency Synthesis，简称 IS 法)和直接数字合成法(Direct Digital Synthesis,简称 DDS 法)。本章采用最后一种分类方法进行阐述。

直接频率合成法主要用混频、倍频、分频等方法产生所需要的频率。优点是：频率转换速度快；带宽较宽；相位噪声性能好，适合于快速跳频。缺点是：需要复杂的滤波、屏蔽、消除射频干扰等措施；功耗大、体积大、成本高，难以保证高的频谱纯度。随着微波器件及集成电路工艺水平的提高，直接频率合成法的实现难度、成本、质量和体积正在逐步减小，近几年来在需要频率稳定度要求高的场合又重新引起了重视。

间接频率合成法也称锁相频率合成法。优点是：可以实现任意频率和带宽的频率合成；具有极低的相位噪声和杂散；除鉴相器泄露外，一般混频器、分频器无其他的杂波输出(小数分频器除外)；电路简单可靠、功耗低、体积小、质量轻。缺点是：频率转化速度慢，一般在毫秒级，最好的为几十微秒；频率稳定度较低；锁相环路有惰性，频率分辨力与频率转换时间之间相互矛盾，难以兼顾，采用变模分频和小数分频也不能从根本上解决这一问题，有些场合辅以其他频率合成技术才能满足要求。

直接数字合成法从相位概念出发进行频率合成。优点是：具有精确的相位、频率分辨力；频率转换速度快；相对带宽很宽；相位连续、控制方便；具有输出任意波形的能力。缺点是：工作频带窄、杂散抑制差。

10.2　直接频率合成法

直接频率合成法大约出现在 19 世纪 30 年代，是最早出现也是最经典的频率合成技术。利用一个或多个高稳定、高频谱纯度的参考晶振，通过混频器、倍频器、分频器和滤波器实现对参考晶振的加、减、乘、除运算，生成所需要的频率。

和频-分频频率合成器是一种典型应用于通信系统的直接式频率合成器，由一系列相同的和频-分频基本单元串联组成。具有 4 个基本单元的和频—分频频率合成器，如图 10.1 所示。

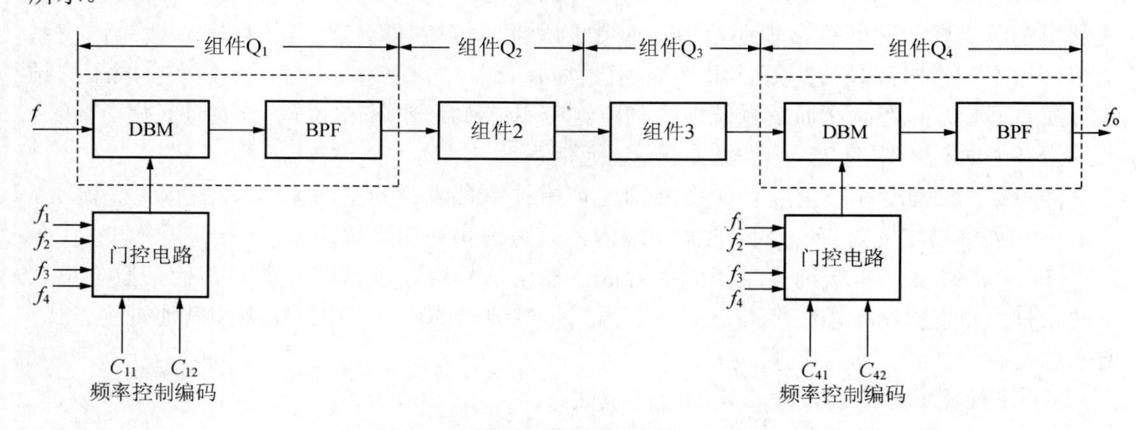

图 10.1　和频-分频频率合成器组成图

图 10.1 中，DBM 为平衡混频器；BPF 为带通滤波器；$Q_1 \sim Q_4$ 为结构相同的和频-分频基本单元。每个基本单元结构如图 10.2 所示。

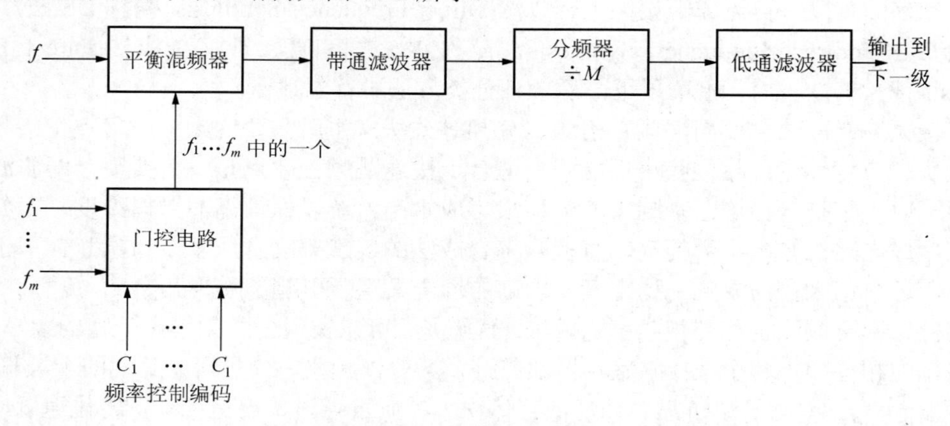

图 10.2　和频-分频频率合成器基本单元组成图

设每一单元除输入中心频率 f 外，向门控电路输入 m 个间隔为 Δf_{c} 的参考频率 $\{f_1, f_2, \cdots, f_m\}$，由 $\log_2{}^m$ 编码(一般取 $m=2^l$，则 $\log_2 m = l$)并联输入门控电路，使该单元可选择输出分布在 f 两边的 m 个频率。改变 f，可改变 m 个频率的位置。改变频率控制编码可使输出频率发生跳变。若将 L 级基本单元串联构成频率合成器，由 $l \times L$ 位编码并联输入各级门控电路，可使频率合成器选择输出 $m^l = (2^l)^L = 2^{lL}$ 个频率。当每级分频数为 M 时，各输出频率之间的间隔为 $\Delta f = \Delta f_{\mathrm{c}} / M^{L-1}$。

直接频率合成器的频率转换速度主要受限于带通滤波器对跳频信号相位跳变的响应速度。直接频率合成器需要通过带通滤波器滤除寄生信号，带通滤波器的带宽和边缘响应限制了信号相位的变化速率。

带通滤波器的带宽和边缘响应直接影响频率合成器输出噪声之间进行一定程度的折

中。带通滤波器的带宽越窄，输出噪声越小，频率转换速度的响应时间越长。

和频—分频频率合成器由一系列混频—滤波基本单元串联组成，因此，带通滤波器是级联的。如果每个频率控制编码指令同时加在各级控制门开关上，由于每一级带通滤波器均要限制相位跳变信号通过它的响应时间，所以频率转化时间是累加的。

10.3 间接频率合成法

间接频率合成法是利用锁相技术来产生所需要的频率。该技术出现在 20 世纪 60 年代末 70 年代初，早期的间接频率合成技术使用模拟锁相环，在输出很多较高频率时，需要大量的混频器、分频器和带通滤波器，缺点很明显，而且难以弥补。后来，数字锁相环的出现及其在锁相频率合成器中的应用，标志着数字锁相频率合成技术得以形成。由于不断吸收和利用吞脉冲计数器、小数分频器、多模分频器等数字技术新成果，数字锁相频率合成技术日益成熟。锁相频率合成技术的出现，实现了频率合成技术的第一次飞跃。

10.3.1 锁相频率合成器

锁相频率合成器由鉴相器、环路滤波器、压控振荡器和程序分频器组成，如图 10.3 所示。

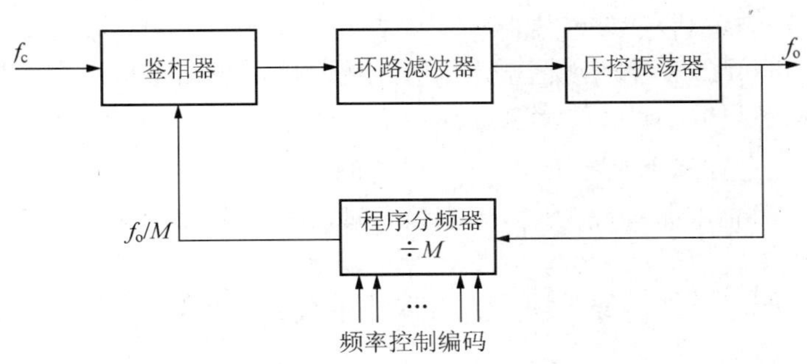

图 10.3 锁相频率合成器原理图

锁相频率合成器工作原理为：压控振荡器输出的频率 f_0 经程序分频器分频后变为 f_0/M，然后送入鉴相器与参考频率 f_c 进行相位比较。鉴相器输出相位误差信号，经过环路滤波器后，送到压控振荡器，调整输出频率 f_0，使得 $f_0/M=f_c$，锁相环路进入锁定状态。此时，压控振荡器的输出频率为

$$f_0=f_c\times M \tag{10-1}$$

通过频率控制编码控制，改变程序分频器的分频比 M，就可得到不同的输出频率 f_0。输出频率的分辨力 $\Delta f_0=f_c$。

图 10.4 所示为用 CD4046 集成锁相环路构成的频率合成器电路实例。参考频率 f_c 由晶体振荡器产生 1024kHz 的标准频率，送入由 CC4040 组成的参考分频器产生。CC4040 由 12 级二进制计数器组成，取分频比 $R=2^8=256$，即可得到较低的参考频率 f_c(1024 / 256)kHz=4kHz。分频器 M 采用可编程分频器 CC40103 构成，它是 8 位可预置二进制 M 计数器，按图中接线，其分频比 M=29。参考频率由 14 端 f_c 引入锁相环路 PD_2 鉴相器输入端，

压控振荡器输出信号由 4 端输出到程序分频器，经 29 分频后加到鉴相器的另一输入端(3 端)，与 f_c 进行相位比较，当环路锁定时，由锁相环路 4 端就可以输出频率 $f_0 = f_c \times M$ 、频率间隔为 4 kHz 的信号。改变 CC40103 置数端的接线，得到不同 M 值即可获得不同频率的信号输出。

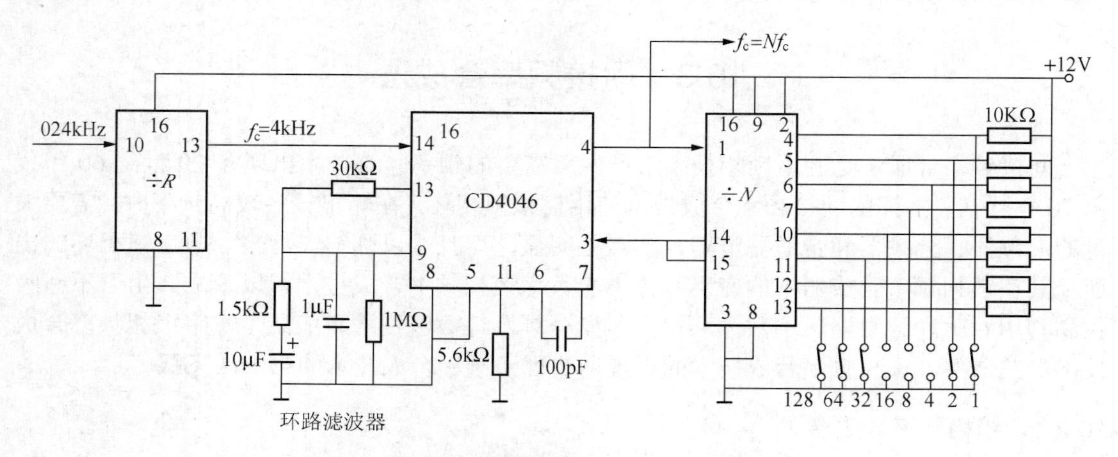

图 10.4　CD4046 集成锁相环路构成的频率合成器电路实例

上述讨论的频率合成器比较简单，构成比较方便，因为它只含有一个锁相环路，故称为单环式电路。单环频率合成器在实际使用中存在以下一些问题，必须加以注意和改善。

第一，由式(10-1)可知，输出频率的间隔等于输入鉴相器的参考频率 f_c，因此，要减小输出频率间隔，就必须减小输入参考频率 f_c。但是降低 f_c 后，环路滤波器的带宽也要压缩(因环路滤波器的带宽必须小于参考频率)，以便滤除鉴相器输出中的参考频率及其谐波分量。这样，当由一个输出频率转换到另一个频率时，环路的捕捉时间或跟踪时间就要加长，即频率合成器的频率转换时间加大。可见，单环频率合成器中减小输出频率间隔和减小频率转换时间是矛盾的。另外，参考频率 f_c 过低还不利于降低压控振荡器引入的噪声，使环路总噪声不可能为最小。

第二，锁相环路内接入分频器后，其环路增益将下降为原来的 1 / M。对于输出频率高、频率覆盖范围宽的合成器，当要求频率间隔很小时，其分频比 M 的变化范围将很大，M 在大范围内变化时，环路增益也将大幅度地变化，从而影响到环路的动态工作性能。

第三，可编程分频器是锁相频率合成器的重要部件，其分频比的数目决定了合成器输出信道的数目。由图 10.3 可见，程序分频器的输入频率就是合成器的输出频率。由于可编程分频器的工作频率比较低，无法满足大多数通信系统中工作频率高的要求。

在实际应用中，解决这些问题的方法很多。下面介绍多环锁相频率合成器和吞脉冲锁相频率合成器。

10.3.2　多环锁相频率合成器

为了减小频率间隔而又不降低参考频率 f_c，可采用多环构成的频率合成器。作为举例，图 10.5 示出了三环频率合成器组成框图。它由三个锁相环路组成，环路 A 和 B 为单环频率合成器，参考频率 f_c 均为 100 kHz，N_A、N_B 为两组可编程序分频器。C 环内含有取差频输出的混频器，称为混频环。输出信号频率 f_o 与 B 环输出信号频率经混频器、带通滤波器得差频 $f_o - f_B$ 信号输出至 C 环鉴相器，由 A 环输出的 f_A 加到鉴相器的另一输入端，当环路锁定 $f_A = f_o - f_B$ 时，C 环输出信号频率等于

$$f_o = f_A + f_B \tag{10-2}$$

由 A 环和 B 环可得

$$f_A = \frac{N_A}{100} f_c, \qquad f_B = N_B f_c \tag{10-3}$$

因此，由式(10-2)可得频率合成器输出频率 f_o 为

$$f_o = (\frac{N_A}{100} + N_B) f_c \tag{10-4}$$

所以，当 $300 \leqslant N_A \leqslant 399$ 及 $351 \leqslant N_B \leqslant 397$ 时，输出频率 f_o 覆盖范围为 35.400～40.099MHz，频率间隔为 1 kHz。

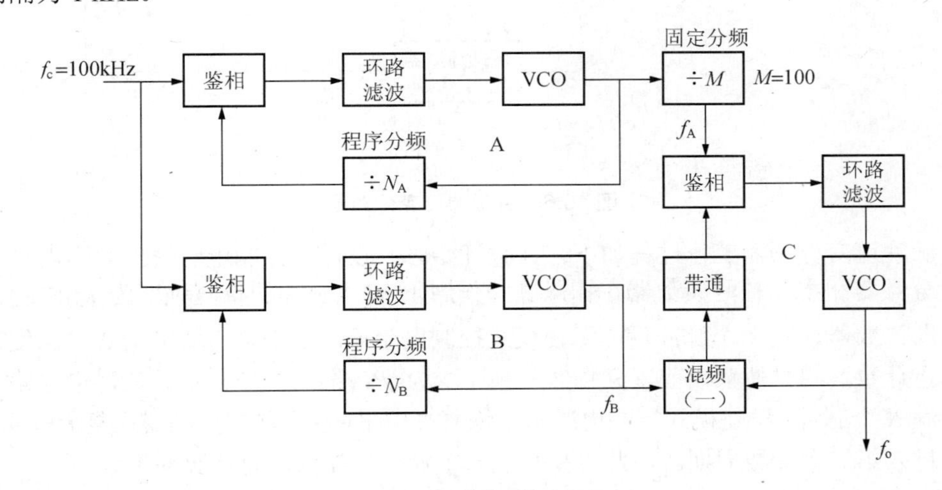

图 10.5　三环频率合成器

由上述讨论可知，锁相环 C 对 f_A 和 f_B 来说，就像混频器和滤波器，故称为混频环。如果将 f_A 和 f_B 直接加到混频器，则和频与差频将非常接近。在本例中 0.300MHz $\leqslant f_A \leqslant$ 0.399 MHz，(35.400－0.300)MHz $\leqslant f_B \leqslant$ (40.099－0.399)MHz，可见，$f_B + f_A$ 与 $f_B - f_A$ 相差很小，故无法用带通滤波器来充分地将它们分离。现在采用了锁相环路就能很好地加以分离。

A 环路输出接入固定分频器 M，可以使 A 合成器在高参考频率下得到小的频率间隔。由图 10.5 可得 $f_A = \dfrac{N_A}{M} f_c$，可见，加了固定分频器后，使输出频率间隔缩小了 M 倍，即 A 环输出频率 f_o 以 100kHz 增量变化，但 f_A 却只以 1kHz 增量变化，f_A 的增量比 f_B 的增量缩小了 M(=100)倍。显然，这里 A 环用于产生整个频率合成器输出频率 1kHz 和 10kHz 的增量，而 B 环则用来产生 0.1MHz 和 1MHz 的变化。

10.3.3　吞脉冲锁相频率合成器

由于固定分频器的速度远比程序分频器高，所以在频率合成器中采用由固定分频器与

程序分频器组成的吞脉冲可变分频器可在不加大频率间隔的条件下显著提高输出频率。吞脉冲可变分频器的构成如图 10.6 所示。分频器包含双模前置分频器(两种计数模式的固定分频器)、主计数器、辅助计数器和模式控制电路等几部分，其中双模前置分频器具有$\div P$ 和$\div(P+1)$两种分频模式。当模式控制电路输出为高电平 1 时，双模前置分频器的分频比为 $P+1$；模式控制电路输出为低电平 0 时，双模前置分频器的分频比为 P。N 与 A 分别为主计数器和辅助计数器的最大计数量，并规定 $N>A$。

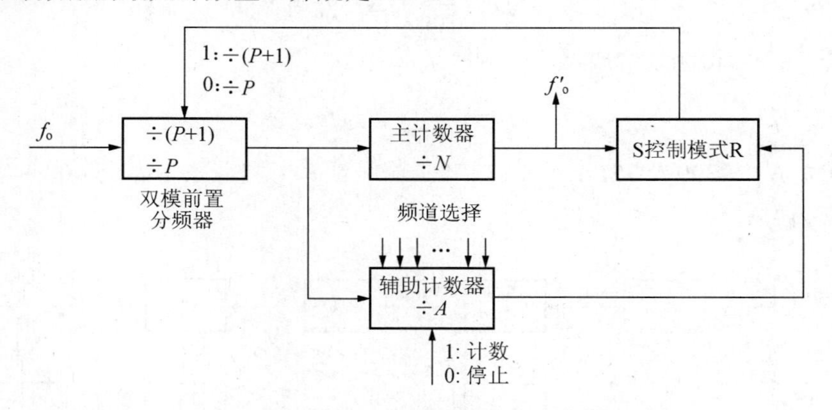

图 10.6　吞脉冲可变分频器

吞脉冲可变分频器工作过程如下：计数开始时，设模式控制电路输出为高电平 1，双模前置分频器和主、辅两计数器在输入脉冲作用下(输入脉冲的重复频率为 f_o)同时计数，直至辅助计数器计满 A 个脉冲后，即使模式控制电路输出电平降为低电平 0 时，使辅助计数器停止计数，同时使双模前置分频器分频比变为 P，继续工作，主计数器也继续工作，直至计满 N 个脉冲后，使模式控制电路重新恢复高电平、双模前置分频器恢复 P+1 分频比，各部件进入第二个计数周期。由此可见，在一个计数周期内，总计脉冲量为

$$n=(P+1)A+P(N-A) \tag{10-5}$$

即吞脉冲分频器分频比为

$$\frac{f'_o}{f_o}=\frac{1}{PN+A} \tag{10-6}$$

式中，f'_o 为输出重复频率；N、A 均为整数 0、1、2、…。

美国 Motorola 公司生产了 MCl45 系列的集成频率合成器件，它采用 CMOS 工艺，最高工作频率可达到 2GHz(MCl45200、MCl45201)。图 10.7 所示为采用 MCl45146 和双模分频器构成的吞脉冲频率合成器电路，图中方框内为 MCl45146 的内部组成。石英晶体与电容 C_1、C_2 外接，与内部放大电路构成晶体振荡器。其输出信号经过 12 位$\div R$ 可编程参考分频器分频，成为较低的参考频率 f_c，加到鉴相器的一个输入端。R 的取值范围为 3~4095(即 $2^{12}-1$)，可根据晶振频率与参考频率的比来确定 R。由外接双模前置分频器与$\div A$ 计数器、$\div N$ 计数器及模式控制电路组成吞脉冲分频器，其分频比为 $PN+A$，即吞脉冲分频器可把压控振荡器输出频率 f_o 下降为 $f'_o=f_o/(PN+A)$，送到鉴相器的另一输入端。分频比 N 和 A 可预置不同值，它们具有较宽的变化范围，其数值分别为

$$N:3\sim1023(2^{10}-1)$$

$$A:3\sim127(2^{7}-1)$$

双模前置分频器的分频比可取 P=40(即÷41 / 40)。

数字鉴相器作为两信号的相位比较电路，有双端输出(ϕ_R、ϕ_V)和单端三态输出两种输出模式，其中双端输出信号作为外接误差电压形成电路的信号源，使误差电平随 ϕ_R、ϕ_V 两信号的相差大小变化，并对 VCO 进行控制。为便于判断环路是否锁定，鉴相器输出端还接有锁定检测电路。

误差信号电压形成电路、低通、压控振荡器及放大器均由外电路提供。误差信号电压形成电路用来将反映 f_o'、f_c，频差关系的鉴相器输出信号 ϕ_R、ϕ_V 变换为控制压控振荡器频率的直流电压。

因此，根据图 10.7，当锁相环路锁定时，就可以获得

$$f_o=(PN+A)f_c \tag{10-7}$$

频率间隔为 f_c 的一系列所需频率信号输出。

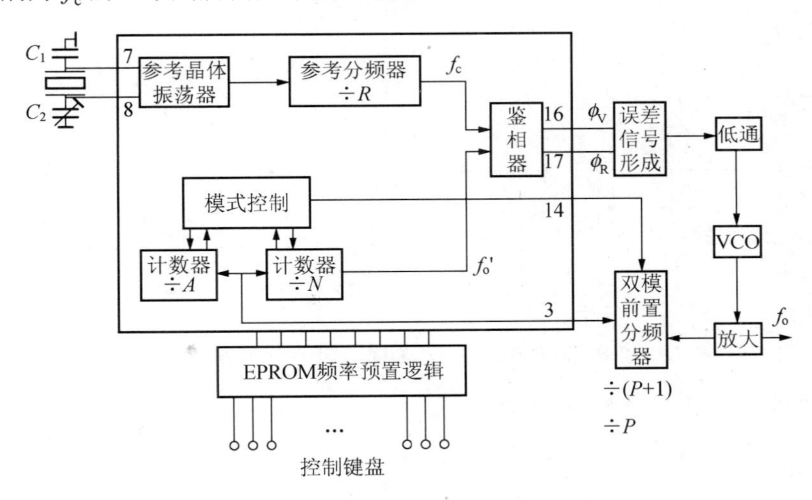

图 10.7　MC145152 内部结构图

10.3.4　直接数字合成法

1971 年，美国学者 J.Tierney, C.M.Rader 和 B.Gold 首次提出了以全数字技术从相位概念出发合成波形的频率合成原理，称为直接数字式频率合成(DDS)。DDS 打破了传统频率合成技术的束缚，为频率合成技术建立了一种新的思维模式，实现了频率合成技术的第 2 次飞跃。DDS 具有许多传统频率合成方法难以获得的优点，如频率转换速率快、相位噪声低、相位连续和控制方便等。在 DDS 发展初期，由于受工作频率低和不可避免的杂散噪声的影响，DDS 技术未能受到重视。近年来，随着数字集成电路和微电子技术的发展，DDS 技术得到了迅速发展并走向实用。详细内容在后面的几节中阐述。

10.3.5　DDS/PLL 组合频率合成法

直接频率合成法、间接频率合成法和直接数字合成法的实现手段和技术指标各有特点。

往往某类合成器的优点正好是另一类合成器的缺点，设计时将三类合成法有机结合、优势互补是频率合成器的发展趋势。以 DDS 和 PLL(锁相环)相结合构成的组合式频率合成器，是克服 DDS 杂散和输出带宽缺陷的较好方案，同时可以解决锁相频率合成器分辨力不高和频率转换时间较长的问题，可以满足宽带、高速的需要，还具有成本低、结构简单等特点，是高性能频率合成器发展的重要方向。

1. 环外混频式 DDS/PLL 频率合成器

环外混频式 DDS/PLL 频率合成器是一种最直接的 DDS/PLL 组合方案，它将 DDS 输出频率与 PLL 输出频率混频后经带通滤波器输出，其实质是 DS、IS 和 DDS 三种技术的组合，原理图如图 10.8 所示。

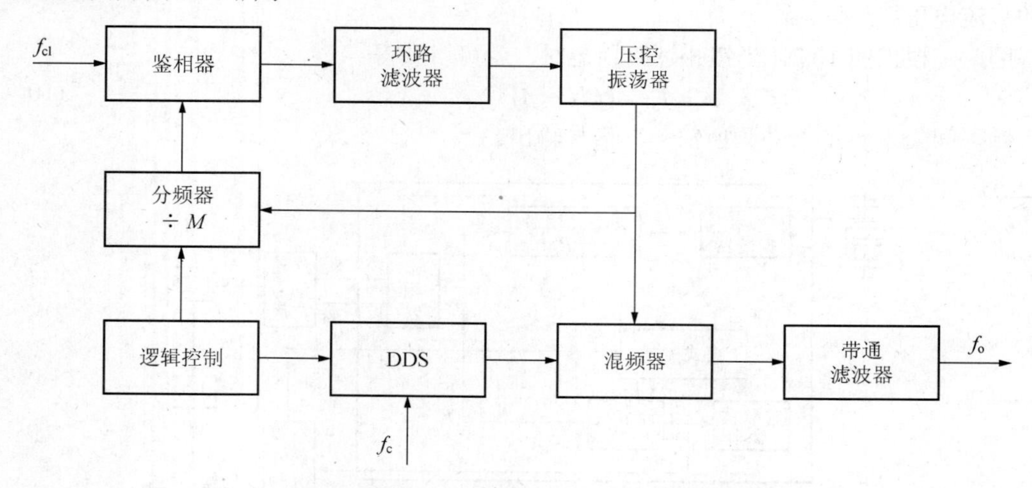

图 10.8　环外混频式 DDS/PLL 频率合成器原理图

环路锁定时，频率合成器的输出频率为

$$f_0 = M \cdot f_{c1} \pm f_{DDS} = M \cdot f_{c1} \pm \frac{K \cdot f_c}{2^N} \tag{10-8}$$

式中　f_{DDS}——DDS 的输出频率；

K——DDS 的频率控制字；

N——DDS 相位累加器字长。

该方案利用 DDS 保证其频率分辨力，用 PLL 保证其工作频率和带宽。为了得到连续频率覆盖，要求 DDS 输出带宽必须大于等于参考频率 f_{c1}，即 $B_{DDS} \geqslant f_{c1}$。

当频率合成器在同一 B_{DDS} 内进行频率转换时，频率转换时间由 DDS 决定，可以极短。当频率合成器频率转换已超过同一 B_{DDS} 的范围时，必须改变分频比 M，频率转换时间由 PLL 决定，由于在组合方案中 PLL 的鉴相频率可以取得较高，因而频率转换时间也可以做得较短。

组合方案中，频率合成器输出信号的相位噪声性能主要由 PLL 和 DDS 输出信号相位噪声决定，PLL 鉴相频率较高，使得内分频比 M 大大降低，故 PLL 输出信号相位噪声有所改善，加之 DDS 的相位噪声一般可以做得较低，该组合频率合成器相位噪声性能较好。

2. DDS 激励 PLL 的频率合成器

用 DDS 激励 PLL 的频率合成器是 DDS、PLL 最基本的组合方案，原理图如图 10.9 所示。琐相环锁定时，频率合成器的输出频率及频率分辨力分别为

$$f_o = M \cdot f_{DDS} = \frac{MK}{2^N} \cdot f_c = K \cdot \Delta f_{min} \tag{10-9}$$

$$\Delta f_{min} = \frac{M}{2^N} \cdot f_c \tag{10-10}$$

式中 f_c——DDS 的时钟频率；

K——DDS 的频率控制字；

N——DDS 相位累加器字长；

$f_c / 2^N$——DDS 频率分辨力；

Δf_{min}——合成器输出信号的频率分辨力。

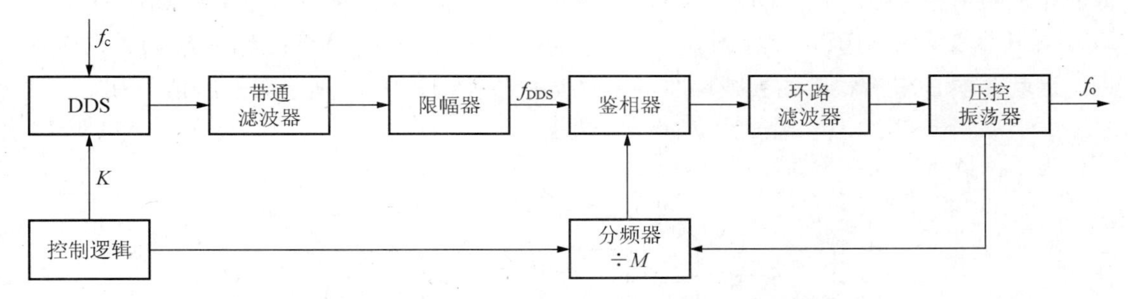

图 10.9 DDS 激励 PLL 频率合成器原理图

频率合成器输出信号频率分辨力是 DDS 输出频率分辨力的 M 倍，由于以 DDS 为激励源，当相位累加器的字长 N 较大时，合成器仍可得到较高的频率分辨力。图 10.9 中的限幅器可以改善输出信号的杂散电平。

为了实现频率连续覆盖，DDS 的带宽应该为

$$B_{DDS} = \frac{\text{DDS中心频率}}{M_{min}} \tag{10-11}$$

式中 M_{min}——PLL 的最小分频比。

DDS 的一个致命弱点是杂散分布广，并且信杂比差，尽管环路的窄带特性可以消除 DDS 的远区杂散，但其近区杂散将在输出端按分频比 M 呈现 $10\lg M(\text{dB})$ 的附加，因此，该方案并没有很好地利用 DDS 电路的优势。若将 DDS 的输出作为标频插入到分频器之前进入环路，环路分频器就不会对 DDS 的信杂比在合成器输出端呈现上述的相乘关系，下面论述基于这一思想设计的方案。

3. 环内插入混频 DDS/PLL 频率合成器

环内插入混频 DDS/PLL 频率合成器原理图如图 10.10 所示。整个频率合成器的频率分辨力由 DDS 决定，可以充分发挥 DDS 高分辨力的优点。当锁相环路定时，其输出频率为

$$f_o = M \cdot f_{c1} \pm f_{DDS} = M \cdot f_{c1} \pm \frac{K \cdot f_c}{2^N}$$

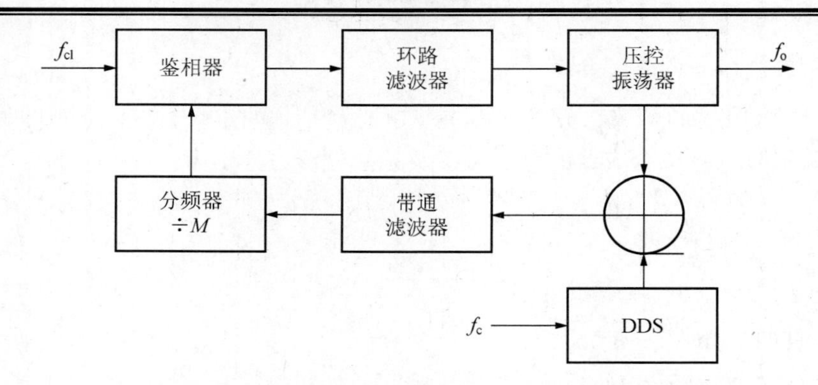

图 10.10 环内插入混频 DDS/PLL 频率合成器原理图

该方案中，频率合成器的输出相位噪声性能主要由 PLL 及 DDS 的输出信号相位噪声决定。DDS 的输出不经过 PLL 倍频，相位噪声和杂散不会进一步恶化，所以该方案具有较低的相位噪声和杂散。由于 DDS 具有很高的分辨力，为了保证频率覆盖，要求 $B_{\text{DDS}} \geqslant f_{c1}$。该方案中带通滤波器(BPF)设计困难，因为 f_0 越高，$(Mf_{c1}+f_{\text{DDS}})$ 与 $(Mf_{c1}-f_{\text{DDS}})$ 的距离越近，这就要求 BPF 有很陡的衰减特性。一种改进方案如图 10.11 所示。输出频率为

$$f_o = M \cdot f_{c1} + f_L + f_{\text{DDS}} \tag{10-12}$$

为了保持频率连续覆盖，要求

$$(B_{\text{DDS}} + f_L) \geqslant f_{c1}$$

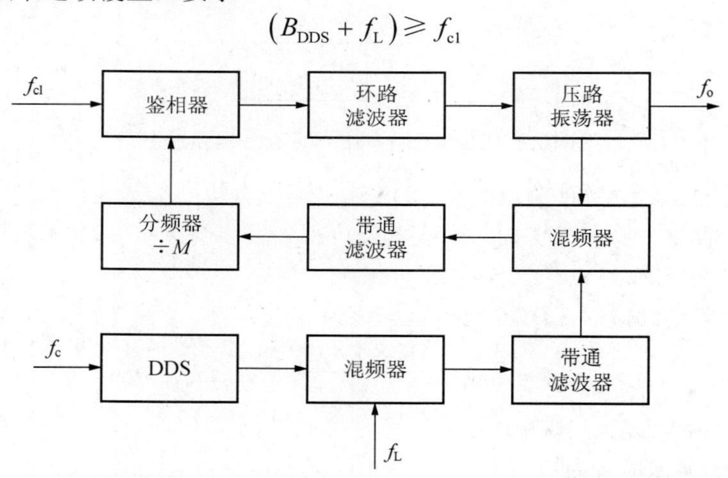

图 10.11 内插式 DDS/PLL 频率合成器改进方案原理图

该方案中，f_{c1} 可以取得很高，这样，环路分频比 M 可以较低，从而相位噪声特性能较前面方案有所改变，而且，高的参考频率允许锁相环路的带宽做得较宽，可减小锁定时间，使频率转换时间缩短。

DDS 输出频率很低，要用作微波频标必须经过变频。该方案能保证较低的杂波和相位噪声且鉴相频率的选择及与之相关的环路带宽的设计自由度很大，从而便于跳频通信系统的设计。其难点在于抑制 DDS 输出经变频后的杂波，如处理不好，将会使锁相环假锁或环路带宽内出现难以抑制的杂波。该方案也没有解决分频器噪声及鉴相器噪声在输出端按分频比 M 呈现 $20\lg M$(dB)的附加，因此，分频比仍是此合成方案实现超低噪声合成的主要的障碍。

10.4 DDS 的工作原理和性能特点

10.4.1 DDS 工作原理

DDS 的原理图如图 10.12 所示，它包含相位累加器、波形存储器、D/A 转换器和低通滤波器 4 个部分。在参考时钟的驱动下，相位累加器对频率控制字进行累加。得到的相位码对波形存储器寻址，波形存储器输出相应的幅度码，经 D/A 转换器生成阶梯波形，最后经低通滤波器滤波得到所需频率的连续波形。

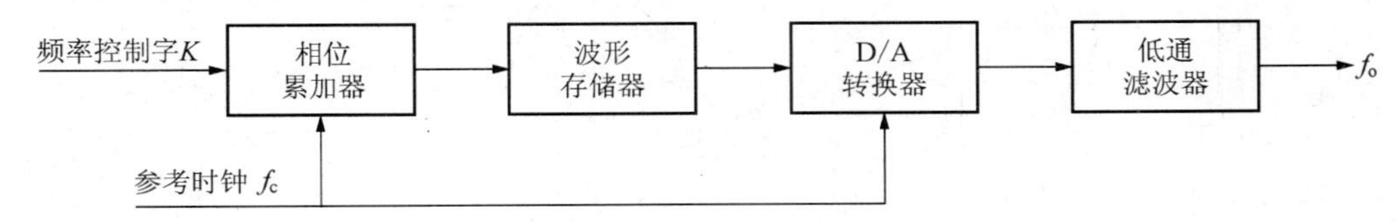

图 10.12 DDS 原理图

理想的单频信号可表示为

$$f(t)=U\cos(2\pi f_0 t+\theta_0) \tag{10-13}$$

只要振幅 U 和初始相位 θ_0 不随时间变化，它的频率就由相位唯一确定

$$\theta(t)=2\pi f_0 t \tag{10-14}$$

以采样频率 $f_0\left(T_0=1/f_o\right)$ 对上式进行采样，则可得到相应的离散相位序列

$$\theta^*(n)=2\pi f_0 nT_S=\Delta\theta\cdot n \quad (n=0,1,2,\cdots) \tag{10-15}$$

式中

$$\Delta\theta=2\pi f_0 T_0=2\pi f_0/f_S \tag{10-16}$$

是连续两次采样之间的相位增量，控制 $\Delta\theta$ 可以控制合成信号的频率。

现将整个周期的相位 2π 分割成 q 等份，每一份 $\delta=2\pi/q$ 为可选择的最小相位增量。若每次的相位增量取 δ，得到最低频率

$$f_{o\min}=\frac{\delta}{2\pi T_S}=\frac{f_S}{q} \tag{10-17}$$

经滤波后得到的模拟信号为

$$f(t)=\cos\left(2\pi\frac{f_S}{q}t\right) \tag{10-18}$$

若每次的相位增量选择为 δ 的 R 倍，即可得到信号频率

$$f_0=\frac{R\delta}{2\pi T_S}=\frac{R}{q}f_S \tag{10-19}$$

相应的模拟信号为

$$f(t)=\cos\left(2\pi\frac{R}{q}f_S t\right) \tag{10-20}$$

式中 q、R 为正整数，根据采样定理的要求，R 的最大取值应小于 $q/2$。

DDS 就是利用以上原理进行频率合成的。为了说明 DDS 相位量化的工作原理，可将

正弦波一个完整周期内的相位变化用相位圆来表示。其相位与幅度一一对应，如图 10.13 所示。一个 N 位的相位累加器对应相位圆上 2^N 个相位点，最低相位分辨力为 $2\pi/2^N$ 。图 10.13 中，N=4，共有 16 个相位码与 16 个幅度码相对应。该幅度码存储在波形存储器(ROM)中。在频率控制字的作用下，相位累加器对 ROM 寻址，完成相位—幅度转换，经 D/A 转换器变成阶梯形正弦波信号，再经低通滤波器平滑，得到模拟正弦波输出。

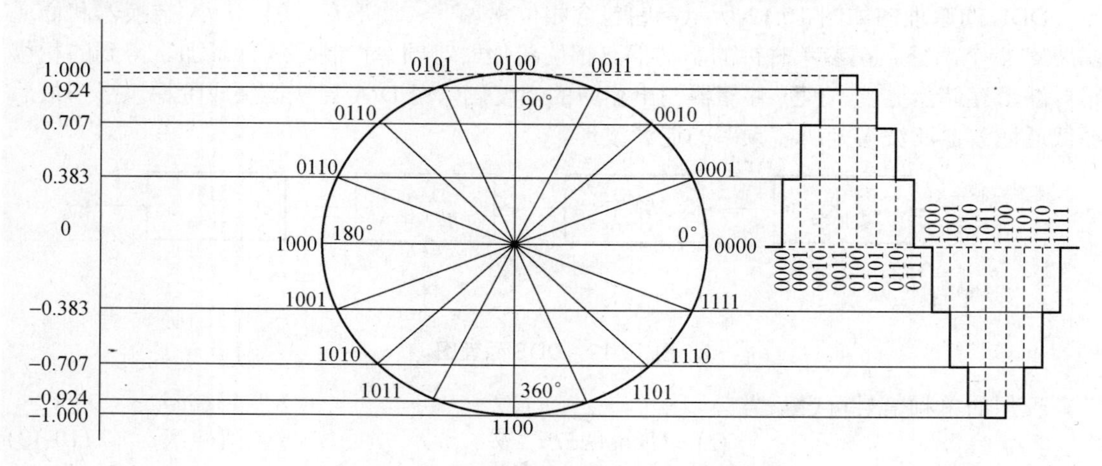

图 10.13　相位码与幅度码的对应关系

从理论上讲，波形存储器可存储一个或多个完整的具有周期性的任意波形数据，在实际应用中，以正弦波最具有代表性，也应用最广。

DDS 输出信号的频率与参考时钟频率及控制字之间的关系为

$$f_o = K \cdot f_c / 2^N \tag{10-21}$$

式中　f_o——DDS 输出信号的频率；

K——频率控制字；

f_c——参考时钟频率；

N——相位累加器的位数。

相位累加器是 DDS 的关键部件，它实际上是一个以模数 2 为基准、受频率控制字而改变的计数器，它积累了每一个参考时钟周期内合成信号的相位变化，相位字对波形存储器寻址，在波形存储器中写入 2^N 个正弦数据，每个数据为 D 位。不同的频率控制字 K 导致相位累加器的不同相位增量，从而使波形存储器输出的正弦波的频率不同。波形存储器输出的 D 位二进制数送到 D/A 转换器进行 D/A 转换，得到量化的阶梯形正弦波输出，理想情况下，N 位累加器对应 ROM 中 2^N 个相位点，每一相位点对应一个幅值。累加器连续进行累加，至最大值(2^N)后溢出，即产生一个频率为 f_o 的输出周期。通常，累加器溢出之后，残余计数将保留在锁存器内作为下次累加的初值。容易看出，K 越大，从 2^N 个相位点中采样的次数就越少，相位累加周期越短，f_o 也就越高。

10.4.2　DDS 性能特点

DDS 采用了全数字结构，具有其他频率合成技术所不具备的特点。DDS 频率合成技术的优点如下。

(1) 频率分辨力高。这是DDS最主要的优点之一，由式(10-21)可知，DDS频率分辨力由参考时钟频率 f_c 和相位累加器的位数 N 决定。当参考时钟频率 f_c 确定后，频率分辨力仅由 N 确定。理论上讲，只要 N 位数足够多，就可以得到足够高的分辨力。当频率控制字 K=1时，DDS产生的最低频率，称为频率分辨力，即

$$f_{\min} = f_c / 2^N \tag{10-22}$$

例如，若DDS的参考时钟频率为50MHz，相位累加器的字长为48位，频率分辨力可达 0.18×10^{-6} Hz，这是传统频率合成技术所难以实现的。

(2) 输出频率的相对带宽很宽。根据奈奎斯特(Nyquist)定律，理论上，只要输出信号的最高频率小于或等于 $f_c/2$，DDS就可以实现所要的带宽。由于受低通滤波器过渡性及高端信号频谱恶化的限制，实际工程中可实现的最高频率一般为 $0.4f_c$。另外，若频率控制字 K=0，则 $f_0=0$，即可输出直流。因此DDS的输出频率范围一般是 $0\sim0.4f_c$，这样的相位带宽是传统频率合成技术所无法实现的。

(3) 频率转换时间短。DDS的频率转换时间是频率控制字的传输时间和以低通滤波器为主的器件频率响应时间之和。高速DDS系统中采用流水线结构，其频率控制字的传输时间等于流水线级数与时钟周期的乘积，低通滤波器的频率响应时间随截止频率的提高而缩短，因此高速DDS系统的频率转换时间极短，可以达到纳秒数量级。

(4) 频率捷变相位连续。从DDS的工作原理可知，改变DDS的输出频率是通过改变频率控制字实现的，这实际上改变的是相位函数的增长速度。当频率控制字从 K_1 变为 K_2 之后，它是在已有的累积相位 $nK_1\delta$ (δ 为最小相位增量)上，再每次累加 $K_2\delta$，相位函数的曲线是连续的，只是在改变频率的瞬间其斜率发生了突变，因而保持了输出相位的连续性。在许多应用系统中，需要在频率跳变过程中保证信号相位的连续，以避免相位信息的丢失和增加新的离散频率分量。传统的频率合成技术做不到这一点，直接频率合成器的相位是不连续的，间接频率合成器的相位虽然连续，但因为压控振荡器的惰性，频率转换时间较长。

(5) 可产生宽带正交信号。根据DDS的工作原理，只要相位累加器同时寻址两个所存幅值正交的ROM，分别用各自的D/A转换器和低通滤波器，就可在很宽的范围内获得比较精确的正交信号。

(6) 具有任意波形输出能力。DDS中相位累加器输出所寻址的波形数据并非一定是正弦波数据，根据Nyquist定理，只要该波形所包含的高频分量小于采样频率的1/2，这个波形就可以由DDS产生。DDS为模块化结构，输出波形仅由波形存储器中的数据决定，只要改变存储器中的数据，就可以产生方波、三角波、锯齿波等任意波形。

目前已有应用DDS技术的任意波形发生器。

(7) 易于实现数字调制。DDS采用全数字结构，频率控制字可以直接调整输出信号的频率和相位，因此可以在DDS设计中方便地加上数字调制、调相以及调幅等功能，产生ASK、FSK、PSK、MSK等多种信号。

此外，DDS还具有集成度高、体积小、易于控制等特点。

DDS频率合成技术的缺点如下。

(1) 工作频带受限。这是DDS应用受到限制的主要因素。根据DDS的结构和工作原理，DDS的工作频率受到器件速度的限制，主要是指ROM和DAC的速度限制。随着高速

ECL 和 GaAs 器件的发展以及高速可编程滤波器的实现，频带受限问题将逐步得到缓解。

(2) 相位噪声性能。DDS 的相位噪声主要由参考时钟相位的性质、参考时钟的频率与输出频率之间的关系以及器件本身的噪声决定。理论上，输出频率的相位噪声会对参考时钟频率的相位噪声有 $20\lg(f_c / f_o)$ dB 的改善。实际工程中，必须要考虑包括相位累加器、ROM、DAC 等在内的各种器件噪声性能的影响。

(3) 杂散抑制差。杂散抑制差是 DDS 的又一主要缺点。其杂散分量主要由相位舍位、波形幅度量化和 DAC 的非理想特性所引起。

10.5　典型的 DDS 芯片

典型的 DDS 芯片包括高速 DDS 芯片和中速 DDS 芯片，下面分别作简单介绍。

10.5.1　典型的高速 DDS 芯片

高速 DDS 芯片采用 GsAs 和 ECL 等技术，一般功耗比较高，其性能受 DAC 的影响较大。典型芯片如下。

(1) Plessey 公司的 SP-2002。该 DDS 芯片是全部集成化、ECL 逻辑、31b 的相位累加器、两路正交输出。时钟频率为 1.6GHz,由于其 MSB 不能编程，所以最高输出频率为参考频率的 1/4。

(2) Sciteq 公司系列产品。ADS-2、ADS-3、ADS-6 时钟频率分别为 400MHz、640MHz，32b 相位累加器，14×12b ROM 和 12b DAC。

(3) Stanford 公司系列产品。STEL-2171、STEL-2375A 时钟频率为 1GHz，32b 相位累加器。STEL-2171 频率分辨力为 0.3Hz，杂散为-55dBc，频率转换时间为 25ns。STEL-2375A 的杂散典型值为-45dBc。

(4) Analog Device 公司的 AD9858。AD9858 时钟频率为 1000MHz，内置 10b 的 DAC、150MHz 相频检测器和 2GHz 混频器。

10.5.2　典型的中速 DDS 芯片

中速 DDS 芯片一般采用 COMS、双极性和 ASICs 技术，功耗较低，调制功能强。典型的芯片如下。

(1) Qualcomm 公司 Q2334、Q2368。Q2334 内部集成两个完整的 DDS，时钟频率为 50MHz，每个 DDS 都具有 3b 的相位调整字、32b 的频率控制字、ROM 压缩技术和随机选项功能(即将杂散信号能量转化为相位噪声)。每个 DDS 有两个输入缓冲器以便于实现 FSK 调制功能。其数字杂散信号电平低于-76dB。

Q2368 既可配置为单个 DDS 工作，时钟频率为 130MHz，又可配置为两路独立的 DDS 输出，每路时钟频率为 65MHz。Q2368 芯片内部具有 Qualcomm 的专利技术——噪声抑制电路，它能降低离散杂散信号电平而几乎不抬高噪声基底。Q2368 有 8 位总线控制接口和串行接口、线性调频、可编程 HOP CLOCK 等工作模式，同时还可以实现 PSK、FSK、MSK 及 QPSK 等调制功能。Q2368 的最小频率分辨力为 0.1Hz，最小相位控制分辨力可到 84 纳度。

(2) Sciteq 公司 DDS-1。Sciteq DDS-1 是第一个将 DAC 与 DDS 集成为一体的产品，此外还有 FM、PM、AM 功能。该器件有 12b 的 DAC，模拟杂散信号电平低于-65dB。

(3) Standford 公司 STEL 11xx 系列。该系列的时钟频率为 30MHz、50MHz、80MHz，有些产品有相位调制、正交输出和双 DDS 输出功能。其中 STEL 1176 采用 BCD 码(最高 3 位是二进制)，有 3b 相位调制功能。

(4) Harris 公司 HSP 45102、HSP 45106、HSP 45116。该系列时钟频率为 50MHz，具有幅度调制选项功能，其中 45102、45106 采用 12b 逻辑，45116 采用 16b 逻辑。45102 采用串行接口。

(5) Analog Device 公司 AD9852、AD9854 时钟频率为 300MHz，内置 12b DAC，具有 FM、PM、AM 功能，相位累加器为 48，ROM 量化到 17b，其中 AD9854 具有正交功能。下节以 AD 公司的 DDS 芯片 AD9854 为例，讨论它在跳频频率合成器中的应用，并结合性能分析和测试结果。

10.5.3　DDS 芯片 AD9854 简介

1. AD9854 主要特性

AD9854 是 Analog Devices 公司继 AD9850 和 AD9852 之后推出的同一系列的新型直接数字频率合成器，除了具有一般 DDS 芯片所有的特点以外，还有以下特点。

(1) 具有幅度调制功能。两路正交输出均有 12b 幅度控制字，可用软件变成方法控制其输出幅度，为在宽频率范围内的输出提供了方便。

(2) 可直接作为数字调制器使用。有 5 种工作模式，除 Single-Tone(单音模式)外，还有 Unramped FSK(非渐变频率键控模式)、Ramped FSK(渐变频率键控模式)、Chirp(线性或非线性调频脉冲模式)、BPSK(二进制相位键控模式)。可直接将 AD9854 作为调制使用。

(3) 工作频段宽。内部具有 4~20 倍的时钟频器，可将外部时钟倍频后作为内部时钟使用，因而对外部时钟要求低。内部时钟频率(倍频后)最高为 300MHz，可以输出几乎从直流到 140MHz 的频率。

(4) 频率分辨力高。内部采用 48 位频率控制字，如果内部时钟为 150MHz，则理论上频率分辨力可以达到 $\frac{150}{2^{48}}\text{MHz} = 5.3\times10^{-7}\text{Hz}$。

(5) 频率转换速度快。并行输入数据时速率可达到 100Mb/s，因此影响频率转换速度的主要因素是外部电路的处理速度。

(6) 总共有 4 路输出，相位各自相差 90°，每一路输出均可根据需要接通或断开，从而减少功率损耗。

(7) 内置高速电压比较器，可将输出的两路正交信号送至比较器，输出两路正交的方波信号。

(8) 可以设定内部和外部两种触发方式，可由芯片内部高速重复触发，也可由外部电路根据需要触发。

2. AD9854 功能框图

AD9854 内部原理如图 10.14 所示。

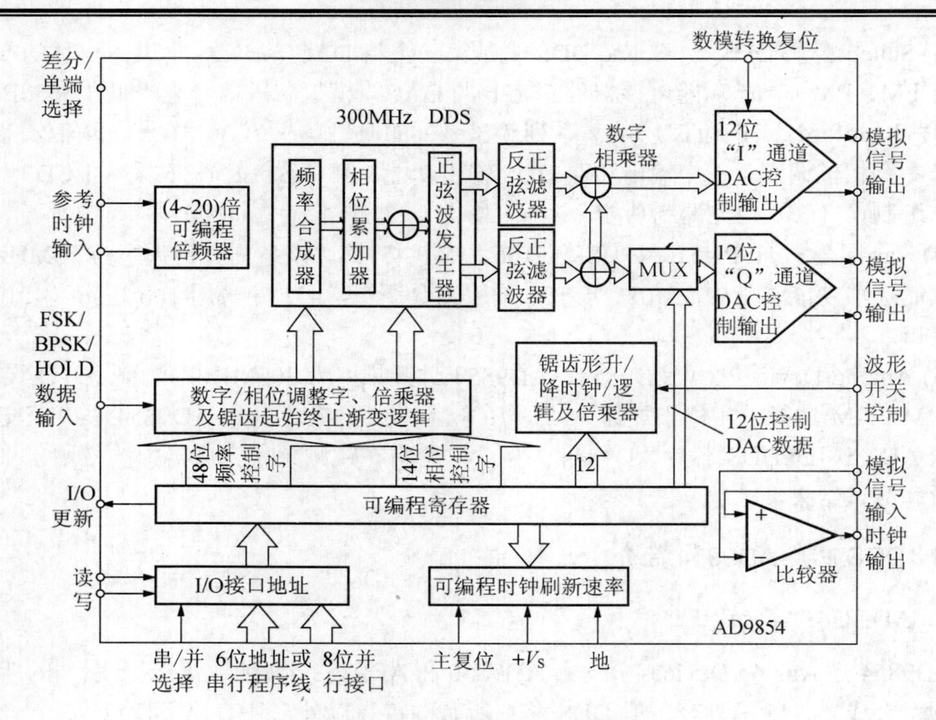

图 10.14　AD9854 内部原理图

片内包括高速 DDS、12 位正交 DAC、比较器、数字输入寄存器及频率/相位数据寄存器等。(4~20)倍可编程参考时钟倍乘器为 DDS 提供高速、精确的时钟；超高速内置比较器可使 DDS 输出高稳定度的方波；两个 48 位的可编程频率控制字可使输出信号频率分辨力达到 $\frac{f_c}{2^{48}}$ Hz；两个 14 位的可编程相位控制字可使输出信号相位分辨力达 0.0219727°；两个 12 位的可编程幅度控制字可方便地控制输出信号的幅度；通过设置内部刷新时钟控制字，用户可以完全控制刷新时间；通过控制 I 路和 Q 路 DAC 输出波形的上升和下降幅度可完成波形成型功能。

3. AD9854 引脚功能

AD9854 引脚配置如图 10.14 所示。

引脚功能如下。

1~8(D7~D0)：8 位并行数据线(仅用于并行可编程模式)。

9，10，23~25，73，74，79，80(DVDD)：数字电源。

11，12，26~28，72，75~78(DGND)：数字地。

13，35，57，58，63(NC)：无内部连接。

14~19(A5~A0)：用于并行可编程时为 6 位地址线；用于串行可编程模式时，A0~A2 具有第二功能。

17(A2/IO RESET)：串行总线复位，用此方法复位串行总线不会影响到以前的编程结果，也不会影响到默认编程值。

18(A1/SDO)：三线串行模式的单向数据输出。

19(A0/SDIO)：二线串行模式的双向数据传输。

20(I/O UD)：双向频率刷新信号，由控制寄存器确定方向。输入时，可编程寄存器的内容在一脉冲的上升沿被送入内部处理；输出时，一个由低到高的输出脉冲(8个系统时钟)表示频率已被刷新。

21(WRB/SCLK)：并行数据写入寄存器。串行编程模式下用作SCLK。

22(RDB/CSB)：从寄存器并行数据，低电平有效。串行编程模式下用作CSB。

29(FSK/BPSK/HOLD)：多功能引脚。FSK模式时，逻辑低电平选择F1，逻辑高电平选择F2；BPSK模式时，逻辑低电平选择P1，逻辑高电平选择P2；Chirp模式时，逻辑高电平使累加器暂停于当前位置，逻辑低电平使其继续或重新开始。

30(SHAPED KEYING)；逻辑高电平使I路和Q路DAC输出。幅度以预先编程速率从零上升至满幅度；逻辑低电平是I路和Q路DAC输出幅度以预先编程速率从满幅度降至零。

31，32，37，38，44，50，54，60，65(AVDD)：模拟电源。

33，34，39~41，45~47，53，59，62，66，67(AGND)：模拟地。

36(VOUT)：内部高速比较器的同相输出引脚。

42(VINP)：电压正端输入，内部高速比较器的正向输入。

43(VINN)：电压负端输入，内部高速比较器的负向输入。

48(IOUT1)：I路或余弦DAC的单极性电流输出。

49(IOUT1B)：I路或余弦DAC的单极性互补电流输出。

51(IOUT2B)：Q路或正弦DAC的单极性互补电流输出。

52(IOUT2)：Q路或正弦DAC的单极性电流输出。

55(DACBP)：I路和Q路DAC的旁路电容，接0.01μF至模拟电压。

56(DAC RSET)：I路和Q路DAC的偏置电阻，一般阻值为2~8kΩ。

61(PLL FILTER)：*RC*环路滤波电器，电容、电阻的参考值分别为1.3kΩ和0.01μF。

64(DIFF CLK ENABLE)：差分参考频率使能，高电平有效。最小差分峰-峰值为800mV，一般情况下差分信号的变化范围为1.6～1.9V。

68(REFCLKB)：差分参考频率互补输入。单端输入时，此引脚置高或置低，信号电平同引脚69。

69(REFCLK)：单端参考频率输入或作为差分输入脚之一。标准CMOS电平或1V(峰-峰值)，中心值为1.6V。

70(S/P SELECT)：逻辑低电平为串行可编程模式，逻辑高电平为并行可编程模式。

71(MASTER RESET)：复位，高电平有效。

4. AD9854控制方式

AD9854有40个8位控制寄存器，分别用来控制输出信号的频率、相位、幅度、步进斜率等及一些特殊的功能参数。有关控制寄存器的详细情况如表10-1所列。

表 10-1　AD9854 内部控制寄存器

并行地址	串行地址	AD9854 寄存器结构								
Hex	Hex	bit7	bit6	bit5	bit4	bit3	bit2	bit1	bit0	默认值
00-01	0	相位控制字 1(bit15，14 不用)								00
02-03	1	相位控制字 2(bit15，14 不用)								00
04-09	2	频率控制字 1								00h
0A-0F	3	频率控制字 2								00h
10-15	4	频率步进控制字								00h
16-19	5	内部时钟刷新控制字								00h
1A-1C	6	渐变速率时钟								40h
1D-20	7	不用	不用	不用	完全省电	0	QDAC 省电	DAC 省电	数字省电	00h
		不用	PLL range	旁路 PLL	倍频参考 4	倍频参考 3	倍频参考 2	倍频参考 1	倍频参考 0	64h
		CLR ACC1	CLR ACC2	三角	SRC QDAC	Mode2	Mode1	Mode0	Int Update Clock	01h
		不用	旁路反正弦	OSK EN	OSK INT	不用	不用	LSB First	SDO Active	20h
21-22	8	输出幅度控制字 1(bit15，14，13，12 不用)								00h
23-24	9	输出幅度控制字 2(bit15，14，13，12 不用)								00h
25	A	输出幅度渐变速率								80h
26-27	B	QDAC(bit15，14，13，12 不用)								00h

5. AD9854 工作模式

AD9854 能够产生多种形式的输出信号，工作模式的选择是通过对寄存器 1FH 中的 3 个位(Mode2、Mode1、Mode0)的控制来实现的，如表 10-2 所列。

表 10-2　AD9854 工作模式

Mode2	Mode1	Mode0	功　能
0	0	0	Single Tonge(单音)
0	0	1	FSK(频率键控)
0	1	0	Ramped FSK(渐变 FSK)
0	1	1	FM Chirp(线性调频)
1	0	0	BPSK(二进制相位键控)

(1) 单音模式(Single Tonge)。该模式是 AD9854 复位后的默认工作模式。输出信号的频率由 48 位频率控制字 1 决定(控制寄存器 04H~09H)，相位由 14 位相位控制字 1 决定(控制寄存器 00H~01H)，I 路和 Q 路的幅度分别由两个 12 位幅度控制字决定(分别是控制字 21H~22H、23H~24H)。

相位控制字的值由如下公式决定，即

$$FTW = f_0 \times 2^n / f_c$$

式中 f_0——输出信号频率；

f_c——系统时钟频率；

N——相位累加器位数。

应注意的是，I 路和 Q 路的输出在任何时候都是正交的，改变相位控制字的值将同时改变 I 路和 Q 路的相位，所有频率的改变都是相位连续的。

(2) 频率键控(FSK)。该工作模式与单音工作模式基本相同。两个频率 f_1、f_2 分别由频率控制字 1 和频率控制字 2 决定，通过 29 脚的控制快速轮流输出两个频率，29 脚为“0”输出 f_1，为“1”输出 f_2。

(3) 渐变频率键控模式(Ramped FSK)。系统处于该模式时，频率从 f_1 变化到 f_2 不是瞬间的，而是按一定的斜率逐渐从 f_1 变化到 f_2。该斜率由 20 位的渐变速率时钟(控制寄存器 1A~1C)和 48 位的频率步进控制字(控制寄存器 10H~15H)的值共同决定的，此工作模式要求频率控制字 1、控制字 2 中分别置低频控制字和高频控制字；简便速率始终寄存器中置渐变过程中每个频率的持续时间控制字；48 位的频率步进控制字决定了每次频率的不禁量。

该模式由用户自定义的渐变频率变化大体瞬时频率变化，可以比传统键控提供更好的频带特性。

(4) 线性调频模式(FM Chirp)。该工作模式又称为“脉冲调频”工作模式，是按用户自定义的频率分辨率、调频斜率、扫频方向和频率范围产生精确的线性或非线性调频信号。起点频率置入频率控制字 1 中；频率步进置入频率步进控制字中；渐变过程中每个频率的持续时间控制字置入渐变斜率时钟寄存器中。Chirp 过程由 29 脚控制，当 29 脚为逻辑高电平时，Chirp 过程暂停；当 29 脚为逻辑低电平时，以原来的斜率持续 Chirp 过程。何时停止 Chirp 过程由用户来确定。

(5) 二进制相位键控(BPSK)。该工作模式类似于 FSK 模式。两个输出相位分别有两个相位控制字决定(寄存器 00H~01H，02H~03H)。通过 29 脚的电平决定相位的选择，当 29 脚为逻辑低时选择相位 1，为逻辑高时选择相位 2。输出信号的频率由控制字 1 决定。

6. 硬件设计

AD9854 频率合成器的组成如图 10.15 所示。频率合成器输出频率范围为 5～60MHz，椭圆函数滤波器截止频率为 65MHz，晶振频率为 15MHz，AD9854 时钟经过 10 倍频成 150MHz 后作为内部时钟。

对于高速单片机来说，无论是用户电路还是 AD9854 都相当于外部存储器。高速单片机有 3 个外部存储器，编址如表 10-3 所列。

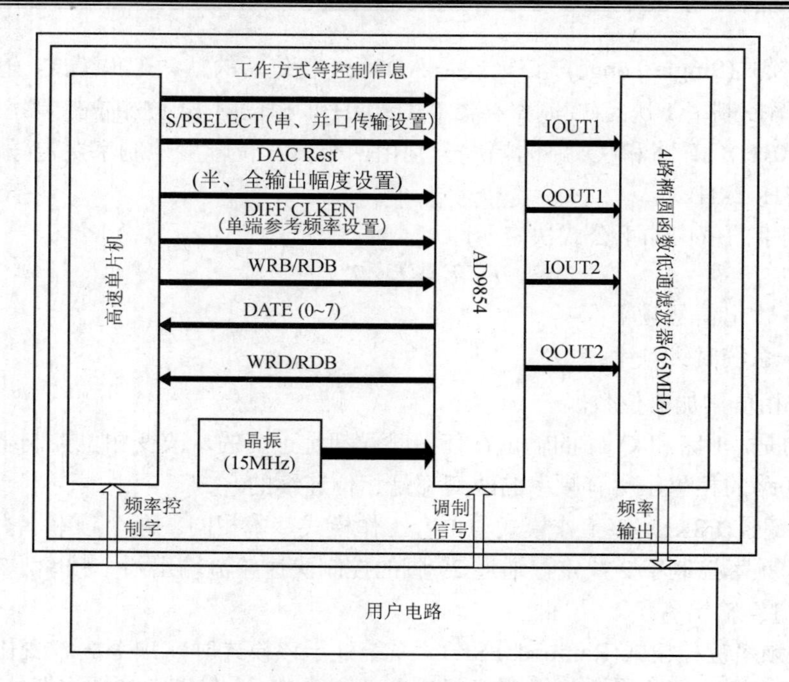

图 10.15　AD9854 频率合成器硬件设计框图

表 10-3　高速单片机外部存储地址分配表

地　址	A7	A6	A5	A4	A3	A2	A1	A0
AD9854	1	1	×	×	×	×	×	×
锁存器 1	0	0	×	×	×	×	×	×
锁存器 2	1	0	×	×	×	×	×	×

7. 幅度均衡和软件设计

AD9854 的初始化由高速单片机完成。用户实时送入频率信息和调制信号，合成的频率或调制后的信号送给用户电路。影响频率转换速度的主要因素是用户与单片机的通信速度和程序中的指令数，用户与单片机通信越快，程序中指令越少，频率转换速度越快。

AD9854 的一个重要特点是输出幅度可以由软件编程控制，这在宽带输出时特别有用。下边举例说明其幅度均衡功能。

未加幅度控制的输出信号幅度—频率特性如图 10.16 所示。

可见，通带内滤波器的输出幅度不平坦，最大幅度 911mV，最小幅度 591mV。后半段的幅度均值分别为 661mV 和 803mV，现将后半段幅值限制为 661mV 左右，幅度控制字为 2B，低 12 位有效。设幅度最大值为 U，每一位二进制数代表的幅度值如表 10-4 所列。

表 10-4　幅度控制字对应的幅度表

序号	12	11	10	9	8	7	6	5	4	3	2	1
副值	$\frac{1}{2}$	$\frac{1}{4}$	$\frac{1}{8}$	$\frac{1}{16}$	$\frac{1}{32}$	$\frac{1}{64}$	$\frac{1}{128}$	$\frac{1}{256}$	$\frac{1}{512}$	$\frac{1}{1024}$	$\frac{1}{2048}$	$\frac{1}{4096}$

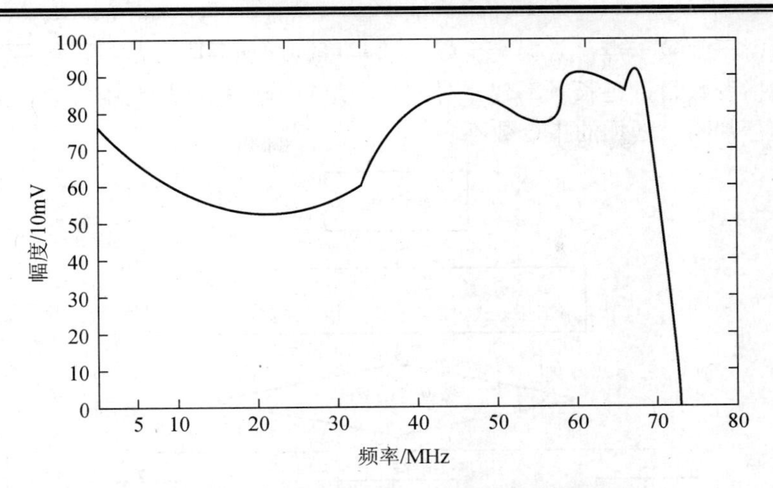

图 10.16　未加幅度控制的输出信号幅度-频率特性

因为

$$661/803=0.823163138231631382316 3\cdots$$

且可表示为

$$661/803 = 05+0.25+0.0625+0.0078125+0.001953125+0.00048828125+0.000244140625+\cdots$$
$$=\frac{1}{2}+\frac{1}{4}+\frac{1}{8}+\frac{1}{16}+\frac{1}{128}+\frac{1}{512}+\frac{1}{1024}+\frac{1}{4096}+\cdots$$

所以幅度控制字为：110100101011B，即 0DH 2BH。

按此幅度控制字对后半段幅度均衡后，输出的幅度-频率曲线如图 10.17 所示。均衡后输出幅度最大值为 732mV，最小值为 519mV，幅度差减小为 141mV。程序流程图如图 10.18 所示。

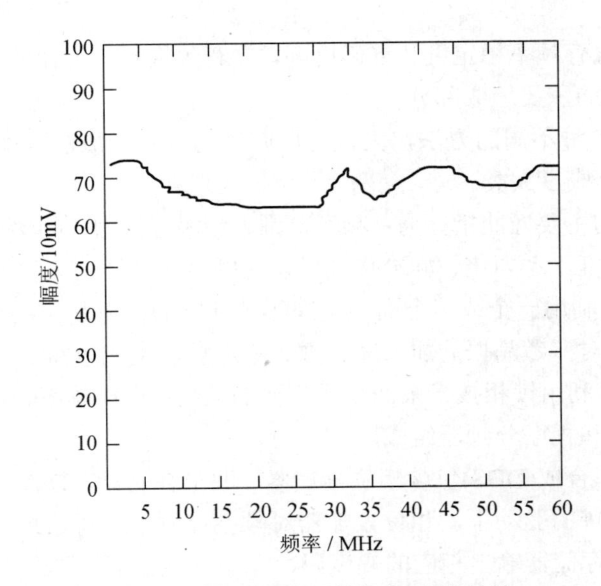

图 10.17　幅度均衡后的幅度-频率特性

如果均衡得再细致一点，效果会更好。通常可以增加分段的数量，进行多段均衡。但这样做会增加指令数目，延长频率建立时间。在进行分段幅度均衡编程时，只对频率控制字的高 8 位进行判断，增加的指令数不多。

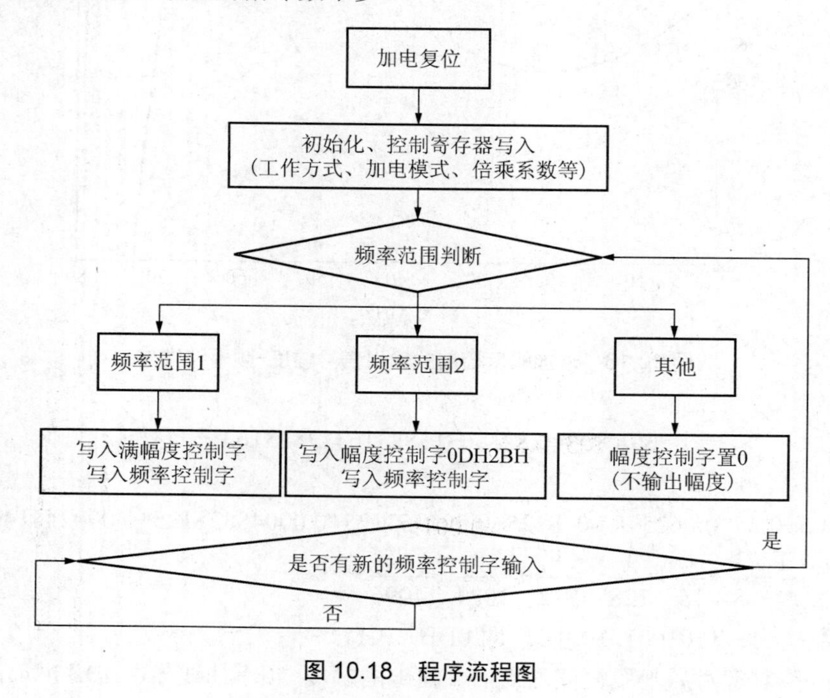

图 10.18　程序流程图

10.6　本 章 小 结

1．频率合成器既有频率稳定度和准确度高，又有改换频率方便的特点，因此成为现代通信系统中不可缺少的重要组成部分。

2．频率合成有各种不同的方法，大致可以归纳为直接合成法，间接合成法(锁相环路法)和直接数字频率合成三大类。

3．频率合成器的主要性能指标为：频率范围、频率分辨力、频率转换时间、频率准确度和稳定度、频谱纯度、系列化、标准化及模块化的可实现性。

4．直接合成法是利用一个或多个高稳定高频谱纯度的参考晶振，通过混频器、倍频器、分频器和滤波器实现对参考晶振的加、减、乘、除运算，生成所需要的频率。

5．间接合成法是利用锁相技术来产生所需要的频率。锁相频率合成器由鉴相器、环路滤波器、压控振荡器和程序分频器组成。

6．直接数字频率合成(DDS)包含相位累加器、波形存储器、D/A 转换器和低通滤波器 4 个部分。在参考时钟的驱动下，相位累加器对频率控制字进行累加，得到的相位码对波形存储器寻址，波形存储器输出相应的幅度码，经 D/A 转换器生成阶梯波形，最后经低通滤波器滤波得到所需频率的连续波形。

7．AD9854 频率合成器输出频率范围为 5～60MHz。

10.7　习　　题

10-1 直接合成法，间接合成法(锁相环路法)和直接数字频率合成在频率合成时各有何优缺点？

10-2 简述直接数字频率合成技术的工作原理。

10-3 题 10-3 图是三环式频率合成器的组成方框图。图中 A 和 B 为倍频环，C 为混频环，混频器的输出频率为 $f_o - f_B$。已知输入信号频率 $f_i = 100\,\text{kHz}$，变频比 $300 \leqslant N_A \leqslant 399$，$351 \leqslant N_B \leqslant 397$。求输出信号频率 f_o 的频率范围及间隔。

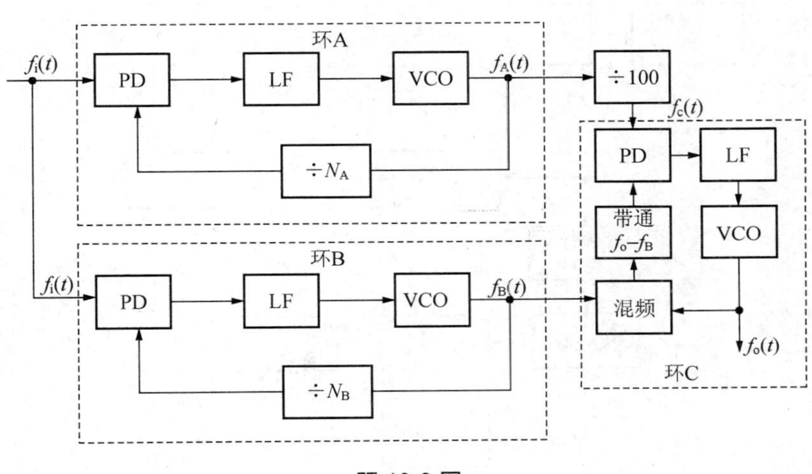

题 10-3 图

10-4 在题 10-4 图所示的频率合成器中，若可变分频器的分频比 $N = 760 \sim 860$，试求输出频率 f_o 的范围及相邻频率的间隔。

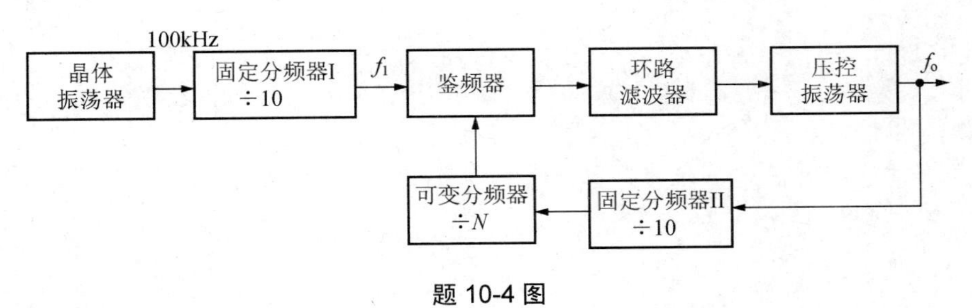

题 10-4 图

10-5 在题 10-5 图所示的频率合成器中，试导出 f_o 的表达式。各个相乘器的输出滤波器均取差频。

10-6 在题 10-6 图所示的频率合成器中，f_r 是高稳定度晶振电路产生的标准频率。试推导出频率合成器输出频率 f_o 与 f_r 的关系式。

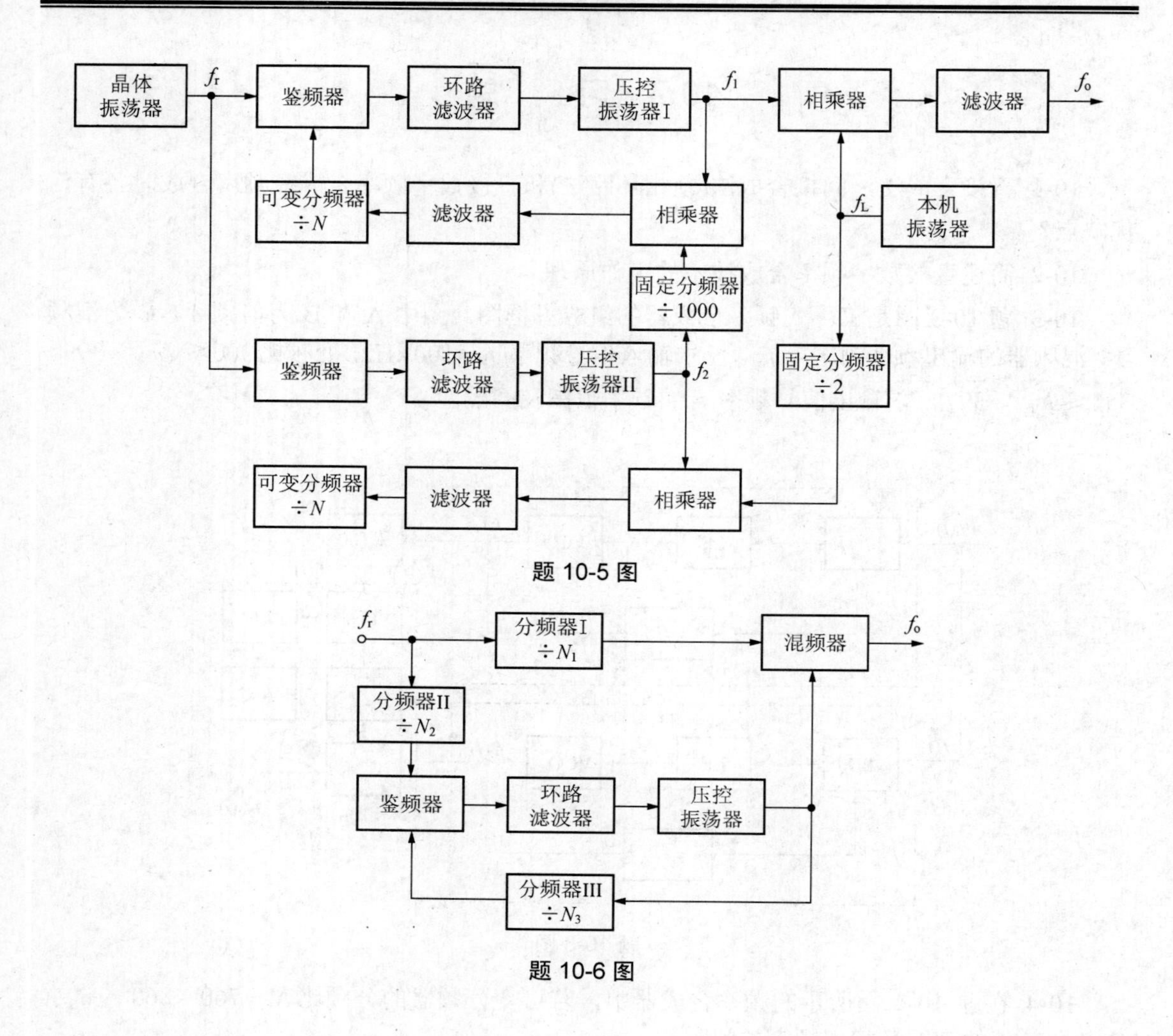
晶体振荡器
f_r
鉴频器
环路滤波器
压控振荡器I
f_1
相乘器
滤波器
f_o
可变分频器÷N
滤波器
相乘器
f_L
本机振荡器
固定分频器÷1000
鉴频器
环路滤波器
压控振荡器II
f_2
固定分频器÷2
可变分频器÷N
滤波器
相乘器
f_r
分频器I÷N_1
混频器
f_o
分频器II÷N_2
鉴频器
环路滤波器
压控振荡器
分频器III÷N_3

题 10-5 图

题 10-6 图

附录 1　EWB 软件的简介

Electronics Workbench，中文又称电子工程师仿真工作室。该软件是加拿大交换图像技术有限公司在 20 世纪 90 年代初推出的 EDA 软件。而在国内应用 EWB 软件，却是近几年的事。目前应用较普遍的 EWB 软件是在 Windows 环境下工作的 Electronics Workbench5.0(简称 EWB5.0)，该公司近期又推出了最新电子电路设计仿真软件 EWB6.0 版本。

在众多的应用于计算机上的电路模拟 EDA 软件中，EWB5.0 软件就像一个方便的实验室。相对其他 EDA 软件而言，它是一个只有 16MHz 的小巧 EDA 软件。而且功能也较单一、似乎不太可能成为主流的 EDA 软件形象，也就是用于进行模拟电路和数字电路的混合仿真。

但是，EWB5.0 软件的仿真功能十分强大，近似 100%地仿真出真实电路的结果。而且，它就像在实验室桌面或工程工作现场那样提供了示波器、信号发生器、扫频仪、逻辑分析仪，数字信号发生器、逻辑转换器、万用表等作为电路设计、检测与维护必备的仪器、仪表工具。EWB5.0 软件的器件库中则包含了许多国内外大公司的晶体管元器件、集成电路和数字门电路芯片。器件库没有的元器件，还可以由外部模块导入。

EWB5.0 软件是众多的电路仿真软件最易上手的。它的工作界面非常直观，原理图与各种工具都在同一个窗口内，即使是未使用过它的工程技术人员，稍加学习就可以熟练地应用该软件。现代的各种设备电路结构复杂，而 EWB5.0 软件，可以使你在各种电路的设计、检测与维护中无需动用电烙铁就可以知道它的结果，而且若想更换元器件或改变元器件参数，只需点点鼠标即可。

EWB5.0 软件也可以作为工程技术人员再教育，学习新技术、新知识的计算机辅助教学软件应用。利用它可以直接从屏幕上看到各种电路的输出波形等。

1. 基本功用

EWB 是一种在微机上运行电路软件来进行实验的平台,是实现电子设计与测试虚拟的仿真软件。其仿真对象包括模拟电路,数字电路,模拟数字混合器(A/D 转换器,D/A 转换器,555 电路等)。原理性电源(如电流控制电压源,电压控制电压源等)，分立元器件(如电阻,电容，电感，晶体管等)，显示元件(如 LED、逻辑测试笔 Probe、灯泡等)。EWB 的虚拟测试仪器仪表种类齐全，不仅有一般实验室有的通用仪器，如万用表、函数信号发生器、双踪示波器、直流电源，而且有一般实验室少有或没有的仪器，如波特图仪、数字信号发生器、逻辑分析仪、逻辑转换器。Electronics Workbench 的元器件不仅提供了数千种电路元器件供选用，而且建库所需的元器件参数可以从生产厂商的产品使用手册查到，因此也很方便工程技术人员使用。

EWB 具有较为详细的电路分析功能。不仅可以完成电路的瞬态分析和稳态分析、时域和频域分析、器件的线性和非线性分析、电路的噪声分析和失真分析等常规电路分析方法，而且还提供了离散傅里叶分析、电路零极点分析、交直流灵敏度分析和电路容差分析等共计 14 种电路分析方法，以帮助设计人员分析电路的性能。另外 EWB 还可以对被仿真的电路中的元器件设置各种故障，如开路、短路和不同程度的漏电等，从而观察不同故障情况下的电路工作状况。在进行工作的同时，软件还可以储存测试点的所有数据，列出被仿真电路的所有元器件清单，以及存储测试仪器的工作状态、显示波形和具体数据等。

EWB 具有丰富的 Help 功能，其 Help 系统不仅包括软件本身的操作指南，更重要的是包含有元器件的功能解说，Help 中这种元器件功能解说有利于使用 EWB 进行 CAI 教学。另外，EWB 还提供了与国内外流行的印制电路板设计自动化软件 Protel 及电路仿真软件 Pspice 之间的文件接口，也能通过 Windows 的剪贴板把电路图送往文字处理系统中进行编辑排版。EWB 就如一个真实的电子实验台，设计、测试电路所需的每一样物品就在眼前，随手可取，电路的组建也符合实物操作习惯，使用方便。

2. EWB 软件的应用环境与运行

EWB5.0 软件安装后约占 15.6MB 硬盘空间，其兼容性也较好。文件格式可以导出成能被 ORCAD(该软件是由 ORCAD 公司于 20 世纪 80 年代末推出的 EDA 软件。它是世界上使用最广泛的 EDA 软件之一。相对于其他 EDA 软件而言，其功能也是最强大的。)或 Protel(该软件是由 PROTEL 公司于 20 世纪 80 年代末推出的电路设计行业的 CAD 软件，也是电路设计者的首选软件之一。)读取的格式。但是，EWB 5.0 软件只有英文版本。在中文版的 Windows 98 下，它的一些图标会偏移两个位置，而在 Windows 95 下正常、也不会影响使用。

EWB5.0 软件运行后，显示出功能强大的 Windows 统一风格的菜单栏。下面紧接着为工具栏，再往下即为作图区。比较特别的就是在其界面右上方有一个开关状的图标，当工程技术人员输入电路图连线后，接通电源开关就可以对设备电路的各项参数(包括各项电参数、失真、噪声、频率特性等)进行仿真。

EWB5.0 软件工具栏靠下的部分就是元器件库，各种元器件、仪器、仪表都分门别类归在里面。从电阻到集成电路，从电压、电流表到示波器，还有各式电压源、电流源、信号源。总之，一般电路常用的元器件及检测仪器、仪表基本上应有尽有。而且，它还具有外挂元器件库接口，使各种电路专用元器件得以扩展应用。这时，工程技术人员可将示波器、逻辑分析仪、信号发生器、扫频仪、万用表等各种仪器、仪表引入电路，做实时检测。就像是在工作现场，用实物搭成的测试平台一样。这对电路的检测、维护乃至设备的技术改造与设计都会受益匪浅。

3. 电路图输入方式

EWB5.0 软件采用图形化的电路图输入方式。它与国内广大电子工程技术人员广泛应用的 Protel 软件相似，但是操作上更为便捷。

元器件的模型都分类置于元器件盒内，就像我们日常使用的信件箱。放置一个元器件所要做的，仅仅是打开相应的元器件盒，将其中的元器件拖到工作平台上。删除元器件时，只需将元器件放回盒内即可。

EWB5.0 软件设用自动布线系统，在电路图上布连线非常快捷。你只要按照鼠标从连线起点拉到终点后放开，它就会完成自动布线。在这两点之间便画出一条漂亮的连线。也不会出现 Protel 软件中“继续”现象。实际布线中，你如果稍有不慎，它也会把线连得一塌糊涂。有时线路看上去是连上了，其实并没连上。这时，只要用鼠标稍微拖动元件一段距离，若连线跟着走，说明连上了，否则要重新连接。例如，在设计中最后加入的电流，电压表这个元器件时常会出现这种问题。删除连线也较简便，只需将连线的一端拉起后松开，这根连线不管有多长就会立即消失。

例如，每个节点共有 5 个有效点，1 个中心大点与大点边缘 4 个方向上的小点。小点只有当鼠标指向此外时才会显示出来。当鼠标选中大点时(此时鼠标呈手形)，可进行点的移动、删除工作，当选中小点时就可以从该方向上引线或断线。实际布线中，第一次的使用会带来困扰。但是，若接线有严重错误，EWB 5.0 软件会自动报警，不会有烧坏元器件的后顾之忧。当你掌握了引线的规则以后，就会觉得该软件还是很方便的。

EWB 5.0 软件为方便快速作图，还提供了一个名为“Favorites”的元件盒。它位于电子元器件平台工具栏的左侧，中文含意为“喜爱的”实意为“常用的”。那么，我们可以将一些电气设备经常易损、常用的元器件模型添加至“Favorites”内，以后放置这些元器件时，可直接从这里拖出，而不必再打开元件盒，使用操作极为方便。

4. EWB5.0 软件的元器件模型库

EWB5.0 软件拥有庞大的元器件模型库，它提供了电路仿真软件实用化的必备保证。EWB5.0 与 EWB4.0 软件相比采用更为精确的固态器件模型。

例如，半导体器件模型，这些模型对系统设备的固态化、数字化设计、检测与维护带来了很大的帮助。同时使电路仿真的结果更为准确。

EWB5.0 软件拥有丰富的元器件模型库、主要包括：电源、电阻、电容、电感、二极管、双极性晶体管、FET、VMOS、传输线、控制开关、DAC 与 ADC、运算放大器与电压比较器、TTL74 系列与 CMOS4000 系列数字电路、时基电路等、元器件总数近万种。其中二极管(含 FET 和 VMOS 管)2900 种，运算放大器 2000 种。

EWB5.0 软件所有的元器件值与参数均可改变、也可以构造自己的元器件和电子电路。在元器件上双击鼠标左键，便可以改变元器件的参数。例如：电阻、电容大小；电压、电流源的幅值。可操作元器件，如：开关、可变电阻等。在元器件上方的中括号内均有操作提示。

例如，可变电阻为 *R*，开关是 SPACE、可变电容为 *C* 等。如果不懂某些元器件的用法，请在元器件上单击鼠标右键，选“help”即可。

EWB5.0 软件元器件也可改变方向，操作时只需按第 8、9、13 三个按钮中的三角形图标，就能作出相应调整。值得提出的是，EWB5.0 软件的保险丝、继电器、控制开关等模型更为真实。例如，当流过保险丝的电流超过额定值时将被熔断，继电器也会随着工作状况的变化吸合、释放。

5. EWB5.0 软件的虚拟仪器、仪表库

配置精密、先进、完备的电子测量仪器、仪表是电路设计、检测与维护的必须技术手段。没有这些必要的仪器、仪表做保证，要完成现代化，规模较大而又复杂的电路设计与检测、维护，几乎是不可能的。而且，一般的高校配置齐全价格贵重的电子仪器，如高频示波器、逻辑分析仪等也是不现实的。EWB5.0 软件的电子工作平台，就像是为实验人员定做了各种各样的虚拟仪器、仪表，让我们梦想成真。

例如，对于模拟电路可使用虚拟的万用表、函数发生器、示波器。扫频仪可分析电路的幅频特性及其电路的直流转移特性、交流特性与瞬态特性。对于数字电路，可使用数字信号发生器、逻辑分析仪、逻辑转换器分析电路的时序和逻辑关系。例如，用一个由 555 时基电路组成的可调占空比的方波发生器来说明它的基本操作方法。

先按照电路图从元件库中取出 555 时基电路芯片，可调电阻等元件放在一边备用。这样比用一个元器件从工具箱里拿一个可省去许多麻烦，然后把它们摆好位置，以连线交叉次数较少为好，连线并修改元件参数到合适值。

在仪表上双击左键，就会出现仪器的面板。仪器均放在工具箱的最后一个图标内。这时，在适当的位置连入示波器，即可开启电源开关。在示波器图标上双击，便会显示出示波器的面板，适当调节示波器上旋钮使图形最为清晰易读。如果屏幕太小，“EXPAND”按钮便可满足你的要求。此时，按“R”或“Clrl＋R”键便可改变电阻的大小，从而调节方波的占空比。

EWB5.0 软件提供了内部图表编辑器，可以将仪器、仪表显示的波形进行必要的粘贴复制，编辑制作成标准的图表，并可以在打印电路图时，同元件列表，电路描述等信息一起打印出来。例如，进入编辑器中对电路文件进行修改，再退出编辑器检查设备电路文件的语名合法性，直到没有错误为止。此时，就可以对电路进行分析计算。在任何时候都可以按相应的键获得在线帮助，以了解库中各种元器件模型的名称、用法及各种控制命令的操作等。

EWB5.0 的工作平台上还提供了一些方便测试的指示器。例如，电压表、电流表、指示灯、测试球、蜂鸣器、七段数码显示器和长条图显示器等。这些指示器基本功能说明如下：

(1) 电压表与电流表以数字形式直观地显示在电路中的电压或电流。

(2) 测试球可用来指示被测点的电平的高低。

(3) 蜂鸣器的两端加上一定电压时会发出声响。

(4) 指示灯的两端加上一定电压时将被点亮。

(5) 七段数码显示器可用以验证七段数码电路工作的正确性。

(6) 长条图显示器能以条图的形式显示被测点电压。

合理使用这些非常直观的指示器，可以进一步提高电路的设计效率，提高实验人员的电路分析能力。这样就可以通过使用 EWB5.0 软件的仿真模块，去检验电路设计的性能。通过简单的命令，转换到 Workbench Layout。作为选择电路的信息可通过元件列表(Net-List)的格式输出，用于其他标准布线软件或经自动布线输出 PCB 印制电路板。

6. EWB5.0 软件的电路仿真模式

在电路的设计、检测与维护中，直接进行 EDA 软件设计如：仅仅应用 PROTEL 软件，并不能保证设计的电路达到目标和检测的数据是否准确等，还需要做出实物电路搭焊进行验证。如果实物电路不能正常工作，还得推倒重来，往往需要重复多次才能成功。而 EWB5.0 软件可以使你在电路开发调试中摆脱以往搭焊电路、调整实验的繁琐过程，少走弯路。能更快的检验开发者的构想，改进设备的设计方案，检验由于信号源、噪声等因素而导致设备电路的不可预知或无法精确计算其输出结果的电路系统。从而提高了开发者的工作效率，缩短了电路系统的开发设计、检测与维护的周期。

当前，几乎所有的电路仿真软件都遵循着与 PSPICE(PSPICE 是较早出现的 EDA 软件之一。1985 年就由 MICRSIM 公司推出。在 1991 年由美国加州大学佰克利分校推出了 PSPICE5.0 版本。也是国内电路仿真应用最普遍、公认最好的一种电路模拟分析软件。现在使用较多的是 PSPICE6.2 版本。)一样的仿真模式，即：

(1) 首先对电路进行必要的编辑、检查无误方可进行计算。

(2) 计算完毕，才可以查看计算结果与电路波形。

(3) 如果不满意，必须从头进入编辑界面，修改电路参数等，重复上述过程直到满意为止。

以上这种在路波形查看界面与电路编辑界面之间转换的仿真模式，将使我们在电路设计、检测与维护中带来操作上的不便。EWB5.0 软件则采用了新颖而高效的仿真模式——实时仿真，即在仿真的同时，允许修改电路元件的参数，并且可以立即进入新的状态开始仿真。

EWB5.0 软件多种精细的设计、也给我们广大工程技术人员在操作中带来许多方便。例如，在电子工作平台的右上角，多了一个电源开关和一个暂停按钮。当完成电路图并连接好相应的仪器、仪表以后，点击一下电源开关、计算机立即进入电路仿真状态。电路图即刻变成实际的电路。仪器、仪表也迅速地显示出仿真的实时结果与波形。

EWB5.0 软件实际上是一个电路仿真模拟器程序，它分析电气电子设备电路文件，输出包含分析结果的数据文件。EWB5.0 软件程序可对设备电路进行各种分析、计算在不同环境下，一个设备电路中的各个电压和电流值。例如，直流工作点计算、非线性器件小信号模拟计算、直流转移特性分析、直流传输曲线与直流灵敏度分析、频率响应的计算和分析、设备电路噪声分析、大信号瞬态分析、离散傅里叶分析、蒙特—卡罗(Monte-Carlo)统计分析。更重要的是温度对广播电视设备电路的影响分析、EWB5.0 软件均可仿真模拟出来，其分析可由打印机输出，从而获得仿真模拟结果。

7. EWB5.0 软件的通用性与兼容性

EWB5.0 软件可以读入 PSPICE 格式的电路图表文件，进行模拟分析。而且还可以很方便地转换成 PSPICE、PROTEL 和 ORCAD 等格式的电路图表文件，供其他电路软件使用。

EWB5.0 软件使用的器件模型格式也与 PSPICE 软件兼容，这是因为 PSPICE 软件发展至今，已被并入 ORCAD 公司。它秉承了该软件的一贯性能优秀作风，成为“ORCAD-PSPICE”。新推出的版本，支持在 Windows 9x/NT 平台上工作。而 ORCAD 软件世纪集成版工作于 Window 95 与 Windows NT 环境下，也集成了电路原理图绘制，印制电路板设计、模拟与数字电路混合仿真等功能。尤其他的电路仿真元器件库更达到了 8500 个，收入了几乎所有的通用型电路元器件模块。它的强大功能导致了 EWB5.0 软件，只要将库文件稍加修改，就可以调用品种异常丰富的 ORCAD 软件与 PSPICE 软件元器件模块型库。同时，也可使 PSPICE 软件与 ORCAD 软件的使用者直接进入 EWB5.0 软件的图形操作界面，又不会造成不必要的损失。

8. Electronics Workbench 软件界面

1) EWB 的主窗口

EWB 的主窗口如附图 1.1 所示。

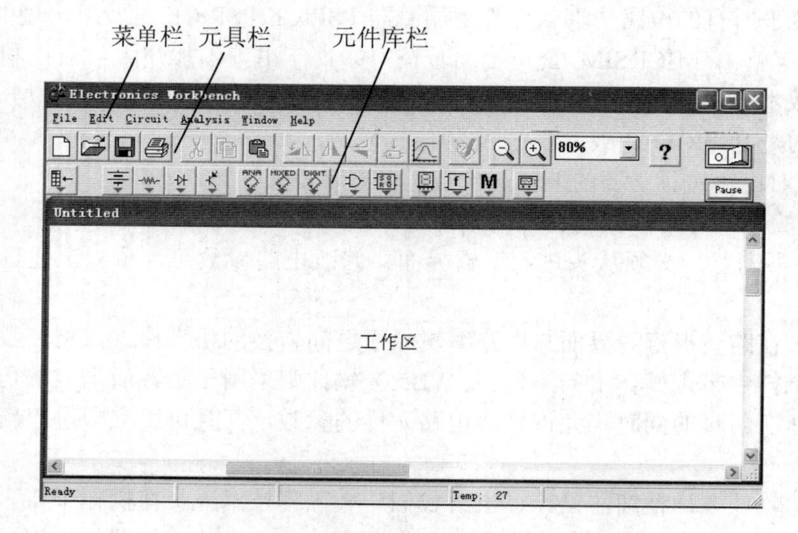

附图 1.1　EWB 的主窗口

2) 元件库栏

元件库如附图 1.2 所示。

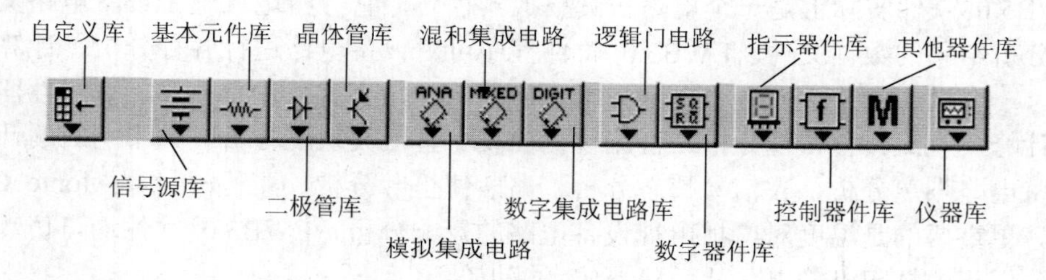

附图 1.2　元件库

3) 信号源库

信号源库如附图 1.3 所示。

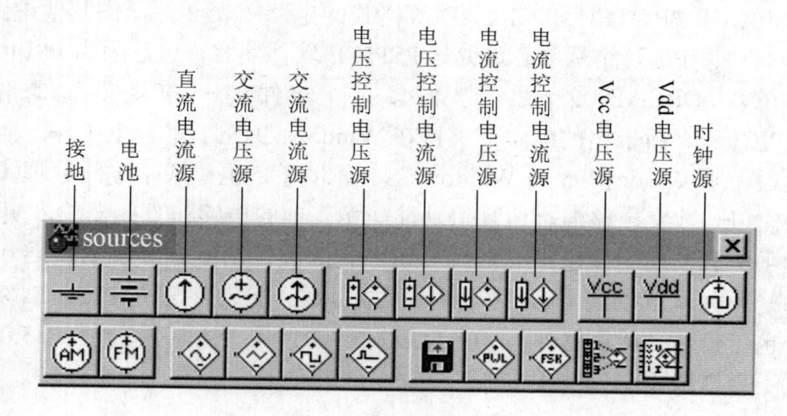

附图 1.3　信号源库

4) 基本器件库

基本器件库如附图 1.4 所示。

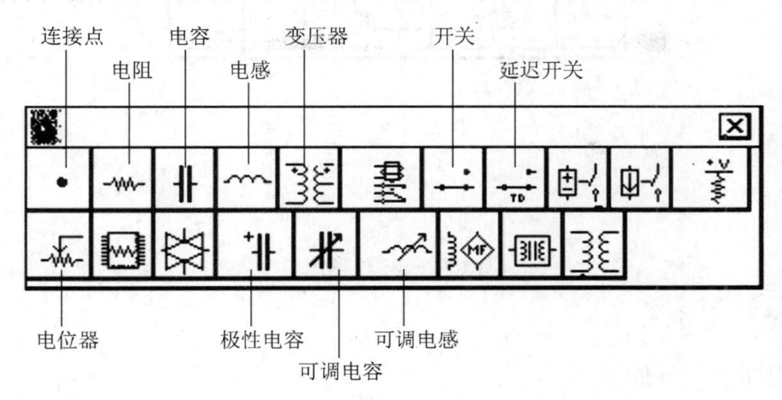

附图 1.4　基本器件库

5) 二极管库

二极管库如附图 1.5 所示。

6) 模拟集成电路库

模拟集成电路库如附图 1.6 所示。

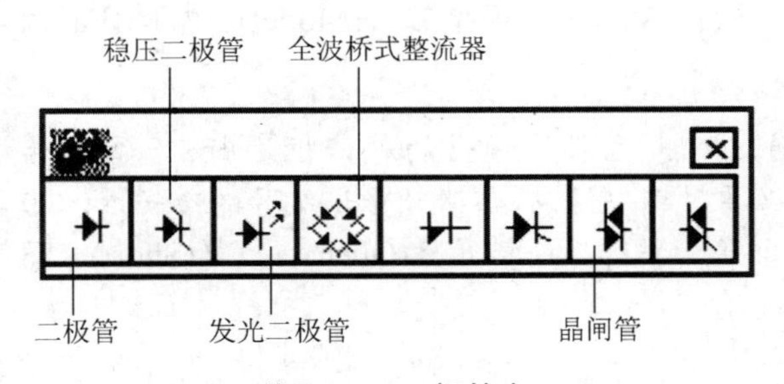

附图 1.5　二极管库

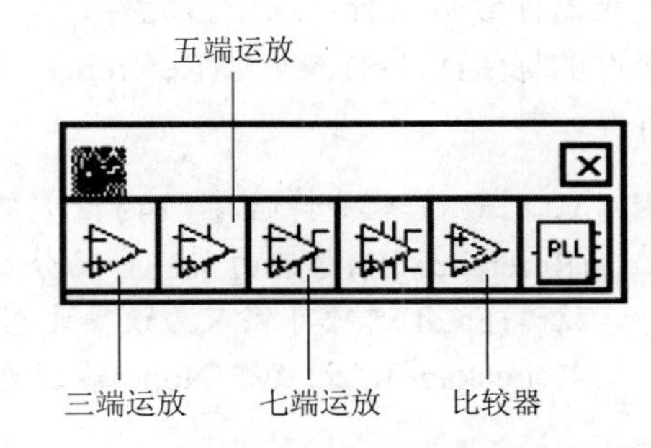

附图 1.6　模拟集成电路库

7) 指示器件库

指示器件如附图 1.7 所示。

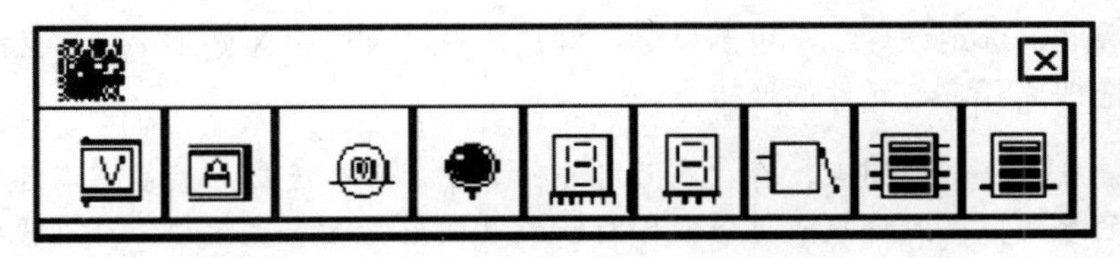

附图 1.7　指示器件库

8) 仪器库

仪器库如附图 1.8 所示。

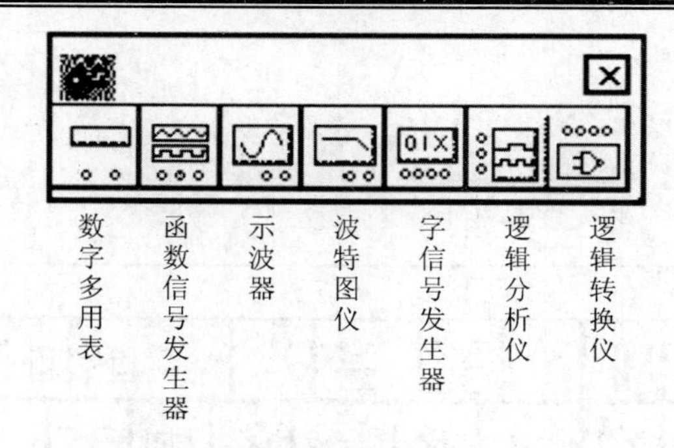

附图 1.8　仪器库

9. 基本操作技巧

1) 创建电路元器件操作

(1) 元件选用。

打开元件库栏，移动鼠标到需要的元件图形上，按下左键，将元件符号拖拽到工作区。

元件的移动：用鼠标拖拽。

元件的旋转、反转、复制和删除：用鼠标单击元件符号选定，用相应的菜单、工具栏，或单击右键激活弹出菜单，选定需要的动作。

元器件参数设置：选定该元件，从右键弹出菜单中选 Component Properties 可以设定元器件的标签(Label)、编号(Reference ID)、数值(Value)和模型参数(Model)、故障(Fault)等特性。

说明：①元器件各种特性参数的设置可通过双击元器件弹出的对话框进行；②编号(Reference ID)通常由系统自动分配,必要时可以修改,但必须保证编号的唯一性；③故障(Fault)选项可供人为设置元器件的隐含故障，包括开路(Open)、短路(Short)、漏电(Leakage)、无故障(None)等设置。

(2) 导线的操作。

主要包括导线的连接、弯曲导线的调整、导线颜色的改变及连接点的使用。

连接：鼠标指向一元件的端点，出现小圆点后，按下左键并拖拽导线到另一个元件的端点，出现小圆点后松开鼠标左键。

删除和改动：选定该导线，单击鼠标右键，在弹出菜单中选 delete 。或者用鼠标将导线的端点拖拽离开它与元件的连接点。

说明：①连接点是一个小圆点，存放在无源元件库中，一个连接点最多可以连接来自四个方向的导线，而且连接点可以赋予标识；②向电路插入元器件，可直接将元器件拖拽放置在导线上，然后释放即可插入电路中。

(3) 电路图选项的设置。

Circuit/Schematic Option 对话框可设置标识、编号、数值、模型参数、节点号等的显示方式及有关栅格(Grid)、显示字体(Fonts)的设置，该设置对整个电路图的显示方式有效。其中节点号是在连接电路时，EWB 自动为每个连接点分配的。

2) 使用仪器电压表和电流表

(1) 从指示器件库中，选定电压表或电流表，用鼠标拖拽到电路工作区中，通过旋转操作可以改变其引出线的方向。双击电压表或电流表可以在弹出对话框中设置工作参数。电压表和电流表可以多次选用。

(2) 数字多用表。

数字多用表的量程可以自动调整。附图 1.9 是数字多用表的图标和面板。

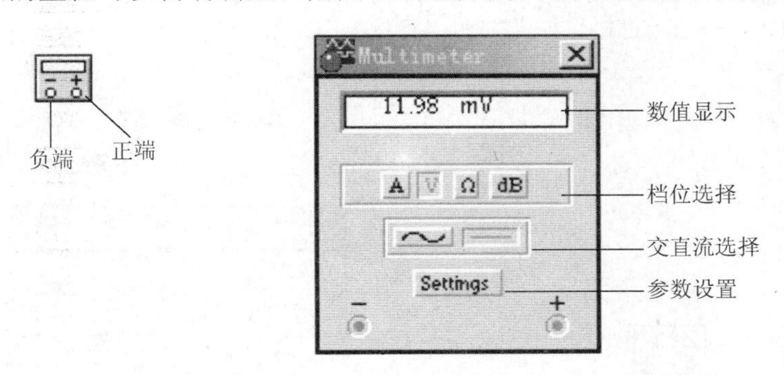

附图 1.9　数字多用表

其电压、电流档的内阻，电阻档的电流和分贝档的标准电压值都可以任意设置。从打开的面板上选 Setting 按钮可以设置其参数。

(3) 示波器。

示波器为双踪模拟式，图标和面板如附图 1.10 所示。

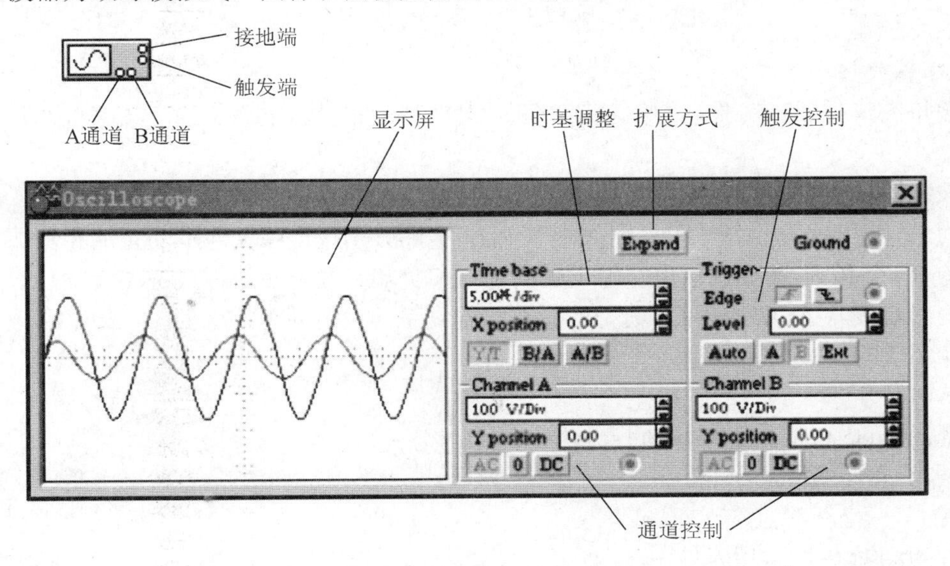

附图 1.10　示波器

其中：

Expand——面板扩展按钮；

Time base——时基控制；

Trigger——触发控制；包括：

① Edge——上(下)跳沿触发。

② Level——触发电平。

③ 触发信号选择按钮：Auto(自动触发按钮)；A、B(A、B 通道触发按钮)；Ext(外触发按钮)。

X(Y)position——X(Y)轴偏置；

Y/T、B/A、A/B——显示方式选择按钮(幅度/时间、B 通道/A 通道、A 通道/B 通道)；

AC、0、DC——Y 轴输入方式按钮(AC、0、DC)。

(4) 信号发生器。

信号发生器可以产生正弦、三角波和方波信号，其图标和面板如附图 1.11 所示。可调节方波和三角波的占空比。

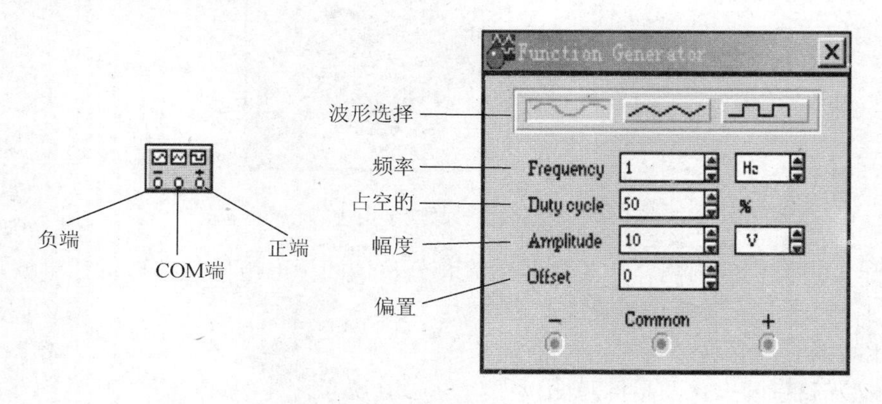

附图 1.11　信号发生器

(5) 波特图仪。

波特图仪类似于实验室的扫频仪，可以用来测量和显示电路的幅度频率特性和相位频率特性。

波特图仪有 IN 和 OUT 两对端口，分别接电路的输入端和输出端。每对端口从左到右分别为+V 端和-V 端，其中 IN 端口的+V 端和-V 端分别接电路输入端的正端和负端，OUT 端口的+V 端和-V 端分别接电路输出端的正端和负端。此外在使用波特图仪时，必须在电路的输入端接入 AC(交流)信号源，但对其信号频率的设定并无特殊要求，频率测量的范围由波特图仪的参数设置决定。

其中：

Magnitude(Phase)——幅频(相频)特性选择按钮；

Vertical(Horizontal)Log/Lin —— 垂直(水平)坐标类型选择按钮(对数/线性)；

F(I)——坐标终点(起点)。

3) 元件库中的常用元件

EWB 带有丰富的元器件模型库，在电路分析软件实验中要用到的元件及其参数的意义说明如下。

(1) 电源。

EWB 中的电源包括有：电池(直流电压源)、直流电流源、交流电压源、交流电流源、电压控制电压源、电压控制电流源、电流控制电压源和电流控制电流源。各种电源的默认设置值和设置值范围见附表 1-1。

附表 1-1　电源

元件名称	参数	默认设置值	设置值范围
电池(直流电压源)	电压 V	12V	μV～kV
直流电流源	电流 I	1A	μA～kA
	电压	120V	μV～kV
交流电压源	频率	60Hz	Hz～MHz
	相位	0	Deg
	电流 I	1A	μA～kA
交流电流源	频率	1Hz	Hz～MHz
	相位	0	Deg
电压控制电压源	电压增益 E	1V/V	mV/V～kV/V
电压控制电流源	互导 G	1S	mS～MS
电流控制电压源	互阻 H	1Ω	mΩ～MΩ
电流控制电流源	电流增益 F	1A/A	mA/A～kA/A

(2) 基本元件。

EWB 中的基本元件有电阻、电容、电感、线性变压器、按键和延迟开关。各种元件的默认设置值和设置值范围见附表 1-2。

附表 1-2　基本元件

元件名称	参数	默认设置值	设置值范围
电阻	电阻值 R	1kΩ	Ω～MΩ
电容	电容值 C	μF	pF～F
电感	电感值 L	1mH	μH～H
	激磁电感 LM	5H	
线性变压器	初级绕阻电阻 R_P	0	
	次级绕阻电阻 R_S	0	
开关	键	Space	A～Z,0～9,Enter,S Pace
延迟开关	导通时间 Ton	0.5s	ps～s
	断开时间 Toff	0s	ps～s

4) 元器件库和元器件的创建与删除

对于一些没有包括在元器件库内的元器件，以采用自己设定的方法，自建元器件库和相应元器件。

EWB 自建元器件有两种方法：一种是将多个基本元器件组合在一起，作为一个“模块”使用；另一种方法是以库中的基本元器件为模板，对它内部参数作适当改动来得到，因而有其局限性。

若想删除所创建的库名，可到 EWB 的元器件库子目录名“Model”下，找出所需删除的库名，然后将它删除。

5) 子电路的生成与使用

为了使电路连接简洁，可以将一部分常用电路定义为子电路。方法如下：首先选中要定义为子电路的所有器件，然后单击工具栏上的生成子电路的按钮或选择 Circuit/Create Subcircuit 命令，在所弹出的对话框中填入子电路名称并根据需要单击其中的某个命令按钮，子电路的定义即告完成。所定义的子电路将存入自定义器件库中。

一般情况下，生成的子电路仅在本电路中有效。要应用到其他电路中，可使用剪贴板进行复制与粘贴操作，也可将其粘贴到(或直接编辑在)Default.ewb 中。

附录 2　贝塞尔函数的数值表

阶数	$J_n(0.5)$	$J_n(1)$	$J_n(2)$	$J_n(3)$	$J_n(4)$	$J_n(5)$	$J_n(6)$	$J_n(7)$	$J_n(8)$	$J_n(9)$	$J_n(10)$	$J_n(11)$	$J_n(12)$	$J_n(13)$	$J_n(14)$	$J_n(15)$	$J_n(16)$
0	93.85	76.52	22.39	−26.01	−39.71	−17.76	15.06	30.01	17.17	−9.03	−24.59	−17.12	4.77	20.69	17.11	−1.42	−17.49
1	24.23	44.01	57.67	33.91	−6.60	−32.76	−27.67	−0.49	23.46	24.53	4.35	−17.68	−22.34	−7.03	13.34	20.51	9.04
2	3.Oo	11.49	35.28	48.61	36.41	4.66	−24.29	−30.14	−11.30	14.48	25.46	13.90	−8.49	−21.77	−15.20	4.16	18.62
3		1.96	12.89	30.91	43.02	36.48	11.48	−16.76	−29.11	−18.09	5.84	22.73	19.51	0.33	−1.768	−19.40	−4.38
4		0.25	3.40	13.20	28.11	39.12	35.76	15.78	−10.54	−26.55	−21.96	−1.50	8.25	21.93	7.62	−11.92	−20.23
5			0.70	4.30	13.21	26.11	36.21	34.79	18.58	−5.50	−23.41	−23.83	−7.35	13.16	22.04	13.05	−5.75
6			0.12	1.14	4.91	13.11	24.58	33.92	33.76	20.43	−1.45	−20.16	−24.37	−11.80	8.12	20.61	16.67
7				0.26	1.52	5.34	12.96	23.30	32.06	32.75	21.67	1.84	−17.03	−24.06	15.08	3.45	18.25
8					0.40	1.84	5.65	12.8。	22.35	30.51	31.79	22.50	4.51	−14.10	−23.20	−17.40	−0.70
9						0.55	2.12	5.89	12.68	21.49	29.19	30.89	23.04	6.70	−11.43	−22.00	−18.95
10						0.15	0.70	2.35	6.10	12.47	20.75	28.04	30.05	23.38	8.50	−9.00	−20.62
11							0.20	0.83	2.56	6.22	12.31	20.10	27.04	29.27	23.57	9.99	−6.82
12								0.27	0.96	2.74	6.34	12.16	19.53	26。15	28.55	23.67	11.24
13								0.08	0.33	1.08	2.90	6.43	12.01	19.01	25.36	27.87	23.68
14									0.10	0.39	1.20	3.04	6.50	11.88	18.55	24.64	27.24
15									0.03	0.13	0.45	1.30	3.16	6.56	11.74	18.13	23.99
16										0.04	0.16	0.51	1.40	3.27	6.61	11.62	17.75
17											0.05	0.19	0.57	1.49	3.37	6.65	]1.50
18												0.06	0.22	0.63	1.58	3.46	6.69
19													0.08	0.25	0.68	1.66	3.54
20														0.09	0.28	0.74	1.73
21														0.03	0.10	0.31	0.79
22															0.04	0.12	0.34

附录 3　余弦脉冲分解系数表

θ	$\cos\theta$	a_0	a_1	a_2	g_1	θ	$\cos\theta$	a_0	a_1	a_2	g_1
0	1.000	0.000	0.000	0.000	2.00	30	0.866	0.111	0.215	0.198	1.94
1	1.000	0.004	0.007	0.007	2.00	31	0.857	0.115	0.222	0.203	1.93
2	0.999	0.007	0.015	0.015	2.00	32	0.848	0.118	0.229	0.208	1.96
3	0.999	0.011	0.022	0.022	2.00	33	0.839	0.122	0.235	0.213	1.93
4	0.998	0.014	0.030	0.030	2.00	34	0.829	0.125	0.241	0.217	1.93
5	0.996	0.018	0.037	0.037	2.00	35	0.819	0.129	0.248	0.211	1.92
6	0.994	0.022	0.044	0.044	2.00	36	0.809	0.133	0.255	0.226	1.92
7	0.993	0.025	0.052	0.052	2.00	37	0.799	0.136	0.261	0.230	1.92
8	0.990	0.029	0.059	0.059	2.00	38	0.788	0.140	0.268	0.234	1.91
9	0.988	0.032	0.066	0.066	2.00	39	0.777	0.143	0.274	0.237	1.91
10	0.985	0.036	0.073	0.073	2.00	40	0.766	0.177	0.280	0.241	1.90
11	0.982	0.040	0.080	0.080	2.00	41	0.755	0.151	0.286	0.244	1.90
12	0.978	0.044	0.088	0.087	2.00	42	0.743	0.154	0.292	0.248	1.90
13	0.974	0.047	0.095	0.094	2.00	43	0.731	0.158	0.298	0.251	1.89
14	0.970	0.051	0.102	0.101	2.00	44	0.719	0.162	0.304	0.253	1.88
15	0.966	0.055	0.110	0.108	2.00	45	0.070	0.165	0.311	0.256	1.88
16	0.961	0.059	0.117	0.115	1.98	46	0.695	0.169	0.316	0.259	1.87
17	0.956	0.063	0.124	0.121	1.98	47	0.682	0.172	0.322	0.261	1.87
18	0.951	0.066	0.131	0.128	1.98	48	0.669	0.176	0.327	0.263	1.86
19	0.945	0.070	0.138	0.134	1.97	49	0.656	0.179	0.333	0.265	1.85
20	0.940	0.074	0.146	0.141	1.97	50	0.643	0.183	0.339	0.267	1.85
21	0.934	0.078	0.153	0.147	1.97	51	0.629	0.187	0.344	0.269	1.84
22	0.927	0.082	0.160	0.153	1.97	52	0.616	0.190	0.350	0.270	1.84
23	0.920	0.085	0.167	0.159	1.97	53	0.602	0.194	0.355	0.271	1.83
24	0.914	0.089	0.174	0.165	1.96	54	0.588	0.197	0.360	0.272	1.82
25	0.906	0.093	0.181	0.171	1.95	55	0.574	0.201	0.366	0.273	1.82
26	0.899	0.097	0.188	0.177	1.95	56	0.559	0.204	0.371	0.274	1.81
27	0.891	0.100	0.195	0.182	1.95	57	0.545	0.208	0.376	0.275	1.81
28	0.883	0.104	0.202	0.188	1.94	58	0.530	0.211	0.381	0.275	1.80
29	0.875	0.107	0.209	0.193	1.94	59	0.515	0.215	0.386	0.275	1.80

续表

θ	cos θ	a₀	a₁	a₂	g₁	θ	cos θ	a₀	a₁	a₂	g₁
62	0.469	0.225	0.400	0.275	1.78	96	-0.105	0.337	0.512	0.189	1.52
63	0.454	0.229	0.405	0.275	1.77	97	-0.122	0.340	0.514	0.185	1.51
64	0.438	0.232	0.410	0.274	1.77	98	-0.139	0.343	0.519	0.181	1.50
65	0.423	0.236	0.414	0.274	1.76	99	-0.156	0.347	0.518	0.177	1.49
66	0.407	0.239	0.419	0.273	1.75	100	-0.174	0.350	0.520	0.172	1.49
67	0.391	0.243	0.423	0.272	1.74	101	-0.191	0.353	0.521	0.168	1.48
68	0.375	0.246	0.427	0.270	1.74	102	-0.208	0.355	0.522	0.164	1.47
69	0.358	0.249	0.432	0.269	1.74	103	-0.225	0.358	0.524	0.160	1.46
70	0.342	0.253	0.436	0.267	1.73	104	-0.242	0.361	0.52	0.156	1.45
71	0.326	0.256	0.444	0.266	1.72	105	-0.259	0.364	0.526	0.152	1.45
60	0.500	0.218	0.391	0.276	1.80	106	-0.276	0.366	0.527	0.147	1.44
61	0.485	0.222	0.396	0.276	1.78	107	-0.292	0.369	0.528	0.143	1.43
74	0.276	0.266	0.452	0.260	1.70	108	-0.309	0.373	0.529	0.139	1.43
75	0.259	0.269	0.455	0.258	1.69	109	-0.326	0.376	0.530	0.135	1.41
76	0.242	0.273	0.459	0.256	1.68	110	-0.342	0.379	0.531	0.131	1.40
77	0.225	0.276	0.463	0.253	1.68	111	-0.358	0.382	0.532	0.127	1.39
78	0.208	0.279	0.466	0.251	1.67	112	-0.375	0.384	0.532	0.123	1.38
79	0.191	0.283	0.469	0.248	1.69	113	-0.391	0.387	0.533	0.119	1.37
80	0.174	0.286	0.472	0.245	1.65	114	-0.407	0.390	0.534	0.115	1.36
81	0.156	0.289	0.475	0.242	1.64	115	-0.423	0..392	0.534	0.111	1.35
82	0.139	0.293	0.478	0.239	1.63	116	-0.438	0.395	0.535	0.107	1.34
83	0.122	0.296	0.481	0.236	1.62	117	-0.454	0.398	0.535	0.103	1.33
84	0.105	0.299	0.484	0.233	1.61	118	-0.469	0.401	0.535	0.099	1.33
85	0.087	0.302	0.487	0.484	0.230	119	-0.485	0.404	0.536	0.092	1.32
86	0.070	0.305	0.490	0.226	1.61	120	-0.500	0.406	0.536	0.092	1.32
87	0.052	0.308	0.493	0.223	1.60	121	-0.515	0.408	0.536	0.088	1.31
88	0.035	0.312	0.496	0.219	1.59	122	-0.53	0.411	0.536	0.084	1.30
89	0.017	0.315	0.498	0.216	1.58	123	-0.545	0.413	0.536	0.081	1.30
90	0.000	0.319	0.500	0.212	1.57	124	-0.559	0.146	0.536	0.078	1.29
91	-0.017	0.322	0.502	0.208	1.56	125	-0.574	0.419	0.536	0.074	1.28
92	-0.035	0.325	0.504	0.209	1.55	126	-0.588	0.422	0.536	0.071	1.27
93	-0.052	0.328	0.506	0.201	1.54	127	-0.602	0.424	0.535	0.068	1.26
94	-0.07	0.331	0.508	0.197	1.53	128	-0.616	0.426	0.533	0.064	1.25
95	-0.087	0.334	0.510	0.193	1.53	129	-0.629	0.428	0.533	0.061	1.25

续表

θ	$\cos\theta$	a_0	a_1	a_2	g_1	θ	$\cos\theta$	a_0	a_1	a_2	g_1
130	-0.643	0.431	0.532	0.058	1.24	156	-0.914	0.481	0.510	0.007	1.07
131	-0.656	0.433	0.532	0.055	1.23	157	-0.920	0.483	0.509	0.007	1.07
132	-0.669	0.436	0.531	0.052	1.22	158	-0.927	0.485	0.509	0.006	1.06
133	-0.682	0.438	0.531	0.049	1.22	159	-0.934	0.486	0.508	0.005	1.05
134	-0.695	0.440	0.530	0.047	1.21	160	-0.940	0.487	0.507	0.004	1.05
135	-0.707	0.443	0.529	0.044	1.20	161	-0.946	0.448	0.506	0.004	1.04
136	-0.719	0.445	0.528	0.041	1.19	162	-0.951	0.489	0.506	0.003	1.04
137	-0.731	0.447	0.527	0.039	1.19	163	-0.956	0.490	0.505	0.003	1.04
138	-0.743	0.449	0.527	0.1037	1.18	164	-0.961	0.491	0.504	0.002	1.03
139	-0.755	0.451	0.526	0.034	1.17	165	-0.966	0.492	0.503	0.002	1.03
140	-0.766	0.453	0.526	0.032	1.17	166	-0.970	0.493	0.502	0.002	1.03
141	-0.777	0.455	0.525	0.030	1.16	167	-0.974	0.494	0.502	0.001	1.02
142	-0.788	0.457	0.524	0.028	1.15	168	-0.978	0.495	0.501	0.001	1.02
143	-0.799	0.459	0.523	0.026	1.15	169	-0.985	0.496	0.501	0.001	1.01
144	-0.839	0.461	0.522	0.024	1.15	170	-0.985	0.496	0.501	0.001	1.01
145	-0.819	0.463	0.521	0.022	1.13	171	-0.988	0.497	0.500	0.000	1.00
146	-0.839	0.465	0.520	0.202	1.13	172	-0.990	0.498	0.501	0.000	1.00
147	-0.839	0.467	0.519	0.019	1.12	173	-0.993	0.498	0.501	0.000	1.00
148	0.848	0.468	0.517	0.017	1.12	174	-0.994	0.499	0.501	0.000	1.00
149	-0.857	0.470	0.517	0.015	1.11	175	-0.996	0.499	0.500	0.000	1.00
150	-0.866	0.472	0.516	0.014	1.10	176	-0.998	0.3499	0.500	0.000	1.00
151	-0.875	0.474	0.515	0.013	1.09	177	-0.999	0.500	0.500	0.000	1.00
152	-0.833	0.475	0.514	0.012	1.09	178	-0.999	0.500	0.500	0.000	1.00
153	-0.891	0.477	0.513	0.010	1.08	179	-0.100	0.500	0.500	0.000	1.00
154	-0.899	0.179	0.512	0.009	1.08	180	-0.101	0.500	0.500	0.000	1.00
155	-0.906	0.480	0.511	0.008	1.08						

部分习题答案

第 2 章

2-2　噪声电压的方均根值为 12.65 μV；

噪声电流的方均根值为 12.65×10^{-9} A 。

2-3　串联时，$T=\dfrac{T_1R_1+T_2R_2+T_3R_3}{R_1+R_2+R_3}$；并联时，$T=\dfrac{T_1R_2R_3+T_2R_1R_3+T_3R_1R_2}{R_1R_2+R_2R_3+R_1R_3}$。

2-4　$F_{总}$=2.008。

第 3 章

3-4　L_0=113μH，Q_0=212，I_0=0.2mA，U_{Lm}=U_{Cm}=212mV。

3-5　L_0=253μH，Q_0=100，Z_x 等于串联电阻 R_x 与电容 C_x，R_x=47.7Ω，C_x=200 pF。

3-7　f_0=41.6 MHz，R_P=20.9 kΩ，Q_L=20.2，B=2.06 MHz。

3-9　R_L=1.6kΩ。

3-12　A_{uo}=12.3，B=0.656 MHz。

3-15　$A_{uo\Sigma}$=100，B=2.56 MHz，改变后的总增益 40.9。

3-16　$A_{uo\Sigma}$=5，B=2.8MHz。

3-18　L_1=L_2=113μH，k=0.047，p_1=0.418，p_2=0.187。

3-19　B_1=15.7kHz，Q_L=29.7。

3-20　B_1=11.2kHz，电压放大倍数与中心频率时的放大倍数相比下降了−31.1dB。

第 4 章

4-9　$P_D=7.2\text{W}$；$P_C=1.2\text{W}$；$\eta_C=83.3\%$；$\theta=66^\circ$；$i_{c\max}=1255\text{mA}$；

$I_{cm1}=525.9\text{mA}$；$U_{bm}=2.46\text{V}$。

4-10　(1) 由图可知，动态特性曲线正好到达临界饱和线，故功放工作在临界状态。

(2) $\theta=72^\circ$；$P_O=6.15\,\text{W}$；$P_D\approx8.35\,\text{W}$；$P_C=1.332\,\text{W}$；$\eta\approx86\%$；$R_P\approx16.89\Omega$。

(3) 功率放大器工作在弱过压状态时效率最大，可以通过增加 R_P，或增加 V_b，或增加 U_{BB}，或减少 V_{CC} 来实现。

4-11　$P_D=2.45\,\text{W}$；$I_{c0}=101\text{mA}$；$i_{c\max}=400\,\text{mA}$；$I_{cm1}=174\text{mA}$；$U_{cm}=23\text{V}$

4-12　$g_c=0.5\,\text{A/V}$；$U_b=5.8\,\text{V}$；$i_{c\max}=\dfrac{1}{2}\times5.8\times(1-0.342)\text{A}=2\text{A}<I_{CM}$ (安全工作)

$I_{cm1}=0.872\,\text{A}; I_{C0}=0.506\,\text{A}$；$\eta=78\%$。

4-13 $i_{c\max}=1.6\,\text{A}$；$I_{cm1}=0.697\,\text{A}$；$I_{c0}=0.4048\,\text{A}$；$P_D=9.6\,\text{W}$；$\eta=80.2\%$；$P_C=1.9\,\text{W}$。

4-14 由图(a)可知，当提高U_b而P_0基本不变时说明此时放大器工作在过压工作状态。为了实现输出功率明显提高可采用提高供电电压V_{CC}和减小负载电阻R_P的方法，使放大器工作在临界工作状态，如图(b)、(c)所示。

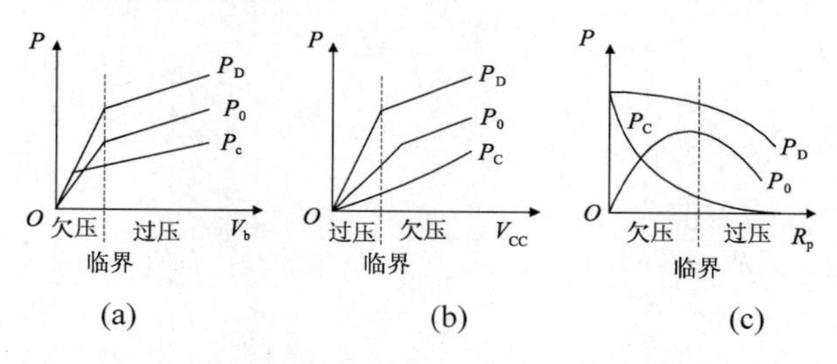

(a) (b) (c)

4-15 (1) 根据负载特性可知R_P'减小时其工作状态由临界进入欠压工作状态。

(2) 当增大M_2后为了维持放大器仍工作于临界状态，同时V_{BB}，V_{CC}又不能变，此时只能增加M_1。因为当M_1增大时输入到管子的电压U_{bm}也增加，当U_{bm}增加时功效管的工作状态由欠压进入临界。

(3) $U_{bm}\doteq 4.71\,\text{V}$；$i_{c\max}=2.49\,\text{A}$；$I_{cm1}=1.084\,\text{A}$；$U_{cm}=21.6\,\text{V}$；$P_O=11.7\,\text{W}$。

4-16 $\dfrac{P_{01}}{P_{02}}=\dfrac{0.436}{0.267}=1.36$；$\dfrac{h_{c1}}{h_{c2}}=1.36$；$\dfrac{R_{P1}}{R_{P2}}=\dfrac{1}{1.36}=0.61$。

4-20 $R_{d1}=75\Omega$；$R_{d2}=R_{d3}=150\Omega$；$R_s=18.75\Omega$。

第5章

5-4 f_{max}=2.48MHz； f_{min}=1.06MHz。

5-8 (1) f_0=83.9 kHz。

(2) 先求得互感量M=1.01mH，再根据k与M之间的关系求得k=0.56。

5-9 (1) 0.01；(2)0.001。

5-10 f_{min}=2.25MHz；f_{max}=2.9MHz。

5-11 L=0.77μH；C_0=40pF；g_m≥19.26mS；I_{CQ}≥0.5mA。

5-13 (2) f_0=0.8MHz；(3)构成电容三点式振荡电路；(4)F=0.01。

5-14 (2) f_0≈10MHz；F=0.2；(3) 由给出的Y参数得到$g_m\approx|y_{fe}|=20.6\times10^{-3}$S，而根据起振的振幅条件求得$(g_m)_{min}\approx0.73\times10^{-3}$S。因为$g_m>(g_m)_{min}$，所以满足起振条件。

5-17 (1) 串联型晶体振荡器；(2) f_0 = 5MHz；(3) 起选频短路线的作用。

第6章

6-1 i中的组合分量有：直流，ω_1，ω_2，$2\omega_1$，$2\omega_2$，$\omega_1\pm\omega_2$，$3\omega_1$，$3\omega_2$，$2\omega_1\pm\omega_2$，$\omega_1\pm2\omega_2$，$4\omega_1$，$4\omega_2$，$2\omega_1\pm2\omega_2$，$3\omega_1\pm\omega_2$，$\omega_1\pm3\omega_2$。其中$\omega_1\pm\omega_2$由第三项和第五项产生。

6-2 $I_m(\omega_1)=a_1U_{1m}+\dfrac{3}{4}a_3U_{1m}^3+\dfrac{3}{2}a_3U_{1m}U_{2m}^2+\dfrac{3}{2}a_3U_{1m}U_{3m}^2$；

$I_{\mathrm{m}}(\omega_1+\omega_2-\omega_3)=\dfrac{3}{2}a_3U_{1\mathrm{m}}U_{2\mathrm{m}}U_{3\mathrm{m}}$。

6-3 (1) 频率有变化，但不能实现混频。混频主要是产生和差频，该元件伏安特性里没有平方项，不能产生和差频。

(2) 设 150 kHz 和 200 kHz 的两个正弦波信号对应的频率分别为 f_1、f_2，则变换后 i 中的组合分量有：直流，f_1，f_2，$3f_1$，$3f_2$，$2f_1\pm f_2$；$f_1\pm 2f_2$，经计算不会出现 50 kHz 和 350 kHz 的频率成分，

6-9 四次方项，$f_{\mathrm{L}}-(2f_{\mathrm{M1}}-f_{\mathrm{M2}})$。

6-10 (1) p=1,q=2 的干扰哨声；(2) p=l,q=1 的镜像频率干扰；

(3) p=1,q=2 的寄生通道干扰。

6-11 (a) $u_{\mathrm{o}}(t)=\dfrac{2u_{\mathrm{S}}(t)}{2R_{\mathrm{L}}+R_{\mathrm{D}}}R_{\mathrm{L}}K_1(\omega_{\mathrm{L}}t)$；(b) $u_{\mathrm{o}}(t)=\dfrac{2u_{\mathrm{S}}(t)}{2R_{\mathrm{L}}+R_{\mathrm{D}}}R_{\mathrm{L}}K_1(\omega_{\mathrm{L}}t)$；

(c) $u_{\mathrm{o}}(t)=[u_{\mathrm{S}}(t)K_2(\omega_{\mathrm{L}}t)+u_{\mathrm{L}}]\dfrac{R_{\mathrm{L}}}{R_{\mathrm{L}}+R_{\mathrm{D}}}]$。

第 7 章

7-2 载波频率 1 MHz，调制信号频率 1 kHz。

7-3 (1) 1 MHz、振幅为 25V，995 kHz、振幅为 8.15V，1.005 M Hz、振幅为 8.15V，990 kHz、振幅为 3.75V，1.01 MHz、振幅为 3.75V；

(2) P_{AV}=4.735W，P_{C}=3.125W，$P_{边频}$=1.61W。

7-4 (1) 2.45kW；(2) 14.9kW；(3) 14.9kW。

7-5 (1)
$$\begin{aligned}u_{\mathrm{o}}&=5[1+0.8\cos2\pi10000t(1+0.5\cos2\pi3000t)\\&\quad+0.4\cos2\pi20000t(1+0.4\cos2\pi3000t)]\cos2\pi10^6t\\&=5[1+0.2\cos2\pi7000t+0.8\cos2\pi10000t\\&\quad+0.2\cos2\pi13000t+0.08\cos2\pi17000t\\&\quad+0.4\cos2\pi20000t+0.08\cos2\pi23000t+\cos2\pi10^6t]\end{aligned}$$

$m_{\mathrm{a}}=0.2$、0.8、0.08、0.4，$F=7$ kHz、10 kHz、13 kHz、17 kHz、20 kHz、23 kHz，$BW=46$ kHz。

7-7 (1) (b)(d)能实现双边带调制

7-8 工作在调幅时，u_1 应为 u_Ω，u_2 应为 u_{c}，$u_{\mathrm{o}}=u_\Omega K(\omega_{\mathrm{c}}t)$；工作在检波时，$u_1$ 应为调幅波，u_2 应为 u_{r}，$u_{\mathrm{o}}=u_{\mathrm{DSB}}K(\omega_{\mathrm{c}}t)$ 或 $u_{\mathrm{o}}=u_{\mathrm{SSB}}K(\omega_{\mathrm{c}}t)$。

7-12 (1) $u_{\mathrm{o}}=2\mathrm{V}$，$u_{\mathrm{o1}}=0\mathrm{V}$；(2) $u_{\mathrm{o}}=-4[1+0.6f(t)](\mathrm{V})$，$u_{\mathrm{o1}}=-0.24f(t)(\mathrm{V})$；

(3) $u_{\mathrm{o}}=3\mathrm{V}$，$u_{\mathrm{o1}}=0\mathrm{V}$；(4) $u_{\mathrm{o}}=3(1+\dfrac{1}{3}\cos\Omega t)(\mathrm{V})$，$u_{\mathrm{o1}}=0.5\cos\Omega t(\mathrm{V})$；

(5) 若电阻 R 取值过大，会出现惰性和负峰切割失真。

7-13 $R_{\mathrm{i}}=2.35\mathrm{k}\Omega$、$K_{\mathrm{d}}\approx1$，有惰性失真，无负峰切割失真。

7-14 (1) $m_{\mathrm{a}}=0.6$，$F=3$ kHz，$u_{\mathrm{i}}=1.2[1+0.6\cos(2\pi\times3\times10^3)t]\cos(2\pi\times465\times10^3)t(\mathrm{V})$。

7-15 (1) $u_{\mathrm{o1}}=3(1-0.5\cos\Omega t)(\mathrm{V})$，$u_{\mathrm{o2}}=-3(1-0.5\cos\Omega t)(\mathrm{V})$，$u_{\mathrm{o}}=6(1-0.5\cos\Omega t)(\mathrm{V})$；

(2) $u_{\mathrm{o1}}=3(1+0.2\sin\Omega t)(\mathrm{V})$，$u_{\mathrm{o2}}=-3(1+0.2\sin\Omega t)(\mathrm{V})$，$u_{\mathrm{o}}=6(1+0.2\sin\Omega t)(\mathrm{V})$；

(3) $u_{o1}=3[1+\frac{1}{6}f(t)](\text{V})$，$u_{o2}=-3[1+\frac{1}{6}f(t)](\text{V})$，$u_o=6[1+\frac{1}{6}f(t)](\text{V})$；

(4) $u_{o1}=3(1+0.1\cos\Omega t)(\text{V})$，$u_{o2}=-3(1+0.1\cos\Omega t)(\text{V})$，$u_o=6(1+0.1\cos\Omega t)(\text{V})$。

7-16 (1) $u_o=\frac{U_{im}U_{rm}}{2}\cos\Omega t\cos\varphi$，若$\varphi$是常数，则无失真；若$\varphi$不是常数，则有相位失真。

(2) $u_o=\frac{U_{im}U_{rm}}{2}\cos(\Omega t-\varphi)$，若$\varphi$是常数，则有相位滞后；若$\varphi$不是常数，则有相位失真。

第 8 章

8-1 (1) 最大频偏 20kHz；(2) 最大相偏 10rad/s；(3) 信号带宽 22kHz；(4) 此信号在单位电阻上的功率 225W；(5) 不能确定这是 FM 波还是 PM 波；(6) 如果为 FM 波，则 $u_\Omega=-\frac{40000\pi t}{k_f}\sin 4000\pi t$；如果为 PM 波，则 $u_\Omega=\frac{10}{k_p}\cos 4000\pi t$。

8-3 (1) $u_{AM}=(1+0.01\cos 2\pi\times 10^3 t)\cos 2\pi\times 10^6 t\,(\text{V})$，$BW_{AM}=2\ \text{kHz}$；$u_{FM}=\cos(2\pi\times 10^6 t+0.2\sin\Omega t)\,(\text{V})$，$BW_{FM}=2.4\ \text{kHz}$。

(2) $BW_{AM}=2\ \text{kHz}$；$BW_{FM}=42\ \text{kHz}$。

8-4 $BW_{FM}=110\ \text{kHz}$；$BW_{FM}=210\ \text{kHz}$；$BW_{FM}=120\ \text{kHz}$；$BW_{FM}=220\ \text{kHz}$。

8-5 108。

8-6 (1) 33.75～133.75 MHz；(2) 130MHz。

8-7 $u_{FM}=5\cos(2\pi\times 10^7 t+6\sin 2\pi\times 10^3 t+6\sin 3\pi\times 10^3 t)$。

8-8 (1) 0. 625 MHz/V；(2) 4.7 kHz。

8-9 (1) 66.7 MHz；(2) 964kHz；(3) 92.6kHz；(4) 0.556；(5) 0.104。

8-13 $u_o=-50\cos 2\pi\times 10^3 t\,(\text{mV})$。

8-17 (1) S_D=0.25V/kHz；(2) $u_0=1.25\cos 2\pi\times 10^3 t\,(\text{V})$。

第 9 章

9-9 $A_O\cdot A_d=9$

第 10 章

10-3 输出信号频率 f_0 的范围为 35.4～40.99MHz，频率间隔为 1kHz。

10-4 f_0 = 76～96MHZ，频率间隔为 100kHz。

参 考 文 献

[1] 王卫东，傅佑麟. 高频电子电路. 北京：电子工业出版社，2004.

[2] 严国萍，龙占超. 高频电子电路. 北京：科学出版社，2005.

[3] 张肃文，陆兆熊. 高频电子线路. 4版. 北京：高等教育出版社，2004.

[4] 张肃文. 高频电子线路. 3版. 北京：高等教育出版社，1993.

[5] 胡宴如. 高频电子线路. 2版. 北京：高等教育出版社，2001.

[6] 胡宴如. 高频电子线路. 北京：高等教育出版社，1993.

[7] 高吉祥. 高频电子线路. 北京：电子工业出版社，2004.

[8] 梅文华. 调频通信. 北京：国防工业出版社，2005.

[9] 曹兴雯，刘乃安，陈健. 高频电路原理与分析. 3版. 西安：西安电子科技大学出版社，2001.

[10] 廖惜春. 高频电子电路. 广州：华南理工大学出版社，2002.

[11] 沈伟慈. 高频电路. 西安：西安电子科技大学出版社，2000.

[12] 李棠之，杜国新. 通信电子电路. 北京：电子工业出版社，2002.

[13] 严国萍. 高频电子电路学习指导及题解. 武汉：华中科技大学出版社，2003.

[14] 高吉祥. 高频电子线路学习辅导及习题详解. 北京：电子工业出版社，2005.

[15] 阳昌汉. 高频电子线路. 2版. 哈尔滨：哈尔滨工程大学出版社，2001.

[16] 谢嘉奎. 电子线路(非线性部分). 4版. 北京：高等教育出版社，2001.

[17] 黄亚平. 高频电子线路. 北京：机械工业出版社，2004.

[18] Sedra，A.S. K.C.Smith. Microelectronic Circuits(4th ed). New York：Oxford University Press，1998.

[19] [日]铃木雅臣. 晶体管电路设计(下). 北京：科学出版社，2004.

[20] [日]稻叶. 振荡电路的设计与应用. 北京：科学出版社，2004.

[21] 谢沅清等. 现代电子电路与技术. 北京：中央广播电视大学出版社，1996.

[22] 杨金法等. 非线性电子线路. 北京：电子工业出版社，2003.

[23] 陈邦媛. 射频通信电路. 2版. 北京：科学出版社，2002.

[24] 董在望. 通信电路原理. 2版. 北京：高等教育出版社，2004.

[25] 吴运昌. 模拟集成电路原理与应用. 广州：华南理工大学出版社，1995.

北京大学出版社电气信息类教材书目(已出版)

欢迎选订

序号	标准书号	书　　名	主　编	定价	序号	标准书号	书　　名	主　编	定价
1	7-301-10759-1	DSP 技术及应用	吴冬梅	26	38	7-5038-4400-3	工厂供配电	王玉华	34
2	7-301-10760-7	单片机原理与应用技术	魏立峰	25	39	7-5038-4410-2	控制系统仿真	郑恩让	26
3	7-301-10765-2	电工学	蒋　中	29	40	7-5038-4398-3	数字电子技术	李　元	27
4	7-301-19183-5	电工与电子技术(上册)(第2版)	吴舒辞	30	41	7-5038-4412-6	现代控制理论	刘永信	22
5	7-301-19229-0	电工与电子技术(下册)(第2版)	徐卓农	32	42	7-5038-4401-0	自动化仪表	齐志才	27
6	7-301-10699-0	电子工艺实习	周春阳	19	43	7-5038-4408-9	自动化专业英语	李国厚	32
7	7-301-10744-7	电子工艺学教程	张立毅	32	44	7-5038-4406-5	集散控制系统	刘翠玲	25
8	7-301-10915-6	电子线路 CAD	吕建平	34	45	7-301-19174-3	传感器基础(第 2 版)	赵玉刚	30
9	7-301-10764-1	数据通信技术教程	吴延海	29	46	7-5038-4396-9	自动控制原理	潘　丰	32
10	7-301-18784-5	数字信号处理(第 2 版)	阎　毅	32	47	7-301-10512-2	现代控制理论基础(国家级十一五规划教材)	侯媛彬	20
11	7-301-18889-7	现代交换技术(第 2 版)	姚　军	36	48	7-301-11151-2	电路基础学习指导与典型题解	公茂法	32
12	7-301-10761-4	信号与系统	华　容	33	49	7-301-12326-3	过程控制与自动化仪表	张井岗	36
13	7-301-19318-1	信息与通信工程专业英语（第 2 版）	韩定定	32	50	7-301-12327-0	计算机控制系统	徐文尚	28
14	7-301-10757-7	自动控制原理	袁德成	29	51	7-5038-4414-0	微机原理及接口技术	赵志诚	38
15	7-301-16520-1	高频电子线路(第 2 版)	宋树祥	35	52	7-301-10465-1	单片机原理及应用教程	范立南	30
16	7-301-11507-7	微机原理与接口技术	陈光军	34	53	7-5038-4426-4	微型计算机原理与接口技术	刘彦文	26
17	7-301-11442-1	MATLAB 基础及其应用教程	周开利	24	54	7-301-12562-5	嵌入式基础实践教程	杨　刚	30
18	7-301-11508-4	计算机网络	郭银景	31	55	7-301-12530-4	嵌入式 ARM 系统原理与实例开发	杨宗德	25
19	7-301-12178-8	通信原理	隋晓红	32	56	7-301-13676-8	单片机原理与应用及 C51 程序设计	唐　颖	30
20	7-301-12175-7	电子系统综合设计	郭　勇	25	57	7-301-13577-8	电力电子技术及应用	张润和	38
21	7-301-11503-9	EDA 技术基础	赵明富	22	58	7-301-20508-2	电磁场与电磁波（第 2 版）	邬春明	30
22	7-301-12176-4	数字图像处理	曹茂永	23	59	7-301-12179-5	电路分析	王艳红	38
23	7-301-12177-1	现代通信系统	李白萍	27	60	7-301-12380-5	电子测量与传感技术	杨　雷	35
24	7-301-12340-9	模拟电子技术	陆秀令	28	61	7-301-14461-9	高电压技术	马永翔	28
25	7-301-13121-3	模拟电子技术实验教程	谭海曙	24	62	7-301-14472-5	生物医学数据分析及其 MATLAB 实现	尚志刚	25
26	7-301-11502-2	移动通信	郭俊强	22	63	7-301-14460-2	电力系统分析	曹　娜	35
27	7-301-11504-6	数字电子技术	梅开乡	30	64	7-301-14459-6	DSP 技术与应用基础	俞一彪	34
28	7-301-18860-6	运筹学(第 2 版)	吴亚丽	28	65	7-301-14994-2	综合布线系统基础教程	吴达金	24
29	7-5038-4407-2	传感器与检测技术	祝诗平	30	66	7-301-15168-6	信号处理 MATLAB 实验教程	李　杰	20
30	7-5038-4413-3	单片机原理及应用	刘　刚	24	67	7-301-15440-3	电工电子实验教程	魏　伟	26
31	7-5038-4409-6	电机与拖动	杨天明	27	68	7-301-15445-8	检测与控制实验教程	魏　伟	24
32	7-5038-4411-9	电力电子技术	樊立萍	25	69	7-301-04595-4	电路与模拟电子技术	张绪光	35
33	7-5038-4399-0	电力市场原理与实践	邹　斌	24	70	7-301-15458-8	信号、系统与控制理论(上、下册)	邱德润	70
34	7-5038-4405-8	电力系统继电保护	马永翔	27	71	7-301-15786-2	通信网的信令系统	张云麟	24
35	7-5038-4397-6	电力系统自动化	孟祥忠	25	72	7-301-16493-8	发电厂变电所电气部分	马永翔	35
36	7-5038-4404-1	电气控制技术	韩顺杰	22	73	7-301-16076-3	数字信号处理	王震宇	32
37	7-5038-4403-4	电器与 PLC 控制技术	陈志新	38	74	7-301-16931-5	微机原理及接口技术	肖洪兵	32

序号	标准书号	书　　名	主　编	定价	序号	标准书号	书　　名	主　编	定价
75	7-301-16932-2	数字电子技术	刘金华	30	102	7-301-16598-0	综合布线系统管理教程	吴达金	39
76	7-301-16933-9	自动控制原理	丁　红	32	103	7-301-20394-1	物联网基础与应用	李蔚田	44
77	7-301-17540-8	单片机原理及应用教程	周广兴	40	104	7-301-20339-2	数字图像处理	李云红	36
78	7-301-17614-6	微机原理及接口技术实验指导书	李干林	22	105	7-301-20340-8	信号与系统	李云红	29
79	7-301-12379-9	光纤通信	卢志茂	28	106	7-301-20505-1	电路分析基础	吴舒辞	38
80	7-301-17382-4	离散信息论基础	范九伦	25	107	7-301-20506-8	编码调制技术	黄　平	26
81	7-301-17677-1	新能源与分布式发电技术	朱永强	32	108	7-301-20763-5	网络工程与管理	谢　慧	39
82	7-301-17683-2	光纤通信	李丽君	26	109	7-301-20845-8	单片机原理与接口技术实验与课程设计	徐懂理	26
83	7-301-17700-6	模拟电子技术	张绪光	36	110	301-20725-3	模拟电子线路	宋树祥	38
84	7-301-17318-3	ARM 嵌入式系统基础与开发教程	丁文龙	36	111	7-301-21058-1	单片机原理与应用及其实验指导书	邵发森	44
85	7-301-17797-6	PLC 原理及应用	缪志农	26	112	7-301-20918-9	Mathcad 在信号与系统中的应用	郭仁春	30
86	7-301-17986-4	数字信号处理	王玉德	32	113	7-301-20327-9	电工学实验教程	王士军	34
87	7-301-18131-7	集散控制系统	周荣富	36	114	7-301-16367-2	供配电技术	王玉华	49
88	7-301-18285-7	电子线路 CAD	周荣富	41	115	7-301-20351-4	电路与模拟电子技术实验指导书	唐　颖	26
89	7-301-16739-7	MATLAB 基础及应用	李国朝	39	116	7-301-21247-9	MATLAB 基础与应用教程	王月明	32
90	7-301-18352-6	信息论与编码	隋晓红	24	117	7-301-21235-6	集成电路版图设计	陆学斌	36
91	7-301-18260-4	控制电机与特种电机及其控制系统	孙冠群	42	118	7-301-21304-9	数字电子技术	秦长海	49
92	7-301-18493-6	电工技术	张　莉	26	119	7-301-21366-7	电力系统继电保护(第 2 版)	马永翔	42
93	7-301-18496-7	现代电子系统设计教程	宋晓梅	36	120	7-301-21450-3	模拟电子与数字逻辑	邬春明	39
94	7-301-18672-5	太阳能电池原理与应用	靳瑞敏	25	121	7-301-21439-8	物联网概论	王金甫	42
95	7-301-18314-4	通信电子线路及仿真设计	王鲜芳	29	122	7-301-21849-5	微波技术基础及其应用	李泽民	49
96	7-301-19175-0	单片机原理与接口技术	李　升	46	123	7-301-21688-0	电子信息与通信工程专业英语	孙桂芝	36
97	7-301-19320-4	移动通信	刘维超	39	124	7-301-22110-5	传感器技术及应用电路项目化教程	钱裕禄	30
98	7-301-19447-8	电气信息类专业英语	缪志农	40	125	7-301-21672-9	单片机系统设计与实例开发（MSP430）	顾　涛	44
99	7-301-19451-5	嵌入式系统设计及应用	邢吉生	44	126	7-301-22112-9	自动控制原理	许丽佳	30
100	7-301-19452-2	电子信息类专业 MATLAB 实验教程	李明明	42	127	7-301-22109-9	DSP 技术及应用	董　胜	39
101	7-301-16914-8	物理光学理论与应用	宋贵才	32	128	7-301-21607-1	数字图像处理算法及应用	李文书	48